600 Tips to Use Excel VBA Better!

現場ですぐに使える！

Excel VBA 逆引き大全 600の極意

Microsoft 365/Office 2021/2019/2016/2013対応

E-Trainer.jp
［中村峻］著

秀和システム

はじめに

　本書は、Excel VBAを実務で使う際に「あれって、どうやるんだったっけ？」と困った時、その場でさっと使うための逆引きテクニック集です。

　単に、「そのままコピペして使うためのコードが欲しい」という場合は、ネットでググれば色々と出てくるでしょう。ある意味、「ネットがあれば本は不要」というジャンルの最たるものが、サンプル集やテクニック集かもしれません。

　ですが、以下4点の条件を満たした情報をネットで探すのは、かなり時間がかかるでしょう。作業を中断し、延々とググっていくことになり、とても「サッと使う」とはいきません。

①コピペ使用に耐えうるサンプル
②サンプルに対しての、画面付きの丁寧な説明
③構文についてだけの情報もセットになっている
④関連するテクニックについての情報もすぐに引ける

　特に、②が満たされている情報は、ネット上にはなかなかありません。だから本書では、ちょっとしつこいくらいの丁寧さで、できるだけ画像も付けて説明しています。

　もちろん、コードはすべてダウンロード可能です。丁寧な説明で理解度を深めてのコピペ使用ですから、アレンジも含めてすぐに実務で実践できることでしょう。

　また、「構文だけ知りたいんだよ！」という方にも見やすいように、「構文についての説明」は各Tipsの末尾にまとめて載せています。

　さらに、単なるTipsだけではなく、より効率よくプログラミングができるようになるためのテクニックも紹介しています。

　日常的に、実務でVBAを使っている方、あるいはこれから本格的に使って行こうと思っている皆さん。

　是非とも本書を貴方のデスクの片隅にでも置いておいてみてください。

　作業が煮詰まってしまったとき、きっとお役に立てるかと思います。

2022年6月 著者

Contents

現場ですぐに使える！
Excel VBA 逆引き大全 600 の極意
Microsoft 365/Office 2021/
2019/2016/2013対応
目次

はじめに ……… 2
本書の読み方 ……… 20
サンプルデータについて ……… 21

第1章　Excel VBAの基本構文の極意

1-1　変数（変数の宣言、データ型の指定、確認方法など）
- 001　変数を宣言する ……… 24
- 002　複数のモジュールで同じ変数を使用する ……… 26
- 003　オブジェクトや変数の種類を確認する ……… 27
- 004　変数のデータ型を確認する ……… 28
- 005　列挙型を使用する ……… 29
- 006　ユーザー定義型を使用する ……… 30

1-2　定数（ユーザー定義定数と組み込み定数）
- 007　ユーザー定義定数を使用する ……… 31
- 008　組み込み定数を確認する ……… 32

1-3　演算子（比較演算子、ビット演算子）
- 009　列挙型とビット演算を組み合わせて使用する ……… 33
- 010　データの比較をする ……… 35
- 011　ビット演算を行う ……… 36

1-4　ステートメント（条件分岐処理やループ処理など）
- 012　条件に応じた処理を行う ……… 37
- 013　複数の条件を指定して処理を分岐する(1) ……… 38
- 014　複数の条件を指定して処理を分岐する(2) ……… 39
- 015　複数の条件を判断して処理を分岐する(1) ……… 40
- 016　複数の条件を判断して処理を分岐する(2) ……… 41
- 017　関数を使用して処理を分岐する ……… 42
- 018　特定の値によって処理を分岐する ……… 43
- 019　条件を満たすまでループ処理を実行する ……… 44
- 020　条件を満たす間、ループ処理を実行する ……… 45
- 021　少なくとも1回はループ処理を実行する ……… 46
- 022　回数を指定してループ処理を実行する ……… 47
- 023　コレクションを対象にループ処理を実行する ……… 48
- 024　ループ処理から抜け出す ……… 49
- 025　無限ループを使用する ……… 50
- 026　再帰処理を行う ……… 51

1-5　メッセージの表示（メッセージボックスやインプットボックスの利用など）
- 027　メッセージボックスに複数のボタンを表示する ……… 52
- 028　クリックしたボタンで処理を分岐する ……… 54
- 029　MsgBox関数をカスタマイズする ……… 55

030 入力用のダイアログボックスを表示する（1） ……………………… 56
031 入力用のダイアログボックスを表示する（2） ……………………… 58

1-6 配列（配列の宣言や動的配列、配列に関する関数の利用など）

032 配列や2次元配列を宣言する …………………………………………… 61
033 配列のインデックス番号の最小値を1に設定する …………………… 63
034 Array関数で配列に値を格納する ……………………………………… 64
035 Join関数で配列の値をまとめる ………………………………………… 65
036 Split関数で配列に値を格納する ………………………………………… 66
037 動的配列を定義する ……………………………………………………… 67
038 配列の要素数を求める …………………………………………………… 69
039 セル範囲を2次元配列で取得する ……………………………………… 70
040 配列を初期化する ………………………………………………………… 71
041 配列が初期化されているか確認する …………………………………… 72
042 配列をワークシートで使用する ………………………………………… 73

1-7 プロシージャの利用（プロシージャの基本、引数の指定など）

043 Subプロシージャを使用する …………………………………………… 74
044 Functionプロシージャを使用する ……………………………………… 76
045 Propertyプロシージャを使用する ……………………………………… 77
046 他のプロシージャを呼び出す …………………………………………… 79
047 プロシージャに引数を渡す ……………………………………………… 80
048 値渡しと参照渡しの結果を比較する …………………………………… 81
049 複数の値を返すFunctionプロシージャを作成する …………………… 82
050 省略可能な引数を持つプロシージャを作成する ……………………… 84
051 プロシージャの引数が省略されたか確認する ………………………… 85
052 引数の数が不定なプロシージャを作成する …………………………… 86
053 プロシージャの引数に配列を使用する ………………………………… 87

第2章 セル操作の極意

2-1 セルの選択やセル参照（セルのマージ、セルアドレスの取得など）

054 単一のセル／セル範囲を選択する ……………………………………… 90
055 別シートのセルを選択する ……………………………………………… 92
056 行番号と列番号を指定してセルを選択する …………………………… 93
057 セルを相対的に指定する ………………………………………………… 94
058 指定したセルにジャンプする …………………………………………… 95
059 選択している範囲の大きさを変更する ………………………………… 96
060 複数のセル範囲を結合／解除する ……………………………………… 97
061 結合したセルを参照する ………………………………………………… 98
062 セル範囲の結合を取得または設定する ………………………………… 100
063 複数の選択範囲をまとめて扱う ………………………………………… 101
064 複数のセル範囲を対象に処理を行う …………………………………… 102
065 表全体を選択する ………………………………………………………… 103
066 ワークシートの使用されている範囲を取得する ……………………… 104
067 セルアドレスを取得する ………………………………………………… 105
068 データの入力されている終端セルを参照する ………………………… 106

069	先頭行を除いて範囲選択する	107
070	隣のセルを取得/参照する	109
071	空白のセルを選択する	110
072	セルの個数を数える	111
073	可視セルのみ選択する	112
074	表の行数と列数を数える	113
075	セルのデータを取得する	114
076	セルの日付データとシリアル値を取得する	115
077	セルの数式を取得する	116
078	セルが数式かどうか判定する	117
079	セルが日付かどうか判定する	118
080	セルが空欄かどうか判定する	119
081	セルの値がエラーかどうか判定する	120

2-2　セルの編集（値や関数の入力、セルの挿入/削除、セルのコピーなど）

082	セルに文字や数値、日付を入力する	121
083	セルに関数や数式を入力する	122
084	セルの値をクリア（削除）する	123
085	セルを挿入/削除する	124
086	セルを切り取る	126
087	セルをコピーする	127
088	クリップボードのデータを貼り付ける	128
089	図としてコピーする	129
090	形式を選択して貼り付ける	130
091	数値を演算して貼り付ける	132
092	セル範囲の高さと幅を取得する	133

2-3　フォントの書式設定（フォントサイズや斜体/太字の設定など）

093	文字のフォントを設定する	134
094	文字のフォントサイズを設定する	135
095	文字に太字/斜体を設定する	136
096	文字に下線/取り消し線を設定する	137
097	文字を上付き/下付きに設定する	138
098	フォントの色を取得/設定する	139

2-4　セルの書式設定（文字の配置や表示形式、罫線の設定など）

099	セル内の一部の文字に色を付ける	141
100	セル内の文字の縦/横位置を指定する	142
101	セル内の文字を均等割り付けし、前後にスペースを入れる	143
102	セル内で文字を折り返して全体を表示する	144
103	セル内の文字を縮小して全体を表示する	145
104	セル内の文字列の角度を変更する	146
105	文字列を複数のセルに割り振る	147
106	セルの表示形式を設定する	148
107	セルの罫線を参照する	150
108	罫線の太さを設定する	151
109	罫線の線種/太さ/色をまとめて設定する	152
110	ワークシートの罫線を消去する	153

111	セルにテーマカラーを設定する	154
112	セルに網掛けを設定する	156
113	セルを塗りつぶす	157
114	書式をクリア（削除）する	158

2-5 セルの設定 / コメント（セル範囲名やコメントの設定など）

115	セル範囲に名前を定義する	159
116	セル範囲に付いている名前を編集する	160
117	セル範囲に付いている名前を削除する	161
118	ブック内に定義されているすべての名前を削除する	162
119	コメントを挿入する	163
120	すべてのコメントを表示する	164
121	コメントを指定して表示する	165
122	コメントを削除する	166

第3章　関数の極意（ユーザー定義関数を含む）

3-1 日付 / 時刻を扱う関数（日付 / 時刻の取得、期間の計算など）

123	現在の日付 / 時刻を取得する	168
124	年、月、日をそれぞれ取得する	169
125	時、分、秒をそれぞれ取得する	170
126	曜日を取得する	171
127	文字列を日付、時刻の値として取得する	172
128	年、月、日を組み合わせて日付データを求める	173
129	年齢を求める	174
130	数値から月名を文字列で取得する	175
131	日付や時刻の間隔を計算する	176
132	日時から指定した単位で取り出す	177
133	時間を加算 / 減算した日付や時刻を取得する	178
134	日付 / 時刻の書式を設定する	179

3-2 文字列を扱う関数（文字の長さ、文字の一部を取り出す、文字の変換など）

135	文字列の長さ / バイト数を取得する	181
136	文字列の左端 / 右端から一部を取得する	182
137	文字列の指定した一部を取得する	183
138	文字コードに対応する文字列を取得する	184
139	文字列に対応する文字コードを取得する	185
140	アルファベットの大文字を小文字に、小文字を大文字に変換する	186
141	文字の種類を変換する	187
142	文字列に含まれるすべての空白を削除する	188
143	文字列を別の文字列に置換する	189
144	指定した数だけ文字を繰り返す	190
145	2つの文字列を比較する	191
146	文字列を検索する	192
147	文字列を数値に変換する	193

3-3 その他の関数（データを調べる関数、ワークシート関数の利用など）

- 148 データを日付型データに変換する ･････････････････････ 194
- 149 データを整数型データに変換する ･････････････････････ 195
- 150 数値を16進数に変換する･････････････････････････････ 196
- 151 整数部分を取得する ･････････････････････････････････ 197
- 152 数値データかどうかを調べる ･････････････････････････ 198
- 153 配列かどうかを調べる ･･･････････････････････････････ 199
- 154 乱数を発生させる ･･･････････････････････････････････ 200
- 155 配列から条件に一致するものを取得する ･･･････････････ 201
- 156 環境変数の値を取得する ･････････････････････････････ 202
- 157 ワークシート関数を利用する（1） ･････････････････････ 203
- 158 ワークシート関数を利用する（2） ･････････････････････ 204
- 159 ユーザー定義関数を作成する ･････････････････････････ 205
- 160 ユーザー定義関数をテストする ･･･････････････････････ 206
- 161 関数ウィザードで引数名に日本語を表示する ･･･････････ 207
- 162 エラーを返すユーザー定義関数を作成する ････････････ 208

第4章　ワークシート、ウィンドウ操作の極意

4-1 ワークシート（ワークシートの選択、移動／コピー、追加／削除など）

- 163 ワークシートを参照する ･････････････････････････････ 210
- 164 作業中のワークシートを参照する ･････････････････････ 211
- 165 ワークシートを選択する ･････････････････････････････ 212
- 166 ワークシートをアクティブにする ･････････････････････ 213
- 167 ワークシートをグループ化する ･･･････････････････････ 214
- 168 ワークシート名を変更する ･･･････････････････････････ 215
- 169 選択しているワークシートを参照する ･････････････････ 216
- 170 ワークシートの存在をチェックする ･･･････････････････ 217
- 171 新しいワークシートを追加／削除する ･････････････････ 219
- 172 ワークシートを移動／コピーする ･････････････････････ 220

4-2 ワークシート（ワークシートの表示／非表示、保護など）

- 173 シート見出しの色を変更する ･････････････････････････ 221
- 174 ワークシートの表示／非表示を切り替える ･････････････ 222
- 175 ワークシートの数を数える ･･･････････････････････････ 223
- 176 ワークシートの前後のシートを参照する ･･･････････････ 224
- 177 パスワードを付けてワークシートを保護する･･･････････ 225
- 178 入力用のセルを除いてワークシートを保護する ････････ 227
- 179 ワークシートの保護を解除する ･･･････････････････････ 228

4-3 行／列の操作（選択、表示／非表示、挿入／削除など）

- 180 行／列を選択する ･･･････････････････････････････････ 229
- 181 特定のセル範囲の行／列全体を選択する ･･･････････････ 230
- 182 行番号や列番号を取得する ･･･････････････････････････ 231
- 183 行／列の表示／非表示を切り替える･･･････････････････ 232
- 184 行の高さや列の幅を取得／変更する ･･･････････････････ 233
- 185 行の高さや列の幅を自動調整する ･････････････････････ 234

186	指定した範囲の内容に合わせて列の幅を自動調整する	235
187	行/列を挿入する	236
188	行/列を削除する	237
189	セルのサイズをセンチメートル単位で指定する	238

4-4 ウィンドウ（ウィンドウの位置やサイズ、表示/非表示の設定など）

190	ウィンドウを参照する	239
191	ウィンドウをアクティブにする	240
192	ウィンドウを整列する	241
193	ウィンドウを並べて比較する	242
194	ウィンドウのタイトルを取得/設定する	243
195	ウィンドウの表示倍率を変更する	244
196	ウィンドウ枠を固定する	245
197	ウィンドウを分割する	246
198	表示画面の上端行/左端列を設定する	247
199	ウィンドウを最大化/最小化表示する	248
200	ウィンドウの縦横サイズや表示位置を取得/設定する	249
201	ウィンドウの表示/非表示を切り替える	250
202	枠線の設定を変更する	251
203	改ページプレビューで表示する	252
204	ステータスバーにメッセージを表示する	253
205	画面の更新処理をやめる	254

第5章　ブック操作の極意

5-1 ブックの操作（ブックの新規作成や開く、保護など）

206	ブックを参照する	256
207	アクティブブックを参照する	257
208	ブックをアクティブにする	258
209	新しいブックを作成する	259
210	保存してあるブックを開く	260
211	ブックを読み取り専用で開く	263
212	ダイアログボックスでブックを指定して開く（1）	264
213	ダイアログボックスでブックを指定して開く（2）	266
214	ブックを保護する	267
215	ブックの保護を解除する	268

5-2 ブックの保存（様々な保存方法、PDF形式での保存など）

216	ブックを上書き保存する	269
217	名前を付けてブックを保存する	270
218	ブックに別名を付けて保存する	272
219	同名のブックが開かれているか確認する	273
220	ダイアログボックスを表示してブックを保存する（1）	274
221	ダイアログボックスを表示してブックを保存する（2）	276
222	カレントフォルダを変更して保存する	277
223	ファイル名を検索してから保存する	278
224	ブックのコピーを保存する（1）	279

225	ブックのコピーを保存する（2）	280
226	csvファイルとして保存する	281
227	PDF形式で保存する	282
228	ブックを閉じる	283
229	変更が保存されているかどうか確認する	284
230	変更を保存せずにブックを閉じる	285
231	すべてのブックを保存してExcelを終了する	286
232	すべてのブックを保存しないでExcelを終了する	287

5-3 ブックの情報の取得（ファイル名やパスの取得、履歴の操作など）

233	ブックの名前を取得する	288
234	ブックの保存場所を調べる	289
235	ブックが開かれているかどうか確認する	290
236	ブックの名前をパス付きで取得する	291
237	マクロが含まれているか確認する	292
238	互換モードで開いているか確認する	293
239	最近使用したファイルのリストを取得する	294
240	ブックをメールで送信する	295
241	プロパティを取得する	296

第6章　データ操作の極意

6-1 並べ替えと集計（データや色による並べ替え、グループ化など）

242	データを並べ替える	300
243	セルの色で並べ替える	302
244	アイコンで並べ替える	304
245	オリジナルの順番で並べ替える	305
246	グループ化して集計する	306
247	アウトラインの折り畳みと展開を行う	307
248	グループ化を解除する	308

6-2 データの抽出（オートフィルタ、フィルタオプションなど）

249	オートフィルタを実行する	309
250	トップ3のデータを抽出する	311
251	セルの色を指定して抽出する	312
252	複数の項目を抽出条件に指定する	313
253	指定した範囲のデータを抽出する	314
254	複数フィールドに抽出条件を指定する	315
255	様々な条件でデータを抽出する	316
256	指定した期間のデータを抽出する	317
257	抽出結果をカウントする	319
258	オートフィルタが設定されているかどうか調べる	320
259	オートフィルタの矢印を非表示にする	321
260	オートフィルタでデータが絞り込まれているか判定する	322
261	すべてのデータを表示する	323
262	オートフィルタを解除する	324
263	シートにある複雑な条件で抽出する	325

264 重複行を非表示にする …… 327
265 重複データを削除する …… 328

6-3 データの入力と検索（入力規則、検索/置換、フラッシュフィルなど）

266 セル範囲に連番を入力する …… 329
267 セル範囲の値を1つずつチェックする …… 331
268 入力規則を設定する …… 332
269 入力規則を削除する …… 334
270 入力規則を変更する …… 335
271 ユーザー設定リストを作成する …… 336
272 ユーザー設定リストを削除する …… 337
273 セル内のデータを複数のセルに分割する …… 338
274 フリガナを設定/取得する …… 339
275 配列数式を入力する …… 341
276 データを検索する …… 342
277 セルの色で検索する …… 344
278 データを置換する …… 345
279 あいまいな条件で文字列を置換する …… 346
280 フラッシュフィルを使用する …… 347
281 クイック分析を表示する …… 348

第7章　テーブル/ピボットテーブルの極意

7-1 テーブル（テーブルの追加/取得/解除など）

282 テーブルを作成する …… 350
283 テーブルを取得する …… 351
284 テーブルの行を取得/カウントする …… 352
285 テーブルの列を取得する …… 353
286 テーブル内にアクティブセルがあるかどうかを判定する …… 354
287 テーブルのヘッダー行を取得する …… 355
288 集計行を表示/非表示にする …… 356
289 テーブルにスライサーを使用する …… 357
290 テーブルを解除してセル範囲に変換する …… 359

7-2 ピボットテーブル（ピボットテーブルの作成/更新など）

291 ピボットテーブルを作成する（1） …… 360
292 ピボットテーブルを作成する（2） …… 363
293 ピボットテーブルのフィールドを変更する …… 365
294 ピボットテーブルのデータを更新する …… 366
295 ピボットテーブル内のセルの情報を取得する …… 367
296 ピボットテーブルにタイムラインを使用する …… 368

7-3 ピボットグラフ（ピボットグラフの作成/移動など）

297 ピボットグラフを作成する …… 369
298 ピボットグラフの作成場所を変更する …… 370

第8章　図形の極意

8-1　図形の作成（図形の作成や参照、削除など）
- 299　図形を選択する　372
- 300　特定の図形を参照／削除する　373
- 301　複数の図形を選択する　374
- 302　図形に名前を付ける　375
- 303　直線を作成する　376
- 304　テキストボックスに文字を表示する　377
- 305　図形を作成する　378
- 306　ワードアートを作成する　384
- 307　図形をグループ化する／グループ化を解除する　385

8-2　図形の移動（図形の移動、反転、回転など）
- 308　図形を移動する　386
- 309　図形を反転する　387
- 310　図形を回転する　388
- 311　図形の表示／非表示を切り替える　389
- 312　3-D図形を回転する　390

8-3　図形の書式設定（線の種類や塗りつぶしの設定など）
- 313　線の書式を設定する　391
- 314　オートシェイプに塗りつぶしの色を設定する　392
- 315　線を点線に変更する　393
- 316　1色のグラデーションで塗りつぶす　394
- 317　2色のグラデーションで塗りつぶす　395
- 318　テクスチャ効果を使用して図を塗りつぶす　396
- 319　図に光彩の設定を行う　398
- 320　図に反射の設定を行う　399

第9章　グラフの極意

9-1　グラフの作成（グラフの作成、追加、削除など）
- 321　グラフを作成する　402
- 322　グラフシートを追加する　405
- 323　グラフを選択／削除する　406
- 324　グラフの種類を変更する　407
- 325　グラフの名前を設定する　408
- 326　円グラフの一部を切り離す　409

9-2　グラフの編集（グラフのタイトル、軸、データ系列など）
- 327　特定の系列を第2軸に割り当てる　410
- 328　プロットエリアの色を変更する　411
- 329　グラフのタイトルを設定する　412
- 330　グラフの軸ラベルを設定する　413
- 331　数値軸の最大値／最小値を設定する　414

332　グラフの凡例を設定する ……………………………………………… 415
333　グラフのデータ系列を取得する ……………………………………… 416
334　データ要素を取得する ………………………………………………… 417
335　データマーカーの書式を設定する …………………………………… 418
336　データラベルを表示する ……………………………………………… 420
337　データテーブルを表示する …………………………………………… 422

9-3　その他の機能（グラフの位置の変更、保存など）

338　グラフの大きさや位置を設定する …………………………………… 423
339　グラフの数を数える …………………………………………………… 424
340　グラフを画像ファイルとして保存する ……………………………… 425

第10章　ユーザーフォームの極意

10-1　ユーザーフォーム概要（ユーザーフォームの作成、コントロールの配置など）

341　ユーザーフォームを表示する ………………………………………… 428
342　フォームを非表示にする ……………………………………………… 429
343　フォームを閉じる ……………………………………………………… 430
344　タイトルを設定する …………………………………………………… 431
345　コントロールを使用する ……………………………………………… 432
346　コントロールのサイズを自動調整する ……………………………… 433
347　コントロールの数を取得する ………………………………………… 434
348　コントロールの入力の順序を設定する ……………………………… 435
349　フォーカスを移動する ………………………………………………… 436
350　コントロールをポイントしてヒントを表示する …………………… 437
351　ユーザーフォームを「×」で閉じられなくする …………………… 438

10-2　フォーム（フォームのサイズ、初期設定など）

352　ユーザーフォームの表示位置を設定する …………………………… 439
353　フォームやコントロールのサイズを変更する ……………………… 440
354　フォーム上のマウスポインタを変更する …………………………… 441
355　フォームを表示する前に初期設定をする …………………………… 443
356　フォームの背景色を変更する ………………………………………… 444
357　右クリックメニューを追加する ……………………………………… 445

10-3　コマンドボタン、トグルボタン（処理の実行、有効／無効の設定など）

358　コマンドボタンで処理を実行する …………………………………… 447
359　コマンドボタンを有効／無効にする ………………………………… 448
360　コマンドボタンに埋め込まれた詳細情報を表示する ……………… 449
361　コマンドボタンのクリック後、フォーカスを持たないようにする … 450
362　コマンドボタンに画像を表示する …………………………………… 451
363　アクセスキーで実行できるようにする ……………………………… 452
364　トグルボタンが変更されたときに処理を実行する ………………… 453
365　トグルボタンを淡色表示にする ……………………………………… 454

10-4　テキストボックス（文字の入力、書式設定など）

366　入力モードを設定する ………………………………………………… 455

367	テキストボックスの文字列を取得/設定する	456
368	入力文字数を取得する	457
369	テキストボックスの文字を中央揃えにする	458
370	複数行を入力できるようにする	459
371	入力文字数を制限する	460
372	改行やタブの入力を有効にする	461
373	フォーカスの移動で文字列がすべて選択されているようにする	462
374	文字列の選択状態を保持する	463
375	テキストボックス内で左余白を空ける	464
376	テキストボックス内を編集禁止にする	465
377	パスワードの入力を可能にする	466
378	テキストボックスにスクロールバーを表示する	467
379	セルの値をテキストボックスに表示する	469
380	テキストボックスの文字の色と背景色を指定する	470
381	テキストボックスのデータだけをクリアする	471

10-5 コンボボックス、リストボックス（項目の設定、項目の削除など）

382	コンボボックスに項目を追加する	472
383	コンボボックスの既定値を指定する	473
384	コンボボックスに複数の項目を表示する	474
385	コンボボックスに直接入力できないようにする	475
386	リストボックスに項目を追加する	476
387	リストボックスの項目にセルの範囲を設定する	477
388	リストボックスに複数の項目を表示する	478
389	項目が選択されているかどうかを調べる	480
390	選択されている項目を取得する	481
391	複数の項目を選択できるようにする	482
392	リストボックスから選択した項目を削除する	484
393	コンボボックスに表から重複を除いた値を表示する	486

10-6 その他のコントロール（画像の配置、タブ、スクロールバーなど）

394	フォームに画像を表示する	487
395	フォームにグラフを表示する	488
396	ラベルのフォントを設定する	489
397	チェックボックス/オプションボタンの状態を取得/設定する	490
398	コントロールの表示/非表示を切り替える	491
399	オプションボタンをグループ化する	492
400	タブストリップ/マルチページのページを追加する	493
401	タブストリップで選択されているタブを取得する	494
402	スクロールバーの最大値/最小値を設定する	495
403	スピンボタンとテキストボックスを連動させる	496
404	ワークシート上でコントロールを利用する	497

第11章　印刷の極意

11-1 印刷の基礎（印刷、プレビュー、プリンターの選択など）

405	印刷を実行する	500

406	印刷プレビューを表示する	501
407	アクティブプリンターを取得する	502

11-2 印刷時の用紙の設定（サイズ、向き、ページ数など）

408	用紙サイズ、印刷の向きを変更する	503
409	事前に印刷されるページ数を確認する	504
410	印刷範囲を指定ページ数に収める	505
411	印刷位置をページ中央に設定する	506

11-3 印刷設定（ヘッダー/フッター、枠線の印刷など）

412	ヘッダーを取得/設定する	507
413	フッターを取得/設定する	509
414	ヘッダー/フッターに画像を表示する	510
415	行タイトルと列タイトルを取得/設定する	511
416	白黒印刷を行う	512
417	オブジェクトのみ印刷する	513
418	印刷範囲を設定する	514
419	印刷倍率を設定する	515
420	セルの枠線を印刷する	516

第12章　ファイルとフォルダの極意

12-1 ファイルの操作（情報の取得、コピー、移動、削除など）

421	ファイル/フォルダの存在を確認する	518
422	ファイルサイズを取得する	520
423	ファイルの属性を取得/設定する	521
424	ファイルの作成日時を取得する	524
425	ファイルをコピーする	525
426	ファイルを移動する	526
427	ファイルを削除する	527
428	ファイル名やフォルダ名を変更する	528
429	フルパスからファイル名を取り出す	529
430	様々な条件でファイルを検索する	530

12-2 フォルダの操作（作成/削除、カレントドライブの取得など）

431	新規フォルダを作成する	532
432	フォルダを削除する	533
433	カレントドライブを変更する	534
434	カレントフォルダを取得する	535
435	カレントフォルダを別のフォルダに変更する	536

12-3 FileSystemObjectによるファイルの操作（作成、移動、削除など）

436	FileSystemObjectオブジェクトを使用する	537
437	ファイルの存在を調べる	539
438	ファイルをコピーする	540
439	ファイルを移動する	541
440	ファイルを削除する	542

441　ファイルの属性を調べる ……………………………………………… 543
442　ファイル名を取得する ………………………………………………… 545
443　ファイルのパスを取得する …………………………………………… 546
444　ファイル名と拡張子を取得する ……………………………………… 547
445　すべてのファイルを取得する ………………………………………… 548

12-4　FileSystemObjectによるフォルダの操作（作成、移動、削除など）

446　フォルダの存在を調べる ……………………………………………… 550
447　フォルダを作成する …………………………………………………… 551
448　フォルダをコピーする ………………………………………………… 552
449　フォルダを移動する …………………………………………………… 553
450　フォルダを削除する …………………………………………………… 554
451　フォルダの属性を調べる ……………………………………………… 555
452　ドライブの総容量と空き容量を調べて使用容量を計算する ……… 556
453　すべてのドライブの種類を調べる …………………………………… 557
454　ドライブのファイルシステムの種類を調べる ……………………… 558

第13章　データ連携の極意（他のアプリケーションとの連携）

13-1　テキストファイルとの連携（ファイルを開く、読み込み/書き込みなど）

455　テキストファイルを開く ……………………………………………… 560
456　固定長フィールド形式のテキストファイルを開く ………………… 562
457　数値データを文字データに変換してテキストファイルを開く …… 563
458　テキストファイルのデータを読み込む ……………………………… 564
459　テキストファイルを1行ずつ読み込む ……………………………… 566
460　ワークシートの内容をカンマ区切りでテキストファイルに書き込む … 567
461　ワークシートの内容を行単位でテキストファイルに書き込む …… 568
462　テキストファイルの指定した位置からデータを読み込む ………… 569
463　ファイルの指定した位置にデータを書き込む ……………………… 570
464　大きなテキストファイルを高速に読み込む ………………………… 571

13-2　他のアプリケーションとの連携（WordやOutlookとの連携など）

465　他のアプリケーションを起動する …………………………………… 573
466　他のアプリケーションをキーコードで操作する …………………… 574
467　ActiveXオブジェクトを使用する …………………………………… 576
468　起動しているアプリケーションを参照する ………………………… 577
469　Wordで文書を新規作成する ………………………………………… 578
470　Wordに文字列を追加する …………………………………………… 579
471　WordにExcelの表を貼り付ける …………………………………… 580
472　ExcelのグラフをWordに図として貼り付ける …………………… 581
473　PowerPointのスライドを新規に作成する ………………………… 582
474　PowerPointのスライドショーを開始する ………………………… 583
475　ExcelのグラフをPowerPointに図として貼り付ける …………… 584
476　OutlookでExcelの住所録を元にメールを送信する ……………… 585
477　ワークシート上に受信メール一覧を作成する ……………………… 587
478　XMLスプレッドシートとして保存する ……………………………… 588
479　XMLスプレッドシートを開く ………………………………………… 589

13-3 データベースとの連携（AccessやSQLの利用など）

- 480　データベースのデータを取得する ……………………………………… 590
- 481　テーブルのデータをワークシートにコピーする ……………………… 592
- 482　テーブルのレコード件数を取得する …………………………………… 594
- 483　SQL文を利用してデータを抽出する（1） ……………………………… 595
- 484　SQL文を利用してデータを抽出する（2） ……………………………… 597
- 485　SQL文を利用してデータを更新する …………………………………… 599
- 486　SQL文を利用してデータを削除する …………………………………… 600
- 487　SQL文を利用してデータを追加する …………………………………… 601
- 488　データベースファイルのテーブルリストを取得する ………………… 602
- 489　指定した名前でデータベースファイルを作成する …………………… 603
- 490　テーブルのデータを検索する …………………………………………… 604
- 491　指定したレコードを更新する …………………………………………… 606
- 492　指定したレコードを削除する …………………………………………… 607
- 493　トランザクション処理を行う …………………………………………… 608

第14章　イベントの極意

14-1 ブックのイベント（開く時や閉じる時、保存時の処理など）

- 494　ブックを開いたときに処理を行う ……………………………………… 612
- 495　ブックを閉じる直前に処理を行う ……………………………………… 613
- 496　ブックがアクティブになったときに処理を行う ……………………… 614
- 497　印刷する直前に処理を行う ……………………………………………… 615
- 498　ブックを保存する直前に処理を行う …………………………………… 616
- 499　ブックを保存した後に処理を行う ……………………………………… 617
- 500　ウィンドウがアクティブになったときに処理を行う ………………… 618

14-2 シートのイベント（アクティブになった時、クリック時の処理など）

- 501　ワークシートがアクティブになったときに処理を行う ……………… 619
- 502　セルの内容が変更されたときに処理を行う …………………………… 620
- 503　セルを選択したときに処理を行う ……………………………………… 621
- 504　新しいワークシートを作成したときに処理を行う …………………… 622
- 505　ワークシートのセルをダブルクリックしたときに処理を行う ……… 623
- 506　ワークシート上を右クリックしたときに処理を行う ………………… 624
- 507　再計算を行ったときに処理を行う ……………………………………… 625
- 508　ハイパーリンクをクリックしたときに処理を行う …………………… 626
- 509　ピボットテーブルが更新されたときに処理を行う …………………… 627

14-3 その他のイベント（イベントのハンドル、独自のイベントの作成など）

- 510　すべてのワークシートに共通の処理を行う …………………………… 628
- 511　イベントを発生しないようにする ……………………………………… 629
- 512　イベントをハンドルする ………………………………………………… 630
- 513　独自のイベントを作成する ……………………………………………… 631

第15章　バージョン/トラブルシューティング/エラー処理の極意

15-1　バージョン処理（ExcelやOSのバージョンによる処理など）
- 514　Excelのバージョンを取得する　……………………………………　634
- 515　OSのバージョンを取得する　……………………………………　635
- 516　VBAのバージョンに応じて処理を分ける　……………………………　636
- 517　OSの種類に応じて処理を分ける　…………………………………　638
- 518　セルの数をカウントする際に発生するエラーを回避する　………………　640
- 519　参照しているライブラリの一覧を取得する　……………………………　641

15-2　トラブルシューティング（シートコピーのトラブルなど）
- 520　オートフィルタで日付がうまく抽出できない現象を回避する　……………　642
- 521　ワークシートを大量にコピーしたときに発生するエラーを回避する　………　643
- 522　非表示のシートとActivesheetプロパティの動作の違いを回避する　……　644
- 523　ファイルを開くときに表示される「名前の重複」ダイアログボックスを自動で閉じる　…　645

15-3　エラー処理（エラー時のプログラムの制御、エラーの種類など）
- 524　エラー処理を行う　……………………………………………　647
- 525　エラーを無視して次の処理を実行する　……………………………　648
- 526　エラーが発生したときの処理を無効にする　………………………　649
- 527　エラーが発生したときに戻って処理を実行する　……………………　650
- 528　エラーが発生したときに次の行に進んで処理を実行する　………………　651
- 529　エラー番号を表示する　………………………………………　652
- 530　エラーの種類によってエラー処理を分岐する　……………………　654
- 531　エラーを強制的に発生させる　………………………………　655
- 532　エラーの内容を表示する　……………………………………　656
- 533　プログラムの処理を一時的に止めてエラーの原因を探す（1）　………　657
- 534　プログラムの処理を一時的に止めてエラーの原因を探す（2）　………　658
- 535　他のアプリケーションの定数を使用するときのエラーを回避する　………　659

第16章　高度なテクニックの極意

16-1　Excelの機能に関するテクニック（条件付き書式、ハイパーリンクなど）
- 536　条件付き書式を設定/削除する　………………………………　662
- 537　条件付き書式の設定を変更する　………………………………　664
- 538　条件付き書式のルールの優先順位を変更する　……………………　665
- 539　データバーを表示する　………………………………………　666
- 540　カラースケールの条件付き書式を設定する　………………………　668
- 541　アイコンセットの条件付き書式を設定する　………………………　669
- 542　マイナスのデータバーを設定する　………………………………　671
- 543　マクロにショートカットキーを割り当てる　…………………………　672
- 544　確認のメッセージを表示しないようにする　………………………　673
- 545　プロシージャの実行を待つ　……………………………………　674
- 546　プロシージャの実行中にWindowsに制御を返す　…………………　675
- 547　ハイパーリンクを作成/削除する　………………………………　676
- 548　ハイパーリンクを実行する　……………………………………　677

549　ショートカットメニューを作成する ……………………………… 678

16-2　プログラミング（正規表現、連想配列、レジストリなど）

550　正規表現を使用する ……………………………………………… 680
551　正規表現を使用して文字列の存在チェックを行う ……………… 683
552　正規表現を使用して文字列を検索する ………………………… 684
553　正規表現を使用して文字列を置換する ………………………… 686
554　連想配列でデータを管理する …………………………………… 687
555　連想配列で重複しないデータを取得する ……………………… 688
556　連想配列の値を検索する ………………………………………… 690
557　コレクションを使用する ………………………………………… 691
558　コレクションを使用して重複のないリストを作成する ………… 693
559　コレクションのデータを削除する ……………………………… 694
560　ワークシートのコードネームを取得する ……………………… 696
561　VBSで他のアプリケーションを起動する ……………………… 697
562　ショートカットを作成する ……………………………………… 698
563　変数の値の変化を表示する ……………………………………… 699
564　レジストリの値を取得する ……………………………………… 700
565　レジストリに値を書き込む ……………………………………… 701
566　レジストリのキーを削除する …………………………………… 702

16-3　VBEの高度な操作（コードの入力、置換、モジュールの操作など）

567　VBAを使用してVBEを起動する ……………………………… 703
568　VBAを使用してモジュールを追加/削除する ………………… 704
569　VBAを使用してコードの行数を取得する ……………………… 705
570　VBAを使用してテキストファイルからコードを入力する …… 706
571　VBAを使用してプログラムの行数を取得する ………………… 707
572　VBAを使用してモジュールをインポートする ………………… 709
573　VBAを使用してモジュールをエクスポートする ……………… 710
574　VBAを使用してコードを取得する …………………………… 711
575　VBAを使用してコードを入力する …………………………… 712
576　VBAを使用してコードを置換する …………………………… 713
577　VBAを使用してコードを削除する …………………………… 714

16-4　Windows APIとクラスモジュール（APIの利用、クラスモジュールの利用など）

578　Windows APIを利用して時間を測定する …………………… 715
579　Windows APIを利用してウィンドウを取得する ……………… 716
580　ユーザーフォームの閉じるボタンを非表示にする …………… 718
581　64bit版のWindows APIを利用する ………………………… 720
582　デバッグ時にコンパイル範囲を分ける ………………………… 721
583　参照設定を自動的に行う ………………………………………… 722
584　プログラムの処理時間を計測する ……………………………… 724
585　ログインしているユーザー名を取得する ……………………… 725
586　デスクトップなどの特殊フォルダを取得する ………………… 726
587　プログラムを一定間隔で実行しポーリングする ……………… 727
588　他のブックのマクロを実行する ………………………………… 729
589　クラスを管理するためのクラスを作成する …………………… 730

第17章　開発効率を上げるための極意

17-1　開発効率を上げる設定と機能（VBEの設定やショートカットキーなど）
- 590　コードウィンドウを、集中して作業できる「色」にする ……………………… 734
- 591　構文エラー時の余計なメッセージを非表示にする ……………………………… 736
- 592　ショートカットキーを利用して作業効率を上げる ……………………………… 737
- 593　アクセスキーを利用して作業効率を上げる ……………………………………… 738

17-2　リーダブルなコードのためのテクニック（リーダブルなコードとは、基本的なテクニックなど）
- 594　変数/定数の名前の付け方の基本 ………………………………………………… 740
- 595　列挙型を利用してリーダブルなコードにする ………………………………… 742
- 596　構造体を利用してリーダブルなコードにする ………………………………… 744

17-3　テスト用のコードとソフトコーディング（テストプロシージャの利用、ソフトコーディングの手法など）
- 597　テストプロシージャの利用 ……………………………………………………… 745
- 598　処理が成功したかどうかを返すFunctionプロシージャ ……………………… 746
- 599　プログラムのメンテナンスを減らす「ソフトコーディング」 ………………… 748
- 600　円グラフの色をユーザー任意の色にするためのソフトコーディング ……… 750

- 索引 ……………………………………………………………………………………… 752
- 著者紹介 ………………………………………………………………………………… 759

本書の読み方

極意（Tips）の構成

関連Tips
関連のあるTipsの番号を表示しています。「関連がある」とは、Sampleで使用している命令でポイントになるものや、似たような処理を行っているケースを意味します。

使用機能・命令
Tipsで使用する主な機能や命令です。命令については、その命令の構文がTipsの最後にあります。関連Tipsについては、「（→TipsXXX）」のように参照するTips番号が示されています。必要に応じて、関連Tipsも確認するようにしてください。

サンプルコード
サンプルデータのコードを掲載しています。コードの中には、長い行を行継続文字（_）で複数行に分割しているコードもあります。行継続文字（_）は、「（半角スペース）」に続けて「_（半角アンダーバー）」を記述します。行継続文字が行末にあると、その行は次の行と同じ行としてみなされます。
緑字部分はコード解説になります。コードの右側または上の行に、サンプルコードの動作について説明しています。コードを読むのと並行して解説を読むことができるため、コードの理解がより深まります。
「SampleFile」には、事例を確認するためにダウンロードして使用できるサンプルデータのファイル名を、「SampleTips番号.拡張子」形式で掲載しています。

7-1 テーブル（テーブルの追加・取得・解除など）

Tips 284 テーブルの行を取得／カウントする

▶関連Tips
282
285

使用機能・命令 ListRowsプロパティ/Countプロパティ

サンプルコード SampleFile Sample284.xlsm

```
Sub Sample284()
    '「売上一覧」テーブルの3行目を削除する
    Worksheets("Sheet1").ListObjects("売上一覧").ListRows(3).Delete
End Sub

Sub Sample284_2()
    '「売上一覧」テーブルのデータ件数（データの行数）を表示する
    MsgBox "リストの行数：" & _
        Worksheets("Sheet1").ListObjects("売上一覧").ListRows.Count
End Sub
```

❖ 解説

ここでは、2つのサンプルを紹介します。1つ目は、すでに作成してある「売上一覧」テーブルからListRowsプロパティを使用して3行目を指定し、Deleteメソッドでその行を削除します。

2つ目のサンプルは、「売上一覧」のデータ件数を取得します。データ件数は見出しを除いた行数です。ListRowsプロパティはデータ部分の行数の集合です。Countプロパティの対象にListRowsコレクションを指定することで、データ件数を取得することができます。なお、右の実行結果は1つ目のサンプルのものです。

▶実行結果

3行目のデータが削除された

• ListRowsプロパティの構文

object.ListRows(index)

• Countプロパティの構文

object.Count

ListRowsプロパティは、テーブル内の行を表すListRowsコレクションを取得します。index番号を指定すると、単独のListRowオブジェクトを取得できます。また、Countプロパティを使用すると、行数を取得することができます。

352

◯◯の構文
Tipsで使用している、メソッド・プロパティ・関数・ステートメント等の構文を掲載しています。構文のうち、引数が多く長い構文に関しては、適時、改行して掲載しています。また、合わせて構文の解説も掲載しています。引数や指定する項目が多い場合は、「解説」でも説明しています。

# サンプルデータについて

　本書では、各章で利用するサンプルデータを（株）秀和システムのWebページからダウンロードすることができます。データのダウンロードと使用方法、使用する際の注意事項は、次のとおりです。

ダウンロードの方法

　本書で作成・使用しているサンプルデータは、下記の秀和システムホームページの本書サポートページ（以下URL）よりダウンロードすることができます。
　本書サポートページで「ExcelVBA_GOKUI.zip」のダウンロードボタンをクリックし、画面の指示に従ってサンプルデータをダウンロードしてください。
　なお、ダウンロードしたファイルは圧縮ファイルになっていますので、展開してからご使用ください。

> URL：https://www.shuwasystem.co.jp/support/7980html/6680.html

　上記URLからのアクセスがうまくいかない場合は、「https://www.shuwasystem.co.jp/」の左側にある「シリーズから探す」の「逆引き大全」から本書の書籍名を探していただければ、本書の紹介ページへ進めます。本書の紹介ページで「サポート」をクリックし、表示されたURLをクリックすると、本書のサポートページ（上記URLのページ）が開きます。
　なお、本書で使用するサンプルデータは、Microsoft 365/Office 2021/2019/2016/2013バージョンで使用できる「.xlsm」形式で作成しています。

「ExcelVBA_GOKUI」の構成と保存先

　"ExcelVBA_GOKUI.zip"をダウンロードし解凍すると、[ExcelVBA_GOKUI]フォルダ内に、次のフォルダが作成されます。

> [Chap01-17] フォルダ

　これは、本書第1章から第17章までのサンプルデータを章別に格納したフォルダです。
　サンプルデータは、このファイルを展開後、任意のフォルダに移動してください。OSによっては、Cドライブの直下だとうまく動作しないことがあります。そのような場合には、デスクトップ等別の場所に移動してご利用ください。
　なお、事例の中にはサンプルデータの保存先によって、本書の「実行前」「実行後」の図版と結果が異なるものがありますのでご注意ください。

使用上の注意

　サンプルデータの中には、データを書き換えたり、Excelの動作環境を変更したりするものがあります。サンプルコードのプロシージャを実行する前に動作内容を理解して、個人の責任において実行してください。
　収録ファイルは十分なテストを行っておりますが、すべての環境を保証するものではありません。また、ダウンロードしたファイルを利用したことにより発生したトラブルにつきましては、著者および（株）秀和システムは一切の責任を負いかねますので、あらかじめご了承ください。
　なお、Microsoft 365につきましては、2022年5月時点で動作確認を行っております。それ以降のアップデートによりコードの動作が変わる可能性がございます。ご了承ください。

マクロのセキュリティ

　サンプルデータを利用する場合は、「トラストセンター」ダイアログボックスの「マクロの設定」で、マクロを有効にしてください。「トラストセンター」ダイアログボックスは、「ファイル」タブから「オプション」→「トラストセンター」→「トラストセンターの設定」で「トラストセンター」ダイアログボックスを表示し、「マクロの設定」で設定できます。

作業環境

　本書の紙面は、Windows 11、Microsoft Office 2021がフルインストールされているパソコンにて、画面解像度を1,024×768ピクセルに設定した環境で作業を行い、画面を再現しています。異なるOSやOffice、画面解像度をご利用の場合は、基本的な操作方法は同じですが、一部画面や操作が異なる場合がありますのでご注意ください。

64bit版Officeについて

　本書では、32bit版のOfficeでの操作を前提としています。64bit版のOfficeであっても、ほとんどのサンプルでは問題ありませんが、Windows APIを使用するサンプルでは、APIの宣言方法が若干異なるため、うまく動作しないサンプルがあります。対処方法は、Tips516を参照してください。

第1章
001~053

Excel VBAの基本構文の極意

- 1-1 変数（変数の宣言、データ型の指定、確認方法など）
- 1-2 定数（ユーザー定義定数と組み込み定数）
- 1-3 演算子（比較演算子、ビット演算子）
- 1-4 ステートメント（条件分岐処理やループ処理など）
- 1-5 メッセージの表示
  （メッセージボックスやインプットボックスの利用など）
- 1-6 配列
  （配列の宣言や動的配列、配列に関する関数の利用など）
- 1-7 プロシージャの利用
  （プロシージャの基本、引数の指定など）

1-1 変数（変数の宣言、データ型の指定、確認方法など）

変数を宣言する

▶関連Tips
002
003

使用機能・命令 Dimステートメント

サンプルコード SampleFile Sample001.xlsm

```
Sub Sample001()
    Dim sh As Worksheet    'オブジェクト変数
    Dim vName As String

    '「Sheet1」ワークシートを変数shに代入する
    Set sh = ThisWorkbook.Worksheets("Sheet1")
    'セルA1の値を変数vNameに代入する
    vName = sh.Range("A1").Value
End Sub
```

❖ 解説

変数は、プログラムで値を一時的に入れておく際に使用します。変数は文字や数値などを代入するものと、セルなどのオブジェクトの参照を代入するものがあります。いずれも代入には「=」を使用しますが、**オブジェクトの参照を代入する場合は、Setステートメントを使用します。**

また、変数に使用できる名前にはルールがあります。変数の命名規則は、次のようになります。

▼変数名の命名規則

- 変数名には、文字と数字、_（アンダースコア）が利用可能
- 先頭の文字に数字、_（アンダースコア）は利用不可
- 次の記号は不可（@、$、&、#、.（ドット）、!）
- スペースは不可
- 半角255文字（全角128文字）以内
- VBAの関数名、メソッド名、ステートメント名などと同じ名前は不可
- 同じスコープ（適用範囲）で重複する名前は不可

また、変数には代入するデータの種類を表すデータ型を指定することができます。データ型として指定できる主な型は、以下のとおりです。

また、変数・定数の末尾に付けることでデータ型を表す「型宣言文字」もあります。なお、型宣言文字は値にも利用できます。「i = 100&」と記述すると、「100」は長整数型として扱われます。

1-1 変数（変数の宣言、データ型の指定、確認方法など）

◇ 主なデータ型と型宣言文字

データ型	型宣言文字	使用メモリ	説明
Byte（バイト型）	-	1バイト	0～255の整数値。バイナリデータを格納する
Boolean（ブール型）	-	2バイト	TrueまたはFalseを格納する
Integer（整数型）	%（パーセント）	2バイト	-32,768～32,767の整数値を格納する
Long（長整数型）	&（アンパサンド）	4バイト	-2,147,483,648～2,147,483,647の整数値を格納する
LongLong	^（キャレット）	8バイト	-9,223,372,036,854,775,808～9,223,372,036,854,775,807の整数値（64ビットプラットフォームのみで有効）
Single（単精度浮動小数点数型）	!（エクスクラメーションマーク）	4バイト	小数点を含む数値を格納する
Double（倍精度浮動小数点数型）	#（シャープ-井桁）	8バイト	Singleよりも桁の大きな小数点を含む数値を格納する
Currency（通貨型）	@（アットマーク）	8バイト	15桁の整数と4桁の小数を含む数値を格納する
Date（日付型）	-	8バイト	日付や時刻を格納する
String（文字列型）	$（ドル）	10バイト+文字列の長さ（可変長）、文字列の長さ（固定長）	文字列。可変長と固定長の2種類がある。文字列を変数に格納するには「""（ダブルクオーテーション）」で囲む
Object（オブジェクト型）	-	4バイト	オブジェクトへの参照を格納する
Variant（バリアント型）	-	16バイト（数値）、22バイト+文字列の長さ（文字列）	すべてのデータを格納できる

• Dimステートメントの構文

Dim varname As type

Dimステートメントは、変数を宣言するためのステートメントです。typeには変数のデータ型を指定します。また、変数に値を代入するには、「=」を使用し、オブジェクト変数の場合はSetステートメントを利用します。また、typeにはデータ型を指定します。

1-1 変数（変数の宣言、データ型の指定、確認方法など）

複数のモジュールで同じ変数を使用する

▶関連Tips 001

使用機能・命令 Publicステートメント

サンプルコード SampleFile Sample002.xlsm

```
'「Module1」に記述
Public temp As Long


'「Module2」に記述
Sub Sample002()
    temp = Range("A1").Value
    MsgBox "変数の値：" & temp
End Sub
```

❖ 解説

ここでは、「Module1」標準モジュールにPublicステートメントを使って記述した変数を「Module2」標準モジュールで使用します。変数Publicステートメントを使うと、別のモジュールにある変数を使用することができます。なお、**宣言された変数の使用できる範囲を、「変数のスコープ（適用範囲）」といいます**。また、**変数が値を保持する期間を「有効期間」といいます**。以下に、変数の宣言方法とスコープと有効期間をまとめます。

◆ 変数のスコープ（適用範囲）と有効期間

変数	宣言場所	キーワード	スコープ	有効期間
プロシージャレベル変数	プロシージャ内	Dim、Static	変数を宣言したプロシージャ内	プロシージャの実行中
プライベートモジュールレベル変数	宣言セクション	Dim、Private	宣言したモジュールのすべてのプロシージャ	リセットされるまで（ブックを閉じる、Endステートメントが実行されるなど）
パブリックモジュールレベル変数	宣言セクション	Public	すべてのプロシージャ	リセットされるまで（ブックを閉じる、Endステートメントが実行されるなど）

• Publicステートメントの構文

Public varname As type

変数を他のモジュールからも参照できるようにするには、Publicステートメントを使用します。なお、変数の宣言はモジュールの宣言セクションで宣言します。

Tips 003 オブジェクトや変数の種類を確認する

▶関連Tips 004

使用機能・命令 TypeName関数

サンプルコード SampleFile Sample003.xlsm

```
Sub Sample003()
    Dim i As Variant, sh As Variant    '変数をすべてVariant型で宣言する
    i = 10    '変数iに数値を代入する
    Set sh = Worksheets(1)    'ワークシートへの参照を変数に代入する
    'それぞれのデータ型をメッセージボックスに表示する
    MsgBox "数値のデータ型:" & TypeName(i) & vbLf _
        & "ワークシートのデータ型:" & TypeName(sh)
End Sub
```

❖ 解説

ここでは、セルに入力されている値と、ワークシートへの参照を変数にそれぞれ代入します。この時、変数は後でデータ型を調べるために、あえてVariant型で宣言しています。TypeName 関数が返す文字列は、次のとおりです。なお、**配列変数の場合、それぞれのデータ型を表す文字列の後に「()」が付けられます。例えば、Long（長整数）型の配列の場合「Long()」となります。**

◇ TypeName関数が返す文字列

文字列	説明	文字列	説明
Byte	バイト型 (Byte)	Integer	整数型 (Integer)
Long	長整数型 (Long)	LongLong	LongLong 整数型 (LongLong)
Double	倍精度浮動小数点数型 (Double)	Single	単精度浮動小数点数型 (Single)
Decimal	10 進数型	Currency	通貨型 (Currency)
String	文字列型 (String)	Date	日付型 (Date)
Error	エラー値	Boolean	ブール型 (Boolean)
Null	無効な値	Empty	未初期化
Unknown	オブジェクトの種類が不明なオブジェクト	Object	オブジェクト
オブジェクトの種類	返された文字列で表される種類のオブジェクト	Nothing	オブジェクトを参照していないオブジェクト変数

• TypeName関数の構文

TypeName(varname)

TypeName関数は、変数の情報やオブジェクトや変数の種類を文字列で返します。

変数のデータ型を確認する

▶関連Tips 003

使用機能・命令 VarType関数

サンプルコード SampleFile Sample004.xlsm

```
Sub Sample004()
    '変数をVariant型で宣言する
    Dim vArr As Variant
    vArr = Array("Excel", "Access", "Word") '変数に配列を代入する
    'データ型をメッセージボックスに表示する
    MsgBox "配列：" & VarType(vArr)
End Sub
```

❖ 解説

ここでは、VarType関数を使用して変数のデータ型を取得します。VarType関数の戻り値は、次の通りです。

配列の場合、他のデータ型を表す値との合計値が返されます。例えばVariant型の配列の場合、「12 (vbVariant)」+「8192 (vbArray)」の結果「8204」が返されます。

◆ VarType関数の返す値

定数	値	説明	定数	値	説明
vbEmpty	0	Empty値	vbString	8	文字列型
vbNull	1	Null値	vbObject	9	オブジェクト
vbInteger	2	整数型	vbError	10	エラー値
vbLong	3	長整数型	vbBoolean	11	ブール型
vbLongLong	1280	longlong整数 (64ビットプラットフォームでのみ有効)	vbVariant	12	バリアント型 (バリアント型配列にのみ使用)
vbSingle	4	単精度浮動小数点数型	vbDataObject	13	非OLEオートメーションオブジェクト
vbDouble	5	倍精度浮動小数点数型	vbDecimal	14	10進数型
vbCurrency	6	通貨型	vbByte	17	バイト型
vbDate	7	日付型	vbArray	8192	配列

• VarType関数の構文

VarType(varname)

VarType関数は、変数の内部処理形式を表す整数型の値を返します。

Tips 005 列挙型を使用する

▶関連Tips 001

使用機能・命令 Enumステートメント

サンプルコード SampleFile Sample005.xlsm

```
'列挙型の定数を宣言する
Private Enum PrColumn
    prName = 1
    prAge = 2
End Enum

Sub Sample005()
    'セルの値を列挙型の定数を使用して参照し、メッセージボックスに表示する
    MsgBox "氏名：" & Cells(2, PrColumn.prName).Value _
        & vbLf & "年齢：" & Cells(2, PrColumn.prAge).Value
End Sub
```

❖ 解説

ここでは、データを取得する際の列番号を列挙型を使って指定しています。**列挙型を使用すると、仮に対象の列が入れ替わった場合でも、列挙型の宣言部分を変更するだけで済みます**。Enumステートメントを使用して宣言された場合、VBEの自動メンバ表示（「(. ピリオド)」を入力すると、自動的に入力候補が表示される機能）が利用できるため、プログラム入力時のミスが減ります。

▼列挙型を使用すると自動メンバ表示が利用できる

列挙型の値が表示される

▼実行結果

列挙型を使用してデータを取得し、表示された

• Enumステートメントの構文

[Public | Private] Enum name
membername [= constantexpression]
End Enum

Enumステートメントを使用すると、複数のLong型の定数をまとめて管理することができます。Enumステートメントはモジュールレベルで使用します。

1-1 変数（変数の宣言、データ型の指定、確認方法など）

ユーザー定義型を使用する

▶関連Tips 001 005

使用機能・命令 Typeステートメント

サンプルコード SampleFile Sample006.xlsm

```
'ユーザー定義型を宣言する
Type UserData
    ID As Long
    Name As String
    Age As Long
End Type

Sub Sample006()
    'UserData型の変数を宣言する
    Dim UserInfo As UserData
    'ユーザー定義型の変数に値を代入する
    UserInfo.ID = 1
    UserInfo.Name = "村木 肇"
    UserInfo.Age = 10
    'Msgboxに表示する
    MsgBox "名前：" & UserInfo.Name
End Sub
```

❖ 解説

　ユーザー定義型を使用すると、複数の変数をグループとして扱うことができます。ここでは、会員情報を扱う変数を「UserData」ユーザー定義型として宣言しています。「UserData」型にはID、Name、Ageの3つの変数が用意されています。そして、Typeステートメントで定義した、ユーザー定義型をSample006プロシージャ内で使用しています。Typeステートメントを使うと、この様に普通の変数のデータ型と同じように宣言することができます。

• Typeステートメントの構文

[Private | Public] Type varname
elementname [([subscripts])] As type
[elementname [([subscripts])] As type]
...
End Type

　ユーザー定義型はTypeステートメントを使って、モジュールの宣言セクションで使用します。
　ユーザー定義型を使うことで、複数の変数をまとめておくことができます。他のプログラミング言語では、「構造体」と呼ばれるものに相当します。

1-2 定数（ユーザー定義定数と組み込み定数）

Tips 007 ユーザー定義定数を使用する

▶関連Tips **008**

使用機能・命令 Constステートメント

サンプルコード SampleFile Sample007.xlsm

```
'消費税率を表す定数を宣言する
Const tax As Double = 0.1

Sub Sample007()
    'セルC2にセルB2の値を元に消費税額を入力する
    Range("C2").Value = Range("B2").Value * tax
End Sub

Sub Sample007_2()
    Range("C2").Value = Range("B2").Value * 0.1
End Sub
```

❖ 解説

ここでは、消費税率を定数として宣言しています。併せてモジュールレベル変数として宣言しています。

このサンプルでは、定数taxは1箇所でしか使用していませんが、**複数箇所で使用する場合、将来消費税率が変更になった場合に定数の宣言部分だけを修正すれば良いですし、プログラムの可読性も高まるため、プログラムの保守性が高まります**。

▼定数を使ったコードと使わないコードの比較

```
(General)                          Sample007
Option Explicit

'消費税率を表す定数を宣言する
Const tax As Double = 0.1

Sub Sample007()
    'セルC2にセルB2の値を元に消費税額を入力する
    Range("C2").Value = Range("B2").Value * tax
End Sub
Sub Sample007_2()
    Range("C2").Value = Range("B2").Value * 0.1
End Sub
```

定数を使わないと、「0.1」が何の値か一目ではわかりにくい

▼実行結果

	A	B	C	D
1	商品名	金額	消費税額	
2	牛ひれ肉	1500	150	
3				

消費税額が計算された

• Constステートメントの構文

[Public|Private]Const constname[As type]=expression

Constステートメントを利用してユーザー定義定数を宣言します。定数の宣言時に格納する値を決めます。なお、通常「定数」といった場合は、ユーザー定義定数を指します。

1-2 定数（ユーザー定義定数と組み込み定数）

Tips 008 組み込み定数を確認する

▶関連Tips 007

使用機能・命令 オブジェクトブラウザ

サンプルコード SampleFile Sample008.xlsm

```
Sub Sample008()
    '組み込み定数を使ってワークシートを非表示にする
    Worksheets("Sheet1").Visible = xlSheetHidden
End Sub
```

❖ 解説

組み込み定数の値を調べるには、「オブジェクトブラウザ」を使用します。

調べたい組み込み定数にカーソルを置き[Shift]キー+[F2]キーを押すと、「オブジェクトブラウザ」が開き、該当の組み込み定数を確認することができます。

また、「オブジェクトブラウザ」の検索ボックスに、調べたい組み込み定数を入力し[検索]ボタンをクリックしても結構です。「オブジェクトブラウザ」では、合わせてその組み込み定数の他のメンバも確認することができるので便利です。

サンプルは、ワークシートを非表示にするコードです。図はここで使われている組み込み定数「xlSheetHidden」を調べる方法になります。

なお、VBAを使って他のアプリケーションを利用する時などは、組み込み定数をユーザー定義定数として宣言すると、コードがわかりやすくなります。

▼「オブジェクトブラウザ」で組み込み定数を調べる

調べたい組み込み定数にカーソルを置いて、[Shift]キー+[F2]キーを押す

▼実行結果

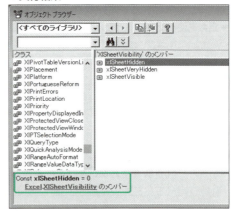

組み込み定数の値を確認できる

Tips 009 列挙型とビット演算を組み合わせて使用する

▶関連Tips 005 011

使用機能・命令 Enumステートメント（→Tips005）／And演算子

サンプルコード SampleFile Sample009.xlsm

```vb
'エラーの種類を表す列挙型を宣言する
Private Enum eErr
    eNone = 1
    eTodayErr = 2
    eCalcErr = 4
End Enum

Public Sub Sample009()
    '列挙型の変数を宣言する
    Dim ErrTest As eErr
    
    '変数ErrTestにeTodayErrを代入する
    '変数ErrTestの値がこの値かどうかをビット演算を使用して確認する
    ErrTest = eTodayErr
    Select Case True
        Case (ErrTest And eNone) = eNone
            Debug.Print "None"
        Case (ErrTest And eTodayErr) = eTodayErr
            Debug.Print "Today"
        Case (ErrTest And eCalcErr) = eCalcErr
            Debug.Print "Calc"
        Case (ErrTest And (eTodayErr And eCalcErr)) = _
            (eTodayErr And eCalcErr)
            Debug.Print "Both"
    End Select
End Sub
```

❖ 解説

　列挙型とビット演算を組み合わせることで、複雑な処理もわかりやすく記述することができます。
　列挙型とビット演算を組み合わせる場合、列挙型の値は2の階乗の値にします（つまり、**2進数の各桁の値を列挙型の個々の値に割り当てることになります**）。ですから、このサンプルのようにビット演算を使うことで、変数にどの値が含まれているかを確認することができるのです。
　このサンプルでは、変数ErrTestにeTodayErrを代入してテストしています。この時、チェックしたい値とAnd演算子（この場合はビット演算子です）で演算し、その結果と比較しています。
　最初の「ErrTest And eTodayErr」＝ eTodayErr」の部分について、詳しく見てみましょう。

1-3　演算子（比較演算子、ビット演算子）

◆ 値をチェックできる仕組み

ErrTestの値	eTodayErrの値
10	10

▼And演算の結果

	10
And	10
	10

　And演算の結果は、このように「10」です。そのため、eTodayErrと一致します。このサンプルの結果は、次のようになります。

▼実行結果

イミディエイト
Today

Todayと表示される

　なお、このような仕組みは、VBAの組み込み定数にも利用されています。例えば、MsgBox関数の引数には、複数の値を「+」でつなげて指定することができますが、これは組み合わせることができる値がすべて2の階乗の値になっているため、引数に指定する値を組み合わせた場合でもユニークな値になるからです。

　このサンプルで言えば、「eNone」に「1」を、「eTodayErr」には「2」を、「eCalcErr」には「4」を割り当てています。これを2の階乗と2進数で表すと、次のようになります。

◆ 列挙型の値を2の階乗と2進数で表す

列挙型	値	2の階乗	2進数
eNone	1	2の0乗	001
eTodayErr	2	2の1乗	010
eCalcErr	4	2の2乗	100

　そして、これらの値はどのように組み合わせても、重複することはありません。例えば、eNoneとeTodayErrの両方に該当する場合、「1」と「2」を足して「3」になりますが、この値は列挙型の値にはありません。MsgBox関数の引数に指定する値も同じ仕組みです。確認してみてください。

• And演算子の構文

expression1 And expression2

　And（論理積）演算子は、ビット演算子として使用することができます。And演算子はexpression1とexpression2が両方とも1のときのみ、1を返し、それ以外は0を返します。なお、他のビット演算子では、Or（論理和）がexpression1とexpression2のどちらか片方でも1であれば1を返し（両方1でも1を返す）、Xor（排他的論理和）がexpression1とexpression2のどちらかが1のときのみ1を返します（両方1のときは0を返す）。

1-3 演算子（比較演算子、ビット演算子）

Tips 010 データの比較をする

▶関連Tips 009

使用機能・命令 比較演算子

サンプルコード SampleFile Sample010.xlsm

```
Sub Sample010()
    'セルA1の値と「B」を比較する
    If Range("A1").Value > "B" Then
        'セルA1の値のほうが大きい場合
        MsgBox "Bより後の文字です"
    Else
        'セルA1の値のほうが小さいか同じ場合
        MsgBox "Bと同じか前の文字です"
    End If
End Sub
```

❖ 解説

ここでは、セルA1に入力されている文字と「B」という文字を比較しています。比較演算子は数値だけではなく、この様に文字に対しても使うことができます。これは、文字と言ってもコンピュータ内部では「文字コード」と呼ばれる数値で扱われているためです。

◆ 文字コード（ASCIIコード）の例

文字コード	文字	文字コード	文字
48	0	65	A
49	1	66	B
50	2	67	C
51	3	68	D
52	4	69	E
53	5	70	F
54	6	71	G
55	7	72	H
56	8	73	I
57	9	74	J

1-3 演算子（比較演算子、ビット演算子）

Tips 011 ビット演算を行う

▶関連Tips **009**

使用機能・命令 ビット演算子

サンプルコード SampleFile Sample011.xlsm

```
Sub Sample011()
    Dim num As Long, temp As Long

    num = Range("A1").Value 'セルA1の値を変数に代入する
    temp = num And 1 '変数の値と1で論理演算を行う

    If temp = 0 Then '変数tempの値をチェックする
        MsgBox num & "は偶数です"
    Else
        MsgBox num & "は奇数です"
    End If
End Sub
```

❖ **解説**

ビットとは2進数の一桁を表します。2進数とは、「0」と「1」の2種類の値で数値を表現する方法です。ちなみに、我々が普段使っているのは10進数です。また、時計の秒や分は60進数（0～59までの60種類の値が1つのまとまりになっている）です。

この2進数のそれぞれの桁を演算する処理を、ビット演算と呼びます。ここでは、論理演算子を使用して、値が偶数か奇数かを判定します。And演算子で判定する仕組みは、次のようになります。

例えば、「5」は2進数で表すと「101」に、「4」は「100」となります。これと「1（001）」をAnd演算子でビット演算すると、次のようになります。

このように、偶数の場合は結果が「0」になり、奇数の場合は最初（右）の1桁のみ「1」となります。今回のサンプルは、この仕組みを利用しています。

▼ビット演算の仕組み

```
        101              100
And     001       And    001
------------      ------------
        001              000
```

1-4 ステートメント（条件分岐処理やループ処理など）

Tips 012 条件に応じた処理を行う

▶関連Tips
013
014

使用機能・命令 Ifステートメント

サンプルコード SampleFile Sample012.xlsm

```
Sub Sample012()
    Dim Num As Long
    Num = Range("B2").Value 'セルB2の値を変数に代入する
    If Num = 0 Then Exit Sub '変数numが0なら処理を終了する
    If Num >= 100 Then '変数の値が100以上か判定する
        MsgBox "販売数量は100以上です" '100以上の場合のメッセージ
    Else
        MsgBox "販売数量は100未満です" '100未満の場合のメッセージ
    End If
End Sub
```

❖ **解説**

このサンプルは、Ifステートメントを使用して、セルB2の値を判定します。まず、値が「0」の場合は処理を終了します。また、値が100以上かどうかを判定し、メッセージを表示します。

なお、Ifステートメントの条件には、Boolean値を返すプロパティやメソッドを指定することもできます。その場合、「If プロパティ = True Then」といった表記は「If True = True Then」という処理をしているのと同じになるので冗長です。

Trueかどうかを判定するのであれば、「If プロパティ Then」という記述となります。

▼Boolean値を返す場合は次の記述は冗長

| IF |Worksheets(1).Visible = True| Then | ワークシートが表示されている場合、この部分は「True = True」となるので意味がない |

•Ifステートメントの構文

If condition **Then**
　[statements]
[**Else**]
　[elsestatements]
[**End If**]

Ifステートメントは、conditionに指定した式がTrueの場合とFalseの場合で処理を分岐します。conditionがTrueの場合はstatementsを、False場合はelsestatementsを実行します。なお、Trueの場合の処理しかなく、その処理が1行で表せる場合は、次のように1行で記述することもできます。

If condition **Then** [statements]

1-4 ステートメント（条件分岐処理やループ処理など）

Tips 013 複数の条件を指定して処理を分岐する（1）

▶関連Tips 014

使用機能・命令 Ifステートメント／論理演算子

サンプルコード SampleFile Sample013.xlsm

```
Sub Sample013()
    Dim num As Long
    
    num = 8
    
    '変数numの値が8以上、10以下か判定する
    If num >= 8 And num <= 10 Then
        MsgBox "合格"      'Trueの場合のメッセージ
    End If
End Sub
```

❖ 解説

このサンプルでは、変数numの値が8以上かつ10以下かどうかを判定しています。条件が「AかつB」なので、And論理演算子を使用しています。このように論理演算子を使用することで、複数の条件を使用した条件分岐処理が可能です。

なお、論理演算子を使う場合は、論理演算子の優先順位にも気をつけてください。

例えば、「A And B Or C」という条件で、「B Or C」を先に判定したい場合は、次のようにカッコを使って記述します。

A And (B Or C)

• Ifステートメントの構文

If condition Then
[statements]
[Else]
[elsestatements]
[End If]

Ifステートメントと論理演算子を組み合わせることで、「AまたはB」「AかつB」といった複数の条件に応じた処理を行うことができます。「または」は「Or」演算子、「かつ」は「And」演算子を使用します。また、否定を表す場合は「Not」演算子を使用します。

1-4 ステートメント（条件分岐処理やループ処理など）

複数の条件を指定して処理を分岐する（2）

▶関連Tips
012
013
015

使用機能・命令 Ifステートメント

サンプルコード SampleFile Sample014.xlsm

```
Sub Sample014()
    Dim num As Long
    num = Range("A2").Value  'セルA2の値を変数に代入する
    If num >= 150 Then  '変数numの値が150以上かどうか判定する
        MsgBox "150以上です"  '150以上の場合のメッセージ
    ElseIf num >= 100 Then  '変数numの値が100以上かどうか判定する
        '100以上だった場合のメッセージ
        MsgBox "100以上、150未満です"
    Else
        MsgBox "100未満です"  'それ以外の場合のメッセージ
    End If
End Sub
```

❖ **解説**

「Aの時は○、AではなくBの時は△」といったように、複数の条件に応じた処理を行うには、ElseIf節を使います。

ここでは、セルA2に入力されている値を元に、条件に応じたメッセージを表示します。最初の条件判定で、値が150以上かを確認します。150以上ではない場合、さらにElseIf節で100以上か判定します。それぞれの結果に応じて、メッセージを表示します。

• **Ifステートメントの構文**

If condition Then
[statements]
[ElseIf condition Then]
[elsestatements]
[Else]
[elsestatements]
[End If]

複数条件で処理を分岐するには、IfステートメントのElseIf節を使用します。最初のconditionがFalseの場合、ElseIf節があると、その部分で再度条件判定を行います。ElseIf節は複数記述することができますが、あまり多いとプログラムの可読性が下がります。そのような場合には、Select Caseステートメントを使用します。

1-4 ステートメント（条件分岐処理やループ処理など）

Tips 015 複数の条件を判断して処理を分岐する（1）

▶関連Tips 014

使用機能・命令 Select Case ステートメント

サンプルコード SampleFile Sample015.xlsm

```
Sub Sample015()
    Dim num As Long
    num = Range("A2").Value 'セルA2の値を変数に代入する
    Select Case num '変数Numの値に応じた処理を行う
        Case Is >= 150 '150以上の場合
            MsgBox "150以上です"
        Case Is > 100
            MsgBox "100より大きく、150未満です"
        Case 100
            MsgBox "100です"
        Case Else 'それ以外の場合
            MsgBox "100未満です"
    End Select
End Sub
```

❖解説

Select Caseステートメントでは、値を判定する場合、値をそのまま指定するか、Isキーワードと比較演算子を使用します。ここでは、セルA2に入力されている値に応じてメッセージを表示します。

•Select Caseステートメントの構文

Select Case testexpression
[**Case** expressionlist-n
[statements-n]] ...
[**Case Else**
[elsestatements]]
End Select

Select Caseステートメントは、testexpressionに指定された式と、Case節を比較し、結果がTrueになればその節を実行します。なお、Case節に当てはまった場合、それ以降の処理は行われません。また、Case節に複数の条件を指定した場合、条件に当てはまる値があれば、それ以降の条件はチェックしません（ショートサーキットします）。

Tips 016 複数の条件を判断して処理を分岐する(2)

▶関連Tips 015

使用機能・命令 Select Case ステートメント

サンプルコード SampleFile Sample016.xlsm

```
Sub Sample016()
    Select Case True
        Case Range("A2").Value = "近藤"    'この式がTrueになれば、以下の処理を行う
            MsgBox "氏名は「近藤」です"
        Case Range("A2").Value Like "近藤*"  'この式がTrueになれば、以下の処理を行う
            MsgBox "氏名は「近藤」で始まります"
        Case Else
            MsgBox "条件に当てはまりませんでした"
    End Select
End Sub
```

❖ 解説

Case節に任意の式を指定し、処理を分岐します。Select Caseステートメントでは、最初の式にBoolean値を指定することで任意の式をCase節に指定し、柔軟な条件分岐処理が可能になります。

▼Case節の結果がTrueかFalseかを判定

Select Case `True` ← この式の結果と
    'この式がTrueになれば、以下の処理を行う
    Case `Range("A2").Value = "近藤"` ← この処理を比較し、結果がTrueになれば、その節を実行する

• Select Case ステートメントの構文

Select Case testexpression
[Case expressionlist-n
[statements-n]] ...
[Case Else
[elsestatements]]
End Select

Select Caseステートメントは、testexpressionに指定された式と、Case節を比較し、結果がTrueになればその節を実行します。testexpressionにBoolean値を指定して、Case節に具体的な判定式を記述することもできます。結果、Case節の値がTrue/Falseと等しいかどうかの判定を行うことになります。

1-4 ステートメント（条件分岐処理やループ処理など）

Tips 017 関数を使用して処理を分岐する

▶関連Tips 014

使用機能・命令 **IIf関数**

サンプルコード　SampleFile Sample017.xlsm

```
Sub Sample017()
    'セルA2の値が、100以上かどうかで異なるメッセージを表示する
    MsgBox IIf(Range("A2").Value >= 100, "100以上", "100未満")
End Sub
```

❖ 解説

IIf関数は、ExcelのIF関数と同じ処理を行うことができるVBA関数です。IfステートメントやSelect Caseステートメントと同じように使うことができますが、処理速度はIIf関数のほうが遅くなります。コードを簡潔に書きたい時などに使用しましょう。

ここでは、セルA2の値を判定しています。100以上の場合とそうでない場合で、異なるメッセージを表示します。なお、IIf関数の場合、指定した条件にかかわらず、Trueの場合の処理もFalseの場合の処理も評価されます。そのため、例えばFalseの時の処理がエラーになる処理で、条件の結果がTrueであってもエラーになるので注意してください。次のサンプルは、条件の結果はTrueですが、Falseの場合の処理に0除算の処理があるためエラーになります。

▼実行されないにもかかわらずエラーになるサンプル

```
Sub Sample017_2()
    MsgBox IIf(10 > 1, 10, 10 / 0)
End Sub
```

条件はTrueになるが、「10 / 0」の式が評価されエラーになる

▼実行結果

値に応じたメッセージが表示された

•IIf関数の構文

IIf(expr, truepart, falsepart)

IIf関数は条件に応じた処理を行う関数です。条件は引数exprに指定します。Trueの場合は引数truepartを、Falseの場合は引数falsepartを実行します。ExcelのIF関数と同じような処理が可能です。

Tips 018 特定の値によって処理を分岐する

▶関連Tips: 016, 017

使用機能・命令 Switch関数

サンプルコード SampleFile Sample018.xlsm

```
Sub Sample018()
    Dim num As Double
    num = Range("A2").Value 'セルA2の値を変数に代入する
    '条件に応じたメッセージを表示する
    MsgBox Switch(num >= 100, "100以上", num >= 50 _
        , "50以上", num >= 0, "0以上")
End Sub
```

▼実行時にエラーになるサンプル

```
Sub Sample018_2()
    MsgBox Switch(10 > 0, 10 * 2, 10 > 0, 10 / 0)
End Sub
```

❖ 解説

Switch関数は、Select Caseステートメントのようなイメージで処理ができます。ここでは、セルA2の値に応じたメッセージを表示します。

ただし、仮に実行されない式でも必ず評価されるため、エラーになる式が記述されている場合はエラーになります。2つ目のサンプルで確認してください。

・Switch関数の構文

Switch(expr-1, value-1[, expr-2, value-2 ... [, expr-n,value-n]])

Switch関数は、引数に指定した条件に応じた値または式を返すことができます。引数は、(条件1, 処理1,条件2,処理2,条件3,処理3・・・)のように記述します。条件は先頭から順に評価し、最初に当てはまった条件に対する値または式を返します。

ただし、Switch関数は指定した条件をすべて評価するため、実行されない処理でもエラーになる処理があれば、そのコードはエラーになります。

1-4 ステートメント（条件分岐処理やループ処理など）

Tips 019 条件を満たすまでループ処理を実行する

▶関連Tips
020
021
022

使用機能・命令 Do Loopステートメント

サンプルコード SampleFile Sample019.xlsm

```
Sub Sample019()
    Dim i As Long
    i = 1           '変数iに1を代入する
    Do Until i >= 5 '変数iが5以上になるまで処理を繰り返す
        MsgBox I    '変数iの値をメッセージボックスに表示する
        i = i + 1   '変数iの値を「1」加算する
    Loop
End Sub
```

❖ 解説

ここでは、変数iの値が「5」以上になるまで処理を繰り返します。

この時、変数iに注意してください。ループ内で、「i = i + 1」の処理で変数iに「1」を加算しないと、いつまでも変数iの値が「5」以上にならないため、ループ処理を終了することができません。

また、条件がDoキーワードの後にあるため、例えば最初に「i = 6」と変数iに「5」以上の値を代入した場合は、一度もメッセージは表示されません。なお、ループ処理から抜け出せなくなるケースを「無限ループ」と呼びます。もし、何らかの理由で無限ループになってしまった場合は、[Esc]キーまたは[Break]キーを押して処理を中断してください。ループ処理を使用する場合、この無限ループに注意してください。

•Do Loopステートメントの構文

Do [{While | Until} condition]
[statements]
[Exit Do]
[statements]
Loop [{While | Until} condition]

Do Loopステートメントはループ処理を行います。指定した条件（condition）を満たすまで処理を繰り返す場合はUntilキーワードを、条件を満たしている間処理を繰り返す場合はWhileキーワードを使用します。また、Doキーワードに続けて条件を記述すればループ処理の前に判定を行い、Loopキーワードに続けて記述すればループ処理の最後に行います。

そのため、Doキーワードに続けて条件を指定した場合は繰り返し処理が全く行われない場合もあります。逆にLoopキーワードに続けて条件を指定した場合は、少なくとも1回はループ内の処理が行われます。なお、途中で処理を抜ける場合は「Exit Do」を記述します。

Tips 020 条件を満たす間、ループ処理を実行する

▶関連Tips
019
021

使用機能・命令 Do Loopステートメント

サンプルコード SampleFile Sample020.xlsm

```
Sub Sample020()
    Dim i As Long
    i = 1           '変数iに6を代入する
    Do While i < 5  '変数iが5未満の間、処理を繰り返す
        MsgBox i    '変数iの値をメッセージボックスに表示する
        i = i + 1   '変数iの値を「1」加算する
    Loop
End Sub
```

❖ 解説

ここでは、変数iの値が「5」未満の間、処理を繰り返します。

この時、変数iに注意してください。ループ内で、「i = i + 1」の処理で変数iに「1」を加算しないと、いつまでも変数iの値が「5」以上にならないため、ループ処理を終了することができません。

また、条件がDoキーワードの後にあるため、例えば最初に「i = 6」と変数iに「5」以上の値を代入した場合は、一度もメッセージは表示されません。なお、ループ処理から抜け出せなくなるケースを「無限ループ」と呼びます。もし、**何らかの理由で無限ループになってしまった場合は、[Esc]キーまたは[Break]キーを押して処理を中断してください**。ループ処理を使用する場合、この無限ループに注意してください。

• **Do Loopステートメントの構文**

Do [{While | Until} condition]
[statements]
[Exit Do]
[statements]
Loop [{While | Until} condition]

Do Loopステートメントはループ処理を行います。指定した条件（condition）を満たすまで処理を繰り返す場合はUntilキーワードを、条件を満たしている間処理を繰り返す場合はWhileキーワードを使用します。

また、Doキーワードに続けて条件を記述すればループ処理の前に判定を行い、Loopキーワードに続けて記述すればループ処理の最後に行います。

なお、**途中で処理を抜ける場合は「Exit Do」を記述します**。

1-4 ステートメント（条件分岐処理やループ処理など）

Tips 021 少なくとも1回はループ処理を実行する

▶関連Tips
019
020
022

使用機能・命令 Do Loop ステートメント

サンプルコード SampleFile Sample021.xlsm

```
Sub Sample021()
    'InputBox関数の戻り値を代入するための変数を宣言する
    Dim msg As Variant

    '繰り返し処理を開始する
    Do
        'InputBoxを表示する
        msg = InputBox("ユーザー名を入力")
    '入力された文字が「Admin」か「キャンセル」がクリックされるまで処理を繰り返す
    Loop Until msg = "Admin" Or StrPtr(msg) = 0
End Sub
```

❖ 解説

ここでは、メッセージボックス表示し、「Admin」と入力されるか、「キャンセル」がクリックされるまで処理を繰り返します。ループ処理の終了条件をLoopキーワードの後に記述しているので、インプットボックスは必ず一度は表示されます。このように、必ず一度は処理を行い、必要に応じて繰り返し処理を行う場合には、Loopキーワードの後にループ処理の終了条件を記述します。

▼実行結果

必ず一度は表示される
インプットボックス

• Do Loop ステートメントの構文

Do [{While | Until} condition]
[statements]
[Exit Do]
[statements]
Loop [{While | Until} condition]

Do Loopステートメントはループ処理を行います。最低1回は処理を行う場合、Loopキーワードに続けて条件を指定します。

1-4 ステートメント（条件分岐処理やループ処理など）

回数を指定してループ処理を実行する

▶関連Tips
019
023

使用機能・命令 For Nextステートメント

サンプルコード SampleFile Sample022.xlsm

```
Sub Sample022()
    Dim i As Long
    For i = 1 To 5 Step 2 'ループ処理を行う
        'セルの色を設定する
        Cells(i + 1, 1).Interior.Color _
            = RGB(100, 200, 255)
    Next
End Sub
```

❖ 解説

ここでは、For Nextステートメントのstepに「2」を指定することでA列のデータを1行おきに塗りつぶします。

▼この表に対して処理を行う　　▼実行結果

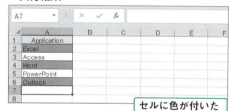

1行おきにセルを塗りつぶす　　セルに色が付いた

● For Nextステートメントの構文

For counter = start To end [Step step]
[statements]
[Exit For]
[statements]
Next [counter]

For Nextステートメントは、counterの値がendになるまで処理を繰り返します。結果、指定した回数だけ処理を繰り返します。startにはcounterの初期値を、endには終了値を、stepはcounterに追加される値を指定します。stepを省略した場合、counterには「1」が加算されます。マイナスの値を指定することもできます。なお、ループを1回処理するごとに、counterの値は自動的に加算されます。また、counterに使用する変数をカウンタ変数と呼び、iを使うのが一般的です（複数使う場合は、j、kとアルファベット順に使います）。

1-4 ステートメント（条件分岐処理やループ処理など）

コレクションを対象にループ処理を実行する

▶関連Tips 022

使用機能・命令 For Each Nextステートメント

サンプルコード SampleFile Sample023.xlsm

```
Sub Sample023()
    Dim sh As Worksheet, temp As Worksheet
    '現在のブックのワークシートを対象にループ処理を行う
    For Each temp In ThisWorkbook.Worksheets
        'ワークシート名が「Sheet3」か判定する
        If temp.Name = "Sheet3" Then
            '「Sheet3」ワークシートが見つかった場合の処理
            MsgBox "「Sheet3」ワークシートが見つかりました"
            Exit For 'ループ処理を抜ける
        End If
    Next
End Sub
```

❖ 解説

ここでは、For Each Nextステートメントを使用して、すべてのワークシートを対象にワークシート名をチェックしています。「Sheet3」ワークシートがあればメッセージを表示し、Exit Forステートメントでループ処理を抜け、処理を終了します。なお、ワークシート名はNameプロパティで取得しています。

▼実行結果

ワークシートが見つかり、メッセージが表示された

•For Each Nextステートメントの構文

For Each element In group
[statements]
[Exit For]
[statements]
Next [element]

For Each Nextステートメントは、groupにコレクションを指定して、コレクションの各要素に対してループ処理を行うことができます。groupに指定したコレクションすべてに対して処理を行いますが、処理順序がどうなるかは保証されていません。

Tips 024 ループ処理から抜け出す

▶関連Tips
019
022
023

使用機能・命令 Exit ステートメント

サンプルコード SampleFile Sample024.xlsm

```
Sub Sample024()
    'InputBox関数の戻り値を代入するための変数を宣言する
    Dim temp As String
    
    'ループ処理を開始する
    Do
        'InputBoxを表示する
        temp = InputBox("ユーザー名を入力")
        'InputBoxに入力に入力された値が「Admin」かチェックする
        If temp = "Admin" Then
            '入力された値が「Admin」の場合はループ処理を抜ける
            Exit Do
        End If
    Loop
    MsgBox "処理が終了しました", vbInformation
End Sub
```

❖ 解説

ここでは、InputBox関数を使用して、入力された文字をチェックします。入力された文字が「Admin」になるまでInputBoxを繰り返して表示します。なお、このサンプルでは、Do Loopステートメントで、Until キーワード、While キーワードのどちらも使用していない点に注意してください。正しい値（Admin）が入力されるまで処理を繰り返し続けます。

▼InputBoxが繰り返し表示される

正しい値（Admin）が入力されるまで、繰り返し表示される

• Exitステートメントの構文

Exit For(Do/Sub/Function/Property)

Exitステートメントは、ループ処理やプロシージャの処理で、途中で処理を抜け出す時に使用します。ループ処理を途中で終了したり、プロシージャを途中で抜けだして、プログラムを終了したりすることができます。

1-4 ステートメント（条件分岐処理やループ処理など）

Tips 025 無限ループを使用する

▶関連Tips 024

使用機能・命令 Do Loop ステートメント

サンプルコード SampleFile Sample025.xlsm

```
Sub Sample025()
    Dim temp As String
    On Error Resume Next    'エラー処理を開始する
    Do
        'ワークシート名を入力するダイアログボックスを表示する
        temp = Application.InputBox("ワークシート名を入力")
        Worksheets(1).Name = temp    'ワークシート名を変更する
        If Err.Number <> 0 Then    'エラーが起きたかチェックする
            MsgBox "指定したワークシート名が正しくありません" & vbLf _
                & "再度設定してください"    'エラーが発生した場合のメッセージ
        Else
            Exit Do    'エラーが発生しなかった場合、ループ処理を抜ける
        End If
        Err.Clear    'エラーをクリアする
    Loop
End Sub
```

❖ 解説

　ここでは、ワークシート名を変更する際に、InputBoxに入力された値を使います。ワークシート名を表すName プロパティは、既存のワークシート名と同じ名前や使用できない文字を指定するとエラーなることを利用して、ループ処理内で、正しいワークシート名が設定されるまで処理を繰り返しています。正しいワークシート名が設定された時点で、Exit Do ステートメントを使用してループ処理を抜けます。

•Do Loop ステートメントの構文

Do [{While | Until} condition]
[statements]
[Exit Do]
[statements]
Loop [{While | Until} condition]

　無限ループとは、ループ処理の終了条件を満たすことがないため、ループ処理を抜け出せなくなることを指します。Do Loopステートメントは、終了条件を正しく指定しないと、その処理は無限に続く無限ループになります。この無限ループは、ループ処理を学ぶ際に「そうならないように気をつけること」とされます。しかし、IfステートメントとExit Doステートメントを使用することで、無限ループが逆に柔軟なプログラムとなります。

1-4 ステートメント（条件分岐処理やループ処理など）

Tips 026 再帰処理を行う

▶関連Tips 157

使用機能・命令 Functionプロシージャ

サンプルコード SampleFile Sample026.xlsm

```
Sub Sample()
    '1から10までの合計をメッセージボックスに表示する
    'カッコ内の値を変えると、指定した値までの合計を求めることができる
    MsgBox Sample2(10)
End Sub

Function Sample2(ByVal num As Long) As Long
    If num <= 1 Then   '再帰処理の終了条件
        Sample2 = 1
    Else
        '再帰的に計算を行う
        Sample2 = num + Sample2(num - 1)
    End If
End Function
```

❖ 解説

ここでは、再帰処理を使って、サブフォルダを含むファイルの検索を行っています。再帰処理を使うことで、指定したフォルダ内のサブフォルダを含むすべてのファイルを検索することができます。

• Functionプロシージャの構文

[Public | Private | Friend] [Static] Function name [(arglist)] [As type]
[statements]
[name = expression]
End Function

<u>再帰処理とは、プロシージャ内で自らのプロシージャを呼び出す処理を言います</u>。再帰処理を使用すると、同じ演算を繰り返す場合などにプログラムを簡潔に記述することができますが、再帰処理から抜け出す条件を適切に指定しないとエラーになります。Functionプロシージャ内で、自分自身のプロシージャを呼び出すことで再帰処理を行うことができます。

1-5 メッセージの表示（メッセージボックスやインプットボックスの利用など）

メッセージボックスに複数のボタンを表示する

▶関連Tips
028
029

使用機能・命令 MsgBox関数

サンプルコード SampleFile Sample027.xlsm

```
Sub Sample027()
    MsgBox "処理を続けますか？", vbYesNo + vbInformation
End Sub
```

❖ 解説

このサンプルでは、メッセージボックスに「はい」と「いいえ」の2つのボタンを表示しています。また、情報アイコンも表示しています。
MsgBox関数には、この様に複数のボタンを表示することができます。
なお、MsgBox関数に指定できる値は次のようになります。

◇ MsgBox関数の設定項目

指定項目	説明
prompt	メッセージとして表示する文字列を示す文字式を指定する。半角で1,024文字までになる。vbCrLfを利用することで、メッセージを改行することもできる
buttons（省略可）	表示されるボタンの種類と個数、使用するアイコンのスタイル、標準ボタンなどを指定する。複数指定することも可能。省略すると「0」になる
title（省略可）	タイトルバーに表示する文字列を指定する。省略すると、アプリケーション名が表示される
helpfile（省略可）	ダイアログボックスに状況依存のヘルプを設定するために、使用するヘルプファイルを指定する。引数helpfileを指定した場合は、引数contextも指定する
context（省略可）	ヘルプトピックに指定したコンテキスト番号を表す数式を指定する。引数contextを指定した場合は、引数helpfileも指定する

◇ 引数buttonsに指定する定数と値
[ボタンの種類]

定数	値	内容
vbOKOnly（規定値）	0	[OK]ボタンのみを表示する
vbOKCancel	1	[OK]ボタンと[キャンセル]ボタンを表示する
vbAbortRetryIgnore	2	[中止]、[再試行]、および[無視]の3つのボタンを表示する
vbYesNoCancel	3	[はい]、[いいえ]、および[キャンセル]の3つのボタンを表示する
vbYesNo	4	[はい]ボタンと[いいえ]ボタンを表示する
vbRetryCancel	5	[再試行]ボタンと[キャンセル]ボタンを表示する

[アイコンの種類]

vbCritical	16	警告アイコンを表示する
vbQuestion	32	問い合わせアイコンを表示する
vbExclamation	48	注意アイコンを表示する
vbInformation	64	情報メッセージ アイコンを表示する

[標準ボタンの設定]

vbDefaultButton1（規定値）	0	第1ボタンを標準ボタンにする
vbDefaultButton2	256	第2ボタンを標準ボタンにする
vbDefaultButton3	512	第3ボタンを標準ボタンにする
vbDefaultButton4	768	第4ボタンを標準ボタンにする

[モーダルの設定]

vbApplicationModal（規定値）	0	アプリケーションモーダルに設定する。メッセージボックスに応答するまで、Excelの操作ができない
vbSystemModal	4096	システムモーダルに設定する。メッセージボックスに応答するまで、すべてのアプリケーションの操作ができない

[その他]

vbMsgBoxHelpButton	16384	ヘルプ ボタンを追加する
VbMsgBoxSetForeground	65536	最前面のウィンドウとして表示する
vbMsgBoxRight	524288	テキストを右寄せで表示する
vbMsgBoxRtlReading	1048576	テキストを、右から左の方向で表示する

◈ MsgBox関数の戻り値

定数	値	説明
vbOK	1	[OK]
vbCancel	2	[キャンセル]
vbAbort	3	[中止]
vbRetry	4	[再試行]
vbIgnore	5	[無視]
vbYes	6	[はい]
vbNo	7	[いいえ]

・MsgBox関数の構文

MsgBox(prompt[, buttons] [, title] [, helpfile, context])

ユーザー独自のメッセージを表示したダイアログボックスを表示するには、MsgBox関数を使用します。これをメッセージボックスと呼びます。必要に応じてボタンを配置し、ボタンごとに処理を分けたり、メッセージと併せてアイコンを表示したりすることができます。

Tips 028 クリックしたボタンで処理を分岐する

▶関連Tips 027

使用機能・命令 MsgBox関数

サンプルコード SampleFile Sample028.xlsm

```
Sub Sample028()
    'MsgBox関数の戻り値がvbYesかどうか判定する
    If MsgBox("セルA1の値は「" & Range("A1").Value _
        & "」でよろしいですか?", vbYesNo + vbInformation) = _
        vbYes Then
        '「はい」がクリックされた場合のメッセージ
        MsgBox "「" & Range("A1").Value & "」でOKです"
    Else
        '「いいえ」がクリックされた場合のメッセージ
        MsgBox "「" & Range("A1").Value & "」ではありません"
    End If
End Sub
```

❖ 解説

ここでは、引数buttonsにvbYesNoを指定し、メッセージボックスに「はい」と「いいえ」の2種類のボタンを表示します。そして、MsgBox関数の戻り値によって処理を分岐します。

なお、MsgBox関数に設定する項目を「vbYesNo + vbInformation」のように「+」演算子を使って指定できるのは、設定項目の組み込み定数が加算しても重複しないようになっているためです。

▼MsgBox関数に設定できる値を加算できる理由

vbYesNo + vbInformation

「vbYesNo」は「4」、「vbInformation」は「64」となる。合計「68」という値を持つ組み込み定数はMsgBox関数にはない

▼実行結果

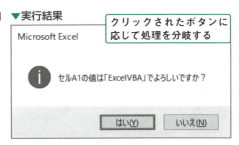

クリックされたボタンに応じて処理を分岐する

• **MsgBox関数の構文**

MsgBox(prompt[, buttons] [, title] [, helpfile, context])

MsgBox関数は、ユーザー独自のメッセージを表示したダイアログボックスを表示します。また、複数のボタンを配置することができます。MsgBox関数の引数については、Tips027を参照してください。

Tips 029 MsgBox関数をカスタマイズする

▶関連Tips 027 044

使用機能・命令 MsgBox関数／Functionプロシージャ（→Tips044）

サンプルコード SampleFile Sample029.xlsm

```
Sub Sample029()
    'カスタマイズしたMsgBox関数を呼び出す
    MsgBox "処理を続けますか？"
End Sub

Function MsgBox(ByVal msg As String) As VbMsgBoxResult
    '「はい」「いいえ」の2つのボタンと
    '情報アイコンのあるメッセージボックスを表示する
    MsgBox = VBA.MsgBox(msg, vbYesNo + vbInformation)
End Function
```

❖ 解説

MsgBox関数を頻繁に使用するプログラムで、MsgBox関数に表示するボタンやアイコンが決まっているのであれば、MsgBox関数をカスタマイズして、特定のボタンやアイコンをデフォルトで表示させることができます。

ここでは、MsgBoxというFunctionプロシージャを用意しています。このプロシージャは引数にメッセージボックスに表示するメッセージだけを受け取ります。そして、実際の処理ではVBAのもともとのMsgBox関数をボタンやアイコンの設定付きで表示します。

なお、プログラム中でもともとのMsgBox関数を使用する場合は、Functionプロシージャ内にあるように「VBA.MsgBox」とします。

▼実行結果

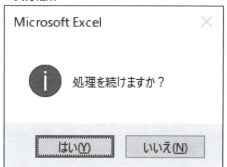

単に表示する文字を指定するだけで、このようなメッセージボックスが表示される

・MsgBox関数の構文

MsgBox(prompt[, buttons] [, title] [, helpfile, context])

MsgBox関数は、ユーザー独自のメッセージを表示したダイアログボックスを表示します。複数のボタンを配置することができます。MsgBox関数の引数については、Tips027を参照してください。

1-5 メッセージの表示（メッセージボックスやインプットボックスの利用など）

入力用のダイアログボックスを表示する（1）

▶関連Tips 024 031

使用機能・命令 InputBox関数

サンプルコード SampleFile Sample030.xlsm

```
Sub Sample030()
    Dim temp As String
    'インプットボックスを表示し、入力された値を変数に代入する
    temp = InputBox("検索する顧客名（苗字）を入力")

    'キャンセルボタンがクリックされたか判定する
    If StrPtr(temp) = 0 Then
        MsgBox "キャンセルされました"
        Exit Sub
    End If

    On Error Resume Next    'エラー処理を開始する
    'セルA1～A5の範囲を検索し、データが見つかった場合そのセルを
    'アクティブにする
    Range("A1:A5").Find(temp).Activate

    If Err.Number <> 0 Then
        '見つからなかった場合、メッセージを表示する
        MsgBox "見つかりません"
    End If
End Sub
```

❖ 解説

　ここでは、インプットボックスに入力された値をセルA1～A5の範囲で検索し、見つかった場合はそのセルをアクティブにしています。

　また、**インプットボックスの［キャンセル］ボタンがクリックされると、「値0の文字列」という特殊な文字列を返します**。このことを利用して、［キャンセル］ボタンがクリックされたことをStrPtr関数を使って判定しています。**StrPtr関数は、引数に「値0の文字列」が指定されたときのみ「0」を返す特殊な関数**です。

　また、検索を行うFindメソッドは、対象が見つからなかった場合、Nothingを返します。そのため、Activateメソッドを実行するとエラーになるので、エラー処理を行っています。

　InputBox関数に指定する値は、次のとおりです。

1-5 メッセージの表示（メッセージボックスやインプットボックスの利用など）

◆ InputBox関数の設定項目

指定項目	説明
prompt	メッセージとして表示する文字列を指定する。文字数は半角で1,024。vbCrLfを利用することで改行することが可能
title（省略可）	タイトルバーに表示する文字列を指定する。省略すると、タイトルバーにはアプリケーション名が表示される
default（省略可）	テキストボックスに既定値として表示する文字列を指定する。省略するとテキストボックスは空欄になる
xpos（省略可）	画面の左端からダイアログボックスの左端までの水平方向の距離を、twip単位で指定する。省略すると、水平方向に対して画面の中央の位置に配置される
ypos（省略可）	画面の上端からダイアログボックスの上端までの垂直方向の距離を、twip単位で指定する。省略すると、ダイアログボックスは垂直方向に対して画面の上端から約1/3の位置に配置される
helpfile（省略可）	ダイアログボックスに状況依存のヘルプを設定するために、使用するヘルプファイルを指定する。引数helpfileを指定した場合は、引数contextも指定する
context（省略可）	ヘルプトピックに指定したコンテキスト番号を表す数式を指定する。引数contextを指定した場合は、引数helpfileも指定する

▼文字入力用のインプットボックスを表示する

検索する文字を入力する

▼実行結果

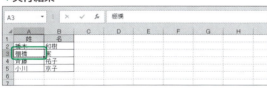

入力した値が検索された

- **InputBox関数の構文**

InputBox(prompt[, title] [, default] [, xpos] [, ypos] [, helpfile, context])

　InputBox関数を利用すると、ユーザーがデータを入力できるテキストボックスを持ったダイアログボックスを表示することができます。これをインプットボックスと呼びます。テキストボックスに入力された値は、文字列型のデータとなります。

1-5 メッセージの表示（メッセージボックスやインプットボックスの利用など）

入力用のダイアログボックスを表示する（2）

▶関連Tips
004
030

使用機能・命令 **InputBox メソッド**

サンプルコード SampleFile Sample031.xlsm

```
Sub Sample031()
    Dim temp As Range

    On Error Resume Next
    'セル選択を行うインプットボックスを表示し、選択された
    'セル範囲への参照を変数に代入する
    Set temp = Application.InputBox _
        ("削除する範囲を選択", Type:=8)

    '「キャンセル」されたか判定する
    If Err.Number <> 0 Then
        MsgBox "キャンセルされました"
        Exit Sub
    End If
    '選択したセル範囲の値をクリアする
    temp.ClearContents
End Sub
```

❖ 解説

　ここでは、セル範囲を選択できるインプットボックスを使ってセル範囲を選択し、「OK」ボタンをクリックすると、そのセル範囲のデータをクリアします。ただし、「キャンセル」ボタンをクリックした時には変数tempに代入する箇所でエラーになります。

　そのため、このサンプルではOn Errorステートメントを利用して、エラーが起きた場合は「キャンセル」されたとして、処理を終了しています。

　また、次のサンプルは引数Typeに2を指定して、文字列を入力するインプットボックスを表示します。この場合は「キャンセル」ボタンがクリックされるとFalseが返るので、VarType関数を使ってチェックしています。

1-5 メッセージの表示（メッセージボックスやインプットボックスの利用など）

▼文字列を入力する場合の「キャンセル」判定

```
Sub Sample031_2()
    Dim temp As Variant

    '文字列を入力するインプットボックスを表示する
    temp = Application.InputBox("文字列を入力", Type:=2)
    '「キャンセル」されたか判定する
    If VarType(temp) = vbBoolean Then
        MsgBox "キャンセルされました"
        Exit Sub
    End If
    '入力された文字をメッセージボックスに表示する
    MsgBox "入力された文字：" & temp
End Sub
```

InputBoxメソッドに指定する項目は次のとおりです。

◆ InputBoxメソッドの設定項目

名前	説明
Prompt	表示するメッセージを指定する。この引数には、文字列、数値、日付、またはブール値を指定できる
Title	ダイアログボックスのタイトルを指定する。省略すると、既定値の"入力"がタイトルバーに表示される
Default	テキストボックスに表示する初期値を指定する。省略すると、テキストボックスには何も表示されない
Left	画面の左上隅を基準として、ダイアログボックスの左端までの水平方向の距離をポイント単位で指定する
Top	画面の左上隅を基準として、ダイアログボックスの上端までの垂直方向の距離をポイント単位で指定する
HelpFile	ダイアログ ボックスで使うヘルプファイルの名前を指定する。引数HelpFileと引数HelpContextIDが共に指定されていれば、ダイアログボックス内に[ヘルプ]ボタンが表示される
HelpContextID	引数HelpFileで指定したヘルプファイル内のヘルプトピックのコンテキストID番号を指定する
Type	返されるデータの型を指定する。省略すると、ダイアログボックスは文字列を返す

◆ 引数Typeに指定する値

値	意味	値	意味
0	数式	8	セル参照（Rangeオブジェクト）
1	数値	16	#N/Aなどのエラー値
2	文字列	64	数値配列
4	論理値（True/False）		

1-5 メッセージの表示（メッセージボックスやインプットボックスの利用など）

▼インプットボックスでセル範囲を指定

セル範囲を選択できる

▼実行結果

選択した範囲のデータがクリアされた

•InputBoxメソッドの構文

object.InputBox(Prompt, Title, Default, Left, Top, HelpFile, HelpContextID,Type)

InputBoxメソッドを利用すると、データを入力するためのテキストボックスのあるダイアログボックスを表示させることができます。InputBox関数と異なり、入力されるデータは引数Typeで指定することができ、指定したデータ型以外のデータが入力されると、[OK]ボタンを押したときにエラーメッセージが表示されます。

Tips 032 配列や2次元配列を宣言する

関連Tips 001

使用機能・命令 Dimステートメント

サンプルコード SampleFile Sample032.xlsm

```
Sub Sample032()
    Dim AppName(2) As String '要素数が「3」の配列を宣言する
    '3 x 1の要素数の配列を宣言する
    Dim temp(1 To 3, 1 To 1) As Variant
    
    Dim i As Long
    For i = 0 To 2 '処理を3回繰り返す
        '配列の各要素にA列の値を代入する
        AppName(i) = Cells(i + 2, 1).Value
    Next
    '2次元配列のそれぞれの要素に値を代入する
    temp(1, 1) = "Excel"
    temp(2, 1) = "Access"
    temp(3, 1) = "Word"
    
    '配列の2番目のデータと2次元配列の最初のデータを
    'メッセージボックスに表示する
    MsgBox "配列の2番目：" & AppName(1) & vbCrLf _
        & "2次元配列の最初：" & temp(1, 1)
End Sub
```

❖ 解説

ここでは、2つの配列を作成します。1つは1次元配列、もう1つは2次元配列です。

最初に、1次元配列の処理を行います。変数AppNameは要素数が「3」の配列です。**配列のインデックス番号は特に指定しない限り「0」から始まります**。このように「AppName(2)」とすると、「0」～「2」までの3つの要素を持つ配列が宣言されたことになります。この配列にループ処理を使ってA列のデータを格納します。

次に2次元配列の処理を行います。変数tempは配列の要素を表すインデックス番号の最初の値を「1」にしています。この様に配列のインデックス番号は開始番号を指定することもできます。ここでは「temp(1 To 3, 1 To 1)」として、1次元目の要素数が「3」、2次元目の要素数が「1」の2次元配列を用意し、それぞれの要素に値を代入します。

最後に、それぞれの配列の指定した要素のデータをメッセージボックスに表示します。

1-6 配列（配列の宣言や動的配列、配列に関する関数の利用など）

▼実行結果

配列のそれぞれの値が表示された

•Dimステートメントの構文

Dim varname[([subscripts [lower To] upper [, [lower To] upper]])] [As type]

　配列変数を宣言するには、通常の変数同様Dimステートメントを利用します。配列変数は、配列に格納するデータ（要素）の数を決めて宣言し、この「要素」はインデックス番号で管理されます。なお、原則インデックス番号は「0」から始まります。そのため、要素数を「3」にしたい場合は「0」〜「2」までのインデックス番号が利用されます。したがって、配列変数を宣言する際も、実際に用意したい要素数から「-1」した数を指定します。

　なお、(4 To 10)のように範囲を指定して宣言することもできます。また、Variant型の変数にセル範囲の値を代入すると、自動的に2次元配列が作成されます。この場合のインデックス番号は、「1」から始まります。

Tips 033 配列のインデックス番号の最小値を1に設定する

▶関連Tips: 032, 034

使用機能・命令 Option Base ステートメント

サンプルコード SampleFile Sample033.xlsm

```vba
Option Base 1 '配列のインデックス番号の最小値を1にする

Sub Sample033()
    Dim AppName(3) As String '要素数「3」の配列を宣言する
    Dim i As Long
    For i = 1 To 3 '3回処理を繰り返す
        '配列にA列のデータを代入する
        AppName(i) = Cells(i + 1, 1).Value
    Next
    '配列の2番目のデータをメッセージボックスに表示する
    MsgBox "2番目のアプリケーション名：" _
        & AppName(2)
End Sub
```

❖ 解説

ここでは、Option Baseステートメントを使用して、配列のインデックス番号の最小値を「1」にしています。そのため、要素数が3の配列を宣言する際、「AppName(3)」としています。宣言した配列にループ処理を使用して、A列の値を代入します。この時、ループ処理で使用する変数iの値も「1」から始めています（ただし、配列に代入したいセルの値はセルA2から始まっているため「Cells(i + 1, 1).Value」としています）。最後に、配列の2番目のデータをメッセージボックスに表示します。

▼実行結果

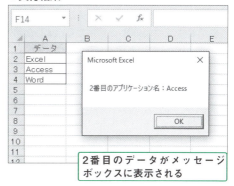

2番目のデータがメッセージボックスに表示される

• Option Base ステートメントの構文

Option Base 0/1

配列のインデックス番号の開始値は、既定では「0」です。ただし、Option Baseステートメントを利用すると開始値を「1」に指定することができます。Option Baseステートメントは、モジュールの宣言セクションで宣言します。

1-6 配列（配列の宣言や動的配列、配列に関する関数の利用など）

Array関数で配列に値を格納する

▶関連Tips
033
035

使用機能・命令 Array関数

サンプルコード SampleFile Sample034.xlsm

```
Option Base 1      '配列のインデックス番号の最小値を1にする

Sub Sample034()
    Dim temp As Variant  '配列を格納する変数を用意する
    Dim i As Long

    '変数tempに配列を代入する
    temp = Array("Excel", "Access", "Word")
    '3回処理を繰り返す
    For i = 1 To 3
        'A列に配列のデータを入力する
        Cells(i + 1, 1).Value = temp(i)
    Next
End Sub
```

❖ 解説

ここでは、Array関数を使用して作成した配列をVariant型の変数に代入しています。そして、その値を、ループ処理を使ってセルA2以降に入力します。なお、このサンプルは「Option Base 1」の記述があるため、配列のインデックス番号は「1」から始まります。

▼セルA2以降に値を入力する　　　　　　　　▼実行結果

入力する値は配列を利用する　　　　　　　　値が入力された

・Array関数の構文

varname = Array(arglist)

Array関数は、関数の引数に指定した複数の値から配列を生成します。生成した配列はVariant型の変数に格納します。なお、一部のヘルプには、「Array関数を使用して作成した配列のインデックスの最小値は、常に 0 です。ほかの種類の配列とは異なり、Option Baseステートメントに最小値を指定しても影響を受けません。」という記述がありますが、これは間違いです。**Option Baseステートメントの影響を受けます。**

Tips 035 Join関数で配列の値をまとめる

▶関連Tips 032 034

使用機能・命令 Join関数

サンプルコード SampleFile Sample035.xlsm

```
Sub Sample035()
    Dim temp(2) As String    '要素数3の配列を宣言する
    Dim i As Long

    For i = 0 To 2    '処理を3回繰り返す
        'A列の値を配列に代入する
        temp(i) = Cells(i + 2, 1).Value
    Next

    'Join関数で配列のデータをカンマ区切りで連結し、
    'メッセージボックスに表示する
    MsgBox "A列のデータ：" & vbCrLf & Join(temp, vbCrLf)

End Sub
```

❖ 解説

Join関数は配列の値を結合します。ここでは、セルA2〜A4の値を一旦配列に代入し、その配列の値をJoin関数を使用して、改行で区切られた文字列としてメッセージボックスに表示します。

このように、Join関数では、区切り文字にvbCrLfを指定することで、改行を入れることができます。

▼実行結果

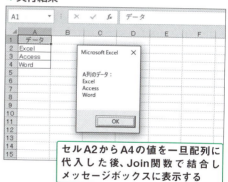

セルA2からA4の値を一旦配列に代入した後、Join関数で結合しメッセージボックスに表示する

• Join関数の構文

Join(sourcearray[,delimiter])

Join関数は、引数sourcearrayに指定した1次元配列の値を結合した値を返します。値の区切り文字を指定することも可能です。区切り文字を省略するとスペースで区切られます。また、区切り文字が不要の場合は「""」を指定します。

1-6 配列（配列の宣言や動的配列、配列に関する関数の利用など）

Tips 036 Split関数で配列に値を格納する

▶関連Tips
033
035

使用機能・命令 Split関数

サンプルコード SampleFile Sample036.xlsm

```
Option Base 1 '配列のインデックス番号の最小値を1にする

Sub Sample036()
    Dim temp As Variant
    Dim i As Long
        '文字列をカンマで区切って配列にする
    temp = Split("Excel,Access,Word", ",")
        For i = 0 To 2    '処理を3回繰り返す
        '配列の各要素をセルA2以降に入力する
        Cells(i + 2, 1).Value = temp(i)
    Next
End Sub
```

❖ 解説

ここでは、Split関数を使用して、文字列「"Excel,Access,Word"」をカンマで区切って配列に代入します。この時「Option Base 1」としていますが、Split関数は「Option Base」ステートメントの影響を受けないため、インデックス番号は「0」から始まります。そのため、配列の各要素をセルA2以降に入力するためのループ処理で、カウンタ変数iが「0」から始まっています。

▼この表のセルA2以降に値を入力する

入力する値は、配列の各要素を使用する

▼実行結果

データが入力された

• Split関数の構文

Split(expression[,delimiter[,limit[,compare]]])

Split関数は、引数expressionに指定した文字列を、引数delimiterに指定した区切文字で分割し、1次元配列に格納します。引数delimiterを省略した場合は、半角スペースが区切り文字として使用されます。引数limitには、分割する配列の要素数の上限を指定します。例えば、引数「limit」に「2」を指定した場合、2番目の要素以降は区切り文字を無視し、1つの文字列として扱われます。

Tips 037 動的配列を定義する

▶関連Tips 001

使用機能・命令 ReDimステートメント

サンプルコード SampleFile Sample037.xlsm

```vb
Sub Sample037()
    Dim temp() As String    '要素数が未定の配列を宣言する
    Dim i As Long
    
    '配列の要素を「2」にする
    ReDim temp(1)
    temp(0) = "Excel"
    temp(1) = "Access"
    
    '再度配列の要素数をPreserveキーワードなしで変更する
    ReDim temp(2)
    temp(2) = "Word"
    
    '配列の各要素をメッセージボックスに表示する
    MsgBox "0番目:" & temp(0) & vbCrLf _
        & "1番目:" & temp(1) & vbCrLf _
        & "2番目:" & temp(2)
    
    '再度配列の要素数をPreserveキーワードありで変更する
    ReDim Preserve temp(3)
    temp(3) = "PowerPoint"
    
    '配列の各要素をメッセージボックスに表示する
    MsgBox "0番目:" & temp(0) & vbCrLf _
        & "1番目:" & temp(1) & vbCrLf _
        & "2番目:" & temp(2) & vbCrLf _
        & "3番目:" & temp(3)
    
End Sub
```

❖ 解説

ここでは、ReDimステートメントを使って配列の要素数を後から決めています。この時、Preserveキーワードを使用した場合と、使用しない場合の2つの方法を比較しています。

2回目のReDimステートメントではPreserveキーワードを使用していないため、その前に配列に代入した値は消去されます。3回目のReDimステートメントでは、Preserveキーワードを使用しているため、直前に代入した値は保持されます。

ただし、処理の度に配列の要素数を変更すると、処理時間がかかります。可能であれば、要素数が最大でいくつになるかをチェックし、ReDimステートメントを使うのは1回にすると良いでしょう。

サンプルの実行結果は次のようになります。最初の図では、Preserveキーワードを使用しないで、配列の要素を増やし、2番目に「Word」という文字を代入しました。そのため、最初の2つの要素はクリアされてしまっています。

2つ目の図では、さらに配列の要素数を1つ増やしていますが、Preserveキーワードを使用しているため、「Word」の文字は残っています。この違いを明確にしましょう。

▼最初に表示されるメッセージボックス

「Word」の文字だけが残っている

▼実行結果

配列の要素数を1つ増やしても「Word」の文字は残っている

•ReDimステートメントの構文

ReDim [Preserve] varname(subscripts) [As type]

動的配列を利用すると、配列の要素数をあらかじめ決めることができないような場合でも、配列を利用することができます。動的配列は、宣言時に変数名の直後の()内の数値を省略し、プロシージャ内で改めてReDimステートメントを利用して要素数を指定します。また、ReDimに続けてPreserveキーワードを使用すると、要素数を指定し直す際に、もともと代入されていた値を保持することができます。

Tips 038 配列の要素数を求める

▶関連Tips 037

使用機能・命令 UBound関数/LBound関数

サンプルコード SampleFile Sample038.xlsm

```vb
Sub Sample038()
    Dim temp() As Variant
    Dim num As Long
    
    'A列のデータ件数を求める
    num = Range("A1").CurrentRegion.Rows.Count - 1
    ReDim temp(1 To num)        'データ件数を元に配列の要素数を設定する
    '配列の「要素数」「下限値」「上限値」をメッセージボックスに表示する
    MsgBox "要素数:" & UBound(temp) - LBound(temp) + 1 & vbLf _
        & "下限値:" & LBound(temp) & vbLf _
        & "上限値:" & UBound(temp)
End Sub
```

❖ 解説

ここでは動的配列を使用して、A列のデータ件数を元に配列の要素を定義した後、配列の「要素数」「下限値」「上限値」のそれぞれを求め、メッセージボックスに表示します。

データ件数は、Countプロパティを使用して表の行数を求め、見出しの分を「-1」して求めます。

▼この表のA列のデータを元にする　　▼実行結果

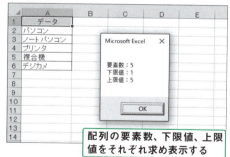

表の行数から動的配列の要素数を決める

配列の要素数、下限値、上限値をそれぞれ求め表示する

• UBound関数/LBound関数の構文

UBound/LBound(arrayname[, dimension])

UBound関数、LBound関数は、配列のインデックス番号の上限値と下限値を取得します。配列の要素数を求めるには、「UBound関数の結果-LBound関数の結果 + 1」とします。なお、引数「dimension」には下限値（上限値）を調べる配列の次元数を指定することができます。省略すると、「1」を指定したこととされます。

1-6 配列（配列の宣言や動的配列、配列に関する関数の利用など）

セル範囲を2次元配列で取得する

▶関連Tips
065
082

使用機能・命令 Valueプロパティ

サンプルコード SampleFile Sample039.xlsm

```
Sub Sample039()
    'Variant型の変数を宣言する
    Dim temp As Variant

    'A,B列のデータを変数に代入する
    temp = Range("A1").CurrentRegion.Value

    'セルD1以降に配列の値を入力する
    Range("D1").Resize(UBound(temp), UBound(temp, 2)).Value = temp

End Sub
```

❖ 解説

　Valueプロパティを使用すると、Variant型の変数にセル範囲の値を代入することで、自動的に2次元配列にすることができます。ただし、この場合の配列のインデックス番号は「1」から始まります。
　ここでは、CurrentRegionプロパティを使用して、セルA1のアクティブセル領域を取得し、その値を変数tempに代入しています。この時点で、変数tempは2次元配列になります。
　その後、Resizeプロパティを使用して、配列と同じ大きさのセル範囲をセルD1以降に取得し、配列の値を入力しています。

▼セルA1のアクティブセル領域を配列に取得する　　▼実行結果

配列に取得したデータを
セルD1以降に入力する

セルD1以降に配列の
値が入力された

• Valueプロパティの構文

object.Value

Valueプロパティはobjectに指定したセルの値を返します。

Tips 040 配列を初期化する

▶関連Tips
032
035
037

使用機能・命令 Eraseステートメント

サンプルコード SampleFile Sample040.xlsm

```
Sub Sample040()
    Dim temp(1) As String    '配列を宣言する
    '配列の各要素にデータを代入する
    temp(0) = "Excel"
    temp(1) = "Access"
    '配列の内容をカンマ区切りの文字列として表示する
    MsgBox "現在の配列の内容：" & vbCrLf & Join(temp, ",")
    Erase temp        '配列を初期化する
    '配列の内容をカンマ区切りの文字列として表示する
    MsgBox "初期化後の配列の内容：" & vbCrLf & Join(temp, ",")
End Sub
```

❖ 解説

　Eraseステートメントは、配列を初期化します。このサンプルは、Eraseステートメントで配列が初期化されることを確認するためのものです。配列変数tempには確認のため、一度データを代入します。代入された値を、Join関数を使用してカンマ区切りの文字列としてメッセージボックスに表示します。続けて、Eraseステートメントで配列を初期化します。初期化された配列の内容を、先ほどと同様にメッセージボックスに表示しますが、初期化されているため値は表示されません（Join関数で指定したカンマのみ表示されます）。

▼初期化前の配列の値

▼実行結果

• Eraseステートメントの構文

Erase arraylist

　Eraseステートメントは、arraylistに指定した配列を初期化します。なお、通常の配列の場合は要素を再初期化し、動的配列の場合は割り当てたメモリを解放します。

1-6 配列（配列の宣言や動的配列、配列に関する関数の利用など）

配列が初期化されているか確認する

▶関連Tips
038

使用機能・命令 **Not演算子**

サンプルコード　SampleFile Sample041.xlsm

```
Sub Sample041()
    Dim temp() As String '動的配列を宣言する
    Dim num As Long

    ReDim temp(0 To 1) '配列の要素数を一度確定する

    Erase temp '配列を初期化する

    '配列が初期化されているかチェックする
    If Not Not temp Then
        '要素数が割当られている場合のメッセージ
        MsgBox "配列には要素数が割り当てられています"
    Else
        '初期化状態の場合のメッセージ
        MsgBox "配列は初期化状態です"
    End If
End Sub
```

❖ 解説

　動的配列が初期化常態かどうかチェックするには、Not演算子を使用します。ここでは一旦、ReDimステートメントを使用して動的配列の要素数を確定後、Eraseステートメントで配列を初期化しています。

　動的配列で要素数が割り当てられていない場合、Not演算子と組み合わせることで変数の内部処理のデータ型がLongに変換されます。このことを利用して判定することができます。

　また、UBound関数とエラー処理を組み合わせても結構です。UBound関数は、指定した配列が初期状態の場合エラーになります。これを利用して、ErrオブジェクトのNumberプロパティでエラーが発生したかを確認して判定します。

　なお、Sgn関数を利用して判定できるケースもありますが、例外があるため気をつけてください。

1-6 配列（配列の宣言や動的配列、配列に関する関数の利用など）

Tips 042 配列をワークシートで使用する

▶関連Tips 065 082

使用機能・命令 Valueプロパティ

サンプルコード SampleFile Sample042.xlsm

```
Sub Sample042()
    Dim DataRange As Range
    Dim DataValue As Variant
    Dim i As Long
    Set DataRange = Range("A1").CurrentRegion 'セルA1を含む範囲を取得する
    DataValue = DataRange.Value '取得したセル範囲の値を変数に代入する
    For i = 2 To UBound(DataValue) '配列の要素に対して処理を行う
        '配列の2列目のデータが100未満の場合、1.2倍する
        If DataValue(i, 2) < 100 Then
            DataValue(i, 2) = DataValue(i, 2) * 1.2
        End If
    Next
    DataRange.Value = DataValue '配列のデータを元のセル範囲に入力する
End Sub
```

❖ 解説

ここでは、セル範囲のデータを配列に取得し、配列のデータに対して処理を行うことで、処理効率をアップします。セルの値をチェック・変更する場合、一旦配列に値を取得し、その配列の値を変更後、元のセル範囲に書き込むという処理を行うことで、都度セルにアクセスするよりも大幅に処理時間を短縮できます。ここでは、対象のセル範囲を変数に取得しているため、書き込む処理も簡潔に記述できています。この方法は、表のサイズが大きければ大きいほど、処理速度に影響を与えます。

▼「売上数量」欄に対して処理を行う

	A	B	C	D	E
1	商品名	売上数量			
2	商品A	80			
3	商品B	150			
4	商品C	50			
5	商品D	110			
6					

B列の値が100未満の場合1.2倍する

▼実行結果

	A	B	C	D	E
1	商品名	売上数量			
2	商品A	96			
3	商品B	150			
4	商品C	60			
5	商品D	110			
6					

値が変更された

• Valueプロパティの構文

object.Value

Valueプロパティを使用してRangeオブジェクトの値を取得し、Variant型の変数に代入すると、変数は2次元配列になります。

1-7 プロシージャの利用(プロシージャの基本、引数の指定など)

Tips 043 Subプロシージャを使用する

▶関連Tips
044
050
051
052

使用機能・命令 Subステートメント

サンプルコード SampleFile Sample043.xlsm

```
Sub Sample043()
    'Sample043_2プロシージャを呼び出す
    Sample043_2 "ExcelVBA"
End Sub

Sub Sample043_2(ByVal msg As String)
    '引数の値をメッセージボックスに表示する
    MsgBox msg
End Sub
```

❖ 解説

　ここでは、Sample043プロシージャからSample043_2プロシージャを呼び出しています。この時、Sample043_2プロシージャは引数をとっています。Subプロシージャはこの様に引数を指定することもできます。

　まず、Sample043プロシージャの「Sample043_2 "ExcelVBA"」でSample043_2プロシージャを呼び出します。そして、Sample043_2プロシージャでは、メッセージボックスを表示します。プログラムの処理としては、メッセージボックスを表示した後、Sample043プロシージャに処理が戻ります。このサンプルでは、Sample043プロシージャがSample043_2プロシージャを呼び出した後、何も処理していませんが、何か処理があれば、その処理が行われます。

　プロシージャ名には、次のように使用できる文字数などの制限があります。

▼プロシージャ名の制限

- 文字数は半角で255文字以内
- 先頭に数字やアンダースコア(_)は使用できない
- アンダースコア(_)以外の記号やスペースは使用できない
- 英字の大文字/小文字は区別されない
- 全角英数字は、自動的に半角に変換される
- 関数名など、VBAであらかじめ定義されているキーワードは原則使用できない

　なお、Subステートメントに指定する項目と、引数に指定する項目は次のとおりです。

1-7 プロシージャの利用（プロシージャの基本、引数の指定など）

◆ Subステートメントに指定する項目

項目	説明
Public	すべてのモジュールからプロシージャを呼び出すことができる。ただし、Option Private ステートメントがモジュールに含まれる場合、プロジェクト外では使用できない
Private	同じモジュール内からのみ、プロシージャを呼び出すことができる
Friend	クラスモジュールで使用する。同一プロジェクト内でのみプロシージャを呼び出すことができる
Static	呼び出し間でプロシージャのローカル変数が保持されることを示す
name	プロシージャの名前
arglist	呼び出されたときに、プロシージャに渡される引数を表す変数の一覧。変数はそれぞれカンマで区切って指定する
statements	プロシージャ内で実行するステートメント

◆ 引数に指定する項目

項目	説明
Optional	引数がオプションであることを示すキーワード。使用する場合、引数内の以降のすべての引数もオプションにしなくてはならない。ParamArrayが使用されている場合は、どの引数にもOptionalを使用することはできない
ByVal	引数が値によって渡されることを示す
ByRef	引数が参照によって渡されることを示す。ByRefが既定値
ParamArray	引数の最後の引数としてのみ使用できる。最後の引数が配列であることを示す。ParamArrayキーワードを使用すると、任意の数の引数を提供できる。ParamArrayをByVal、ByRef、またはOptionalキーワードと共に使用することはできない
varname	必ず指定する。引数を表す変数の名前
type	プロシージャに渡す引数のデータ型。パラメーターがOptionalでない場合、ユーザー定義型を指定することもできる
defaultvalue	任意の定数または定数式。Optionalパラメーターに対してのみ有効。型がObjectの場合、明示される既定値はNothingのみとなる

• **Subステートメントの引数の構文**

[Optional] [ByVal | ByRef] [ParamArray] varname[( )] [As type] [= defaultvalue]

Subステートメントを使用して、Subプロシージャを作成します。Subプロシージャは値を返さないプロシージャです。Subステートメントには引数を指定することができます。

Tips 044 Functionプロシージャを使用する

▶関連Tips 043 050 051 052

使用機能・命令 Functionステートメント

サンプルコード SampleFile Sample044.xlsm

```
Function Tax(ByVal Price As Currency) As Currency
    Const TAX_RATE As Double = 0.1
    '消費税額を求める処理
    Tax = Int(Price * TAX_RATE)
End Function
```

解説

ここでは、「金額」から消費税額を求めるユーザー定義関数を作成します。プロシージャ名はTaxで、引数Priceを取ります。処理結果は通貨型にします。引数Priceに0.1を乗算し、Int関数で整数に丸めた値を処理結果として返します。

なお、消費税率は定数TAX_RATEを使っています。今回の関数ではあまり変わりませんが、消費税率を複数箇所で使用するプロシージャの場合、定数にすることで、将来消費税率が変更になった場合にも、コードの修正箇所はこの定数の宣言部分だけで済みます。

•Functionステートメントの構文

[Public | Private | Friend] [Static] Function name [(arglist)] [As type]
[statements]
[name = expression]
[Exit Function]
[statements]
[name = expression]
End Function

•Functionステートメントの引数の構文

[Optional] [ByVal | ByRef] [ParamArray] varname[( )] [As type] [= defaultvalue]

Functionプロシージャは、処理結果を返すプロシージャです。ユーザー定義関数などで利用します。Functionプロシージャは、プロシージャ名nameに値を指定することで、[As type]に指定したデータ型の値を返します。

なお、プロシージャ名やFunctionステートメントに指定する値については、Subプロシージャと同様ですので、Tips043を参照してください。

Tips 045 Property プロシージャを使用する

関連Tips: 043, 588, 589

使用機能・命令 Property Let/Set/Get ステートメント

サンプルコード SampleFile Sample045.xlsm

```vba
'Member クラスモジュールに記述
'プロパティの値を保持する変数
Private mName As String
Private mAge As Long

'「氏名」を保持するName プロパティ
Public Property Let Name(ByVal vName As String)
    mName = vName
End Property
Public Property Get Name() As String
    Name = mName
End Property
'「年齢」を保持するAge プロパティ
Public Property Let Age(ByVal vAge As Long)
    mAge = vAge
End Property
Public Property Get Age() As Long
    Age = mAge
End Property

'標準モジュール (Module1) に記述
Sub Sample045()
    Dim vMembers As Collection
    Dim clsMember As Member
    Dim i As Long
    'Member クラスを保持するコレクションを作成する
    Set vMembers = New Collection
    'ワークシートの値を取得し、Member クラスのインスタンスに
    '値を設定する
    For i = 1 To 2
        Set clsMember = New Member
        'Name プロパティに値を設定する
        clsMember.Name = Cells(i + 1, 1).Value
        'Age プロパティに値を設定する
        clsMember.Age = Cells(i + 1, 2).Value
        'コレクションに追加する
```

1-7 プロシージャの利用（プロシージャの基本、引数の指定など）

```
        vMembers.Add clsMember
        Set clsMember = Nothing
    Next
    'Nameプロパティ、Ageプロパティを使用して値を
    'メッセージボックスに表示する
    MsgBox "1番目のメンバ：" & vbLf _
        & "氏名：" & vMembers.Item(1).Name & vbLf _
        & "年齢：" & vMembers.Item(1).Age
End Sub
```

❖ 解説

ここでは、「氏名」と「年齢」を保持するMemberクラスを使用します。

この時、MemberクラスのインスタンスをCollectionオブジェクトに追加しています。Memberクラスには、氏名を扱うNameプロパティと、年齢を扱うAgeプロパティがあります。

ループ処理では、Memberクラスを作成し、それぞれのプロパティにセルの値を入力します。1人分のデータを取得したら、Membersコレクションに追加します。この処理を人数分行います。

最後に、Membersコレクションから1番目の要素を取得し、NameプロパティとAgeプロパティを使用して、値を取得しメッセージボックスに表示します。

•Property Let/Setステートメントの構文

[Public | Private | Friend] [Static] Property Get name [(arglist)] [As type]
[statements]
End Property

•Property Getステートメントの構文

[Public | Private | Friend] [Static] Property Get name [(arglist)] [As type]
[statements]
[name = expression]
End Property

Propertyプロシージャを利用すると、独自のプロパティを作成することができます。通常、クラスモジュールを利用して独自のクラスを作成する際に、そのクラスのプロパティとして定義するために使用します。Property Letステートメントは、プロパティを設定するステートメントです（Property Setステートメントはオブジェクトの設定に利用します）。Property Getステートメントは、プロパティを参照するためのステートメントです。通常、2つのステートメントをセットで利用します。この場合、プロシージャ名は同じでなくてはなりません。ただし、Property Getステートメントだけを用意して、読み取り専用のプロパティを作成することも可能です。プロシージャ名や指定する値については、Tips043を参照してください。

Tips 046 他のプロシージャを呼び出す

▶関連Tips 043 044

使用機能・命令 Sub ステートメント / Function ステートメント

サンプルコード SampleFile Sample046.xlsm

```
Sub Sample046()
    'Sample046_2を呼び出し、
    '結果をメッセージボックスに表示する
    MsgBox Sample046_2(100)
End Sub

'引数に受け取った値を100倍して返す
Function Sample046_2(ByVal vData As Long) As Long
    Sample046_2 = vData * 100
End Function
```

❖ 解説

ここでは、Sample046プロシージャからSample046_2プロシージャを呼び出しています。単純に値を100倍するだけの処理ですが、この処理がプログラムの複数箇所で発生し、しかも更に複雑な処理が加わるかもしれないという場合は、このようにサブプロシージャにしておくと後で変更が楽です。

• Sub ステートメント/Function ステートメントの構文

Sub/Function mainname()
[statements]
subname
[statements]
End Sub

Sub/Function subname()
[statements]
End Sub

他のプロシージャを呼び出すプロシージャを親プロシージャ、呼び出されるプロシージャをサブプロシージャと呼びます。サブプロシージャは、SubプロシージャでもFunctionプロシージャでも構いません。プログラムでは、共通の処理を1つのプロシージャにまとめて、他のプロシージャから呼び出して使用することがあります。こうすることで、よりメンテナンスのしやすいプログラムを作成できるからです（まったく同じ処理を複数の場所に記述するのは、効率が悪いだけではなく、修正が発生した際に、修正箇所が多くなります）。

1-7 プロシージャの利用（プロシージャの基本、引数の指定など）

Tips 047 プロシージャに引数を渡す

▶関連Tips
026
043
044

使用機能・命令 Subステートメント/Functionステートメント

サンプルコード SampleFile Sample047.xlsm

```
Sub Sample047()
    Sample047_2 ThisWorkbook.Path 'Sample047_2プロシージャを呼び出す
End Sub

Sub Sample047_2(ByVal vPath As String)
    Dim buf As String, fso As Object
    buf = Dir(vPath & "\*.*")
    'ファイル名を取得し、イミディエイトウィンドウに表示する
    Do While buf <> ""
        Debug.Print buf
        buf = Dir()
    Loop
    'サブフォルダをチェックする
    With CreateObject("Scripting.FileSystemObject")
        For Each fso In .GetFolder(vPath).SubFolders
            Sample047_2 fso.Path
        Next
    End With
End Sub
```

❖ 解説

ここでは、Sample047プロシージャから、Sample047_2プロシージャを引数を指定して呼び出しています。Sample047_2プロシージャは、サブフォルダを含め、ファイル名を取得してイミディエイトウィンドウに表示します。

• Subステートメント/Functionステートメントの構文

Sub/Function name()
name arglist
end Sub

Sub/Function name(ByVal/ByRef arglist [As type])
[statements]
End Sub

プロシージャを呼び出すときに、引数を指定することができます。引数を指定するときに、呼び出すプロシージャから戻り値を受け取る場合は、引数をカッコで囲みます。

Tips 048 値渡しと参照渡しの結果を比較する

▶関連Tips 043 044

使用機能・命令 ByValキーワード/ByRefキーワード

サンプルコード SampleFile Sample048.xlsm

```
Sub Sample048()
    Dim a As String
    Dim b As String
    a = "ByVal元"
    b = "ByRef元"
    Sample048_2 a, b
    '変数aと変数bの値をメッセージボックスに表示する
    MsgBox "aの値：" & a & vbCrLf _
        & "bの値：" & b
End Sub
'値渡しと参照渡しの2通りの引数を使用する
Sub Sample048_2(ByVal a As String, ByRef b As String)
    '引数の値を変更する
    a = "ByVal変更"
    b = "ByRef変更"
End Sub
```

❖ 解説

ここでは、変数aの値は値渡しで、変数bの値は参照渡しで、「Sample048_2」プロシージャに渡します。「Sample048_2」プロシージャでは、それぞれ受け取った引数に値を代入しています。

続けて、呼び出し元の「Sample048」プロシージャで、変数aの値と変数bの値をメッセージボックスに表示します。**値渡しで処理した変数aは変化がありませんが、参照渡しで処理した変数bの値が変わります。**

• ByValキーワード/ByRefキーワードの構文

Sub/Function name(ByVal/ByRef arglist [As type])
[statements]
End Sub

引数には、値渡しと参照渡しの2種類の渡し方があります。**値渡しは、「値のコピー」を渡します。**したがって、受け取った引数の値を変更しても、呼び出し元のプロシージャに影響はありません。それに対し、参照渡しは「値の参照先」を渡します。参照先とは、メモリ上のどの場所に値が格納されているかという情報です。そのため値を変更すると、**呼び出し元のプロシージャに影響します。**値渡しの場合はByValキーワードを、参照渡しの場合はByRefキーワードを引数の前に指定します。省略した場合は、参照渡しになります。

Tips 049 複数の値を返すFunctionプロシージャを作成する

関連Tips: 044, 048

使用機能・命令 ByRefキーワード

サンプルコード SampleFile Sample049.xlsm

```vb
Sub Sample049()
    Dim Price1 As Double
    Dim Price2 As Double
    
    Price1 = 110
    Price2 = 110
    
    'Sample049_2を呼び出す
    Sample049_2 Price1, Price2
    
    '結果をメッセージボックスに表示する
    MsgBox "税抜金額:" & Price1 & vbCrLf _
        & "消費税額:" & Price2
    Range("C2").Value = Price2
End Sub

Function Sample049_2(ByRef Price1 As Double, ByRef Price2 As Double) _
    As Boolean
    On Error GoTo ErrHdl
    Price1 = Price1 / (1 + 0.1)        '消費税抜きの金額を求める
    Price2 = Price2 - Price2 / 1.1     '消費税額を求める
    Sample049_2 = True
    Exit Function
ErrHdl:
    Sample049_2 = False
End Function
```

❖ 解説

複数の値を処理する関数を作るには、参照渡しの仕組みを利用します。ここでは、「税込金額」の値から、「税抜き金額」と「消費税額」の2つを求める処理を行います。

参照渡しで引数を渡すと、渡された引数 (ここでは、引数Price1と引数Price2) の値を変更すると、呼び出し元の変数Price1と変数Price2の内容も変更されます。なお、関数自体は処理が成功した場合にTrueを、失敗した場合にFalseを返すようにしています。

なお、この使用方法は少し特殊な方法になります。なぜなら、そもそもFunctionプロシージャは値を返すことができるプロシージャですが、このサンプルのようにFunctionプロシージャが返す値とは別に、引数に指定された変数を書き換えているため、コードが読みづらくなるためです。また、

Functionプロシージャではなく、Subプロシージャも引数と持たせることで、同等のことができてしまいます。そのため、やはりコードが読みづらくなります。複数の値を返すのであれば、戻り値を配列にするなどの方法を検討してください。

▼実行結果

それぞれの値が表示された

● ByRef キーワードの構文

Sub/Function name(ByRef arglist [As type])
[statements]
End Sub

参照渡しを利用して、複数の値を返すプロシージャを作成することができます。
プロシージャに引数を参照渡しで渡すと、引数の値を変更した場合、呼び出し元にも影響するのでこれを利用します。

Tips 050 省略可能な引数を持つプロシージャを作成する

▶関連Tips
043
044

使用機能・命令 Optional キーワード

サンプルコード SampleFile Sample050.xlsm

```
Sub Sample050()
    Dim Price As Double

    Price = 1000
    '引数の数を変えて「Sample050_2」プロシージャを実行する
    MsgBox "割引率指定：" & Sample050_2(Price, 0.5) & vbCrLf _
        & "割引率指定無：" & Sample050_2(Price)
End Sub

'2つの引数を取り、Double型の値を返すプロシージャを宣言する
'2番目の引数は省略可能とし、省略した場合は「0.2」をデフォルト値とする
Function Sample050_2(ByVal Price As Double _
    , Optional ByVal Discount As Double = 0.2) As Double

    Sample050_2 = Price * (1 - Discount)
End Function
```

❖ 解説

ここでは、「金額」から、割引後の金額を求める処理を行います。このとき、割引率の指定がないと、標準の割引率として20％の割引を適用します。

まず、変数Priceに「1000」を代入します。

後は、「Sample050_2」プロシージャの2番目の引数を指定した場合と、省略した場合の結果をメッセージボックスに表示します。

• Optional キーワードの構文

Sub/Function name(Optional ByRef arglist [As type] [= defaultvalue])
[statements]
End Sub

プロシージャの引数にOptionalキーワードを指定すると、その引数は省略可能な引数となります。defaultvalueを指定して、デフォルト値を指定することもできます。

なお、Optionalキーワードを使用した場合、それ以降の引数はすべて省略可能な引数でなくてはなりません。

Tips 051 プロシージャの引数が省略されたか確認する

▶関連Tips 043 044

使用機能・命令 IsMissing関数

サンプルコード SampleFile Sample051.xlsm

```
Sub Sample051()
    Dim Price As Double

    Price = 1000
    '引数の数を変えて「Sample051_2」プロシージャを実行する
    MsgBox "割引率指定：" & Sample051_2(Price, 0.5) & vbCrLf _
        & "割引率指定無：" & Sample051_2(Price)
End Sub

Function Sample051_2(ByVal Price As Double, Optional ByVal Discount As Variant) As Double
    '引数が省略されたか確認し、それぞれの処理を行う
    If IsMissing(Discount) Then
        Sample051_2 = Price
    Else
        Sample051_2 = Price * (1 - Discount)
    End If
End Function
```

❖ 解説

ここでは、「金額」から割引後の金額を求める処理を行います。このとき、割引率の指定がないと定価のままとします。

まず、変数Priceに「1000」を代入します。後は、「Sample051_2」プロシージャの2番目の引数を指定した場合と、省略した場合の結果をメッセージボックスに表示します。

・IsMissing関数の構文

IsMissing(argname)

IsMissing関数は、省略可能な引数が省略された場合、Trueを返します。なお、この関数を使用する場合、**省略可能な引数のデータ型はVariant型でなくてはなりません**。

1-7 プロシージャの利用（プロシージャの基本、引数の指定など）

Tips 052 引数の数が不定なプロシージャを作成する

▶関連Tips
043
044

使用機能・命令 **ParamArray キーワード**

サンプルコード SampleFile Sample052.xlsm

```
Sub Sample052()
    Dim temp As Variant
    '引数の数を変えて2回処理を行い、結果を表示する
    MsgBox "2つの値を加算：" & Sample052_2(100, 10) & vbLf _
        & "3つの値を加算：" & Sample052_2(100, 10, 1)

End Sub

'引数の数が不定のプロシージャを宣言する
Function Sample052_2(ParamArray args()) As Long
    Dim buf As Long, i As Long
    For i = 0 To UBound(args)    '引数の数だけ処理を行う
        buf = buf + args(i)    '値を加算する
    Next
    Sample052_2 = buf    '計算結果を返す
End Function
```

❖ **解説**

「Sample052_2」プロシージャは、引数に指定された数を加算します。ただし、引数の数は都度変わってもいいように、引数にはParamArray キーワードをつけています。引数は配列として扱われるため、ループ処理を使用して値を加算しています。「Sample052」プロシージャは呼び出し元となります。最初はセルA1 とセルA2 のみ、次に3つの値を「Sample052_2」プロシージャの引数として渡し、処理結果をメッセージボックスに表示します。

• ParamArray キーワードの構文

Sub/Function name ([ParamArray] varname[( )])
[statements]
End Sub

プロシージャの引数にParamArrayキーワードを使用すると、指定する引数の数が異なる場合も処理が可能です。ParamArrayキーワードは、最後の引数でのみ使用できます。なお、Optional、ByVal、ByRefのキーワードと一緒に使うことはできません。

ParamArrayキーワードを付けると、その引数は省略可能な配列として扱われます。

Tips 053 プロシージャの引数に配列を使用する

▶関連Tips 043 044

使用機能・命令 Sub プロシージャ/Function プロシージャ

サンプルコード SampleFile Sample053.xlsm

```
Sub Sample053()
    Dim temp(1 To 3) As Long
    temp(1) = 10
    temp(2) = 20
    temp(3) = 30
    '引数に配列を指定してSample053_2プロシージャを呼び出す
    MsgBox "1番目の処理結果：" & Sample053_2(temp)(1)
End Sub

'引数に配列を受け取るプロシージャを宣言する
Function Sample053_2(ByRef args() As Long) As Long()
    Dim buf(1 To 3) As Long
    buf(1) = args(1) + 1
    buf(2) = args(2) + 1
    buf(3) = args(3) + 1
    Sample053_2 = buf  '処理結果を返す
End Function
```

❖ **解説**

ここでは、3つの値を配列変数に代入し、その配列を「Sample053_2」プロシージャに渡して、処理結果をメッセージボックスに表示します。「Sample053_2」プロシージャは、配列を引数として受け取ります。そして、それぞれの値に「1」を加算し結果を返します。なお、この時「Sample053_2」プロシージャは、処理結果の配列を返します。**配列を返すFunctionプロシージャは、戻り値のデータ型を「As Long()」のように指定します。**

•**Sub/Functionプロシージャの構文**

Sub/Function name ([ByRef/ByVal] varname[( )] [As type])
[statements]
End Sub

プロシージャの引数に配列を指定することができます。その場合、配列を受け取るプロシージャは、引数名の後に「()」を付け、配列であることを明示します。ただし、Variant型の配列の場合は「()」は付けません。また、配列を指定した場合は、引数は参照渡しになります。値渡しで処理したい場合には、Variant型の引数を使用します。

第2章
054~122

セル操作の極意

2-1　セルの選択やセル参照
　　　（セルのマージ、セルアドレスの取得など）

2-2　セルの編集
　　　（値や関数の入力、セルの挿入/削除、セルのコピーなど）

2-3　フォントの書式設定
　　　（フォントサイズや斜体/太字の設定など）

2-4　セルの書式設定
　　　（文字の配置や表示形式、罫線の設定など）

2-5　セルの設定/コメント
　　　（セル範囲名やコメントの設定など）

2-1 セルの選択やセル参照（セルのマージ、セルアドレスの取得など）

単一のセル/セル範囲を選択する

▶関連Tips
055
056

使用機能・命令 Rangeプロパティ/Selectメソッド

サンプルコード SampleFile Sample054.xlsm

```
Sub Sample054()
    Range("A3:C3").Select    'セルA3からC3を選択する
End Sub

Sub Sample054_2()
    'セルA3を基準にセルB3を選択する
    Range("A3").Range("B3").Select
End Sub
```

❖ 解説

ここでは2つのサンプルを紹介しています。1つ目は、Rangeプロパティを使ってセルを選択します。選択するにはSelectメソッドを使用します。**なお、対象となるワークシートを省略すると、アクティブなワークシートのセルが対象となります**。セルの指定方法については、以下を参照してください。

◆ 参照するセルの指定方法

参照先	指定方法
単一のセルA1を参照	Range("A1")
複数の単一セルA1とA5を参照	Range("A1,D5")
連続した範囲のセルA1～D5を参照	Range("A1:D5")または、Range("A1","D5")
複数の連続した範囲のセルA1～D5とF1～H3を参照	Range("A1:D5","F1:H3")
列A列～C列を参照	Range("A:C")
行3行目から5行目を参照	Range("3:5")

また2つ目のサンプルでは、「Range("A3").Range("B3").Select」のように、Rangeプロパティを続けて指定しています。この場合、最初に指定したセル（サンプルではセルA3）を基準（A1に見立てる）にして、2つ目に指定したセルが選択されます。通常は、このような指定の仕方をすることはありませんが、Withステートメントを使う場合には注意が必要です。例えば「With Worksheets(1).Range("A3")」のように記述した上で、Withステートメント内でループ処理を使って「.Cells(i ,1).Value」のような記述をすることがあります。この場合も基本的な考え方は同じですから注意しましょう。なお、このサンプルで選択されるセルは、次のようになります。

2-1 セルの選択やセル参照（セルのマージ、セルアドレスの取得など）

▼Rangeプロパティを続けて指定した場合

	A	B	C	D	E
1					
2					
3	A1	B1	C1		
4	A2	B2	C2		
5	A3	B3	C3		
6	A4	B4	C4		
7	A5	B5	C5		
8	A6	B6	C6		
9	A7	B7	C7		
10					
11					
12					
13					

1つ目のRangeプロパティのセルを基準として、セルB3のセル（つまり、セルB5）のセルが選択される

▼実行結果

	A	B	C	D	E
1	売上データ				
2					
3	日付	売上	担当者		
4	9月1日	408,000	川崎		
5	9月1日	430,000	鈴木		
6	9月1日	597,000	田村		
7	9月1日	388,000	川下		
8	9月1日	362,000	岡田		
9	9月1日	352,000	澤田		
10	9月1日	485,000	中村		
11					
12					
13					

セルA3からC3の範囲が選択された

・Rangeプロパティの構文

object.Range(Cell1,Cell2)

・Selectメソッドの構文

object.Select

　Rangeプロパティを使用して、単体のセル、またはセル範囲を表すことができます。Rangeプロパティは、引数をA1形式で指定し、単一セルまたはセル範囲を表すRangeオブジェクトを取得します。また、Cellsプロパティと組み合わせてセル範囲を指定することも可能です。

　また、Selectメソッドは指定したオブジェクトを選択する命令です。Rangeオブジェクトを指定することで、セル/セル範囲を選択します。

　なお、Excel 2019以降のバージョンでは、一度選択したセルを解除（[Ctrl]キーを押しながらクリック）することができるようになりましたが、VBAにはその機能は特にありません。

2-1 セルの選択やセル参照（セルのマージ、セルアドレスの取得など）

別シートのセルを選択する

▶関連Tips
054
056

使用機能・命令 Activateメソッド/Selectメソッド

サンプルコード SampleFile Sample055.xlsm

```
Sub Sample055()
    '「Sheet2」ワークシートをアクティブにする
    Worksheets("Sheet2").Activate
    'セルA1を選択する
    Range("A1").Select
End Sub
```

❖ 解説

セルを選択する場合、対象のセルがあるワークシートがアクティブでないとエラーになります。

そのため、セルを選択する場合、まず対象のセルがあるワークシートをアクティブにする必要があります。これは、通常の操作でも、「Sheet2」がアクティブな状態で「Sheet1」のセルを選択できないのと同じことです。そのため、このサンプルでは、まず「Sheet2」ワークシートをアクティブにしてから、セルA1を選択しています。何らかの理由で対象のワークシートが無くなる可能性がある場合は、事前にワークシートの存在チェックをするかエラー処理を行う必要があります。

なお、「Worksheets("Sheet2").Range("B1").Select」のように記述すると、「Sheet2」ワークシートがアクティブでないとエラーになるので注意してください。

▼対象のワークシートがアクティブでないとエラーになるコード

```
Sub Sample055_2()
    '「Sheet2」ワークシートがアクティブでないとエラーになる
    Worksheets("Sheet2") _
        .Range("A1").Select
End Sub
```

● **Activateメソッドの構文**

　object.Activate

● **Selectメソッドの構文**

　object.Select

Activateメソッドは指定したobjectをアクティブにする命令です。「アクティブにする」とは、操作対象にするということです。

Selectメソッドは指定したオブジェクトを選択する命令です。Rangeオブジェクトを指定することで、セル/セル範囲を選択します。

Tips 056 行番号と列番号を指定してセルを選択する

▶関連Tips 054 055

使用機能・命令 Cellsプロパティ

サンプルコード SampleFile Sample056.xlsm

```
Sub Sample056()
    Dim i As Long
    For i = 1 To 5      'A列に1〜5の値を入力する
        Cells(i, 1).Value = i
    Next
End Sub
```

❖ 解説

　Cellsプロパティを使用すると、サンプルコードのように複数のセルに対して順次処理を行うことができます。ただし、**Rangeオブジェクトと異なり、Cellsプロパティで指定できるセルは1つのみで、セル範囲を指定することはできません**。なお、Cellsプロパティでセル範囲を指定するには、Rangeプロパティと組み合わせ「Range(Cells(2, 2), Cells(4, 5))」のように記述します。

　ただし、この場合、対象のセルがアクティブシートかどうか注意する必要があります。次のコードは、「Sheet1」ワークシートのセル範囲を選択します。この時、Cellsプロパティの前にもピリオドがあることに注意してください。このピリオドが無いと、「Sheet1」がアクティブでないときにこのコードを実行するとエラーになります。

▼CellsプロパティとRangeプロパティを組み合わせたときに正しくワークシートを指定する

```
Sub Sample056_2()
    'ワークシートを正しく指定する
    With Worksheets("Sheet1")
        .Range(.Cells(2, 2), .Cells(4, 5)).Select
    End With
End Sub
```

• Cellsプロパティの構文

object.Cells(RowIndex, ColumnIndex)

　Cellsプロパティの引数に行番号と列番号を「行, 列」の順で指定し、単一のセルを参照することができます。列番号はアルファベットで指定することも可能ですが、その場合"B"のようにダブルクォーテーション("")でくくる必要があります。また、変数を利用して行/列番号を指定することができるため、セル範囲内のセルに対して順次処理を行うときなどに利用することができます。なお、objectを省略した場合は、アクティブシート全体が設定されたものとして処理されます。

2-1 セルの選択やセル参照（セルのマージ、セルアドレスの取得など）

Tips 057 セルを相対的に指定する

▶関連Tips
069
070

使用機能・命令 Offsetプロパティ

サンプルコード SampleFile Sample057.xlsm

```
Sub Sample057()
    'セルC5を基準に、3行下、2列右のセルを選択
    Range("C5").Offset(3, 2).Select
End Sub
```

❖ 解説

Offsetプロパティを使用すると、基準となるセルから相対的な位置のセルを指定することができます。サンプルでは、セルC5を基準にして、3行下、2列右のセルを選択します（セルE8が選択されます）。

Offsetプロパティの引数に指定された値と基準となるセルの位置関係については、次の図を参照してください。

▼Offsetプロパティの引数と基準となるセルの位置関係　　▼実行結果

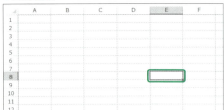

セルC5を基準とした場合に、Offsetプロパティに指定する値

セルE8が選択された

• Offsetプロパティの構文

object.Offset(RowOffset,ColumnOffset)

Offsetプロパティは、objectに指定した基準となるセルから相対的な位置のセルを参照します。引数RowOffsetは行方向の、引数ColumnOffsetは列方向の位置をそれぞれ指定します。正の数を指定すると下（RowOffset）、右（ColumnOffset）方向を、負の数を指定すると上（RowOffset）、左（ColumnOffset）方向を表します。

また、引数に0を指定するか省略した場合、基準となるセルと同じ列や行を参照します。なお、コードの可読性のために引数は省略せず、「0」を指定することをお勧めします。

2-1 セルの選択やセル参照（セルのマージ、セルアドレスの取得など）

Tips 058 指定したセルにジャンプする

▶関連Tips 054

使用機能・命令 Gotoメソッド

サンプルコード SampleFile Sample058.xlsm

```
Sub Sample058()
    'セル範囲（セルA3～C10）を選択し、画面の左上に表示する
    Application.Goto Reference:=Range("A3:C10"), Scroll:=True
End Sub
```

❖ 解説

Gotoメソッドを利用すると、指定したセルにジャンプすることができます。

対象セルが異なるシートの場合、Selectメソッドを利用すると、対象となるシートをあらかじめアクティブにする必要がありますが、Gotoメソッドではその必要がありません。次のサンプルは、「Sheet1」がアクティブな状態でも、「Sheet2」ワークシートのセルA3～C10を選択します。

▼「Sheet1」がアクティブな状態でも、「Sheet2」ワークシートのセルを選択できるコード

```
Sub Sample058_2()
    'アクティブシートが「Sheet1」であってもエラーにならないコード
    Application.Goto Reference:=Worksheets("Sheet2") _
        .Range("A3:C10"), Scroll:=True
End Sub
```

▼実行結果

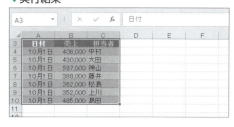

セルA3～C10が選択され、画面の左上に設定された

• Gotoメソッドの構文

Goto(Reference, Scroll)

Gotoメソッドを使用して、指定したセル/セル範囲を選択することができます。引数ScrollにTrueを指定すると、選択したセル範囲が画面の左上にくるようにスクロールします。

2-1 セルの選択やセル参照（セルのマージ、セルアドレスの取得など）

Tips 059 選択している範囲の大きさを変更する

▶関連Tips
057

使用機能・命令 Resizeプロパティ

サンプルコード SampleFile Sample059.xlsm

```
Sub Sample059()
    'セル範囲を変更しセルA3からC3を選択する
    Range("A3:C10").Resize(1).Select
End Sub
```

❖ 解説

ここでは、まずRangeプロパティを使用してセルA3～C10を指定します。その後、Resizeプロパティで、1行のみのデータにセル範囲を変更してから選択します。結果、セルA3～C3が選択されます。

なお、このサンプルでは、引数ColumnSizeを省略しています。Resizeプロパティは**引数を省略するか「0」を指定すると、元のサイズと同じサイズのままになります**。このサンプルの動作は、次の図を参考にしてください。

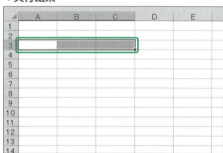

▼「Range("A3:C10")」でセルA3からC10を対象とする

このセル範囲が対象となる（実際に選択はされない）

▼実行結果

セル範囲が変更された

• **Resizeプロパティの構文**

object.Resize(RowSize, ColumnSize)

Resizeプロパティは、選択したセル/セル範囲を指定したサイズに変更したRangeオブジェクトを取得します。操作を行う対象となるセル/セル範囲を変更する場合などに利用します。

Tips 060 複数のセル範囲を結合／解除する

▶関連Tips 061 062

使用機能・命令 Mergeメソッド/UnMergeメソッド

サンプルコード SampleFile Sample060.xlsm

```vb
Sub Sample060()
    '警告のメッセージを非表示にする
    Application.DisplayAlerts = False
    'A1:C1、A2:C2、A3:C3を結合する
    Range("A1:C3").Merge True
    '警告のメッセージを表示する
    Application.DisplayAlerts = True
End Sub

Sub Sample060_2()
    Range("A1").UnMerge  'セルA1の結合を解除
End Sub
```

❖ 解説

　Mergeメソッドはセルを結合します。このサンプルでは、Mergeメソッドの引数AcrossにTrueを指定し、行方向にセルを結合します（Mergeメソッドの対象は複数行ですが、行単位でセルが結合されます）。なお、MergeメソッドではExcel操作のセル結合と同じように、指定した範囲の左上のセル以外にもデータがある場合は、他のデータは削除され、その際、警告のメッセージが表示されます。この警告のメッセージを表示しないようにするには、次のようにDisplayAlertsプロパティを使用します。DisplayAlertsプロパティにFalseを指定すると、警告のメッセージが表示されなくなります。ただし、DisplayAlertsプロパティの設定はプログラム実行後も残るため、必ずTrueに戻してください。なお、Excelの操作で「セルを結合して中央揃え」の処理をVBAで行うには、予め結合するセル範囲の左上のセルの書式を「中央に揃え」に設定しておく必要があります。

　また、2つ目のサンプルは、セルA1からC1の範囲の結合を解除します。セルの結合を解除するには、UnMergeメソッドを使用します。なお、「Range("A1:C1").Copy Range("A1")」のように、解除したいセル範囲をコピーし、そのまま貼り付けることで結合を解除することもできます。これは、Excelのワークシート上の操作でも同じです。

▼実行結果

	A	B	C	D
1	1行目			
2	2行目			
3	3行目			
4				
5				
6				行方向に結合した

● Mergeメソッドの構文

object.Merge(Across)

　Mergeメソッドは、選択したセル範囲を結合します。引数AcrossにTrueを指定すると、指定したセル範囲を行方向に結合します。

Tips 061 結合したセルを参照する

▶関連Tips 060 062

使用機能・命令 MergeAreaプロパティ

サンプルコード SampleFile Sample061.xlsm

```
Sub Sample061()
    Dim msg As String

    '結合セル範囲のそれぞれの値を取得する
    With Range("A1").MergeArea
        msg = msg & "結合範囲:" & .Address & vbCrLf
        msg = msg & "セルの数:" & .Count & vbCrLf
        msg = msg & "左上セル:" & .Item(1).Address & vbCrLf
        msg = msg & "右下セル:" & .Item(.Count).Address & vbCrLf
        msg = msg & "行数:" & .Rows.Count & vbCrLf
        msg = msg & "列数:" & .Columns.Count
    End With
    '取得した値をメッセージボックスに表示する
    MsgBox msg
End Sub
```

❖ 解説

ここでは、MergeAreaプロパティを使用してセルA1を含む結合セル範囲を取得し、結合されているセル範囲に関しての情報を取得してメッセージボックスに表示します。Addressプロパティは結合範囲を、Countプロパティは結合されているセルの数を取得します。

また、Itemプロパティはセル範囲に対してインデックス番号を指定すると、そのセルを対象にすることができます。左上はインデックス番号が「1」で、インデックス番号「2」は右隣のセルになります。ここでは、Itemプロパティのインデックス番号に「1」を指定して、左上のセルを取得しています。また、Countプロパティと組み合わせることで、セル範囲の右下のセルを取得することができます（右下はItemプロパティで取得できるセルでインデックス番号が一番大きいので、結果Countプロパティの値を同じになるので）。

また、Rowsプロパティは行全体を、Columnsプロパティは列全体を表します。Countプロパティと組み合わせることで、行数と列数を取得しています。

▼実行結果

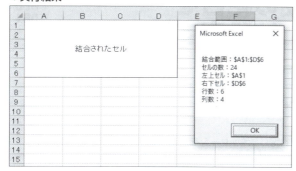

結合セル範囲の情報が表示される

• MergeArea プロパティの構文

object.MergeArea

MergeAreaプロパティは、指定したセルが含まれる結合セル範囲を表すRangeオブジェクトを返します。指定したセルが結合セル内にない場合は、指定したセルを返します。

Tips 062 セル範囲の結合を取得または設定する

▶関連Tips
060
061

使用機能・命令 MergeCells プロパティ

サンプルコード SampleFile Sample062.xlsm

```
Sub Sample062()
    'セルA1が結合されているか判定し、メッセージを表示する
    If Range("A1").MergeCells Then
        MsgBox "セルA1は結合されています", vbInformation
    Else
        MsgBox "セルA1は結合されていません", vbInformation
    End If
    'セルA1からセルB1が結合されている場合は結合を解除し、
    '結合されていない場合は結合する
    Range("A1:B1").MergeCells = Not Range("A1:B1").MergeCells
End Sub
```

❖ 解説

ここでは、まずセルA1が結合されているかを判定しています。結果に応じてメッセージを表示します。また、Not演算子と組み合わせることで、セルA1～B1を結合したり、結合を解除したりしています。MergeCellsプロパティの返す値は、TrueかFalseです。Not演算子は、TrueはFalseに、FalseはTrue にします。このことを利用して、1行のコードでセルの結合と解除を切り替える処理をしています。

▼セルA1が結合されているか判定する　　▼実行結果

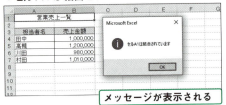

メッセージが表示される

セルA1からB1が結合されている場合は解除される

• **MergeCells プロパティの構文**

object.MergeCells / object.MergeCells = expression

MergeCellsプロパティを利用すると、指定したセル範囲がセル結合されているかどうかを取得することができます。結合されている場合Trueを、結合されていない場合Falseを返します。また、Trueを設定するとセルを結合し、Falseを設定するとセル結合を解除します。

Tips 063 複数の選択範囲をまとめて扱う

▶関連Tips 065 097

使用機能・命令 Unionメソッド

サンプルコード SampleFile Sample063.xlsm

```
Sub Sample063()
    Dim i As Long
    Dim Target As Range
    'セルA3から始める表に対して処理を行う
    With Range("A3").CurrentRegion
        For i = 1 To .Rows.Count
            'セルC4から順にセルの値が「川崎」かどうか判定する
            If .Cells(i, 3).Value = "川崎" Then
                '変数TargetがNothingが判定する
                If Target Is Nothing Then
                    '変数Targetに現在のセルを設定する
                    Set Target = .Cells(i, 3)
                Else
                    '変数Targetに現在のセルをまとめる
                    Set Target = Union(Target, .Cells(i, 3))
                End If
            End If
        Next
    End With
    '「川崎」と入力されているセルを「緑」で塗りつぶす
    Target.Interior.Color = RGB(0, 255, 0)
End Sub
```

❖ **解説**

ここでは、セルA3から始まる表で、C列の値が「川崎」かチェックし、「川崎」のセルの色を「緑」に塗りつぶしています。ただし、「川崎」と入力されたセルが見つかる度に塗りつぶしの処理を行うのではなく、変数TargetとUnionメソッドを使って、対象のセルをまとめてから、最後に塗りつぶしの処理をしています。Unionメソッドを使う際に、変数TargetがNothingか判定しているのは、Unionメソッドの引数にNothingを設定しようとするとエラーになるためです。

• **Unionメソッドの構文**

Union(Arg1, Arg2, Arg3,・・・Arg30)

2つ以上のセル/セル範囲をまとめて1つとして扱うには、Unionメソッドを使用します。一度設定した後、さらにセルを追加することもできます。

2-1 セルの選択やセル参照（セルのマージ、セルアドレスの取得など）

Tips 064 複数のセル範囲を対象に処理を行う

▶関連Tips 074

使用機能・命令 Areas プロパティ

サンプルコード SampleFile Sample064.xlsm

```
Sub Sample064()
    Dim num1 As Long, num2 As Long
    Dim i As Long
    'セルA1～A3とセルA5～A6の行数を代入する
    num1 = Range("A1:A3,A5:A6").Rows.Count
    'セルA1～A3とセルA5～A6のそれぞれの領域に対して処理を行う
    For i = 1 To Range("A1:A3,A5:A6").Areas.Count
        'それぞれの領域の行数を数えて加算する
        num2 = num2 + Range("A1:A3,A5:A6").Areas(i).Rows.Count
    Next
    '変数num1と変数num2の値をメッセージボックスに表示する
    MsgBox "Areasプロパティを使わない場合：" & num1 & "行" & vbLf _
        & "Areasプロパティを使った場合：" & num2 & "行"
End Sub
```

❖ 解説

ここでは、セルA1からA3と、セルA5からA6の2つの領域に対して処理を行っています。

まず、変数num1には、単純にRowsプロパティとCountプロパティを使用して、行数を取得しています。ただし、この記述方法だと、Rowsプロパティは最初の領域にしか働かないため、正しい行数を求めることができません。

それに対して、変数num2の方は、Areasプロパティを使用して、すべてのエリアの行数をカウントしています。このように、**対象のセル範囲が複数に別れる場合は、Areasプロパティを使う必要があります。**

•Areasプロパティの構文

object.Areas(Index)

Areasプロパティは、指定したセル範囲内にある領域（隣接していないセル範囲）の集まりです。特定のセル範囲を指定するには、引数Indexにインデックス番号を指定します。

Tips 065 表全体を選択する

関連Tips 066 069

使用機能・命令 CurrentRegionプロパティ

サンプルコード SampleFile Sample065.xlsm

```
Sub Sample065()
    Dim Target As Range
    'セルB3を含むアクティブセル領域を取得する
    Set Target = Range("B3").CurrentRegion
    '取得したセル範囲を選択する
    Target.Select
End Sub
```

❖ 解説

　ここでは、セルB3を基準にアクティブセル領域を選択します。まず変数Targetにアクティブセル領域を取得し、その後でセル範囲を選択しています。**アクティブセル領域は、指定したセルを含む空白業と空白列で囲まれた領域です**。そのため、表を選択する場合、指定するセルは表内であればどこでも結構です。ただし、コードの可読性の観点から通常は表の左上端のセルを指定します。

　CurrentRegionプロパティを利用すると、表の大きさが変化しても確実に表全体を取得することができます。そのため汎用性があります。

　なお、アクティブセル領域については、右の図で確認してください。例えば、この図でセルB4を基準にアクティブセル領域を求めるとします。その場合、このように、空白行と空白列で囲まれた範囲がアクティブセル領域となります。図のセルB3のように、一見、表からはみ出しているように見えても、セルB4からデータが続いているため、セルB3もアクティブセル領域に含まれます。空白のセルではなく、空白行と空白列に囲まれた、というところがポイントです。

▼アクティブセル領域の考え方

空白行と空白列で囲まれた範囲がアクティブセル領域

• CurrentRegionプロパティの構文

object.CurrentRegion

　CurretRegionプロパティは、指定したセルを含むアクティブセル領域を取得する命令です。アクティブセル領域とは、空白行と空白列で囲まれたセル範囲です。ワークシート上で、[Ctrl]キー＋[＊]キーで選択できるセル範囲と同じです。

2-1 セルの選択やセル参照（セルのマージ、セルアドレスの取得など）

Tips 066 ワークシートの使用されている範囲を取得する

▶関連Tips **065**

使用機能・命令 UsedRange プロパティ

サンプルコード　SampleFile Sample066.xlsm

```
Sub Sample066()
    '「Sheet1」ワークシートの使用セル範囲を選択する
    Worksheets("Sheet1").UsedRange.Select
End Sub
```

❖ 解説

　ここでは、UsedRangeプロパティを使用して、「Sheet1」ワークシートの使用されたセル範囲を選択しています。UsedRangeプロパティの対象がワークシートである点に注意してください。セルを対象にするとエラーが発生します。また、使用されているセル範囲というのは、必ずしもデータが入力されている範囲とは限りません。**セルの書式が設定されている場合も「使用されている」と判断されるので注意が必要です。**UsedRangeプロパティを応用すると、そのワークシートにデータが入力されているか判定することができます。UsedRangeプロパティの結果がセルA1のみで、セルA1には何も入力されていない場合、そのワークシートは使われていないと判定することができます。なお、ワークシートのA列、1行目のそれぞれが未使用で、セルB2以降にデータが入力されている場合、サンプルコードの結果は図のようになります。

　必ずしも、セルA1がUsedRangeプロパティの結果に含まれるわけではない点に注意してください。

▼必ずしもセルA1が含まれるわけではない

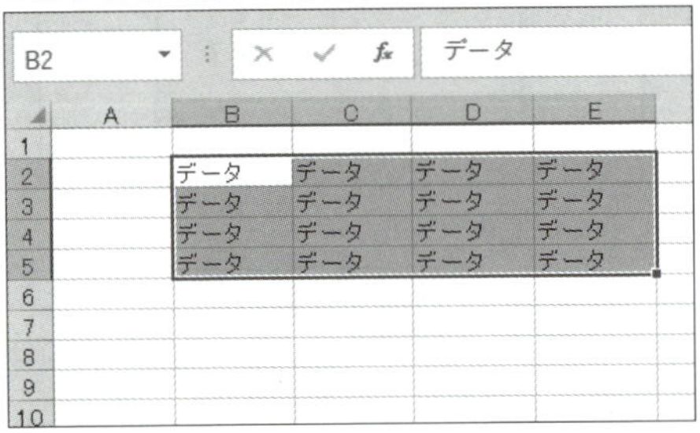

使用されているセル範囲が選択された

• **UsedRange プロパティの構文**

object.UsedRange

　UsedRangeプロパティは、objectに指定されたワークシートで使用されたセル範囲を取得します。過去に操作対象となったセルであっても、取得されることがあるため注意が必要です。

2-1 セルの選択やセル参照（セルのマージ、セルアドレスの取得など）

Tips 067 セルアドレスを取得する

▶関連Tips 036

使用機能・命令 Addressプロパティ

サンプルコード SampleFile Sample067.xlsm

```
Sub Sample067()
    '選択セルのアドレスと、列を取得する
    MsgBox "選択セル範囲のセルアドレスは " _
        & Selection.Address & "です" & vbCrLf _
        & "先頭の列は" & Split(Selection.Address, "$")(1) & "です"
End Sub
```

❖ 解説

ここでは、予め選択されたセル範囲のセルアドレスと、そのセル範囲の先頭の列（左端の列）を取得し、メッセージボックスに表示します。Selectionプロパティを使用しているため、セル以外のオブジェクトが選択されていると、エラーになるので注意してください。また、ここでは列を取得するためにSplit関数を使用しています。Addressプロパティの戻り値を「$」で区切って配列にすることで、列名を取得しています。

なお、Addressプロパティの引数ReferenceStyleに指定する値は、次のとおりです。

◆ 引数ReferenceStyleに指定するXlReferenceStyleクラスの定数

名前	値	説明
xlA1	1	既定xlA1を指定すると、A1形式の参照で返す
xlR1C1	-4150	xlR1C1を指定すると、R1C1形式の参照で返す

・Addressプロパティの構文

object.Address(RowAbsolute, ColumnAbsolute, ReferenceStyle, External, RelativeTo)

指定したセル/セル範囲のセルアドレスを取得するには、Addressプロパティを使用します。引数の指定によって取得方法が変わります。引数RowAbsoluteと引数ColumnAbsoluteは、行（RowAbsolute）列（ColumnAbsolute）のそれぞれを絶対参照として取得するかを指定します。Tureが絶対参照、Falseが相対参照です。既定値はTrueです。引数ReferenceStyleは、参照形式を指定します。引数Externalは、Trueを指定すると外部参照を返します。既定値はFalseです。引数RelativeToは、引数RowAbsoluteと引数ColumnAbsoluteの両方にFalseを指定し、引数ReferenceStyleにxlR1C1を指定した時に使用します。この引数には、参照の起点となるセルを指定します。

2-1 セルの選択やセル参照（セルのマージ、セルアドレスの取得など）

データの入力されている終端セルを参照する

▶関連Tips 057

使用機能・命令 Endプロパティ

サンプルコード SampleFile Sample068.xlsm

```
Sub Sample068()
    'セルA3を基準に下端のセルを取得し、さらに右端のセルを取得する
    Range("A3").End(xlDown).End(xlToRight).Select
End Sub
```

❖ 解説

　ここでは、セルA3から下方向にジャンプし下端のセルを取得後、さらに右端のセルを取得しています。結果、表の右下端のセルが選択されます。なお、Offsetプロパティと組み合わせて使用すると、表の下端の1つ下のセル（つまり表にデータを追記する場合の入力セル）を取得することができます。Endプロパティの引数Directionに指定する値は、次のとおりです。

◇ 引数Directionに指定するXlDirectionクラスの定数

定数	意味	定数	意味
xlDown	下	xlToLeft	左
xlUp	上	xlToRight	右

▼セルA3から参照するセルを移動し、表の右下端のセルを選択する

▼実行結果

このセルからスタートして、表の右下端のセルを選択する

右下端のセルが選択された

• Endプロパティの構文

object.End(Direction)

　Endプロパティは、データが連続して入力されている領域の、上端、下端、右端、左端のセルを取得することができます。ワークシート上の[Ctrl]＋方向キー（[↑][↓][→][←]のいずれか）の操作に対応します。表の最終行を取得するときなどに利用できます。

Tips 069 先頭行を除いて範囲選択する

▶関連Tips
057
059

使用機能・命令 Resizeプロパティ/Offsetプロパティ

サンプルコード SampleFile Sample069.xlsm

```
Sub Sample069()
    'セルA3を含むアクティブセル領域を対象にする
    With Range("A3").CurrentRegion
        '行数を1行減らし、下方向に1つ移動したセル範囲を選択する
        .Resize(.Rows.Count - 1).Offset(1).Select
    End With
End Sub
```

❖ 解説

ここでは、表の見出しを除いたデータ行のみを選択します。まず、表全体を取得するためにCurrentRegionプロパティを使用しています。次に、取得した表に対して、見出しを除くため、まずRowsプロパティで表の行全体を取得し、Countプロパティで行の列数を取得しています。この値から「-1」して見出しを除く行数を取得し、Resizeプロパティで表の大きさを変更しています。そして、Offsetプロパティで下方向に表全体を移動して、見出しを除くデータ行のみを選択しています。

また、ここではWithステートメントを使用している点にも注意してください。Rowsプロパティで取得するのは、あくまでCurrentRegionプロパティで取得したセル範囲の行数です。
ですので、Rowsプロパティの前に「.(ピリオド)」が必要です。なお、このサンプルをWithステートメント無しで記述すると、次のようになります。

▼Withステートメントを使わなかった場合のコード

```
Sub Sample069_2()
    Range("A3").CurrentRegion _
        .Resize(Range("A3").CurrentRegion.Rows.Count - 1) _
        .Offset(1).Select
End Sub
```

このように冗長になるので、やはりWithステートメントを使うようにしましょう。

なお、ResizeプロパティとOffsetプロパティの指定順序は、どちらが先でも後でも構いません。しかし、仮に元となる表がワークシートの行数（または列数）ちょうどまである場合は、先にResizeプロパティでサイズ変更をしておかないとエラーになる可能性があります。ですから、通常はResizeプロパティを先に指定します。

今回のサンプルの処理を細かく見ると、次ページの図のようになります（画面上はわかりやすいようにセル範囲を選択していますが、実際の処理では選択されません）。

2-1 セルの選択やセル参照（セルのマージ、セルアドレスの取得など）

▼Resizeプロパティの処理を行った時点でのセル範囲　　▼Offsetプロパティの処理を行った時点でのセル範囲

Resizeプロパティで、1行少ないセル範囲を取得する

Offsetプロパティで1行下にセル範囲を移動する

- **Resizeプロパティの構文**

    object.Resize(RowSize, ColumnSize)

- **Offsetプロパティの構文**

    object.Offset(RowOffset, ColumnOffset)

Resizeプロパティはセル範囲のサイズを変更します。Offsetプロパティは参照するセル範囲を移動します。詳しくは、ResizeプロパティはTips059、OffsetプロパティはTips057を参照してください。

Tips 070 隣のセルを取得/参照する

▶関連Tips 057

使用機能・命令 Previousプロパティ/Nextプロパティ

サンプルコード SampleFile Sample070.xlsm

```
Sub Sample070()
    'セルB4の左側と右側のセルの値を取得し表示する
    MsgBox "セルB4の左側のセルの値:" & Range("B4").Previous.Value _
        & vbCrLf & "セルB4の右側のセルの値:" & Range("B4").Next.Value
End Sub
```

❖ 解説

ここでは、セルB4を基準にPreviousプロパティで左側のセルの値を、Nextプロパティで右側のセルの値をそれぞれ取得して、メッセージボックスに表示しています。

ここでは値を取得しましたが、Selectメソッドでセル選択することもできます。その操作は、それぞれワークシート上で[Shift]キー+[Tab]キーの操作と、[Tab]キーを押す操作に相当します。なお、同様の処理は、Offsetプロパティを使用しても行うことができます。

▼基準となるセルからPreviousプロパティとNextプロパティで取得できるセル

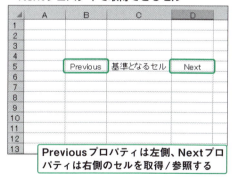

Previousプロパティは左側、Nextプロパティは右側のセルを取得/参照する

▼実行結果

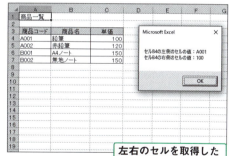

左右のセルを取得した

• Previousプロパティの構文

object.Previous

• Nextプロパティの構文

object.Next

指定したセルの左側のセルを取得/参照するにはPreviousプロパティを、右側のセルを取得/参照するには、Nextプロパティを使用します。

Tips 071 空白のセルを選択する

▶関連Tips 065

使用機能・命令 SpecialCells メソッド

サンプルコード SampleFile Sample071.xlsm

```
Sub Sample071()
    'セルA3を含む表で、空白セルを選択する
    Range("A3").CurrentRegion.SpecialCells(xlCellTypeBlanks).Select
End Sub
```

❖ 解説

ここでは、CurrentRegion プロパティを使用してセル A3 を含む表全体を取得し、そのセル範囲で空白セルを選択します。

SpecialCells メソッドの引数 Type と引数 Value に指定する値は、次のとおりです。

◆ 引数 Type に指定する XlCellType クラスの定数

定数	値	説明
xlCellTypeAllFormatConditions	-4172	表示形式が設定されているセル
xlCellTypeAllValidation	-4174	条件の設定が含まれているセル
xlCellTypeBlanks	4	空の文字列
xlCellTypeComments	-4144	コメントが含まれているセル
xlCellTypeConstants	2	定数が含まれているセル
xlCellTypeFormulas	-4123	数式が含まれているセル
xlCellTypeLastCell	11	使われたセル範囲内の最後のセル
xlCellTypeSameFormatConditions	-4173	同じ表示形式が設定されているセル
xlCellTypeSameValidation	-4175	同じ条件の設定が含まれているセル
xlCellTypeVisible	12	すべての可視セル

◆ 引数 Value に指定する XlSpecialCellsValue クラスの定数

定数	値	説明	定数	値	説明
xlErrors	16	エラー値	xlNumbers	1	数値
xlLogical	4	論理値	xlTextValues	2	文字

• SpecialCells メソッドの構文

object.SpecialCells(Type, Value)

SpecialCells メソッドは、指定された条件を満たすセルを取得することが可能です。空白セルを選択するには、引数 Type に xlCellTypeBlanks を指定します。なお、SpecialCells メソッドは、該当するセルがない場合にはエラーになるので注意してください。

Tips 072 セルの個数を数える

▶関連Tips 074 173

使用機能・命令 Count プロパティ

サンプルコード SampleFile Sample072.xlsm

```
Sub Sample072()
    'CurrentRegionプロパティとResizeプロパティで1列目のみ取得し、
    'Countプロパティでセルの数を取得し、見出し分の1をマイナスする
    MsgBox "データ件数：" & _
        Range("A3").CurrentRegion.Resize(, 1).Count - 1 & "件"
End Sub
```

解説

ここでは、セルA3から始まる表のデータ件数を求めています。Countプロパティはセルの数を数えることができるので、Resizeプロパティを利用して、1列分のセル範囲を対象にし、さらに見出しの分を「-1」しています。

なお、ここではセルを対処にしましたが、Countプロパティは、その他にも行や列、ワークシートやワークブックなどにもあります。いずれも対象の数をカウントするプロパティです。このように、VBAの命令には対象が異なるだけで同じ名前のプロパティがあります。

▼セルA3から始まる表を対象にする　　▼実行結果

この表のデータ件数をカウントする　　データ件数が表示された

• Countプロパティの構文

object.Count

objectにRangeオブジェクトを指定すると、セルの個数を数えることができます。

2-1 セルの選択やセル参照（セルのマージ、セルアドレスの取得など）

可視セルのみ選択する

▶関連Tips **071**

使用機能・命令 SpecialCells メソッド

サンプルコード SampleFile Sample073.xlsm

```
Sub Sample073()
    Dim num1 As Long
    Dim num2 As Long
    'A列のデータを単純にカウントする
    num1 = Range("A3").CurrentRegion.Resize(, 1) _
        .Count - 1
    'A列のデータの可視セルのみをカウントする
    num2 = Range("A3").CurrentRegion.Resize(, 1) _
        .SpecialCells(xlCellTypeVisible).Count - 1
    '結果をメッセージボックスに表示する
    MsgBox "単純にカウント：" & num1 & vbCrLf _
        & "可視セルをカウント：" & num2
End Sub
```

❖ 解説

ここでは、オートフィルタを掛けた表に対して、抽出結果のデータ件数をカウントしています。オートフィルタでフィルタがかかっているため、**単純にセルの個数を求めると、非表示のセルまでカウントされてしまうのでうまくいかないため**、SpecialCellsメソッドを使用しています。

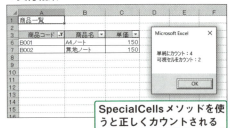

▼「商品コード」欄がBから始まるデータが抽出されている

このデータ件数（見出しを除く）をカウントする

▼実行結果

SpecialCellsメソッドを使うと正しくカウントされる

• SpecialCells メソッドの構文

object.SpecialCells(Type, Value)

指定された条件を満たすセルを取得するには、SpecialCellsメソッドを使用します。可視セルを選択するには、引数TypeにxlCellTypeVisibleを指定します。なお、SpecialCellsメソッドは該当するセルがない場合にはエラーになるので注意してください。SpecialCellsメソッドの引数については、Tips071を参照してください。

Tips 074 表の行数と列数を数える

▶関連Tips 065

使用機能・命令 Rowsプロパティ/Columnsプロパティ/Countプロパティ

サンプルコード SampleFile Sample074.xlsm

```
Sub Sample074()
    'セルA3を含む表の行数と列数をカウントする
    With Range("A3").CurrentRegion
        MsgBox "顧客リストの" & vbCrLf _
            & "行数:" & .Rows.Count & vbCrLf _
            & "列数:" & .Columns.Count
    End With
End Sub
```

❖ 解説

ここでは、まずCurrentRegionプロパティでセルA3を含む表を取得し、この表に対して処理を行っています。表の行はRowsプロパティ、列はColumnsプロパティで取得できます。これらとCountプロパティを組み合わせて、行数と列数を求めています。

Withステートメントを使用していますから、Rowsプロパティ、Columnsプロパティ、それぞれに「.(ピリオド)」がついていることを忘れないでください。このピリオドを忘れると、ワークシートの行数と列数をカウントすることになります。

• **Rowsプロパティの構文**

object.Rows

• **Columnsプロパティの構文**

object.Columns

• **Countプロパティの構文**

object.Count

Rowsプロパティは対象の行数を、Columnsプロパティは対象の列数を取得します。objectを省略すると、アクティブシートが対象になります。これらとCountプロパティを組み合わせることで、表の行数/列数を取得することができます。

2-1 セルの選択やセル参照（セルのマージ、セルアドレスの取得など）

Tips 075 セルのデータを取得する

▶関連Tips 076

使用機能・命令 Valueプロパティ/Textプロパティ

サンプルコード SampleFile Sample075.xlsm

```
Sub Sample075()
    'セルC4の値をValueプロパティ、Textプロパティのそれぞれで取得し
    'メッセージボックスに表示する
    MsgBox "セルC4の値(Value)：" & Range("C4").Value & vbCrLf _
        & "セルC4の値(Text)：" & Range("C4").Text
End Sub
```

❖ 解説

ここでは、セルC4の値をValueプロパティ、Textプロパティの両方を使って取得し、メッセージボックスに表示します。Valueプロパティはセルの値を取得するプロパティです。計算式が入力されているセルは、計算結果を取得します。また、表示形式が設定されている場合、表示形式を無視して値を取得します（日付/時刻は除く）。セルの値を表示形式も含めて取得するには、Textプロパティを使用します。**Textプロパティは、セルに表示されている値をそのまま文字列として取得します。そのため、セル幅が足りなくて「###」と表示されているセルが対象だと、Textプロパティが取得する値も「###」となります。**

▼列幅が足りないためセルC4の値が正しく表示されていない　　▼実行結果

このセルC4の値を取得する　　それぞれの値が表示された

•Valueプロパティの構文

object.Value

•Textプロパティの構文

object.Text

Valueプロパティは、objectに指定したセルの値を返します。Textプロパティも同様です。ただし、Valueプロパティは入力されている値そのものを取得する（表示形式で設定したカンマなどは取得しない）のに対して、Textプロパティは画面に見えているデータをそのまま取得します。

Tips 076 セルの日付データとシリアル値を取得する

▶関連Tips 075

使用機能・命令 Valueプロパティ（→Tips075）/ Textプロパティ（→Tips075）/ Value2プロパティ

サンプルコード SampleFile Sample076.xlsm

```vb
Sub Sample076()
    'セルA1に入力された値を
    'Value、Text、Value2プロパティのそれぞれで取得し
    'メッセージボックスに表示する
    With Range("A1")
        MsgBox "Value  :" & .Value & vbCrLf & _
               "Text   :" & .Text & vbCrLf & _
               "Value2 :" & .Value2
    End With
End Sub
```

❖ 解説

ここでは、セルA1に入力されている日付データを元に、Valueプロパティ、Textプロパティ、Value2プロパティのそれぞれのプロパティを使用して値を取得し、それぞれの違いについて確認しています。**Value2プロパティはシリアル値を取得します**。Excel内部では、日付/時刻のデータはシリアル値と呼ばれる数値で管理されています。標準では1901/1/1/を起点として、1日を「1」としています。ですから、1時間は「1/24」、1分は1時間のさらに1/60で求めることができます。

▼実行結果

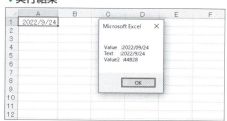

日付データとシリアル値が取得された

また、セルの値が日付・時刻の場合、Valueプロパティはコントロールパネルの［地域］（または［地域と言語のオプション］）の［日付（短い形式）］に設定された書式の値を取得します。

• Value2プロパティの構文

object.Value2

Value2プロパティは、Valueプロパティと同様に、objectに指定したセルの値を取得します。ただし、日付型と通貨型のデータはDouble型として取得します。そのため、日付が入力されているセルのシリアル値を取得する場合に使用します。

2-1 セルの選択やセル参照（セルのマージ、セルアドレスの取得など）

セルの数式を取得する

▶関連Tips
075
076

使用機能・命令 Formulaプロパティ/FormulaR1C1プロパティ

サンプルコード　SampleFile Sample077.xlsm

```
Sub Sample077()
    'セルB13を対象に処理を行う
    With Range("B13")
        '数式をA1形式、R1C1形式でそれぞれ取得し表示する
        MsgBox "Formulaプロパティ：" & .Formula & vbCrLf _
            & "FormulaR1C1プロパティ：" & .FormulaR1C1
    End With
End Sub
```

❖ 解説

ここでは、セルB13に入力されている数式をA1形式とR1C1形式の両方で取得し、メッセージボックスに表示します。なお、FormulaR1C1プロパティで値を取得する場合、Excelの参照形式に関係なくR1C1形式で数式を取得できます。しかし、数式を設定する場合はFormulaR1C1プロパティで設定しても、Excelの参照形式がA1形式の場合、入力される数式はA1形式になります。

▼セルB13には数式が設定されている

▼実行結果

この数式を取得する　　A1形式とR1C1形式の数式が表示された

• Formula/FormulaR1C1プロパティの構文

object.Formula/FormulaR1C1

セルに数式を入力したり、入力されている数式を取得したりするには、Formulaプロパティまたは FormulaR1C1プロパティを使用します。FormulaプロパティはA1形式で、FormulaR1C1プロパティはR1C1形式でセルアドレスを扱います。

Tips 078 セルが数式かどうか判定する

▶関連Tips 077

使用機能・命令 HasFormula プロパティ

サンプルコード SampleFile Sample078.xlsm

```
Sub Sample078()
    Dim Result1 As Variant
    Dim Result2 As Variant
    
    '「数量」欄に数式が設定されているか取得する
    Result1 = Range("D4:D12").HasFormula
    '「金額」欄に数式が設定されているか取得する
    Result2 = Range("E4:E12").HasFormula
    
    'それぞれの結果をメッセージボックスに表示する
    MsgBox "「数量」欄:" & Result1 & vbCrLf _
        & "「金額」欄:" & Result2
End Sub
```

❖ 解説

ここでは、HasFormulaプロパティを使用して、売上表で「数量」欄、「金額」欄のそれぞれに対して、数式が設定されているかを取得し、メッセージボックスに表示しています。「数量」欄には数値のみ入力されているため「False」が、「金額」欄は計算式のみ入力されているため「True」が返ります。

▼実行結果

それぞれの結果が表示された

• **HasFormula プロパティの構文**

object.HasFormula

HasFormulaプロパティは、指定したセル/セル範囲に数式が含まれているかを取得します。セル範囲を指定した場合、すべてのセルに数式が入力されている場合はTrueを、数式が全く入力されていない場合はFalseを、混在する場合はNullを返します。

2-1 セルの選択やセル参照（セルのマージ、セルアドレスの取得など）

Tips 079　セルが日付かどうか判定する

▶関連Tips
076
150

使用機能・命令 IsDate関数

サンプルコード　SampleFile Sample079.xlsm

```
Sub Sample079()
    'セルD4の値が日付かどうか判定する
    If IsDate(Range("D4").Value) Then
        MsgBox "日付データです"       '日付データの場合のメッセージ
    Else
        MsgBox "日付データではありません"    '日付データではない場合のメッセージ
    End If
End Sub
```

❖ 解説

　ここでは、セルD4に日付が入力されています。このデータをチェックします。IsDate関数は、日付として処理できるかを返す関数です。ですので、例えば「１０月３０日」のように全角で入力された文字列でも、Trueを返します。なお、Excelでは日付や時刻はシリアル値として扱われますが、IsDate関数は、日付として扱えればTrueを返すため、シリアル値でなくても結果がTrueとなることがあります。シリアル値であるかどうかまで調べるには、IsNumeric関数と組み合わせます。

　IsNumeric関数は、引数に指定した値が数値の場合はTrueを返します。セルに入力されているシリアル値を取得するために、Value2プロパティを使用しています。

▼セルの値が日付として処理できて、かつシリアル値であることをチェックするサンプル

```
Sub Sample079_2()
    If IsDate(Range("D4").Value) _
        And IsNumeric(Range("D4").Value2) Then
        MsgBox "日付データです"
    Else
        MsgBox "日付データではありません"
    End If
End Sub
```

• IsDate関数の構文

IsDate(expression)

　指定したデータが日付または時刻として扱えるかを調べるには、IsDate関数を利用します。日付/時刻として扱える場合はTrueを、扱えない場合はFalseを返します。

Tips 080 セルが空欄かどうか判定する

▶関連Tips 075

使用機能・命令 IsEmpty関数

サンプルコード SampleFile Sample080.xlsm

```
Sub Sample080()
    'セルD4の値がEmptyかどうか判定する
    If IsEmpty(Range("D4").Value) Then
        MsgBox "セルは空欄です"  'Emptyの場合のメッセージ
    Else
        MsgBox "セルは空欄ではありません"    'Emptyではない場合のメッセージ
    End If
End Sub
```

❖ 解説

ここでは、セルD4が空欄かどうかをチェックしています。セルが空欄かどうか判定するには、IsEmpty関数を使用します。なお、対象のセルの表示形式が「文字列型」でExcelのIF関数などを使って、セルに「""」が設定されていたり、セルを空欄にしようとして「ActiveCell.Value = ""」とすると、IsEmpty関数の結果はFalseになります。

▼実行結果

空欄かどうかのチェックが行われた

• IsEmpty関数の構文

IsEmpty(expression)

IsEmpty関数は、引数に指定した値がEmptyかどうかを判定する関数です。Emptyの場合はTrueを、そうでない場合はFalseを返します。

2-1 セルの選択やセル参照（セルのマージ、セルアドレスの取得など）

Tips 081 セルの値がエラーか どうか判定する

▶関連Tips 161

使用機能・命令 IsError関数

サンプルコード SampleFile Sample081.xlsm

```
Sub Sample081()
    'セルC2の値がエラー値かどうか判定する
    If IsError(Range("C2").Value) Then
        MsgBox "計算結果はエラーです"   'エラー値の場合のメッセージ
    Else
        'エラー値ではなかった場合のメッセージ
        MsgBox "計算結果はエラーではありません"
    End If
End Sub
```

❖ 解説

ここでは、セルC2の計算式がエラーかどうかをIsError関数で判定しています。ここでは「件数」欄が「0」のため、0除算のエラーが発生しています。エラー値の種類やエラー番号、VBAのエラーに関する定数は、次の表のようになります。

◆ エラー値の種類

定数	エラー番号	セルのエラー値	説明
xlErrDiv0	2007	#DIV/0!	0除算
XlErrNA	2042	#N/A	値が無い
xlErrName	2029	#NAME?	関数名やセル範囲名などの名前が間違っている
XlErrNull	2000	#NULL!	セルの指定方法が間違っている
XlErrNum	2036	#NUM!	数値が大きすぎる／小さすぎる
XlErrRef	2023	#REF!	セル参照のエラー
XlErrValue	2015	#VALUE!	不適切なデータが入力されている

• IsError関数の構文

IsError(expression)

IsError関数は、引数に指定した値がエラー値かどうかを判定します。エラー値の場合はTrueを、そうでない場合はFalseを返します。

2-2 セルの編集（値や関数の入力、セルの挿入/削除、セルのコピーなど）

Tips 082 セルに文字や数値、日付を入力する

▶関連Tips
075
076

使用機能・命令 Valueプロパティ

サンプルコード SampleFile Sample082.xlsm

```
Sub Sample082()
    'セルA1に「ExcelVBA」と入力する
    Range("A1").Value = "ExcelVBA"
    'セルB1とD1に「ExcelVBA」と入力する
    Range("B1,D1").Value = "ExcelVBA"
    'セルA2に数値の100を入力する
    Range("A2").Value = 100
    'セルA3に「2022/9/11」と入力する
    Range("A3").Value = #9/11/2022#
End Sub
```

❖ **解説**

ここでは、セルに文字、数値、日付のそれぞれの値を入力しています。まず、セルA1に「ExcelVBA」と入力します。文字列を入力する場合は、サンプルのように対象の文字列を「"（ダブルクォーテーション）」で囲みます。次に、セルB1とD1の2つのセルに、同時に「ExcelVBA」と入力しています。このように、対象のセルを複数のセルにしたりセル範囲にすると、まとめて同じデータを入力することができます。

そして、セルA2に数値の「100」と入力しています。数値の場合は文字と異なり、「"（ダブルクォーテーション）」ではくくりません。最後に、セルA3に「2022/9/11」と日付データを入力しています。**日付の場合は「#」で囲みます。なお、VBEでは入力時に「#2022/9/11#」と入力しても、自動的にサンプルのように「#9/11/2022#」となります。**

▼実行結果

	A	B	C	D
1	ExcelVBA	ExcelVBA		ExcelVBA
2	100			
3	2022/9/11			
4				
5				

文字、数値、日付、それぞれの値が入力された

• **Valueプロパティの構文**

object.Value = expression

Valueプロパティを使用すると、objectに指定したセル/セル範囲に値を入力することができます。複数のセルにまとめて同じ値を入力することもできます。

2-2 セルの編集（値や関数の入力、セルの挿入/削除、セルのコピーなど）

Tips 083 セルに関数や数式を入力する

▶関連Tips
075
077
135

使用機能・命令 Formulaプロパティ/FormulaR1C1プロパティ/FormulaLocalプロパティ/FormulaR1C1Localプロパティ

サンプルコード SampleFile Sample083.xlsm

```
Sub Sample083()
    'セルE4からE5に単価×数量の計算式を入力する
    Range("E4:E5").Formula = "=C4*D4"
    'セルB7に「ノートB5」の左から3文字を取り出す関数を入力する
    Range("B7").Formula = "=LEFT(""ノートB5"",3)"
End Sub
```

❖ 解説

ここでは、まず、商品の売上金額を求める数式「単価」×「数量」をセルE4からセルE5に一度に入力します。このとき、指定する数式は「=C4*D4」となっていますが、コードを実行すると相対参照で入力されるため、5行目でも「=C11*D11」と正しく数式が入力されます。

次に、セルB7に「ノートB5」という文字の左から3文字を取り出すLEFT関数を入力します。この時、「"（ダブルクォーテーション）」の使い方に注意してください。数式に含まれる「"（ダブルクォーテーション）」は、「""」のように2つ続けて記入しなくてはなりません。次の図で確認してください。ダブルクォーテーションを2つ続けた場合、1つ目のダブルクォーテーションは、2つ目のダブルクォーテーションをそのまま入力するためのエスケープ文字となります。

▼ダブルクォーテーションの意味

```
"=LEFT(""ノートB5"",3)"
```

- 数式を文字列として指定するためのダブルクォーテーション
- 次の文字をそのまま入力するためのエスケープ文字としてのダブルクォーテーション
- 数式に入力するダブルクォーテーション

•Formula/FormulaR1C1/FormulaLocal/FormulaR1C1Localプロパティの構文

object.Formula/FormulaR1C1/FormulaLocal/FormulaR1C1Local = expression

objectに指定したセルに数式を入力します。複数のセルに対して1度に入力することもできます。FormulaプロパティはA1形式で、FormulaR1C1プロパティは、R1C1形式で数式を入力します。また、それぞれ「Local」がついたプロパティは、数式をコード実行時の言語で設定します。

2-2 セルの編集（値や関数の入力、セルの挿入/削除、セルのコピーなど）

Tips 084 セルの値をクリア（削除）する

▶関連Tips
113
121

使用機能・命令 ClearContents メソッド/Clear メソッド

サンプルコード SampleFile Sample084.xlsm

```
Sub Sample084()
    'セルA3からE3の値のみ削除する
    Range("A3:E3").ClearContents
    'セルA4からE5のすべてを削除する
    Range("A4:E5").Clear
End Sub
```

❖ 解説

ここでは、見出しのセルA3からE3の値のみ削除し、続けて、セルA4からE5のデータすべて（罫線などの書式含む）を削除しています。

▼3行目は値のみを、4行目以降は値も書式もすべて削除する

設定されている書式に注意する

▼実行結果

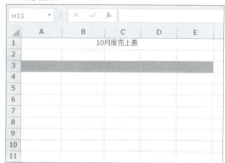

3行目は書式が残り、4行目以降は書式も削除された

• ClearContents メソッド/Clear メソッドの構文

object.ClearContents/Clear

ClearContentsメソッドは、objectに指定したセル範囲の値のみ削除します。Clearメソッドは値だけでなく、書式もすべて削除します。

2-2 セルの編集（値や関数の入力、セルの挿入/削除、セルのコピーなど）

セルを挿入/削除する

▶関連Tips 086

使用機能・命令 Insertメソッド/Deleteメソッド

サンプルコード SampleFile Sample085.xlsm

```
Sub Sample085()
    'セルB4からE4にセルを挿入し、下方向にシフトし、下側の書式をコピーする
    Range("B4:E4").Insert _
        Shift:=xlShiftDown, CopyOrigin:=xlFormatFromRightOrBelow
End Sub

Sub Sample085_2()
    Range("E3").Delete   'セルE3を削除する
End Sub
```

❖ 解説

ここでは、セルB4からE4にセルを挿入します。引数ShiftにxlShiftDownを指定して、挿入後下方向にシフトします。また、引数CopyOriginにxlFormatFromRightOrBelowを指定して、下側の書式をコピーします。なお、引数Shiftと引数CopyOriginに指定する定数は、以下のとおりです。

◆ 引数Shiftに指定するXlInsertShiftDirectionクラスの定数

定数	値	説明
xlShiftDown	-4121	セルを挿入後、下にシフトする
xlShiftToRight	-4161	セルを挿入後、右にシフトする

◆ 引数CopyOriginに指定するXlInsertFormatOriginクラスの定数

定数	値	説明
xlFormatFromLeftOrAbove	0	上および/または左のセルから形式をコピーする
xlFormatFromRightOrBelow	1	下および/または右のセルから形式をコピーする

2つ目のサンプルはDeleteメソッドを使用してセルE3を削除しています。Deleteメソッドは、引数Shiftを省略した場合、セル削除後のシフト方向はExcelが自動的に判定します。

• Insertメソッドの構文

object.Insert(Shift, CopyOrigin)

Insertメソッドは、ワークシートの指定した範囲に空白のセル/セル範囲を挿入します。引数Shiftで、挿入後のセルの移動方向（シフト方向）を指定することが可能です。省略した場合は、Excelが自動的に判断してシフトします。また、引数CopyOriginはセル挿入後に書式を受け継ぐセルを指定します。

2-2　セルの編集（値や関数の入力、セルの挿入／削除、セルのコピーなど）

•Deleteメソッドの構文

object.Delete(Shift)

　Deleteメソッドはセル／セル範囲を削除します。引数Shiftで、削除後のセルの移動方向（シフト方向）を指定することが可能です。省略した場合は、削除対象となるセル範囲の行数と列数が基準に、行数が多い場合は左方向、列数が多い場合は上方向にシフトします。また、行数と列数が同じ場合は、上方向にシフトします。

Tips 086 セルを切り取る

▶関連Tips 097 098

使用機能・命令 Cutメソッド

サンプルコード SampleFile Sample086.xlsm

```
Sub Sample086()
    'セルA3からE3（見出し部分）を切り取り、セルA10以降に貼り付ける
    Range("A3:E3").Cut Destination:=Range("A10")
    'セルA4からE6（データ部分）を切り取る
    Range("A4:E6").Cut
    'セルA11以降に貼り付ける
    ActiveSheet.Paste Destination:=Range("A11")
End Sub
```

❖ 解説

ここではまず、見出しとなっているセルA3からE3をCutメソッドで切り取り、セルA10以降に貼り付けます。次に、CutメソッドとPasteメソッドを組み合わせ、データが入力されているセルA4からE6をセルA11以降に貼り付けています。結果、表全体がセル10以降に移動します。

なお、貼り付け先に、すでにデータが入力されている場合は上書きされるので注意が必要です。

▼移動する前の表　　　　　　　　　　▼実行結果

この表をセルA10以降に移動する　　　元の表が切り取られ、移動した

•Cutメソッドの構文

object.Cut(Destination)

Cutメソッドは、指定したセル/セル範囲を切り取る命令です。切り取ったセルはクリップボードまたは指定した範囲に貼り付けることができます。引数Destinationを指定すると、指定したセルに貼り付けます。また、クリップボードに格納した場合は、Pasteメソッドでセルに貼り付けることができます。

Tips 087 セルをコピーする

▶関連Tips 086 088

使用機能・命令 Copyメソッド/CutCopyModeプロパティ

サンプルコード SampleFile Sample087.xlsm

```
Sub Sample087()
    'セルA3からE3をコピーして、セルA10以降に貼り付ける
    Range("A3:E3").Copy Destination:=Range("A10")
    'セルA4からE6をコピーして、セルA11以降に貼り付ける
    Range("A4:E6").Copy
    ActiveSheet.Paste Destination:=Range("A11")
    'コピーされたセルを表す点線を消す
    Application.CutCopyMode = False
End Sub
```

❖ 解説

ここではまず、見出しとなっているセルA3からE3をCopyメソッドでコピーし、セルA10以降に貼り付けます。次に、CopyメソッドとPasteメソッドを組み合わせ、データが入力されているセルA4からE6をセルA11以降に貼り付けています。結果、表全体がセル10以降にコピーされます。なお、貼り付け先に、すでにデータが入力されている場合は上書きされるので注意が必要です。

最後に、セルをコピーされたときに表示される点線を消すために、CutCopyModeプロパティをFalseにします。

• **Copyメソッドの構文**

object.Copy(Destination)

• **CutCopyModeプロパティの構文**

object.CutCopyMode = expression

Copyメソッドは、セル/セル範囲を指定の範囲またはクリップボードにコピーします。引数Destinationを利用して、貼り付け先を指定することができます。また、Pasteメソッドを使用してデータを貼り付けることもできます。

CutCopyModeプロパティは切り取りモード、またはコピーモードの状態を示す値を設定します。使用できる値は、True、False、またはxlCopy（値の場合は1）、xlCut（値の場合は2）のいずれかです。値の取得および設定が可能です。

2-2 セルの編集（値や関数の入力、セルの挿入／削除、セルのコピーなど）

Tips 088 クリップボードのデータを貼り付ける

▶関連Tips 087

使用機能・命令 Paste メソッド

サンプルコード SampleFile Sample088.xlsm

```
Sub Sample088()
    'セルA3を含む表全体をコピーする
    Range("A3").CurrentRegion.Copy
    'セルA8以降に貼り付ける
    Worksheets("Sheet1").Paste Destination:=Range("A8")
End Sub
```

❖ 解説

　ここでは、CurrentRegionプロパティを使用して、セルA3を含むアクティブセル領域を取得しコピーします。そして、Pasteメソッドを使用して、セルA8以降に貼り付けます。

　なお、引数Destinationには「Worksheets("Sheet1").PasteDestination:=Worksheets("Sheet2").Range("A8")」のように、他のワークシートを指定することもできます。この場合、アクティブシートが「Sheet1」だとしても、「Sheet2」ワークシートにセルが貼り付けられます。

▼貼り付け元となる表

この表をセルA8以降に貼り付ける

▼実行結果

セルA8以降に貼り付けられた

● **Paste メソッドの構文**

object.Paste(Destination, Link)

　Pasteメソッドは、CutメソッドやCopyメソッドを利用してクリップボードに格納されたデータをワークシートに貼り付けます。引数Destinationに貼り付け先のセルを指定します。引数Destinationを省略した場合、アクティブセルに貼り付けられます。

　また、引数LinkにTrueを指定すると、貼り付けたデータと元のデータにリンクを設定することができます。既定値はFalseです。

Tips 089 図としてコピーする

▶関連Tips 087 088

使用機能・命令 CopyPictureメソッド

サンプルコード SampleFile Sample089.xlsm

```
Sub Sample089()
    'セルA3を含む表全体を図としてコピーする
    Range("A3").CurrentRegion.CopyPicture
    'セルA10以降に貼り付ける
    ActiveSheet.Paste Range("A10")
End Sub
```

❖ 解説

ここでは、売上表を図としてコピーします。図としてコピーすることで、レイアウトがセル幅に左右されなくなるため便利です。

CopyPictureメソッドの引数Appearanceは、ピクチャをコピーする方法を指定します。また、引数Formatは、コピーされる画像の形式を指定します。

それぞれの引数に指定する値は、次のとおりです。

◈ 引数Appearanceに設定するXlCopyPictureFormatクラスの定数

定数	値	説明
xlPrinter	2	印刷時のイメージと同じ形式でコピーされる
xlScreen	1	画面の表示にできる限り近い形でコピーされる

◈ 引数Formatに指定するXlCopyPictureFormatクラスの定数

定数	値	説明
xlBitmap	2	ビットマップ (.bmp, .jpg, .gif)
xlPicture	-4147	ドロー画像 (.png, .wmf, .mix)

• **CopyPictureメソッドの構文**

object.CopyPicture(Appearance, Format, Size)

CopyPictureメソッドを利用すると、指定したセル/セル範囲をクリップボードにピクチャ (画像) としてコピーすることができます。また、objectにグラフシート上のグラフオブジェクトを指定すると、グラフを図としてコピーすることもできます。引数Sizeを指定できるのは、この場合のみです。引数Sizeに指定できる値は、引数Appearanceと同じです。

2-2 セルの編集（値や関数の入力、セルの挿入/削除、セルのコピーなど）

Tips 090 形式を選択して貼り付ける

▶関連Tips
087
091

使用機能・命令 PasteSpecialメソッド

サンプルコード SampleFile Sample090.xlsm

```
Sub Sample090()
    'セルA3を含む表全体をコピーする
    Range("A3").CurrentRegion.Copy
    'セルA8以降に値のみ、行列を入れ替えて貼り付ける
    Range("A8").PasteSpecial Paste:=xlPasteValues _
        , Transpose:=True
End Sub
```

❖ 解説

ここでは、セルA3から始まる表全体をコピーし、セルA8以降に「値のみ」「行列を入れ替え」て貼り付けます。Pasteメソッドはワークシートを対象に指定しましたが、PasteSpecialメソッドはRangeオブジェクトが対象ですので注意してください。

なお、PasteSpecialメソッドの引数Pasteと引数Operationに指定する値は、次のようになります。

◆ 引数Pasteに設定するXlPasteTypeクラスの定数

定数	値	貼り付け対象
xlPasteAll	-4104	すべてを貼り付ける
xlPasteAllExceptBorders	7	罫線を除くすべてを貼り付ける
xlPasteAllMergingConditionalFormats	14	すべてを貼り付け、条件付き書式をマージする（2010以降）
xlPasteAllUsingSourceTheme	13	ソースのテーマを使用してすべてを貼り付ける（2007以降）
xlPasteColumnWidths	8	コピーした列の幅を貼り付ける
xlPasteComments	-4144	コメントを貼り付ける
xlPasteFormats	-4122	書式を貼り付ける
xlPasteFormulas	-4123	数式を貼り付ける
xlPasteFormulasAndNumberFormats	11	数式と数値の書式を貼り付ける
xlPasteValidation	6	入力規則を貼り付ける
xlPasteValues	-4163	値を貼り付ける
xlPasteValuesAndNumberFormats	12	値と数値の書式を貼り付ける

2-2 セルの編集（値や関数の入力、セルの挿入/削除、セルのコピーなど）

◆ 引数Operationに設定するXlPasteSpecialOperationクラスの定数

定数	値	説明
xlPasteSpecialOperationNone（既定）	-4142	計算しない
xlPasteSpecialOperationAdd	2	加算
xlPasteSpecialOperationSubtract	3	減算
xlPasteSpecialOperationMultiply	4	乗算
xlPasteSpecialOperationDivide	5	除算

▼コピー元の表

▼実行結果

この表をコピーして、値のみ、行列を入れ替えて貼り付ける

行がコピーされた

● PasteSpecialメソッドの構文

object.PasteSpecial(Paste, Operation, SkipBlanks, Transpose)

PasteSpecialメソッドを利用すると、クリップボードに格納されているデータから貼り付ける内容を指定して、指定した範囲に貼り付けることができます。Excelの［形式を選択して貼り付け］ダイアログボックスの操作に相当します。引数Pasteは貼り付ける種類を、引数Operationは貼り付ける際に演算を行う場合にその種類を、引数SkipBlanksは空白セルを無視する（True）か、無視しない（False：既定値）かを指定します。引数Transposeは行列を入れ替える（True）か、入れ替えない（False：既定値）かを指定します。

2-2 セルの編集（値や関数の入力、セルの挿入/削除、セルのコピーなど）

Tips 091 数値を演算して貼り付ける

▶関連Tips
087
090

使用機能・命令 PasteSpecialメソッド

サンプルコード SampleFile Sample091.xlsm

```
Sub Sample091()
    'セルE1に20を入力する
    Range("E1").Value = 20
    'セルE1をコピーする
    Range("E1").Copy
    'セルC4からC6に加算して貼り付ける
    Range("C4:C6").PasteSpecial Paste:=xlPasteValues _
        , Operation:=xlPasteSpecialOperationAdd
    'セルE1の値をクリアする
    Range("E1").ClearContents
End Sub
```

❖ 解説

ここでは、「単価」欄の値を一律で「20」加算します。PasteSpecialメソッドを使用するために、一旦セルE1に「20」を入力し、この値を貼り付けることで加算を行います。なお、このサンプルでは、「加算」するだけではなく、「値」のみの貼り付けも行っています。こうしないと、貼り付け元の書式が適用されてしまうからです。最後に、セルE1の値をクリアして終了です。

▼貼り付け用に一旦セルE1に値を入力する

	A	B	C	D	E
1	商品一覧				20
2					
3	商品コード	商品名	単価		
4	A001	ノートB5	100		
5	A002	ボールペン	150		
6	C001	コピー用紙	800		
7					
8					

この値をコピーして使用する

▼実行結果

	A	B	C	D	E
1	商品一覧				
2					
3	商品コード	商品名	単価		
4	A001	ノートB5	120		
5	A002	ボールペン	170		
6	C001	コピー用紙	820		
7					
8					

「単価」欄が加算された

• PasteSpecialメソッドの構文

object.PasteSpecial(Paste, Operation, SkipBlanks, Transpose)

PasteSpecialメソッドを利用すると、クリップボードに格納されているデータから貼り付ける内容を指定して、指定した範囲に貼り付けることができます。指定した数値を加算や除算などで演算して貼り付けたり、数式のみを貼り付けるなど、特殊な貼り付けが可能です。引数についてはTips090を参照してください。

Tips 092 セル範囲の高さと幅を取得する

▶関連Tips
183
184

使用機能・命令 Heightプロパティ/Widthプロパティ

サンプルコード SampleFile Sample092.xlsm

```
Sub Sample092()
    'セルA3を含むセル範囲を対象にする
    With Range("A3").CurrentRegion
        '表全体の幅と高さを取得し表示する
        MsgBox "表全体の幅：" & .Columns.Width & vbCrLf _
            & "表全体の高さ：" & .Rows.Height
    End With
End Sub
```

❖ 解説

ここでは、セルA3を含む表全体の幅と高さを取得し、メッセージボックスに表示します。Widthプロパティ、Heightプロパティともにセル範囲を対象にした場合は、全体の幅や高さを返します。

▼この表の幅と高さを取得する

セル範囲が対象なので、この表の幅と高さを取得できる

▼実行結果

表全体の幅と高さが表示された

• Heightプロパティの構文

object.Height

• Widthプロパティの構文

object.Width

Heightプロパティはセル範囲の高さを、Widthプロパティはセル範囲の幅をポイント単位で取得します。単一のセルを対象とした場合は、そのセルが含まれる行または列の高さ・幅を取得します。複数のセル範囲を対象とした場合には、セル範囲の行／列の幅や高さの合計を取得します。

なお、1ポイントは1／72インチです。1インチは約25.4mmなので、1ポイントは25.4mm/72＝約0.3528mmとなります。

2-3 フォントの書式設定（フォントサイズや斜体／太字の設定など）

Tips 093 文字のフォントを設定する

▶関連Tips 094

使用機能・命令 Nameプロパティ

サンプルコード SampleFile Sample093.xlsm

```
Sub Sample093()
    Dim TempFontName As String
    'セルA3のフォント名を取得する
    TempFontName = Range("A3").Font.Name
    'セルA1のフォントを設定する
    Range("A1").Font.Name = TempFontName
End Sub
```

❖ 解説

ここでは、表の見出しに設定されているフォントをタイトルにも設定して、フォントを揃えます。セルA3のフォントを、いったん変数に代入しています。ここでは設定するセルが1つですが、変数に代入すれば、順次複数のセルに対して処理を行うことも可能です。

なお、Excelの標準のフォントを取得／設定するには、StandardFontプロパティを使用します。StandardFontプロパティを使用して標準フォントを指定した場合、有効にするにはExcelを再起動します。

▼表のタイトルと見出しでフォントが異なる

▼実行結果

統一されていないと資料として見づらい

フォントが統一された

•Nameプロパティの構文

object.Name／object.Name = expression

Nameプロパティを利用すると、セルのフォント名を取得／設定することができます。

2-3 フォントの書式設定（フォントサイズや斜体／太字の設定など）

Tips 094 文字のフォントサイズを設定する

▶関連Tips 093

使用機能・命令 Sizeプロパティ／StandardFontSizeプロパティ

サンプルコード SampleFile Sample094.xlsm

```
Sub Sample094()
    'セルA1のフォントサイズを20ポイントに設定する
    Range("A1").Font.Size = 20
    'セルA3からセルE3のフォントサイズを標準のフォントサイズにする
    Range("A3:E3").Font.Size = Application.StandardFontSize
End Sub
```

❖ 解説

表のタイトルが入力されているセルA1のフォントサイズを、20ポイントに変更します。Excelの「標準のフォントサイズ」を取得するには、StandardFontSizeプロパティを使用します。なお、「標準のフォントサイズ」はExcelの「オプション」で設定されています。

▼標準のフォントサイズの設定

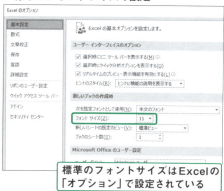

標準のフォントサイズはExcelの「オプション」で設定されている

▼実行結果

表のタイトルと、見出しのフォントサイズが変更された

● Sizeプロパティの構文

object.Size ／ object.Size = expression

● StandardFontSizeプロパティの構文

object.StandardFontSize／object.StandardFontSize = expression

フォントのサイズを取得／設定するには、Sizeプロパティを利用します。また、Excelの標準のフォントサイズを取得／設定するには、StandardFontSizeプロパティを使用します。標準フォントサイズを変更した場合、Excelを再起動するまでは変更が反映されません。

2-3 フォントの書式設定（フォントサイズや斜体／太字の設定など）

文字に太字／斜体を設定する

▶関連Tips
093
094
096

使用機能・命令 Boldプロパティ／Italicプロパティ

サンプルコード SampleFile Sample095.xlsm

```
Sub Sample095()
    With Range("A1").Font  'セルA1に対する処理
        .Bold = True   'フォントを太字に設定
        .Italic = True 'フォントを斜体に設定
    End With
End Sub
```

❖ 解説

ここでは、表のタイトルが入力されているセルA1のフォントを「太字」「斜体」に設定します。このように特定の対象について複数の設定を行う場合には、Withステートメントを使用するとコードが見やすくなります。フォントの「太字」「斜体」「太字 斜体」の設定は、FontStyleプロパティを利用して設定することも可能です。FontStyleプロパティは、「Range("A1").Font.FontStyle = "太字 斜体"」のように文字列で設定したい書式を指定します。

▼元の表

セルA1のフォントを「太字」「斜体」にする

▼実行結果

セルA1のフォントが「太字」「斜体」になった

● Boldプロパティの構文

object.Bold(= True/False)

● Italicプロパティの構文

object.Italic(= True/False)

Boldプロパティはフォントの太字を、Italicプロパティはフォントの斜体の設定を行います。値の取得も可能です。

Tips 096 文字に下線／取り消し線を設定する

▶関連Tips 093 094 095

使用機能・命令 Underlineプロパティ/Strikethroughプロパティ

サンプルコード　SampleFile Sample096.xlsm

```
Sub Sample096()
    'セルA1に下線を設定する
    Range("A1").Font.Underline = xlUnderlineStyleSingle
    'セルA5からE5に取り消し線を設定する
    Range("A5:E5").Font.Strikethrough = True
End Sub
```

❖ 解説

ここでは、タイトルのセルA1のフォントに下線を設定します。また、セルA5からE5に取り消し線を設定します。

Underlineプロパティに設定する値は、次のとおりです。なお、Microsoftのヘルプには「xlUnderlineStyleSingleAccounting」はサポートされないという記述がありますが（※2022年5月時点の情報です）、実際には設定することができます。

◇ Underlineプロパティに設定する、XlUnderlineStyleクラスの定数

定数	値	説明
xlUnderlineStyleDouble	-4119	二重下線
xlUnderlineStyleDoubleAccounting	5	二重下線（会計）
xlUnderlineStyleNone	-4142	下線なし
xlUnderlineStyleSingle	2	一重下線
xlUnderlineStyleSingleAccounting	4	一重下線（会計）

•Underlineプロパティの構文

object.Underline/ object.Underline = True/False

•Strikethroughプロパティの構文

object.Strikethrough/object.Strikethrough = True/False

Underlineプロパティは下線を、Strikethroughプロパティは取り消し線の設定が可能です。Underlineプロパティは、下線の種類を指定することも可能です。

2-3 フォントの書式設定（フォントサイズや斜体／太字の設定など）

Tips 097 文字を上付き／下付きに設定する

▶関連Tips 096

使用機能・命令 Superscriptプロパティ／Subscriptプロパティ

サンプルコード SampleFile Sample097.xlsm

```
Sub Sample097()
    'セルC4～C9を下付きに設定する
    Range("C4:C9").Font.Subscript = True
    'セルD4～D9を上付きに設定する
    Range("D4:D9").Font.Superscript = True
End Sub
```

❖ 解説

ここでは、「フリガナ」欄のデータを下付きに、「性別」欄のデータを上付きに設定します。

なお、SuperscriptプロパティやSubscriptプロパティのように、True/Falseで設定するプロパティはNot演算子と組み合わせ、「Range("C4:C9").Font.Subscript = Not Range("C4:C9").Font.Subscript」のように記述することで、コードを実行するたびに設定を逆転させることができます。

▼元になる「顧客リスト」

「フリガナ」欄に下付きの、「性別」欄に上付きの設定を行う

▼実行結果

「フリガナ」が下付きに、「性別」が上付きに設定された

•Subscriptプロパティの構文

object.Subscript／object.Subscript = True/False

•Superscriptプロパティの構文

object.Superscript／object.Superscript = True/False

文字を上付きにするにはSuperscriptプロパティを、下付きにするにはSubscriptプロパティを使用します。いずれも値の取得／設定が可能です。

Tips 098 フォントの色を取得／設定する

▶関連Tips 093 094

使用機能・命令 Colorプロパティ／RGB関数

サンプルコード SampleFile Sample098.xlsm

```
Sub Sample098()
    'セルA1のフォントの色を「赤」に設定する
    Range("A1").Font.Color = RGB(255, 0, 0)
End Sub
```

❖ 解説

ここでは、セルA1のフォントの色をRGB値を使って「赤」に指定しています。RGB値は、R（赤）、G（緑）、B（青）の3つの色を組み合わせて色を指定します。代表的な色は、次のRGB値になります。

◈ 代表的な色のRGB値

色	Red	Green	Blue
黒	0	0	0
青	0	0	255
緑	0	255	0
シアン	0	255	255
赤	255	0	0
マゼンタ	255	0	255
黄色	255	255	0
白	255	255	255

RGB値は、マクロの記録で調べようとすると、例えば「.Color = 65535」のように10進数で記録されます。もちろん、この値をそのまま使っても構いませんが（ちなみに、この値は「黄」になります）、わかりにくいのも事実です。

任意の色のRGB値を調べるには、「セルの書式設定」の「塗りつぶし」の「その他の色」で表示される、「色の設定」ダイアログボックスの「ユーザー設定」タブを使うと良いでしょう。

なお、マクロの記録で記録された値ですが、これはRGB関数に指定する値に置き換えることもできます。その場合、まず、記録された値を2進数に変換し、8桁ずつに区切ってください（「65535」の場合「00000000 11111111 11111111」になります）。右から最初の8桁がR、次の8桁がG、最後の8桁がBになります。それぞれの値を、再度10進数に直せば完了です（先程の場合「255, 255, 0」となります）。

2-3 フォントの書式設定（フォントサイズや斜体/太字の設定など）

▼「色の設定」ダイアログボックスの「ユーザー設定」タブ

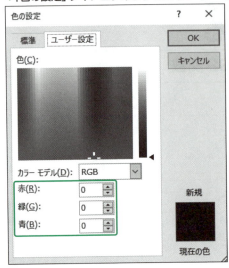

任意の色のRGB値を確認できる

- **Colorプロパティの構文**

    object.Color/object.Color = RGB値

- **RGB関数の構文**

    RGB(Red, Green, Blue)

　Colorプロパティを使用すると、フォントの色を取得/設定することができます。ColorプロパティにはRGB値を直接、またはRGB関数を利用して指定します。

　RGB関数は、引数Redには「赤」の、引数Greenには「緑」の、引数Blueには「青」の色の強度を0〜255の値で指定します。

Tips 099 セル内の一部の文字に色を付ける

関連Tips 098

使用機能・命令 Characters プロパティ

サンプルコード SampleFile Sample099.xlsm

```
Sub Sample099()
    'セルD2に対しての処理
    With Range("D2")
        '最後の文字の1つ手前から2文字を指定する
        With .Characters(Len(.Value) - 1, 2).Font
            .Color = RGB(255, 0, 0) 'フォントの色を「赤」に設定する
            .Size = 15 'フォントサイズを「15」にする
        End With
    End With
End Sub
```

❖ 解説

ここでは、セルD2に設定されている文字列の最後の2文字（「10月4日現在」の「現在」）のフォントのみを「赤」に、フォントサイズを「15」にします。Len関数は、指定した文字列の長さを取得します。最後の2文字を指定するので、長さから-1を行い、そこから2文字に対してColorプロパティを使用して、色を「赤」に指定します。この処理は、Excelの操作で、セルを編集モードにし部分的に文字列を選択して書式設定をする操作と同じです。

▼セルに入力されている一部の文字のみ設定を変更する

このセルの「現在」のフォントの色を「赤」、サイズを「15」にする

▼実行結果

「現在」の文字だけフォントの色とサイズが変更された

• Characters プロパティの構文

object.Characters(Start, Length)

セル内の文字列の一部分を指定してフォントの設定をするには、Characters プロパティを使用します。引数Startは、設定する文字の開始位置を指定します。引数Lengthは、文字数を指定します。

Tips 100 セル内の文字の縦/横位置を指定する

▶関連Tips 101 102

使用機能・命令 VerticalAlignmentプロパティ/HorizontalAlignmentプロパティ

サンプルコード SampleFile Sample100.xlsm

```vb
Sub Sample100()
    With Range("A1")                            'セルA1に対しての処理
        .VerticalAlignment = xlCenter           '縦位置を中央揃えに設定する
        .HorizontalAlignment = xlCenter         '横位置を中央揃えに設定する
    End With
End Sub
```

❖ 解説

ここでは、表のタイトルが入力されているセルA1の文字の配置を、縦/横ともに中央揃えにします。なお、VerticalAlignmentプロパティに指定する値と、HorizontalAlignmentプロパティに指定する値は、それぞれ次のようになります。

◆ HorizontalAlignmentプロパティに設定する値

定数	値	説明
xlCenter	-4108	中央揃え
xlDistributed	-4117	均等割り付け
xlJustify	-4130	両端揃え
xlLeft	-4131	左詰め
xlRight	-4152	右詰め

• VerticalAlignment/HorizontalAlignmentプロパティの構文

object.VerticalAlignment/HorizontalAlignment = expression

VerticalAlignmentプロパティを使用すると、セル内の文字列の縦位置を、HorizontalAlignmentプロパティを使用すると、セルの横位置をそれぞれ指定することができます。

2-4 セルの書式設定（文字の配置や表示形式、罫線の設定など）

Tips 101 セル内の文字を均等割り付けし、前後にスペースを入れる

▶関連Tips 100

使用機能・命令 AddIndentプロパティ/
HorizontalAlignmentプロパティ（→Tips100）

サンプルコード SampleFile **Sample101.xlsm**

```
Sub Sample101()
    With Range("B3:B12")  'セルB3～B12に対しての処理
        '文字の配置の横位置に均等割り付けを設定する
        .HorizontalAlignment = xlDistributed
        .AddIndent = True  '前後にスペースを入れる
    End With
End Sub
```

❖ 解説

ここでは、B列の「氏名」欄に均等割り付けの設定を行い、前後にスペースを入れます。なお、文字の配置の横位置は、HorizontalAlignmentプロパティを使用して指定します。HorizontalAlignmentプロパティに指定する値については、Tips100を参照してください。

▼「氏名」欄を均等割付し、前後にスペースを入れる

▼実行結果

見栄えを良くするために「氏名」欄に設定する

文字の位置が均等割り付けになり、前後にスペースが入力された

• AddIndentプロパティの構文

object.AddIndent/object.AddIndent = True/False

AddIndentプロパティを使用すると、セル内の文字を均等割り付けする際に、前後にスペースを入れることができます。なお、均等割り付けは、縦位置・横位置ともに設定可能です。ただし、縦位置に均等割り付けするには、文字の方向が縦方向になっている必要があります。

Tips 102 セル内で文字を折り返して全体を表示する

▶関連Tips 103

使用機能・命令 WrapTextプロパティ

サンプルコード SampleFile Sample102.xlsm

```
Sub Sample102()
    'セルD4~D12の文字列を折り返して全体を表示する
    Range("D4:D12").WrapText = True
End Sub
```

❖ 解説

ここでは、D列の「Memo」欄の文字列を折り返して全体を表示するようにします。このように、セル幅に対して入力されている文字列が長い場合に便利な機能です。ただし、行の高さが自動的に調整されるので、レイアウト的に問題がある場合は、文字を縮小して全体を表示すると良いでしょう。文字を縮小して全体を表示する方法は、Tips103を参照してください。

▼D列の文字がはみ出している表

▼実行結果

D列のセルの文字を折り返して全体を表示させる

文字がセルに収まった

• WrapTextプロパティの構文

object.WrapText/object.WrapText = True/False

WrapTextプロパティを使用すると、セル内で文字列を折り返して表示することができます。文字列を表示するために、行の高さが自動調整されます。

Tips 103 セル内の文字を縮小して全体を表示する

▶関連Tips 102

使用機能・命令 ShrinkToFit プロパティ

サンプルコード　SampleFile **Sample103.xlsm**

```
Sub Sample103()
    'セルD4～D12の文字列を縮小して表示する
    Range("D4:D12").ShrinkToFit = True
End Sub
```

❖ 解説

　ここでは、D列の「Memo」欄の文字列を縮小して全体を表示するようにします。このように、セル幅に対して入力されている文字列が長い場合に便利な機能です。

　なお、WrapTextプロパティがTrueに設定されていると、ShrinkToFit プロパティは無効になります。WrapTextプロパティについては、Tips102を参照してください。

▼D列の文字がはみ出している表

文字を縮小してセルに収まるようにする

▼実行結果

文字が縮小されセルに収まった

• **ShrinkToFit プロパティの構文**

object.ShrinkToFit/object.ShrinkToFit = True/False

　セル内の文字列を縮小して表示するには、ShrinkToFit プロパティを使用します。

2-4 セルの書式設定（文字の配置や表示形式、罫線の設定など）

Tips 104 セル内の文字列の角度を変更する

▶関連Tips 100

使用機能・命令 Orientationプロパティ

サンプルコード SampleFile Sample104.xlsm

```
Sub Sample104()
    'セルA3～D3の文字列の角度を30度に設定する
    Range("A3:D3").Orientation = 30
End Sub
```

❖ 解説

ここでは、表の見出しの文字列に30度の角度を付けます。ちょうど良い角度に設定すると、表の見栄えが良くなります。なお、Orientationプロパティに設定する値は、-90～90までの値または、次の定数です。

◇ Orientationプロパティに指定するXlOrientationクラスのメンバ

定数	値	説明
xlDownward	-4170	右下がり（数値の-90と同じ）
xlHorizontal	-4128	横書き（既定値）
xlUpward	-4171	右上がり（数値の90と同じ）
xlVertical	-4166	縦書き

▼見出しに角度を付けて見栄えを良くする

3行目のセルの文字に30度の角度を付ける

▼実行結果

見出しの文字に角度がついた

• Orientationプロパティの構文

object.Orientation/object.Orientation = expression

セル内の文字列に角度を付けるには、Orientationプロパティを使用します。縦書きの設定も可能です。

2-4 セルの書式設定（文字の配置や表示形式、罫線の設定など）

Tips 105 文字列を複数のセルに割り振る

▶関連Tips
102
103

使用機能・命令 Justifyメソッド

サンプルコード SampleFile Sample105.xlsm

```
Sub Sample105()
    '警告のメッセージを非表示に設定する
    Application.DisplayAlerts = False
    'セルA1の値をセルに割り振る
    Range("A1").Justify
    '警告のメッセージが表示されるように設定する
    Application.DisplayAlerts = True
End Sub
```

❖ 解説

ここでは、タイトルの文字列がセルからはみ出しているので、その下のセルに分割しています。この時、警告のメッセージが表示されないように、DisplayAlertsプロパティをFalseに設定してから処理を行います。DisplayAlertsプロパティはコードの実行後も設定が残るので、最後にDisplayAlertsの値をTrueにして、警告のメッセージが表示されるようにします。

▼単に分割すると表示される警告のメッセージ　▼実行結果

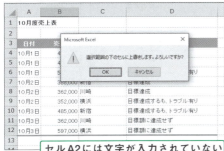

セルA2には文字が入力されていないのに、警告のメッセージが表示される

値が分割された

• Justifyメソッドの構文

object.Justify

セルからはみ出した文字列をその下のセルに分割するには、Justifyメソッドを使用します。
現在セル内に収まっている文字数を基準に、はみ出している文字を分割します。Justifyメソッドを実行すると、その下のセルが空欄かどうかにかかわらず、セルを上書きするかどうかの確認のメッセージが表示されます。

2-4 セルの書式設定（文字の配置や表示形式、罫線の設定など）

Tips 106 セルの表示形式を設定する

▶関連Tips 113

使用機能・命令 NumberFormatプロパティ/NumberFormatLocalプロパティ

サンプルコード SampleFile Sample106.xlsm

```
Sub Sample106()
    'セルA4～A12の日付データの書式を元号表記に設定する
    Range("A4:A12").NumberFormat = "ggge""年""m""月""d""日"""
    'セルB4～B12の値に桁区切りと「(税込み)」の文字を設定する
    Range("B4:B12").NumberFormatLocal = "#,### ""(税込み)"""
End Sub
```

❖ 解説

ここでは、「日付」欄に元号表記の設定と、「金額」欄に桁区切りと「(税込み)」の文字列を表示する設定を行います。

なお、書式を設定するための主な表示記号は、次のようになります。

◇ 文字列の書式記号と使用例

書式記号	意味	使用例	表示結果
#	1桁の数字。書式を指定した桁数よりも数値の桁数が少ない場合、その桁は表示されない	#,###	12,345
0	1桁の数字。書式を指定した桁数よりも数値の桁数が少ない場合でも、その桁は表示される	000000	012345
,	カンマまたは1000単位に丸める	#,	12
.	ピリオドまたは小数点	#,###.00	12,345.00

◇ 日付の書式記号と使用例（使用例はセルに「2022/7/5」と入力されている場合）

書式記号	意味	使用例	表示結果
yy	西暦年（下2桁）	yy	22
yyyy	西暦年（4桁）	yyyy	2022
g	元号（アルファベット）	g	R
gg	元号（先頭文字）	gg	令
ggg	元号	ggg	令和
e	和暦年	ggge"年"	令和4年
m	月（1～12）	m"月"	7月
mm	月（01～12）	mm"月"	07月
mmm	月（英語簡略表記）	mmm	Jul
mmmm	月（英語表記）	mmmm	July
mmmmm	月（英語表記の先頭文字）	mmmmm	J

2-4 セルの書式設定（文字の配置や表示形式、罫線の設定など）

d	日(1～31)	d	5
dd	日(01～31)	d	05
ddd	曜日(英語簡略表記)	ddd	Mon
dddd	曜日(英語表記)	dddd	Monday
aaa	曜日(日本語簡略表記)	aaa	月
aaaa	曜日(日本語表記)	aaaa	月曜日

◈ 時刻の書式記号と使用例（使用例はセルに「9:12:4」と入力されている場合）

書式記号	意味	使用例	表示結果
h	時(0～23)	h	9
hh	時(00～23)	hh	09
m	分(0～59)	h:m	9:12
mm	分(00～59)	h:mm	9:12
s	秒(0～59)	h:m:s	9:12:4
ss	秒(00～59)	hh:mm:ss	09:12:04

▼元となる売上表

▼実行結果

「日付」と「売上」の列に表示形式を設定する

それぞれ、表示形式が設定された

• NumberFormat/NumberFormatLocal プロパティの構文

object.NumberFormat/NumberFormatLocal(= expression)

　セルの表示形式を設定するには、NumberFormatプロパティまたはNumberFormatLocalプロパティを使用します。NumberFormatLocalプロパティは、表示形式の設定をコード実行時に使用している言語で行うことができます。例えば、表示形式を初期状態に戻すには、NumberFormatプロパティでは「NumberFormat ="General"」、NumberFormatLocalプロパティでは「NumberFormatLocal = "標準"」とします。

2-4 セルの書式設定（文字の配置や表示形式、罫線の設定など）

Tips 107 セルの罫線を参照する

▶関連Tips
108
109
110

使用機能・命令 Borders プロパティ/LineStyle プロパティ

サンプルコード SampleFile Sample107.xlsm

```
Sub Sample107()
    Range("A3:D12").Borders.LineStyle = xlContinuous    'セルA3からD12に罫線を引く
End Sub
```

❖ 解説

ここでは、セルA3からD12に罫線を引きます。なお、Bordersプロパティ、LineStyleプロパティそれぞれに指定する値は、次のとおりです。

◇ 引数XlBordersIndexに指定するXlBordersIndexクラスの定数

定数	値	説明
xlDiagonalDown	5	範囲内の各セルの左上隅から右下への罫線
xlDiagonalUp	6	範囲内の各セルの左下隅から右上への罫線
xlEdgeBottom	9	範囲内の下側の罫線
xlEdgeLeft	7	範囲内の左端の罫線
xlEdgeRight	10	範囲内の右端の罫線
xlEdgeTop	8	範囲内の上側の罫線
xlInsideHorizontal	12	範囲外の罫線を除く、範囲内のすべてのセルの水平罫線
xlInsideVertical	11	範囲外の罫線を除く、範囲内のすべてのセルの垂直罫線

◇ LineStyleプロパティに指定するXlLineStyleクラスの定数

定数	値	説明	定数	値	説明
xlContinuous	1	実線	xlDot	-4118	点線
xlDash	-4115	破線	xlDouble	-4119	2本線
xlDashDot	4	一点鎖線	xlLineStyleNone	-4058	線なし
xlDashDotDot	5	二点鎖線	xlSlantDashDot	13	斜破線

※上記の定数か、xlGray25、xlGray50、xlGray75、またはxlAutomatic を指定

• **Borders プロパティの構文**

object.Borders(XlBordersIndex)

• **LineStyle プロパティの構文**

object.LineStyle

セル／セル範囲の罫線を取得／設定するには、Bordersプロパティを使用します。罫線を引く位置は、XlBordersIndexクラスの定数で指定することができますが、省略すると指定したセル／セル範囲に格子状の罫線を引きます。また、LineStyleプロパティは、罫線の種類を設定します。

Tips 108 罫線の太さを設定する

▶関連Tips: 108 109 110

使用機能・命令 Weightプロパティ

サンプルコード SampleFile Sample108.xlsm

```vb
Sub Sample108()
    'セルA3の表の1行目に対して処理を行う
    With Range("A3").CurrentRegion.Resize(1)
        '下側の罫線に太線を設定する
        .Borders(xlEdgeBottom).Weight = xlThick
    End With
End Sub
```

解説

ここでは、CurrentRegionプロパティを使用して表全体を取得後、Resizeプロパティで先頭の1行(3行目)だけを対象にしています。そして、そのセル範囲の下側の罫線を太線にします。
なお、Weightプロパティに指定する値は、次のとおりです。

◆ Weightプロパティに指定するXlBorderWeightクラスの定数

定数	値	説明
xlHairline	1	細線(最も細い罫線)
xlMedium	-4054	普通
xlThick	4	太線(最も太い罫線)
xlThin	2	極細

▼見出しの行(3行目)の下の罫線を太線にする　　▼実行結果

見出しとデータの区切りをわかりやすくする　　3行目と4行目の間の罫線が太線になった

• Weightプロパティの構文

object.Weight/object.Weight = expression

Weightプロパティを使用すると、罫線の太さを取得/設定することができます。Weightプロパティには XlBorderWeightクラスの定数を指定します。

2-4 セルの書式設定（文字の配置や表示形式、罫線の設定など）

Tips 109 罫線の線種／太さ／色をまとめて設定する

▶関連Tips
098
107
108
111

使用機能・命令 **BorderAroundメソッド**

サンプルコード SampleFile Sample109.xlsm

```
Sub Sample109()
    'セルA3を含むセル範囲に「破線」「赤」の罫線を周囲に設定する
    Range("A3").CurrentRegion.BorderAround _
        LineStyle:=xlDash, Color:=RGB(255, 0, 0)
End Sub
```

❖ **解説**

　ここでは、セルA3を含む表の周囲に罫線をまとめて引きます。BorderAroundメソッドの引数LineStyleにxlDashを指定して「破線」の設定を、引数ColorにRGB関数で「赤」を指定しています。RGB関数は、色をR（赤）、G（緑）、B（青）の3色の割合で表す関数です。指定する値は0〜255の整数になります。罫線の設定は、見やすい表を作るためには工夫のしどころです。

　BorderAroundメソッドは、指定したセル範囲の周囲に対して処理を行うメソッドです。逆にいえば、セル範囲の中に関しては設定できません。ただし、表の周囲だけ表の内部とは異なる罫線を引くことは、よくあるのではないでしょうか。そのような場合、まず表内の罫線を指定し、最後に表の周りの罫線をBorderAroundメソッドで設定すれば、処理がわかりやすく効率的です。

•BorderAroundメソッドの構文

object.BorderAround(LineStyle, Weight, ColorIndex, Color, ThemeColor)

　BorderAroundメソッドを使用すると、表の周囲に、罫線の線種／太さ／色をまとめて設定することができます。

　罫線のLineStyle、Weight、Colorの各プロパティを、引数として指定することができます。引数LineStyleは、XlLineStyleクラスの定数のいずれかを指定し、罫線の種類を指定します。XlLineStyleクラスの定数については、Tips107を参照してください。引数Weightは、XlBorderWeightクラスの定数を指定し、罫線の太さを指定します。XlBorderWeightクラスの定数についてはTips108を参照してください。

　引数ColorIndexには、罫線の色を現在のカラーパレットのインデックス番号、またはXlColorIndexクラスの定数で指定します。XlColorIndexクラスの定数はxlColorIndexAutomatic（-4105）の自動設定、またはxlColorIndexNone（-4142）の「色なし」です。引数Colorには、罫線の色を示すRGB値を指定します。RGB値についてはTips098を参照してください。引数ThemeColorは、テーマの色を現在の配色テーマのインデックス番号、またはXlThemeColor値で指定します。XlThemeColor値については、Tips111を参照してください。

　なお、引数LineStyleと引数Weightは、同時に指定することはできません。

Tips 110 ワークシートの罫線を消去する

▶関連Tips: 107, 108, 109

使用機能・命令 Bordersプロパティ/LineStyleプロパティ

サンプルコード SampleFile Sample110.xlsm

```
Sub Sample110()
    'セルA3から始まる表全体を対象に処理を行う
    With Range("A3").CurrentRegion
        '内側の罫線の横線を削除する
        .Borders(xlInsideHorizontal).LineStyle = xlNone
        '内側の罫線の縦線を削除する
        .Borders(xlInsideVertical).LineStyle = xlNone
    End With
End Sub
```

❖ 解説

ここでは、セルA3から始まる表の中で、内側の横と縦の罫線を削除しています。

罫線を消去するには、Bordersプロパティで対象となる罫線を指定し、LineStyleプロパティで線の種類をxlNoneに指定しています。なお、**Bordersプロパティの引数を省略して、LineStyleプロパティで線の種類をxlNoneにすると、すべての罫線を削除することができます。**

▼罫線が引かれた表　　　　　　　　　　　　▼実行結果

• Bordersプロパティの構文

object.Borders(XlBordersIndex)

• LineStyleプロパティの構文

object.LineStyle = expression

Bordersプロパティは、引数を省略すると指定したセル範囲のすべての罫線を表します。また、LineStyleプロパティにxlNoneを指定すると、罫線を消去できます。

2-4 セルの書式設定（文字の配置や表示形式、罫線の設定など）

セルにテーマカラーを設定する

▶関連Tips
098

使用機能・命令 ThemeColor プロパティ/TintAndShade プロパティ

サンプルコード SampleFile Sample111.xlsm

```
Sub Sample111()
    'セルA3からの表の1行目にテーマカラーの「アクセント3」を設定する
    Range("A3").CurrentRegion.Resize(1).Interior.ThemeColor _
        = xlThemeColorAccent3
End Sub
```

❖ 解説

ここでは、CurrentRegion プロパティで表全体を取得後、Resize プロパティで表の1行目だけに対象を設定しています。そして、そのセル範囲に対して、ThemeColor プロパティでテーマカラーを設定します。ThemeColor プロパティに設定する値は、次のとおりです。

◇ ThemeColor プロパティに設定する、XlThemeColor クラスの定数

定数	値	説明
xlThemeColorAccent1	5	強調1
xlThemeColorAccent2	6	強調2
xlThemeColorAccent3	7	強調3
xlThemeColorAccent4	8	強調4
xlThemeColorAccent5	9	強調5
xlThemeColorAccent6	10	強調6
xlThemeColorDark1	1	濃色1
xlThemeColorDark2	3	濃色2
xlThemeColorFollowedHyperlink	12	表示済みのハイパーリンク
xlThemeColorHyperlink	11	ハイパーリンク
xlThemeColorLight1	2	淡色1
xlThemeColorLight2	4	淡色2

カラーパレットに指定する値は、次ページの図のカラーパレットの1行目に対応します。カラーパレットの1行目の色がテーマカラーの基本色で、ThemeColor プロパティで指定します。また、2行目以降の色は、ThemeColor プロパティと TintAndShade プロパティの組み合わせで取得・設定することができます。

カラーパレットの2行目以降の色は、カラーパレット上でマウスポインタを合わせると表示されるように、「白＋基本色60％」のように表されます。この「基本色」を ThemeColor プロパティで指定し、パーセンテージ部分を TintAndShade プロパティで指定します。先ほどの例の場合は、「TintAndShade ＝ 0.6」と表します。また、「黒＋基本色25％」と表される場合は「TintAndShade ＝ -0.25」と、「黒」の場合は「（ー マイナス）」で指定します。

2-4 セルの書式設定（文字の配置や表示形式、罫線の設定など）

▼カラーパレット

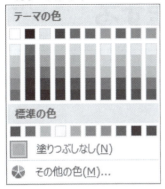

XlThemeColorプロパティの値は、カラーパレットの1行目に対応する

▼見出しの行にテーマカラーを設定する

この行に設定する

▼実行結果

テーマカラーが設定された

● ThemeColorプロパティの構文

object.ThemeColor/object.ThemeColor = expression

● TintAndShadeプロパティの構文

object.TintAndShade/object.TintAndShade = expression

　セルの塗りつぶしの色にテーマの色を指定するには、ThemeColorプロパティを使用します。引数に設定する値を、XlThemeColorクラスの定数で指定します。

　また、TintAndShadeプロパティは色の明るさを指定するプロパティです。TintAndShade プロパティには、−1（最も暗い）〜1（最も明るい）の値を設定でき、0（ゼロ）が中間値です。

　このプロパティに−1より小さい値、または1より大きい値を設定すると、「指定された値は境界を超えています。」という実行時エラーとなります。このプロパティは、テーマカラーとテーマ以外の色の両方に適用されます。

2-4 セルの書式設定（文字の配置や表示形式、罫線の設定など）

Tips 112 セルに網掛けを設定する

▶関連Tips 113

使用機能・命令 Pattern プロパティ

サンプルコード SampleFile Sample112.xlsm

```
Sub Sample112()
    'セルA3からD3にチェッカーボードの網掛けを設定する
    Range("A3:D3").Interior.Pattern = xlPatternChecker
End Sub
```

❖ 解説

ここでは、セルA3からD3にチェッカーボードの網掛けを設定しています。Patternプロパティに設定する値は、次のとおりです。

◈ Patternプロパティに設定する、XlThemeColorクラスの定数

定数	値	説明
xlPatternAutomatic	−4105	自動
xlPatternChecker	9	チェッカーボード
xlPatternCrissCross	16	十字線
xlPatternDown	−4121	左上から右下までの濃い対角線
xlPatternGray16	17	16%灰色
xlPatternGray25	−4124	25%灰色
xlPatternGray50	−4041	50%灰色
xlPatternGray75	−4042	75%灰色
xlPatternGray8	18	8%灰色
xlPatternGrid	15	グリッド
xlPatternHorizontal	−4044	濃い横線
xlPatternLightDown	13	左上から右下までの明るい対角線
xlPatternLightHorizontal	11	明るい横線
xlPatternLightUp	14	左下から右上までの明るい対角線
xlPatternLightVertical	12	明るい縦線
xlPatternNone	−4058	パターンなし
xlPatternSemiGray75	10	75%濃いモアレ
xlPatternSolid	1	純色

• **Patternプロパティの構文**

object.Pattern = expression

Patternプロパティを使用すると、xlPatternクラスの定数を使用して、オブジェクト内部の網掛けの設定を行うことができます。

2-4 セルの書式設定（文字の配置や表示形式、罫線の設定など）

Tips 113 セルを塗りつぶす

▶関連Tips: 098 112 114

使用機能・命令 Colorプロパティ/RGB関数

サンプルコード SampleFile Sample113.xlsm

```
Sub Sample113()
    'セルA3から始まる表の1行目を「緑」で塗りつぶす
    Range("A3").CurrentRegion.Resize(1).Interior.Color = RGB(0, 255, 0)
End Sub
```

❖ 解説

ここでは、セルA3を含む表の1行目（見出し行）を緑で塗りつぶします。書式を表すInteriorオブジェクトのColorプロパティにRGB関数を使用して、塗りつぶしの色を指定しています。RGB関数で指定できる色については、Tips098を参照してください。

▼見出し行もデータ行と同じ書式の表

▼実行結果

見出し行を「緑」で塗りつぶし表をわかりやすくする

見出し行が塗りつぶされた

・Colorプロパティの構文

object.Color/object.Color = RGB値

・RGB関数の構文

RGB(Red, Green, Blue)

Colorプロパティを使用すると、フォントの色を取得・設定することができます。Colorプロパティには、RGB値を直接、またはRGB関数を利用して指定します。

RGB関数は、引数Redには「赤」の、引数Greenには「緑」の、引数Blueには「青」の色の強度を0～255の値で指定します。

2-4 セルの書式設定（文字の配置や表示形式、罫線の設定など）

Tips 114 書式をクリア（削除）する

▶関連Tips
084
122

使用機能・命令 ClearFormats メソッド

サンプルコード SampleFile Sample114.xlsm

```
Sub Sample114()
    'セルA3からの表全体の書式をクリアする
    Range("A3").CurrentRegion.ClearFormats
End Sub
```

❖ 解説

ここでは、CurrentRegion プロパティを使用して、セルA3を含むアクティブセル領域を取得し、取得した表全体の書式をClearFormats メソッドでクリアします。**ただし、このようにまとめて書式をクリアする場合、対象に日付が入力されているセルがあると、日付の書式もクリアされ、シリアル値がセルに表示されます。**多くの場合、書式をクリアすると言っても、数値や日付の書式はクリアしたくないケースです。その場合は、罫線やセルの色など、個別に書式をクリアします（または、すべての書式をクリアした後、日付などのセルを改めて書式設定します）。

▼元となる表の書式をすべてクリアする

▼実行結果

A列の日付データに注意

すべての書式がクリアされた。A列の日付データを改めて書式設定する

・ClearFormats メソッドの構文

object.ClearFormats

書式だけをクリアするには、ClearFormats メソッドを使用します。セルのデータはそのままで、フォントの色や罫線、背景色などの書式のみをクリアします。

2-5 セルの設定／コメント（セル範囲名やコメントの設定など）

Tips 115 セル範囲に名前を定義する

▶関連Tips
116
117
118

使用機能・命令 Nameプロパティ

サンプルコード SampleFile Sample115.xlsm

```
Sub Sample115()
    Dim Target As Range
    'セルA1を含むセル範囲を取得する
    Set Target = Range("A1").CurrentRegion
    '見出し行を除いたセル範囲を取得する
    With Target
        Set Target = .Resize(.Rows.Count - 1).Offset(1)
    End With

    Target.Name = "データ範囲"  'セル範囲名を「データ範囲」にする
    Range("データ範囲").Select  '「データ範囲」を選択する
End Sub
```

❖ 解説

ここでは、セルA1以降の表のうち、見出し行をのぞいたセル範囲（セルA2～F7）を、CurrentRegionプロパティ、Resizeプロパティ、Offsetプロパティを使用して取得し、「データ範囲」というセル範囲名を付けています。そして、そのセル範囲名を使用してセル範囲を選択します。なお、このサンプルは、ブック全体で参照できるセル範囲名を付けていますが、特定のワークシートのみで参照できる名前付きセル範囲を付ける場合は、Nameプロパティに指定する値を「ワークシート名!セル範囲名」とします。

▼見出しを除いたデータ部分にセル範囲名を付ける　▼実行結果

この部分に「データ範囲」と付ける　　セル範囲名が設定され、選択された

• Nameプロパティの構文

object.Names(index)/object.Name = expression

セル範囲に付いているセル範囲名を取得／設定するには、Nameプロパティを使用します。設定したセル範囲名は、Rangeプロパティの引数に指定することも可能です。なお、印刷範囲の設定を行うと、印刷範囲に「Print_Area」というセル範囲名が自動的に付けられます。

2-5 セルの設定/コメント（セル範囲名やコメントの設定など）

Tips 116 セル範囲に付いている名前を編集する

▶関連Tips
115
117
118

使用機能・命令 Names プロパティ

サンプルコード　SampleFile Sample116.xlsm

```
Sub Sample116()
    Dim Target As Range
    'セルA2～F7のデータ範囲を取得する
    Set Target = Range("A1").CurrentRegion
    With Target
        Set Target = .Resize(.Rows.Count - 1).Offset(1)
    End With
    
    Target.Name = "データ範囲"     '「データ範囲」とセル範囲名を付ける
    'セル範囲名を「データ領域」に変更する
    ThisWorkbook.Names("データ範囲").Name = "データ領域"
    '「データ領域」セル範囲を選択する
    Range("データ領域").Select
End Sub
```

❖ 解説

　ここでは、セルA2～F7に「データ範囲」というセル範囲名を一旦設定した後、セル範囲名を「データ領域」に変更します。既存のセル範囲名は、Namesプロパティで取得することができます。取得したNameオブジェクトに対して、Nameプロパティを使用してセル範囲名を付け直します。

▼セル範囲名を変更する　　　　　　　　　　　▼実行結果

一旦「データ範囲」と名前を付ける

セル範囲名が変更された

• Names プロパティの構文

object.Names(index)/object.Name = expression

　Namesプロパティは、指定したオブジェクトのセル範囲名のコレクションを返します。引数indexにindex番号またはセル範囲名を指定すると、既存のセル範囲名を表すNameオブジェクトを取得します。

Tips 117 セル範囲に付いている名前を削除する

▶関連Tips: 115, 116, 118

使用機能・命令 Deleteメソッド

サンプルコード SampleFile Sample117.xlsm

```vba
Sub Sample117()
    'セル範囲名「データ領域」を削除する
    ThisWorkbook.Names("データ領域").Delete
End Sub
```

❖ 解説

ここでは、すでにセルA2～F7に「データ領域」というセル範囲名が設定されています。そのセル範囲名を削除します。なお、ここではブックのセル範囲名を対象にしています。そのため、NamesプロパティはThisWorkbookを対象にしています。ワークシートレベルのセル範囲名が対象の場合は、対象のワークシートを指定します。

▼あらかじめセル範囲名が設定されている

▼実行結果

このセル範囲名を削除する

セル範囲名が削除された

• Deleteメソッドの構文

object.Delete

Deleteメソッドは、objectにNameオブジェクトを指定することで、指定したセル範囲名を削除することができます。

2-5 セルの設定/コメント(セル範囲名やコメントの設定など)

Tips 118 ブック内に定義されている すべての名前を削除する

▶関連Tips
115
116
117

使用機能・命令 Deleteメソッド/Namesプロパティ

サンプルコード SampleFile Sample118.xlsm

```
Sub Sample118()
    Dim temp As Name
    'ブック内のすべてのセル範囲名に対して処理を行う
    For Each temp In ThisWorkbook.Names
        temp.Delete  'セル範囲名を削除する
    Next
End Sub
```

❖ 解説

ここでは、Namesプロパティでセル範囲名の集合であるNamesコレクションを取得し、個々のNameオブジェクトに対してDeleteメソッドを使用することで、すべてのセル範囲名を削除しています。これは、セル範囲名の集合を表す、NamesプロパティにはDeleteメソッドが無いためです。ここでは、For Eachステートメントを使用して、ブックのセル範囲名をすべて削除します。また対象は、ブックのセル範囲名にしています。そのため、NamesプロパティはThisWorkbookを指定して処理しています。ワークシートレベルのセル範囲名が対象の場合は、対象のワークシートを指定します。

▼実行結果

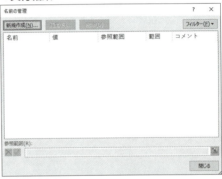

すべてのセル範囲名が削除された

•Deleteメソッドの構文

object.Delete

•Namesプロパティの構文

object.Names

Deleteメソッドは、objectにNameオブジェクトを指定することで、指定したセル範囲名を削除することができます。
Namesプロパティは、セル範囲名を表すNameオブジェクトのコレクションを返します。

Tips 119 コメントを挿入する

▶関連Tips: 120 121 122

使用機能・命令 AddCommentメソッド／Visibleプロパティ（→Tips121）

サンプルコード SampleFile Sample119.xlsm

```
Sub Sample119()
    'セルA1にコメントを設定する
    Range("A1").AddComment "売上日を入力"
    'コメントを表示する
    Range("A1").Comment.Visible = True
End Sub
```

❖ 解説

ここでは、セルA1に「売上日を入力」とコメントを追加します。AddCommentメソッドでコメントを追加すると、コメントは設定されますが、セルA1にマウスカーソルをポイントしないとコメントは表示されない状態になります。そこで、VisibleプロパティをTrueにして、コメントを常に表示されるようにしています。

なお、すでにコメントが設定されているセルに対してAddCommentメソッドを実行するとエラーになります。すでにコメントが設定されているかどうかを判定するには、TypeName関数を使用します。次のサンプルを参考にしてください。

▼コメントが設定されているかチェックするコード

```
Sub Sample119_2()
    'コメントが設定されているかチェックする
    If TypeName(Range("A1").Comment) _
        = "Comment" Then
        MsgBox "コメントが設定されています"
    End If
End Sub
```

▼実行結果

コメントが設定された

• AddCommentメソッドの構文

object.AddComment(Text)

AddCommentメソッドは、セルにコメントを追加します。引数Textにコメントを表示する文字列を指定します。

2-5 セルの設定／コメント（セル範囲名やコメントの設定など）

Tips 120 すべてのコメントを表示する

▶関連Tips 119 121 122

使用機能・命令 DisplayCommentIndicator プロパティ

サンプルコード SampleFile Sample120.xlsm

```
Sub Sample120()
    'コメントとコメントマークを表示する
    Application.DisplayCommentIndicator = xlCommentAndIndicator
End Sub
```

❖ 解説

ここでは、すべてのコメントのコメントとコメントマークを表示します。DisplayCommentIndicatorプロパティに指定する値は、次のとおりです。

◆ DisplayCommentIndicatorプロパティに指定するXlCommentDisplayModeクラスの定数

定数	値	説明
xlCommentAndIndicator	1	常にコメントとコメント マークを表示する
xlCommentIndicatorOnly	-1	コメント マークのみを表示する。マウスポインターをセルの上に移動させるとコメントを表示する
xlNoIndicator	0	コメントとコメントマークを常に表示しない

▼セルA1とセルF1にコメントが設定されている表　▼実行結果

これらのコメントを表示する　　コメントが表示された

• **DisplayCommentIndicatorプロパティの構文**

object.DisplayCommentIndicator = expression

DisplayCommentIndicatorプロパティは、コメントとコメントマークをセルに表示する方法を指定します。値は、XlCommentDisplayModeクラスの定数を使用します。

Tips 121 コメントを指定して表示する

▶関連Tips 119 120 122

使用機能・命令 Visible プロパティ

サンプルコード SampleFile Sample121.xlsm

```
Sub Sample121()
    'セルA1に設定されているコメントを表示する
    Range("A1").Comment.Visible = True
End Sub
```

❖ **解説**

ここでは、ワークシートのセルA1とセルF1にコメントが設定されています。このうち、セルA1に設定されているコメントを表示します。

コメントの表示/非表示を切り替えるには、次のように記述します。Not演算子を使用して、現在のVisibleプロパティの値がTrueならFalse、FalseならTrueをVisibleプロパティに設定します。このサンプルを実行するたびに、セルA1のコメントの表示/非表示が切り替わります。

▼セルA1のコメントの表示/非表示を切り替えるコード

```
Sub Sample121_2()
    'コメントの表示/非表示を切り替える
    Range("A1").Comment.Visible = _
        Not Range("A1").Comment.Visible
End Sub
```

▼実行結果

セルA1のコメントだけが表示された

• **Visibleプロパティの構文**

object.Visible

Visibleプロパティを使用すると、特定のコメントの表示/非表示を切り替えることができます。

2-5 セルの設定/コメント（セル範囲名やコメントの設定など）

Tips 122 コメントを削除する

▶関連Tips
119
120
121

使用機能・命令 **ClearComments メソッド**

サンプルコード SampleFile Sample122.xlsm

```
Sub Sample122()
    'コメントを削除する
    Range("A1").ClearComments
End Sub
```

❖ 解説

ここでは、セルA1に設定されているコメントを削除します。ClearCommentsメソッドは、セル範囲を対象にすることもできます。次のサンプルは、アクティブシートのコメントをすべて削除します。

▼アクティブシートのコメントを削除するコード

```
Sub Sample122_2()
    'アクティブシートのコメントを削除する
    ActiveSheet.Cells.ClearComments
End Sub
```

▼実行結果

セルA1のコメントだけが削除された

•ClearCommentsの構文

object.ClearComments

ClearCommentsメソッドは、指定したセル範囲のコメントを削除します。コメントを設定していないセルを対象にしても、エラーは発生しません。

関数の極意
(ユーザー定義関数を含む)

3-1	日付/時刻を扱う関数 (日付/時刻の取得、期間の計算など)
3-2	文字列を扱う関数 (文字の長さ、文字の一部を取り出す、文字の変換など)
3-3	その他の関数 (データを調べる関数、ワークシート関数の利用など)

3-1 日付/時刻を扱う関数（日付/時刻の取得、期間の計算など）

Tips 123 現在の日付/時刻を取得する

▶関連Tips
124
125

使用機能・命令 Date関数/Time関数/Now関数

サンプルコード SampleFile Sample123.xlsm

```
Sub Sample123()
    '日付、時刻、日付と時刻のそれぞれを取得し表示する
    MsgBox "日付：" & Date & vbCrLf _
        & "時刻：" & Time & vbCrLf _
        & "日付と時刻：" & Now
End Sub
```

❖ 解説

　ここでは、Date関数を使用して日付を、Time関数を使用して時刻を、Now関数を使用して日付と時刻をそれぞれ取得しメッセージボックスに表示します。用途に合わせて使用する関数を選択しましょう。ただし、Time関数は日付情報を持たないため、日付の計算が関連する場合は、Now関数を使用してください。Date関数、Time関数、Now関数は値を取得する関数です。値の設定はできません。システムの日付や時刻の設定を行うには、Dateステートメント（日付）、Timeステートメント（時刻）を使用します。ただし、Windows Vista以降のOSではユーザアカウント制御が標準で設定されているため、これらのステートメントはエラーになります。

　なお、システムの日付/時刻とはWindowsに設定されている日付と時刻を指します。「日付と時刻」で変更等ができます。

▼「日付と時刻」

この画面で日付と時刻、その他の変更ができる

▼実行結果

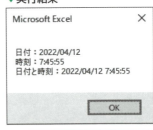

それぞれの値が取得された

・Date/Time/Now関数の構文

Date/Time/Now

　Date関数は現在の日付、Time関数は現在の時刻、Now関数は現在の日付と時刻の両方を取得します。取得される値は、システムの日付/時刻です。

3-1 日付/時刻を扱う関数（日付/時刻の取得、期間の計算など）

Tips 124 年、月、日をそれぞれ取得する

▶関連Tips
079
123
124

使用機能・命令 Year関数/Month関数/Day関数

サンプルコード SampleFile Sample124.xlsm

```
Sub Sample124()
    'セルA2の値から「年」「月」「日」を取得して表示する
    MsgBox "年：" & Year(Range("A2").Value) & vbCrLf _
        & "月：" & Month(Range("A2").Value) & vbCrLf _
        & "日：" & Day(Range("A2").Value)
End Sub
```

❖ 解説

ここでは、セルA2に入力されている値から、「年」「月」「日」をそれぞれ取得しメッセージボックスに表示しています。引数dateに指定する日付は、日付として認識できる形式であれば文字列でもかまいません。日付の表示形式にある形式であれば日付として認識されますし、「１０月２０日」のように全角の文字列でセルに入力されていても認識されます。ただし、「１０がつ２０にち」の場合は認識されず、エラーになります。事前にチェックするのであれば、あらかじめIsDate関数を使用してチェックすると良いでしょう。IsDate関数は、Tips079を参照してください。

▼セルに入力されている日付を元に処理を行う

このデータから「年」「月」「日」をそれぞれ取得する

▼実行結果

データが取得された

•Year関数/Month関数/Day関数の構文

Year/Month/Day(date)

Year関数は「年」を、Month関数は「月」を、Day関数は「日」を日付を表すシリアル値や文字列から取得します。

3-1 日付／時刻を扱う関数（日付／時刻の取得、期間の計算など）

Tips 125 時、分、秒をそれぞれ取得する

▶関連Tips
079
123
124

使用機能・命令 Hour関数／Minute関数／Second関数

サンプルコード SampleFile Sample125.xlsm

```
Sub Sample125()
    'セルA2の値から「時」「分」「秒」を取得して表示する
    MsgBox "時:" & Hour(Range("A2").Value) & vbCrLf _
        & "分:" & Minute(Range("A2").Value) & vbCrLf _
        & "秒:" & Second(Range("A2").Value)
End Sub
```

❖ 解説

　ここでは、セルA2に入力されている値から、「時」「分」「秒」をそれぞれ取得しメッセージボックスに表示しています。引数timeに指定する日付は、時刻として認識できる形式であれば文字列でもかまいません。時刻の表示形式にある形式であれば、時刻として認識されます。また、「１０時２０分」のように全角の文字列でセルに入力されていても認識されます。ただし、「１０じ２０ふん」は認識されず、エラーになります。事前にデータをチェックする場合は、あらかじめIsDate関数を使用してチェックすると良いでしょう。IsDate関数はTips079を参照してください。

　なお、対象のデータに「秒」が指定されていない場合は、「0」秒として取得されます。

▼セルに入力されている時刻を元に処理を行う　　▼実行結果

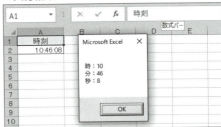

このデータから「時」「分」「秒」をそれぞれ取得する　　それぞれの値が取得された

• Hour関数／Minute関数／Second関数の構文

Hour/Minute/Second(time)

　Hour関数は「時間」を、Minute関数は「分」を、Second関数は「秒」をシリアル値や時刻を表す文字列から取得します。

3-1 日付/時刻を扱う関数（日付/時刻の取得、期間の計算など）

Tips 126 曜日を取得する

▶関連Tips **123**

使用機能・命令 Weekday関数/WeekdayName関数

サンプルコード SampleFile Sample126.xlsm

```
Sub Sample126()
    'WeekDay関数で日付から曜日を表す値を取得し、
    'WeekdayName関数で値を曜日の表記に変換する
    MsgBox Range("A2").Value & "は " _
        & WeekdayName(Weekday(Range("A2").Value)) & " です"
End Sub
```

❖ 解説

ここではセルA2の値から、WeekDay関数とWeekdayName関数を組み合わせて曜日を求めています。WeekDay関数とWeekdayName関数の引数firstdayofweekに指定する値は、次のとおりです。

◆ 引数firstdayofweekに指定する定数

列挙値	値	説明
FirstDayOfWeek.System	0	システムで設定されている週の最初の曜日
FirstDayOfWeek.Sunday	1	日曜日（既定値）
FirstDayOfWeek.Monday	2	月曜日
FirstDayOfWeek.Tuesday	3	火曜日
FirstDayOfWeek.Wednesday	4	水曜日
FirstDayOfWeek.Thursday	5	木曜日
FirstDayOfWeek.Friday	6	金曜日
FirstDayOfWeek.Saturday	7	土曜日

・Weekday関数の構文

Weekday(date, firstdayofweek)

・WeekdayName関数の構文

WeekdayName(weekday, abbreviate, firstdayofweek)

Weekday関数は、日付を表すシリアル値から曜日を示す数値を取得します。引数dateに対象の日付を指定します。引数firstdayofweekを使用して、週の始まりの曜日を指定することができます。WeekdayName関数は、引数weekdayに指定した数値から曜日の文字列を取得します。引数abbreviateにTrueを指定すると、曜日を短い表記で返します。また、引数firstdayofweekを使用して、週の始まりを指定することができます。

Tips 127 文字列を日付、時刻の値として取得する

▶関連Tips 123 124 125

使用機能・命令 DateValue関数/TimeValue関数

サンプルコード SampleFile Sample127.xlsm

```
Sub Sample127()
    'セルA2に入力されている値から日付と、
    'セルB2に入力されている値から時刻を取得して表示する
    MsgBox "日付:" & DateValue(Range("A2").Value) & vbLf _
        & "時刻:" & TimeValue(Range("B2").Value)
End Sub
```

❖ 解説

　セルA2には日付を表す文字列が、セルB2には時刻を表す文字列が入力されています。ポイントは、「文字列」という点です。これらのセルの値を元に、シリアル値を取得/表示しています。DateValue関数では、「DateValue("令和4年9月27日")」のように和暦での指定も可能です。

　ただし、OSの言語設定が日本語以外になっている場合は、エラーになるので気をつけてください。また、TimeValue関数は、「TimeValue("0:1:23 PM")」のように、"AM"、"PM"を付加して12時間制で指定することができます。

▼日付、時刻が文字列で入力されている

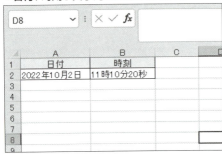

これらの文字列からそれぞれの値を取得する

▼実行結果

日付と時刻のデータが取得された

• **DateValue関数/TimeValue関数の構文**

DateValue/TimeValue(date)

　DateValue関数は、日付を表す文字列からシステムに対して、指定した短い日付形式で日付を返します。TimeValue関数は、時刻を表す文字列から時刻を返します。

Tips 128 年、月、日を組み合わせて日付データを求める

▶関連Tips 123 124

使用機能・命令 DateSerial関数

サンプルコード SampleFile Sample128.xlsm

```
Sub Sample128()
    '取得したそれぞれの値を元に日付データを作成し表示する
    MsgBox DateSerial(Range("A2").Value _
        , Range("B2").Value _
        , Range("C2").Value)
End Sub
```

❖ 解説

ここでは、「年」「月」「日」が別々に入力されているデータから、日付データを作成します。こうすることで、日付に関する処理（30日後の日付を求めるなど）を行うことができるようになります。

なお、例えば「DateSerial(2022, 1, 30 + 3)」のように、計算結果が翌月の日付になる場合も正しく計算され、「2022/2/2」が返されます。これを利用して、DateSerial関数で翌月1日の日付や、月末の日付を求めることもできます。それぞれ、次のコードを参考にしてください。

▼月末と翌月1日の日付を求めるコード

```
Sub Sample128_2()
    MsgBox DateSerial(Year(Date), Month(Date) + 1, 1)
    '翌月1日の日付を求める
    MsgBox DateSerial(Year(Date), Month(Date) + 1, 1 - 1)
    '月末の日付を求める
End Sub
```

なお、時、分、秒を組み合わせて時刻データを求める場合は、TimeRerial関数を使用します。基本的な使用方法は、DateSerial関数と同じです。

• **DateSerial関数の構文**

DateSerial(year, month, day)

DateSerial関数は、引数に指定した「年」「月」「日」のそれぞれのデータから日付のシリアル値を返します。なお、指定する値ですが、例えば引数monthに「13」を指定すると、1繰り上がって引数yearの値に1加算し、引数monthの値は1として処理されます。

Tips 129 年齢を求める

▶関連Tips 131, 151

使用機能・命令 Int関数

サンプルコード SampleFile Sample129.xlsm

```
Sub Sample129()
    Dim Age As Long

    '(今日の日付 - 誕生日)/10000の小数点以下切り捨て
    Age = Int((20220324 - 19731103) / 10000)

    MsgBox "年齢は" & Age & "歳です"
End Sub
```

❖ 解説

VBAには、指定した期間を求める関数（DateDiff関数）がありますが、この関数は単純に指定した「年」や「月」を引き算するため、年齢の計算を行う場合、誕生日が来ているかどうかで計算を分ける必要があります。

ここでは、日付を8桁の整数で表すことで年齢を計算するテクニックを紹介します。

Sampleでは、「今日の日付」から「誕生日」を引き算しています（ここでは、「489221になります）。

これを「10000」で除算すると、「48.9221」となります。

そして、Int関数で小数点以下を切り捨てるため、「48」となります。

▼実行結果

年齢が計算された

3-1 日付／時刻を扱う関数（日付／時刻の取得、期間の計算など）

Tips 130 数値から月名を文字列で取得する

▶関連Tips **124**

使用機能・命令 MonthName関数

サンプルコード SampleFile Sample130.xlsm

```
Sub Sample130()
    'セルA2の値から月名を表示する
    MsgBox "月名：" & MonthName(Range("A2").Value) & vbLf _
        & "短い月名：" & MonthName(Range("A2").Value, True)
End Sub
```

❖ **解説**

ここでは、セルA2に入力された数値から月名を取得し表示しています。なお、短い月名は、Excelの環境が英語環境の場合に利用します。英語表記での月名は、例えば8月は「August」ですが、短く「Aug」と表記することがあります（カレンダーなどで見かけると思います）。この「Aug」の表記が、短い月名です。日本語環境の場合、単に「8」となります。

▼指定する値を間違うとエラーになる

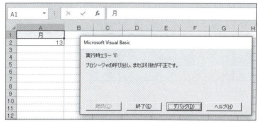

「13」を指定しているのでエラーになる

▼実行結果

月名が表示された

• **MonthName関数の構文**

MonthName(month[, abbreviate])

MonthName関数は、引数monthに1〜12までの数値を指定し、月名を返します。1〜12以外の数値を指定するとエラーになります。また、引数abbreviateにTrueを指定すると、月名を短い表記で返します。

Tips 131 日付や時刻の間隔を計算する

▶関連Tips
126
129
133

使用機能・命令 DateDiff関数

サンプルコード SampleFile Sample131.xlsm

```
Sub Sample131()
    'セルA2とセルB2に入力されている日付の期間(日数)を表示
    MsgBox "期間:" & DateDiff("d", Range("A2").Value _
        , Range("B2").Value) & "日"
End Sub
```

❖ 解説

セルA2とB2に入力されている日付の間隔(日数)を求めます。DateDiff関数の引数に指定する値や定数は、以下になります。引数firstdayofweekに指定する値は、Tips126を参照してください。なお、DateDiff関数は単純に「年」を引き算するので、年齢などの計算には向きません。

◈ 引数intervalに設定する値

値	意味	値	意味
yyyy	年	w	週日
q	四半期	ww	週
m	月	h	時
y	年間通算日	n	分
d	日	s	秒

◈ 引数firstweekofyearに設定する定数

定数	値	説明
vbUseSystem	0	各国語対応(NLS) APIの設定値
vbFirstJan1	1	1月1日を含む週を年度の第1週とする(既定値)
vbFirstFourDays	2	7日のうち、少なくとも4日が新年度に含まれる週を年度の第1週とする
vbFirstFullWeek	3	全体が新年度に含まれる最初の週を、年度の第1週とする

• **DateDiff関数の構文**

DateDiff(interval, date1, date2[, firstdayofweek[, firstweekofyear]])

DateDiff関数は、指定した開始日と終了日の間隔を返します。引数intervalには、時間単位を表す文字列式を指定します。引数date1、date2には、間隔を計算する2つの日付(開始日と終了日)を指定します。引数firstdayofweekには、週の始まりの曜日を表す定数を指定します。引数firstweekofyearには、年度の第1週を表す定数を指定します。

Tips 132 日時から指定した単位で取り出す

▶関連Tips 126 131 133

使用機能・命令 DatePart関数

サンプルコード SampleFile Sample132.xlsm

```
Sub Sample132()
    'セルA2の値から、「月」と「四半期」をそれぞれ求めて表示する
    MsgBox "月：" & DatePart("M", Range("A2").Value) & vbCrLf _
        & "四半期：" & _
        DatePart("q", DateAdd("m", -3, Range("A2").Value))
End Sub
```

❖ 解説

ここでは、セルA2に入力されている日付から「月」と「四半期」の値を取得しています。DatePart関数で「四半期」を取り出すと1月始まりになります。そこでここでは4月始まりの年度に合わせるためにDateAdd関数（→Tips133）を使用して3ヶ月まえの日付を対象にしています。

なお、引数Intervalに指定する値、および引数firstweekofyearに指定する値はTips131を、引数firstdayofbweekに指定する値はTips126参照してください。

「週」単位と「週日」単位の違いは、週を計算する基準にあります。「週」単位の場合、引数date1と引数date2の間に「日曜日」がいくつあるかを計算します。それに対して「週日」単位の場合は、引数date1と引数date2の間に、引数date1の曜日がいくつあるかを計算します。

▼この日付を元に処理を行う

	A	B	C	D
1	日付			
2	2022/10/1			
3				
4				
5				
6				
7				
8				
9				

「月」と「四半期」を取得する

▼実行結果

月：10
四半期：3

それぞれの値を取得した

● DatePart関数の構文

DatePart(interval, date[,firstdayofweek[, firstweekofyear]])

DatePart関数は、引数dateに指定したシリアル値から引数intervalに指定した「月」や「日」のデータを返します。

Tips 133 時間を加算/減算した日付や時刻を取得する

▶関連Tips 131

使用機能・命令 **DateAdd関数**

サンプルコード SampleFile Sample133.xlsm

```
Sub Sample133()
    'セルA2の日付の30日後の日付を表示する
    MsgBox Range("A2").Value & "の30日後:" _
        & DateAdd("d", 30, Range("A2").Value)
End Sub
```

❖ 解説

ここでは、セルA2に入力されている日付の30日後の日付を求めて、メッセージボックスに表示します。DateAdd関数の引数intervalに指定する値は、次のとおりです。引数firstweekofyearについては、Tips131を参照してください。

◇ 引数intervalに設定する値

値	意味	値	意味
yyyy	年	w	週日
q	四半期	ww	週
m	月	h	時
y	年間通算日	n	分
d	日	s	秒

▼この日付を元に処理を行う

	A	B	C	D
1	日付			
2	2022/10/1			
3				
4				
5				
6				

30日後の日付を求める

▼実行結果

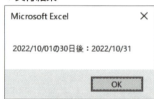

30日後の日付が表示された

• DateAdd関数の構文

DateAdd(interval, number, date)

DateAdd関数は、引数dateに指定した日付に、引数intervalに指定した単位で、引数numberに指定した数を加算/減算します。

Tips 134 日付/時刻の書式を設定する

▶関連Tips 124

使用機能・命令 FormatDateTime関数

サンプルコード SampleFile Sample134.xlsm

```vb
Sub Sample134()
    Dim temp As Double
    '変数tempにセルA2の値を代入する、
    temp = Range("A2").Value
    '代入した値の「日付」「時刻」「日付と時刻」を表示する
    MsgBox "日付:" & FormatDateTime(temp, vbLongDate) & vbCrLf _
        & "時刻:" & FormatDateTime(temp, vbLongTime) & vbCrLf _
        & "日付と時刻:" & FormatDateTime(temp)
End Sub
```

❖ 解説

ここでは、セルA2に入力されている日付・時刻のデータを一旦変数に取得した後、FormatDateTime関数を使って、「日付」「時刻」「日付と時刻」のそれぞれの形式でメッセージボックスに表示します。なお、引数NamedFormatに設定する定数は、以下のとおりです。

◆ 引数NamedFormatに設定する定数

定数	値	説明
vbGeneralDate	0	日付か時刻、または両方を表示。日付は短い形式で表示。時刻は長い形式で表示
vbLongDate	1	[日付と時刻]で指定されている長い形式で日付を表示
vbShortDate	2	[日付と時刻]で指定されている短い形式で日付を表示
vbLongTime	3	[日付と時刻]で指定されている形式で時刻を表示
vbShortTime	4	24時間形式(hh:mm)で時刻を表示

なお、同様の処理はFormat関数を使用しても行うことができます。次のサンプルは、Format関数を使用して、セルA2の値を「YYYYMMDD」の形式で表示します。

▼Format関数を使用したサンプル

```vb
Sub Sample134_2()
    Dim temp As Double
    '変数tempにセルA2の値を代入する
    temp = Range("A2").Value
    '代入した値の「日付」「時刻」「日付と時刻」を表示する
    MsgBox "日付:" & Format(temp, "YYYYMMDD")
End Sub
```

▼実行結果

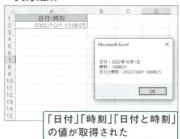

「日付」「時刻」「日付と時刻」の値が取得された

3-1 日付/時刻を扱う関数（日付/時刻の取得、期間の計算など）

　なお、OSの設定に依存すると、PCによって動作が変わってしまう、という可能性があります。また、コードを読んだときに、どのような書式が設定されるかわかりにくいということもあるので、基本的にはFormat関数を使用して書式を設定したほうが良いでしょう。

• FormatDateTime関数の構文

FormatDateTime(Date[,NamedFormat])

　FormatDateTime関数は、引数Dateに指定したシリアル値に、引数NamedFormatに指定した書式を設定した値を返します。

> **Memo** ここでは、日付と時刻の設定をFormatDateTime関数で行っています。
> 解説にあるように、OSの設定に依存すると、PCによって異なる可能性があります。
> ただし、例えば、異なる地域（日本とアメリカなど。アメリカでは日付はMM/DD/YYYYが一般的です）で複数のメンバで利用するような場合であれば、地域にあわせてコードを変更する必要がないため、便利です。
> なお、OSに設定されている「地域」で処理を分けるには、次のように記述します。「地域」の取得には、GetLocaleInfoAPI関数を使用します。

```vb
'Excel API宣言　ロケールに関する情報を取得する
Private Declare PtrSafe Function GetLocaleInfo Lib "kernel32" Alias _
    "GetLocaleInfoA" (ByVal Locale As Long, ByVal LCType As Long, _
    ByVal lpLCData As String, ByVal cchData As Long) As Long

'定数を指定する
Private Const LOCALE_SYSTEM_DEFAULT = 2048
Private Const LOCALE_SENGCOUNTRY = &H1002

'「地域」を取得して処理を分ける
Private Sub Smple()
    Dim buf As String * 256
    
    '地域を取得
    GetLocaleInfo LOCALE_SYSTEM_DEFAULT, LOCALE_SENGCOUNTRY, buf, 256
    '取得した地域によって処理を分ける
    Dim temp As String
    temp = Left(buf, 5)
    If temp = "Japan" Then
        temp = Format(Date, "YYYY/MM/DD")
    Else
        temp = Format(Date, "MM/DD/YYYY")
    End If
    MsgBox temp
End Sub
```

Tips 135 文字列の長さ/バイト数を取得する

▶関連Tips 141

使用機能・命令 Len関数/LenB関数

サンプルコード SampleFile Sample135.xlsm

```
Sub Sample135()
    'セルA2の文字の長さとバイト数を表示する
    MsgBox "文字数：" & Len(Range("A2").Value) & vbCrLf _
        & "バイト数：" & LenB(Range("A2").Value)
End Sub
```

❖ 解説

ここでは、セルA2に入力されている文字列の長さ（文字数）とバイト数を、それぞれ取得します。セルA2の文字列には半角の数値・記号が含まれていますが、VBAでは文字列をUnicode形式で扱うため、LenB関数は文字の半角/全角は区別せず、文字をすべて2バイトとして扱います。半角文字を1バイトとして掲載したい場合には、StrConv関数で文字列をいったんANSI形式に変換し、その値を使ってLenB関数でバイト数を取得します。

▼半角文字を1バイトとして処理するサンプル

```
Sub Sample135_2()
    MsgBox "バイト数：" _
        & LenB(StrConv(Range("A2").Value _
            , vbFromUnicode))
End Sub
```

なお、Len関数の引数に「Len(num)」のように数値型の変数を使用すると、変数のバイト数が返されるので注意が必要です。Len関数の引数は文字列を指定するので、そのような場合は「Len(CStr(num))」のようにSCtr関数を使用して文字列に変換するようにしてください。

▼実行結果

文字数とバイト数が表示された

• Len関数/LenB関数の構文

Len/LenB(string)

Len関数は引数stringに指定した文字列の長さ（文字数）を、LenB関数は引数stringに指定した文字列のバイト数を返します。

3-2 文字列を扱う関数（文字の長さ、文字の一部を取り出す、文字の変換など）

文字列の左端/右端から一部を取得する

▶関連Tips
135
146

使用機能・命令 **Left関数/Left$関数/Right関数/Right$関数**

サンプルコード SampleFile Sample136.xlsm

```vb
Sub Sample136()
    Dim pos As Long
    Dim temp As String
    
    temp = Range("A2").Value 'セルA2の値を変数に代入
    pos = InStr(Range("A2").Value, " ") '半角スペースの位置を取得する
    
    '「姓」と「名」をそれぞれ表示する
    MsgBox "姓：" & Left(temp, pos - 1) & vbLf _
        & "名：" & Right(temp, Len(temp) - pos)
End Sub
```

❖ 解説

ここでは、セルA2に入力されている氏名から、「姓」と「名」を別々に取得します。

氏名は「姓」と「名」の間に半角のスペースがあります。そこでInStr関数を使用して、半角スペースの位置を求め、文字列の左端から半角スペースまでが「姓」、文字列の右側から半角スペースの位置までが「名」となります。次の図で確認してください。

▼「姓」と「名」を求めるコードの考え方

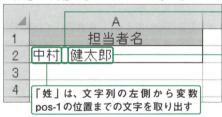

• Left/Left$/Right/Right$関数の構文

Left/Left$/Right/Right$(string, length)

Left関数/Left$関数は、引数stringに指定した文字列の左側から、引数lengthに指定した文字数分の文字列を返します。Right関数/Right$関数は、引数stringに指定した文字列の右側から、引数lengthに指定した文字数分の文字列を返します。「$」の有無による違いですが、「$」なしの関数は戻り値がVariant型で、「$」ありの場合はString型になります。

Tips 137 文字列の指定した一部を取得する

▶関連Tips 145

使用機能・命令　**Mid関数/Mid$関数**

サンプルコード　SampleFile Sample137.xlsm

```
Sub Sample137()
    Dim pos1 As Long, pos2 As Long

    pos1 = InStr(Range("A2").Value, "市")   '「市」の位置を取得する
    pos2 = InStr(Range("A2").Value, "区")   '「区」の位置を取得する
    '取得した「市」と「区」の位置から区名を取得し表示する
    MsgBox "区名：" _
        & Mid(Range("A2").Value, pos1 + 1, pos2 - pos1)
End Sub
```

❖ 解説

ここでは、セルA2に入力された住所の情報から、区名のみを表示します。区名は「市」の文字の次から始まって、「区」の文字までです。そこで、InStr関数でそれぞれの位置を取得し、Mid関数で区名を取得します。この処理については、次の図で確認してください。

▼「市」と「区」を求めるコードの考え方

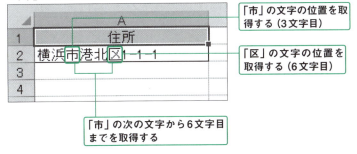

・Mid関数/Mid$関数の構文

Mid/Mid$(string, start[, length])

Mid関数/Mid$関数は、引数stringに指定した文字列で、引数startに指定した位置から、引数lengthに指定した文字数分の文字列を取得します。引数lengthを省略した場合は、文字列の最後までを取得します。なお「$」の有無による違いですが、「$」なしの関数は戻り値がVariant型で、「$」ありの場合はString型になります。

3-2 文字列を扱う関数（文字の長さ、文字の一部を取り出す、文字の変換など）

Tips 138 文字コードに対応する文字列を取得する

▶関連Tips 139

使用機能・命令 **Chr関数**

サンプルコード　SampleFile Sample138.xlsm

```
Sub Sample138()
    'セルA2とA3の文字の間に改行とタブを挿入する
    MsgBox Range("A2").Value & Chr(13) & Chr(9) & Range("A3").Value
End Sub
```

❖ 解説

ここでは、MsgBoxに制御文字である改行とタブを指定しています。このようにChr関数を使用すると、制御文字を使用することができます。なお、制御文字は定数でも表すことができます。

主な制御文字と文字コード、またそれを表す定数は、以下のとおりです。

◆ 主な制御文字と文字コード

値	定数	説明
Chr(0)	vbNullChar	値0を持つ文字
Chr(9)	vbTab	タブ文字
Chr(10)	vbLf	ラインフィード文字
Chr(13)	vbCr	キャリッジリターン文字
Chr(13) + Chr(10)	vbCrLf	キャリッジリターンとラインフィードの組み合わせ

▼セルA2とセルA3の文字をメッセージボックスに表示する

▼実行結果

「横浜市」の後に改行が、「港北区1-1-1」の前にタブが入力された

この時、メッセージボックスの文字に改行とタブを入れる

•Chr関数の構文

Chr(code)

Chr関数は、引数codeに指定した文字コード（ASCIIコード）に対応する文字列を返します。
MsgBox関数で、改行やタブなどVBAコードに直接入力できない制御文字を挿入するときなどに利用されます。

Tips 139 文字列に対応する文字コードを取得する

▶関連Tips 138

使用機能・命令 Asc関数

サンプルコード SampleFile Sample139.xlsm

```
Sub Sample139()
    'セルA1の値の先頭の文字の文字コードを表示する
    MsgBox "ASCIIコード：" & Asc(Range("A1").Value)
End Sub
```

❖ 解説

ここでは、セルA1に入力されている文字の文字コードを取得しています。セルA1には「ExcelVBA」の文字列が入力されていますが、Asc関数が返すのは先頭の文字の文字コードのみです。主な文字と文字コードは、次のようになります。この表からもわかるように、例えばアルファベットであれば大文字は「65～90」、小文字は「97～122」の連続する数値で表されています。

◆ 主な文字と文字コード

文字	文字コード	文字	文字コード
A	65	z	122
Z	90	0	48
a	97	9	57

▼セルA1に入力されている文字を対象にする

▼実行結果

先頭の「E」の文字コード（ASCIIコード）を取得する

文字コードが表示された

・Asc関数の構文

Asc(string)

Asc関数は、引数stringに指定した文字の文字コード（ASCIIコード）を返します。引数stringに文字列（複数の文字）を指定した場合、先頭の文字の文字コードを返します。

3-2 文字列を扱う関数（文字の長さ、文字の一部を取り出す、文字の変換など）

Tips 140 アルファベットの大文字を小文字に、小文字を大文字に変換する

▶関連Tips 141

使用機能・命令 **LCase関数/UCase関数**

サンプルコード SampleFile Sample140.xlsm

```
Sub Sample140()
    'セルA1に入力されている文字をそれぞれ変換して表示する
    MsgBox "元の文字：" & Range("A1").Value & vbCrLf _
        & "すべて小文字：" & LCase(Range("A1").Value) & vbLf _
        & "すべて大文字：" & UCase(Range("A1").Value)
End Sub
```

❖ 解説

　ここでは、セルA1に入力されている「ExcelVBA」という文字列に対して処理を行います。LCase関数とUCase関数を使用して、文字列すべてを小文字にした場合と、大文字にした場合の両方のケースを表示します。なお、先頭の文字だけ大文字にする場合は、Properメソッドを使用します。Properメソッドは、PROPERワークシート関数と同じ処理を行うメソッドです。次のサンプルは、セルA1の文字列を先頭だけ大文字にして表示します。

▼先頭の文字だけ大文字にするサンプル

```
Sub Sample140_2()
    MsgBox "先頭だけ大文字：" & _
        Application.WorksheetFunction _
            .Proper(Range("A1").Value)
End Sub
```

▼実行結果

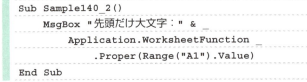

すべて小文字、すべて大文字のそれぞれに変換した結果が表示された

●LCase関数/UCase関数の構文

LCase/UCase(string)

　LCase関数は、引数stringに指定した文字列をすべて小文字に変換して返します。UCase関数は、引数stringに指定した文字列をすべて大文字に変換して返します。

3-2 文字列を扱う関数（文字の長さ、文字の一部を取り出す、文字の変換など）

文字の種類を変換する

▶関連Tips 140

使用機能・命令 StrConv関数

サンプルコード SampleFile Sample141.xlsm

```
Sub Sample141()
    'セルA1の文字列をすべてひらがなにして表示する
    MsgBox StrConv(Range("A1").Value, vbHiragana)
End Sub
```

❖ 解説

ここでは、セルA1に入力されている文字をすべてひらがなに変換します。引数conversionに設定する定数は、次のようになります。「半角にして大文字にする」といったように、複数の指定を行うことも可能です。その場合は、組み込み定数を「プラス（+）」で接続します。なお、「vbUpperCase（大文字）」と「vbLowerCase（小文字）」のように、内容が矛盾するものは指定できません。

◆ 引数conversionに設定する定数

定数	値	説明
vbUpperCase	1	文字列を大文字に変換
vbLowerCase	2	文字列を小文字に変換
vbProperCase	3	文字列の各単語の先頭の文字を大文字に変換
vbWide	4	文字列内の半角文字を全角文字に変換
vbNarrow	8	文字列内の全角文字を半角文字に変換
vbKatakana	16	文字列内のひらがなをカタカナに変換
vbHiragana	32	文字列内のカタカナをひらがなに変換
vbUnicode	64	システムの既定のコードページを使って文字列をUnicodeに変換
vbFromUnicode	128	文字列をUnicodeからシステムの既定のコードページに変換

•**StrConv関数の構文**

StrConv(string, conversion, LCID)

StrConv関数は引数stringに指定した文字列を、引数conversionに指定した文字の種類に変換します。変換できる種類は、半角・全角、大文字・小文字、ひらがな・カタカナがあります。引数LCIDは国別情報識別子を指定します。日本を表すLCIDは1041です（実際にLCIDを指定する場合、引数LCIDはLong型なので「1041&」とします）。

英語など日本語以外の環境のExcelで、ひらがなやカタカナなどの変換を行う場合は、LCIDの指定が必要です。

3-2 文字列を扱う関数（文字の長さ、文字の一部を取り出す、文字の変換など）

Tips 142 文字列に含まれるすべての空白を削除する

▶関連Tips 143

使用機能・命令 **LTrim関数/RTrim関数/Trim関数**

サンプルコード SampleFile Sample142.xlsm

```
Sub Sample142()
    Dim str As String
    
    str = Range("A1").Value  'セルA1の値を対象に処理する
    
    MsgBox "元の文字列：[" & str & "]" & vbCrLf & vbCrLf _
        & "LTrim: [" & LTrim(str) & "]" & vbCrLf _
        & "RTrim: [" & RTrim(str) & "]" & vbCrLf _
        & "Trim : [" & Trim(str) & "]"
End Sub
```

❖ 解説

セルA1には、「△Excel△VBA△」（△は全角スペースを表します）が入力されています。この文字列に対して処理を行います。それぞれの処理でどの位置の空白が削除されるかを確認してください。なお、LTrim関数/RTrim関数/Trim関数は、あくまで文字の前後にあるスペースを取り除く関数です。文字列の間にあるスペースを取り除くことはできません。文字列の間にあるスペース含め、すべてのスペースを取り除くにはReplace関数を使用します。Replace関数についてはTips143を参照してください。なお、今回のサンプルのように文字列の前後や文字列の間にスペースがあって、文字列の間のスペースだけを取り除く関数は、VBAには用意されていません。その場合は、一旦すべてのスペースを削除した後、前後にあったスペースを再度加えるという処理になります。

▼実行結果

指定した位置のスペースが取り除かれた

• **LTrim関数/RTrim関数/Trim関数の構文**

LTrim/RTrim/Trim(string)

LTrim関数は引数stringに指定した文字列の左側にあるスペースを、RTrim関数は引数stringに指定した文字列の右側にあるスペースを、Trim関数は文字列の前後のスペースを取り除いた結果を返します。

Tips 143 文字列を別の文字列に置換する

▶関連Tips 142

使用機能・命令 Replace関数

サンプルコード SampleFile Sample143.xlsm

```
Sub Sample143()
    'セルA2の文字列で、「Access」を「Excel」に置き換える
    Range("A2").Value = Replace(Range("A2").Value, "Access", "Excel")
End Sub
```

❖ 解説

ここでは、セルA2に入力された文字のうち、「Access」を「Excel」に変更します。
なお、Replace関数の戻り値、および引数compareに指定する値は、次のようになります。

◆ Replace関数の戻り値

条件	戻り値
対象文字列が0	長さ0の文字列("")
対象文字列がNull	エラー
検索文字列が長さ0の文字列("")	対象文字列のコピー
置換文字列が長さ0の文字列("")	検索文字列がすべて削除
置換数が0	対象文字列のコピー

◆ 引数compareに指定する定数

定数	値	説明
vbUseCompareOption	-1	Option Compareステートメントの設定を使用
vbBinaryCompare	0	バイナリモードで比較
vbTextCompare	1	テキストモードで比較

• Replace関数の構文

Replace(expression, find, replace[, start[, count[, compare]]])

Replace関数は、引数expressionに指定した文字列から引数findに指定した文字/文字列を検索し、引数replaceに指定した文字/文字列に置き換えます。引数countに置き換える回数を指定することもできます。例えば、「ABCABCABC」という文字列昔の「A」を「Z」に置き換えるとき、引数countに「2」を指定した場合、処理結果は「ZBCZBCABC」となります。また、引数compareには文字列比較のモードを表す定数を指定します。

3-2 文字列を扱う関数（文字の長さ、文字の一部を取り出す、文字の変換など）

Tips 144 指定した数だけ文字を繰り返す

▶関連Tips 022

使用機能・命令 String関数/Space関数

サンプルコード SampleFile Sample144.xlsm

```
Sub Sample144()
    Dim i As Long
    '処理を3件分繰り返す
    For i = 1 To 3
        'C列に、B列の値を1/1000した数だけ「☆」を繰り返して入力する
        Cells(i + 1, 3).Value = _
            String(Cells(i + 1, 2).Value / 1000, "☆")
    Next
End Sub
```

❖ 解説

ここでは、String関数を使用して簡易グラフを作成します。B列の「売上」の値を1/1000し、その数だけString関数を使って「☆」をC列に入力します。なお、半角スペースを繰り返したいのであれば、Space関数を使用します。次のサンプルは、セルA1の文字のあとに半角スペースを「10」入れます。

▼Space関数のサンプル
```
Sub Sample144_2()
    MsgBox "[" & Range("A1").Value _
        & Space(10) & "]"
End Sub
```

▼実行結果

「売上」に応じて「☆」が入力された

• String関数の構文

String(number, character)

• Space関数の構文

Space(number)

String関数は、引数characterに指定した文字を、引数numberに指定した数だけ繰り返した文字列を返します。Space関数は、引数numberに指定した数だけスペースを繰り返します。

Tips 145 2つの文字列を比較する

▶関連Tips 143

使用機能・命令 StrComp関数

サンプルコード SampleFile Sample145.xlsm

```
Sub Sample145()
    'B列とC列の文字を比較し処理結果をD列に入力する
    If StrComp(Range("B2").Value, Range("C2").Value _
        , vbBinaryCompare) = 0 Then  'バイナリモードで比較する
        Range("D2").Value = "等しい"
    Else
        Range("D2").Value = "等しくない"
    End If
    If StrComp(Range("B3").Value, Range("C3").Value _
        , vbTextCompare) = 0 Then   'テキストモードで比較する
        Range("D3").Value = "等しい"
    Else
        Range("D3").Value = "等しくない"
    End If
End Sub
```

❖ **解説**

ここでは、B列とC列の文字列を比較し、結果をD列に入力しています。この時、バイナリモードとテキストモードの両方の結果をD列に入力することで、それぞれの違いを確認できるようにしています。**バイナリモードは「ひらがな・カタカナ」や、「大文字・小文字」を区別しますが、テキストモードは区別しません**。StrComp関数の処理結果は、次のようになります。なお、「string1はstring2を超える」とは、文字コードや五十音順で、順番が手前であれば「未満」、後であれば「超える」という意味になります。

◈ StrComp関数の処理結果

結果	戻り値	結果	戻り値
string1はstring2未満	-1	string1はstring2を超える	1
string1とstring2は等しい	0	String1またはstring2がNull値	Null値

• **StrComp関数の構文**

StrComp(string1, string2[, compare])

StrComp関数は、引数string1と引数string2に指定した文字列を比較し、その結果を返します。また、引数compareに指定する定数は、Tips143を参照してください。

3-2 文字列を扱う関数（文字の長さ、文字の一部を取り出す、文字の変換など）

Tips 146 文字列を検索する

▶関連Tips 143

使用機能・命令 InStr関数/InStrRev関数

サンプルコード SampleFile Sample146.xlsm

```
Sub Sample146()
    'セルA2の文字列から「VBA」を検索し、文字の位置を表示する
    MsgBox "先頭から：" & InStr(Range("A2").Value, "VBA") _
        & vbLf & "末尾から：" & InStrRev(Range("A2").Value, "VBA")
End Sub
```

❖ 解説

　ここでは、セルA2に入力されている「ExcelVBA」の文字列から「VBA」を検索し、文字位置を表示します。検索は、文字の先頭からと最後からの2種類です。VBAという文字列は1つしか含まれないため、処理結果は同じになります。このように、InStr関数/InStrRev関数は、文字列を検索することができます。そのため、「If InStr(対象文字列, 検索文字列) > 0 Then」とすれば、対象の文字列に検索したい文字列が含まれるかどうかのチェックを行うことができます。

▼セルA2に「Excel」という文字列が含まれているかチェックするサンプルコード
```
Sub Sample146_2()
    If InStr(Range("A2").Value, "Excel") > 0 Then
        MsgBox "「Excel」は含まれます"
    Else
        MsgBox "「Excel」は含まれません"
    End If
End Sub
```

• **InStr関数の構文**

InStr([start,]string1, string2[, compare])

• **InStrRev関数の構文**

InStrRev(stringcheck, stringmatch[, start[, compare]])

　InStr関数は、引数string1に指定した文字列内に、引数string2に指定した文字列があるか、文字列の先頭から検索し、最初に見つかった文字の位置を返します。InStrRev関数は、引数stringcheckに指定した文字列内に、引数stringmatchに指定した文字列があるか、文字列の最後から検索し、最初に見つかった文字の位置の先頭からの位置を返します。なお、引数compareは比較モードを指定します。指定できる値は、Tips143を参照してください。

Tips 147 文字列を数値に変換する

▶関連Tips 136

使用機能・命令 Val関数

サンプルコード SampleFile Sample147.xlsm

```
Sub Sample147()
    'セルB2の「単価」とセルC2の「数量」から「金額」を求める
    Range("D2").Value = Val(Range("B2").Value) _
        * Val(Range("C2").Value)
End Sub
```

❖ 解説

ここでは、「単価」欄と「数量」欄の値から「金額」を求めています。ただし、「単価」欄の値には「円」と、「数量」欄の値には「個」と、それぞれ単位まで入力されてしまっています（表示形式ではありません）。

このような場合、計算処理を行う場合などうまくいきません。そこで、Val関数を使用して数値のみ取得し、計算しています。

▼単位まで入力されているデータ

このデータから「金額」を計算する

▼実行結果

「金額」が正しく計算された

・Val関数の構文

Val(string)

Val関数は、引数stringに指定した文字列を先頭からチェックし、数値として認識できない文字が見つかるまで文字を取得して数値に変換します。なお、ピリオド(.)は数値として処理されますが、円記号(¥)やカンマ(,)は数値として処理されないので注意が必要です。また、引数内に指定されたタブや改行は無視されます。

Tips 148 データを日付型データに変換する

▶関連Tips 127, 128

使用機能・命令 CDate関数

サンプルコード SampleFile Sample148.xlsm

```vb
Sub Sample148()
    'セルA2の文字列を日付データに変換
    MsgBox "変換後：" & CDate(Range("A2").Value)
End Sub
```

❖ 解説

セルA2には、文字列で日付を表すデータが入力されています。見た目は日付ですが、文字列なので、日付の比較や計算を行う場合は問題があります。そこで、CDate関数を使用して日付データに変換します。ここでは、変換後の値をメッセージボックスに表示しています。なお、**CDate関数に日付に変換できない値を指定した場合はエラー**になります。次のサンプルは、エラー処理を使用して、指定した値が日付データかどうかで処理を分けています。

▼CDate関数の結果がエラーの時に処理を行うサンプル

```vb
Sub Sample148_2()
    Dim temp As Date
    
    On Error Resume Next
    temp = CDate(Range("A2").Value)
    If Err.Number <> 0 Then
        MsgBox "日付データではありません"
    Else
        MsgBox "日付：" & temp
    End If
    On Error GoTo 0
End Sub
```

▼実行結果

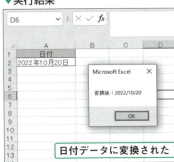

日付データに変換された

・CDate関数の構文

CDate(expression)

CDate関数は、引数expressionに指定した値をDate型（日付型）のデータに変換します。

3-3 その他の関数（データを調べる関数、ワークシート関数の利用など）

Tips 149 データを整数型データに変換する

▶関連Tips 157 158

使用機能・命令 **CLng関数**

サンプルコード SampleFile Sample149.xlsm

```
Sub Sample149()
    Dim i As Long
    '3行分のデータを処理する
    For i = 1 To 3
        'A列の値を変換しB列に入力する
        Cells(i + 1, 2).Value = CLng(Cells(i + 1, 1).Value)
        'C列の値を変換しD列に入力する
        Cells(i + 1, 4).Value = CLng(Cells(i + 1, 3).Value)
    Next
End Sub
```

❖ 解説

ここでは、A列とC列に入力されている値をそれぞれ整数に変換し、B列とD列に入力します。CLng関数は、指定した値をLong型の整数に変換します。このとき、小数点以下は丸められますが、処理方法に注意してください。このサンプルのように、**少数点第一位の値が「5」のときの処理結果が、いわゆる四捨五入とは異なります。**

このような丸め処理を、「銀行系の丸め処理」といいます。このサンプルのように、四捨五入とほとんど動作が一緒ですが、処理する桁の値が「5」の時に限っては、**処理結果が一番近い偶数になるように処理されます。**そのため、処理結果のように「2.5」→「2」、「3.5」→「4」となります。CLng関数は「小数点以下を四捨五入することができる」関数ではありません。注意してください。

なお、**通常の四捨五入の処理を行いたい場合は、ワークシート関数のROUND関数を使用します。**ワークシート関数をVBAで利用する方法については、Tips157、158を参照してください。

▼実行結果

変換結果が入力された。処理する値が「5」の時（3行目）に注意

・CLng関数の構文

CLng(expression)

CLng関数は、引数expressionに指定した値をLong型（長整数型）のデータに変換します。

3-3 その他の関数（データを調べる関数、ワークシート関数の利用など）

数値を16進数に変換する

▶関連Tips 011

使用機能・命令 Hex関数

サンプルコード SampleFile Sample150.xlsm

```
Sub Sample150()
    Dim i As Long
    '4件のデータを処理する
    For i = 1 To 4
        'A列の値を16進数に変換して、B列に入力する
        Cells(i + 1, 2).Value = Hex(Cells(i + 1, 1).Value)
    Next
End Sub
```

❖ 解説

ここでは、Hex関数を使って、A列の数値を16進数に変換してB列に入力しています。なお、Hex関数は、引数に指定した値が文字列などで、処理できない場合はエラーになります。

逆に16進数を10進数に変換するには、CLng関数またはCInt関数を利用します。

CLng関数（CInt関数）の引数に変換する数値を渡します。このとき、先頭に「&H」を付けると、その値は16進表記されているという意味になり、適切に処理されます。

次のサンプルは、16進数の値を10進数に変換します。

▼16進数の値を10進数に変換するサンプル

```
Sub Sample150_2()
    Const data1 As String = "A"
    Const data2 As String = "10"
    MsgBox "元の値：" & data1 & " →" _
        & CLng("&H" & data1) & vbCrLf _
        & "元の値：" & data2 & " →" _
        & CLng("&H" & data2)
End Sub
```

▼実行結果

	A	B	C
1	数値	処理結果	
2	0	0	
3	10	A	
4	15	F	
5	16	10	
6			
7			
8			
9			

B列に16進数の値が入力された

• **Hex関数の構文**

Hex(number)

Hex関数は、引数numberに指定した値を16進数に変換します。

Tips 151 整数部分を取得する

▶関連Tips 149

使用機能・命令 Int関数/Fix関数

サンプルコード SampleFile Sample151.xlsm

```
Sub Sample151()
    Dim i As Long
    '4件のデータを処理する
    For i = 1 To 4
        'A列の値をInt関数で処理し、B列に表示する
        Cells(i + 1, 2).Value = Int(Cells(i + 1, 1).Value)
        'A列の値をFix関数で処理し、C列に表示する
        Cells(i + 1, 3).Value = Fix(Cells(i + 1, 1).Value)
    Next
End Sub
```

❖ 解説

ここでは、A列の値をInt関数、Fix関数のそれぞれで処理した結果を入力します。元の値が負の値の場合、処理結果が異なるので注意してください。

▼元となるデータ / ▼実行結果

A列のデータの小数点以下を処理する

それぞれの結果が入力された。負の数の値に注意

•Int関数/Fix関数の構文

Int/Fix(number)

Int関数/Fix関数は、引数numberに指定した数式や値の整数部分を返します。引数に指定した値が正の数の場合、Int関数とFix関数の返す値は同じになります。しかし負の数の場合、Int関数は元の数値を超えない最大の整数を返すのに対し、Fix関数は元の数値以上で最小の整数を返します。

3-3 その他の関数（データを調べる関数、ワークシート関数の利用など）

Tips 152 数値データかどうかを調べる

▶関連Tips 004

使用機能・命令 IsNumeric関数

サンプルコード SampleFile Sample152.xlsm

```
Sub Sample152()
    Dim i As Long
    '6件のデータを処理する
    For i = 2 To 7
        'A列の値を判定し、結果をB列に入力する
        Cells(i, 2).Value = IsNumeric(Cells(i, 1).Value)
    Next
End Sub
```

❖ 解説

　IsNumeric関数は、指定した値が数値として認識できるかどうかを判定します。ここでは、文字列、日付、数値の3種類のデータを対象に処理を行っています。また数値については、桁区切りのカンマが入力されているもの、小数を含むもの、文字列として入力されているサンプルをそれぞれ用意しています。結果を確認してください。なお、日付データは、Excel内部ではシリアル値と呼ばれる数値ですが、IsNumeric関数の処理結果はFalseとなるので注意が必要です。

　また、「５０」のように数値が文字列として入力されている場合、文字として処理したいときはVarType関数を使用します。VarType関数については、Tips004を参照してください。

▼元となるデータ　　　　　　　　　　　　▼実行結果

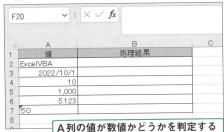

A列の値が数値かどうかを判定する　　　　結果が入力された

•IsNumeric関数の構文

IsNumeric(expression)

　IsNumeric関数は、引数expressionに指定した値が数値として扱えるかを判定します。扱える場合はTrueを、扱えない場合はFalseを返します。

Tips 153 配列かどうかを調べる

▶関連Tips 032 036

使用機能・命令 IsArray関数

サンプルコード SampleFile Sample153.xlsm

```
Sub Sample153()
    Dim temp1 As Variant
    Dim temp2 As Variant
    
    'セルA2の値をそのまま代入する
    temp1 = Range("A2").Value
    'セルA2の値をSplit関数で配列に変換して代入する
    temp2 = Split(Range("A2").Value, ",")
    'それぞれの変数が配列かどうかを表示する
    MsgBox "temp1：" & IsArray(temp1) & vbLf _
        & "temp2：" & IsArray(temp2), , "配列チェック"
End Sub
```

❖ 解説

セルA2には「,（カンマ）」で区切られた文字列が入力されています。この文字列をそのまま変数に代入した場合と、Split関数を使用して「,」で区切って配列に変換した場合のそれぞれについて、IsArray関数で配列かどうか判定しています。なお、「Dim ArrayData() As String」のように宣言された動的配列が要素数を割り当てられていなくても、IsArray関数の戻り値はTrueになります。

▼実行結果

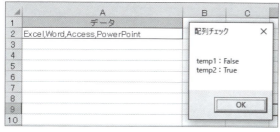

Split関数を使った方がTrueとなった

• IsArray関数の構文

IsArray(varname)

IsArray関数を利用すると、指定した変数が配列かどうかを調べることができます。配列の時はTrueを、配列ではない時はFalseを返します。

3-3 その他の関数（データを調べる関数、ワークシート関数の利用など）

Tips 154 乱数を発生させる

▶関連Tips
151

使用機能・命令 Randomizeステートメント/Rnd関数

サンプルコード SampleFile Sample154.xlsm

```
Sub Sample154()
    Randomize '乱数系列を初期化する
    '1～6までの値をランダムに表示する
    Range("A2").Value = Int(Rnd() * 6) + 1
End Sub
```

❖ 解説

　ここでは、1～6までの値をランダムに求めます。Rnd関数は、0～1未満の値をランダムに発生させます。Rndomizeステートメントは、乱数系列を初期化するステートメントです。乱数系列とは、規則性のないランダムな数値の並び順のことです。乱数は、シード値と呼ばれる値を元に作成されますが、シード値が同じだと、この乱数系列も同じになってしまいます。

　そこで、Rnd関数を利用するときには、Rndomizeステートメントをセットで利用して、その都度、乱数系列を初期化し、異なるシード値で乱数を発生させるようにします。そうしないと、実行するタイミングによっては毎回同じパターンの値が作られることになります。

　なお、任意の範囲の乱数を発生させるには、次の式を使用します。

▼任意の範囲の乱数を発生させる式

Int(Rnd() * (最大値 - 最小値 + 1) + 最小値)

▼実行結果

乱数が入力された

• Randomizeステートメントの構文

Randomize [number]

• Rnd関数の構文

Rnd(number)

　Randomizeステートメントは、引数numberを使用して、Rnd関数の乱数ジェネレータを初期化します。引数numberを省略した場合、システムタイマから取得した値が新しいシード値として使われます。

　Rnd関数は、0～1未満の間の値をランダムに発生させることができます。通常、Rnd関数を使用する前にRandomizeステートメントを使用します。

Tips 155 配列から条件に一致するものを取得する

▶関連Tips 035 036

使用機能・命令 Filter関数

サンプルコード SampleFile Sample155.xlsm

```
Sub Sample155()
    Dim temp As Variant
    'セルA2の値を配列として変数に格納する
    temp = Split(Range("A2").Value, ",")
    '「VBA」を含む要素を表示する
    MsgBox "VBAを含む：" & Join(Filter(temp, "VBA"), ",")
End Sub
```

❖ 解説

ここでは、セルA2に入力されている値を、Split関数を使用して配列として変数に取得します。その後、Filter関数で、この配列で「VBA」の文字が含まれるものを取得し、最後はJoin関数で取得した配列の要素を連結してメッセージボックスに表示します。

Filter関数は、配列を返す関数です。そのため、処理の結果、1つしかデータが無くても処理結果は配列として扱われます。なお、対象のデータがない場合は、空の配列を返します。

▼元となるデータ

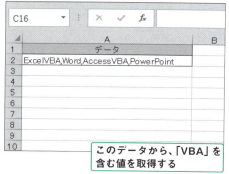

このデータから、「VBA」を含む値を取得する

▼実行結果

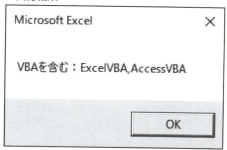

VBAを含む文字が取得された

● Filter関数の構文

Filter(sourcesrray, match[, include[, compare]])

Filter関数は、引数sourcearrayに指定した配列から、引数matchに指定した条件に一致する/一致しないものを取得し、別の配列として返します。取得する配列を条件に一致したものにするには、引数includeにTrueを、一致しないものにするにはFalseを指定します。規定値はTrueです。

Tips 156 環境変数の値を取得する

▶関連Tips 421

使用機能・命令 Environ関数

サンプルコード SampleFile Sample156.xlsm

```
Sub Sample156()
    Range("A2").Value = Environ("OS")        'OSを取得する
    Range("B2").Value = Environ("USERNAME")  'ユーザー名を取得する
End Sub
```

❖ 解説

セルA2とセルB2に、それぞれOSとユーザー名を環境変数から取得します。
なお、主な環境変数の名前は以下のとおりです。

◆ 主な環境変数

環境変数の名前	説明
OS	オペレーティングシステム
TEMP	tempディレクトリ
USERDOMAIN	ログオンしているドメインの名前
USERNAME	ユーザー名
WINDIR	システムディレクトリ
COMPUTERNAME	コンピュータ名
PATH	環境変数Pathに設定されているパスの一覧
PROGRAMFILES	プログラムファイル用の共通ディレクトリ
SYSTEMDRIVE	システムのドライブレター
HOMEDRIVE	ホームドライブ
HOMEPATH	ログインしているユーザーのホームディレクトリのパス
LOGONSERVER	ログオンしているサーバの名前
NUMBER_OF_PROCESSORS	使用しているPCのプロセッサー数

•**Environ関数の構文**

Environ({envstring | number})

　Environ関数は、Windowsの環境変数を取得する関数です。環境変数とは、Windowsが管理しているシステム用の変数で、ユーザー名やホームディレクトリなどがあります。
　引数envstring、または引数numberを指定します。引数envstringは環境変数名を、引数numberは取得したい環境変数が指定されている番号を指定します。番号で指定する場合、0〜255までの値を指定します。それ以外の値を指定するとエラーになります。また、環境変数が設定されていない等で、値が取得できない場合は「""」(長さ0の文字列)を返します。

Tips 157 ワークシート関数を利用する（1）

▶関連Tips 158

使用機能・命令 WorksheetFunction プロパティ

サンプルコード SampleFile Sample157.xlsm

```
Sub Sample157()
    'VBA関数で丸め処理を行う
    Range("B2").Value = Round(Range("A2").Value, 0)
    'ワークシート関数で丸め処理を行う
    Range("C2").Value = Application.WorksheetFunction _
        .Round(Range("A2").Value, 0)
End Sub
```

❖ 解説

ここでは、セルA2の値を丸め処理しています。セルB2にはVBAのRound関数を使用した結果を、セルC2には、ROUNDワークシート関数を使用した結果を入力しています。

VBAのRound関数は、四捨五入をする関数ではありません。そのため、VBAで四捨五入をしたいのであれば、ROUNDワークシート関数を使用します。RoundVBA関数が行う処理は「銀行系の丸め処理」です。処理する桁の値が「5」のとき、処理結果が偶数になるように処理します。そのため、四捨五入とは処理結果が異なります。このように、VBA関数とワークシート関数で名前が同じでも処理結果が異なるものもあるので、注意してください。

WorksheetFunctionプロパティで使用できる主なワークシート関数は、以下のとおりです。

◈ WorksheetFunctionプロパティで使用できる主なワークシート関数

関数名	関数名	関数名	関数名
Count	DSum	Max	Subtotal
CountA	Find	Min	Sum
CountBlank	IfError	Rank	SumIf
CountIf	Index	Replace	SumProduct
CountIfs	IsError	Round	Transpose
DCount	IsFormula	RoundDown	VLookup
DCountA	IsNumber	RoundUp	Weekday
DMax	Large	Small	WeekNum
DMin	Match	Substitute	WorkDay

• **WorksheetFunctionプロパティの構文**

WorksheetFunction.expression

ワークシート関数を使用するには、WorksheetFunctionプロパティを使用します。
WorksheetFunctionプロパティには、ワークシート関数と同等の処理を行うメソッドが用意されています（すべてのワークシート関数が用意されているわけではありません）。

3-3 その他の関数（データを調べる関数、ワークシート関数の利用など）

Tips 158 ワークシート関数を利用する（2）

▶関連Tips
157

使用機能・命令 Evaluateメソッド

サンプルコード SampleFile Sample158.xlsm

```
Sub Sample158()
    ' セルC2にDATEDIFワークシート関数の結果を入力する
    Range("C2").Value = _
        Evaluate("DateDif(""" & Range("A2").Value _
        & """,""" & Range("B2").Value & """," _
        & """Y""" & ")")
End Sub
```

❖ 解説

ここではEvaluateメソッドを使用して、DATEDIFワークシート関数を使った処理を行います。

ここで注意すべき点は、ダブルクォーテーション（"）です。VBAのコードでは、「"」は文字列を囲む際に使用する記号です。そのため、「"」そのものを使用するには、文字列を囲む記号と区別するために、「""」のように2つ続ける必要があります。サンプル内の「"""Y"""」は、「"Y"」を表します。

VBA関数のDateDiff関数も指定した期間を求めることができますが、こちらの場合は、例えば年の差を求める場合、単純に「年」の差を計算するため、誕生日を求める計算には向きません。このような場合は、ワークシート関数を使用しましょう。

▼ダブルクォーテーションの表し方

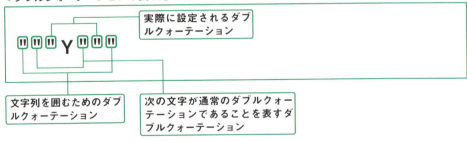

• **Evaluateメソッドの構文**

Evaluate(Name)

Evaluateメソッドは引数Nameに指定した値を評価し、評価結果を返します。例えば、計算式が指定されていれば計算結果を返します。この機能を利用して、ワークシート関数を使用することができます。

Tips 159 ユーザー定義関数を作成する

▶関連Tips 044 159 160 161

使用機能・命令 Functionプロシージャ

サンプルコード SampleFile Sample159.xlsm

```
'引数に金額を取り、Long型の値を返す関数
Function Tax(price As Long) As Double
    Tax = price * 0.1    '消費税額を計算して返す
End Function
```

❖ 解説

ここでは、消費税額を求める関数を自作します。この関数は、引数に金額が入力されたセルを指定すると消費税額を返す関数です。**ユーザー定義関数は、作成後は通常のExcel関数と同じように使用することができます**。ですので、「関数の挿入」ダイアログボックスで選択することもできます。

▼「関数の挿入」ダイアログボックス

▼実行結果

作成した関数を使って消費税額が入力された

「関数の分類」で「ユーザー定義」を選択すると作成した関数が表示される

•Functionプロシージャの構文

Function name [(arglist)] [As type]
[statements]
[name = expression]
End Function

Functionプロシージャを使用して、オリジナルの関数（ユーザー定義関数）を作成することができます。Functionプロシージャを使用して作成した関数は、通常のExcel関数と同じようにワークシートなどで使用することができます。

Functionプロシージャでは、arglistに引数を、As typeに戻り値のデータ型を指定します。詳しくはTips044を参照してください。

3-3 その他の関数（データを調べる関数、ワークシート関数の利用など）

Tips 160 ユーザー定義関数をテストする

▶関連Tips
159
161
162

使用機能・命令 ?（疑問符）

サンプルコード SampleFile Sample160.xlsm

```
'引数に金額を取り、Long型の値を返す
Function Tax(price As Long) As Long
    Tax = price * 0.1 '消費税額を計算して返す
End Function
```

❖ 解説

　ここでは、ユーザー定義関数をテストする方法を紹介します。サンプルコードはTips159の消費税額を求めるコードと同じです。

　ユーザー定義関数の動作チェックをするには、VBEのイミディエイトウィンドウを利用します。イミディエイトウィンドウで、「?Tax(100)」のように、「?」に続けて関数名を入力し、引数を括弧でくくって指定します。最後に[Enter]キーを押すと、処理結果が表示されます。こうすることで、作成したユーザー定義関数の動作チェックを行うことができます。

　なお、イミディエイトウィンドウは、このサンプルのようにユーザー定義関数をテストするだけではなく、単純な計算処理やプロパティの値を求めることもできます。イミディエイトウィンドウに「?10 * 10」と入力し、[Enter]キーを押すと、計算結果の「100」が表示されます。また、「?Range("A1").Value」と入力し、[Enter]キーを押すと、セルA1の値が表示されます。さらに、次のように複数行の命令を記述することも可能です。この場合、「:（コロン）」を使って連結します。次の例は、For Nextステートメントを使って変数iの値をメッセージボックスに表示します。

▼イミディエイトウィンドウで複数行の命令を実行する

```
For i = 1 To 3 : MsgBox i : Next
```

▼実行結果

関数の結果が表示された

•?（疑問符）の構文

? expression

　イミディエイトウィンドウで「?」を使用すると、指定したプロパティ値や計算結果を返します。ユーザー定義関数のテストで使用することができます。

Tips 161 関数ウィザードで引数名に日本語を表示する

▶関連Tips 159 160 161

使用機能・命令 Functionプロシージャ

サンプルコード SampleFile Sample161.xlsm

```
Function Tax(金額 As Long) As Long   '引数に「金額」と日本語を使用する
    Dim price As Long
    price = 金額        '変数priceに引数「金額」の値を代入する
    Tax = price * 0.1   '計算処理を行う
End Function
```

❖ **解説**

引数に「金額」と日本語を使用しています。こうすることで、「関数の挿入」ダイアログボックスで日本語（ここでは「金額」）が表示されます。ただし、プログラミングをする際は、日本語の変数を使用するのは、変数名を入力する都度、日本語入力システムをON/OFFしたりしなくてはならず面倒です。そこで、このサンプルでは別途変数を用意して、その変数に代入することでその後のコーディングを楽にしています。

▼ **実行結果**

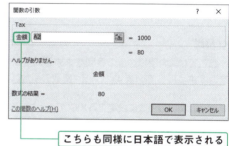

こちらも同様に日本語で表示される

• Functionプロシージャの構文

Function name [(arglist)] [As type]
[statements]
[name = expression]
End Function

Functionプロシージャを使用して、オリジナルの関数（ユーザー定義関数）を作成することができます。Functionプロシージャを使用して作成した関数は、通常のExcel関数と同じようにワークシートなどで使用することができます。Functionプロシージャでは、arglistに指定する引数名には日本語を使うことができます。この引数名に日本語を使用すると、関数ウィザードを使用時に、引数名に指定した日本語が表示されます。

3-3 その他の関数（データを調べる関数、ワークシート関数の利用など）

エラーを返すユーザー定義関数を作成する

▶関連Tips
159
160
161

使用機能・命令 **CVErr関数**

サンプルコード SampleFile Sample162.xlsm

```
Function Tax(price As Currency) As Variant
    If price >= 0 Then  '引数の値が0以上か判定する
        Tax = Application.WorksheetFunction _
            .RoundDown(price * 1.1, 0)
    Else
        Tax = CVErr(xlErrValue)   'エラーを返す
    End If
End Function
```

❖ 解説

ここでは、消費税込みの金額を求めるユーザー定義関数で、引数に負の数を指定した場合エラー値を返すようにしています。CVErr関数の引数に指定する値は、以下のとおりです。

◈ CVErr関数の引数に設定するXlCVErrorクラスの定数

定数	値	エラー値
xlErrDiv0	2007	#DIV/0!
xlErrNA	2042	#N/A
xlErrName	2029	#NAME?
xlErrNull	2000	#NULL!
xlErrNum	2036	#NUM!
xlErrRef	2023	#REF!
xlErrValue	2015	#VALUE!

▼「金額」にマイナスの値が設定されている

	A	B	C
1	金額	消費税	合計金額
2	-1,000		-1,000
3			
4			

「金額」がマイナスなので、「消費税」がエラーになる

▼実行結果

	A	B	C
1	金額	消費税	合計金額
2	-1,000	#VALUE!	#VALUE!
3			
4			

エラー値が表示された

• **CVErr関数の構文**

CVErr(errornumber)

CVErr関数は、引数errornumberに指定したエラー値を返します。これを利用して、通常のワークシート関数と同じように、引数が正しくない場合などエラー値を返すことが可能です。

ワークシート、ウィンドウ操作の極意

- 4-1 ワークシート
  （ワークシートの選択、移動/コピー、追加/削除など）
- 4-2 ワークシート（ワークシートの表示/非表示、保護など）
- 4-3 行/列の操作（選択、表示/非表示、挿入/削除など）
- 4-4 ウィンドウ
  （ウィンドウの位置やサイズ、表示/非表示の設定など）

Tips 163 ワークシートを参照する

▶関連Tips
164
165
175

使用機能・命令 Worksheetsプロパティ

サンプルコード SampleFile Sample163.xlsm

```
Sub Sample163()
    Dim str As String
    Dim i As Long
    'ワークシートの数だけ処理を行う
    For i = 1 To Worksheets.Count
        'シート名を変数に代入する。'このとき、改行も一緒に代入する
        str = str & Worksheets(i).Name & vbCrLf
    Next
    'ワークシート名の一覧を表示する
    MsgBox "ワークシート一覧" & vbCrLf & str
End Sub
```

❖ 解説

ここでは、アクティブブックのワークシート名の一覧をメッセージボックスに表示します。この時、すべてのワークシート名を取得するために、ループ処理を使用します。また、ワークシートの数だけループ処理を行うために、ワークシートの数を返すCountプロパティを使用します。ループ処理では、ワークシート名はインデックス番号で指定し、Nameプロパティでワークシート名を取得します。このようにループ処理を行う場合は、インデックス番号を使用するのが便利です。なお、**ワークシート以外のグラフシートなども対象に含める場合は、Worksheetsプロパティではなく Sheetsプロパティを使用します**。Sheetsプロパティは、グラフシートなどを含むすべてのシートを表します。

▼実行結果

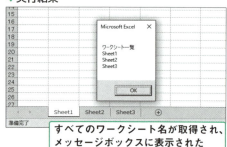

すべてのワークシート名が取得され、メッセージボックスに表示された

• Worksheetsプロパティの構文

object.Worksheets(index:name)

Worksheetsプロパティはワークシートを参照します。objectは省略するか、Workbookオブジェクトを指定します。省略した場合は、アクティブブックワークシートが対象となります。個別のワークシートを参照する場合は、引数にインデックス番号かワークシート名を指定します。なお、インデックス番号は、左端が「1」になります。

Tips 164 作業中のワークシートを参照する

▶関連Tips 168

使用機能・命令 Activesheetプロパティ

サンプルコード SampleFile Sample164.xlsm

```
Sub Sample164()
    'アクティブシートのシート名を表示する
    MsgBox "アクティブシート名：" & ActiveSheet.Name
End Sub
```

❖ 解説

ここでは、アクティブシートのワークシート名をメッセージボックスに表示します。ワークシート名はNameプロパティで取得します。アクティブシートは、その名のとおり現在アクティブなシートを指します。ワークシートは複数選択することができますが（作業グループ）、アクティブなシートは1つだけです。アクティブなシートを対象にVBAを使用して処理する場合は、注意が必要です。

アクティブシートは、あくまでも「そのときアクティブなシート」です。そのため、プログラムの処理中にいくつかのワークシートを対象に処理する場合は、誤って意図しないワークシートがアクティブになっていて、プログラムがうまく動作しないということが起きがちです。

ですから、**原則的にはActiveSheetプロパティは使用せず、きちんとWorksheetsプロパティでインデックス番号かシート名を使用して、ワークシートを指定したほうが良いでしょう。**

▼このブックのアクティブシートを参照する　　▼実行結果

「Sheet1」ワークシートがアクティブになっている　　アクティブシートのワークシート名が表示された

• **Activesheetプロパティの構文**

object.Activesheet

Activesheetプロパティは、作業中のブックや指定したウィンドウまたはブックのアクティブシート（そのブック内で表示されているシート）を参照します。アクティブシートが存在しない場合は、Nothingを返します。

4-1 ワークシート（ワークシートの選択、移動/コピー、追加/削除など）

Tips 165 ワークシートを選択する

▶関連Tips
163
166
167

使用機能・命令 Selectメソッド

サンプルコード SampleFile Sample165.xlsm

```
Sub Sample165()
    Worksheets("Sheet1").Select 'Sheet1を選択する
    'Sheet1の選択を解除せずにSheet2を選択する
    Worksheets("Sheet2").Select False
End Sub
```

❖ 解説

ここでは、「Sheet1」ワークシートと「Sheet2」ワークシートの2つのワークシートを選択し、作業グループにしています。Selectメソッドは**引数replaceにFalseを指定すると、すでに選択されているワークシートに加えて、指定したワークシートを選択します。**

このサンプルでは、まず「Sheet1」ワークシートを選択後、「Sheet2」ワークシートを追加で選択しています。このとき、アクティブシートは最初に選択した「Sheet1」です。Selectメソッドはあくまでも選択する命令で、ワークシートをアクティブにする命令ではありません。しかし、はじめに1つのワークシートを選択すると、同時にそのワークシートがアクティブになります（ここでは「Sheet1」がアクティブになる）。その後、「Sheet2」ワークシートを追加で選択しても、アクティブシートは切り替わらず、「Sheet1」がアクティブシートのままとなります。

▼まず「Sheet1」を選択する

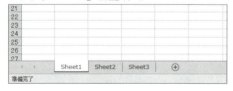

結果、「Sheet1」がアクティブになる

▼実行結果

続けて「Sheet2」が選択され、作業グループになる。ただし、アクティブシートは「Sheet1」のまま

● Selectメソッドの構文

object.Select(replace)

Selectメソッドは、ワークシートを選択するメソッドです。選択するワークシートはWorksheetsプロパティを使用して、index番号かワークシート名で指定します。引数replaceにFalseを指定すると、現在選択されているワークシートの選択を解除せず指定したワークシートを選択し、結果、複数のワークシートが選択された作業グループとなります。Trueを指定するか省略すると、現在の選択は解除され、新たに指定したワークシートのみを選択します。既定値はTrueです。

4-1 ワークシート（ワークシートの選択、移動/コピー、追加/削除など）

Tips 166 ワークシートをアクティブにする

▶関連Tips
163
165
167

使用機能・命令 Activateメソッド

サンプルコード SampleFile Sample166.xlsm

```
Sub Sample166()
    'Sheet1を選択する
    Worksheets("Sheet1").Select
    'Sheet1の選択を解除せずにSheet2を選択し、作業グループにする
    Worksheets("Sheet2").Select False
    'Sheet2をアクティブにする
    Worksheets("Sheet2").Activate
End Sub
```

❖ 解説

ここでは、まず「Sheet1」と「Sheet2」のワークシートを作業グループにします。このとき、アクティブシートは「Sheet1」になっています。その後、Activateメソッドを使用して「Sheet2」ワークシートをアクティブにしています。このサンプルで注意すべき点は、「Sheet2」ワークシートをアクティブにした時に、作業グループが解除されていない点です。Selectメソッドが、1つのワークシートを選択すると同時にそのワークシートをアクティブにするため、Activateメソッドとの違いがわかりにくくなっています。あくまでも、選択するのがSelectメソッドで、アクティブにするのがActivateメソッドです。なお、**ワークシートは複数選択できますが、アクティブにできるのは1つのワークシートだけです**。

▼まずは作業グループにする

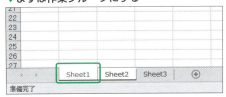

この時点では「Sheet1」がアクティブになっている

▼実行結果

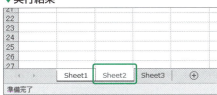

「Sheet2」がアクティブになった

• **Activateメソッドの構文**

object.Activate

Activateメソッドは、ワークシートをアクティブにするメソッドです。アクティブにするワークシートは、Worksheetsプロパティを使用してindex番号またはワークシート名で指定します。

4-1 ワークシート(ワークシートの選択、移動/コピー、追加/削除など)

Tips 167 ワークシートをグループ化する

▶関連Tips
163
165

使用機能・命令 Array関数/Selectメソッド (→Tips165)

サンプルコード SampleFile Sample167.xlsm

```
Sub Sample167()
    'Sheet1とSheet3を作業グループにする
    Worksheets(Array("Sheet1", "Sheet3")).Select
End Sub
```

❖ 解説

「Sheet1」ワークシートと「Sheet3」ワークシートを、作業グループにします。Array関数を使用して配列をWorksheetsプロパティに渡すことで、複数のワークシートを選択することができます。結果、作業グループになります。

Array関数を使用して複数のワークシートを選択した場合のアクティブシートは、Array関数に最初に指定したワークシートになります。

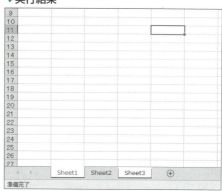

▼複数のワークシートを選択して作業グループにする

Sheet2 が選択されている

▼実行結果

「Sheet1」と「Sheet3」が選択された

• Array関数の構文

Array(arglist)

Array関数は、引数arglistに指定した値を配列として返す関数です。WorksheetsプロパティのArray関数を使用してワークシート名の配列を渡すと、渡されたワークシート名すべてを選択し、作業グループにします。

4-1 ワークシート（ワークシートの選択、移動/コピー、追加/削除など）

Tips 168 ワークシート名を変更する

▶関連Tips
022
170

使用機能・命令 Name プロパティ

サンプルコード SampleFile Sample168.xlsm

```
Sub Sample168()
    Dim temp As String
    Dim i As Long
    '左端のワークシート名を変数に代入する
    temp = Worksheets(1).Name

    '左から2番目から4番目のワークシート名を変更する
    For i = 2 To 4
        'ワークシート名は変数tempの値と変数iの値にする
        Worksheets(i).Name = temp & i
    Next
End Sub
```

❖ 解説

ここでは、左端のワークシート名（「集計表」）を一旦変数に代入します。その後、2番目から4番目のワークシート名に、変数tempに代入された「集計表」という文字と番号（変数iの値）を付けます。

このように、Nameプロパティを使用すると、ワークシート名を取得したり、ワークシート名を設定することができます。また、今回のようにループ処理と組み合わせることで、例えば「1月」から「12月」までのワークシート名を付けるといった処理も可能です。

▼「集計表」というワークシート名を取得する

このワークシート名を元に処理を行う

▼実行結果

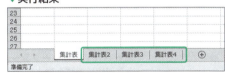

ワークシート名が変更された

• Nameプロパティの構文

object.Name/object.Name = expression

Nameプロパティを使用すると、ワークシート名の取得・設定が可能です。なお、ワークシート名には、半角31文字（全角15文字）以内、「:、?、/、¥、[、]」は使用できない、既存のシート名と同じ名前（大文字/小文字、全角/半角は区別されない）は利用できない、といった制限があります。

4-1 ワークシート（ワークシートの選択、移動/コピー、追加/削除など）

Tips 169 選択しているワークシートを参照する

▶関連Tips
163
168

使用機能・命令 SelectedSheets プロパティ

サンプルコード SampleFile Sample169.xlsm

```
Sub Sample169()
    Dim temp As Worksheet
    'Sheet1とSheet3を選択する
    Worksheets(Array("Sheet1", "Sheet3")).Select
    '選択されているワークシートを対象に処理を行う
    For Each temp In ActiveWindow.SelectedSheets
        'ワークシート名が「Sheet1」かチェックする
        If temp.Name = "Sheet1" Then
            '「Sheet1」の場合のメッセージ
            MsgBox "選択されています"
            Exit For 'ループ処理を抜ける
        End If
    Next
End Sub
```

❖ 解説

ここでは、まず「Sheet1」と「Sheet3」を選択し作業グループにします。その後、SelectedSheetsプロパティを使用して選択されているワークシートを対象にループ処理を行います。このループ処理では、「Sheet1」ワークシートが選択されているかをチェックします。選択されている場合はメッセージを表示して、ループ処理を終了しています。

▼「Sheet1」ワークシートが選択されているかチェックする

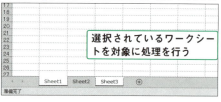

▼実行結果

• SelectedSheets プロパティの構文

object.SelectedSheets

SelectedSheetsプロパティは、指定したウィンドウで選択されているすべてのワークシートを取得します。値の取得のみ可能です。objectに指定するのは、WorkbookオブジェクトではなくWindowオブジェクトであることに注意してください。

Tips 170 ワークシートの存在をチェックする

▶関連Tips 171 525

使用機能・命令 Nameプロパティ/On Errorステートメント

サンプルコード SampleFile Sample170.xlsm

```
Sub Sample170()
    'Worksheet型の変数を用意する
    Dim sh As Worksheet

    On Error Resume Next
    '「Sheet1」ワークシートを変数shに代入する
    'もし「Sheet1」ワークシートがないとエラーになる
    Set sh = Worksheets("Sheet1")
    'エラーが起きているかチェックする
    If Err.Number = 0 Then
        MsgBox "ワークシートは存在します"
    Else
        MsgBox "ワークシートは存在しません"
    End If
    On Error GoTo 0
End Sub

Sub Sample170_2()
    Dim flg As Boolean

    Application.ScreenUpdating = False '画面の更新処理を中止する

    On Error Resume Next 'エラー処理を開始する
    'ワークシートを追加し、「\Test」と名前を付ける
    Worksheets.Add.Name = "\Test"

    If Err.Number <> 0 Then 'エラーが発生したかどうかチェックする
        'エラーが発生したときの処理
        Application.DisplayAlerts = False '警告メッセージを非表示にする
        ActiveSheet.Delete '追加したワークシートを削除する
        Application.DisplayAlerts = True '警告メッセージを表示する
        Application.ScreenUpdating = True '画面の更新を再開する
        MsgBox "そのワークシート名はつけることができません", vbInformation
    End If
    On Error GoTo 0 'エラー処理を終了する
End Sub
```

4-1 ワークシート (ワークシートの選択、移動/コピー、追加/削除など)

❖ 解説

ここでは2つのサンプルを紹介します。

1つ目のサンプルは、「Sheet1」ワークシートが存在するかチェックします。ここでは、Worksheet型の変数を用意し、存在をチェックしたいワークシートを変数に代入します。この時、On Errorステートメントを使って、エラーが起きても処理を続けられるようにしておきます。ワークシートを変数に代入するときに、対象のワークシートがなければエラーが発生します。これを利用して、ワークシートの有無をチェックしているのです。

2つ目のサンプルは、新たにワークシートを追加し、ワークシート名を付けるときに、そのワークシート名が付けられる名前かどうかをチェックしています。まずワークシートを追加し、ワークシート名を付けます (ここでは、あえてワークシート名に付けることができない「￥」を使った「￥Test」という名前にしています)。

ワークシート名として使えない文字を使ったため、エラーが発生します。こちらも事前に、On Errorステートメントで、エラーが発生しても処理を続けられるようにしているので、処理が継続されます。

Errプロパティでエラーが発生したかをチェックし、エラーが発生した場合は追加したワークシートを削除して、メッセージを表示します。

なお、2つ目のサンプルでは、ワークシート名が適切でない場合、「ワークシートの追加」→「ワークシートの削除」という処理が行われます。この処理が画面上でわかると気になる人もいるので、ScreenUpdatingプロパティをFalseにして、画面の更新処理を止めてから処理を行っています。

• Nameプロパティの構文

object.Name/object.Name = expression

Nameプロパティを使用すると、ワークシート名の取得・設定が可能です。なお、ワークシート名には、半角31文字 (全角15文字) 以内、「:、?、/、￥、[、]」は使用できない、既存のシート名と同じ名前 (大文字/小文字、全角/半角は区別されない) は利用できない、といった制限があります。

> **Memo** このようにエラーも「情報」と考えると、柔軟かつ分かりやすいプログラムが書けるようになります。「エラー」と聞くといいイメージを持たない方も多いかもしれませんが、そこは割り切って上手に利用してください。

4-1 ワークシート（ワークシートの選択、移動/コピー、追加/削除など）

Tips 171 新しいワークシートを追加/削除する

▶関連Tips **172**

使用機能・命令 Addメソッド/Deleteメソッド

サンプルコード SampleFile Sample171.xlsm

```
Sub Sample171()
    'ワークシートを3つ追加する
    Worksheets.Add After:=ActiveSheet, Count:=3
    Application.DisplayAlerts = False '警告のメッセージを非表示にする
    Worksheets(1).Delete '左端のワークシートを削除する
    Application.DisplayAlerts = True '警告のメッセージが表示されるようにする
End Sub
```

❖ 解説

　ここでは、まずワークシートを追加します。引数Afterにアクティブシートを、引数Countに3を指定しているので、アクティブシートの右側にワークシートが3つ追加されます。

　続けて、ワークシートを削除します。ワークシートを削除する操作は、手作業で行っても元に戻すことはできません。そのため、削除時に警告のメッセージが表示されます。

　ここでは、DisplayAlertsプロパティをFalseにすることで、警告のメッセージを非表示にしてからワークシートを削除しています。DisplayAlertsプロパティはマクロ終了後も設定した情報を保持するため、最後にTrueに戻しています。

• **Addメソッドの構文**

　object.Add(Before, After, Count, Type)

• **Deleteメソッドの構文**

　object.Delete

　Addメソッドを利用すると、ワークシート、グラフシート、マクロシートを追加することができます。追加する位置は、引数Before（アクティブシートの前－左側）、または引数After（アクティブシートの後－右側）で指定します。これらの引数を省略すると、アクティブシートの前（左側）にシートが追加され、追加されたシートがアクティブになります。また、引数Countは追加するシート数を、引数Typeは追加するシートの種類を指定します。引数Typeは、省略するとワークシートが追加されます。引数Typeに指定する値は、グラフシートがxlChart、マクロシートがxlExcel4Macrosheet、ダイアログシートがxlDialogSheetとなります。なお、AddメソッドをWorksheetsコレクションに対して使用した場合は、引数TypeにxlWorksheet以外を指定するとエラーになります。グラフシート等を追加したい場合は、Sheetsコレクションに対してAddメソッドを使用します。Deleteメソッドを利用すると、ワークシートを削除することができます。なお、ワークシートを削除する際に警告のメッセージが表示されます。

Tips 172 ワークシートを移動/コピーする

▶関連Tips 171

使用機能・命令 Move メソッド/Copy メソッド

サンプルコード SampleFile Sample172.xlsm

```
Sub Sample172()
    'Sheet1をSheet2の右側にコピーする
    Worksheets("Sheet1").Copy After:=Worksheets("Sheet2")
    'Sheet1をSheet3の右側に移動する
    Worksheets("Sheet1").Move After:=Worksheets("Sheet3")
End Sub
```

❖ 解説

ここでは、「Sheet1」ワークシートを対象に処理をしています。まず、「Sheet1」ワークシートを「Sheet2」の右側にコピーします。その後、「Sheet1」ワークシートを「Sheet3」の右側に移動します。

▼「Sheet1」ワークシートを対象にする

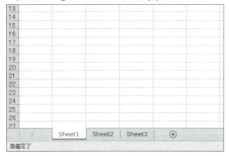

「Sheet1」ワークシートを移動/コピーする

▼実行結果

「Sheet1」ワークシートが移動/コピーされた

• Move メソッド/Copy メソッドの構文

object.Move/Copy(Before/After)

Moveメソッドは、ワークシートを移動するメソッドです。Copyメソッドは、ワークシートをコピーするメソッドです。いずれも、引数Before/引数Afterにはワークシートを指定します。これらの引数を指定した場合、引数Beforeは指定したシートの左側に、引数Afterは指定したシートの右側にワークシートを移動/コピーします。移動/コピー先に他のブックを指定することも可能です。また、引数Before/Afterを省略すると、新規ブックに移動/コピーされます。

Tips 173 シート見出しの色を変更する

▶関連Tips **098**

使用機能・命令 Tabプロパティ/Colorプロパティ/ColorIndexプロパティ

サンプルコード SampleFile Sample173.xlsm

```
Sub Sample173()
    '「Sheet1」のシート見出しの色を「赤」にする
    Worksheets("Sheet1").Tab.Color = RGB(255, 0, 0)
End Sub

Sub Sample173_2()
    '「Sheet1」のシート見出しの色を「なし」にする
    Worksheets("Sheet1").Tab.ColorIndex = xlColorIndexNone
End Sub
```

❖ **解説**

ここでは、2つのサンプルを紹介します。

1つ目は、「Sheet1」ワークシートのシート見出しの色を「赤」にします。シート見出しはTabプロパティで表されます。タブの色は、ColorプロパティまたはColorIndexプロパティで指定します。Colorプロパティの場合、RGB関数を使用して自由に色を付けることができます。

2つ目のサンプルは、「Sheet1」ワークシートのシート見出しの色を「なし」にします。タブの色を「なし」にするには、ColorIndexプロパティに「xlColorIndexNone」を指定します。

• Tabプロパティの構文

object.Tab

• Colorプロパティの構文

object.Color/object.Color = RGB値

• ColorIndexプロパティの構文

object.ColorIndex/object.ColorIndex = index

Tabプロパティはシート見出しを表します。ColorプロパティやColorIndexプロパティと組み合わせることで、シート見出しの色を指定することができます。

Colorプロパティは、objectに指定したオブジェクトの色を表します。色はRGB値で指定します。ColorIndexプロパティは、objectに指定したオブジェクトの色を表します。色の指定はインデックス番号で行います。

Tips 174 ワークシートの表示/非表示を切り替える

▶関連Tips 163

使用機能・命令 Visibleプロパティ

サンプルコード SampleFile Sample174.xlsm

```
Sub Sample174()
    '「Sheet2」を非表示にする
    Worksheets("Sheet2").Visible = xlSheetHidden
End Sub
```

❖ 解説

ここでは、「Sheet2」ワークシートを非表示にしています。Visibleプロパティに xlSheetVeryHiddenを指定すると、Excelからの操作ではワークシートを再表示することができません。また、そのワークシートが非表示になっていることも、Excelの画面からはわかりません。

Visibleプロパティに指定する定数は、次のとおりです。

◆ Visibleプロパティに指定するXlSheetVisibilityクラスの定数

定数	値	説明
xlSheetHidden	0	非表示（Falseも可）
xlSheetVeryHidden	2	非表示（一般機能からは表示できない）
xlSheetVisible	-1	表示（Trueも可）

▼再表示できないワークシート

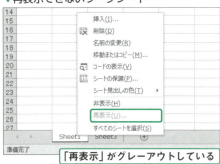

「再表示」がグレーアウトしている

▼実行結果

ワークシートが非表示になった

• Visibleプロパティの構文

object.Visible/object.Visible = expression

Visibleプロパティは、ワークシートの表示/非表示の状態を取得/設定するプロパティです。表示/非表示は、XlSheetVisibilityクラスの定数を使用して指定します。xlSheetVeryHiddenを指定すると、ユーザーがExcel上で操作して再表示させることはできません。再表示させる場合も、VBAを使う必要があります。

Tips 175 ワークシートの数を数える

▶関連Tips 168

使用機能・命令 Count プロパティ

サンプルコード SampleFile Sample175.xlsm

```
Sub Sample175()
    Dim i As Long
    
    'ワークシートの数だけ処理を繰り返す
    For i = 1 To Worksheets.Count
        'ワークシート名を表示する
        MsgBox "ワークシート名：" & Worksheets(i).Name
    Next
End Sub
```

❖ 解説

ここでは、すべてのワークシート名を順にメッセージボックスに表示します。すべてのワークシートをループ処理で処理するために、ワークシートの数をCountプロパティで取得しています。

▼対象となるワークシート

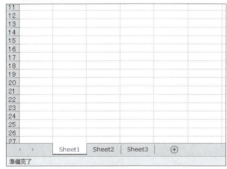

ワークシートの数を取得して処理を行う

▼実行結果

ワークシート名が順番に表示される

• **Count プロパティの構文**

object.Count

Countプロパティは、コレクションに含まれる要素数をLong型の値で返します。objectにWorkSheetsコレクションを指定することで、ブック内のワークシートの数を数えることができます。

4-2 ワークシート（ワークシートの表示/非表示、保護など）

Tips 176 ワークシートの前後のシートを参照する

▶関連Tips 163

使用機能・命令 Previousプロパティ/Nextプロパティ

サンプルコード SampleFile Sample176.xlsm

```
Sub Sample176()
    'Sheet2の前後のシート名を表示する
    MsgBox "Sheet2の左側：" _
        & Worksheets("Sheet2").Previous.Name & vbLf _
        & "Sheet2の右側：" _
        & Worksheets("Sheet2").Next.Name
End Sub
```

❖ 解説

「Sheet2」ワークシートの前後のワークシート名を表示します。なお、一番左端にあるワークシートに対してPreviousプロパティを使用したり、一番右端にあるワークシートに対してNextプロパティを使用すると、Nothingを返します。

PreviousプロパティやNextプロパティを使った処理の多くは、Worksheetsプロパティにインデックス番号を指定した処理でも可能です。ただし、基準となるワークシートのインデックス番号が変わる可能性がある場合などは、PreviousプロパティやNextプロパティを使用した方が、コードがわかりやすくなるケースがあります。上手に使い分けてください。

▼「Sheet2」を対象に処理を行う

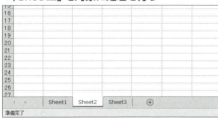

このワークシートの前後（左右）のワークシートを取得する

▼実行結果

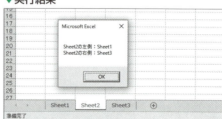

「Sheet2」ワークシートの前後のワークシートが取得された

• Previousプロパティ/Nextプロパティの構文

object.Previous/Next

Previousプロパティは指定したワークシートの左側のワークシートを、Nextプロパティは右側のワークシートを取得します。

Tips 177 パスワードを付けてワークシートを保護する

▶関連Tips: 178, 179

使用機能・命令 Protectメソッド

サンプルコード SampleFile Sample177.xlsm

```
Sub Sample177()
    'パスワード「pass」とタブを指定してSheet1を保護する
    Worksheets("Sheet1").Protect Password:="pass" & Chr(9)
End Sub
```

❖ 解説

ここでは、「Sheet1」ワークシートをパスワード「pass」とタブを付けて保護します。パスワードは大文字/小文字を区別するので注意してください。**このように保護を解除する際に入力するダイアログボックスに、入力できない文字（タブ）をパスワードとして指定すれば、ユーザーが保護を解除できなくなります。**

◈ Protectメソッドに指定する引数

名前	必須/オプション	説明
Password	省略可能	ワークシートまたはブックのパスワード文字列を指定する。パスワードでは大文字と小文字が区別される
DrawingObjects	省略可能	描画オブジェクトを保護するにはTrueを指定。既定値は True
Contents	省略可能	オブジェクトの内容を保護するにはTrueを指定。この引数による保護対象は、グラフの場合はグラフ全体、ワークシートの場合はロックされているセル。既定値はTrue
Scenarios	省略可能	シナリオを保護するにはTrueを指定。この引数はワークシートの場合のみ有効。既定値はTrue
UserInterfaceOnly	省略可能	Trueを指定すると、画面上からの変更は保護されるが、マクロからの変更は保護されない。この引数を省略すると、マクロからも画面上からも変更することができなくなる
AllowFormattingCells	省略可能	Trueを指定するとユーザーは保護されたワークシートのセルを書式化することができる。既定値はFalse
AllowFormattingColumns	省略可能	Trueを指定するとユーザーは保護されたワークシートの列を書式化することができる。既定値はFalse

AllowFormattingRows	省略可能	Trueを指定するとユーザーは保護されたワークシートの行を書式化することができる。既定値はFalse
AllowInsertingColumns	省略可能	Trueを指定するとユーザーは保護されたワークシートに列を挿入することができる。既定値はFalse
AllowInsertingRows	省略可能	Trueを指定するとユーザーは保護されたワークシートに行を挿入することができる。既定値はFalse
AllowInsertingHyperlinks	省略可能	Trueを指定すると、ユーザーはワークシートにハイパーリンクを挿入することができる。既定値はFalse
AllowDeletingColumns	省略可能	Trueを指定すると、ユーザーは保護されたワークシートの列を削除することができ、削除される列のセルはすべてロック解除される。既定値はFalse
AllowDeletingRows	省略可能	Trueを指定するとユーザーは保護されたワークシートの行を削除することができ、削除される行のセルはすべてロック解除される。既定値はFalse
AllowSortingw	省略可能	Trueを指定するとユーザーは保護されたワークシートで並べ替えを行うことができる。並べ替え範囲内のセルは、ロックと保護が解除されている必要がある。既定値はFalse
AllowFiltering	省略可能	Trueを指定すると、ユーザーは保護されたワークシートにフィルターを設定することができる。フィルター条件を変更できるが、オートフィルターの有効と無効を切り替えることはできない。既定値はFalse
AllowUsingPivotTables	省略可能	Trueを指定するとユーザーは保護されたワークシートでピボットテーブルレポートを使用することができる。既定値はFalse

•Protectメソッドの構文

object.Protect(Password, DrawingObjects, Contents, Scenarios, UserInterfaceOnly, AllowFormattingCells, AllowFormattingColumns, AllowFormattingRows, AllowInsertingColumns, AllowInsertingRows, AllowInsertingHyperlinks, AllowDeletingColumns, AllowDeletingRows, AllowSorting, AllowFiltering, AllowUsingPivotTables)

Protectメソッドはワークシートを保護するメソッドです。それぞれの引数については解説を参照してください。

4-2 ワークシート（ワークシートの表示/非表示、保護など）

Tips 178 入力用のセルを除いてワークシートを保護する

▶関連Tips
177
179

使用機能・命令 Lockedプロパティ

サンプルコード SampleFile Sample178.xlsm

```
Sub Sample178()
    'セルA1のロックを解除する
    Range("A1").Locked = False
    'Sheet1を保護する
    Worksheets("Sheet1").Protect
End Sub
```

❖ 解説

ここでは、「Sheet1」のセルA1のみ入力可能にします。まずセルA1のロックを解除します。その後、「Sheet1」ワークシートを保護します。この順序に気を付けてください。ワークシートを保護した後にロックを解除しようとしても、解除することはできません。

▼セルA1を対象に処理を行う

このセルだけロックを解除する

▼実行結果

ワークシートを保護した後も入力できる

• Lockedプロパティの構文

object.Locked =expression

Lockedプロパティは、セルをロックするかどうかを表します。通常、セルはLockedプロパティがTrueに設定されています。これをFalseにすると、ワークシートを保護した後もデータの入力が可能になります。

4-2 ワークシート（ワークシートの表示/非表示、保護など）

Tips 179 ワークシートの保護を解除する

▶関連Tips
177
178

使用機能・命令 Unprotectメソッド

サンプルコード SampleFile Sample179.xlsm

```
Sub Sample179()
    'パスワード「pass」のかかったSheet1の保護を解除する
    Worksheets("Sheet1").Unprotect Password:="pass"
    'セルA1からD5のロックを設定する
    Range("A1:D5").Locked = True
End Sub
```

❖ 解説

ここでは、パスワード「pass」付きで保護のかかっている「Sheet1」ワークシートの保護を解除します。なお、このようにパスワード付きで保護されているのに引数Passwordを省略すると、パスワードの入力を求めるダイアログボックスが表示されます。

続けて、「Sheet1」ワークシートの保護を解除後に、セルA1～D5にセルのロックを掛けています。ポイントは、セルに現在ロックがかかっているかどうかをいちいちチェックせず、まとめて設定している点です。すでにロックがかかっている（LockedプロパティがTrueの）セルに、再度設定してもエラーにはなりません。初期状態に戻すのであれば、まとめて設定してしまうと便利です。

▼保護がかかっているワークシート

この保護を解除する

▼実行結果

保護が解除された

• Unprotectメソッドの構文

object.Unprotect(Password)

Unprotectメソッドはワークシートの保護を解除するメソッドです。ワークシートがパスワード付きで保護されている場合は、引数Passwordにパスワードを指定します。

4-3 行/列の操作（選択、表示/非表示、挿入/削除など）

Tips 180 行/列を選択する

▶関連Tips
181
182

使用機能・命令 Rowsプロパティ/Columnsプロパティ

サンプルコード SampleFile Sample180.xlsm

```
Sub Sample180()
    'セルA1からC5の行数と列数を表示する
    MsgBox "行数：" & Range("A1:C5").Rows.Count & vbLf _
        & "列数：" & Range("A1:C5").Columns.Count
    '1行目を選択する
    Rows(1).Select
End Sub

Sub Sample180_2()
    'セルA2からC5の2行目と3行目を選択する
    Range("A2:C5").Rows("2:3").Select
End Sub
```

❖ 解説

ここでは、2つのサンプルを紹介します。1つ目は、RowsプロパティとColumnsプロパティを使用して、セルA1からC5の行数、列数を求めてメッセージボックスに表示した後、1行目を選択しています。2つ目のサンプルは、セルA2からC5のセル範囲の、2行目から3行目を選択しています。セルA2から始まる表の2行目から3行目ですから、セルA3から選択されることになります。次の実行結果は、2つ目のサンプルのものになります。

▼実行結果

行が選択された

● Rowsプロパティ/Columnsプロパティの構文

object.Rows/Columns(Index)

Rowsプロパティ/Columnsプロパティは、それぞれは行（Rowsプロパティ）、列（Columnsプロパティ）を表します。引数indexを指定して、単一の行/列を取得することもできますし、Rows("2:5")やColumns("C:E")やColumns("2:6")のように指定して、複数の行や列を取得することも可能です。また、objectにセル範囲を指定すると、そのセル範囲の行/列を取得することができます。objectを省略した場合は、対象はWorksheetになります。

4-3 行/列の操作（選択／表示／非表示／挿入／削除など）

Tips 181 特定のセル範囲の行/列全体を選択する

▶関連Tips
180

使用機能・命令 EntireRowプロパティ/
EntireColumnプロパティ

サンプルコード SampleFile Sample181.xlsm

```
Sub Sample181()
    'セルB1からB2を含む行全体を選択する
    Range("B1:B2").EntireRow.Select
    'セルB1からC1を含む列全体を選択する
    Range("B1:C1").EntireColumn.Select
End Sub
```

❖ 解説

ここでは、EntireRowプロパティを使用して、セルB1～B2を含む行全体を選択したあと、続けてセルB1～C1を含む列全体を選択しています。

行/列全体を取得するため、指定した行や列以外も選択されます。

なお、このコードを実行する場合は、[F8]キーを使ったステップ実行で動作を確認してください。

▼まず行全体を選択する

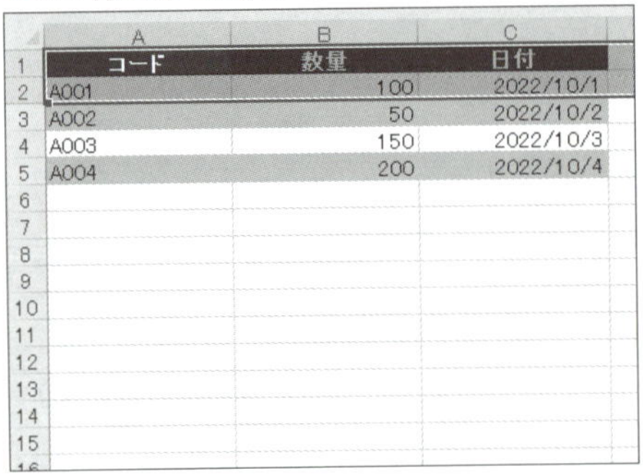

1行目と2行目が選択される

▼実行結果

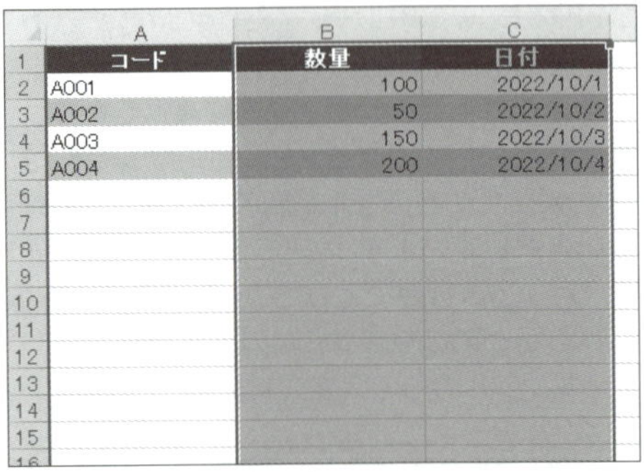

次に、B列とC列が選択される

• EntireRowプロパティ/EntireColumnプロパティの構文

object.EntireRow/EntireColumn

EntireRowプロパティは指定したセル・セル範囲を含む行を、EntireColumnプロパティは指定したセル・セル範囲を含む列を、それぞれ取得するプロパティです。

4-3 行/列の操作（選択、表示/非表示、挿入/削除など）

Tips 182 行番号や列番号を取得する

▶関連Tips
180
181

使用機能・命令 Rowプロパティ/Columnプロパティ

サンプルコード SampleFile Sample182.xlsm

```
Sub Sample182()
    'セルC4の行番号と列番号を取得する
    MsgBox "行番号：" & Range("C4").Row & vbLf _
        & "列番号：" & Range("C4").Column
End Sub
```

❖ 解説

ここでは、セルC4の行番号と列番号をそれぞれ取得し、メッセージボックスに表示します。

Cellsプロパティを使用して処理する場合、列番号を指定しなくてはならないことがあります。D列、E列といった列であればまだいいのですが、AF列など横に長い表を処理する場合、列番号をいちいち数えるのは面倒です。そんなときは、イミディエイトウィンドウで「?Range("AF1").Column」と入力し、[Enter]キーを押せば列番号が返るので、Cellsプロパティに指定する列番号を間違えずに済みます。

▼イミディエイトウィンドウの便利な使い方

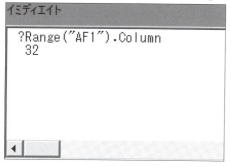

列番号を調べることができる

▼実行結果

セルC4の行番号と列番号が表示された

・Rowプロパティ/Columnプロパティの構文

object.Row/Column

Rowプロパティは指定したセルの行番号を、Columnプロパティは列番号を返します。objectにセル範囲を指定した場合は、一番左上のセルの行番号/列番号を返します。

4-3 行/列の操作（選択、表示/非表示、挿入/削除など）

Tips 183 行/列の表示/非表示を切り替える

▶関連Tips
184
185

使用機能・命令 Hiddenプロパティ

サンプルコード SampleFile Sample183.xlsm

```
Sub Sample183()
    'セルA2、A4を含む行を表示する
    Range("A2,A4").EntireRow.Hidden = False
End Sub

Sub Sample183_2()
    'セルA2からA3を含む行の表示/非表示を切り替える
    Range("A2:A3").EntireRow.Hidden _
        = Not Range("A2:A3").EntireRow.Hidden
End Sub
```

❖ 解説

ここでは、2つのサンプルを紹介します。

1つ目は、あらかじめ非表示になっている2行目と4行目を表示します。EntireRowプロパティにセルA2とA4を指定することで、2行目と4行目を対象にしています。このように、EntireRowプロパティと組み合わせることで、複数の行を対象にすることができます。複数の列を対象にする場合は、EntireColumnプロパティを使用します。2つ目は、行の表示/非表示をプロシージャを実行する度に切り替えるものです。Hiddenプロパティは、値の設定だけではなく値の取得も可能です。それを利用して、対象行の表示/非表示を切り替えるには、Not演算子を使用して記述することができます。なお、次の実行結果は1つ目のサンプルのものです。

▼この表を対象にする

あらかじめ2行目と4行目が非表示になっている

▼実行結果

2行目と4行目が表示された

• Hiddenプロパティの構文

object.Hidden/object.Hidden = expression

Hiddenプロパティは、objectに指定した行/列の表示/非表示を取得/設定します。表示するにはTrueを、非表示にするにはFalseを指定します。

Tips 184 行の高さや列の幅を取得/変更する

▶関連Tips 185 186

使用機能・命令 RowHeightプロパティ/ColumnWidthプロパティ/Heightプロパティ/Widthプロパティ

サンプルコード SampleFile Sample184.xlsm

```
Sub Sample184()
    Dim temp As Range
    'セルA1を含む範囲を取得する
    Set temp = Range("A1").CurrentRegion
    'セルA1の行の高さ、列幅と、セル範囲の行の高さと列幅を表示する
    MsgBox "行の高さ：" & Range("A1").RowHeight & vbCrLf _
        & "列の幅：" & Range("A1").ColumnWidth & vbCrLf _
        & "行の高さ：" & temp.Height & vbCrLf _
        & "列の幅：" & temp.Width
End Sub
```

❖ 解説

ここでは、セルA1の幅と高さ、セルA1を含むアクティブセル領域の全体の幅と高さを、それぞれメッセージボックスに表示します。指定したセル全体の行高や列幅を取得するには、Heightプロパティ、Widthプロパティを使用します。RowHeightプロパティとColumnWidthプロパティは、指定したセル範囲の高さや幅がすべての行/列で同じではない場合は、Nullを返します。

▼実行結果

それぞれの値が表示された

• RowHeightプロパティ/ColumnWidthプロパティ/Heightプロパティ/Widthプロパティの構文

object.RowHeight/ColumnWidth/Height/Width = expression

RowHeightプロパティはobjectに指定したセル範囲の1つの行の高さを、ColumnWidthプロパティは1つの列の幅を取得/設定するプロパティです。指定したセル範囲の行の高さや列の幅が様々な場合は、Nullを返します。Heightプロパティはobjectに指定したセル範囲の行の高さの合計を、Widthプロパティは列の幅の合計を取得します。Heightプロパティ、Widthプロパティともに読み取り専用で、値を設定することはできません。

4-3 行/列の操作(選択、表示/非表示、挿入/削除など)

行の高さや列の幅を自動調整する

▶関連Tips
184
186

使用機能・命令 AutoFitメソッド

サンプルコード SampleFile Sample185.xlsm

```
Sub Sample185()
    'A～C列の列幅を自動調整する
    Columns("A:C").AutoFit
End Sub

Sub Sample185_2()
    'A列とC列の列幅を自動調整する
    Range("A1,C1").EntireColumn.AutoFit
End Sub
```

❖ 解説

ここでは、2つのサンプルを紹介します。

1つ目は、Columnsプロパティを使用してA列～C列を指定し、列幅を自動調整します。

2つ目は、離れた列を指定して列幅を自動調整します。ここでは、A列とC列の列幅を自動調整します(B列は自動調整しません)。この場合、RangeプロパティとEntireColumnプロパティを使用します。

▼列幅が正しくないためデータが表示されていない

▼実行結果

・AutoFitメソッドの構文

object.AutoFit

AutoFitメソッドは、列の幅や行の高さを内容に合わせて自動調整するメソッドです。objectには、設定する列や行を指定します。

4-3 行/列の操作（選択、表示/非表示、挿入/削除など）

Tips 186 指定した範囲の内容に合わせて列の幅を自動調整する

▶関連Tips
184
185

使用機能・命令 AutoFitメソッド

サンプルコード SampleFile Sample186.xlsm

```
Sub Sample186()
    'セルA3を含むセル範囲に対して処理を行う
    With Range("A3").CurrentRegion
        .Columns.AutoFit    '列幅を自動調整する
        .Rows.AutoFit       '行の高さを自動調整する
    End With
End Sub
```

❖ 解説

ここでは、まずセルA3を含む表全体をCurrentRegionプロパティで取得しています。そして、Columnsプロパティで取得したセル範囲の列全体を取得し、AutoFitメソッドで列幅を自動調整しています。同様にして、Rowsプロパティを使用して、行の高さも自動調整しています。

このとき、A列の列幅に注意してください。A列には、セルA1に表のタイトルが入力されています。しかし、そのタイトルの文字ではなく、**あくまでも表の中の文字列の幅を対象に、列幅の自動調整が行われています。これは、AutoFitメソッドの対象を、先ほどの説明のように表内の列にしているからです**。なお、ここでは表全体の列を、AutoFitメソッドの対象にしました。仮に、「Range("A3:C3").Columns.AutoFit」のように表の見出し行のみを対象にした場合は、見出し行の文字列の幅に合わせて調整されます。自動調整の対象をどの範囲にするか、うまく使い分けてください。

▼セルA3からの表はデータがきちんと表示されていない

▼実行結果　正しくデータが表示された

列幅と行の高さを自動調整する

• **AutoFitメソッドの構文**

object.AutoFit

AutoFitメソッドは、列の幅や行の高さを内容に合わせて自動調整するメソッドです。objectには、設定する列や行を指定します。objectにセル範囲を指定すると、そのセルの高さや幅を基準に自動調整します。

4-3 行/列の操作（選択、表示/非表示、挿入/削除など）

Tips 187 行/列を挿入する

▶関連Tips
180
188

使用機能・命令 Insertメソッド

サンプルコード SampleFile Sample187.xlsm

```
Sub Sample187()
    Columns(4).Insert    '4列目に列を挿入する
    Rows(3).Insert       '3行目に行を挿入する
End Sub
```

❖ 解説

ここでは、ワークシートの4列目と3行目に、列と行をそれぞれ挿入します。それぞれ、引数CopyOrigin を省略しているため、左または上の書式を引き継ぎます。なお、引数Shiftと引数CopyOriginに指定する定数は、以下のとおりです。

◆ 引数ShiftにするXlInsertShiftDirectionクラスの定数

定数	値	説明
xlShiftDown	-4121	下方向にシフトする
xlShiftToRight	-4161	右方向にシフトする

◆ 引数CopyOriginに指定するXlInsertFormatOriginクラスの定数

定数	値	説明
xlFormatFromLeftOrAbove	0	左または上の書式を引き継ぐ
xlFormatFromRightOrBelow	1	右または下の書式を引き継ぐ

▼この表に行と列を挿入する　　　　▼実行結果

•Insertメソッドの構文

object.Insert(Shift, CopyOrigin)

Insertメソッドは、objectに指定した行や列を挿入します。引数Shiftは挿入後のシフト方向を指定しますが、対象が行や列全体の場合は指定しても無視されます。引数CopyOriginは、挿入後にどの書式を引き継ぐかを指定します。省略すると、左または上の書式を引き継ぎます。

4-3 行/列の操作（選択、表示/非表示、挿入/削除など）

Tips 188 行/列を削除する

▶関連Tips
180
181
187

使用機能・命令 Deleteメソッド

サンプルコード SampleFile Sample188.xlsm

```
Sub Sample188()
    Columns(3).Delete    '3列目を削除
    Rows(3).Delete       '3行目を削除
End Sub
```

❖ 解説

ここでは、3列目（C列）と3行目を削除しています。引数Shiftに指定する定数は、以下のとおりです。

◆ 引数Shiftに指定するXlDeleteShiftDirectionクラスの定数

定数	値	説明
xlShiftUp	4162	上方向にシフトする
xlShiftToLeft	-4159	左方向にシフトする

▼この表から列と行を削除する

3列目（「単価」列）と3行目（「コード」が「A002」の行）を削除する

▼実行結果

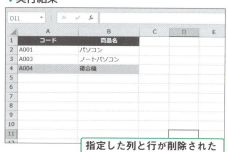

指定した列と行が削除された

• Deleteメソッドの構文

object.Delete(Shift)

Deleteメソッドは、指定したobjectを削除するメソッドです。objectに行/列を指定することで、行や列を削除します。行の指定にはRowsプロパティを、列の指定にはColumnsプロパティを使用することができます。また、EntireRowプロパティやEntireColumnsプロパティを使用して、セルを元に行や列を取得し、それを対象にすることもできます。引数Shiftは行/列の削除後、現在のデータのシフト方向を指定しますが、対象が行や列全体の場合は指定しても無視されます。

4-3 行/列の操作（選択、表示/非表示、挿入/削除など）

Tips 189 セルのサイズをセンチメートル単位で指定する

▶関連Tips
184
185

使用機能・命令 CentimetersToPoints メソッド

サンプルコード SampleFile Sample189.xlsm

```
Sub Sample189()
    '3行目の行高を3センチにする
    Rows(3).RowHeight = Application.CentimetersToPoints(3)
End Sub
```

❖ 解説

ここでは、3行目の行の高さを、CentimetersToPointsメソッドを使用して3センチメートルに指定しています。

なお、Excelではポイントという単位が使用されますが、1ポイントは1／72インチです。1インチが約25.4mmなので、1ポイントは25.4mm／72から約0.3528mmとなります。逆に、1cmは約28.3465ポイントになります。

▼この表の3行目の高さを変更する

▼実行結果

3cmに変更する

3行目の高さが変更された

• **CentimetersToPoints メソッドの構文**

object.CentimetersToPoints(Centimeters)

CentimetersToPointsメソッドは、ポイントをセンチメートルに変換するメソッドです。このメソッドを利用すると、セルのサイズをセンチメートル単位で指定することができます。なお、objectにはApplicationオブジェクトを指定します。

Tips 190 ウィンドウを参照する

▶関連Tips: 191, 194

使用機能・命令 Windowsプロパティ

サンプルコード SampleFile Sample190.xlsm

```
Sub Sample190()
    'Sample190_2.xlsxファイルを開く
    Workbooks.Open ThisWorkbook.Path & "\Sample190_2.xlsx"
    '現在開いているウィンドウの数を表示する
    MsgBox "ウィンドウの数：" & Application.Windows.Count
End Sub
```

❖ 解説

ここでは、「Sample190_2.xlsx」ブックを開き、その後ウィンドウの数をメッセージボックスに表示します。

▼現在開かれているブック

	A	B	C
1	コード	商品名	単価
2	A001	パソコン	56,000
3	A002	プリンタ	12,000
4	A003	ノートパソコン	87,000
5	A004	複合機	15,000

現在は1つのブックが開かれている

▼実行結果

ブックを開きウィンドウが2つになった

• **Windowsプロパティの構文**

object.Windows(Index/name)

Windowsプロパティは、表示/非表示の状態に関係なくすべてのブックのウィンドウを参照します。また、Index番号を指定して任意のウィンドウを参照することもできます。なお、アクティブウィンドウを参照するには、Index番号に「1」を指定します。

4-4 ウィンドウ（ウィンドウの位置やサイズ、表示/非表示の設定など）

Tips 191 ウィンドウをアクティブにする

▶関連Tips 190

使用機能・命令 Activate メソッド/ActiveWindow プロパティ

サンプルコード SampleFile Sample191.xlsm

```
Sub Sample191()
    'Sample191_2.xlsxファイルを開く
    Workbooks.Open ThisWorkbook.Path & "\Sample191_2.xlsx"
    'Sample191_3.xlsxファイルを開く
    Workbooks.Open ThisWorkbook.Path & "\Sample191_3.xlsx"
    '現在のブック（Sample191.xlsm）のウィンドウをアクティブにする
    Windows(ThisWorkbook.Name).Activate
    'アクティブウィンドウのキャプションを表示する
    MsgBox "アクティブウィンドウのキャプション：" & vbLf _
        & ActiveWindow.Caption
End Sub
```

❖ 解説

ここでは複数のブックを開いた後、現在のブックをアクティブにし、アクティブウィンドウのキャプションをメッセージボックスに表示します。

なお、ThisWorkbookプロパティは現在のブックを表します（実行するマクロが含まれているブックです）。また、Pathプロパティは、このブックの保存先のパスを取得します。この2つのプロパティを組み合わせることで、現在のブックと同じフォルダを参照することができます。

・**Activate メソッドの構文**

object.Activate

・**ActiveWindow プロパティの構文**

object.ActiveWindow

Activateメソッドは、指定したobjectをアクティブにします。Windowsプロパティを使用して、対象となるウィンドウをobjectに指定することで、任意のウィンドウをアクティブにすることができます。

また、ActiveWindowプロパティは、アクティブウィンドウを参照するプロパティです。ウィンドウが1つも開かれていない場合は、Nothingを返します。

Tips 192 ウィンドウを整列する

▶関連Tips 193

使用機能・命令 Arrange メソッド

サンプルコード SampleFile Sample192.xlsm

```
Sub Sample192()
    'Sample192_2.xlsxを開く
    Workbooks.Open ThisWorkbook.Path & "¥Sample192_2.xlsx"
    'Sample192_3.xlsxを開く
    Workbooks.Open ThisWorkbook.Path & "¥Sample192_3.xlsx"
    '計3つのウィンドウを上下に並べて表示する
    Windows.Arrange ArrangeStyle:=xlArrangeStyleHorizontal
End Sub
```

❖ **解説**

ここでは、追加で2つのブックを開き、合計3つのブックが開いた状態でウィンドウを上下に並べて表示します。
引数ArrangeStyleに指定する値は、次のようになります。

◆ 引数ArrangeStyleに指定するXlArrangeStyleクラスの定数

定数	値	説明
xlArrangeStyleCascade	7	重ねて表示する
xlArrangeStyleHorizontal	−4128	上下に並べて表示する（規定値）
xlArrangeStyleTiled	1	並べて表示する
xlArrangeStyleVertical	−4166	左右に並べて表示する

• **Arrange メソッドの構文**

object.Arrange(ArrangeStyle, ActiveWorkbook, SyncHorizontal, SyncVertical)

Arrangeメソッドは、開かれているすべてのウィンドウを整列させるメソッドです。「ウィンドウの整列」ダイアログボックスと同等の操作になります。なお、最小化しているウィンドウは整列の対象外となります。引数ArrangeStyleには整列の方法を指定します。引数ActiveWorkbookにTrueを指定すると、アクティブブックのみが対象になります。引数SyncHorizontal/引数SyncVerticalは、それぞれTrueを指定すると、横方向（SyncHorizontal）、縦方向（SyncVertical）のスクロールを同期します。

4-4 ウィンドウ（ウィンドウの位置やサイズ、表示/非表示の設定など）

Tips 193 ウィンドウを並べて比較する

▶関連Tips 058

使用機能・命令 **CompareSideBySideWith メソッド**

サンプルコード SampleFile Sample193.xlsm

```
Sub Sample193()
    Dim temp As Workbook
    'セルA1にジャンプする
    Application.Goto ThisWorkbook.Worksheets(1) _
        .Range("A1"), True
    'Sample193_2.xlsxブックを開く
    Set temp = Workbooks.Open _
        (ThisWorkbook.Path & "\Sample193_2.xlsx")
    'Sample193_2.xlsxブックのセルA1にジャンプする
    Application.Goto temp.Worksheets(1) _
        .Range("A1"), True
    '2つのブックを比較する
    Windows.CompareSideBySideWith ThisWorkbook.Name
End Sub
```

❖ 解説

　ここでは、新たに「Sample193_2.xlsx」ファイルを開き、このマクロのあるブックと「並べて比較モード」で表示します。ただし、「並べて比較モード」は、指定した時点でのアクティブセルの位置によっては表示される表の位置が異なり、うまく比較できないことがあります。そのため、GoToメソッドを使用して、あらかじめアクティブセルをセルA1にしています。GoToメソッドについては、Tips058を参照してください。

▼実行結果

2つのブックが「並べて比較モード」で表示された

● **CompareSideBySideWith メソッドの構文**

　object.CompareSideBySideWith(WindowName)

　CompareSideBySideWithメソッドは、2つのウィンドウを開き「並べて比較モード」で表示するメソッドです。「並べて比較モード」では、スクロールが同期するので、異なるシートやブック間でデータの確認が楽に行えます。

Tips 194 ウィンドウのタイトルを取得/設定する

▶関連Tips 190 191

使用機能・命令 Captionプロパティ

サンプルコード SampleFile Sample194.xlsm

```
Sub Sample194()
    Application.Caption = "極意"     'アプリケーションキャプションを変更する
    ActiveWindow.Caption = "さんぷる"  'ウィンドウキャプションを変更する
    'それぞれの値をメッセージボックスに表示する
    MsgBox "アプリケーションキャプション:" _
        & Application.Caption & vbLf _
        & "ウィンドウキャプション:" _
        & ActiveWindow.Caption
    Application.Caption = ""        'アプリケーションキャプションを初期化する
    ActiveWindow.Caption = ActiveWorkbook.Name  'ウィンドウキャプションを初期化する
End Sub
```

❖ **解説**

ここでは、アプリケーションのキャプションとウィンドウのキャプションの両方を変更しています。そして、メッセージ表示後、元の表示に戻しています。

▼このキャプションを変更する

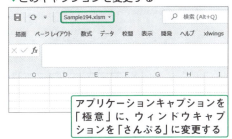

アプリケーションキャプションを「極意」に、ウィンドウキャプションを「さんぷる」に変更する

▼実行結果

キャプションが変更された

• **Captionプロパティの構文**

object.Caption

Captionプロパティは、ドキュメントウィンドウのタイトルバーに表示される名前を取得/設定するプロパティです。objectにApplicationオブジェクトを指定するとアプリケーション名が、Windowオブジェクトを指定すると表示されているブック名が対象になります。いずれも、「""」を指定すると初期化されます。なお、タイトルバーに表示されるブック名の拡張子の表示/非表示はWindows (OS) の設定によりますが、新規作成し保存されていないブックの場合は拡張子の無い名前になります。

4-4 ウィンドウ（ウィンドウの位置やサイズ、表示/非表示の設定など）

Tips 195 ウィンドウの表示倍率を変更する

▶関連Tips
190
192

使用機能・命令 Zoomプロパティ

サンプルコード　SampleFile Sample195.xlsm

```
Sub Sample195()
    'セルA1を含む表を選択する
    Range("A1").CurrentRegion.Select
    '選択範囲にあわせてズームする
    ActiveWindow.Zoom = True
End Sub
```

❖ 解説

ここでは、セルA1を含むアクティブセル領域を選択した後、その範囲に合わせてZoomプロパティで表示倍率を設定しています。このように選択されたセル範囲に合わせるには、ZoomプロパティにTrueを指定します。

なお、Trueではなく**表示倍率を指定する場合は、パーセント単位ですので注意してください**。

▼この表を画面いっぱいに拡大表示する

まず、この表を選択する

▼実行結果

表のサイズに合わせて表示倍率が設定された

• Zoomプロパティの構文

object.Zoom/object.Zoom = expression

Zoomプロパティは、ウィンドウの表示倍率を取得/設定するプロパティです。指定できる値は、10～400までの範囲のパーセント単位です。また、Trueを設定すると、現在選択されている範囲に合わせてズームします。なお、Zoomプロパティを設定できるのは、アクティブシートのみとなります。

Tips 196 ウィンドウ枠を固定する

▶関連Tips 197

使用機能・命令 FreezePanes プロパティ

サンプルコード SampleFile Sample196.xlsm

```
Sub Sample196()
    Range("B2").Select  'セルB2を選択する
    ActiveWindow.FreezePanes = True  'ウィンドウ枠を固定する
End Sub

Sub Sample196_2()
    ActiveWindow.FreezePanes = False  'ウィンドウ枠の固定を解除する
End Sub
```

❖ 解説

ここでは、2つのサンプルを紹介します。1つ目は、ウィンドウ枠を固定するサンプルです。ウィンドウ枠を固定する場合、基準となるセルを選択しておく必要があります。ここでは、セルB2を選択後ウィンドウ枠を固定しています。**ウィンドウ枠の固定は、命令を実行する際にアクティブなセルの左側/上側を基準に固定します**。2つ目のサンプルは、ウィンドウ枠の固定を解除するものです。ウィンドウ枠の固定を解除するには、FreezePanesプロパティにFalseを指定します。なお、ウィンドウ枠が固定されていない状態でこのサンプルを実行しても、エラーは発生しません。

次の図は、ウィンドウ枠を固定するサンプルのものです。

▼この表で、ウィンドウ枠を固定する

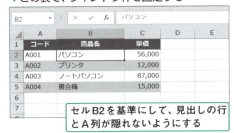

セルB2を基準にして、見出しの行とA列が隠れないようにする

▼実行結果

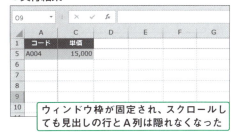

ウィンドウ枠が固定され、スクロールしても見出しの行とA列は隠れなくなった

• **FreezePanes プロパティの構文**

object.FreezePanes/object.FreezePanes = expression

FreezePanesプロパティは、ウィンドウ枠を固定/解除するプロパティです。値の取得および設定が可能です。ウィンドウ枠を固定するにはTrueを、解除するにはFalseを指定します。なお、ウィンドウ枠の固定を再度実行する場合は、いったんウィンドウ枠の固定を解除しなくてはなりません。

4-4 ウィンドウ（ウィンドウの位置やサイズ、表示/非表示の設定など）

ウィンドウを分割する

▶関連Tips 196

使用機能・命令 SplitRowプロパティ/SplitColumnプロパティ/Splitプロパティ

サンプルコード SampleFile Sample197.xlsm

```
Sub Sample197()
    With ActiveWindow 'アクティブウィンドウに対して処理する
        .SplitRow = 1 'ウィンドウの上側に1行表示する
        .SplitColumn = 1 'ウィンドウの左側に1列表示する
    End With
End Sub
```

❖ 解説

ここでは、ウィンドウの上側に1行、左側に1列表示するようにウィンドウを分割します。

なお、アクティブセルを基準にウィンドウを分割する場合、Splitプロパティを使用して、「ActiveWindow.Split = True」のように記述します。

▼ウィンドウを分割する

▼実行結果

上に1行、左に1列表示するように分割する

ウィンドウが分割された

•SplitRowプロパティ/SplitColumnプロパティの構文

object.SplitRow/SplitColumn = expression

•Splitプロパティの構文

object.Split = expression

SplitRowプロパティはウィンドウを上下に、SplitColumnプロパティはウィンドウを左右に分割します。それぞれ、ウィンドウの上側、左側に表示する行数/列数を指定します。なお、ウィンドウの分割を再度行う場合も、ウィンドウの分割を解除する必要はありません。

Splitプロパティは、アクティブセルの左端/上端を基準にウィンドウを分割します。また、SplitプロパティにFalseを指定すると、ウィンドウの分割を解除します。

Tips 198 表示画面の上端行/左端列を設定する

▶関連Tips 182

使用機能・命令 ScrollRowプロパティ/ScrollColumnプロパティ

サンプルコード SampleFile Sample198.xlsm

```
Sub Sample198()
    With ActiveWindow 'アクティブウィンドウに対して処理する
        .ScrollRow = Range("B4").Row 'セルB4の行番号を指定する
        'セルB4の列番号を指定する
        .ScrollColumn = Range("B4").Column
    End With
End Sub
```

❖ 解説

ここでは、セルB4を画面の左上端に設定します。ScrollRowプロパティにはセルB4の行番号を、ScrollColumnプロパティにはセルB4の列番号を、それぞれRowプロパティとColumnプロパティを使用して取得し設定しています。また、ScrollRowプロパティ/ScrollColumnプロパティは、値の取得も可能です。「ActiveWindow.ScrollRow」と記述すると、現在画面に表示されている先頭行が何行目かを取得することができます。

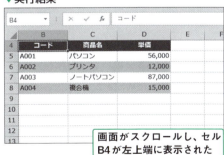

▼この表の表示位置を変更する
セルB4が左上端に来るようにする

▼実行結果
画面がスクロールし、セルB4が左上端に表示された

• ScrollRowプロパティ/ScrollColumnプロパティの構文

object.ScrollRow/ScrollColumn = expression

ScrollRowプロパティは、ウィンンドウ枠内またはウィンドウ内で左端に表示される行番号を、ScrollColumnプロパティは列番号を取得/設定するプロパティです。組み合わせて利用することで、目的のセルを画面左上端に表示することができます。

4-4 ウィンドウ（ウィンドウの位置やサイズ、表示/非表示の設定など）

Tips 199 ウィンドウを最大化/最小化表示する

▶関連Tips 200

使用機能・命令 WindowStateプロパティ

サンプルコード SampleFile Sample199.xlsm

```
Sub Sample199()
    'アクティブウィンドウを「最小化」する
    ActiveWindow.WindowState = xlMinimized
    'アクティブウィンドウを「最大化」する
    ActiveWindow.WindowState = xlMaximized
End Sub
```

❖ 解説

ここでは、アクティブウィンドウを「最小化」した後、「最大化」しています。動作確認をするには、「F8」キーを利用してステップ実行してください。

いてください。なお、Excelでは、Excel 2013から、それまでのMDI（マルチドキュメントインターフェース）から、SDI（シングルドキュメントインターフェース）に代わっています。

WindowStateプロパティに設定する値は、次のとおりです。

◆ WindowStateプロパティに設定するXlWindowStateクラスの定数

定数	値	説明
xlMaximized	-4137	最大化
xlMinimized	-4140	最小化
xlNormal	-4143	標準

• WindowStateプロパティの構文

object.WindowState = expression

WindowStateプロパティは、ウィンドウの最大化、最小化など、ウィンドウの状態を設定します。objectにApplicationオブジェクトを指定した場合は、Excelのアプリケーションウィンドウの、Windowオブジェクトを指定した場合は、ブックウィンドウの状態を取得/設定します。

> **Memo** 例えば大きな表があるファイルであれば、ウィンドウを最大化しておきたいと考える人もいるでしょう。その場合、ブックのOpenイベントにウィンドウを最大化する処理を入れておけば、ブックを開くときには必ず最大化されます。
> ちょっとしたことですが、このようなことの積み重ねが業務全体の効率化につながります。

ウィンドウの縦横サイズや表示位置を取得/設定する

▶関連Tips 199

使用機能・命令 Widthプロパティ/Heightプロパティ/Topプロパティ/Leftプロパティ

サンプルコード SampleFile Sample200.xlsm

```
Sub Sample200()
    With ActiveWindow 'アクティブウィンドウを対象にする
        .WindowState = xlNormal 'ウィンドウを「標準」にする
        .Height = 300 '高さを300ポイントにする
        .Width = 400 '幅を400ポイントにする
        .Top = 30 '表示位置を上から30ポイントにする
        .Left = 20 '表示位置を左から20ポイントにする
    End With
End Sub
```

❖ 解説

ここでは、ウィンドウサイズとウィンドウの表示位置を変更します。それぞれを変更するために、はじめにウィンドウを「標準」にしています。

なお、ブックのウィンドウが最大化されている場合、HeightプロパティやWidthプロパティやTopプロパティやLeftプロパティを指定するとエラーになります。

• **Widthプロパティ/Heightプロパティの構文**

object.Width/Height = expression

• **Topプロパティ/Leftプロパティの構文**

object.Top/Left = expression

Widthプロパティ、Heightプロパティを利用すると、ウィンドウサイズ(Widthプロパティ-幅、Heightプロパティ-高さ)を取得、設定することができます。Applicationオブジェクトを指定した場合は、Excelのアプリケーションウィンドウのサイズを、Windowオブジェクトを指定した場合は、ブックウィンドウのサイズを取得/設定することができます。

また、ウィンドウの表示位置は、Topプロパティ(画面上端からの位置)とLeftプロパティ(画面の左端からの位置)で取得/設定します。

いずれも、値は倍精度浮動小数点数型(単位はポイント。1ポイントは約0.35mm)になります。

4-4 ウィンドウ（ウィンドウの位置やサイズ、表示/非表示の設定など）

Tips 201 ウィンドウの表示/非表示を切り替える

▶関連Tips
199
200

使用機能・命令 Visibleプロパティ

サンプルコード SampleFile Sample201.xlsm

```
Sub Sample201()
    'このブックの1つめのウィンドウを対象にする
    With ThisWorkbook.Windows(1)
        .Visible = False 'ウィンドウを非表示にする
        'メッセージを表示する
        MsgBox "ウィンドウを非表示にしました。再表示します。"
        .Visible = True 'ウィンドウを再表示
    End With
End Sub
```

❖ 解説

ここでは、一旦ウィンドウを非表示にし、メッセージを表示した後、再度ウィンドウを表示しています。

▼このブックのウィンドウを非表示にする

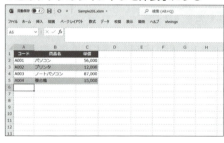

ここでは、Excel自体ではなくブックのウィンドウを非表示にする

▼実行結果

ブックが非表示になった

•Visibleプロパティの構文

object.Visible = expression

Visibleプロパティは、ウィンドウの表示/非表示を設定するプロパティです。プログラムからしか利用しない作業用のブックのように、ユーザーの目に触れる必要がない場合は、Falseを指定してウィンドウを非表示にします。

枠線の設定を変更する

▶関連Tips **098**

使用機能・命令 DisplayGridlinesプロパティ/GridlineColorプロパティ/GridlineColorIndexプロパティ

サンプルコード　SampleFile Sample202.xlsm

```
Sub Sample202()
    With ActiveWindow
        MsgBox "枠線を「赤」にします"
        .GridlineColor = RGB(255, 0, 0)   '枠線の色を赤にする
        MsgBox "枠線を元の色に戻します"
        .GridlineColorIndex = xlColorIndexAutomatic   '枠線の色を自動にする
        MsgBox "枠線を非表示にします"
        .DisplayGridlines = False   '枠線を非表示にする
        MsgBox "枠線を再表示します"
        .DisplayGridlines = True   '枠線を表示する
    End With
End Sub
```

❖ **解説**

ここでは、枠線の色の設定を変更し、表示/非表示を切り替える処理を順次行います。

▼枠線の設定を行う

色の設定、表示/非表示を順に行う

▼実行結果

枠線が非表示になった

• **DisplayGridlinesプロパティの構文**

object.GridlineColor = expression

• **GridlineColorプロパティ/GridlineColorIndexプロパティの構文**

object.DisplayGridlines/GridlineColorIndex = expression

DisplayGridlinesプロパティは、枠線の表示/非表示を設定します。Trueの場合は、枠線を表示します。GridlineColorプロパティ/GridlineColorIndexプロパティは、枠線の色を指定します。GridlineColorプロパティはRGB値で色を、GridlineColorIndexプロパティはインデックス番号で色を指定します。

4-4 ウィンドウ（ウィンドウの位置やサイズ、表示/非表示の設定など）

Tips 203 改ページプレビューで表示する

▶関連Tips 201

使用機能・命令 Viewプロパティ

サンプルコード SampleFile Sample203.xlsm

```
Sub Sample203()
    '改ページプレビューで表示する
    ActiveWindow.View = xlPageBreakPreview
End Sub
```

❖ 解説

アクティブウィンドウを、改ページプレビューで表示します。Viewプロパティは、このようにWindowオブジェクトに対して使用します。なお、Viewプロパティに指定する値は、次のとおりです。

◆ Viewプロパティに指定するXlWindowViewクラスの定数

定数	値	説明
xlNormalView	1	標準のビュー
xlPageBreakPreview	2	改ページプレビュー
xlPageLayoutView	3	ページレイアウトビュー

・Viewプロパティの構文

object.View = expression

Viewプロパティは、ウィンドウに表示するビューをXlWindowViewクラスの定数で指定するプロパティです。標準のビュー、改ページプレビュー、ページレイアウトビューが選択可能です。

> **Memo** 改ページプレビューは便利な機能ですが、実は弊害もあります。多くのワークシートがあるブックで、すべてのワークシートに改ページプレビューを設定していると、ファイルを開くときに非常に時間がかかってしまうことがあるのです。これは、ファイルを開くときに、改ページプレビューを設定しているワークシートすべてに対して、現在のプリンターと通信が発生して位置調整が行われるためです。多くのワークシートに対して改ページの設定をしていて、ブックを開くのに時間がかかる場合は、いったん解除してみてください。なお、すべてのワークシートの改ページプレビューを解除する方法は次のサンプルを参考にしてください。都度対象のワークシートをアクティブにしているところがポイントとなります。
>
> ```
> Sub Sample203_2()
>     Dim sh As Worksheet
>     'すべてのワークシートの改ページプレビューを解除する
>     For Each sh In ThisWorkbook.Worksheets
>         sh.Activate
>         ActiveWindow.View = xlNormalView
>     Next
> End Sub
> ```

4-4 ウィンドウ（ウィンドウの位置やサイズ、表示/非表示の設定など）

Tips 204　ステータスバーにメッセージを表示する

▶関連Tips 205

使用機能・命令 StatusBarプロパティ

サンプルコード　SampleFile Sample204.xlsm

```
Sub Sample204()
    With Application 'アプリケーションオブジェクトに対する処理
        'ステータスバーにメッセージを表示
        .StatusBar = "処理中です。しばらくお待ちください"
        MsgBox "処理中です"
        'ステータスバーの文字列を規定値に戻す
        .StatusBar = False
    End With
End Sub
```

❖ 解説

　ここでは、ステータスバーに「処理中です。しばらくお待ちください」と表示したあと、メッセージボックスを表示しています。通常は、このメッセージボックスを表示している箇所に、時間のかかる処理を記述します。

　最後に、メッセージボックスが閉じられると、ステータスバーの表示を規定値に戻します。

▼ステータスバーにメッセージを表示する

「処理中です。しばらくお待ちください」と表示する

▼実行結果

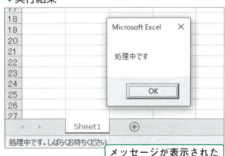

メッセージが表示された

• StatusBarプロパティの構文

object.StatusBar = expression

　StatusBarプロパティは、ステータスバーに文字列を表示するプロパティです。値の取得および設定が可能です。ステータスバーの文字列を規定値に戻すには、Falseを設定します。

　なお、objectにはApplicationオブジェクトを指定します。

4-4 ウィンドウ（ウィンドウの位置やサイズ、表示/非表示の設定など）

画面の更新処理をやめる

▶関連Tips
022

使用機能・命令 ScreenUpdating プロパティ

サンプルコード SampleFile Sample205.xlsm

```
Sub Sample205()
    Dim i As Long
    Application.ScreenUpdating = False    '画面の更新を停止する
    For i = 1 To 10000                    '1万回処理を繰り返す
        Cells(i, 1).Value = i             'A列にデータを入力する
    Next
End Sub
```

❖ 解説

ここでは、A列に大量のデータを入力する処理を行います。このとき、画面の更新処理を行わないようにしています。処理速度の違いを確認するために、実行後「Application.ScreenUpdating = False」の行をコメントにして、再度実行してみてください。更新処理を行う場合と行わない場合の処理速度の違いが実感できるはずです。

• **ScreenUpdating プロパティの構文**

object.ScreenUpdating = expression

ScreenUpdating プロパティは、画面の更新処理のON/OFFを切り替えるプロパティです。通常は画面の更新処理が行われますが、Falseを指定すると画面の更新処理をやめることができます。更新処理をやめることで、処理速度が向上します。

なお、objectにはApplicationオブジェクトを指定します。

> **Memo** 画面の更新処理の有無による、処理速度の違いは驚くほどあります。ですので、基本的にはプログラムの実行中には画面の更新処理を止めたほうが良いといえます。
> プログラムの処理速度に関していえば、処理が重くなる原因の1つに「セルの参照」があります。1つのプログラム内で、セルの値を取得したり設定したり、書式を設定する、といった処理が少ないほうが処理時間は短縮できます。処理速度が気になる場合は、「セルの参照」回数を減らす工夫をしてみてください（代表的なのが、セルの値を配列に入れて処理する方法です）。なお、同様に処理速度に影響するのが「自動計算」の設定です。これらの処理を頻繁に切り替えるのであれば、次のように独立したプロシージャにしてしまうとよいでしょう。次のサンプルは、引数に応じて、画面の更新処理と字付け遺産のON/OFFを切り替えます。

```
Sub Sample205_2(ByVal flg As Boolean)
    If flg Then
        Application.ScreenUpdating = True
        Application.Calculation = xlCalculationAutomatic
    Else
        Application.ScreenUpdating = False
        Application.Calculation = xlCalculationManual
    End If
End Sub
```

ブック操作の極意

5-1 ブックの操作（ブックの新規作成や開く、保護など）

5-2 ブックの保存
（様々な保存方法、PDF形式での保存など）

5-3 ブックの情報の取得
（ファイル名やパスの取得、履歴の操作など）

5-1 ブックの操作（ブックの新規作成や開く、保護など）

ブックを参照する

▶関連Tips
210
234

使用機能・命令 Workbooksプロパティ

サンプルコード SampleFile Sample206.xlsm

```
Sub Sample206()
    'Sample206_2.xlsxファイルを開く
    Workbooks.Open ThisWorkbook.Path & "\Sample206_2.xlsx"
    '「Sample206_2.xlsx」のパスを表示する
    MsgBox Workbooks("Sample206_2.xlsx").Path
End Sub
```

❖ 解説

ここでは、新たに「Sample206_2.xlsx」ブックを開き、開いたブックのパスをWorkbooksプロパティとPathプロパティを使用して取得しています。Pathプロパティは、指定したブックの保存先のフォルダを返すプロパティです。PathプロパティについてはTips234を参照してください。

なおサンプルでは、ブック名をWorkbooksプロパティの引数に指定しましたが、index番号を指定することもできます。index番号はブックが開かれた順に付けられるので、このサンプルでいえば、マクロブック以外にブックが開いておらず個人用マクロブックもなければ、「Sample206_2.xlsx」のindexは「2」になります。

▼実行結果

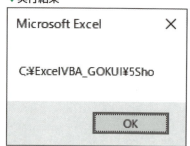

プログラム内でブックを使用する場合は、基本的にはオブジェクト変数に代入して利用すべきです。Workbooksプロパティを使用すればブック名で参照することができますが、複数個所でそのブックを利用する場合、ブック名が変わったときに修正する箇所も多くなってしまい、修正漏れの可能性が出てしまうからです。

• **Workbooksプロパティの構文**

object.Workbooks(index)

Workbooksプロパティは、開かれているすべてのブックを参照するプロパティです。引数indexを利用して単一のブックを参照することも可能です。省略すると、開いているすべてのブックを参照します。引数indexには、インデックス番号またはブック名を指定します。なお、objectにはApplicationオブジェクトを指定しますが、通常は省略します。他のアプリケーション（Access等）からExcelを操作する場合に必要になります。

Tips 207 アクティブブックを参照する

▶関連Tips: 201, 237

使用機能・命令 ActiveWorkbookプロパティ

サンプルコード SampleFile Sample207.xlsm

```vba
Sub Sample207()
    'アクティブブックのフルパスを表示する
    MsgBox ActiveWorkbook.FullName
End Sub

Sub Sample207_2()
    '「Sample207.xlsm」を非表示にする
    Windows("Sample207.xlsm").Visible = False
    'ActiveWorkbookがNothingか確認する
    MsgBox ActiveWorkbook Is Nothing
    '「Sample207.xlsm」を表示する
    Windows("Sample207.xlsm").Visible = True
End Sub
```

❖ 解説

ここでは2つのサンプルを紹介します。1つ目は、アクティブブックのフルパスをメッセージボックスに表示します。FullNameプロパティは、指定したブックのフルパスを返すプロパティです。2つ目はActiveWorkbookプロパティがNothingを返すか確認するものです。ActiveWorkbookプロパティは、ウィンドウが1つも開かれていないとNothingを返します。ここではVisibleプロパティでウィンドウを非表示にした後、ActiveWorkbookプロパティを使用しています。なお、このサンプルは「Sample207.xlsm」以外のブックが開いていない状態で実行してください。メッセージボックスにTrueが表示されるはずです。右の実行結果は、1つ目のサンプルのものです。

▼実行結果

Microsoft Excel
C:\Users\21501173\Desktop\Excel\ExcelVBA_GOKUI\5Sho\Sample207.xlsm

アクティブブックのフルパスが表示された

• ActiveWorkbookプロパティの構文

object.ActiveWorkbook

ActiveWorkbookプロパティは、アクティブブックを参照するプロパティです。ウィンドウが1つも開かれていないときは、Nothingを返します。

5-1 ブックの操作（ブックの新規作成や開く、保護など）

Tips 208 ブックをアクティブにする

▶関連Tips
206
210

使用機能・命令 Activateメソッド

サンプルコード SampleFile Sample208.xlsm

```
Sub Sample208()
    '「Sample208_2.xlsx」ブックを開く
    Workbooks.Open ThisWorkbook.Path & "\Sample208_2.xlsx"
    '「Sample208_3.xlsx」ブックを開く
    Workbooks.Open ThisWorkbook.Path & "\Sample208_3.xlsx"
    '「Sample208_2.xlsx」ブックをアクティブにする
    Workbooks("Sample208_2.xlsx").Activate
End Sub
```

❖ 解説

ここでは、「Sample208_2.xlsx」ブックと「Sample208_3.xlsx」ブックを順に開き、「Sample208_2.xlsx」ブックをアクティブにしています。

• **Activateメソッドの構文**

object.Activate

Activateメソッドは、指定したブックをアクティブにするメソッドです。objectにはWorkbookオブジェクトを指定します。なお、Excelを起動後、最初に開いたブックのIndex番号は「1」になります。WorkbooksプロパティのIndex番号に「1」を指定すると、最初に開いたブックを参照することができます。

Memo 原則、プログラムの中でアクティブブックを対象に処理を行うということは避けるべきです。何らかの理由でアクティブブックが意図しないものになっていると正しい動作にならないためです。なお、複数のブックを扱う場合、次のように対象のブックを変数に代入すると、コードが読みやすくなります。複数のブックを使用する場合は必ず変数に代入して使用するようにしましょう。

```
Sub Sample208_2()
    Dim wbSammary As Workbook    '集計用のブック
    Dim wbData As Workbook       'データが入力されたブック

    'それぞれのブックを開き変数に代入する
    Set wbSammary = Workbooks.Open(ThisWorkbook.Path & "\Sample208_2.xlsx")
    Set wbData = Workbooks.Open(ThisWorkbook.Path & "\Sample208_3.xlsx")

End Sub
```

5-1 ブックの操作（ブックの新規作成や開く、保護など）

Tips 209 新しいブックを作成する

▶関連Tips
233

使用機能・命令 Addメソッド

サンプルコード SampleFile Sample209.xlsm

```
Sub Sample209()
    Dim TempBook As Workbook
    'ブックを追加し、変数に参照を代入する
    Set TempBook = Workbooks.Add
    '変数に代入されているブックの名前を表示する
    MsgBox TempBook.Name
End Sub
```

❖ 解説

　ここでは、ブックを新たに追加し併せてオブジェクト変数に参照を代入しています。WorkbookオブジェクトのAddメソッドは、新たに作成したブックを返すメソッドのため、このような記述が可能です。その後、Nameプロパティを使用してブック名を取得し、メッセージボックスに表示します。こうすることで、新たに追加したブックに対して処理を行う場合でも、確実に処理することができます。なお、新たにブックを追加した場合は、「Book1」から順に名前が割り当てられます。拡張子はありません。

▼実行結果

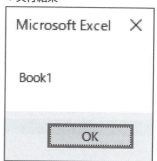

追加したブック名が表示された

• **Addメソッドの構文**

object.Add(Template)

　Addメソッドは、新しいブックを作成するメソッドです。Addメソッドで作成したブックは、自動的にアクティブになります。また、Addメソッドは新規に作成したWorkbookオブジェクトを返します。

> **Memo** このサンプルのように、新たにブックを追加して処理を行う場合は、オブジェクト変数に代入して使用すべきです。そうすることで、プログラムの動作がより確実なものになります。これは、ブックを新規に追加する場合に限らず、複数のブックを扱う場合の基本的な考え方になります。

Tips 210 保存してあるブックを開く

▶関連Tips 233

使用機能・命令 Openメソッド

サンプルコード SampleFile Sample210.xlsm

```
Sub Sample210()
    Dim TargetBook As Workbook
    '「Sample210_2.xlsx」を開き変数に代入する
    Set TargetBook = Workbooks.Open(ThisWorkbook.Path _
        & "\Sample210_2.xlsx")
    'ファイル名を表示する
    MsgBox TargetBook.Name
End Sub
```

❖ 解説

ここでは、「Sample210_2.xlsx」を開き変数に参照を代入しています。Openメソッドは開いたブックへの参照を返すため、このような記述ができます。その後、Nameプロパティを使用して、メッセージボックスにファイル名を表示します。

Openメソッドの引数とその説明および、それぞれの引数に指定する値は以下のとおりです。

◇ Openメソッドの引数

引数	説明
FileName	String。開くブックのファイル名（省略不可）
UpdateLinks	ファイル内の外部参照（リンク）の更新方法を指定する。この引数を省略すると、リンクの更新方法を確認するメッセージがユーザーに表示される。このパラメーターで使用する値の詳細については、「引数UpdateLinksに指定するXlUpdateLinksクラスの定数」を参照
ReadOnly	ブックを読み取り専用モードで開くには、Trueを指定する
Format	テキストファイルを開く場合は、この引数で区切り文字を指定する。引数を省略すると、現在の区切り文字が使用される。このパラメーターで使用する値の詳細については、「引数Formatに指定する値」を参照
Password	パスワード保護されたブックを開くのに必要なパスワードを指定する。この引数を省略した場合、パスワードが必要なブックでは、パスワードの入力を促すダイアログボックスがユーザーに表示される
WriteResPassword	書き込み保護されたブックに書き込みをするために必要なパスワードを指定する。この引数を省略した場合、パスワードが必要なブックでは、パスワードの入力を促すダイアログボックスがユーザーに表示される

5-1 ブックの操作（ブックの新規作成や開く、保護など）

IgnoreReadOnlyRecommended	［読み取り専用を推奨する］チェックボックスをオンにして保存されたブックを開くときでも、読み取り専用を推奨するメッセージを非表示にするには、Trueを指定する
Origin	開こうとしているファイルがテキストファイルの場合、この引数でテキストファイルの作成元のプラットフォームを指定。これにより、コードページとCR/LFを正しくマッピングできる。この引数には、XlPlatformクラスの定数（xlMacintosh、xlWindows、xlMSDOS）のいずれかを使用する。引数を省略すると、現在のオペレーティングシステムが使用される
Delimiter	開こうとしているファイルがテキストファイルで、引数Formatが6の場合は、この引数で区切り文字を指定。2文字以上を指定すると、先頭の文字だけが使用される
Editable	開こうとしているファイルがExcel4.0のアドインの場合、この引数にTrueを指定すると、アドインがウィンドウとして表示される。引数にFalseを指定するか、引数を省略すると、アドインは非表示の状態で開かれ、ウィンドウとして表示することはできない。この引数は、Excel5.0以降で作成されたアドインには適用されない。開こうとしているファイルがExcelテンプレートの場合、Trueを指定すると、テンプレートが編集用に開く。Falseを指定すると、テンプレートを元に新しいブックが開く。既定値はFalse
Notify	ファイルが読み取り/書き込みモードで開けない場合に、ファイルを通知リストに追加するにはTrueを指定。ファイルが読み取り専用モードで開かれて通知リストに追加され、ファイルが編集可能になった時点でユーザーに通知される。ファイルが開けない場合に、このような通知を行わずにエラーを発生させるには、Falseを指定するか省略する
Converter	ファイルを開くときに、最初に使用するファイルコンバーターのインデックス番号を指定。最初に、指定したファイルコンバーターで変換が試みられる。ファイルを認識できない場合は、他のすべてのファイルコンバーターで変換が試みられる。指定するインデックス番号には、FileConvertersプロパティで取得するコンバーターの行番号を使用する
AddToMru	最近使用したファイルの一覧にブックを追加するには、Trueを指定。既定値はFalse
Local	Excelの言語設定（コントロールパネルの設定を含む）に合わせてファイルを保存するには、Trueを指定する。Visual Basic for Applications（VBA）の言語設定に合わせてファイルを保存する場合は、False（既定値）を指定する。VBAの設定は、通常、Workbooks.Openを実行するVBAプロジェクトがExcelバージョン5または95の各国語版で作成されたプロジェクトでない限り、英語（米国）になる
CorruptLoad	使用できる定数は「引数CorruptLoadに指定するXlCorruptLoadクラスの定数」を参照。このパラメーターに値が指定されていない場合の既定の動作は、xlNormalLoadになる

5-1 ブックの操作(ブックの新規作成や開く、保護など)

◆ 引数UpdateLinksに指定するXlUpdateLinksクラスの定数

定数	値	外部参照	リモート参照
FALSE	0	更新しない	更新しない
xlUpdateLinksUserSetting	1	更新する	更新しない
xlUpdateLinksNever	2	更新しない	更新する
xlUpdateLinksAlways	3	更新する	更新する

◆ 引数Formatに指定する値

値	区切り文字
1	タブ
2	カンマ (,)
3	スペース
4	セミコロン (;)
5	なし
6	カスタム文字 (引数 Delimiter を参照)

◆ 引数CorruptLoadに指定するXlCorruptLoadクラスの定数

名前	値	説明
xlExtractData	2	ブックをデータの抽出モードで開く
xlNormalLoad	0	ブックを正常に開く
xlRepairFile	1	ブックを修復モードで開く

● **Openメソッドの構文**

object.Open(FileName, UpdateLinks, ReadOnly, Format, Password, WriteResPassword, IgnoreReadOnlyRecommended, Origin, Delimiter, Editable, Notify, Converter, AddToMru, Local, CorruptLoad)

Openメソッドはブックを開くメソッドです。引数Filenameに、対象となるブックのパスとブック名を指定します。パスを省略すると、カレントフォルダが対象となります。Openメソッドは、開いたブックへの参照を返します。

5-1 ブックの操作（ブックの新規作成や開く、保護など）

Tips 211 ブックを読み取り専用で開く

▶関連Tips 210 233

使用機能・命令 Openメソッド

サンプルコード SampleFile Sample211.xlsm

```
Sub Sample211()
    Dim TargetBook As Workbook
    '「Sample211_2.xlsx」を読み取り専用で開き変数に代入する
    Set TargetBook = Workbooks.Open(Filename:=ThisWorkbook.Path _
        & "\Sample211_2.xlsx", ReadOnly:=True)
    'ファイル名を表示する
    MsgBox TargetBook.Name
End Sub
```

❖ 解説

ここでは、「Sample211_2.xlsx」ブックを読み取り専用で開き、同時に変数に代入しています。Openメソッドは開いたブックへの参照を返すため、このような記述ができます。その後、Nameプロパティを使用して、メッセージボックスにファイル名を表示します。

▼実行結果

開いたブック名が表示された

・Openメソッドの構文

object.Open(FileName, UpdateLinks, ReadOnly, Format, Password, WriteResPassword, IgnoreReadOnlyRecommended, Origin, Delimiter, Editable, Notify, Converter, AddToMru, Local, CorruptLoad)

Openメソッドはブックを開くメソッドです。引数Filenameに、対象となるブックのパスとブック名を指定します。パスを省略すると、カレントフォルダが対象となります。Openメソッドは、開いたブックへの参照を返します。ブックを読み取り専用で開くには、引数ReadOnlyにTrueを指定します。それ以外の引数については、Tips210を参照してください。

> **Memo** プログラムから他のブックのデータを参照する場合、その対象のブックを更新する必要がなければ、原則、読み取り専用で開くべきでしょう。万一、間違って対象のブックにデータを書き込んだとしても、読み取り専用にしておけば、ブックが上書きされることはないからです。

Tips 212 ダイアログボックスでブックを指定して開く（1）

▶関連Tips
210
233

使用機能・命令 GetOpenFilename メソッド

サンプルコード SampleFile Sample212.xlsm

```
Sub Sample212()
    Dim vPath  As Variant
    '「ファイルを開く」ダイアログボックスを開く
    vPath = Application _
        .GetOpenFilename _
        (FileFilter:="資料(*.xlsx;*.xlsm),*.xlsx;*.xlsm" & _
        ",データ(*.csv),*.csv" _
        , FilterIndex:=2, Title:="ファイル選択" _
        , MultiSelect:=False)
    '「キャンセル」ボタンがクリックされたときの処理
    If VarType(vPath) = vbBoolean Then Exit Sub
    '選択されたファイルのパスを表示する
    MsgBox "選択されたファイル：" & vPath
    Workbooks.Open vPath
End Sub
```

❖ 解説

　ここでは、新たに開くブックを選択するために、「ファイルを開く」ダイアログボックスを開きます。ダイアログボックスには、拡張子.xlsx、.xlsm、.csvのファイルが表示されるようにしています。また、ダイアログボックスのタイトルは「ファイル選択」にし、「ファイルの種類」ボックスには、2番目にフィルタに指定した「データ(*.csv)」が表示されるようにします。また、ファイルの複数選択はできないようにしています。

　続けて、「ファイルを開く」ダイアログボックスで、「キャンセル」ボタンが押されたかの判定をします。GetOpenFilenameメソッドの戻り値は、「キャンセル」ボタンをクリックした場合は、内部処理形式Boolean型のVariant型の値が返ります。そこで、VarType関数を使用して、データ型をチェックしています（この判定のために、変数vPathはVariant型で宣言しています）。

　最後に、Nameプロパティを使用して選択されたファイル名をメッセージボックスに表示します。GetOpenFilenameメソッドの引数については、以下を参照してください。

5-1 ブックの操作（ブックの新規作成や開く、保護など）

◆ GetOpenFilenameメソッドの引数

引数	意味
FileFilter	ファイルの種類を指定する文字列（ファイルフィルタ文字列）を指定する（省略可能）。省略すると"すべてのファイル"になる
FilterIndex	引数FileFilterで指定したファイルフィルタ文字列の中で、何番目のフィルタを既定値とするかを指定する（省略可能）
Title	ダイアログボックスのタイトルを指定する（省略可能）
ButtonText	Macintoshのみ指定可能（省略可能）
MultiSelect	複数ファイルを選択可（True）、1つのファイルしか選択できない（False：既定値）（省略可能）

　なお、引数FileFilterには、ファイルフィルタ文字列とワイルドカードのペアを、必要な数だけ指定します。ファイルフィルタ文字列とワイルドカードは「(,カンマ)」で区切り、各ペアも「,」で区切って指定します。各ペアは、「ファイルの種類」ボックスのリストに表示されます。例えば、テキストファイルとExcelファイルの2つのファイルフィルタは、"テキストファイル(*.txt),*.txt,Excelファイル(*.xlsx),*.xlsx"のように指定します。1つのファイルフィルタ文字列に複数のワイルドカードを対応させるには、"Excelファイル(*.xlsx;*.xlsm),*.xlsx;*.xlsm"のように、各ワイルドカードを「(;セミコロン)」で区切ります。なお、引数「FileFilter」を省略すると、"すべてのファイル(*.*),*.*"を指定したことになります。

▼新たにブックを開く

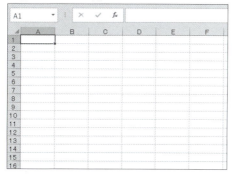

「ファイルを開く」ダイアログボックスで対象のファイルを選択できるようにする

▼実行結果

「ファイルを開く」ダイアログボックスが表示された

・GetOpenFilenameメソッドの構文

object.GetOpenFilename(FileFilter, FilterIndex, Title, ButtonText, MultiSelect)

　GetOpenFilenameメソッドは、「ファイルを開く」ダイアログボックスを表示し、ダイアログボックスで選択したファイル名を返すメソッドです。ファイル名を返すだけで、実際にはファイルは開きません。選択したファイルを開くには、Openメソッドと組み合わせます。

5-1 ブックの操作（ブックの新規作成や開く、保護など）

Tips 213 ダイアログボックスでブックを指定して開く（2）

▶関連Tips
206
212

使用機能・命令 FileDialogプロパティ

サンプルコード SampleFile Sample213.xlsm

```
Sub Sample213()
    '「ファイルを開く」ダイアログボックスを指定
    With Application.FileDialog(msoFileDialogOpen)
        .AllowMultiSelect = True     'ファイルの複数選択を可にする
        With .Filters
            .Add "Excelブック", "*.xlsx"
            .Add "Excelマクロ有効ブック", "*.xlsm"   'フィルタを設定する
        End With
        If .Show = True Then     'ダイアログボックスを表示する
            .Execute             'ファイルを開く
        End If
    End With
End Sub
```

❖ 解説

ここでは、「ファイルを開く」ダイアログボックスを表示し選択されたファイルを開きます。まず、ファイルを複数選択できるようにし、ファイルフィルタをExcelブックとExcelマクロ有効ブックにしています。Showメソッドは、ダイアログボックスを表示し、「開く」ボタンがクリックされるとTureを返します。「開く」ボタンがクリックされたときは、Executeメソッドでファイルを開きます。引数fileDialogTypeに指定できる値は、次のとおりです。

◇ 引数fileDialogType に指定するMsoFileDialogTypeクラスの定数

定数	値	説明
msoFileDialogFilePicker	3	「参照」（ファイルの参照）ダイアログボックス
msoFileDialogFolderPicker	4	「フォルダーの選択」ダイアログボックス
msoFileDialogOpen	1	「開く」（ファイルを開く）ダイアログボックス
msoFileDialogSaveAs	2	「名前を付けて保存」ダイアログボックス

• FileDialogプロパティの構文

object.FileDialog(fileDialogType)

FileDialogプロパティは、様々な種類のファイルダイアログボックスを表示することができるプロパティです。「ファイルを開く」ダイアログボックスを表示するには、引数fileDialogTypeにmsoFileDialogOpenを指定します。Showメソッドでダイアログボックスを表示します。Executeメソッドを使用することで、選択したブックを開きます。

5-1 ブックの操作（ブックの新規作成や開く、保護など）

Tips 214 ブックを保護する

▶関連Tips
215

使用機能・命令 Protectメソッド

サンプルコード SampleFile Sample214.xlsm

```
Sub Sample214()
    '現在のブックをパスワード「pass」付きで保護する
    ThisWorkbook.Protect Password:="pass"
End Sub

Sub Sample214_2()
    '現在のブックを「pass」とタブを組み合わせたパスワードで保護する
    ThisWorkbook.Protect Password:="pass" & vbTab
End Sub
```

❖ 解説

　ここでは2つのサンプルを紹介します。1つ目は、パスワード「pass」を付けてブックを保護します。2つ目は、ブックのパスワードに「pass」と入力できない制御文字（ここではタブ）を指定しています。タブや改行などの指定をすることで、ユーザーがパスワード入力では解除できないようにブックを保護することができます。

▼制御文字をパスワードに使うことができる

制御文字をパスワードに使うことができる

▼実行結果

ブックが保護された

• Protectメソッドの構文

object.Protect(Password, Structure, Windows)

　Protectメソッドは、ブックを保護するメソッドです。引数passwordにパスワードを指定することもできます。引数structureにTrueを指定するとブックの構造を、引数windowsにTrueを指定するとウィンドウを保護します。

267

Tips 215 ブックの保護を解除する

▶関連Tips 214

使用機能・命令 Unprotectメソッド

サンプルコード SampleFile Sample215.xlsm

```
Sub Sample215()
    'パスワードを指定して現在のブックの保護を解除する
    ThisWorkbook.Unprotect Password:="pass"
End Sub

Sub Sample215_2()
    '制御文字を利用したパスワードを指定して現在のブックの保護を解除する
    ThisWorkbook.Unprotect Password:="pass" & vbTab
End Sub
```

❖ 解説

ここでは2つのサンプルを紹介しています。1つ目は、パスワード「pass」で保護されたブックの保護を解除します。2つ目のサンプルは、制御文字（タブ）を使用して保護されたブックの保護を解除します。制御文字を使って保護されたブックでは、保護を解除する際にユーザーが該当の文字を入力できないため、このようにコードから保護を解除するしかありません。

▼保護されているブック

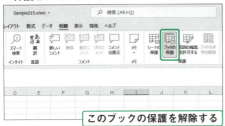

このブックの保護を解除する

▼実行結果

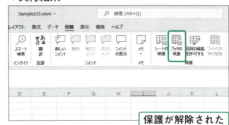

保護が解除された

• Unprotectメソッドの構文

object.Unprotect (Password)

Unprotectメソッドは、ブックの保護を解除します。パスワード付きで保護されたブックの場合、引数Passwordに該当のパスワードを指定します。パスワードは大文字と小文字が区別されます。シートまたはブックがパスワードで保護されていない場合、この引数は無視されます。対象のブックがパスワードで保護されている場合、この引数を省略すると、そのブックの保護を解除することはできません。

5-2 ブックの保存（様々な保存方法、PDF形式での保存など）

Tips 216 ブックを上書き保存する

▶関連Tips 210 217

使用機能・命令 Saveメソッド

サンプルコード SampleFile Sample216.xlsm

```
Sub Sample216()
    Dim Target As Workbook
    '「¥Sample216_2.xlsx」ブックを開く
    Set Target = _
        Workbooks.Open(ThisWorkbook.Path & "¥Sample216_2.xlsx")
    '開いたブックにデータを入力する
    Target.Worksheets(1).Range("A1").Value = "ExcelVBA"
    '開いたファイルを保存する
    Target.Save
End Sub

Sub Sample216_2()
    Dim Target As Workbook
    '新規ブックを作成する
    Set Target = Workbooks.Add
    '新規ブックを保存する
    Target.Save
End Sub
```

❖ 解説

　ここでは2つのサンプルを紹介します。1つ目は、「Sample216_2.xlsx」ブックを開き、このブックの1つ目のワークシートのセルA1に「ExcelVBA」と入力後、上書き保存します。

　2つ目は、新規ブックを作成しSaveメソッドで保存します。この場合、上書き保存といっても新規ブックなので、名前を付けて保存と同じような動作になります。ただしファイル名は、「Book1」のようなファイル名がExcelによって自動的に付けられます。次の実行結果は、2つ目のサンプルのものです。

・Saveメソッドの構文

object.Save

　Saveメソッドは、指定したブックへの変更を保存します。ブックを初めて保存する場合や、読み取り専用のブックに使用すると、「Book1」のような名前が自動的に付きます。

5-2 ブックの保存(様々な保存方法、PDF形式での保存など)

Tips 217 名前を付けてブックを保存する

▶関連Tips
216
218

使用機能・命令 SaveAs メソッド

サンプルコード SampleFile Sample217.xlsm

```
Sub Sample217()
    Dim Target As Workbook
    Set Target = Workbooks.Add 'ブックを追加する
    '名前を付けてブックを保存する
    Target.SaveAs ThisWorkbook.Path & "\" _
        & Format(Date, "YYYYMMDD")
End Sub

Sub Sample217_2()
    Dim Target As Workbook
    Set Target = Workbooks.Add 'ブックを追加する
    Application.DisplayAlerts = False '警告のメッセージを非表示にする
    'ファイル名を付けて保存する
    Target.SaveAs ThisWorkbook.Path & "\" & Format(Date, "YYYYMMDD")
    Application.DisplayAlerts = True '警告のメッセージが表示されるようにする
End Sub
```

❖ 解説

ここでは2つのサンプルを紹介します。1つ目は、新たにブックを作成し、作成したブックに今日の日付をファイル名として保存します。日付はDate関数で求め、Format関数を使用して書式を「YYYYMMDD」にしています。

なお、すでに保存先に同名のファイルがある場合は、上書き保存を確認するメッセージが表示されます。2つ目のサンプルは、このメッセージを表示せず、既存のファイルを無視して上書き保存します。保存時にメッセージを非表示にするには、DisplayAlertsプロパティをFalseにします。

SaveAsメソッドの各引数および、引数FileFormatに指定する主な定数は、以下のとおりです。

◇ SaveAsメソッドの引数

引数	説明
Filename	保存するファイル名を指定。完全パスを含めることもできる。完全パスを含めない場合は、現在のフォルダに保存される
FileFormat	ファイル形式を指定。指定できる形式は、XlFileFormatクラスの定数を使用する
Password	ファイルを保護するためのパスワードを指定。大文字と小文字が区別される
WriteResPassword	ファイルの書き込みパスワードを指定する

5-2 ブックの保存（様々な保存方法、PDF形式での保存など）

ReadOnlyRecommended	Trueを指定すると、ファイルを開くときに、読み取り専用で開くことを推奨するメッセージが表示される
CreateBackup	バックアップファイルを作成するには、Trueを指定する
AccessMode	ブックのアクセスモードを、XlSaveAsAccessModeクラスの定数で指定する
ConflictResolution	ブックを保存するときの競合の解決方法を表す。XlSaveConflictResolutionクラスの定数を指定する
AddToMru	最近使用したファイルの一覧にブックを追加するには、Trueを指定。既定値はFalse
TextCodepage	Excelでは、すべての言語で無視される
TextVisualLayout	Excelでは、すべての言語で無視される
Local	Excelの言語設定（コントロールパネルの設定を含む）に合わせてファイルを保存するには、Trueを指定する

◆ 引数FileFormatに指定するXlFileFormatクラスの主な定数

定数	値	説明
xlAddIn	18	Microsoft Excel 97-2003 アドイン
xlAddIn8	18	Microsoft Excel 97-2003 アドイン（Excel 2007以降）
xlCSV	6	CSV
xlExcel12	50	Excel12
xlExcel5	39	Excel5
xlExcel7	39	Excel7
xlExcel8	56	Excel8（Excel 2007以降）
xlExcel9795	43	Excel9795
xlHtml	44	HTML形式
xlTemplate	17	テンプレート
xlTemplate8	17	テンプレート（Excel 2007以降）
xlOpenDocumentSpreadsheet	60	OpenDocument スプレッドシート
xlOpenXMLAddIn	55	XML アドイン
xlOpenXMLStrictWorkbook	61 (&H3D)	厳密なXML ファイル
xlOpenXMLTemplate	54	XML テンプレート
xlOpenXMLTemplateMacroEnabled	53	マクロを有効にした XML テンプレート
xlOpenXMLWorkbook	51	XML ブック
xlOpenXMLWorkbookMacroEnabled	52	マクロを有効にした XML ブック

● SaveAsメソッドの構文

SaveAs(FileName, FileFormat, Password, WriteResPassword, ReadOnlyRecommended, CreateBackup, AccessMode, ConflictResolution, AddToMru, TextCodepage, TextVisualLayout, Local)

SaveAsメソッドは、ブックに名前を付けて保存するメソッドです。引数FileNameに保存するファイル名を指定します。

5-2 ブックの保存（様々な保存方法、PDF形式での保存など）

Tips 218 ブックに別名を付けて保存する

▶関連Tips
216
217

使用機能・命令 Closeメソッド

サンプルコード SampleFile Sample218.xlsm

```
Sub Sample218()
    'セルA1の値を変更する
    Range("A1").Value = "商品コード"
    'ブックを閉じる際にこのブックと同じフォルダの「Data」フォルダに別名で保存する
    ThisWorkbook.Close SaveChanges:=True _
        , Filename:=ThisWorkbook.Path & "¥Data¥Sample218_Bk.xlsm"
End Sub
```

❖ 解説

　ここでは、セルA1の値を変更後、Closeメソッドの引数を指定して、このブックと同じ階層にあるDataフォルダに「Sample218_Bk.xlsm」という別名でブックを保存します。なお、引数SaveChangesを省略すると、変更を保存するかどうかの確認のメッセージが表示されます。ブックを別名で保存する最もポピュラーな方法は、SaveAsメソッドを使用する方法です。SaveAsメソッドは、ブックに名前を付けて保存するメソッドです。しかし、Closeメソッドもここで紹介したように、同様の処理ができます。また、保存後すぐにブックを閉じるのであれば、まとめて処理できるCloseメソッドが便利です。このように、**VBAでは同じような処理でもいくつか方法がある場合があります。状況によって使い分けることができればベストですが、中にはどちらの方法でも良いというものもあります。その辺については、あまり難しく考えず、やりやすい方法で良いでしょう。**ただし、チームで開発する場合は、方法がバラバラでは困りますから、チーム内でルールを作る必要があります。

▼元となるブック

このブックを別名で保存する

▼実行結果

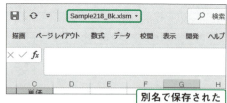

別名で保存された

・Closeメソッドの構文

object.Close(SaveChanges, Filename, RouteWorkbook)

　Closeメソッドの引数SaveChangesにTrueを指定すると、ブックに変更があった場合、ブックの変更を保存してからブックを閉じます。また、引数Filenameに保存場所とファイル名を指定すると、別名で保存してから閉じることができます。

5-2 ブックの保存（様々な保存方法、PDF形式での保存など）

Tips 219　同名のブックが開かれているか確認する

▶関連Tips
217
228

使用機能・命令 SaveAsメソッド

サンプルコード　SampleFile Sample219.xlsm

```
Sub Sample219()
    Dim Target As Workbook
    Set Target = Workbooks.Add      '新規にブックを作成する
    On Error Resume Next            'エラー処理を開始する
    Target.SaveAs "Sample219.xlsm"  '新規ブックに名前を付けて保存する
    If Err.Number <> 0 Then         'エラーが発生したかの確認
        Target.Close False          '作成したブックを閉じる
        MsgBox "同名のブックが開いています" '発生した場合の処理
    End If
End Sub
```

❖ 解説

ここでは、「Sample219.xlsm」ブック（このマクロが保存されているブック）がすでに開かれているか確認します。まず、新規ブックを作成しこのマクロが含まれているブックと同じ名前で保存します。すでに同名のブックが開いているので、エラーが発生しますが、On Errorステートメントで処理が止まることを避けています。そして、Numberプロパティでエラーの発生を判断し、エラーが発生している場合は、作成したブックを閉じメッセージを表示します。

▼実行結果

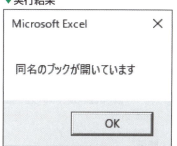

ブックがすでに開いていることが確認された

•SaveAsメソッドの構文

SaveAs(FileName, FileFormat, Password, WriteResPassword, ReadOnlyRecommended, CreateBackup, AccessMode, ConflictResolution, AddToMru, TextCodepage, TextVisualLayout, Local)

SaveAsメソッドは、ブックに名前を付けて保存するメソッドです。同名のブックが開いているときに使用するとエラーが発生します。これを利用して、同名のブックの存在をチェックします。
SaveAsメソッドの引数については、Tips217を参照してください。

5-2 ブックの保存（様々な保存方法、PDF形式での保存など）

Tips 220 ダイアログボックスを表示してブックを保存する（1）

▶関連Tips
219
221

使用機能・命令 GetSaveAsFilename メソッド

サンプルコード　SampleFile Sample220.xlsm

```
Sub Sample220()
    Dim TargetBook As Workbook
    Dim SaveFileName As Variant

    '新規ブックを作成する
    Set TargetBook = Workbooks.Add

    '保存するファイル名を取得する
    SaveFileName = Application.GetSaveAsFilename _
        (InitialFileName:="練習", _
        FileFilter:="Excelファイル(*.xlsx;*.xlsm),*.xlsx;*.xlsm" _
        , Title:="保存するファイル名を指定")

    '「キャンセル」ボタンがクリックされたら処理を終了する
    If VarType(SaveFileName) = vbBoolean Then Exit Sub

    '指定した名前でブックを保存する
    TargetBook.SaveAs SaveFileName
End Sub
```

❖ 解説

　ここでは新規にブックを作成し、「名前を付けて保存」ダイアログボックスに指定されたファイル名で保存します。Addメソッドで新規にファイルを作成し、GetSaveAsFilenameメソッドで保存するファイル名を取得します。この時、引数InitialFilenameに「練習」と指定し、保存するファイル名の既定値を指定しています。

　GetSaveAsFilenameメソッドは、「キャンセル」ボタンをクリックした場合は、内部処理形式Boolean型のVariant型の値を返すので、VarType関数で「キャンセル」ボタンがクリックされたか判定しています。その為、指定されたファイル名を代入する変数「SaveFileName」は、Variant型で宣言しています（ファイル名なので、String型で宣言するケースをよく見かけますが、この処理をするためにはVariant型である必要があります）。その後、ファイルを保存します。

　このようにGetSaveAdFilenameメソッドの戻り値のデータ型は、ファイル名が指定された場合と、「キャンセル」ボタンがクリックされた場合では異なります。

　ところで、それを無視した「If SaveFileName ="FALSE" Then Exit Sub」のような記述を見かけることがあります。これでも動作はしますが、ここで紹介したサンプルのようにデータ型をきちんと意識しにコードを書くべきでしょう。

なお、GetSaveAsFilenameメソッドは、保存するファイル名を取得するためのものです。実際に保存するには、SaveAsメソッドを使用します。

GetSaveAsFilenameメソッドの各引数については、以下を参照してください。

◈ GetSaveAsFilenameの引数

引数	説明
InitialFilename	既定値として表示するファイル名を指定。省略すると、作業中のブックの名前が使用される
FileFilter	ファイルの候補を指定する文字列（ファイルフィルタ文字列）を指定する
FilterIndex	引数FileFilterで指定したファイルフィルタ文字列の中で、何番目の値を既定値とするかを指定する
Title	ダイアログボックスのタイトルを指定する
ButtonText	Macintoshでのみ指定可能

▼新たにブックを追加して名前を付けて保存する

保存するファイル名は「名前を付けて保存」ダイアログボックスで指定する

▼実行結果

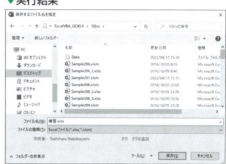

「名前を付けて保存」ダイアログボックスが表示される

• GetSaveAsFilename メソッドの構文

object.GetSaveAsFilename(InitialFilename, FileFilter, FilterIndex, Title, ButtonText)

GetSaveAsFilenameメソッドは、「名前を付けて保存」ダイアログボックスを表示します。

GetSaveAsFilenameメソッドでは、ダイアログボックスでファイル名とパスを指定することができますが、実際にはブックの保存はしません。保存するには、SaveAsメソッドを利用します。

5-2 ブックの保存（様々な保存方法、PDF形式での保存など）

Tips 221 ダイアログボックスを表示してブックを保存する（2）

▶関連Tips
219
220

使用機能・命令 FileDialog プロパティ

サンプルコード SampleFile Sample221.xlsm

```
Sub Sample221()
    Dim TargetBook As Workbook
    Set TargetBook = Workbooks.Add     '新規ブックを追加する
    TargetBook.Activate     '追加したブックをアクティブにする
    '「名前を付けて保存」ダイアログボックスを表示する
    With Application.FileDialog(msoFileDialogSaveAs)
        If .Show = True Then     '「保存」ボタンがクリックされたかを判定する
            .Execute     'ブックを保存する
        End If
    End With
End Sub
```

❖ 解説

ここでは、新規にブックを作成し、「名前を付けて保存」ダイアログボックスに指定されたファイル名で保存します。Addメソッドで新規にファイルを作成し、そのブックをアクティブにした後、FileDialogを使用して「名前を付けて保存」ダイアログボックスを表示します。「保存」ボタンがクリックされると、ShowメソッドはTure を返します。「保存」ボタンがクリックされたら、Executeメソッドでブックを保存します。

▼実行結果

「名前を付けて保存」ダイアログボックスが表示される

• FileDialog プロパティの構文

object.FileDialog(fileDialogType)

FileDialogプロパティの引数にmsoFileDialogSaveAsを指定すると、「名前を付けて保存」ダイアログボックスを表示します。ShowメソッドとExecuteメソッドを組み合わせることで、選択したブックを保存することができます。

Tips 222 カレントフォルダを変更して保存する

▶関連Tips 217

使用機能・命令 ChDir関数

サンプルコード SampleFile Sample222.xlsm

```vb
Sub Sample222()
    Dim tempDir As String
    tempDir = CurDir        '現在のカレントフォルダを変数に格納する
    'カレントフォルダをこのブックの保存先にある「Data」フォルダにする
    ChDir ThisWorkbook.Path & "\Data"
    'ブックを新規に追加し、「Sample222_2.xlsx」という名前で保存する
    Workbooks.Add.SaveAs "Sample222_2.xlsx"
    ChDir tempDir           'カレントフォルダをもとに戻す
End Sub
```

❖ 解説

ここでは、カレントフォルダを変更し、そのフォルダに新規ブックを作成/保存します。SaveAsメソッドは、保存先のパスを省略するとカレントフォルダにブックを保存します。最後に、カレントフォルダを元のフォルダに戻して、処理を終了します。

カレントフォルダとは、Excelがその時点で作業対象にしているフォルダです。直前にファイルを開いたり、保存したりすると、そのフォルダがカレントフォルダになります。Excelのオプションで設定できる「既定のファイルの場所」は、Excelが起動時にカレントフォルダに設定するフォルダになります。

▼このフォルダにブックを保存する

カレントフォルダをこのフォルダに変更後、ブックを保存する

▼実行結果

変更後のカレントフォルダにブックが保存された

•ChDir関数の構文

ChDir path

ChDir関数を利用すると、現在のフォルダを変更することができます。ドライブ名を省略すると、現在のドライブが指定されたと見なされます。

5-2 ブックの保存（様々な保存方法、PDF形式での保存など）

Tips 223 ファイル名を検索してから保存する

▶関連Tips 219

使用機能・命令 Dir関数

サンプルコード SampleFile Sample223.xlsm

```
Sub Sample223()
    Dim temp1 As String
    Dim temp2 As String

    '保存するファイル名
    temp1 = ThisWorkbook.Path & "\Data\Data223.xlsm"
    '保存先にファイルが有った場合、リネームするためのファイル名
    temp2 = ThisWorkbook.Path & "\Data\Data223_bk.xlsm"
    If Dir(temp1) <> "" Then        'ファイルが存在するかをチェックする
        Name temp1 As temp2          'ファイルが存在する場合リネームする
    End If
    ThisWorkbook.SaveAs temp1       '現在のブックを名前を付けて保存する
End Sub
```

❖ 解説

ここでは、現在のブックに「Data223.xlsm」という名前を付けて保存します。その際、事前に同じ名前のファイルが存在するか確認し、同じ名前がある場合は、既存の「Data223.xlsm」ファイルを「Data223_bk.xlsm」という名前に変更します。

その後、現在のブックを「Data223.xlsm」という名前で保存します。

▼このファイルがあるかチェックする

見つかれば、このファイルをリネームする

▼実行結果

既存のファイルがリネームされて、ファイルが保存された

・Dir関数の構文

Dir[(pathname[, attributes])]

Dir関数は、指定した名前や属性と一致するファイルやフォルダを検索し、見つかった場合はファイル名を、見つからなかった場合は「""（長さ０の文字列）」を返します。

5-2 ブックの保存（様々な保存方法、PDF形式での保存など）

Tips 224 ブックのコピーを保存する（1）

▶関連Tips 225

使用機能・命令 FileCopyステートメント

サンプルコード SampleFile Sample224.xlsm

```
Sub Sample224()
    '「Sample224_2.xlsx」を「Data」フォルダに「Sample224_2_bk.xlsx」
    'という名前でコピーする
    FileCopy ThisWorkbook.Path & "\Sample224_2.xlsx", _
        ThisWorkbook.Path & "\Data\Sample224_2_bk.xlsx"
End Sub
```

❖ 解説

ここでは、「Sample224_2.xlsx」ファイルをこのブックと同じフォルダ内の「Data」フォルダに、「Sample224_2_bk.xlsx」として保存します。

▼実行結果

追加したブック名が表示された

• FileCopyステートメントの構文

FileCopy source, destination

FileCopyステートメントは、ファイルをコピーするステートメントです。FileCopyステートメントは、指定したファイルを別名で保存します。ただし、指定したファイルが現在開かれている場合は、エラーが発生します。また、**コピー後のファイルと同名のファイルがすでに存在する場合、自動的にファイルが上書きされます**（上書きのメッセージは表示されません）。また、FileCopyステートメントは、Excelファイルに限らずファイルをコピーすることができます。

なお、現在開かれているブックのコピーを作成する場合は、Tips225のSaveCopyASメソッドを使用します。

> **Memo** 構文の説明にもありますが、FileCopyステートメントは、コピー先に同名のファイルがあると、自動的に上書きされます。運用上それで問題がないのであればよいのですが、そうでない場合は、事前にDir関数などを使用して同名のファイルがあるかを確認するとよいでしょう。

5-2 ブックの保存（様々な保存方法、PDF形式での保存など）

Tips 225 ブックのコピーを保存する（2）

▶関連Tips 224

使用機能・命令 SaveCopyAs メソッド

サンプルコード SampleFile Sample225.xlsm

```
Sub Sample225()
    '現在のブックと同じフォルダの「Data」フォルダに
    '「Sample225_bk.xlsx」という名前でコピーを保存する
    ThisWorkbook.SaveCopyAs _
        ThisWorkbook.Path & "\Data\Sample225_bk.xlsx"
End Sub
```

❖ 解説

ここでは、現在のブックのコピーを、マクロが保存されているフォルダにある「Data」フォルダ内に「Sample225_bk.xlsx」という名前で保存します。

なお、Tips224で紹介したFileCopyステートメントと、このSaveCopyAsメソッドは、どちらもファイルをコピーすることができる命令ですが、SaveCopyAsメソッドが開いているブックを対象にする命令なのに対し、FileCopyステートメントは開いていないファイルが対象になります。また、FileCopyステートメントは、Excelファイルに限らずファイルをコピーすることができます。

▼実行結果

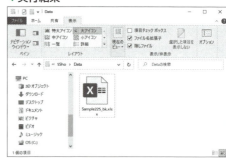

ファイルがコピーされた

SaveCopyAsメソッドと、SaveAsメソッドはどちらも「名前を付けて保存」する命令ですが、違いの一つとして、メソッドの実行後に開かれているブックの違いがあります。SaveCopyAsメソッドは、対象ブックのコピーを保存するため、もとのブックが開かれた状態になります。これに対してSaveAsメソッドは、新たに名前を付けて保存したブックが開かれた状態になります。

• **SaveCopyAs メソッドの構文**

object.SaveCopyAs(Filename)

SaveCopyAsメソッドは、ブックのコピーを作成するメソッドです。保存場所に同名のブックがある場合は、自動的に上書き保存します。保存済みのブックのコピーを作成するには、FileCopyステートメントを利用します。

Tips 226 CSVファイルとして保存する

▶関連Tips 217

使用機能・命令 SaveAsメソッド

サンプルコード SampleFile Sample226.xlsm

```
Sub Sample226()
    '現在のブックを「Data」フォルダに「Data.csv」という名前で保存する
    ThisWorkbook.SaveAs _
        Filename:=ThisWorkbook.Path & "\Data\Data.csv" _
        , FileFormat:=xlCSV, Local:=True
End Sub
```

❖ 解説

ここでは、このマクロが含まれているブックを同じフォルダにある「Data」フォルダ内に、「Data.csv」という名前で保存します。csv形式で保存するために、引数FileFormatにxlCSVを指定しています。また、引数LocalにTrueを指定して、数値や日付のフォーマットをパソコンの設定に合わせるように指定しています。

なお、対象のブックにワークシートが複数ある場合、CSVファイルとして保存されるのは、アクティブなワークシートのみです。すべてのワークシートをCSVファイルとして保存したい場合は、繰り返し処理と組み合わせてください（当然ながら、CSVファイルは複数できることになるので、ファイル名についても工夫が必要になります）。

▼実行結果

CSVファイルが作成された

• SaveAsメソッドの構文

SaveAs(FileName, FileFormat, Password, WriteResPassword, ReadOnlyRecommended, CreateBackup, AccessMode, ConflictResolution, AddToMru, TextCodepage, TextVisualLayout, Local)

SaveAsメソッドを使用すると、Excelブックを様々なファイル形式で保存することができます。カンマ区切りのテキストファイル（CSV形式）として保存するには、引数FileFormatにxlCSVを指定します。CSV形式のファイルは汎用性が高く、様々なアプリケーションでデータを活用することが可能です。SaveAsメソッドの引数については、Tips217を参照してください。

Tips 227　PDF形式で保存する

▶関連Tips 217

使用機能・命令 ExportAsFixedFormatメソッド

サンプルコード　SampleFile Sample227.xlsm

```vba
Sub Sample227()
    '「Data」フォルダに「Data.pdf」という名前でPDFファイルを保存
    ThisWorkbook.ExportAsFixedFormat Type:=xlTypePDF _
        , Filename:=ThisWorkbook.Path & "\Data\Data.pdf" _
        , OpenAfterPublish:=True
End Sub
```

❖ 解説

ここでは、ブックをPDFファイルとして保存します。保存先は、このブックと同じフォルダです。引数OpenAfterPublishにTrue を指定して、保存後PDFファイルを表示します。なお、ExportAsFixedFormatメソッドの引数に指定する項目は、次のとおりです。

◆ ExportAsFixedFormatメソッドに指定する項目

引数	説明
Type	使用できる定数は、xlTypePDFまたはxlTypeXPS
Filename	保存されるファイルの名前を指定する
Quality	設定できる値は、xlQualityStandard、またはxlQualityMinimum
IncludeDocProperties	ドキュメントプロパティが含まれていることを示す場合はTrueに設定し、省略されていることを示す場合はFalseに設定する
IgnorePrintAreas	Trueに設定すると、発行する場合に印刷範囲が無視される。Falseに設定すると、発行する場合に印刷範囲が使用される
From	発行を開始するページのページ番号を指定。省略すると、先頭のページから発行が開始される
To	発行を終了するページ番号を指定。省略すると、最後のページまで発行する
OpenAfterPublish	Trueに設定すると、発行後にファイルがビューアーに表示される。Falseに設定すると、ファイルは発行されるが表示はされない
FixedFormatExtClassPtr	FixedFormatExtクラスへのポインター

• ExportAsFixedFormatメソッドの構文

object.ExportAsFixedFormat(Type, Filename, Quality, IncludeDocProperties, IgnorePrintAreas, From, To, OpenAfterPublish, FixedFormatExtClassPtr)

ExportAsFixedFormatを利用すると、PDFまたはXPS形式のファイルを作成することが可能です。

5-2 ブックの保存（様々な保存方法、PDF形式での保存など）

Tips 228 ブックを閉じる

▶関連Tips
229
230

使用機能・命令 Closeメソッド

サンプルコード SampleFile Sample228.xlsm

```
Sub Sample228()
    '確認のメッセージを表示せずにブックを閉じる
    ThisWorkbook.Close SaveChanges:=False
End Sub

Sub Sample228_2()
    Application.DisplayAlerts = False '確認のメッセージを非表示にする
    Workbooks.Close 'すべてのブックを閉じる
    '確認のメッセージが表示されるようにする
    Application.DisplayAlerts = True
End Sub
```

❖ **解説**

ここでは2つのサンプルを紹介します。1つ目は、Closeメソッドを使用して、このマクロが保存されているブックを閉じます。ただし、ブックに何らかの変更があると保存を確認するメッセージが表示されます。そこで、引数SaveChangesにFalseをして、変更を無視してブックを閉じます（変更は保存されません）。

2つ目は、Workbooksコレクションを対象にCloseメソッドを実行して、すべてのブックを閉じます。**ただし、Workbooksコレクションに対してCloseメソッドを使用するときは、引数SaveChangesが指定できません**。そのため、開いているブックに変更がある場合は、確認のメッセージが表示されます。そこで、DisplayAlertsプロパティをFalseにして、確認のメッセージを表示しないようにしています。

• **Closeメソッドの構文**

object.Close(SaveChanges, Filename, RouteWorkbook)

Closeメソッドは、ブックを閉じるメソッドです。引数SaveChangesを省略すると、ブックに変更があった場合に、保存を確認するメッセージが表示されます。また、Workbooksコレクションを対象とする場合は、すべてのブックが閉じられます。ただし、その場合引数の指定はできません。

Memo 業務の自動化で作成するプログラムでは、他のブックを参照することがよくあります。このとき、対象のブックにデータを書き込まないのであれば、ブックを閉じるときに確認のメッセージは表示されないはずなのですが、例えばTODAYワークシート関数など自動的に更新される関数が使用されていると、確認のメッセージが表示されることになります。ですので、プログラムで特にデータを更新する処理が無くても、引数SaveChangesにはFalseを指定しておくとよいでしょう。

5-2 ブックの保存（様々な保存方法、PDF形式での保存など）

Tips 229 変更が保存されているかどうか確認する

▶関連Tips
228
230

使用機能・命令 Saved プロパティ

サンプルコード SampleFile Sample229.xlsm

```
Sub Sample229()
    ThisWorkbook.Save      'いったんブックを保存する
    Range("A1").Value = "商品コード"       'セルA1の値を変更する
    If ThisWorkbook.Saved = False Then     'ブックの変更を確認する
        '変更された場合のメッセージを表示する
        MsgBox "ブックに変更が加えられました"
    End If
End Sub
```

❖ 解説

ブックに変更があるか確認します。ここでは、最初に一度ブックを保存します。その後、セルA1の値を「日付」から「売上日」に変更します。この変更をSavedプロパティで確認します。変更が加えられているため、SavedプロパティはFalseを返し、メッセージが表示されます。

なお、Savedプロパティは値の設定が可能です。SavedプロパティにTrueを指定することで、実際にはブックの変更があったにもかかわらず、変更がなかったようにしてしまうことができます。

▼ブックの変更を確認する

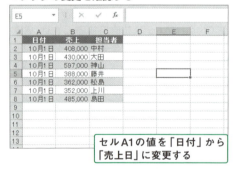

セルA1の値を「日付」から「売上日」に変更する

▼実行結果

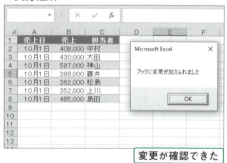

変更が確認できた

・Savedプロパティの構文

object.Saved

Savedプロパティを利用すると、ブックを最後に保存した後、変更が行われたかを確認することができます。Trueの場合は変更が加えられていないことを、Falseの場合は変更が加えられたことを示します。

5-2 ブックの保存（様々な保存方法、PDF形式での保存など）

Tips 230 変更を保存せずにブックを閉じる

▶関連Tips
228
229

使用機能・命令 Savedプロパティ

サンプルコード SampleFile Sample230.xlsm

```
Sub Sample230()
    'セルA1の値を変更する
    Range("A1").Value = "売上日"
    '変更が加えられていないことにする
    ThisWorkbook.Saved = True
    'ブックを閉じる
    ThisWorkbook.Close
End Sub
```

❖ 解説

ここでは、セルA1の値を「日付」から「売上日」に変更した後、SavedプロパティをTrueにして、変更がなかったかのようにします。その後、Closeメソッドでブックを閉じます。SavedプロパティがTrueになっているため、変更があるにもかかわらず、ブックを閉じるときに確認のメッセージは表示されません。

ブックを再度開くと、当然ながら変更は保存されていません。ただし、このような処理は若干トリッキーでもあります。VBAに慣れていない人がこのコードを見ると、違和感を覚えるかもしれません。やはり基本はCloseメソッドの引数SaveChangesの利用でしょう。そのうえで、この方法の利用を検討してください。

▼ブックを変更後閉じるときに表示されるメッセージ

保存していないと通常はこのメッセージが表示される

・Savedプロパティの構文

object.Saved

Savedプロパティを利用すると、ブックを最後に保存した後、変更が行われたかを確認することができます。Falseの場合は変更が加えられたことを、Trueの場合は変更が加えられていないことを示します。Savedプロパティは値の設定も可能なため、Trueを設定することで、実際には変更が加えられていても、変更されていないようにしてしまうことが可能です。

Tips 231 すべてのブックを保存してExcelを終了する

▶関連Tips: 216, 228

使用機能・命令 Quitメソッド

サンプルコード SampleFile Sample231.xlsm

```
Sub Sample231()
    Dim temp As Workbook
    'すべてのブックに対して処理を行う
    For Each temp In Workbooks
        'ブックを上書き保存する
        temp.Save
    Next
    'Excelを終了する
    Application.Quit
End Sub
```

❖ 解説

ここではQuitメソッドでExcelを終了します。ただし、**保存されていないブックがあるとメッセージが表示され処理が中断されるため、まずはループ処理を使用して、すべてのブックをSaveメソッドを使用して上書き保存します**。その後にQuitを使用することで、メッセージが表示されることなくExcelを終了できます。

▼保存せずにファイルを閉じようとすると表示されるメッセージ

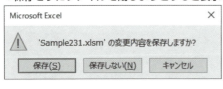

このメッセージを表示せずにExcelを終了する

• Quitメソッドの構文

object.Quit

QuitメソッドはExcelを終了する命令です。このとき、開いているブックでまだ保存されていないブックがあると、保存を確認するメッセージが表示されます。Saveメソッドと組み合わせることで、すべてのブックを保存してからExcelを終了することができます。

> **Memo** ブックを変更した場合はもちろんですが、単に開いただけでも、閉じるときに変更を確認するメッセージが表示されることがあります。これは、例えばToday関数のように自動的に処理が行われる関数が使用されている場合に発生します（自動的に再計算される関数を揮発性関数といいます）。

Tips 232 すべてのブックを保存しないでExcelを終了する

▶関連Tips 228 231

使用機能・命令 Savedプロパティ

サンプルコード SampleFile Sample232.xlsm

```
Sub Sample232()
    Dim temp As Workbook
    'すべてのブックに対して処理を行う
    For Each temp In Workbooks
        temp.Saved = True 'SavedプロパティをTrueにする
    Next
    Application.Quit    'Excelを終了する
End Sub

Sub Sample232_2()
    With Application
        .DisplayAlerts = False  '確認のメッセージを非表示にする
        .Quit    'Excelを終了する
        .DisplayAlerts = True   '確認のメッセージが表示されるようにする
    End With
End Sub
```

❖ 解説

ここでは2つのサンプルを紹介します。1つ目は、ループ処理を使って、すべてのブックに対してSavedプロパティをTrueに指定します。こうすることで、ブックに変更が加えられても無視するようにします。その後、Excelを終了します。こうすることで、変更を確認するメッセージが表示されません。

2つ目は、DisplayAlertsプロパティをFalseにすることで、確認のメッセージを表示せずにExcelを終了しています。

• **Savedプロパティの構文**

object.Saved

ブックの変更を保存せずにExcelを終了するには、SavedプロパティとQuitメソッドを組み合わせます。SavedプロパティにTrueを指定すると、実際には保存をしていなくても保存済みとして認識されるため、確認のメッセージが表示されません。

Memo DisplayAlertsプロパティは、サンプルのように対象の個所に適用した後は、必ずTrueに戻すようにしてください。DisplayAlertsプロパティの設定はプロシージャが終了しても有効なため、Falseのままだと、表示してほしいアラートまで非表示になってしまいます。

5-3 ブックの情報の取得(ファイル名やパスの取得、履歴の操作など)

Tips 233 ブックの名前を取得する

▶関連Tips
206
234

使用機能・命令 Nameプロパティ

サンプルコード SampleFile Sample233.xlsm

```
Sub Sample233()
    '現在のブックのブック名を表示する
    MsgBox "現在のブック名:" & ThisWorkbook.Name
End Sub
```

❖ 解説

ここでは、ThisWorkbookプロパティとNameプロパティを使用して、現在のブックのブック名をメッセージボックスに表示します。

なお、フォルダ等でファイル名を確認するときに、拡張子が表示されるかどうかはフォルダオプションの設定によります。しかし、Nameプロパティは、その設定に関係なく拡張子付きの値を返します。

▼このブックのブック名を取得する

拡張子付きで取得する

▼実行結果

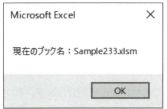

ブック名が拡張子付きで取得された

• **Nameプロパティの構文**

object.Name

Nameプロパティは、objectに指定したブックの名前を返すプロパティです。

Memo 似たような命令に、PathプロパティとFullNameプロパティがあります。Pathプロパティは対象のブックのパスを(ファイル名は含みません)、FullNameプロパティはフルパスを(ファイルのパスおよびファイル名)を取得します。使用目的に応じて使い分けてください。

5-3 ブックの情報の取得（ファイル名やパスの取得、履歴の操作など）

Tips 234 ブックの保存場所を調べる

▶関連Tips 233 272

使用機能・命令 Pathプロパティ

サンプルコード SampleFile Sample234.xlsm

```
Sub Sample234()
    'このブックの保存先フォルダを表示する
    MsgBox "保存場所：" & ThisWorkbook.Path
End Sub
```

❖ 解説

ここでは、現在のブックが保存されているフォルダ（パス）をメッセージボックスに表示します。ThisWorkbookプロパティで現在のブックを取得し、Pathプロパティで保存先のパスを取得しています。

なお、ブックの保存先に関する情報を取得するプロパティとしては、Pathプロパティ以外に次のものがあります。

◇ 保存先に関するプロパティ

プロパティ	説明	参照Tips
FullName	プロパティブックのファイル名をフルパス付きで取得	Tips242
Name	プロパティファイル名を取得	Tips239

▼このブックの保存先を取得する

ドライブ名から始まるフォルダ名（パス）を取得する

▼実行結果

フォルダ名（パス）が表示された

• Pathプロパティの構文

object.Path

Pathプロパティは、objectに指定されたブックの保存場所（パス）を返すプロパティです。

5-3 ブックの情報の取得（ファイル名やパスの取得、履歴の操作など）

Tips 235 ブックが開かれているかどうか確認する

▶関連Tips **233**

使用機能・命令 Nameプロパティ

サンプルコード SampleFile Sample235.xlsm

```
Sub Sample235()
    Dim temp As Workbook
    For Each temp In Workbooks    'すべてのブックに対して処理する
        'ブック名をチェックする
        If temp.Name = "Sample235.xlsm" Then
            'ブック名が同じだった場合のメッセージ
            MsgBox temp.Name & "が開かれています"
            Exit For    'ループ処理を抜ける
        End If
    Next
End Sub
```

❖ 解説

ここでは、現在開かれているブックをチェックします。ループ処理とNameプロパティを使用して、現在開かれているブックのブック名を取得し、「Sample235.xlsm」と同じかどうかをチェックしています。

▼このブックが開かれているか確認する

Nameプロパティでブック名を確認する

▼実行結果

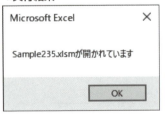

ブックが開かれているか確認できた

• Nameプロパティの構文

object.Name

Nameプロパティは、objectに指定したブックの名前を返すプロパティです。

Tips 236 ブックの名前をパス付きで取得する

▶関連Tips: 233, 234

使用機能・命令 FullNameプロパティ

サンプルコード SampleFile Sample236.xlsm

```
Sub Sample236()
    'ブック名とフルパスを表示する
    With ThisWorkbook
        MsgBox "ブック名：" & .Name & vbCrLf _
            & "フルパス：" & .FullName
    End With
End Sub
```

❖ 解説

ここでは、ThisWorkbookプロパティとNameプロパティ、FullNameプロパティを使用して、現在のブックのブック名とパス付きのブック名を表示します。パス付きのブック名を取得することを、「ブックのフルパスを取得する」といいます。

ここでは、合わせてNameプロパティとFullNameプロパティの違いを確認してください。Nameプロパティについては、Tips233を参照してください。

また、ブックが保存されているパスだけを取得する場合は、Pathプロパティを使用します。Pathプロパティについては、Tips234を参照してください。

▼このブックのブック名をパス付きで取得する

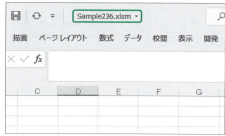

フルパスでブック名を取得し、メッセージボックスに表示する

▼実行結果

ブック名とフルパスでのブック名が表示された

• FullNameプロパティの構文

object.FullName

FullNameプロパティは、objectに指定したブックの名前をパス付きで返します。

5-3 ブックの情報の取得（ファイル名やパスの取得、履歴の操作など）

Tips 237 マクロが含まれているか確認する

▶関連Tips 238

使用機能・命令 HasVBProjectプロパティ

サンプルコード SampleFile Sample237.xlsm

```
Sub Sample237()
    'このブックにマクロが含まれているか確認する
    If ThisWorkbook.HasVBProject Then
        '含まれている場合のメッセージ
        MsgBox "このブックはマクロを含んでいます"
    Else
        '含まれていない場合のメッセージ
        MsgBox "このブックはマクロを含んでいません"
    End If
End Sub
```

❖ 解説

ここでは、「Sample237.xlsm」にマクロが含まれているかをチェックします。HasVBProjectプロパティは対象のブックにマクロが含まれているときは、Trueを返します。マクロが含まれている場合と含まれていない場合の、それぞれのケースでメッセージを表示します。なお、マクロの有無については拡張子で判別することもできますが、HasVBProjectプロパティは、**実際に標準モジュールやクラスモジュール、ユーザーフォームがあるかどうかでマクロの有無を判定しています**。また、オブジェクトモジュールについては、コードがあるかで判定しています。

▼実行結果

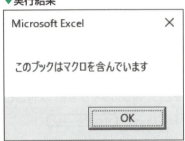

チェック結果が表示された

• HasVBProjectプロパティの構文

object.HasVBProject

HasVBProjectプロパティは、objectに指定したブックにマクロが含まれているかを返します。含まれている場合Trueを、含まれていない場合Falseを返します。

Tips 238 互換モードで開いているか確認する

▶関連Tips 210

使用機能・命令 Excel8CompatibilityMode プロパティ

サンプルコード SampleFile Sample238.xlsm

```
Sub Sample238()
    Dim Target As Workbook
    '「Sample238_2.xls」を開く
    Set Target = Workbooks.Open(ThisWorkbook.Path & "¥Sample238_2.xls")
    If Target.Excel8CompatibilityMode Then '互換モードかチェックする
        '互換モードの場合のメッセージ
        MsgBox Target.Name & "は互換モードです"
    Else
        '互換モードではない場合のメッセージ
        MsgBox Target.Name & "は互換モードではありません"
    End If
    Target.Close '「Sample238_2.xls」を閉じる
End Sub
```

❖ 解説

ここでは、旧バージョンのExcelで作られた「Sample238_2.xls」ブックを開き、このブックが互換モードで開かれているかをチェックします。

▼このブックを開き、互換モードかチェックする

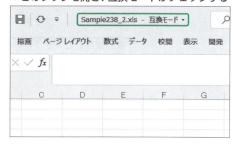

チェック結果のメッセージを表示する

▼実行結果

互換モードかのチェックができた

• Excel8CompatibilityMode プロパティの構文

object.Excel8CompatibilityMode

Excel8CompatibilityModeプロパティは、objectに指定されたブックが互換モードで開かれているかを返します。互換モードの場合はTrueを、互換モードでない場合はFalseを返します。

5-3 ブックの情報の取得（ファイル名やパスの取得、履歴の操作など）

Tips 239 最近使用したファイルのリストを取得する

▶関連Tips 233

使用機能・命令 **RecentFiles プロパティ**

サンプルコード　**SampleFile Sample239.xlsm**

```
Sub Sample239()
    '最近使用したファイルに対する処理
    With Application.RecentFiles
        '使用したファイル数と直近のファイル名を表示
        MsgBox "最近使用したファイル数：" & .Count _
            & vbCrLf & "1番目のファイル名：" & .Item(1).Name
    End With
End Sub
```

❖ 解説

ここでは、最近使用したファイルのファイル数をCountプロパティで、直近のファイル名をItemプロパティとNameプロパティで取得しています。なお、最近使用したファイルは、履歴をいくつまで残すか設定することができます。この数を取得／設定するには、Maxinumプロパティを使用します。

▼最近使用したファイルの履歴

この履歴の数と一番上のファイル名を取得する

▼実行結果

最近使用したファイルの情報が取得された

●RecentFiles プロパティの構文

object.RecentFiles

RecentFilesプロパティは、最近使用したファイルのリストを取得するプロパティです。Itemプロパティと組み合わせて履歴の各要素を取得したり、Countプロパティを使用して履歴の数を取得したりすることができます。

Tips 240 ブックをメールで送信する

関連Tips: 476

使用機能・命令 Dialogsプロパティ

サンプルコード SampleFile Sample240.xlsm

```
Sub Sample240()
    'メールの編集画面を開き、宛名、タイトル、添付ファイルの設定をする
    Application.Dialogs(xlDialogSendMail).Show _
        arg1:="vba@xxxx.com", arg2:="資料をお送りします" _
        , arg3:=True
End Sub
```

❖ 解説

ここでは、メール送信のダイアログボックスを表示し、現在のブックを添付ファイルにしています。Showメソッドでダイアログを開きます。この時、arg1にはメールアドレスを、arg2にはメールの件名を、arg3にはTrueを指定することで、現在のブックを添付します。

なお、このサンプルは、**メールソフトが設定されていないとエラーが発生することがあります。Webメールを使用している場合は、特に注意してください。**ここで作成されるメールは、Windowsで標準のメーラーに指定されているソフトが基本的に対象になります。

▼実行結果

ファイルが添付され、メールが作成された

・Dialogsプロパティの構文

object.Dialogs(index)

Dialogsプロパティを利用すると、ブックをメールで送信することができます。引数indexに定数xlDialogSendMailを指定することで、ブックをメールで送信することができます。

Tips 241 プロパティを取得する

▶関連Tips: 233, 234, 236

使用機能・命令 BuiltinDocumentPropertiesプロパティ

サンプルコード SampleFile Sample241.xlsm

```vb
Sub Sample241()
    '現在のブックのプロパティに対する処理
    With ThisWorkbook.BuiltinDocumentProperties
        'タイトルと作成者を表示する
        MsgBox "タイトル：" & .Item("Title") & vbCrLf _
            & "作成者：" & .Item("Author")
    End With
End Sub
```

❖ 解説

ここでは、BuiltinDocumentProperties プロパティを使用して、ブックのタイトル（ファイル名）と作成者をメッセージボックスに表示します。

なお、BuiltinDocumentProperties プロパティの引数 index に指定する主な名前と内容は、次のとおりです。

◈ BuiltinDocumentPropertiesプロパティの引数indexに指定する主な値

名前	インデックス番号	説明
Title	1	タイトル
Subject	2	サブタイトル
Author	3	作成者
Keywords	4	キーワード
Comments	5	コメント
Template	6	テンプレート
Last Author	7	最終保存者
Revision Number	8	改定番号
Last Print Date	10	印刷日時
Creation Date	11	作成日時
Last Save Time	12	更新日時
Total Editing Time	13	編集時間
Number of Pages	14	ページ数
Number of Words	15	単語数
Number of Characters	16	文字数
Security	17	セキュリティ
Company	21	会社名

5-3 ブックの情報の取得（ファイル名やパスの取得、履歴の操作など）

▼「ファイル」タブの「情報」に表示されるプロパティ

この値を取得する

▼実行結果

「タイトル」と「作成者」が取得された

• BuiltinDocumentProperties プロパティの構文

object.BuiltinDocumentProperties index

BuiltinDocumentPropertiesプロパティは、ブックのプロパティを取得/設定します。プロパティには、作成者の氏名や作成日時、ブックへのアクセス日時などの情報が格納されています。indexには、値または名前でドキュメントプロパティを指定します。

第6章
242~281

データ操作の極意

6-1 　並べ替えと集計
　　　（データや色による並べ替え、グループ化など）

6-2 　データの抽出
　　　（オートフィルタ、フィルタオプションなど）

6-3 　データの入力と検索
　　　（入力規則、検索/置換、フラッシュフィルなど）

6-1 並べ替えと集計（データや色による並べ替え、グループ化など）

Tips 242 データを並べ替える

▶関連Tips
243
244
245

使用機能・命令 Sortオブジェクト/Addメソッド

サンプルコード SampleFile Sample242.xlsm

```
Sub Sample242()
    With Worksheets("Sheet1").Sort
        '設定済みの条件をクリアする
        .SortFields.Clear
        'ソートフィールドとして、セルC1の値の降順を設定する
        .SortFields.Add Key:=Range("C1"), SortOn:=xlSortOnValues _
            , Order:=xlDescending
        'ソートする範囲にセルA1を含む範囲を指定する
        .SetRange Range("A1").CurrentRegion
        'ヘッダー情報が含まれるように指定する
        .Header = xlYes
        '並べ替えを実行する
        .Apply
    End With
End Sub
```

❖ 解説

ここでは、セルA1以降にある表に対して並べ替え処理を行います。並べ替えの基準は「フリガナ(C)」列で、降順に並べ替えます。なお、**最初に設定済みの条件をクリアしないと、それまでに設定された条件に新しい条件が追加されます**。Addメソッドの引数及び、Sortオブジェクトに指定する引数、メソッド、プロパティは以下のとおりです。

◇ Addメソッドの引数

引数	説明
Key	並べ替えの基準セル
SortOn	並べ替えのタイプ
Order	並べ替えの順序
CustomOrder	ユーザー設定の並べ替え基準
DataOption	数値と文字列の並べ替え基準

◇ 引数SortOnに指定するXlSortOnクラスの定数

定数	値	説明
SortOnCellColor	1	セルの色
SortOnFontColor	2	フォントの色
SortOnIcon	3	アイコン
SortOnValues	0	値

6-1 並べ替えと集計（データや色による並べ替え、グループ化など）

◈ Sortオブジェクトのメソッド

メソッド	説明
Apply	並べ替えを実行する
SetRange	並べ替えるセル範囲を指定する

◈ Sortオブジェクトのプロパティ

プロパティ	機能
Header	最初の行にヘッダー情報が含まれるかを指定する
MatchCase	Trueの場合、大文字と小文字を区別する
Orientation	並べ替えの方向を指定。xlSortRowsは行単位で、xlSortColumnsは列単位で並べ替える
Parent	指定されたオブジェクトの親オブジェクトを返す
Rng	並べ替えが行われる値の範囲を返す
SortFields	並べ替えフィールドの集合を表すSortFieldsコレクションを取得する
SortMethod	並べ替えの方法にフリガナを使用する場合はxlPinYinを、文字コードを使用する場合はxlStrokeを指定する

▼この表を並べ替える　　　　　　　　　　　　　　　▼実行結果

「フリガナ」の降順に並べ替える　　　　　　　　　「フリガナ」の降順に並べ替えられた

- **Sortオブジェクトの構文**

    object.Sort

- **Addメソッドの構文**

    object.Add(Key, SortOn, Order, CustomOrder, DataOption)

　Sortオブジェクトは、セルや文字の色、アイコンで並べ替えを行うオブジェクトです。並べ替えの基準（キー）は64個まで指定できます。また、AddメソッドはSortオブジェクトのSortFieldsプロパティに対して使用し、並べ替えの設定を追加します。Sortオブジェクトのobjectには Worksheetsオブジェクトを指定します。Addメソッドのobjectには、SortFieldsオブジェクトを指定します。

6-1 並べ替えと集計（データや色による並べ替え、グループ化など）

Tips 243 セルの色で並べ替える

▶関連Tips
098
242
243
245

使用機能・命令 Sortオブジェクト/Addメソッド

サンプルコード SampleFile Sample243.xlsm

```
Sub Sample243()
    With Worksheets("Sheet1").Sort
        '並べ替えの設定をクリアする
        .SortFields.Clear
        '並べ替えの条件に「赤」を指定する
        .SortFields.Add(Key:=Range("D1"), SortOn:=xlSortOnCellColor) _
            .SortOnValue.Color = RGB(255, 0, 0)
        '並べ替えの条件に「黄」を指定する
        .SortFields.Add(Key:=Range("D1"), SortOn:=xlSortOnCellColor) _
            .SortOnValue.Color = RGB(255, 255, 0)
        .SetRange Range("A1").CurrentRegion '並べ替えの範囲を指定する
        .Header = xlYes 'ヘッダーを指定する
        .Apply  '並べ替えを実行する
    End With
End Sub
```

❖ 解説

ここでは、「年齢」欄に設定されているセルの色を基準に並べ替えを行います。「年齢」欄には、「赤」と「黄」で塗りつぶされたセルがあります。これを「赤」「黄」の順で並べ替えます。

まず、Addメソッドで並べ替えの設定を追加します。このとき、引数SortOnにxlSortOnCellColorを指定すると、セルの色で並べ替えることができます。並べ替える色の指定は、SortOnValueオブジェクトのColorプロパティを使用し、RGB関数を使ってRGB値を指定します。RGB関数については、Tips098を参照してください。

サンプルコードでは、まず「赤」で並べ替える設定を追加します。続けて、「黄」の並べ替えを指定します。また、HeaderプロパティにxlYesを指定して先頭行を「見出し」として指定します。最後に、Applyメソッドを使用して並べ替えを実行します。

このように、<u>並べ替えの基準が複数ある場合は、その数だけ、Addメソッドを使用して基準を追加します。</u>ただし、Headerプロパティのように、並べ替えの数にかかわらず共通のものもあります。混乱しないように整理して覚えましょう。

6-1 並べ替えと集計（データや色による並べ替え、グループ化など）

▼セルの色で並べ替える

	A	B	C	D
1	会員番号	氏名	フリガナ	年齢
2	A001	田中　健太郎	タナカ　ケンタロウ	25
3	A002	村上　恭子	ムラカミ　キョウコ	28
4	A003	山田　泰恵	ヤマダ　ヤスエ	30
5	A004	安達　幸助	アダチ　コウスケ	27
6	A005	川田　美玖	カワタ　ミク	33

「赤」「黄」の順で並べ替える

▼実行結果

	A	B	C	D
1	会員番号	氏名	フリガナ	年齢
2	A003	山田　泰恵	ヤマダ　ヤスエ	30
3	A005	川田　美玖	カワタ　ミク	33
4	A001	田中　健太郎	タナカ　ケンタロウ	25
5	A002	村上　恭子	ムラカミ　キョウコ	28
6	A004	安達　幸助	アダチ　コウスケ	27

セルの色を基準に並べ替えられた

●Sortオブジェクトの構文

object.Sort

●Addメソッドの構文

object.Add(Key, SortOn, Order, CustomOrder, DataOption)

　Sortオブジェクトは、セルや文字の色、アイコンで並べ替えを行うオブジェクトです。並べ替えの基準（キー）は64個まで指定できます。また、AddメソッドはSortオブジェクトのSortFieldsプロパティに対して使用し、並べ替えの設定を追加します。Sortオブジェクトに指定できるメソッド/プロパティ、Addメソッドの引数については、Tips242を参照してください。

> **Memo**　プログラムの世界には、並べ替えのアルゴリズムがあります（バブルソート、クイックソートなど）。当然、これらのアルゴリズムを利用して並べ替えをプログラム内で行うこともできるのですが、SortオブジェクトのようなExcelに用意されている機能を使うほうが、多くの場合高速です。
> Excel VBAを活用するポイントの一つは、「Excelの機能をいかに上手に使うか」です。ですので、Excel VBAに詳しくなるためには、同時にExcelそのものについても詳しくなる必要があります。

6-1 並べ替えと集計（データや色による並べ替え、グループ化など）

Tips 244 アイコンで並べ替える

▶関連Tips
242
243
245

使用機能・命令 Sortオブジェクト/Addメソッド

サンプルコード SampleFile Sample244.xlsm

```
Sub Sample244()
    With Worksheets("Sheet1").Sort
        .SortFields.Clear     '並べ替えの設定をクリアする
        '「3つの矢印」の1つめのアイコンを条件に指定する
        .SortFields.Add(Key:=Range("D1"), SortOn:=xlSortOnIcon) _
            .SetIcon Icon:=ThisWorkbook.IconSets(xl3Arrows).Item(1)
        '「3つの矢印」の3つめのアイコンを条件に指定する
        .SortFields.Add(Key:=Range("D1"), SortOn:=xlSortOnIcon) _
            .SetIcon Icon:=ThisWorkbook.IconSets(xl3Arrows).Item(3)
        .SetRange Range("A1").CurrentRegion    '並べ替えの範囲を指定する
        .Header = xlYes    'ヘッダーを指定する
        .Apply             '並べ替えを実行する
    End With
End Sub
```

❖ 解説

ここでは、「年齢」欄に設定されている「3つの矢印」アイコンセットを基準に並べ替えます。並べ替えの基準にアイコンセットを使用するには、SetIconプロパティの引数Iconに使用するアイコンセットの、そのアイテム番号を指定します。ここでは、3つのシグナルの1番目と3番目のアイコンを指定しています。

• Sortオブジェクトの構文

object.Sort

• Addメソッドの構文

object.Add(Key, SortOn, Order, CustomOrder, DataOption)

Sortオブジェクトは、セルや文字の色、アイコンで並べ替えを行うオブジェクトです。並べ替えの基準（キー）は64個まで指定できます。また、AddメソッドはSortオブジェクトのSortFieldsプロパティに対して使用し、並べ替えの設定を追加します。Sortオブジェクトに指定できるメソッド/プロパティ、Addメソッドの引数については、Tips242を参照してください。

6-1 並べ替えと集計（データや色による並べ替え、グループ化など）

オリジナルの順番で並べ替える

▶関連Tips
242
243
244

使用機能・命令 Sortオブジェクト/Addメソッド

サンプルコード SampleFile Sample245.xlsm

```
Sub Sample245()
    With Worksheets("Sheet1").Sort
        .SortFields.Clear    '並べ替えの設定をクリアする
        '指定した順序で並べ替える設定を行う
        .SortFields.Add Key:=Range("B1") _
            , CustomOrder:="商品B,商品A,商品C"
        '並べ替えの範囲を指定する
        .SetRange Range("A1").CurrentRegion
        .Header = xlYes    'ヘッダーを指定する
        .Apply    '並べ替えを実行する
    End With
End Sub
```

❖ **解説**

ここでは、「商品名」欄を「商品B」「商品A」「商品C」の順序で並べ替えます。任意の順序で並べ替えを行うには、Addメソッドの引数CustomOrderに並べ替える値をカンマ区切りで指定します。

▼「商品名」欄を任意の順序で並べ替える

	A	B	C	D
1	コード	商品名	売上数量	
2	A001	商品A	1,500	
3	A002	商品B	1,200	
4	A003	商品C	950	
5				

「商品B」「商品A」「商品C」の順序で並べ替える

▼実行結果

	A	B	C	D
1	コード	商品名	売上数量	
2	A002	商品B	1,200	
3	A001	商品A	1,500	
4	A003	商品C	950	
5				

指定した順序で並べ替えられた

• **Sortオブジェクトの構文**

object.Sort

• **Addメソッドの構文**

object.Add(Key, SortOn, Order, CustomOrder, DataOption)

Sortオブジェクトは、セルや文字の色、アイコンで並べ替えを行うオブジェクトです。並べ替えの基準（キー）は64個まで指定できます。また、AddメソッドはSortオブジェクトのSortFieldsプロパティに対して使用し、並べ替えの順序等を指定してください。

6-1 並べ替えと集計（データや色による並べ替え、グループ化など）

グループ化して集計する

▶関連Tips 065

使用機能・命令 SubTotal メソッド

サンプルコード SampleFile Sample246.xlsm

```
Sub Sample246()
    'セルA1を含む範囲を対象にし1列目をグループ化して4列目の合計を集計する
    Range("A1").CurrentRegion.Subtotal GroupBy:=1, Function:=xlSum _
        , TotalList:=4
End Sub
```

❖ 解説

ここでは、日付ごとの売上金額の合計を求めます。引数Functionに指定する値は、次のとおりです。

◇ 引数Functionに設定する値

定数	説明	定数	説明
xlAverage	平均	xlStDev	標本に基づく標準偏差
xlCount	カウント	xlStDevP	母集団全体に基づく標準偏差
xlCountNums	カウント数値のみ	xlSum	合計
xlMax	最大	xlUnknown	集計に使用する関数は指定されない
xlMin	最小	xlVar	標本に基づく変動
xlProduct	積	xlVarP	母集団全体に基づく変動

▼日付ごとの売上金額の合計を求める　　▼実行結果

A列（1列目）でグループ化し、集計する　　日付ごとと全体の合計金額が集計された

• **SubTotalメソッドの構文**

object.Subtotal(GroupBy, Function, TotalList, Replace, PageBreaks, SummaryBelowData)

SubTotalメソッドは、表をフィールドごとにグループ化して集計します。SubTotalメソッドの引数GroupByにグループ化する列を指定し、引数Functionに集計方法を指定します。そして、引数TotalListに集計する列を、グループ化する列からの相対位置で指定します。

6-1 並べ替えと集計（データや色による並べ替え、グループ化など）

Tips 247 アウトラインの折り畳みと展開を行う

▶関連Tips 246 248

使用機能・命令 ShowLevels メソッド

サンプルコード SampleFile Sample247.xlsm

```
Sub Sample247()
    'アウトラインの行レベルを2まで表示する
    Worksheets("Sheet1").Outline.ShowLevels RowLevels:=2
End Sub
```

❖ 解説

ここでは、表示レベルが3までのアウトラインが設定されている表で、表示レベルを2にします。なお、アウトラインをすべて展開します。アウトラインをすべて展開するには、引数RowLevelsまたは引数ColumnLevelsに、実際に設定されているアウトラインレベルよりも大きな値を指定します。

▼アウトラインが設定されすべて展開されている表　　▼実行結果

表示レベルを2にする　　レベル2までの表示になった

• ShowLevels メソッドの構文

object.ShowLevels(RowLevels, ColumnLevels)

ShowLevelsメソッドは、アウトラインの表示レベルを指定します。引数RowLevelsは行のレベル数を、引数ColumnLevelsは列のレベル数を指定します。いずれか片方の値を必ず指定します。すべて閉じてレベル1だけにする場合は、「1」を指定します。また、すべて展開する場合は、実際に設定されているレベルよりも大きな値を指定します。

6-1 並べ替えと集計（データや色による並べ替え、グループ化など）

Tips 248 グループ化を解除する

▶関連Tips 246 247

使用機能・命令 ClearOutline メソッド

サンプルコード SampleFile Sample248.xlsm

```
Sub Sample248()
    'セルA1を含むセル範囲のグループ化を解除する
    Range("A1").CurrentRegion.ClearOutline
End Sub

Sub Sample248_2()
    '2行目から4行目のグループ化を解除する
    Rows("2:4").ClearOutline
End Sub
```

❖ 解説

　ここでは、2つのサンプルを紹介します。1つ目は、セルA1を含む表全体のグループ化を解除します。2つ目はワークシートの2行目から4行目のグループ化を解除します。このように、部分的にグループ化を解除するには、解除したい行/列を指定してClearOutlineメソッドを使用します。なお、次の実行結果は1つ目のサンプルのものです。

▼グループ化の設定が行われている表　　　▼実行結果

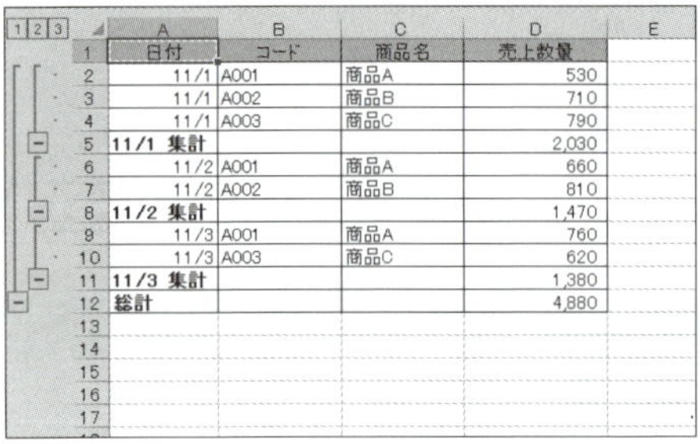

| グループ化をすべて解除する | | グループ化が解除された |

• **ClearOutline メソッドの構文**

object.ClearOutline

　ClearOutLineメソッドはグループ化を解除します。objectには解除する対象を指定します。なお、部分的に解除することも可能です。

6-2 データの抽出（オートフィルタ、フィルタオプションなど）

Tips 249 オートフィルタを実行する

▶関連Tips
250
262

使用機能・命令 AutoFilter メソッド

サンプルコード SampleFile Sample249.xlsm

```
Sub Sample249()
    'セルA1を含む表にオートフィルタをかけ「コード」が「A001」を抽出する
    Range("A1").AutoFilter Field:=2, Criteria1:="A001"
End Sub
```

❖ 解説

ここでは、オートフィルタを使って、「コード」欄が「A001」のデータを抽出します。表はセルA1から始まっているため、AutoFilterメソッドの対象にはRange("A1")と指定しています。表全体のセルを指定する必要はありません。ただし、**表の一部（例えば、A列からF列まである表で、A列からD列まで）にオートフィルタを設定する場合は、「Columns("A:D").AutoFilter」のように対象の範囲を指定します。**

なお、オートフィルタを使うと、単にデータだけではなく、塗りつぶしの色やアイコン、フォントの色など様々な条件でデータをフィルタをかけることができます。詳しくは「引数Operatorに指定するXlAutoFilterOperatorクラスの定数」を参照してください。

また、AutoFilterメソッドに指定する引数については、次の表を参照してください。

◇ AutoFilterメソッドの引数

引数	説明
Field	フィルタの対象となるフィールド（列）番号を整数で指定する
Criteria1	抽出条件となる文字列を指定する
Operator	フィルタの種類を、XlAutoFilterOperatorクラスの定数で指定する
Criteria2	2番目の抽出条件となる文字列を指定。引数「Criteria1」および引数「Operator」と組み合わせて使い、複合抽出条件を指定する
VisibleDropDown	Trueを指定すると、フィルタのフィールドにあるオートフィルタのドロップダウン矢印を表示。Falseを指定すると、ドロップダウン矢印を非表示にする。既定値はTrue

◇ 引数Operatorに指定するXlAutoFilterOperatorクラスの定数

定数	値	説明
xlAnd	1	抽出条件1と抽出条件2の論理演算子ANDに相当
xlBottom10Items	4	表示される最低値項目（抽出条件1で指定される項目数）
xlBottom10Percent	6	表示される最低値項目（抽出条件1で指定される割合）
xlFilterCellColor	8	セルの色（2007以降）
xlFilterDynamic	11	動的フィルタ（2007以降）
xlFilterFontColor	9	フォントの色（2007以降）
xlFilterIcon	10	フィルタアイコン（2007以降）

6-2 データの抽出（オートフィルタ、フィルタオプションなど）

xlFilterValues	7	フィルタの値（2007以降）
xlOr	2	抽出条件1または抽出条件2の論理演算子ORに相当
xlTop10Items	3	表示される最高値項目（抽出条件1で指定される項目数）
xlTop10Percent	5	表示される最高値項目（抽出条件1で指定される割合）

▼オートフィルタを使ってデータを抽出する

	A	B	C	D	E
1	日付	コード	商品名	売上数量	
2	11/1	A001	商品A	530	
3	11/1	A002	商品B	710	
4	11/1	A003	商品C	790	
5	11/2	A001	商品A	660	
6	11/2	A002	商品B	810	
7	11/3	A001	商品A	760	
8	11/3	A003	商品C	620	

「コード」欄が「A001」のデータを抽出する

▼実行結果

	A	B	C	D	E
1	日付	コード	商品名	売上数量	
2	11/1	A001	商品A	530	
5	11/2	A001	商品A	660	
7	11/3	A001	商品A	760	

指定したデータが抽出された

•AutoFilter メソッドの構文

AutoFilter(Field, Criteria1, Operator, Criteria2, VisibleDropDown)

　AutoFilterメソッドは、オートフィルタ機能を利用するためのメソッドです。引数Fieldに抽出対象のフィールドを、引数Criteriaに条件を、引数Operatorにフィルタの種類を指定します。

6-2 データの抽出（オートフィルタ、フィルタオプションなど）

Tips 250 トップ３のデータを抽出する

▶関連Tips 249

使用機能・命令 AutoFilter メソッド

サンプルコード SampleFile Sample250.xlsm

```
Sub Sample250()
    '「売上金額」欄の上位3つのデータを抽出する
    Range("A1").AutoFilter Field:=4, Criteria1:=3 _
        , Operator:=xlTop10Items
End Sub

Sub Sample250_2()
    '上位20%のデータを抽出する
    Range("A1").AutoFilter Field:=4, Criteria1:=20 _
        , Operator:=xlTop10Percent
End Sub
```

❖ 解説

ここでは、2つのサンプルを紹介します。1つ目は「売上数量」欄の上位3つのデータを抽出します。上位n個のデータを抽出するには、引数OperatorにxlTop10Itemsを指定し、引数Criteria1に抽出する個数を指定します。また、2つ目は上位20%のデータを取得します。上位n%のデータを抽出するには、引数OperatorにxlTop10Percentを指定し、Criteria1に抽出する％を指定します。次の実行結果は、1つ目のサンプルのものです。

▼「売上数量」のデータを抽出する

	A	B	C	D	E
1	日付	コード	商品名	売上数量	
2	11/1	A001	商品A	530	
3	11/1	A002	商品B	710	
4	11/1	A003	商品C	790	
5	11/2	A001	商品A	660	
6	11/2	A002	商品B	810	
7	11/3	A001	商品A	760	
8	11/3	A003	商品C	620	

「売上数量」の上位3件を抽出する

▼実行結果

	A	B	C	D	E
1	日付	コード	商品名	売上数量	
4	11/1	A003	商品C	790	
6	11/2	A002	商品B	810	
7	11/3	A001	商品A	760	

上位3件が抽出された

● AutoFilter メソッドの構文

AutoFilter(Field, Criteria1, Operator, Criteria2, VisibleDropDown)

AutoFilterメソッドを利用して、上位または下位から数えた数を抽出することができます。引数OperatorにxlTop10Items（上位）、またはxlBottom10Items（下位）を指定します。AutoFilterメソッドのその他の引数については、Tips249を参照してください。

6-2 データの抽出（オートフィルタ、フィルタオプションなど）

Tips 251 セルの色を指定して抽出する

▶関連Tips
249
250

使用機能・命令 AutoFilterメソッド

サンプルコード SampleFile Sample251.xlsm

```
Sub Sample251()
    'セルの色が「赤」のデータを抽出する
    Range("A1").AutoFilter Field:=3, Criteria1:=RGB(255, 0, 0) _
        , Operator:=xlFilterCellColor
End Sub

Sub Sample251_2()
    '「売上数量」の「3つのフラグ」のアイコンセットの1つ目のアイコンを抽出する
    Range("A1").AutoFilter Field:=4 _
        , Criteria1:=ThisWorkbook.IconSets(xl3Flags).Item(1) _
        , Operator:=xlFilterIcon
End Sub
```

❖ 解説

ここでは、2つのサンプルを紹介します。1つ目は「商品名」欄で、セルが「赤」に塗りつぶされているデータを抽出します。2つ目は、「売上数量」欄に設定されているアイコンセットを条件にしてデータを抽出します。ここでは「3つのフラグ」のうち、1つ目のアイコンを抽出条件にしています。

なお、実行結果は1つ目のサンプルのものです。

▼「商品名」欄で赤く塗りつぶされているセルがある

	A	B	C	D
1	日付	コード	商品名	売上数量
2	11/1	A001	商品A	530
3	11/1	A002	商品B	710
4	11/1	A003	商品C	790
5	11/2	A001	商品A	660
6	11/2	A002	商品B	810
7	11/3	A001	商品A	760
8	11/3	A003	商品C	620

「赤」で塗りつぶされたセルを抽出する

▼実行結果

	A	B	C	D
1	日付	コード	商品名	売上数量
2	11/1	A001	商品A	530
5	11/2	A001	商品A	660
7	11/3	A001	商品A	760

セルの色を基準にデータが抽出された

• **AutoFilterメソッドの構文**

AutoFilter(Field, Criteria1, Operator, Criteria2, VisibleDropDown)

AutoFilterメソッドを利用して、データを指定したセルの色やアイコンセットで抽出することができます。セルの色を指定するには、引数OperatorにxlFilterCellColorを指定します。また、アイコンセットを指定するには、引数OperatorにxlFilterIconを指定します。AutoFilterメソッドのその他の引数については、Tips249を参照してください。

6-2 データの抽出（オートフィルタ、フィルタオプションなど）

Tips 252 複数の項目を抽出条件に指定する

▶関連Tips
034
249

使用機能・命令 Array関数／AutoFilterメソッド（→Tips249）

サンプルコード SampleFile Sample252.xlsm

```
Sub Sample252()
    '「商品A」と「商品C」のデータを抽出
    Range("A1").AutoFilter Field:=3 _
        , Criteria1:=Array("商品A", "商品C"), Operator:=xlFilterValues
End Sub

Sub Sample252_2()
    'あいまいな条件でデータを抽出する
    Range("A1").AutoFilter Field:=3, Criteria1:="商品A*" _
        , Operator:=xlFilterValues
End Sub
```

❖ **解説**

　ここでは、2つのサンプルを紹介します。1つ目は、「商品名」欄のデータで「商品A」と「商品C」の2種類のデータを抽出します。このように1つの列に複数の条件を指定する場合は、引数OperatorにxlFilterValuesを指定します。2つ目のサンプルは、1つ目と同じように複数の条件に当てはまるデータを抽出しますが、あいまいな条件を指定するものです。ここでは「商品名」が「商品A」で始まるデータを抽出します。このようにあいまいな条件で抽出するには、ワイルドカード（*）を組み合わせます。なお、実行結果は1つ目のサンプルのものです。

▼「商品名」列で複数の条件でデータを抽出する

	A	B	C	D	E
1	日付	コード	商品名	売上数量	
2	11/1	A001	商品A	530	
3	11/1	A002	商品B	710	
4	11/1	A003	商品C	790	
5	11/2	A001	商品A	660	
6	11/2	A005	商品AC	810	
7	11/2	A004	商品AB	760	
8	11/3	A003	商品C	620	

「商品A」と「商品C」のデータを抽出する

▼実行結果

	A	B	C	D	E
1	日付	コード	商品名	売上数量	
2	11/1	A001	商品A	530	
4	11/1	A003	商品C	790	
5	11/2	A001	商品A	660	
8	11/3	A003	商品C	620	

2種類のデータが抽出された

・**Array関数の構文**

Array(arglist)

　Array関数は、引数に指定した値を配列にして返します。AutoFilterメソッドの抽出条件で、1つの列に対して複数の値を指定するためには配列を指定します。そのために、ここではArray関数を使用しています。AutoFilterメソッドについては、Tips249を参照してください。

6-2 データの抽出（オートフィルタ、フィルタオプションなど）

Tips 253 指定した範囲のデータを抽出する

▶関連Tips 249

使用機能・命令 AutoFilterメソッド

サンプルコード SampleFile Sample253.xlsm

```
Sub Sample253()
    '「売上数量」欄に条件を設定する
    '指定する条件は「700以上かつ800未満」とする
    Range("A1").AutoFilter Field:=4 _
        , Criteria1:=">=700" _
        , Operator:=xlAnd _
        , Criteria2:="<800"
End Sub
```

❖ 解説

ここでは、「売上数量」欄の値が「700以上800未満」のデータを抽出します。このように抽出条件に範囲を指定する場合は、引数Criteria1と引数Criteria2に範囲を表す数値を指定し、引数OperatorにxlAndを指定します。この場合xlOrを指定すると、結果すべての範囲になってしまうので注意してください。なお、Criteria1とCriteria2に、「Criteria1:="商品A", Operator:=xlOr, Criteria2:="商品C"」のように文字列を指定することもできます。この場合、「商品Aまたは商品C」という条件になります。引数OperatorがxlOrになる点に注意してください。

▼「売上数量」に条件を指定する

	A	B	C	D
1	日付	コード	商品名	売上数量
2	11/1	A001	商品A	530
3	11/1	A002	商品B	710
4	11/1	A003	商品C	790
5	11/2	A001	商品A	660
6	11/2	A002	商品B	810
7	11/3	A001	商品A	760
8	11/3	A003	商品C	620

「700以上800未満」のデータを抽出する

▼実行結果

	A	B	C	D
1	日付	コード	商品名	売上数量
3	11/1	A002	商品B	710
4	11/1	A003	商品C	790
7	11/3	A001	商品A	760

データが抽出された

• AutoFilterメソッドの構文

AutoFilter(Field, Criteria1, Operator, Criteria2, VisibleDropDown)

AutoFilterメソッドを利用して指定した範囲のデータを抽出するには、引数Criteria2を使用します。AutoFilterメソッドのその他の引数については、Tips249を参照してください。

6-2 データの抽出（オートフィルタ、フィルタオプションなど）

複数フィールドに抽出条件を指定する

▶関連Tips
249
253

使用機能・命令 AutoFilterメソッド

サンプルコード SampleFile Sample254.xlsm

```
Sub Sample254()
    '「商品名」列で「商品A」を抽出する
    Range("A1").AutoFilter Field:=3, Criteria1:="商品A"
    '「売上数量」列で「700以上」のデータを抽出する
    Range("A1").AutoFilter Field:=4, Criteria1:=">=700"
End Sub
```

❖ 解説

ここでは、「商品名」欄が「商品A」で、「売上数量」欄が「700」以上のデータを抽出します。

AutoFilterは、一度に複数のフィールドを対象にフィルタをかけることはできません。そこで、このように必要な回数だけ、AutoFilterメソッドを実行します。AutoFilterメソッドを使用して、複数のフィールドに対してフィルタをかける場合、フィルタをかける順序は特に気にする必要はありません。

なお、複数の列に条件を指定するため、自動的に条件はAnd条件となります。

▼「商品名」欄と「売上数量」欄に条件を指定する

	A	B	C	D	E
1	日付	コード	商品名	売上数量	
2	11/1	A001	商品A	530	
3	11/1	A002	商品B	710	
4	11/1	A003	商品C	790	
5	11/2	A001	商品A	660	
6	11/2	A002	商品B	810	
7	11/3	A001	商品A	760	
8	11/3	A003	商品C	620	

「商品名」欄が「商品A」で、「売上数量」欄が「700」以上のデータを抽出する

▼実行結果

	A	B	C	D	E
1	日付	コード	商品名	売上数量	
7	11/3	A001	商品A	760	

複数の列に条件が指定され、データが抽出された

● AutoFilterメソッドの構文

AutoFilter(Field, Criteria1, Operator, Criteria2, VisibleDropDown)

AutoFilterメソッドを利用して、複数フィールドに条件を指定しデータを抽出するには、必要な回数だけAutoFilterメソッドを実行します。AutoFilterメソッドの引数については、Tips249を参照してください。

6-2 データの抽出（オートフィルタ、フィルタオプションなど）

Tips 255 様々な条件でデータを抽出する

▶関連Tips
249
253
256

使用機能・命令 AutoFilter メソッド

サンプルコード SampleFile Sample255.xlsm

```
Sub Sample255()
    '「売上数量」欄のデータが空欄以外のデータを抽出する
    Range("A1").AutoFilter Field:=4, Criteria1:="<>"
End Sub
```

❖ 解説

ここでは、「売上数量」欄の値が空欄以外のデータを抽出しています。「空欄」「空欄以外」など、その他の条件の指定方法は以下のようになります。

◆ 抽出条件の指定方法

記号	説明	例	意味
*	複数の文字を表す	Criteria1:="神奈川*"	神奈川で始まる
*	複数の文字を表す	Criteria1:="*川崎*"	川崎を含む
*	複数の文字を表す	Criteria1:="*区"	区で終わる
""	空欄	Criteria1:=""	空欄である
<>	不等号	Criteria1:="<>神奈川"	神奈川ではない
<>	不等号	Criteria1:="<>"	空欄ではない
=	等号	Criteria1:="100"	100と等しい
>	不等号	Criteria1:=">100"	100より大きい
<	不等号	Criteria1:="<=100"	100以下

▼「売上数量」欄に条件を指定する

▼実行結果

・AutoFilter メソッドの構文

AutoFilter(Field, Criteria1, Operator, Criteria2, VisibleDropDown)

AutoFilterメソッドの引数Criteria1に指定する条件には、「=」「<>」などが使えます。AutoFilterメソッドの引数については、Tips249を参照してください。

6-2 データの抽出（オートフィルタ、フィルタオプションなど）

Tips 256 指定した期間のデータを抽出する

▶関連Tips
249
254
255
256

使用機能・命令 AutoFilter メソッド

サンプルコード SampleFile Sample256.xlsm

```
Sub Sample256()
    '12月のデータを抽出する
    Range("A1").AutoFilter Field:=1 _
        , Criteria1:=xlFilterAllDatesInPeriodDecember _
        , Operator:=xlFilterDynamic
End Sub
```

❖ 解説

ここでは、「日付」が12月のデータを抽出します。引数Criteria1に、抽出条件となる定数を指定します。この場合、引数OperatorにはxlFilterDynamicを指定します。なお、ここでは指定した期間のデータを抽出しましたが、特定の日付のデータを抽出する場合には注意が必要です。原則、日付は文字列式として指定します。

引数Criteria1に指定する定数は、次のとおりです。

◆ 引数Criteria1に指定するXlDynamicFilterCriteriaクラスの定数

定数	値	説明
xlFilterToday	1	今日
xlFilterYesterday	2	昨日
xlFilterTomorrow	3	明日
xlFilterThisWeek	4	今週
xlFilterLastWeek	5	先週
xlFilterNextWeek	6	来週
xlFilterThisMonth	7	今月
xlFilterLastMonth	8	先月
xlFilterNextMonth	9	来月
xlFilterThisQuarter	10	今四半期
xlFilterLastQuarter	11	前四半期
xlFilterNextQuarter	12	来四半期
xlFilterThisYear	13	今年
xlFilterLastYear	14	昨年
xlFilterNextYear	15	来年
xlFilterYearToDate	16	今年の初めから今日まで
xlFilterAllDatesInPeriodQuarter1	17	期間内の全日付：第1四半期
xlFilterAllDatesInPeriodQuarter2	18	期間内の全日付：第2四半期
xlFilterAllDatesInPeriodQuarter3	19	期間内の全日付：第3四半期
xlFilterAllDatesInPeriodQuarter4	20	期間内の全日付：第4四半期

6-2 データの抽出（オートフィルタ、フィルタオプションなど）

xlFilterAllDatesInPeriodJanuary	21	期間内の全日付:1月
xlFilterAllDatesInPeriodFebruray	22	期間内の全日付:2月
xlFilterAllDatesInPeriodMarch	23	期間内の全日付:3月
xlFilterAllDatesInPeriodApril	24	期間内の全日付:4月
xlFilterAllDatesInPeriodMay	25	期間内の全日付:5月
xlFilterAllDatesInPeriodJune	26	期間内の全日付:6月
xlFilterAllDatesInPeriodJuly	27	期間内の全日付:7月
xlFilterAllDatesInPeriodAugust	28	期間内の全日付:8月
xlFilterAllDatesInPeriodSeptember	29	期間内の全日付:9月
xlFilterAllDatesInPeriodOctober	30	期間内の全日付:10月
xlFilterAllDatesInPeriodNovember	31	期間内の全日付:11月
xlFilterAllDatesInPeriodDecember	32	期間内の全日付:12月
xlFilterAboveAverage	33	平均を上回る値（2013以降）
xlFilterBelowAverage	34	平均未満の値（2013以降）

▼「日付」に条件を設定する

	A	B	C	D
1	日付	コード	商品名	売上数量
2	11/1	A001	商品A	530
3	11/1	A002	商品B	710
4	11/1	A003	商品C	790
5	11/2	A001	商品A	660
6	11/2	A002	商品B	810
7	12/1	A001	商品A	530
8	12/1	A002	商品B	710
9	12/1	A003	商品C	790
10	12/2	A001	商品A	660
11	12/2	A002	商品B	810

「12月」のデータを抽出する

▼実行結果

	A	B	C	D
1	日付	コード	商品名	売上数量
7	12/1	A001	商品A	530
8	12/1	A002	商品B	710
9	12/1	A003	商品C	790
10	12/2	A001	商品A	660
11	12/2	A002	商品B	810

「12月」のデータが抽出された

●AutoFilterメソッドの構文

AutoFilter(Field, Criteria1, Operator, Criteria2, VisibleDropDown)

　AutoFilterメソッドの引数Criteria1に、xlFilterDynamicクラスの定数を指定することで、指定した期間のデータを抽出することができます。AutoFilterメソッドの引数については、Tips249を参照してください。

Tips 257 抽出結果をカウントする

▶関連Tips 071 249

使用機能・命令 SpecialCells メソッド

サンプルコード SampleFile Sample257.xlsm

```
Sub Sample257()
    Dim num As Long
    'フィルタ後の1列目の可視セルの数をカウントする
    num = Range("A1").CurrentRegion.Resize(, 1) _
        .SpecialCells(xlCellTypeVisible).Count
    '見出し行の分を-1した値を表示する
    MsgBox "件数:" & num - 1
End Sub
```

❖ 解説

ここでは、あらかじめオートフィルタを使って、「商品名」が「商品A」のデータのみ抽出してある表を対象にしています。この表の抽出結果の件数をメッセージボックスに表示します。表全体をCurrentRegionプロパティで取得後、Resizeプロパティで対象のセル範囲を1列分の大きさに変更しています。ただし、この時点では、非表示の行も取得した範囲に含まれています。そこで、SpecialCells メソッドで可視セルのみ取得し、Countプロパティでセルの数(=行数)を求めます。行数には見出しも含まれているので、「-1」した値をメッセージボックスに表示します。

▼あらかじめ「商品A」が抽出されている表

▼実行結果

抽出されたデータ件数が表示された

この表のデータ件数を求める

・SpecialCellsメソッドの構文

object.SpecialCells(Type, Value)

SpecialCellsメソッドは、指定された条件を満たすセルを取得するメソッドです。SpecialCellsメソッドの引数TypeにxlCellTypeVisibleを指定することで、可視セルのみ取得することができます。なお、SpecialCellsメソッドで引数Typeに指定できる値については、Tips071を参照してください。

6-2 データの抽出（オートフィルタ、フィルタオプションなど）

Tips 258 オートフィルタが設定されているかどうか調べる

▶関連Tips 249 260

使用機能・命令 AutoFilterMode プロパティ

サンプルコード SampleFile Sample258.xlsm

```
Sub Sample258()
    '「Sheet1」にオートフィルタが設定されているかチェックする
    If Worksheets("Sheet1").AutoFilterMode Then
        MsgBox "設定されています"
    End If
End Sub
```

❖ 解説

ここでは、「Sheet1」ワークシートにオートフィルタの設定が行われているかを判定します。AutoFilterModeプロパティは、オートフィルタが設定されているとTrueを返し、設定されていないとFalseを返します。

なお、同様のチェックはAutoFilterプロパティを使用しても可能です。AutoFilterプロパティは対象がワークシートの場合、オートフィルタが設定されていると、AutoFilterオブジェクトを返し、設定されていないとNothingを返します。なお、いずれの場合も取得できるのは、あくまでオートフィルタが設定されているかどうかで、**実際にデータが抽出されているかどうかは判定できません。**

▼あらかじめオートフィルタが設定されている

▼実行結果

この状態をチェックする

オートフィルタの設定をチェックした

• **AutoFilterMode プロパティの構文**

object.AutoFilterMode

AutoFilterModeプロパティは、objectに指定したワークシートでオートフィルが設定されているとTrueを、設定されていないとFalseを返します。ただし、データが絞り込まれているかどうかは判定できません。データが絞り込まれているか判定するにはFilterModeプロパティを使用して判定します。FilterModeプロパティについてはTips260を参照してください。

6-2 データの抽出（オートフィルタ、フィルタオプションなど）

Tips 259 オートフィルタの矢印を非表示にする

▶関連Tips 249

使用機能・命令 AutoFilterメソッド

サンプルコード SampleFile Sample259.xlsm

```vb
Sub Sample259()
    '「商品名」欄にオートフィルタをかけ、矢印を非表示にする
    Range("A1").CurrentRegion.Resize(, 1).Offset(, 2) _
        .AutoFilter Field:=1 _
            , Criteria1:="商品A" _
            , VisibleDropDown:=False
End Sub
```

❖ 解説

　ここでは、「商品名」欄にオートフィルタをかけますが、フィルタの設定を変更できないように、オートフィルタの矢印を非表示にしています。ただし、AutoFilterメソッドの引数VisibleDropDownは、引数Fieldに指定したフィールドのみが対象となります。そのため、単純にVisibleDropDownにFalseを指定すると、抽出条件を設定したフィールドのみ矢印が非表示になり、表のほかの場所は矢印が表示されるということになります。そこで、フィルタの対象を表全体にせず、「商品名」の1列のみにします。ここでは、まずCurrentRegionプロパティで表全体を取得後、ResizeプロパティとOffsetプロパティを使用して、「商品名」欄の1列のみをAutoFilterメソッドの対象にしています。引数Fieldに指定する値が「1」なのは、そのためです。

▼表全体を対象にオートフィルタをかけた場合

	A	B	C	D	E
1	日付	コード	商品名	売上数量	
2	11/1	A001	商品A	530	
5	11/2	A001	商品A	660	
7	11/3	A001	商品A	760	

「商品名」欄の矢印だけが非表示になる。これでは、他の列のフィルタ条件を変更することができる

▼実行結果

	A	B	C	D	E
1	日付	コード	商品名	売上数量	
2	11/1	A001	商品A	530	
5	11/2	A001	商品A	660	
7	11/3	A001	商品A	760	

矢印が非表示になった

• **AutoFilterメソッドの構文**

AutoFilter(Field, Criteria1, Operator, Criteria2, VisibleDropDown)

　AutoFilterメソッドは、オートフィルタの矢印を非表示にするには、引数VisibleDropDownにFalseを指定します。AutoFilterメソッドのその他の引数については、Tips249を参照してください。

6-2 データの抽出(オートフィルタ、フィルタオプションなど)

オートフィルタでデータが絞り込まれているか判定する

▶関連Tips 258

使用機能・命令 FilterMode プロパティ

サンプルコード SampleFile Sample260.xlsm

```
Sub Sample260()
    With Worksheets("Sheet1")
        If .AutoFilterMode Then 'オートフィルタの設定を確認する
            'データがオートフィルタで絞りこまれているか確認する
            If .FilterMode Then
                MsgBox "絞り込まれています"
            End If
        End If
    End With
End Sub
```

❖ 解説

ここでは、FilterModeプロパティを使用して、オートフィルタでデータが絞り込まれているか判定しています。ただし、FilterModeプロパティは、オートフィルタが設定されていない状態で実行するとエラーになります。そこで、まずAutoFilterModeプロパティで、オートフィルタが設定されているか確認します。その上でFilterModeプロパティを使用してデータが絞り込まれているかを取得します。なお、AutoFilterModeプロパティについては、Tips258を参照してください。

▼あらかじめオートフィルタが設定されている表　　▼実行結果

• FilterMode プロパティの構文

object.FilterMode

FilterModeプロパティは、指定したAutoFilterオブジェクトのデータが絞り込まれているとTrueを返します。

6-2 データの抽出（オートフィルタ、フィルタオプションなど）

Tips 261 すべてのデータを表示する

▶関連Tips
249
258
260

使用機能・命令 ShowAllDataメソッド

サンプルコード SampleFile Sample261.xlsm

```
Sub Sample261()
    With Worksheets("Sheet1")
        'オートフィルタが設定されているかチェックする
        If .AutoFilterMode Then
            'オートフィルタでデータが絞り込まれているかチェックする
            If .FilterMode Then
                'オートフィルタを解除する
                .ShowAllData
            End If
        End If
    End With
End Sub
```

❖ 解説

　ここでは、「Sheet1」ワークシートの抽出条件を解除し、すべてのデータを表示します。ShowAllDataメソッドはオートフィルタでデータが絞り込まれているときに、すべてのデータを表示します。ただし、データが絞り込まれていないときに、ShowAllDataメソッドを実行するとエラーになります。そこで、ここではまずAutoFilterModeプロパティでオートフィルタが設定されているかチェックし、続けてFilterModeプロパティでデータが絞り込まれているかチェックしてからShowAllDataメソッドを実行しています。AutoFilterModeプロパティはTips258を、FilterModeプロパティについてはTips260を参照してください。

• **ShowAllDataメソッドの構文**

object.ShowAllData

　ShowAllDataメソッドは、オートフィルタの抽出条件を解除しすべてのデータを表示します。ただし、オートフィルタそのものが解除されるわけではないため、オートフィルタを表す矢印は表示されたままになります。

Tips **262**

オートフィルタを解除する

▶関連Tips 249 261

使用機能・命令　**AutoFilterメソッド**

サンプルコード　SampleFile Sample262.xlsm

```
Sub Sample262()
    'オートフィルタを解除する
    Range("A1").AutoFilter
End Sub
```

❖ 解説

ここでは、すでに設定されているオートフィルタを解除します。AutoFilterメソッドを使用してオートフィルタを解除することで、すべてのデータが表示されます。ShowAllDataメソッドに比べ、オートフィルタが設定されていないかどうかのチェックが不要なため手軽です。なお、再度このプログラムを実行すると、オートフィルタが設定されます（条件は設定されないので、すべてのデータが表示されたままとなります）。

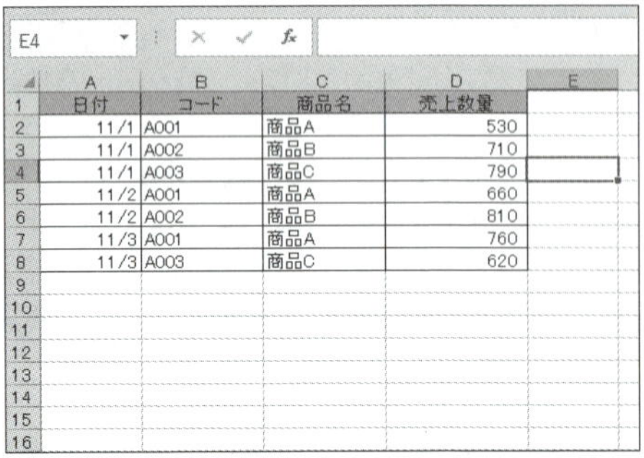

▼オートフィルタが設定されているデータ

行	日付	コード	商品名	売上数量
2	11/1	A001	商品A	530
5	11/2	A001	商品A	660
7	11/3	A001	商品A	760

オートフィルタを解除する

▼実行結果

行	日付	コード	商品名	売上数量
2	11/1	A001	商品A	530
3	11/1	A002	商品B	710
4	11/1	A003	商品C	790
5	11/2	A001	商品A	660
6	11/2	A002	商品B	810
7	11/3	A001	商品A	760
8	11/3	A003	商品C	620

オートフィルタが解除された

• AutoFilterメソッドの構文

obuject.AutoFilter

オートフィルタを解除するには、AutoFilterメソッドを使用します。AutoFilterメソッドは引数を指定しないと、オートフィルタのOnとOffを切り替えます。

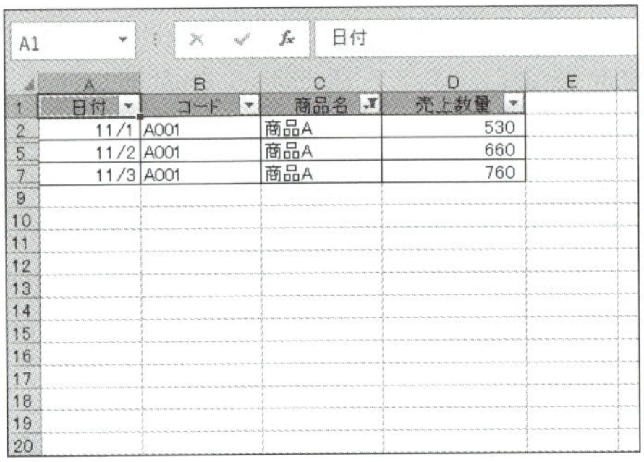

6-2 データの抽出（オートフィルタ、フィルタオプションなど）

Tips 263 シートにある複雑な条件で抽出する

▶関連Tips 264

使用機能・命令 AdvancedFilter メソッド

サンプルコード　SampleFile Sample263.xlsm

```
Sub Sample263()
    'セルA1を含む表をセルF1を含む条件でフィルタし
    'セルA12以降に貼り付ける
    Range("A1").CurrentRegion.AdvancedFilter _
        Action:=xlFilterCopy _
        , CriteriaRange:=Range("F1").CurrentRegion _
        , CopyToRange:=Range("A12")
End Sub

Sub Sample263_2()
    'セルA1を含む表をセルF1を含む条件でフィルタし
    'セルA12以降に貼り付ける
    'この時セルA12とB12にあらかじめ見出しを入力しておく
    Range("A1").CurrentRegion.AdvancedFilter _
        Action:=xlFilterCopy, CriteriaRange:=Range("F1"). _
        CurrentRegion, CopyToRange:=Range("A12").CurrentRegion
End Sub
```

❖ **解説**

　ここでは、2つのサンプルを紹介します。1つ目は、セルに入力された条件を元にデータを抽出し、抽出結果をA12以降に貼り付けます。抽出条件は、「11/1」のデータで「商品A」と「商品B」のデータ、になります。抽出条件は見出しとセットで指定します。見出しの順序は、元の表と異なってもかまいません。条件の指定ですが、同じ行のデータはAnd条件、異なる行のデータはOr条件となります。このサンプルの場合、「商品A」または「商品B」を抽出したいので、2行に渡って条件を指定しています。なお、2行目の日付に「11/1」を入れないと、「11/1」の「商品A」または、すべての日付の「商品B」という意味になってしまうので注意してください。

　また、このサンプルでは、出力先のセルF1以降に見出しを設定していません。見出しを設定しないと、元の表と同じ並びで抽出結果がコピーされます。

　2つ目のサンプルは、セルA12に「商品名」、B12に「日付」と入力し抽出結果のコピー先に見出しを設定した場合のものです（データは「Sheet2」ワークシートにあります）。こうすることで、必要な列を任意の順序に並べ替えてデータを抽出することができます。

　AdvancedFilterに指定する値は、次のとおりです。

6-2 データの抽出（オートフィルタ、フィルタオプションなど）

◆ AdvancedFilterに指定する引数

引数	説明
Action	抽出結果の表示方法を指定。XlFilterActionクラスの定数を指定する
CriteriaRange	抽出条件
CopyToRange	抽出結果の貼り付け先を指定する
Unique	重複するデータを無視するかを指定する

◆ 引数Actionに指定するXlFilterActionクラスの定数

定数	値	説明
lFilterCopy	2	フィルタ処理したデータを新しい場所にコピーする
xlFilterInPlace	1	データをそのままにする

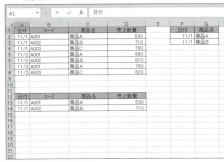

▼セルF1以降にある条件でデータを抽出する　　▼実行結果

「11/1」の「商品A」または「11/1」の「商品B」のデータを抽出する　　データが抽出された

・AdvancedFilterメソッドの構文

AdvancedFilter(Action, CriteriaRange, CopyToRange, Unique)

　AdvancedFilterメソッドは、ワークシート上に用意した条件にしたがってデータを抽出します。抽出結果は、元データ上でフィルタをかけることも、別のセルやシートにコピーすることも可能です。

Tips 264 重複行を非表示にする

▶関連Tips 263

使用機能・命令 AdvancedFilterメソッド

サンプルコード SampleFile **Sample264.xlsm**

```
Sub Sample264()
    'セルA1を含む表を対象にし、
    '対象の列を「商品名」にし、重複を無視したデータを抽出する
    Range("A1").CurrentRegion _
        .Resize(, 1).Offset(, 2).AdvancedFilter _
        Action:=xlFilterInPlace, Unique:=True
End Sub
```

❖ 解説

　ここでは、「商品名」の重複のないデータを抽出します。対象が「商品名」なので、AdvancedFilterメソッドの対象をResizeプロパティとOffsetプロパティを使用して、「商品名」列のみにしています。また、引数ActionにxlFilterInPlaceを指定して、抽出結果を元データをフィルタして表示します。この時、引数UniqueをTrueにすることで重複データを表示しないようにしています。AdvancedFilterメソッドに指定する値については、Tips263を参照してください。

▼この表で「商品名」の重複行を非表示にする　　▼実行結果

「商品名」欄を対象に処理を行う　　重複データが非表示になった

• AdvancedFilterメソッドの構文

AdvancedFilter(Action, CriteriaRange, CopyToRange, Unique)

　AdvancedFilterメソッドは、ワークシート上に用意した条件にしたがってデータを抽出します。抽出結果を元データにフィルタをかけて表示するには、引数ActionにxlFilterInPlaceを指定します。また、重複するデータを非表示にするには、引数UniqueにTrueを指定します。AdvancedFilterメソッドに設定する値については、Tips263を参照してください。

Tips 265 重複データを削除する

▶関連Tips 264

使用機能・命令 RemoveDuplicates メソッド

サンプルコード SampleFile Sample265.xlsm

```
Sub Sample265()
    'セルA1を含む表の重複を削除する
    Range("A1").CurrentRegion.RemoveDuplicates _
        Columns:=1, Header:=xlYes
End Sub

Sub Sample265_2()
    '「Sheet2」ワークシートで実行する
    'セルA1を含む表で、A列とB列の両方が重複する重複を削除する
    Range("A1").CurrentRegion.RemoveDuplicates _
        Columns:=Array(1, 2), Header:=xlYes
End Sub
```

❖ 解説

ここでは、2つのサンプルを紹介します。1つ目は、A列に「商品名」が入力されている表の重複データを削除します。2つ目のサンプルは、「Sheet2」ワークシートで、セルA1以降の表で、「日付」と「商品名」が重複するデータを削除します。このように、複数の列を対象に重複をチェックする場合は、RemoveDuplicatesメソッドの引数Columnsに配列を指定します。

▼「商品名」が重複している表

	A	B	C	D
1	商品名			
2	商品A			
3	商品B			
4	商品C			
5	商品B			
6	商品A			

「商品名」の重複を削除する

▼実行結果

	A	B	C	D
1	商品名			
2	商品A			
3	商品B			
4	商品C			
5				
6				

重複が削除された

• RemoveDuplicates メソッドの構文

RemoveDuplicates(Columns, Header)

RemoveDuplicatesメソッドは、重複するデータを削除します。引数Columnsは重複をチェックする列を指定します。複数の列を指定する場合は、Array関数を使用して配列を指定します。引数Headerは、表の1行目を見出しとして処理するかを指定します。xlYesを指定すると見出し、xlNoを指定するとデータとなります。規定値はxlNoです。

6-3 データの入力と検索（入力規則、検索/置換、フラッシュフィルなど）

Tips 266 セル範囲に連番を入力する

▶関連Tips
054
280

使用機能・命令 AutoFillメソッド

サンプルコード SampleFile Sample266.xlsm

```
Sub Sample266()
    'セルA2からA8にオートフィルを使用して連続データを入力する
    Range("A2").AutoFill Destination:=Range("A2:A8") _
        , Type:=xlFillSeries
End Sub
```

❖ 解説

ここでは、オートフィルを使って「コード」の列（A列）に連番を入力します。

セルA2には「1」が入力されています。この値を基準にして、1から始まる連続データをA列に入力します。なお、引数Destinationには、基準となるセル（ここではセルA2）を含めます。含めないとエラーになります。引数TypeにxlFillSeriesを指定して、連続する数値（連番）を入力します。

AutoFillメソッドの引数Typeに指定する定数は、以下のとおりです。

◇ 引数Typeに指定するXlAutoFillTypeクラスの定数

定数	値	説明
xlFillCopy	1	ソース範囲からターゲット範囲に値と形式をコピーする
xlFillDays	5	ソース範囲の曜日名をターゲット範囲に適用。形式はソース範囲からターゲット範囲にコピーする
xlFillDefault	0	Excelがターゲット範囲を入力するために使用する値と形式を決定する
xlFillFormats	3	ソース範囲からターゲット範囲に形式のみをコピーする
xlFillMonths	7	ソース範囲の月の名前をターゲット範囲に適用。形式はソース範囲からターゲット範囲にコピーする
xlFillSeries	2	ソース範囲の値をターゲット範囲に連続する数値として適用（例えば、'1, 2'は'3, 4, 5'となる）。形式はソース範囲からターゲット範囲にコピーする
xlFillValues	4	ソース範囲からターゲット範囲に値のみをコピーする
xlFillWeekdays	6	ソース範囲の平日の名前をターゲット範囲に適用。形式はソース範囲からターゲット範囲にコピーされる
xlFillYears	8	ソース範囲の年をターゲット範囲に適用。形式はソース範囲からターゲット範囲にコピーされる
xlGrowthTrend	10	ソース範囲の数字間の関係が乗法であるものとして、ソース範囲からターゲット範囲に数値を適用。例えば、'1, 2,'は'4, 8, 16,'となる（各数字は、直前の数字になんらかの値を掛けた結果であるものとする）。形式はソース範囲からターゲット範囲にコピーされる
xlLinearTrend	9	数字間の関係が加法であると仮定して、ソース範囲からターゲット範囲に数値を適用する。例えば、'1, 2,'は'3, 4, 5,'となる（各数字は、直前の数字になんらかの値を足した結果であるものとする）。形式はソース範囲からターゲット範囲にコピーされる
xlFlashFill	11	前のユーザーアクションの検出されたパターンに元づいて、ソース範囲の値をターゲット範囲に適用する

6-3 データの入力と検索（入力規則、検索／置換、フラッシュフィルなど）

▼「コード」に連番を入力する

	A	B	C
1	コード	商品名	売上数量
2	1	商品A	530
3		商品B	710
4		商品C	790
5		商品A	660
6		商品B	810
7		商品A	760
8		商品C	620

［オートフィル機能を使って入力する］

▼実行結果

	A	B	C
1	コード	商品名	売上数量
2	1	商品A	530
3	2	商品B	710
4	3	商品C	790
5	4	商品A	660
6	5	商品B	810
7	6	商品A	760
8	7	商品C	620

［連番が入力された］

● AutoFill メソッドの構文

object.AutoFill(Destination, Type)

AutoFillメソッドは、指定されたセル範囲にオートフィル機能を実行します。引数Destinationに、オートフィルの対象セル範囲を指定します。引数Typeに、オートフィルのパターンを定数で指定します。

Tips 267 セル範囲の値を1つずつチェックする

▶関連Tips **098**

使用機能・命令 Value プロパティ

サンプルコード SampleFile Sample267.xlsm

```
Sub Sample267()
    Dim temp As Range

    For Each temp In Range("C2:C8")  'セルC2～C8に対する処理
        'セルの値をチェックする
        If temp.Value > 700 Then
            'セルの値が700より大きい場合、「赤」に塗りつぶす
            temp.Interior.Color = RGB(255, 0, 0)
        End If
    Next
End Sub
```

❖ 解説

ここでは、「売上数量」欄の値が700より大きいセルを「赤」で塗りつぶします。ループ処理を使用して、対象のセル範囲のセルを1つずつチェックしています。なお、セルの色はColorプロパティで表されます。また、色はRGBで関数を使用して指定しています。Colorプロパティ、RGB関数についてはTips098を参照してください。

▼「売上数量」列をチェックする

	A	B	C
1	売上コード	商品名	売上数量
2	A001	商品A	530
3	A002	商品B	710
4	A003	商品C	790
5	A004	商品A	660
6	A005	商品B	810
7	A006	商品A	760
8	A007	商品C	620

「売上数量」が700より大きいセルを「赤」で塗りつぶす

▼実行結果

	A	B	C
1	売上コード	商品名	売上数量
2	A001	商品A	530
3	A002	商品B	710
4	A003	商品C	790
5	A004	商品A	660
6	A005	商品B	810
7	A006	商品A	760
8	A007	商品C	620

該当するデータが「赤」で塗りつぶされた

• Valueプロパティの構文

object.Value

Valueプロパティは、セルの値を取得/設定します。ループ処理と組み合わせて、セル範囲の値を1つずつチェックします。

6-3 データの入力と検索（入力規則、検索/置換、フラッシュフィルなど）

Tips 268 入力規則を設定する

▶関連Tips 269 270

使用機能・命令 **Validationオブジェクト/Addメソッド**

サンプルコード SampleFile Sample268.xlsm

```
Sub Sample268()
    'セルB2～B4に入力規則を設定する
    With Range("B2:B4").Validation
        'エラーの場合中止アイコンを表示し、
        '入力できるデータは「商品A」「商品B」「商品C」にする
        .Add Type:=xlValidateList _
            , AlertStyle:=xlValidAlertStop _
            , Formula1:="商品A,商品B,商品C"
    End With
End Sub
```

❖ 解説

ここでは、「商品名」欄に入力規則を設定します。入力できる値は「商品A」「商品B」「商品C」です。他の値が入力されたときには、中止アイコンを表示します。

◆ Addメソッドの引数

引数	説明
Type	入力規則の種類を指定。指定する値はXlDVTypeクラスの定数
AlertStyle	入力規則でのエラーのスタイルを指定。指定する値は、XlDVAlertStyleクラスの定数
Operator	データ入力規則の演算子を指定。指定する値はXlFormatConditionOperatorクラスの定数
Formula1	データ入力規則での条件式の最初の部分を指定する
Formula2	データ入力規則での条件式の2番目の部分を指定。引数OperatorがxlBetweenまたはxlNotBetween以外の場合、この引数は無視される

◆ Addメソッドの引数Typeに指定するXlDVTypeクラスの定数

定数	値	説明
xlValidateCustom	7	データは、任意の式を使用して検証される
xlValidateDate	4	データ値
xlValidateDecimal	2	数値
xlValidateInputOnly	0	ユーザーが値を変更した場合にのみ検証が行われる
xlValidateList	3	指定された一覧に値が存在する必要がある
xlValidateTextLength	6	テキストの長さ
xlValidateTime	5	時刻値
xlValidateWholeNumber	1	数値全体

6-3 データの入力と検索（入力規則、検索/置換、フラッシュフィルなど）

◆ Addメソッドの引数AlertStyleに指定するXlDVAlertStyleクラスの定数

定数	値	説明
xlValidAlertInformation	3	情報アイコン
xlValidAlertStop	1	中止アイコン
xlValidAlertWarning	2	警告アイコン

◆ Addメソッドの引数Operatorに指定するXlFormatConditionOperatorクラスの定数

定数	値	説明
xlBetween	1	2つの値の間。2つの数式が指定されている場合にのみ使用できる
xlEqual	3	等しい
xlGreater	5	次の値より大きい
xlGreaterEqual	7	以上
xlLess	6	次の値より小さい
xlLessEqual	8	以下
xlNotBetween	2	次の値の間以外。2つの数式が指定されている場合にのみ使用できる
xlNotEqual	4	等しくない

▼「商品名」欄に入力規則を設定する

▼実行結果

入力できる値は「商品A」「商品B」「商品C」とする

入力規則が設定された

• Validationオブジェクト/Addメソッドの構文

object.Validation.Add(Type, AlertStyle, Operator, Formula1, Formula2)

ValidationオブジェクトのAddメソッドは、対象のセルに入力規則を設定します。

Tips 269 入力規則を削除する

▶関連Tips 268 270

使用機能・命令 Delete メソッド

サンプルコード SampleFile Sample269.xlsm

```
Sub Sample269()
    'セルB2からB4の入力規則を削除する
    Range("B2:B4").Validation.Delete
End Sub
```

❖ 解説

「商品名」欄に設定されている入力規則を削除します。入力規則を設定する際に、すでに入力規則が設定されているとエラーになります。ですので、入力規則を設定する場合は、先にDeleteメソッドで入力規則を削除しておきます。なお、入力規則が設定されていない状態でDeleteメソッドを実行しても、エラーにはなりません。

▼「商品名」欄に入力規則が設定されている

▼実行結果

この入力規則を削除する

入力規則が削除された

●Delete メソッドの構文

object.Delete

Validationオブジェクトに対してDeleteメソッドを指定すると、入力規則を削除することができます。

6-3 データの入力と検索（入力規則、検索/置換、フラッシュフィルなど）

Tips 270 入力規則を変更する

▶関連Tips 268 269

使用機能・命令 Modifyメソッド

サンプルコード SampleFile Sample270.xlsm

```
Sub Sample270()
    With Range("B2:B4").Validation
        '' 入力できる値を変更する
        .Modify Type:=xlValidateList _
            , AlertStyle:=xlValidAlertStop _
            , Formula1:="商品D,商品E,商品F"
    End With
End Sub
```

❖ **解説**

ここでは、「商品名」欄に設定されている入力規則を変更します。「商品名」欄にはあらかじめ「商品A」「商品B」「商品C」が入力できるように、入力規則が設定されています。これを、「商品D」「商品E」「商品F」に変更します。**なお、入力規則に文字列を指定する場合、255文字を超えると設定できません**。その場合、セルに文字列を指定し、引数Formula1に「Formula1:="=A1"」のように指定します。

▼あらかじめ「商品名」欄に入力規則が設定されている　　▼実行結果

この入力規則を変更する　　　　　　　　　　　　　　　入力規則が変更された

• Modifyメソッドの構文

Modify(Type, AlertStyle, Operator, Formula1, Formula2)

Modifyメソッドは、入力規則を変更します。Modifyメソッドの引数は、Addメソッドと同等です。Addメソッドの引数については、Tips268を参照してください。

6-3 データの入力と検索（入力規則、検索/置換、フラッシュフィルなど）

Tips 271 ユーザー設定リストを作成する

▶関連Tips 272

使用機能・命令 AddCustomListメソッド

サンプルコード SampleFile Sample271.xlsm

```
Sub Sample271()
    'セルB2～B5の値をユーザー設定リストとして登録する
    Application.AddCustomList ListArray:=Range("B2:B5")
End Sub

Sub Sample271_2()
    '複数のデータをまとめてユーザー設定リストに登録する
    Application.AddCustomList ListArray:=Range("A2:B4") _
        , ByRow:=False
End Sub
```

❖ 解説

ここでは、2つのサンプルを紹介します。1つ目は、セルB2～B5に入力されている「商品名」をユーザー設定リストとして登録します。2つ目のサンプルは、セルA2～B4のデータを引数ByRowにFalseを指定することで、列ごとにユーザー設定リストとして登録します。

なお、引数LsitArrayにセル範囲を指定した場合、再度同じセル範囲のデータを登録しようとするとエラーになります。引数ListArrayに文字列の配列を指定した場合は、同じものを登録しようとすると無視されます。引数ListArrayにセル範囲を指定する場合、複数のリストをまとめて登録することができます。右の実行結果は、2つ目のサンプルのものです。

▼実行結果

表のデータがユーザー設定リストに追加された

● AddCustomListメソッドの構文

object.AddCustomList(ListArray, ByRow)

AddCustomListメソッドは、ユーザー設定リストを作成します。引数ListArrayに作成したいリストのデータをセル範囲で指定するか、Array関数を使用して配列で指定します。引数ByRowにTrueを指定すると、指定したセル範囲内の各行から作成されます。Falseを指定すると、各列から作成されます。

Tips 272 ユーザー設定リストを削除する

▶関連Tips 271

使用機能・命令 GetCustomListNum メソッド / DeleteCustomList メソッド

サンプルコード SampleFile Sample272.xlsm

```
Sub Sample272()
    Dim num As Long
    'いったん、ユーザー設定リストを登録する
    Application.AddCustomList ListArray:=Range("B2:B4")
    'ユーザー設定リストの番号を取得する
    num = Application.GetCustomListNum _
        (Array("商品A", "商品B", "商品C"))
    Application.DeleteCustomList num  '取得した番号のユーザー設定リストを削除する
End Sub
```

❖ 解説

ここでは、B列の「商品名」欄の値をいったんユーザー設定リストに登録し、その後、そのリストを削除しています。

なお、ユーザー設定リストの番号で、1〜11番は既存のリストで削除することはできません。

▼実行結果

ユーザー設定リストが削除された

• GetCustomListNum メソッドの構文

GetCustomListNum(ListArray)

• DeleteCustomList メソッドの構文

DeleteCustomList(ListNum)

ユーザー設定リストを削除するには、DeleteCustomListメソッドを使用します。

DeleteCustomListメソッドの引数ListNumには、削除するユーザー設定リストの番号を指定します。この番号は、GetCustomListNumメソッドで取得することができます。GetCustomListNumメソッドの引数ListArrayには、番号を取得するためのユーザー設定リストの文字列を配列で指定します。

Tips 273 セル内のデータを複数のセルに分割する

▶関連Tips 054

使用機能・命令 TextToColumns メソッド

サンプルコード SampleFile Sample273.xlsm

```vb
Sub Sample273()
    Application.DisplayAlerts = False    '警告メッセージを非表示にする
    'セルA2～A3のデータを対象に、B列以降にカンマを区切り文字として文字を分割して入力する
    Range("A2:A3").TextToColumns Destination:=Range("B2:B3") _
        , DataType:=xlDelimited _
        , Comma:=True
    Application.DisplayAlerts = True    '警告のメッセージが表示されるようにする
End Sub
```

❖ 解説

このサンプルは、セルA2～A3のデータをカンマで分割し、B列以降に入力します。**入力先にデータが無くても確認のメッセージが表示される**ので、DisplayAlertsプロパティをFalseにしてメッセージを非表示にしています。

◈ TextToColumns メソッドの主な引数

引数	説明
Destination	結果の表示先のセルを指定する
DataType	複数の列に区切るデータの形式を指定。xlDelimitedは区切り文字によって区切る。xlFixedWidthは固定長のデータとして区切る
TextQualifier	文字列の引用符に一重引用符（xlTextQualifierSingleQuote）を使用するか、二重引用符（xlTextQualifierDoubleQuote）を使用するか、または引用符を使用しない（xlTextQualifierNone）かを指定する
ConsecutiveDelimiter	Trueを指定すると、連続した区切り文字を1つの区切り文字として認識する
Tab	Trueを指定すると、区切り文字にタブ文字を指定する
Comma	Trueを指定すると、区切り文字にカンマを指定する
Other	Trueを指定すると、区切り文字は引数OtherCharに指定した文字になる
OtherChar	引数OtherがTrueのときに区切り文字として使用する文字を指定する

• TextToColumns メソッドの構文

TextToColumns(Destination, DataType, TextQualifier, ConsecutiveDelimiter, Tab, Semicolon, Comma, Space, Other, OtherChar, FieldInfo, DecimalSeparator, ThousandsSeparator, TrailingMinusNumbers)

TextToColumnsメソッドは、1つのセルに入力されている、カンマやスペースなどで区切られているデータを分割して、複数の列に格納します。対象となる列は1列のみとなります。

6-3 データの入力と検索（入力規則、検索/置換、フラッシュフィルなど）

Tips 274 フリガナを設定/取得する

▶関連Tips 054

使用機能・命令 Phoneticsオブジェクト/Textプロパティ/SetPhoneticメソッド/GetPhoneticメソッド

サンプルコード SampleFile Sample274.xlsm

```
Sub Sample274()
    Dim temp As String
    
    'セルA1の値にフリガナを設定する
    Range("A1").Phonetic.Text = "クロサキ トシカズ"
    'セルA2にフリガナを自動で設定する
    Range("A2").SetPhonetic
    'セルA1のフリガナを表示する
    Range("A1:A2").Phonetic.Visible = True
    'セルA2の「読み」を取得する
    temp = Application.GetPhonetic(Range("A2").Value)
    'すべての「読み」を取得する
    Do Until temp = ""
        MsgBox temp    '取得した文字をメッセージボックスに表示する
        temp = Application.GetPhonetic()    '次の文字を取得する
    Loop
End Sub
```

❖ 解説

ここではセルA1とA2のそれぞれにフリガナを設定し、VisibleプロパティをTrueにして表示しています。セルA1、A2に入力されている「黒崎 敏和」という文字は、入力時にあえて「クロサキ トシワ」と入力したものです（本来は「クロサキ トシカズ」が正しいフリガナだとします。しかし、正しい読み方とは異なる入力をしたという前提です。こういったことは、名前のように読みが難しい場合はよくあります）。

まず、セルA1に入力されている文字に対して、PhoneticオブジェクトのTextプロパティではフリガナを指定します。こうすることで、入力時とは異なるフリガナを設定することができます。それに対して、セルA2に入力されている文字列に対しては、SetPhoneticメソッドを使って自動的にフリガナを振っています。SetPhoneticメソッドは、入力時の情報を使ってフリガナを設定するため、入力時にどのように入力・変換されたかによって、このように意図した結果とは異なるケースがあります。

なお、csvファイルを読み込んだり、別のアプリケーション（例えばWordなど）から文字を貼り付けた場合などは、入力情報がないため設定できないので注意しましょう。

その後、GetPhoneticメソッドを使って、セルA2に入力されている文字の「読み」を取得します。GetPhoneticメソッドは、引数に文字を指定しないと、直前に指定した文字の別の「読み」を返

します。そして、すべての「読み」を取得すると空欄を返します。これを利用して、すべての「読み」を取得します。

なお、関数GetPhoneticメソッドのこの機能は、日本語IMEの機能を利用しています。そのため、日本語IMEが無い環境では動作しません。

▼実行結果

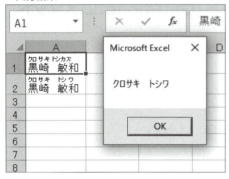

フリガナが設定され、セルA2のフリガナを取得した

- **Phoneticsオブジェクトの構文**

  object.Phonetics

- **Textプロパティの構文**

  object.Phonetic.Text = text

- **SetPhoneticメソッドの構文**

  object.SetPhonetic

- **GetPhoneticメソッドの構文**

  object.GetPhonetic(text)

Phoneticsオブジェクトは、フリガナ情報を表すオブジェクトです。Textプロパティと組み合わせてフリガナを設定します。SetPhoneticメソッドは、objectに指定したセルのフリガナを自動的に設定します。自動的に設定するため、名前などで特殊な読み方をするケースでは正しく設定されない可能性があるので、注意してください。GetPhoneticメソッドは、引数textに指定した「読み」を返します。対象に複数の「読み」がある場合はすべて返します。読みがない場合は空欄を返します。

Tips 275 配列数式を入力する

▶関連Tips 083

使用機能・命令 FormulaArray プロパティ

サンプルコード SampleFile Sample275.xlsm

```
Sub Sample275()
    'セルF2に、クラスAの平均点を計算する
    Range("F2").FormulaArray = "=AVERAGE(IF(B2:B5=E2,C2:C5))"
    'セルF3に、クラスBの平均点を計算する
    Range("F3").FormulaArray = "=AVERAGE(IF(B2:B5=E3,C2:C5))"
End Sub
```

❖ 解説

ここでは、配列数式を使用して、クラスごとの平均をF列に求めます。

配列数式とは、配列と呼ばれる複数の値またはセル参照を利用して、1つまたは複数の結果を求める数式です。手作業で入力するときは、数式を入力後、[Ctrl]キー＋[Shift]キー＋[Enter]キーで確定します。

確定された数式の前後には、中括弧（{}）が挿入されます。この中括弧は自動的に入力されるので、FormulaArrayプロパティを利用する場合も数式には含める必要はありません。

▼クラスごとの得点の平均を求める　　▼実行結果

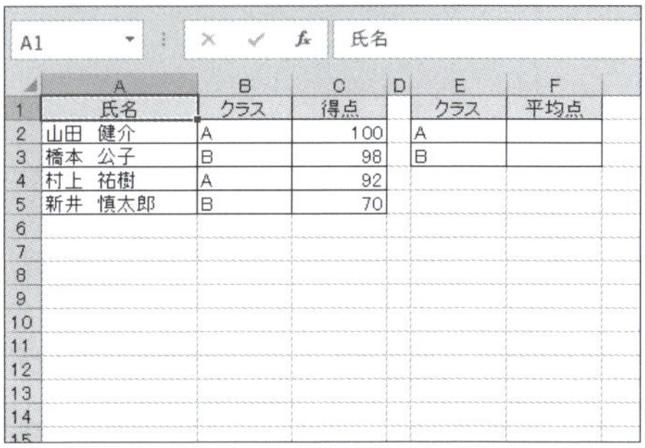

配列数式を使用する　　クラスの平均が計算された

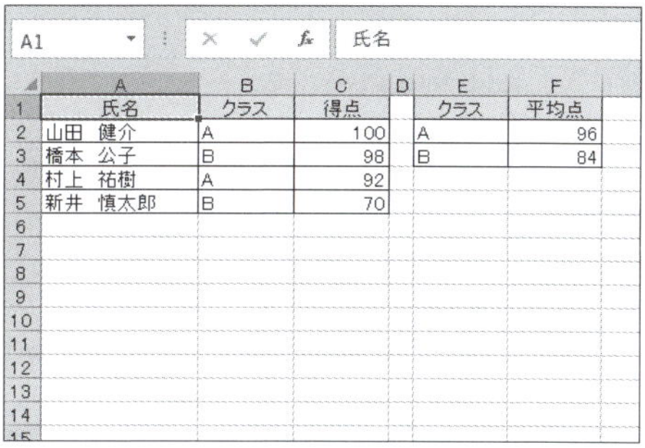

• FormulaArray プロパティの構文

object.FormulaArray

FormulaArrayプロパティは、配列数式を取得/設定します。

6-3 データの入力と検索（入力規則、検索/置換、フラッシュフィルなど）

Tips 276 データを検索する

▶関連Tips
069
098
277

使用機能・命令 Fメソッド/FindNextメソッド

サンプルコード SampleFile Sample276.xlsm

```
Sub Sample276()
    Dim temp As Range
    Dim tempAddress As String

    'C列を対象にする
    With Range("A1").CurrentRegion.Resize(, 1).Offset(, 2)
        Set temp = .Find(What:="商品B")    '「商品B」を検索する
        If Not temp Is Nothing Then   '見つかったかどうかチェックする
            tempAddress = temp.Address     'セルアドレスを取得する

            Do
                'セルの色を「緑」に塗りつぶす
                temp.Interior.Color = RGB(0, 255, 0)
                Set temp = .FindNext(temp)    '続けて検索する
            '最初に見つかったセルアドレスと異なる間は処理を続ける
            Loop While temp.Address <> tempAddress
        End If
    End With
End Sub
```

❖ **解説**

　ここでは、「商品名」欄から「商品B」のセルを検索し、見つかった場合セルを「緑」に塗りつぶします。まずCurrentRegionプロパティ、Resizeプロパティ、Offsetプロパティを使用して、検索対象を「商品名」の列（C列）に設定しています。そして、Findメソッドを使用して一旦「商品B」を検索し、結果を変数tempに代入します。

　Findメソッドは、対象のセルが見つからないとNothingを返すので、Ifステートメントを使用して変数tempをチェックします。対象のセルが見つかった場合は、変数tempAddressに見つかったセルのアドレスを代入します。これは、この後FindNextメソッドを使用して検索を続けると、一度見つけたセルも再度検索してしまって処理が終わらなくなるため、最初に見つかったセルのセルアドレスを取得しておいて、検索処理の終了判定に使うためです。

　ここから繰り返し処理に入ります。まず、見つかったセルの色をColorプロパティとRGB関数を使用して、「緑」に塗りつぶします。次に、FindNextメソッドを使用して検索を続けます。検索されたセルと最初に見つかったセルのセルアドレスを比較し、同じになるまで処理を繰り返します。これで、すべてのデータを検索することができます。

　Findメソッドの引数は、次のとおりです。

6-3 データの入力と検索（入力規則、検索/置換、フラッシュフィルなど）

◆ Findメソッドの引数

引数	説明
What	検索するデータを指定する
After	セル範囲内のセルの1つを指定。このセルの次のセルから、検索が開始される
LookIn	検索の対象を指定。xlFormulas（数式）、xlValues（値）、xlComments（コメント）のいずれかを指定する
LookAt	検索の種類を指定。xlWhole（完全一致）またはxlPart（部分一致）を指定する
SearchOrder	検索の方向を指定。使用できる定数はXlSearchOrderクラスのxlByRows（行）またはxlByColumns（列）
SearchDirection	検索方向を指定。xlNext（前方）、xlPrevious（後方）を指定する
MatchCase	大文字と小文字を区別するには、Trueを指定。既定値はFalse
MatchByte	半角・全角を区別する場合はTrueを指定する
SearchFormat	検索の書式を指定。True（検索する）、False（検索しない）

▼「商品名」欄のデータを検索する　　▼実行結果

「商品B」を検索し、見つかったら緑で塗りつぶす　　「商品B」のセルが塗りつぶされた

• Findメソッドの構文

object.Find(What, After, LookIn, LookAt, SearchOrder, SearchDirection, MatchCase, MatchByte, SearchFormat)

• FindNextメソッドの構文

object.FindNext(After)

　Findメソッドは条件に合うデータを検索します。条件に合うデータが見つからない場合は、Nothingを返します。
　FindNextメソッドは、引数Afterに指定したセル以降で、Findメソッドで設定されたものと同じ条件で検索を行います。

6-3 データの入力と検索（入力規則、検索/置換、フラッシュフィルなど）

Tips 277 セルの色で検索する

▶関連Tips 276

使用機能・命令 Findメソッド/FindFormatプロパティ

サンプルコード SampleFile Sample277.xlsm

```
Sub Sample277()
    Dim Target As Range
    Application.FindFormat.Clear
    Application.FindFormat.Interior.Color = vbRed   '検索する書式を設定する
    Set Target = Range("A1").CurrentRegion.Find(What:="*" _
        , SearchFormat:=True)   'セルA1を含む表を検索する
    If Not Target Is Nothing Then   'データが見つかったかどうかチェックする
        MsgBox "セルの値：" & Target.Value   'データが見つかった場合メッセージを表示する
    End If
End Sub
```

❖ 解説

ここでは、セルA1を含む表全体から赤く塗りつぶされたセルを検索し、最初に見つかったセルの値をメッセージボックスに表示します。なお、FindFormatプロパティは、前回の設定をそのまま引き継ぐため、最初にClearメソッドで書式の検索条件をクリアしています。

▼実行結果

「赤」で塗りつぶされた最初のセルの値が表示された

• Findメソッドの構文

object.Find(What, After, LookIn, LookAt, SearchOrder, SearchDirection, MatchCase, MatchByte, SearchFormat)

• FindFormatプロパティの構文

object.FindFormat

FindFormatプロパティは検索する書式を設定します。Findメソッドの引数SearchFormatをTrueにすることで、書式を使用してセルを検索することができます。条件に合うデータが見つからない場合は、Nothingを返します。Findメソッドのその他の引数については、Tips276を参照してください。

Tips 278 データを置換する

▶関連Tips 143, 276

使用機能・命令 Replaceメソッド

サンプルコード SampleFile Sample278.xlsm

```
Sub Sample278()
    'セルA1から始まる表で「商品B」を「商品D」に置換する
    Range("A1").CurrentRegion.Replace _
        What:="商品B", Replacement:="商品D"
End Sub
```

❖ 解説

ここでは、表内の「商品B」を「商品D」に置換しています。なお、Replaceメソッドで「10／1」の「／（全角）」を半角の「/」に置換した場合、対処セルのデータが自動的に日付データになってしまいます。日付データですから、中身はシリアル値で元のデータとは別のものです。このように、置換後のデータが日付や時刻として認識できるようなケースは注意が必要です。これを避けるには、Replace関数を使用します。Replace関数については、Tips143を参照してください。

▼この表のデータを置換する

	A	B	C	D
1	日付	コード	商品名	売上数量
2	11/1	A001	商品A	530
3	11/1	A002	商品B	710
4	11/1	A003	商品C	790
5	11/2	A001	商品A	660
6	11/2	A002	商品B	810
7	11/3	A001	商品A	760
8	11/3	A003	商品C	620

「商品B」を「商品D」に置換する

▼実行結果

	A	B	C	D
1	日付	コード	商品名	売上数量
2	11/1	A001	商品A	530
3	11/1	A002	商品D	710
4	11/1	A003	商品C	790
5	11/2	A001	商品A	660
6	11/2	A002	商品D	810
7	11/3	A001	商品A	760
8	11/3	A003	商品C	620

「商品D」に置換された

• Replaceメソッドの構文

object.Replace(What, Replacement, LookAt, SearchOrder, MatchCase, MatchByte, SearchFormat, ReplaceFormat)

Replaceメソッドは、引数Whatに指定した値を検索し、引数Replacementに指定した値に置換します。なお、Replaceメソッドの他の引数については、Findメソッドと同等です。引数の詳細については、Tips276を参照してください。

6-3 データの入力と検索(入力規則、検索/置換、フラッシュフィルなど)

Tips 279 あいまいな条件で文字列を置換する

▶関連Tips 276

使用機能・命令 Replaceメソッド

サンプルコード SampleFile Sample279.xlsm

```
Sub Sample279()
    'セルA1を含む範囲で、「田」を含むセルを検索し、
    '「田」を「山」に置換する
    Range("A1").CurrentRegion.Replace _
        What:="田", Replacement:="山", LookAt:=xlPart
End Sub
```

❖ 解説

ここでは、セルA1以降の表に対して処理を行います。「田」を含むセルを検索し、「田」を「山」に置換します。

▼この表のデータの一部を置換する

	A	B	C	D	E
1	日付	社員コード	社員名	数量	
2	11/1	F-001	村田 健司	530	
3	11/1	F-002	佐田 美紀	710	
4	11/1	F-003	橋本 幸助	790	
5	11/2	F-001	村田 健司	660	
6	11/2	F-002	佐田 美紀	810	
7	11/2	F-003	橋本 幸助	760	
8					

「田」を「山」に置換する

▼実行結果

	A	B	C	D	E
1	日付	社員コード	社員名	数量	
2	11/1	F-001	村山 健司	530	
3	11/1	F-002	佐山 美紀	710	
4	11/1	F-003	橋本 幸助	790	
5	11/2	F-001	村山 健司	660	
6	11/2	F-002	佐山 美紀	810	
7	11/2	F-003	橋本 幸助	760	
8					

データが置換された

• **Replaceメソッドの構文**

object.Replace(What, Replacement, LookAt, SearchOrder, MatchCase, MatchByte, SearchFormat, ReplaceFormat)

Replaceメソッドは引数Whatに指定した値を検索し、引数Replacementに指定した値に置換します。このとき、引数LookAtにxlPartを指定すると、部分一致で対象の値を検索し引数Replacementに指定した値に置換します。なお、Replaceメソッドの他の引数については、Findメソッドと同等です。引数の詳細については、Tips276を参照してください。

Tips 280 フラッシュフィルを使用する

▶関連Tips 266

使用機能・命令 AutoFill メソッド

サンプルコード SampleFile Sample280.xlsm

```
Sub Sample280()
    'セルC2の値をフラッシュフィルでセルC6まで入力する
    Range("C2").AutoFill Destination:=Range("C2:C6") _
        , Type:=xlFlashFill
End Sub
```

❖ 解説

ここでは、A列の「姓」とB列の「名」のデータからC列の「氏名」を入力します。あらかじめセルC2には、「姓」と「名」を半角スペースを挟んでつなげた氏名のデータが入力されています。フラッシュフィルを使用すると、このセルC2のデータがA列とB列のデータを元にしていることを自動的に判別して、セルC3以降にも「氏名」のデータを入力することができます。この機能を利用することで、関数などを使わなくてはならなかった入力も簡単に行うことができるようになります。

▼「姓」と「名」のデータから「氏名」データを入力する

▼実行結果

> セルC2のデータを元に、フラッシュフィルを使って自動で入力する

> 「氏名」のデータが入力された

• AutoFill メソッドの構文

object.AutoFill(Destination, Type)

AutoFillメソッドを使用すると、フラッシュフィルの機能を利用することができます。フラッシュフィルは、オートフィル機能を拡張したもので、例えば、「氏名」欄の隣に「姓」だけ取り出す場合などに使用できます。AutoFillメソッドに指定する引数などについては、Tips266を参照してください。

Tips 281 クイック分析を表示する

▶関連Tips 296

使用機能・命令 QuickAnalysisプロパティ/Showメソッド

サンプルコード SampleFile Sample281.xlsm

```
Sub Sample281()
    'クイック分析機能の「合計」を表示する
    Application.QuickAnalysis.Show xlTotals
End Sub
```

❖解説

クイック分析機能を使用します。クイック分析機能を使用するには、対象となる表内にアクティブセルがある必要があります。ここでは、QuickAnalysisプロパティを使ってクイック分析機能を表すQuickAnalysisオブジェクトを取得し、ShowメソッドにxlTotalを指定して、クイック分析機能の「合計」を表示します。

QuickAnalysisオブジェクトのShowメソッドに指定する値は、次のとおりです。

◆ Show メソッドに指定する XlQuickAnalysisMode クラスの定数

定数	値	説明
xlLensOnly	0	ボタンは表示するが、引き出し線ユーザーインターフェイスは表示しない
xlFormatConditions	1	条件付き書式設定
xlRecommendedCharts	2	グラフ
xlTotals	3	合計
xlTables	4	テーブル
xlSparklines	5	スパークライン

•QuickAnalysis プロパティの構文

object.QuickAnalysis

•Show メソッドの構文

Object.Show expression

QuickAnalysisプロパティは、Excel 2013から加わったクイック分析機能を表します。Showメソッドを使用して表示することができます。Showメソッドには、表示対象となるXlQuickAnalysisModeクラスの定数を指定します。

テーブル /
ピボットテーブルの極意

7-1　テーブル（テーブルの追加/取得/解除など）
7-2　ピボットテーブル（ピボットテーブルの作成/更新など）
7-3　ピボットグラフ（ピボットグラフの作成/移動など）

7-1 テーブル（テーブルの追加/取得/解除など）

Tips 282 テーブルを作成する

▶関連Tips
283
290

使用機能・命令 ListObjects プロパティ/Add メソッド

サンプルコード SampleFile Sample282.xlsm

```
Sub Sample282()
    'Sheet1の表を元にテーブルを作成し、「売上一覧」と名前を付ける
    Worksheets("Sheet1").ListObjects.Add(SourceType:=xlSrcRange _
        , Source:=Range("A1").CurrentRegion _
        , XlListObjectHasHeaders:=xlYes).Name = "売上一覧"
End Sub
```

❖ 解説

ここでは、まずセルA1 を含む表をCurrentRegionプロパティで取得し、Addメソッドでテーブルを作成します。このとき、1行目をヘッダーとして指定しています。この処理の結果返されるListObject オブジェクトに対して、Nameプロパティでテーブル名を「売上一覧」と付けています。
Addメソッドの引数は、以下のとおりです。

◆ Addメソッドの引数

引数	説明
SourceType	クエリで使用されるソースの種類を指定。セル範囲の場合、xlSrcRangeを指定する
Source	データソースを示すRangeオブジェクトの値を使用する
LinkSource	外部データソースをListObjectオブジェクトにリンクするかどうかを指定する
TableStyleName	インポートするデータが列ラベルを持つかどうかを示す定数を指定。xlYes（あり）、xlNo（なし）、xlGuess（自動判定）のいずれかを指定する
Destination	新しく作成するリストオブジェクトの左上隅の配置先として、単一のセルを指定する

• **ListObjects プロパティの構文**

object.ListObjects(index)

• **Add メソッドの構文**

object.Add(SourceType, Source, LinkSource, HasHeaders, Destination)

ListObjectsプロパティは、テーブルとして設定されたオブジェクトのコレクションであるListObjectsオブジェクトを取得します。インデックス番号を指定することで、特定のテーブルを取得することができます。また、Addメソッドを利用することで、テーブルを作成することができます。

Tips 283 テーブルを取得する

▶関連Tips 282

使用機能・命令 ListObjectsプロパティ

サンプルコード SampleFile Sample283.xlsm

```
Sub Sample283()
    '「売上一覧」テーブルの名前を「売上データ」に変更する
    Worksheets("Sheet1").ListObjects("売上一覧").Name = "売上データ"
End Sub
```

❖ 解説

ここでは、すでに作成されている「売上一覧」テーブルの名前を「売上データ」に変更します。ListObjectsプロパティにテーブル名を指定してListObjectオブジェクトを取得し、Nameプロパティで名前を変更しています。

▼既存のテーブルを参照する　　　　　　　　　▼実行結果

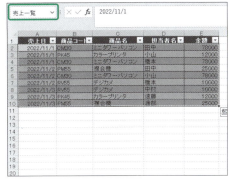

テーブル名を「売上データ」に変更する　　　テーブル名が変更された

• **ListObjectsプロパティの構文**

object.ListObjects(index)

ListObjectsプロパティは、テーブルとして設定されたオブジェクトのコレクションであるListObjectsオブジェクトを取得します。indexにインデックス番号やテーブル名を指定することで、特定のテーブルを取得することができます。

7-1 テーブル（テーブルの追加/取得/解除など）

テーブルの行を取得/カウントする

▶関連Tips 282 285

使用機能・命令 ListRowsプロパティ/Countプロパティ

サンプルコード SampleFile Sample284.xlsm

```
Sub Sample284()
    '「売上一覧」テーブルの3行目を削除する
    Worksheets("Sheet1").ListObjects("売上一覧").ListRows(3).Delete
End Sub

Sub Sample284_2()
    '「売上一覧」テーブルのデータ件数（データの行数）を表示する
    MsgBox "リストの行数：" & _
        Worksheets("Sheet1").ListObjects("売上一覧").ListRows.Count
End Sub
```

❖ 解説

ここでは、2つのサンプルを紹介します。1つ目は、すでに作成してある「売上一覧」テーブルからListRowsプロパティを使用して3行目を指定し、Deleteメソッドでその行を削除します。

2つ目のサンプルは、「売上一覧」のデータ件数を取得します。データ件数は見出しを除いた行数です。ListRowsプロパティはデータ部分の行数の集合です。Countプロパティの対象にListRowsコレクションを指定することで、データ件数を取得することができます。なお、右の実行結果は1つ目のサンプルのものです。

▼実行結果

3行目のデータが削除された

•ListRowsプロパティの構文

object.ListRows(index)

•Countプロパティの構文

object.Count

ListRowsプロパティは、テーブル内の行を表すListRowsコレクションを取得します。index番号を指定すると、単独のListRowオブジェクトを取得できます。また、Countプロパティを使用すると、行数を取得することができます。

Tips 285 テーブルの列を取得する

▶関連Tips 282 285

使用機能・命令 ListColumnsプロパティ

サンプルコード SampleFile Sample285.xlsm

```
Sub Sample285()
    '3列目の見出しをメッセージボックスに表示する
    MsgBox "3列目の見出し：" & Worksheets("Sheet1") _
        .ListObjects("売上一覧").ListColumns(3).Name
End Sub

Sub Sample285_2()
    '「売上一覧」テーブルの列数を取得する
    MsgBox "リストの列数：" & _
        Worksheets("Sheet1").ListObjects(1) _
        .ListColumns.Count
End Sub
```

❖ 解説

ここでは、2つのサンプルを紹介します。1つ目は、すでに作成してある「売上一覧」テーブルからListColumnsプロパティを使用して、3列目の見出しをNameプロパティで取得しメッセージボックスに表示します。2つ目は、「売上一覧」の列数を取得します。ListColumnsプロパティで「売上一覧」テーブルの列を取得し、Countプロパティで列数を取得しています。なお、次の実行結果は1つ目のサンプルのものです。

▼テーブルに設定されているこの表の列を取得する

3列目の「商品名」を取得する

▼実行結果

見出しが表示された

• ListColumnsプロパティの構文

object.ListColumns(index)

ListColumnsプロパティは、テーブル内の列を表すListColumnsオブジェクトを取得します。index番号を指定して、単独のListColumnオブジェクトを取得することもできます。

Tips 286 テーブル内にアクティブセルがあるかどうかを判定する

▶関連Tips 282

使用機能・命令 Activeプロパティ

サンプルコード SampleFile Sample286.xlsm

```
Sub Sample286()
    With Worksheets("Sheet1")    'Sheet1に対して処理を行う
        'アクティブセルがテーブル内にあるか判定する
        If .ListObjects(1).Active Then
            'テーブル内にある場合のメッセージ
            MsgBox "アクティブセルはテーブル内"
        Else
            'テーブル内に無い場合のメッセージ
            MsgBox "アクティブセルはテーブル外"
        End If
    End With
End Sub
```

❖ 解説

ここでは、アクティブセルがテーブル内にあるかどうかをActive プロパティで取得し、メッセージを表示します。ここでは、マクロを実行するときのアクティブセルを基準に判定を行っています。実際に、アクティブセルをテーブル内・外にしてからそれぞれ試してみてください。

▼テーブル内にアクティブセルがあるかチェックする

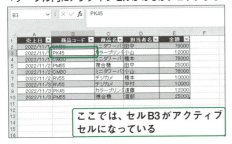

ここでは、セルB3がアクティブセルになっている

▼実行結果

結果が表示された

• Activeプロパティの構文

object.Active

テーブル内にアクティブなセルがあるかどうかを判定するには、Activeプロパティを使用します。Trueの場合、テーブル内にアクティブセルが存在します。

7-1 テーブル（テーブルの追加/取得/解除など）

Tips 287 テーブルのヘッダー行を取得する

▶関連Tips 282

使用機能・命令 **HeaderRowRange プロパティ**

サンプルコード SampleFile Sample287.xlsm

```
Sub Sample287()
    'テーブルの見出し行の色を「青」にする
    Worksheets("Sheet1").ListObjects(1).HeaderRowRange _
        .Interior.Color = RGB(0, 0, 255)
End Sub
```

❖ 解説

ここでは、テーブルの見出しの行の塗りつぶしの色を「青」にしています。対象のテーブルをListObjectsプロパティで取得し、見出し行をHeaderRowRangeプロパティで取得します。ColorプロパティとRGB関数で、塗りつぶしの色を「青」にします。

▼このテーブルを対象に処理を行う

▼実行結果

見出しの行を取得し、色を「青」にする

見出しの色が変更された

• **HeaderRowRange プロパティの構文**

object.HeaderRowRange

HeaderRowRangeプロパティは、テーブルのヘッダー範囲を表すRangeオブジェクトを返します。取得したテーブルのヘッダー範囲の書式を変更したりすることができます。

7-1 テーブル（テーブルの追加/取得/解除など）

Tips 288 集計行を表示／非表示にする

▶関連Tips 282

使用機能・命令 ShowTotals プロパティ／TotalsCalculation プロパティ

サンプルコード SampleFile Sample288.xlsm

```
Sub Sample288()
    With Worksheets("Sheet1").ListObjects(1)
        .ShowTotals = True                '集計行を表示する
        .ListColumns("金額").TotalsCalculation = _
            xlTotalsCalculationAverage    '「金額」欄の平均を求める
    End With
End Sub
```

❖ **解説**

ここでは、「Sheet1」ワークシートのテーブルの集計行を表示し、「金額」欄の平均を求めます。TotalsCalculation プロパティに指定する定数は、以下のとおりです。

◇ TotalsCalculation プロパティに指定する XlTotalsCalculation クラスの定数

定数	値	説明
xlTotalsCalculationAverage	2	平均
xlTotalsCalculationCount	3	空でないセルのカウント
xlTotalsCalculationCountNums	4	数値のあるセルのカウント
xlTotalsCalculationCustom	9	ユーザー設定の計算
xlTotalsCalculationMax	6	リストの最大値
xlTotalsCalculationMin	5	リストの最小値
xlTotalsCalculationNone	0	計算なし
xlTotalsCalculationStdDev	7	標準偏差値
xlTotalsCalculationSum	1	リスト列のすべての値の合計
xlTotalsCalculationVar	8	変数

• **ShowTotals プロパティの構文**

object.ShowTotals = expression

• **TotalsCalculation プロパティの構文**

object.TotalsCalculation = calc

ShowTotals プロパティは、テーブルに集計行を表示するかどうかを指定します。True を指定すると、集計行を表示します。TotalsCalculation プロパティは、集計方法を指定します。

Tips 289 テーブルにスライサーを使用する

▶関連Tips 282

使用機能・命令 Slicerオブジェクト/Add2メソッド

サンプルコード SampleFile Sample289.xlsm

```
Sub Sample289()
    Dim TargetSheet As Worksheet

    Set TargetSheet = Worksheets("Sheet1")

    'スライサーを追加し、「スライサー_商品名」という名前を付ける
    ThisWorkbook.SlicerCaches.Add2(TargetSheet.ListObjects(1) _
        , "商品名").Slicers.Add(TargetSheet, , "商品名", "商品名" _
        , 114.75, 303.75, 144, 187.5).Name = "スライサー_商品名"
    'スライサーに対する処理
    With ThisWorkbook.SlicerCaches("スライサー_商品名")
        '「カラープリンタ」を表示する
        .SlicerItems("カラープリンタ").Selected = True
        '残りの項目は非表示にする
        .SlicerItems("ミニタワーパソコン").Selected = False
        .SlicerItems("複合機").Selected = False
        .SlicerItems("デジカメ").Selected = False
    End With
End Sub
```

❖ 解説

「Sheet1」ワークシートの表には、テーブルの設定が行われています。このテーブルに対してスライサーを設定し、「カラープリンタ」のみ表示します。

スライサーを使用するには、SlicerChashesコレクションにAdd2メソッドを使用して、Slicerオブジェクトを追加します。

SlicerオブジェクトのAdd2メソッドの引数は、次のとおりです。

7-1 テーブル（テーブルの追加/取得/解除など）

◆ Add2メソッドに指定する引数

引数	説明
SlicerDestination	作成されたスライサーの配置先のシートの名前を示す値、または配置先のシートを表すWorksheetオブジェクトを指定。配置先のシートは、expressionで指定したSlicersオブジェクトを含むブック上に存在する必要がある
Level	OLAPデータソースの場合、スライサーの作成の元になるレベルの序数またはマルチディメンション式(MDX)の名前を指定。OLAPデータソース以外ではサポートされていない
Name	スライサーの名前を指定。指定しない場合はExcelで自動的に生成される
Caption	スライサーのキャプションを指定する
Top	スライサーの垂直方向の位置をワークシートの上端からのポイント単位で指定する
Left	スライサーの水平方向の位置をワークシートの左端からのポイント単位で指定する
Width	スライサーコントロールの幅をポイント単位で指定する
Height	スライサーコントロールの高さをポイント単位で指定する

▼このテーブルを対象にする

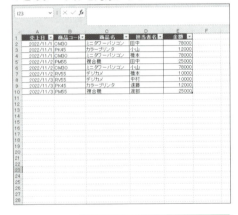

スライサーを使用して「カラープリンタ」のみ表示する

▼実行結果

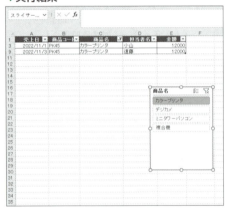

スライサーが設定され「カラープリンタ」のみ表示された

● Slicerオブジェクトの構文

object.Slicer

● Add2メソッドの構文

Add(SlicerDestination, Level, Name, Caption, Top, Left, Width, Height)

スライサーを使用するには、SlicerオブジェクトをAddメソッドを使用してテーブルに追加します。

7-1 テーブル（テーブルの追加/取得/解除など）

Tips 290 テーブルを解除してセル範囲に変換する

▶関連Tips 282

使用機能・命令 Unlistメソッド

サンプルコード SampleFile Sample290.xlsm

```
Sub Sample290()
    '「売上一覧」テーブルを解除してセル範囲に変換する
    Worksheets("Sheet1").ListObjects("売上一覧").Unlist
End Sub
```

❖ 解説

テーブルを解除し、通常のセル範囲にするには、Unlistメソッドを使用します。ここでは、「Sheet1」ワークシートにある「売上一覧」テーブルを、通常のセル範囲に変換します。

▼このテーブルを対象にする

▼実行結果

テーブルを解除する

テーブルが解除されセル範囲に変換された

•Unlistメソッドの構文

object.Unlist

Unlistメソッドは、テーブルを解除しセル範囲に変換します。ただし、このメソッドを実行しても、ワークシート内のセルのデータ、書式、および数式は残されます。「集計行」も、そのままの状態で残されます。ただし、「オートフィルター」はリストから削除されます。

7-2 ピボットテーブル（ピボットテーブルの作成／更新など）

Tips 291 ピボットテーブルを作成する（1）

▶関連Tips
292

使用機能・命令 PivottableWizardメソッド／
Orientationプロパティ／Functionプロパティ

サンプルコード　SampleFile Sample291.xlsm

```
Sub Sample291()
    With Worksheets("Sheet1")
        'セルA1以降のデータを元にして、セルA15に
        '集計データという名前のピボットテーブルを作成する
        .PivotTableWizard _
        SourceType:=xlDatabase _
        , SourceData:=Range("A1").CurrentRegion _
        , TableDestination:=Range("A15") _
        , TableName:="集計データ"

        With .PivotTables("集計データ") 'ピボットテーブルに対する処理
            '「商品名」を行ラベルに設定する
            .PivotFields("商品名").Orientation = xlRowField
            '「担当者名」を列ラベルに設定する
            .PivotFields("担当者名").Orientation = xlColumnField
            With .PivotFields("金額") '「金額」に対する処理
                .Orientation = xlDataField 'データフィールドに設定
                .Function = xlSum '計算方法を「合計」に設定
            End With
        End With
    End With
End Sub
```

❖ 解説

　セルA1以降の表を元に、セルA15以降にピボットテーブルを作成します。この時点では、ピボットテーブルの枠組ができただけです。この枠組に設定を行います。ここでは、「商品名」ごと「担当者名」ごとの「金額」の合計を求めています。
　PivotTableWizardメソッドの引数、Orientationプロパティに指定する値、Functionプロパティに指定する値は、それぞれ以下のとおりです。

7-2 ピボットテーブル (ピボットテーブルの作成/更新など)

◆ PivotTableWizardメソッドの引数

引数	説明
SourceType	レポートの集計元データの内容を示す、XlPivotTableSourceTypeクラスの定数を指定する
SourceData	レポートの作成に使うデータを指定する
TableDestination	レポートの配置場所を表すRangeオブジェクトを指定。この引数を省略すると、レポートはアクティブセルに作成される
TableName	新しいレポートの名前を指定する
RowGrand	Trueを指定すると、レポートに行の総計を表示する
ColumnGrand	Trueを指定すると、レポートに列の総計を表示する
SaveData	Trueを指定すると、レポートと共にデータを保存する。Falseを指定すると、レポートの定義のみを保存する
HasAutoFormat	Trueを指定すると、レポートの更新時やフィールドが移動されたときに、オートフォーマットを実行する
AutoPage	引数SourceTypeにxlConsolidationを指定した場合にのみ有効。Trueを指定すると、統合元範囲のページフィールドを自動的に作成する
Reserved	使用不可
BackgroundQuery	Trueの場合、Excelはレポートのクエリをバックグラウンド (非同期) で実行する。既定値はFalse
OptimizeCache	Trueの場合、ピボットテーブルのキャッシュの構成時に最適化を行う。既定値はFalse
PageFieldOrder	ピボットテーブルレポートのレイアウトに追加するページフィールドの順序を指定。使用できる定数は、XlOrderクラスのxlDownThenOverまたはxlOverThenDown。既定値はxlDownThenOver
PageFieldWrapCount	ピボットテーブルの各列または各行のページフィールドの数を指定。既定値は0
ReadData	Trueの場合、外部のデータベースのすべてのレコードを含むピボットテーブルキャッシュを作成する
Connection	ODBCデータソースと接続できるようにするODBC設定のいずれかを含む文字列を指定。接続文字列は "ODBC;＜接続文字列＞" 形式

◆ Orientationプロパティに指定するXlPivotFieldOrientationクラスの定数

定数	値	説明
xlColumnField	2	列
xlDataField	4	データ
xlHidden	0	非表示
xlPageField	3	ページ
xlRowField	1	行

7-2 ピボットテーブル（ピボットテーブルの作成/更新など）

◆ Function プロパティに指定する XlConsolidationFunction クラスの定数

定数	値	説明
xlAverage	−4106	平均
xlCount	−4112	カウント
xlCountNums	−4113	カウント数値のみ
xlDistinctCount	111	Distinct Count 分析を使ったカウント
xlMax	−4136	最大
xlMin	−4139	最小
xlProduct	−4149	積
xlStDev	−4155	標本に基づく標準偏差
xlStDevP	−4156	母集団全体に基づく標準偏差
xlSum	−4157	合計
xlUnknown	1000	小計に使用する関数は指定されない
xlVar	−4164	標本に基づく変動
xlVarP	−4165	母集団全体に基づく変動

▼この表を元にピボットテーブルを作成する　　▼実行結果

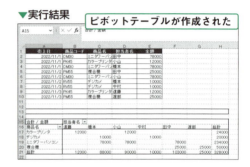

「金額」の合計を集計する　　　ピボットテーブルが作成された

•PivottableWizard メソッドの構文

object.PivotTableWizard(SourceType, SourceData, TableDestination, TableName, RowGrand, ColumnGrand, SaveData, HasAutoFormat, AutoPage, Reserved, BackgroundQuery, OptimizeCache, PageFieldOrder, PageFieldWrapCount, ReadData, Connection)

•Orientation プロパティの構文

object.Orientation = expression

•Function プロパティの構文

object.Function =expression

　PivottableWizard メソッドは、ピボットテーブルを作成するメソッドです。Orientation プロパティでピボットテーブルのフィールドを設定し、Function プロパティではデータフィールドの計算方法を設定します。

Tips 292 ピボットテーブルを作成する（2）

▶関連Tips 291

使用機能・命令 PivotCacheオブジェクト／CreatePivotTableメソッド

サンプルコード SampleFile Sample292.xlsm

```
Sub Sample292()
    Dim temp As PivotCache
    Set temp = ThisWorkbook.PivotCaches(1)   '既存のキャッシュを取得する

    'セルD13以降に、「担当者別」という名前のピボットテーブルを作成する
    temp.CreatePivotTable _
        TableDestination:=Worksheets("Sheet1").Range("D13") _
        , TableName:="担当者別"

    With Worksheets("Sheet1").PivotTables("担当者別")
        '「担当者名」を行ラベルに設定する
        .PivotFields("担当者名").Orientation = xlRowField
        '「金額」に対する処理
        With .PivotFields("金額")
            .Orientation = xlDataField   'データフィールドに設定する
            .Function = xlSum    '集計方法を「合計」に設定する
        End With
    End With
End Sub
```

❖ 解説

ここでは、すでに作成してあるピボットテーブルを元に、セルD13に「担当者別」という名前で、新たにピボットテーブルを作成します。

作成するピボットテーブルは、「担当者名」を行ラベルに設定し、「金額」の合計を集計します。

CreatePivotTableメソッドの引数は、次のとおりです。

◈ CreatePivotTableメソッドに設定する項目

名前	説明
TableDestination	ピボットテーブルを作成するシート名とセルを指定する
TableName	作成するピボットテーブルの名前を指定する
ReadData	Trueを指定すると、外部データベースのすべてのレコードを含むピボットテーブルキャッシュを作成する
DefaultVersion	ピボットテーブルの既定のバージョンを指定する

7-2 ピボットテーブル（ピボットテーブルの作成/更新など）

▼すでにピボットテーブルが作成されている

▼実行結果

このワークシートにピボットテーブルを追加する

新たにピボットテーブルが作成された

● PivotCache オブジェクトの構文

object.PivotCaches

● CreatePivotTable メソッドの構文

object.CreatePivotTable(TableDestination, TableName, ReadData, DefaultVersion)

PivotCachesメソッドは、ピボットテーブルのデータを保存するキャッシュを取得します。このキャッシュは、ピボットテーブルを作成すると自動的に作成されます。ピボットテーブルキャッシュを取得することで、これを元に、CreatePivotTableメソッドでピボットテーブルを作成します。キャッシュされたデータを元にしているため、メモリを節約することができます。

Tips 293 ピボットテーブルのフィールドを変更する

▶関連Tips: 291, 292

使用機能・命令 AddFieldsメソッド/Positionプロパティ

サンプルコード SampleFile Sample293.xlsm

```vb
Sub Sample293()
    With Worksheets("Sheet1").PivotTables(1)
        '「担当者名」を行フィールドに、「商品名」と「売上日」を列フィールドに移す
        .PivotFields("担当者名").Orientation = xlRowField
        .AddFields ColumnFields:=Array("商品名", "売上日") _
            , AddToTable:=True
        .PivotFields("売上日").Position = 1
        .PivotFields("商品名").Position = 2
    End With
End Sub
```

❖ 解説

「担当者名」の「金額」の合計を集計しているピボットテーブルを編集します。まず「担当者名」を行フィールドに移し、「商品名」と「売上日」を列フィールドに追加し、「売上日」「商品名」の順に変更します。AddFieldsメソッドの引数は、以下のとおりです。

◇ AddFieldsメソッドの引数

引数	説明
RowFields	行フィールド、または項目軸として追加するフィールドの名前（またはフィールド名の配列）を指定する
ColumnFields	列フィールド、または系列軸として追加するフィールドの名前（またはフィールド名の配列）を指定する
PageFields	ページ、またはページ領域として追加するフィールドの名前（またはフィールド名の配列）を指定する
AddToTable	Trueを指定すると、指定したフィールドをレポートに追加される。既存フィールドは、いずれも置き換えられない。Falseを指定すると、既存のフィールドが新しいフィールドに置き換えられる。既定値はFalse

・**AddFieldsメソッドの構文**

object.AddFields(RowFields, ColumnFields, PageFields, AddToTable)

・**Positionプロパティの構文**

object.Position = num

AddFieldsメソッドは、ピボットテーブルのフィールドを追加するメソッドです。また、フィールドにアイテムが複数ある場合の位置（順序）を指定するには、Positionプロパティを利用します。

7-2 ピボットテーブル（ピボットテーブルの作成/更新など）

Tips 294 ピボットテーブルのデータを更新する

▶関連Tips
291
292
293

使用機能・命令 Refreshメソッド

サンプルコード SampleFile Sample294.xlsm

```
Sub Sample294()
    Range("E2").Value = 0    '元のデータを更新する
    'ピボットテーブルを更新する
    Worksheets("Sheet1").PivotTables(1).PivotCache.Refresh
End Sub
```

❖ 解説

ここでは、ピボットテーブルの元となるデータ（セルE2）の値を上書きし、Refreshメソッドを使ってピボットテーブルを更新しています。

▼元データを更新し、ピボットテーブルも更新する

▼実行結果

セルE2の「金額」を「0」にして、ピボットテーブルを更新する

ピボットテーブルが更新された

• Refreshメソッドの構文

object.Refresh

Refreshメソッドは、PivotChacheオブジェクトに対して実行し、ピボットテーブルキャッシュを更新します。

Tips 295 ピボットテーブル内のセルの情報を取得する

▶関連Tips 291 292

使用機能・命令 PivotCell プロパティ/PivotCellType プロパティ

サンプルコード SampleFile Sample295.xlsm

```vb
Sub Sample295()
    'セルB17のセルの種類を調べる
    If Application.Range("B17").PivotCell.PivotCellType _
        = xlPivotCellValue Then
        MsgBox "セルB17はデータアイテムです"
    End If
End Sub
```

❖ 解説

「Sheet1」ワークシートには、すでにピボットテーブルが作成されています。セルB17が、そのピボットテーブルのデータアイテムかどうかを判定します。

PivotCellTypeプロパティが返す定数は、次のとおりです。

◆ PivotCellTypeプロパティが返すXlPivotCellTypeクラスの定数

定数	値	説明
xlPivotCellBlankCell	9	ピボットテーブル内の構造空白セル
xlPivotCellCustomSubtotal	7	ユーザー設定の集計の行範囲または列範囲内のセル
xlPivotCellDataField	4	データフィールドラベル（[データ]ボタンではない）
xlPivotCellDataPivotField	8	[データ]ボタン
xlPivotCellGrandTotal	3	総計の行範囲または列範囲内のセル
xlPivotCellPageFieldItem	6	ページフィールドの選択されているアイテムを表示するセル
xlPivotCellPivotField	5	フィールドのボタン（[データ]ボタンではない）
xlPivotCellPivotItem	1	小計、総計、ユーザー設定の集計、空白行のいずれでもない行範囲または列範囲内のセル
xlPivotCellSubtotal	2	小計の行範囲または列範囲内のセル
xlPivotCellValue	0	データエリア内のすべてのセル（空白行は除く）

• **PivotCellプロパティの構文**

　object.PivotCell

• **PivotCellTypeプロパティの構文**

　object.PivotCellType

PivotCellプロパティは、ピボットテーブル内のセルを取得します。PivotCellTypeプロパティは、指定したピボットテーブル内のセルの種類を取得します。ただし、objectに指定した対象のセルがピボットテーブル内にない場合は、エラーになります。

7-2 ピボットテーブル（ピボットテーブルの作成/更新など）

Tips 296 ピボットテーブルにタイムラインを使用する

▶関連Tips 291 292

使用機能・命令 TimelineStateオブジェクト/SetFilterDateRangeメソッド

サンプルコード SampleFile Sample296.xlsm

```
Sub Sample296()
    Dim TargetSheet As Worksheet

    Set TargetSheet = Worksheets("Sheet2")
    ThisWorkbook.SlicerCaches.Add2(TargetSheet.PivotTables(1) _
        , "売上日", , xlTimeline).Slicers.Add(TargetSheet _
        , , "売上日", "売上日", 162.75, 147, 262.5, 111.75) _
    'ピボットテーブルにスライサーの設定を行う
        .Name = "NaitiveTimeline_売上日"

    'タイムラインを表示し、2022/11/1から2022/12/31までのデータを表示する
    ThisWorkbook.SlicerCaches("NativeTimeline_売上日").TimelineState. _
        SetFilterDateRange "2022/11/1", "2022/12/31"

End Sub
```

❖ 解説

「Sheet2」ワークシートに作成されているピボットテーブルに対して、スライサーの設定を行いタイムラインを表示します。また、SetFilterDateRangeメソッドを使用して、ピボットテーブルに対してフィルタを掛けます。

ここでは、2022/11/1から2022/12/31の期間を指定して、フィルタを掛けています。

• TimelineState オブジェクトの構文

object.TimelineState

• SetFilterDateRange メソッドの構文

object.SetFilterDateRange(StartDate,EndDate)

ピボットテーブルにタイムラインを表示するには、TimelineStateオブジェクトのSetFilterDateRangeメソッドを使用します。TimelineStateオブジェクトは、SlicerChacheオブジェクトに対して使用します。SetFilterDateRangeメソッドは、引数StartDateに開始日を、引数EndDateに終了日を指定すると、その期間のデータでピボットテーブルをフィルタリングします。

7-3 ピボットグラフ（ピボットグラフの作成/移動など）

Tips 297 ピボットグラフを作成する

▶関連Tips 291 292 321

使用機能・命令 Addメソッド

サンプルコード SampleFile Sample297.xlsm

```
Sub Sample297()
    'グラフを作成する
    With Worksheets("Sheet1").ChartObjects.Add(300, 10, 250, 180).Chart
        '元となるデータをピボットテーブルにする
        .SetSourceData Worksheets("Sheet1") _
            .PivotTables(1).TableRange1
        'グラフの種類を「積み上げ縦棒」グラフにする
        .ChartType = xlColumnStacked
    End With
End Sub
```

❖ 解説

ここでは、ピボットテーブルを元にグラフを作成します。グラフの元となるデータはTableRange1プロパティを使用して、ピボットテーブルのデータを指定しています。その後、ChartTypeプロパティでグラフの種類を「積み上げ縦棒」グラフにしています。グラフの種類については、Tips321を参照してください。

▼ピボットテーブルを元にグラフを作成する

ここでは「積み上げ縦棒」グラフを作成する

▼実行結果

グラフが作成された

●Addメソッドの構文

object.Add

Addメソッドは、指定したオブジェクトを追加します。objectにChartオブジェクトを指定することで、ピボットグラフを作成できます。

7-3 ピボットグラフ（ピボットグラフの作成/移動など）

Tips 298 ピボットグラフの作成場所を変更する

▶関連Tips
291
292

使用機能・命令 Locationメソッド

サンプルコード SampleFile Sample298.xlsm

```
Sub Sample298()
    'グラフシートをSheet1に移動する
    Charts("Chart1").Location Where:=xlLocationAsObject _
        , Name:="Sheet1"
End Sub
```

❖ 解説

ここでは、グラフシートを「Sheet1」ワークシートに移動します。
Locationメソッドの引数Whereに指定する値は、以下のとおりです。

◈ Locationメソッドの引数Whereに指定するXlChartLocationクラスの定数

定数	値	説明
xlLocationAsNewSheet	1	新しいシート
xlLocationAsObject	2	既存のシートに埋め込まれる
xlLocationAutomatic	3	Excelが制御する

▼グラフシートの位置を移動する

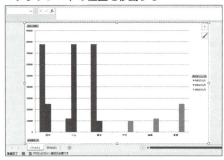

ここでは「Sheet1」に移動する

▼実行結果

「Sheet1」に移動し、埋め込みグラフになった

• Locationメソッドの構文

object.Location(Where, Name)

Locationメソッドは、グラフの作成場所を変更するメソッドです。Locationメソッドを使用すると、通常のグラフと同様に、ピボットグラフもグラフシートに変更したり、逆にグラフシートをワークシート上のオブジェクトにすることができます。引数Whereはグラフの移動先を、引数Nameは移動先のシート名を指定します。

図形の極意

8-1　図形の作成（図形の作成や参照、削除など）
8-2　図形の移動（図形の移動、反転、回転など）
8-3　図形の書式設定（線の種類や塗りつぶしの設定など）

Tips 299 図形を選択する

▶関連Tips 300

使用機能・命令 Shapesプロパティ/SelectAllメソッド

サンプルコード SampleFile Sample299.xlsm

```
Sub Sample299()
    'Sheet1上のすべての図形を選択する
    Worksheets("Sheet1").Shapes.SelectAll
End Sub

Sub Sample299_2()
    'Sheet1上の1つ目の図形を選択する
    Worksheets("Sheet1").Shapes(1).Select
End Sub
```

❖ 解説

ここでは、2つのサンプルを紹介します。1つ目は、ShapesプロパティとSelectAllメソッドを使用して、指定したワークシート上のすべての図形を選択しています。Shapesプロパティは、対象のワークシート上のすべての図形を参照します。2つ目は、Shapesプロパティの引数にIndex番号を指定して、対象のワークシートの1番目の図形を選択しています。

なお、右の実行結果は1つ目のサンプルのものです。

▼実行結果

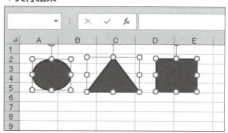

すべての図形が選択された

•Shapesプロパティの構文

object.Shapes(index)

•SelectAllメソッドの構文

object.SelectAll

Shapesプロパティは、図形(Shapeオブジェクト)のコレクションを表します。objectにはWorksheetオブジェクトを指定します。引数を省略すると、指定したワークシート上のすべての図形を参照します。引数indexにインデックス番号か図形の名前を指定すると、指定した図形を選択することができます。また、SelectAllメソッドはobjectにShapesコレクションを指定すると、対象の図形をすべて選択します。

8-1 図形の作成（図形の作成や参照、削除など）

特定の図形を参照 / 削除する

▶関連Tips
299
302

使用機能・命令 Shapes プロパティ/Delete メソッド

サンプルコード SampleFile Sample300.xlsm

```
Sub Sample300()
    'Sheet1上の1番目の図形を削除する
    Worksheets("Sheet1").Shapes(1).Delete
End Sub
```

❖ 解説

ここでは、「Sheet1」ワークシート上の1番目の図形を削除します。ShapesプロパティのIndexに「1」を指定して1番目の図形を対象にし、Deleteメソッドで図形を削除しています。

図形のIndex番号は、Zオーダーと呼ばれる図形の前後関係を表す順序で決まります。通常、Zオーダーは図形を作成した順序になりますが、変更することも可能です。確実に図形を指定するには、図形の名前を使用します。図形の名前を使用する方法は、Tips302を参照してください。

▼ワークシート上に3つの図形がある

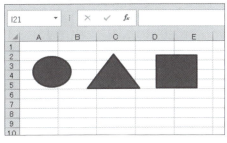

1つ目の図形を削除する

▼実行結果

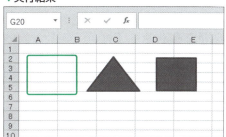

図形が削除された

・Shapes プロパティの構文

object.Shapes(index)

・Delete メソッドの構文

object.Delete

Shapesプロパティは、指定したワークシート上のすべての図形（Shapeオブジェクト）のコレクションを表します。コレクション内の1つの図形を対象にする場合、引数にIndex番号または図形の名前を指定します。また、Deleteメソッドはobjectに指定した図形を削除します。

8-1 図形の作成（図形の作成や参照、削除など）

Tips 301 複数の図形を選択する

▶関連Tips
299
300

使用機能・命令 Rangeプロパティ／
Shapesプロパティ（→Tips299）

サンプルコード SampleFile Sample301.xlsm

```
Sub Sample301()
    'Sheet1上のすべての図形から1番目と3番目の図形を選択する
    Worksheets("Sheet1").Shapes.Range(Array(1, 3)).Select
End Sub

Sub Sample301_2()
    '図形の名前を使って複数の図形を選択する
    Worksheets("Sheet1").Shapes _
        .Range(Array("Oval 3", "Rectangle 4")).Select
End Sub
```

❖ 解説

ここでは、2つのサンプルを紹介します。1つ目は、「Sheet1」ワークシート上の1番目と3番目の図形を選択します。Rangeプロパティの引数にArray関数を使用して、配列を渡します。こうすることで、複数の図形を参照することができます。ここでは、Array関数の引数に図形のIndex番号を指定していますが、図形の名前を指定することもできます。その図形の名前を指定したのが、2つ目のサンプルです。このようにArray関数の引数に図形の名前を指定することで、図形の名前を使用して複数の図形を参照することもできます。

▼ワークシート上に3つの図形がある

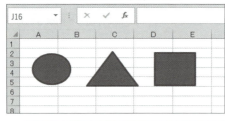

この中の1番目と3番目の図形を選択する

▼実行結果

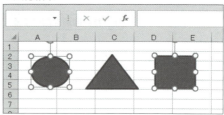

2つの図形が選択された

• **Rangeプロパティの構文**

object.Shapes.Range(index)

Rangeプロパティを使用すると、Shapesコレクションの中の1つまたは複数の図形を取得することができます。複数の図形を選択する場合は、引数IndexにArray関数を使用して配列を渡します。

Tips 302 図形に名前を付ける

▶関連Tips 300 301

使用機能・命令 Name プロパティ

サンプルコード SampleFile Sample302.xlsm

```
Sub Sample302()
    'Sheet1上の1番目の図形に「円」と名前を付ける
    Worksheets("Sheet1").Shapes(1).Name = "円"
    'Sheet1上の「円」という名前の図形を選択する
    Worksheets("Sheet1").Shapes("円").Select
    '選択されている図形の名前をメッセージボックスに表示する
    MsgBox "1番目の図形の名前：" & _
        Worksheets("Sheet1").Shapes(1).Name
End Sub
```

❖ 解説

ここでは、まずNameプロパティを使用して1番目の図形に「円」と名前を付けます。そして、その名前を使用して図形を選択後、設定した1番目の図形の名前をメッセージボックスに表示します。

プログラムを作る際に、**挿入した図形をプログラムから操作するのであれば、図形には名前を付けてしまったほうが良いでしょう**。そうすることで、確実に処理を行うことができます。

▼ワークシート上に３つの図形がある

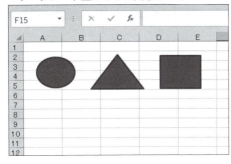

1つ目の図形に「円」という名前を付ける

▼実行結果

図形の名前が表示された

• Name プロパティの構文

object.Name

Nameプロパティは、objectに指定した図形に付けられた名前を取得します。値の設定も可能です。

8-1 図形の作成（図形の作成や参照、削除など）

Tips 303 直線を作成する

▶関連Tips 313

使用機能・命令 AddLineメソッド/Lineプロパティ

サンプルコード SampleFile Sample303.xlsm

```
Sub Sample303()
    '直線を追加し、その直線に対して処理を行う
    With Worksheets("Sheet1").Shapes
        With .AddLine(10, 20, 100, 200).Line
            .Weight = 5  '太さを5ポイントにする
            .ForeColor.RGB = RGB(255, 0, 0)  '色を「赤」にする
        End With
    End With
End Sub
```

❖ 解説

ここでは、「Sheet1」ワークシートに5ポイントの太さで赤い直線を引きます。AddLineメソッドで直線を引き、Lineプロパティで線の書式を対象に処理を行うようにします。線の太さはWeightプロパティで、色はColorプロパティを使用して指定します。

AddLineメソッドの引数は、以下のとおりです。

◆ AddLineメソッドの引数

引数	説明
BeginX	ワークシートの左端を基準に、線の始点の水平方向の位置をポイント単位で指定する
BeginY	ワークシートの上端を基準に、線の始点の垂直方向の位置をポイント単位で指定する
EndX	ワークシートの左端を基準に、線の終点の水平方向の位置をポイント単位で指定する
EndY	ワークシートの上端を基準に、線の終点の垂直方向の位置をポイント単位で指定する

• **AddLineメソッドの構文**

　object.AddLine(BeginX, BeginY, EndX, EndY)
　Lineプロパティ
　object.Line

AddLineメソッドは直線を作成します。引数に直線の始点と終点の位置を指定します。
Lineプロパティは、objectにShapeオブジェクトを指定して図形の線の書式を表します。直線の場合は直線そのものを、他の図形の場合は境界線を表します。

Tips 304 テキストボックスに文字を表示する

▶関連Tips **305**

使用機能・命令 AddTextboxメソッド

サンプルコード SampleFile Sample304.xlsm

```
Sub Sample304()
    Dim temp As Shape
    '文字の向きを水平方向に指定してテキストボックスを追加する
    Set temp = Worksheets("Sheet1").Shapes _
        .AddTextbox(msoTextOrientationHorizontal _
        , 10, 20, 80, 25)
    '追加したテキストボックスに「ExcelVBA」という文字を表示する
    temp.TextFrame.Characters.Text = "ExcelVBA"
End Sub
```

❖ 解説

ここでは、「Sheet1」ワークシートにテキストボックスを追加し、「ExcelVBA」という文字を表示しています。追加したテキストボックスに文字を追加するには、TextFrameプロパティで図形のレイアウト枠を取得し、Charactorsメソッドで文字範囲を取得します。そして、Textプロパティに文字を指定します。AddTextboxメソッドの引数Orientationに指定する値は、次のとおりです

◆ AddTextboxメソッドの引数Orientationに指定するMsoTextOrientationクラスの定数

引数	値	説明
msoTextOrientationDownward	3	右へ90度回転
msoTextOrientationHorizontal	1	水平方向
msoTextOrientationHorizontalRotatedFarEast	6	アジアの言語のサポートに必要な場合、水平方向および回転
msoTextOrientationUpward	2	左へ90度回転
msoTextOrientationVertical	5	垂直方向
msoTextOrientationVerticalFarEast	4	アジアの言語のサポートに必要な場合、垂直方向

• AddTextboxメソッドの構文

AddTextbox(Orientation, Left, Top, Width, Height)

AddTextboxメソッドは、ワークシート上にテキストボックスを作成します。引数Orientationは、テキストボックス内の文字列の向きを指定する定数を指定します。

引数Left、Topは、ワークシートの左上端からの、それぞれの位置をポイント単位で指定します。引数Width、Heightは、それぞれテキストボックスの幅と高さをポイント単位で指定します。

Tips 305 図形を作成する

▶関連Tips 303 304

使用機能・命令 AddShapeメソッド

サンプルコード SampleFile Sample305.xlsm

```
Sub Sample305()
    '左向き矢印の図形を挿入する
    With Worksheets("Sheet1").Shapes _
        .AddShape(msoShapeStripedRightArrow _
        , 10, 20, 100, 40)
        '追加した図形に文字列「Excel VBA」を表示する
        .TextFrame.Characters.Text = "Excel VBA"
    End With
End Sub
```

❖ 解説

ここでは、ワークシートに左向き矢印の図形を挿入し、文字列「Excel VBA」を追加しています。まず、AddShapeメソッドを使って図形を作成します。そして、TextFrameプロパティで図形のレイアウト枠を取得し、Charactorsメソッドで文字範囲を取得します。最後に、Textプロパティに文字を指定します。

図形の種類を表すAddShapeメソッドの引数Typeに指定する値は、次のようになります。

◆ AddShapeメソッドの引数Typeに指定するMsoAutoShapeTypeクラスの定数

名前	値	説明
msoShape10pointStar	149	10ポイントの星
msoShape12pointStar	150	12ポイントの星
msoShape16pointStar	94	16ポイントの星
msoShape24pointStar	95	24ポイントの星
msoShape32pointStar	96	32ポイントの星
msoShape4pointStar	91	4ポイントの星
msoShape5pointStar	92	5ポイントの星
msoShape6pointStar	147	6ポイントの星
msoShape7pointStar	148	7ポイントの星
msoShape8pointStar	93	8ポイントの星
msoShapeActionButtonBackorPrevious	129	[戻る] または [前へ] ボタン。マウスクリックおよびマウスオーバー動作をサポートする
msoShapeActionButtonBeginning	131	[上旬] ボタン。マウスクリックおよびマウスオーバー動作をサポートする

8-1 図形の作成（図形の作成や参照、削除など）

msoShapeActionButtonCustom	125	既定の画像またはテキストのないボタン。マウスクリックおよびマウスオーバー動作をサポートする
msoShapeActionButtonDocument	134	［文書］ボタン。マウスクリックおよびマウスオーバー動作をサポートする
msoShapeActionButtonEnd	132	［終了］ボタン。マウスクリックおよびマウスオーバー動作をサポートする
msoShapeActionButtonForwardorNext	130	［進む］または［次へ］ボタン。マウスクリックおよびマウスオーバー動作をサポートする
msoShapeActionButtonHelp	127	［ヘルプ］ボタン。マウスクリックおよびマウスオーバー動作をサポートする
msoShapeActionButtonHome	126	［ホーム］ボタン。マウスクリックおよびマウスオーバー動作をサポートする
msoShapeActionButtonInformation	128	［情報］ボタン。マウスクリックおよびマウスオーバー動作をサポートする
msoShapeActionButtonMovie	136	［ビデオ］ボタン。マウスクリックおよびマウスオーバー動作をサポートする
msoShapeActionButtonReturn	133	［戻る］ボタン。マウスクリックおよびマウスオーバー動作をサポートする
msoShapeActionButtonSound	135	［サウンド］ボタン。マウスクリックおよびマウスオーバー動作をサポートする
msoShapeArc	25	円弧
msoShapeBalloon	137	吹き出し
msoShapeBentArrow	41	90°の曲線に続くブロック矢印
msoShapeBentUpArrow	44	90°の鋭角線に続くブロック矢印。既定では上向き
msoShapeBevel	15	斜角
msoShapeBlockArc	20	アーチ
msoShapeCan	13	円柱
msoShapeChartPlus	182	正方形を垂直方向と水平方向に4分割した形
msoShapeChartStar	181	正方形を垂線と対角線で6分割した形
msoShapeChartX	180	正方形を対角線で4分割した形
msoShapeChevron	52	山形
msoShapeChord	161	円と、円周上にある2点を円の内側を通って結ぶ直線。円と弦
msoShapeCircularArrow	60	180°の曲線に続くブロック矢印
msoShapeCloud	179	雲の形
msoShapeCloudCallout	108	雲形吹き出し
msoShapeCorner	162	四角形の欠落部分がある四角形
msoShapeCornerTabs	169	四角形の形に沿って配置された4つの直角三角形。4つの切り取られた角部分
msoShapeCross	11	十字形
msoShapeCube	14	直方体
msoShapeCurvedDownArrow	48	下カーブブロック矢印

8-1 図形の作成（図形の作成や参照、削除など）

msoShapeCurvedDownRibbon	100	下カーブリボン
msoShapeCurvedLeftArrow	46	左カーブブロック矢印
msoShapeCurvedRightArrow	45	右カーブブロック矢印
msoShapeCurvedUpArrow	47	上カーブブロック矢印
msoShapeCurvedUpRibbon	99	上カーブリボン
msoShapeDecagon	144	十角形
msoShapeDiagonalStripe	141	四角形から2の三角形部分が断ち切られた形。斜線
msoShapeDiamond	4	ひし形
msoShapeDodecagon	146	12角形
msoShapeDonut	18	ドーナツ
msoShapeDoubleBrace	27	中かっこ
msoShapeDoubleBracket	26	大かっこ
msoShapeDoubleWave	104	小波
msoShapeDownArrow	36	下向きブロック矢印
msoShapeDownArrowCallout	56	下矢印の付いた吹き出し
msoShapeDownRibbon	98	リボンの端よりも下に中央面があるリボン
msoShapeExplosion1	89	爆発1
msoShapeExplosion2	90	爆発2
msoShapeFlowchartAlternateProcess	62	代替処理フローチャート記号
msoShapeFlowchartCard	75	カードフローチャート記号
msoShapeFlowchartCollate	79	照合フローチャート記号
msoShapeFlowchartConnector	73	結合子フローチャート記号
msoShapeFlowchartData	64	データフローチャート記号
msoShapeFlowchartDecision	63	判断フローチャート記号
msoShapeFlowchartDelay	84	論理積ゲートフローチャート記号
msoShapeFlowchartDirectAccessStorage	87	直接アクセス記憶フローチャート記号
msoShapeFlowchartDisplay	88	表示フローチャート記号
msoShapeFlowchartDocument	67	書類フローチャート記号
msoShapeFlowchartExtract	81	抜き出しフローチャート記号
msoShapeFlowchartInternalStorage	66	内部記憶フローチャート記号
msoShapeFlowchartMagneticDisk	86	磁気ディスクフローチャート記号
msoShapeFlowchartManualInput	71	手操作入力フローチャート記号
msoShapeFlowchartManualOperation	72	手作業フローチャート記号
msoShapeFlowchartMerge	82	組み合わせフローチャート記号
msoShapeFlowchartMultidocument	68	複数書類フローチャート記号
msoShapeFlowchartOfflineStorage	139	オフライン記憶域フローチャート記号
msoShapeFlowchartOffpageConnector	74	他ページ結合子フローチャート記号
msoShapeFlowchartOr	78	論理和フローチャート記号
msoShapeFlowchartPredefinedProcess	65	定義済み処理フローチャート記号
msoShapeFlowchartPreparation	70	準備フローチャート記号
msoShapeFlowchartProcess	61	処理フローチャート記号
msoShapeFlowchartPunchedTape	76	せん孔テープフローチャート記号

8-1 図形の作成（図形の作成や参照、削除など）

msoShapeFlowchartSequentialAccessStorage	85	順次アクセス記憶フローチャート記号
msoShapeFlowchartSort	80	分類フローチャート記号
msoShapeFlowchartStoredData	83	記憶データフローチャート記号
msoShapeFlowchartSummingJunction	77	和接合フローチャート記号
msoShapeFlowchartTerminator	69	端子フローチャート記号
msoShapeFoldedCorner	16	メモ
msoShapeFrame	158	四角形の写真フレーム
msoShapeFunnel	174	じょうご
msoShapeGear6	172	歯が6個ある歯車
msoShapeGear9	173	歯が9個ある歯車
msoShapeHalfFrame	159	四角形の写真フレームを半分にした形
msoShapeHeart	21	ハート
msoShapeHeptagon	145	七角形
msoShapeHexagon	10	六角形
msoShapeHorizontalScroll	102	横巻き
msoShapeIsoscelesTriangle	7	二等辺三角形
msoShapeLeftArrow	34	左向きブロック矢印
msoShapeLeftArrowCallout	54	左矢印の付いた吹き出し
msoShapeLeftBrace	31	左中かっこ
msoShapeLeftBracket	29	左大かっこ
msoShapeLeftCircularArrow	176	反時計回りの方向を指す環状矢印
msoShapeLeftRightArrow	37	左右ブロック矢印
msoShapeLeftRightArrowCallout	57	左右矢印の付いた吹き出し
msoShapeLeftRightCircularArrow	177	時計回りと反時計回りの両方を指す環状矢印。両端に矢印が付いている曲線状の矢印
msoShapeLeftRightRibbon	140	両端に矢印が付いているリボン
msoShapeLeftRightUpArrow	40	左、右、および上の3方向ブロック矢印
msoShapeLeftUpArrow	43	左および上矢印の2方向ブロック矢印
msoShapeLightningBolt	22	稲妻
msoShapeLineCallout1	109	枠付きで、水平の吹き出し線の付いた吹き出し
msoShapeLineCallout1AccentBar	113	水平の強調線の付いた吹き出し
msoShapeLineCallout1BorderandAccentBar	121	枠付きで、水平の強調線の付いた吹き出し
msoShapeLineCallout1NoBorder	117	水平線の付いた吹き出し
msoShapeLineCallout2	110	斜めの直線の付いた吹き出し
msoShapeLineCallout2AccentBar	114	斜めの吹き出し線と強調線の付いた吹き出し
msoShapeLineCallout2BorderandAccentBar	122	枠、斜めの直線、および強調線の付いた吹き出し
msoShapeLineCallout2NoBorder	118	枠および斜めの吹き出し線のない吹き出し
msoShapeLineCallout3	111	折れ線の付いた吹き出し

msoShapeLineCallout3AccentBar	115	折れた吹き出し線と強調線の付いた吹き出し
msoShapeLineCallout3BorderandAccentBar	123	枠、折れた吹き出し線、強調線の付いた吹き出し
msoShapeLineCallout3NoBorder	119	枠および折れた吹き出し線のない吹き出し
msoShapeLineCallout4	112	U字型の吹き出し線分の付いた吹き出し
msoShapeLineCallout4AccentBar	116	強調線およびU字型の吹き出し線分の付いた吹き出し
msoShapeLineCallout4BorderandAccentBar	124	枠線、強調線、およびU字型の吹き出し線分の付いた吹き出し
msoShapeLineCallout4NoBorder	120	枠線およびU字型の吹き出し線分のない吹き出し
msoShapeLineInverse	183	右上がりの斜線
msoShapeMathDivide	166	除算記号「÷」
msoShapeMathEqual	167	等号「＝」
msoShapeMathMinus	164	減算記号「-」
msoShapeMathMultiply	165	乗算記号「x」
msoShapeMathNotEqual	168	不等号「≠」
msoShapeMathPlus	163	加算記号「+」
msoShapeMixed	-2	値のみを返す。その他の状態の組み合わせを示す
msoShapeMoon	24	月
msoShapeNonIsoscelesTrapezoid	143	台形
msoShapeNoSymbol	19	禁止
msoShapeNotchedRightArrow	50	右向きのV字型矢印
msoShapeOctagon	6	八角形
msoShapeOval	9	楕円
msoShapeOvalCallout	107	円形吹き出し
msoShapeParallelogram	2	平行四辺形
msoShapePentagon	51	ホームベース
msoShapePie	142	円グラフの一片が切り取られた形
msoShapePieWedge	175	四分円
msoShapePlaque	28	ブローチ
msoShapePlaqueTabs	171	四角形の輪郭を示す4つの四分円
msoShapeQuadArrow	39	4方向ブロック矢印
msoShapeQuadArrowCallout	59	4方向矢印の付いた吹き出し
msoShapeRectangle	1	四角形
msoShapeRectangularCallout	105	四角形吹き出し
msoShapeRegularPentagon	12	ホームベース
msoShapeRightArrow	33	右向きブロック矢印
msoShapeRightArrowCallout	53	右矢印の付いた吹き出し
msoShapeRightBrace	32	右中かっこ
msoShapeRightBracket	30	右大かっこ
msoShapeRightTriangle	8	直角三角形

msoShapeRound1Rectangle	151	1つの角が丸くなっている四角形
msoShapeRound2DiagRectangle	157	対角にある2つの角が丸くなっている四角形
msoShapeRound2SameRectangle	152	1辺を共有する2つの角が丸くなっている四角形
msoShapeRoundedRectangle	5	角丸四角形
msoShapeRoundedRectangularCallout	106	角丸四角形吹き出し
msoShapeSmileyFace	17	スマイル
msoShapeSnip1Rectangle	155	1つの角が欠けている四角形
msoShapeSnip2DiagRectangle	157	対角にある2つの角が欠けている四角形
msoShapeSnip2SameRectangle	156	1辺を共有する2つの角が欠けている四角形
msoShapeSnipRoundRectangle	154	1つの角が欠けていて、1つの角が丸くなっている四角形
msoShapeSquareTabs	170	四角形の輪郭を示す4つの小さな四角形
msoShapeStripedRightArrow	49	先にストライプの付いた右向きのブロック矢印
msoShapeSun	23	太陽
msoShapeSwooshArrow	178	曲線状の矢印
msoShapeTear	160	水滴
msoShapeTrapezoid	3	台形
msoShapeUpArrow	35	上向きブロック矢印
msoShapeUpArrowCallout	55	上矢印の付いた吹き出し
msoShapeUpDownArrow	38	上下2方向ブロック矢印
msoShapeUpDownArrowCallout	58	上下のブロック矢印の付いた吹き出し
msoShapeUpRibbon	97	リボンの端よりも上に中央面があるリボン
msoShapeUTurnArrow	42	U字型のブロック矢印
msoShapeVerticalScroll	101	縦巻き
msoShapeWave	103	大波

•AddShapeメソッドの構文

object.AddShape(Type, Left, Top, Width, Height)

　AddShapeメソッドは図形をワークシート上に作成します。引数Typeに図形の種類を指定します。詳しくは「解説」を参照してください。引数Left、Topは、それぞれワークシートの左端、上端からの距離をポイント値で指定します。引数Width、Heightは、作成する図形の幅と高さをポイント単位で指定します。

8-1　図形の作成（図形の作成や参照、削除など）

Tips 306　ワードアートを作成する

▶関連Tips
303
304
305

使用機能・命令 **AddTextEffect メソッド**

サンプルコード　SampleFile Sample306.xlsm

```
Sub Sample306()
    'ワードアートを追加する
    Worksheets("Sheet1").Shapes.AddTextEffect _
        PresetTextEffect:=msoTextEffect16 _
        , Text:="Excel VBA", FontName:="Arial" _
        , FontSize:=28, FontBold:=False _
        , FontItalic:=False, Left:=10, Top:=20
End Sub
```

❖ 解説

ここでは、ワードアートを挿入します。文字は「Excel VBA」、フォントは「Arial」、フォントサイズは28ポイント、太字・斜体の設定はしません。

AddTextEffectメソッドの引数は、次のとおりです。

◆ AddTextEffectメソッドの引数

引数	説明
PresetTextEffect	ワードアートの種類を表すMsoPresetTextEffectクラスの値を指定。値は「ワードアートギャラリー」ダイアログボックスに示された形式に対応し、msoTextEffectに続けて番号が振られる。番号は、左から右、上から下に番号が付けられている
FontName	フォント名を指定する
FontSize	フォントサイズを指定する
FontBold	太字にするにはTrueを指定する
FontItalic	斜体にするにはTrueを指定する
Left	左端の位置をポイント値で指定する
Top	上端の位置をポイント値で指定する

• **AddTextEffectメソッドの構文**

AddTextEffect(PresetTextEffect, Text, FontName, FontSize, FontBold, FontItalic, Left, Top)

AddTextEffectメソッドは、ワードアートオブジェクトを作成します。引数に表示する文字列や書式、表示位置を指定します。

Tips 307 図形をグループ化する / グループ化を解除する

▶関連Tips 299 300

使用機能・命令 Groupeメソッド/Ungroupeメソッド/Regroupメソッド

サンプルコード SampleFile Sample307.xlsm

```
Sub Sample307()
    'グループ化された図形「Group 1」のグループを解除する
    Worksheets("Sheet1").Shapes("Group 1").Ungroup
    '1番目と2番目の図形をグループ化する
    Worksheets("Sheet1").Shapes.Range(Array(1, 2)).Group
End Sub

Sub Sample307_2()
    'グループ化された図形「Group 1」のグループを解除する
    Worksheets("Sheet1").Shapes("Group 1").Ungroup
    '1番目の図形を再グループ化する
    Worksheets("Sheet1").Shapes.Range(1).Regroup
End Sub
```

❖ 解説

ここでは2つのサンプルを紹介します。また、あらかじめ「Sheet1」上の3つの図形はグループ化され、「Group 1」という名前が付いています。1つ目のサンプルは、まずこのグループ化を解除します。その後、1番目と2番目の図形をグループ化しています。

2つ目のサンプルは、グループ化されている図形のグループ化を一旦解除します。その後、RangeプロパティでShapeRangeオブジェクトを取得し、Regroupメソッドで再グループ化します。

•Groupeメソッド/Ungroupeメソッド/Regroupメソッドの構文

object.Groupe/Ungroupe/Regroup

Groupeメソッドは、objectに指定した図形をグループ化します。Ungroupeメソッドは、objectに指定した図形のグループ化を解除します。また、RegroupメソッドはobjectにしたShapeRangeオブジェクトを再グループ化します。

8-2 図形の移動（図形の移動、反転、回転など）

Tips 308 図形を移動する

▶関連Tips 300

使用機能・命令 Leftプロパティ/Topプロパティ

サンプルコード　SampleFile Sample308.xlsm

```
Sub Sample308()
    With Worksheets("Sheet1").Shapes(1)   '1つ目の図形に対する処理
        .Left = 20    '左端の位置をワークシートの左端から20ポイントにする
        .Top = 30     '上端の位置をワークシートの上端30ポイント下にする
    End With
End Sub

Sub Sample308_2()
    With Worksheets("Sheet1").Shapes(1)   '1つ目の図形に対する処理
        .IncrementLeft 10    '左端の位置を現在の位置から10ポイント右に移動する
        .IncrementTop 30     '上端の位置を現在の位置から30ポイント下に移動する
    End With
End Sub
```

❖ 解説

ここでは、2つのサンプルを紹介します。1つ目は、「Sheet1」ワークシートにある1番目の図形を、ワークシートの左上端から右に20ポイント、下に30ポイントの位置に移動します。Leftプロパティに指定する値は、正の数を指定すると右に、負の数を指定すると左に図形を移動します。Topプロパティに指定する値は、正の数を指定すると下に、負の数を指定すると上に図形を移動します。2つ目のサンプルは、現在の図形の位置を基準に図形を移動します。この場合、IncrementLeftプロパティとIncrementTopプロパティを使用します。それぞれ、水平方向と垂直方向に、引数に指定した値だけ現在の位置から図形を移動します。なお、右の実行結果は1つ目のサンプルのものです。

▼実行結果

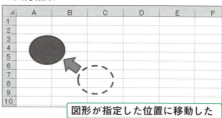

図形が指定した位置に移動した

• Leftプロパティ/Topプロパティの構文

object.Left/Top = position

Leftプロパティは、ワークシートの左端から図形の左端までの位置を、Topプロパティは、ワークシートの上端から図形の上端までの位置を取得、設定します。単位はすべてポイントです。

Tips 309 図形を反転する

関連Tips: 308, 310

使用機能・命令 Flipメソッド

サンプルコード SampleFile Sample309.xlsm

```
Sub Sample309()
    'Sheet1の1番目の図形を左右反転する
    Worksheets("Sheet1").Shapes(1).Flip msoFlipHorizontal
End Sub
```

❖ 解説

ここでは、「Sheet1」ワークシートにある右向きの矢印を左右反転します。図形は反転しますが、設定されている文字は反転せずそのままになります。なお、このコードは実行する度に、図形の左右が反転します。引数FlipCmdに指定する値は、次のとおりです。

◇ 引数FlipCmdに指定するMsoFlipCmdクラスの値

定数	値	説明
msoFlipHorizontal	0	左右反転
msoFlipVertical	1	上下反転

▼この矢印を反転させる

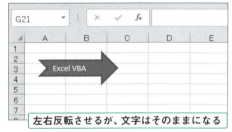

▼実行結果

• Flipメソッドの構文

object.Flip FlipCmd

Flipメソッドは、objectに指定した図形を左右・上下に反転します。図形を回転させるRotationプロパティ（Tips310参照）によって図形を回転させた場合は文字列も回転しますが、反転の場合、文字列の方向と反転方向によって結果が異なります。**図形内に文字列がある場合、図形を左右反転しても文字列はそのままです。上下反転すると、文字列はさかさまになります。文字列が縦書きの場合は、図形を左右反転すると逆向きになりますが、上下反転しても文字列はそのままです。**

なお、引数FlipCmdに指定する値については、解説を参照してください。

8-2 図形の移動（図形の移動、反転、回転など）

Tips 310 図形を回転する

▶関連Tips 309

使用機能・命令 Rotationプロパティ

サンプルコード SampleFile Sample310.xlsm

```
Sub Sample310()
    '1番目の図形を-30度回転させる
    Worksheets("Sheet1").Shapes(1).Rotation = -30
End Sub
```

❖ 解説

ここでは、「Sheet1」上の1番目の図形を-30度（反時計回りに30度）回転させます。文字列も一緒に回転します。

▼この図形を回転させる

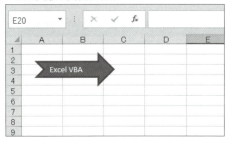

反時計回りに30度回転させる

▼実行結果

図形が回転した

• **Rotationプロパティの構文**

object.Rotation = angle

Rotationプロパティは、図形を任意の角度で回転させるプロパティです。時計回りに回転させるにはプラスの値を、反時計回りに回転させるにはマイナスの値を指定します。文字が入力されている場合は、文字も回転します。Rotationプロパティに指定する角度は、単精度浮動小数点数型（Single型）となります。また、例えば一周の360度を超える「365」を指定すると、「5」を指定した場合と同じ結果になります。

8-2 図形の移動（図形の移動、反転、回転など）

図形の表示/非表示を切り替える

▶関連Tips 300

使用機能・命令 Visibleプロパティ

サンプルコード SampleFile Sample311.xlsm

```
Sub Sample311()
    'Sheet1上の1番目の図形を非表示にする
    Worksheets("Sheet1").Shapes(1).Visible = False
End Sub
```

❖ 解説

ここでは、「Sheet1」ワークシートの1番目の図形を非表示にしています。Trueを指定して再度実行すると、図形が表示されます。なお、Not演算子を使用すると、簡単に表示/非表示を切り替えることができます。その場合、上記のコードを「Worksheets("Sheet1").Shapes(1).Visible = Not Worksheets("Sheet1").Shapes(1).Visible」のように変更します。こうすることで、このコードを実行する度に対象の図形の表示/非表示が切り替わります。

▼この図形を非表示にする　　　　　▼実行結果

削除ではなく、非表示にする　　　　図形が非表示になった

• Visibleプロパティの構文

object.Visible = expression

Visibleプロパティは、objectに指定した図形の表示/非表示を切り替えます。Trueを指定すると表示、Falseを指定すると非表示になります。

Tips 312 3-D図形を回転する

関連Tips: 309, 310

使用機能・命令 RotationXプロパティ/RotationYプロパティ/RotationZプロパティ

サンプルコード SampleFile Sample312.xlsm

```
Sub Sample312()
    '1番目の図形の3-Dの設定を行う
    With Worksheets("Sheet1").Shapes(1).ThreeD
        .RotationX = 30      'X軸方向に30度回転する
        .RotationY = -20     'Y軸方向に-20度回転する
        .RotationZ = 10      'Z軸方向に10度回転する
    End With
End Sub
```

❖ 解説

ここでは、ワークシート上の1番目の3-D図形を回転させます。3-Dの設定は、ThreeDプロパティに対して処理を行います。ThreeDプロパティは、3-D表示効果の書式プロパティを含むThreeDFormatオブジェクトを返します。これを利用してThreeDFormatオブジェクトを取得し、RotationXプロパティ/RotationYプロパティ/RotationZプロパティ、それぞれに値を指定しています。

▼3-D図形を回転させる

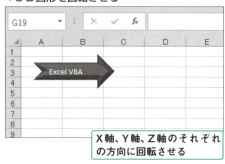

X軸、Y軸、Z軸のそれぞれの方向に回転させる

▼実行結果

図形が回転した

● RotationXプロパティ/RotationYプロパティ/RotationZプロパティの構文

object.RotationX/RotationY/RotationZ = angle

RotationXプロパティは、3-D図形のX軸の回転角度を設定します。RotationYは、3-D図形のY軸の回転角度を設定します。RotationZプロパティは、3-D図形のZ軸の回転角度を設定します。

Tips 313 線の書式を設定する

▶関連Tips 303

使用機能・命令 Lineプロパティ

サンプルコード SampleFile Sample313.xlsm

```
Sub Sample313()
    'Sheet1にある1番目の図形（線）に対する処理
    With Worksheets("Sheet1").Shapes(1).Line
        .Weight = 5 '太さを5ポイントにする
        '終点の矢印のスタイルを三角矢印にする
        .EndArrowheadStyle = msoArrowheadTriangle
        '色を「緑」にする
        .ForeColor.RGB = RGB(0, 255, 0)
    End With
End Sub
```

❖ 解説

ここでは、「Sheet1」ワークシートにある直線の書式を変更します。Weightプロパティを使用して線の太さを5ポイントにし、EndArrowheadStyleプロパティで、終点のスタイルを三角矢印にします。また、ForeColorプロパティで前景色を取得し、RGBプロパティに色を指定しています。

EndArrowheadStyleプロパティに指定する値は、次のとおりです。

◈ EndArrowheadStyleプロパティに指定する値

値		説明
msoArrowheadDiamond	5	ひし型
msoArrowheadNone	1	矢印なし
msoArrowheadOpen	3	開いた矢印
msoArrowheadOval	6	円形矢印
msoArrowheadStealth	4	鋭い矢印
msoArrowheadStyleMixed	-2	値のみを返す。その他の状態の組み合わせを示す
msoArrowheadTriangle	2	三角矢印

• Lineプロパティの構文

object.Line

Lineプロパティは、objectにShapeオブジェクトを指定してLineFormatオブジェクトを取得します。このオブジェクトに、書式を表すプロパティと組み合わせて使用します。

Tips 314 オートシェイプに塗りつぶしの色を設定する

▶関連Tips 098 300

使用機能・命令 Fillプロパティ

サンプルコード SampleFile Sample314.xlsm

```
Sub Sample314()
    '1番目の図形をオレンジで塗りつぶす
    Worksheets("Sheet1").Shapes(1).Fill.ForeColor.RGB _
        = RGB(255, 124, 0)
End Sub
```

❖ 解説

ここでは、「Sheet1」ワークシートの1番目の図形の前景色をオレンジで塗りつぶします。Shapesコレクションで対象の図形を取得し、Fillプロパティで塗りつぶしの書式を取得します。ForeColorプロパティで前景色を取得して、色を表すRGBプロパティにRGB値を指定します。

色の指定は、RGB関数を使用しています。RGB関数は「赤」「緑」「青」の色を、それぞれ0~255までの値で指定します。任意の色のRGB値を知りたい場合は、図形を右クリックして表示される「図の書式設定」から「塗りつぶし」の「色」の指定で、「その他の色」を選択して表示される「色」ダイアログボックスで確認することができます。

▼この図形の塗りつぶしの設定を行う

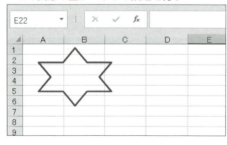

オレンジに塗りつぶす

▼実行結果

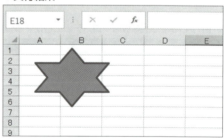

図形がオレンジで塗りつぶされた

• Fill プロパティの構文

object.Fill

Fillプロパティは、オートシェイプに塗りつぶしの設定を行うプロパティです。線や矢印以外の図形(2D)の塗りつぶしの書式(FillFormatオブジェクト)を取得し、前景色を表すForeColorプロパティと組み合わせて使用します。なお、ForeColorプロパティにはRGB値を指定します。

Tips 315 線を点線に変更する

▶関連Tips 303

使用機能・命令 DashStyleプロパティ

サンプルコード SampleFile Sample315.xlsm

```
Sub Sample315()
    'Sheet1上の直線を点線に変更する
    Worksheets("Sheet1").Shapes(1).Line.DashStyle _
        = msoLineRoundDot
End Sub
```

❖ 解説

ここでは、「Sheet1」ワークシートにある図形（線）を点線に変更します。Lineプロパティで線の書式を取得し、DashStyleプロパティで線の種類を変更します。

DashStyleプロパティに指定する値は、次のとおりです。

◇ DashStyleプロパティに指定するMsoLineDashStyleクラスの定数

定数	値	説明
msoLineDash	4	線は破線のみで構成される
msoLineDashDot	5	線は一点鎖線パターン
msoLineDashDotDot	6	線は二点鎖線パターン
msoLineLongDash	7	線は長破線で構成される
msoLineLongDashDot	8	線は長鎖線パターン
msoLineRoundDot	3	線は点線（丸）で構成される
msoLineSolid	1	線は実線
msoLineSquareDot	2	線は点線（角）で構成される

•DashStyleプロパティの構文

object.DashStyle

DashStyleプロパティを利用は、線の種類を指定します。線種には、MsoLineDashStyleクラスの定数を指定します。

Tips 316 1色のグラデーションで塗りつぶす

▶関連Tips 317

使用機能・命令 OneColorGradient メソッド

サンプルコード SampleFile Sample316.xlsm

```
Sub Sample316()
    '水平方向のグラデーションを指定する
    Worksheets("Sheet1").Shapes(1).Fill.OneColorGradient _
        Style:=msoGradientHorizontal, Variant:=1, Degree:=1
End Sub
```

❖ 解説

ここでは、図形に水平方向のグラデーションを設定します。OneColorGradient メソッドの引数と、引数 Style に指定する値は次の通りです。

◆ OneColorGradient メソッドの引数

引数	説明
Style	グラデーションのスタイルを、MsoGradientStyle クラスの定数で指定する
Variant	グラデーションのバリエーションを指定。使用できる範囲は、[塗りつぶし効果] ダイアログボックスの [グラデーション] タブの4つのバリエーションに対応する1〜4の値
Degree	グラデーションの明度を示す値を指定。使用できる範囲は、0.0（暗）〜1.0（明）

◆ 引数 Style に指定する MsoGradientStyle クラスの定数

定数	値	説明
msoGradientDiagonalDown	4	上隅から反対側の隅に下向きに移動する斜めのグラデーション
msoGradientDiagonalUp	3	下隅から反対側の隅に上向きに移動する斜めのグラデーション
msoGradientFromCenter	7	中心から隅に向かうグラデーション
msoGradientFromCorner	5	1つの隅から他の3つの隅に向かうグラデーション
msoGradientFromTitle	6	タイトルから外部へ向かうグラデーション
msoGradientHorizontal	1	図形内を左右に移動するグラデーション
msoGradientMixed	−2	混在グラデーション
msoGradientVertical	2	図形内を上から下に移動するグラデーション

• **OneColorGradient メソッドの構文**

object.OneColorGradient(Style, Variant, Degree)

OneColorGradient メソッドは、図形に1色のグラデーションを設定します。それぞれの引数については、「解説」を参照してください。

8-3 図形の書式設定（線の種類や塗りつぶしの設定など）

Tips 317 2色のグラデーションで塗りつぶす

▶関連Tips 316

使用機能・命令 TwoColorGradientメソッド

サンプルコード SampleFile Sample317.xlsm

```
Sub Sample317()
    With Worksheets("Sheet1").Shapes(1).Fill    '図の塗りつぶしの設定を行う
        '2色のグラデーションを設定する
        .TwoColorGradient msoGradientHorizontal, 1
        .ForeColor.RGB = RGB(0, 255, 0)    '前景色を「緑」に指定する
        .BackColor.RGB = RGB(0, 0, 255)    '背景色を「青」に指定する
    End With
End Sub
```

❖ 解説

ここでは、「Sheet1」ワークシートにある図形に対して、2色のグラデーションの設定を行います。Fillプロパティで塗りつぶしの書式を取得し、TwoColorGradientメソッドを指定しています。ForeColorプロパティで指定した色がグラデーションの1番目の、BackColorプロパティで指定した色が2番目の色となります。ここでは、最初の色を「緑」、2番目の色を「青」にしています。

▼2色のグラデーションを設定する　　▼実行結果

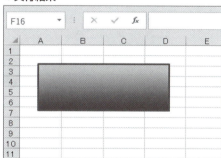

「緑」と「青」のグラデーションにする　　2色のグラデーションが設定された

• **TwoColorGradientメソッドの構文**

object.TwoColorGradient(Style, Variant)

TwoColorGradientメソッドは、図に2色のグラデーションの設定を行います。引数Styleに指定する値については、Tips316を参照してください。

Tips 318 テクスチャ効果を使用して図を塗りつぶす

▶関連Tips 316 317

使用機能・命令 PresetTextured メソッド / UserTextured メソッド

サンプルコード SampleFile Sample318.xlsm

```vba
Sub Sample318()
    '図にデニムのテクスチャを設定
    Worksheets("Sheet1").Shapes(1).Fill _
        .PresetTextured msoTextureDenim
End Sub

Sub Sample318_2()
    '図のテクスチャに「ball.bmp」の画像ファイルを設定する
    Worksheets("Sheet1").Shapes(1).Fill.UserTextured _
        ThisWorkbook.Path & "\ball.bmp"
End Sub
```

❖ 解説

ここでは2つのサンプルを紹介します。

1つ目は、図にデニムのテクスチャを指定しています。2つ目は、Sample318.xlsmファイルと同じフォルダにあるball.bmpファイルをテクスチャに設定します。テクスチャに指定する値は、次のとおりです。なお、次の実行結果は2つ目のサンプルのものです。

◇ 引数PresetTextureに指定するMsoPresetTextureクラスの定数

名前	値	説明
msoTextureBlueTissuePaper	17	青い画用紙のテクスチャ
msoTextureBouquet	20	ブーケのテクスチャ
msoTextureBrownMarble	11	大理石(茶)のテクスチャ
msoTextureCanvas	2	キャンバスのテクスチャ
msoTextureCork	21	コルクのテクスチャ
msoTextureDenim	3	デニムのテクスチャ
msoTextureFishFossil	7	化石のテクスチャ
msoTextureGranite	12	みかげ石のテクスチャ
msoTextureGreenMarble	9	大理石(緑)のテクスチャ
msoTextureMediumWood	24	木目のテクスチャ
msoTextureNewsprint	13	新聞紙のテクスチャ
msoTextureOak	23	オークのテクスチャ
msoTexturePaperBag	6	紙袋のテクスチャ
msoTexturePapyrus	1	パピルスのテクスチャ
msoTextureParchment	15	セーム皮のテクスチャ

8-3 図形の書式設定（線の種類や塗りつぶしの設定など）

msoTexturePinkTissuePaper	18	ピンクの画用紙のテクスチャ
msoTexturePurpleMesh	19	紫のメッシュのテクスチャ
msoTextureRecycledPaper	14	再生紙のテクスチャ
msoTextureSand	8	砂のテクスチャ
msoTextureStationery	16	ひな形のテクスチャ
msoTextureWalnut	22	くるみのテクスチャ
msoTextureWaterDroplets	5	しずくのテクスチャ
msoTextureWhiteMarble	10	大理石（白）のテクスチャ
msoTextureWovenMat	4	麻のテクスチャ

▼画像ファイルを使って塗りつぶす

「ball.bmp」ファイルを使う

▼実行結果

画像ファイルが設定された

- **PresetTextured メソッドの構文**

    object.PresetTextured(PresetTexture)

- **UserTextured メソッドの構文**

    object.UserTextured filename

PresetTextured メソッドは、object に図の書式を指定し、テクスチャを設定するメソッドです。引数 PresetTexture にテクスチャの種類を指定します。

UserTextured メソッドは、引数に指定した画像ファイルをテクスチャに設定します。

Tips 319 図に光彩の設定を行う

▶関連Tips 098

使用機能・命令 Glowプロパティ

サンプルコード SampleFile Sample319.xlsm

```
Sub Sample319()
    '1番目の図に光彩の設定を行う
    With Worksheets("Sheet1").Shapes(1).Glow
        .Radius = 18          '半径は18ポイントに指定する
        .Color.RGB = RGB(0, 255, 0)    '色は「緑」を指定する
    End With
End Sub
```

❖ 解説

ここでは、Glowプロパティを使用して、図に光彩の設定を行います。Radiusプロパティを使用して、半径を18ポイント、RGBプロパティで色を「緑」にします。色はRGB関数を使用して設定します。

▼この図形に光彩の設定を行う

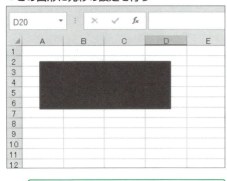

半径18ポイント、「緑」の光彩を設定する

▼実行結果

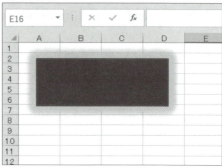

光彩が設定された

• Glowプロパティの構文

object.Glow

Glowプロパティは、図に光彩の設定するプロパティです。光彩は、Glowプロパティを利用して取得できるGlowFormatオブジェクトに対して設定します。光彩のサイズ（半径）はRadiusプロパティで、色はColorプロパティで指定します。

8-3 図形の書式設定（線の種類や塗りつぶしの設定など）

Tips 320 図に反射の設定を行う

▶関連Tips 319

使用機能・命令 Reflectionプロパティ/Typeプロパティ

サンプルコード SampleFile Sample320.xlsm

```
Sub Sample320()
    '図に反射の効果を設定する
    Worksheets("Sheet1").Shapes(1).Reflection _
        .Type = msoReflectionType1
End Sub
```

❖ 解説

ここでは、図に反射の設定を行います。設定する反射の種類は、次のとおりです。なお、反射の設定をクリアするには、TypeプロパティにmsoReflectionTypeNoneを指定します。

◈ Typeプロパティに指定するMsoReflectionTypeクラスの定数

定数	値	説明
msoReflectionType1	1	反射（弱）オフセット無し
msoReflectionType2	2	反射（中）オフセット無し
msoReflectionType3	3	反射（強）オフセット無し
msoReflectionType4	4	反射（弱）4ptオフセット
msoReflectionType5	5	反射（中）4ptオフセット
msoReflectionType6	6	反射（強）4ptオフセット
msoReflectionType7	7	反射（弱）8ptオフセット
msoReflectionType8	8	反射（中）8ptオフセット
msoReflectionType9	9	反射（強）8ptオフセット
msoReflectionTypeNone	0	なし

• **Reflectionプロパティの構文**

　object.Reflection

• **Typeプロパティの構文**

　object.Type = reflectiontype

Reflectionプロパティは図に反射の設定を行います。Reflectionプロパティは、図の反射を表すReflectionFormatオブジェクトを取得します。Typeプロパティに反射の種類を指定します。

グラフの極意

- 9-1 グラフの作成（グラフの作成、追加、削除など）
- 9-2 グラフの編集（グラフのタイトル、軸、データ系列など）
- 9-3 その他の機能（グラフの位置の変更、保存など）

9-1 グラフの作成（グラフの作成、追加、削除など）

Tips 321 グラフを作成する

▶関連Tips
322
323

使用機能・命令 Addメソッド/SetSourceDataメソッド/ChartTypeプロパティ

サンプルコード SampleFile Sample321.xlsm

```
Sub Sample321()
    'グラフを挿入する
    With Worksheets("Sheet1").ChartObjects _
        .Add(230, 10, 250, 180).Chart
        'グラフのデータをセルA3以降の表のデータにする
        .SetSourceData Range("A3").CurrentRegion
        'グラフの種類を「折れ線」グラフにする
        .ChartType = xlLine
    End With
End Sub
```

❖ 解説

ここでは、セルA3以降の表を元に「折れ線」グラフを作成します。

VBAでグラフを作成するには、まずAddメソッドでグラフそのものを作成します。この時点では、大きさと位置を指定しただけで、元のデータは設定されていないため、何も表示されません。このグラフに対してSetSourceDataメソッドでデータを指定し、ChartTypeプロパティでグラフの種類を指定します。ChartTypeプロパティに指定する値は、次のとおりです。

◇ ChartTypeプロパティに指定するXlChartTypeクラスの定数

定数	値	説明
xl3DArea	-4098	3-D面
xl3DAreaStacked	78	3-D積み上げ面
xl3DAreaStacked100	79	100%積み上げ面
xl3DBarClustered	60	3-D集合横棒
xl3DBarStacked	61	3-D積み上げ横棒
xl3DBarStacked100	62	3-D100%積み上げ横棒
xl3DColumn	-4100	3-D縦棒
xl3DColumnClustered	54	3-D集合縦棒
xl3DColumnStacked	55	3-D積み上げ縦棒
xl3DColumnStacked100	56	3-D100%積み上げ縦棒
xl3DLine	-4101	3-D折れ線
xl3DPie	-4102	3-D円
xl3DPieExploded	70	分割3-D円
xlArea	1	面
xlAreaStacked	76	積み上げ面

xlAreaStacked100	77	100%積み上げ面
xlBarClustered	57	集合横棒
xlBarOfPie	71	補助縦棒グラフ付き円
xlBarStacked	58	積み上げ横棒
xlBarStacked100	59	100%積み上げ横棒
xlBubble	15	バブル
xlBubble3DEffect	87	3-D効果付きバブル
xlColumnClustered	51	集合縦棒
xlColumnStacked	52	積み上げ縦棒
xlColumnStacked100	53	100%積み上げ縦棒
xlConeBarClustered	102	集合円錐型横棒
xlConeBarStacked	103	積み上げ円錐型横棒
xlConeBarStacked100	104	100%積み上げ円錐型横棒
xlConeCol	105	3-D円錐型縦棒
xlConeColClustered	99	集合円錐型縦棒
xlConeColStacked	100	積み上げ円錐型縦棒
xlConeColStacked100	101	100%積み上げ円錐型縦棒
xlCylinderBarClustered	95	集合円柱型横棒
xlCylinderBarStacked	96	積み上げ円柱型横棒
xlCylinderBarStacked100	97	100%積み上げ円柱型横棒
xlCylinderCol	98	3-D円柱型縦棒
xlCylinderColClustered	92	集合円錐型縦棒
xlCylinderColStacked	93	積み上げ円錐型縦棒
xlCylinderColStacked100	94	100%積み上げ円柱型縦棒
xlDoughnut	-4120	ドーナツ
xlDoughnutExploded	80	分割ドーナツ
xlLine	4	折れ線
xlLineMarkers	65	マーカー付き折れ線
xlLineMarkersStacked	66	マーカー付き積み上げ折れ線
xlLineMarkersStacked100	67	マーカー付き100%積み上げ折れ線
xlLineStacked	63	積み上げ折れ線
xlLineStacked100	64	100%積み上げ折れ線
xlPie	5	円
xlPieExploded	69	分割円
xlPieOfPie	68	補助円グラフ付き円
xlPyramidBarClustered	109	集合ピラミッド型横棒
xlPyramidBarStacked	110	積み上げピラミッド型横棒
xlPyramidBarStacked100	111	100%積み上げピラミッド型横棒
xlPyramidCol	112	3-Dピラミッド型縦棒
xlPyramidColClustered	106	集合ピラミッド型縦棒
xlPyramidColStacked	107	積み上げピラミッド型縦棒
xlPyramidColStacked100	108	100%積み上げピラミッド型横棒
xlRadar	-4151	レーダー
xlRadarFilled	82	塗りつぶしレーダー
xlRadarMarkers	81	データマーカー付きレーダー

9-1 グラフの作成 (グラフの作成、追加、削除など)

xlStockHLC	88	高値-安値-終値
xlStockOHLC	89	始値-高値-安値-終値
xlStockVHLC	90	出来高-高値-安値-終値
xlStockVOHLC	91	出来高-始値-高値-安値-終値
xlSurface	83	3-D表面
xlSurfaceTopView	85	表面 (トップビュー)
xlSurfaceTopViewWireframe	86	表面 (トップビュー-ワイヤーフレーム)
xlSurfaceWireframe	84	3-D表面 (ワイヤーフレーム)
xlXYScatter	-4169	散布図
xlXYScatterLines	74	折れ線付き散布図
xlXYScatterLinesNoMarkers	75	折れ線付き散布図 (データマーカーなし)
xlXYScatterSmooth	72	平滑線付き散布図
xlXYScatterSmoothNoMarkers	73	平滑線付き散布図 (データマーカーなし)

▼このデータを元にグラフを作成する

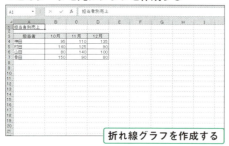

折れ線グラフを作成する

▼実行結果

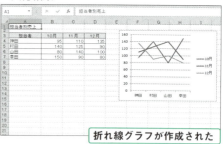

折れ線グラフが作成された

• Addメソッドの構文

object.Add(Left, Top, Width, Height)

• SetSourceDataメソッドの構文

object.SetSourceData(Source, PlotBy)

• ChartTypeプロパティの構文

object.ChartType = expression

　Addメソッドは、objectにChartObjectsオブジェクトを指定して、グラフを作成することができます。引数Leftはグラフの左端の位置を、引数Topはグラフの上端の位置を、それぞれワークシートの左上端からの距離をポイント単位で指定します。引数Widthと引数Heightは、グラフの幅と高さを指定します。また、SetSourceDataメソッドはグラフの引数Sourceに元となるデータを、プロットの方向を引数PlotByに指定します。

　ChartTypeプロパティには、グラフの種類をXlChartTypeクラスの定数で指定します。XlChartTypeクラスの定数については、「解説」を参照してください。

Tips 322 グラフシートを追加する

▶関連Tips
321
323

使用機能・命令 Chartsオブジェクト/Addメソッド

サンプルコード SampleFile Sample322.xlsm

```
Sub Sample322()
    'グラフシートを追加する
    With Charts.Add(After:=Worksheets("Sheet1"))
        'データをセルA3以降のセル範囲に設定する
        .SetSourceData Worksheets("Sheet1").Range("A3") _
            .CurrentRegion
        'グラフの種類を「集合縦棒」に設定する
        .ChartType = xlColumnClustered
    End With
End Sub
```

❖ **解説**

ここでは、「Sheet1」ワークシートのデータを元にグラフシートを作成します。Addメソッドで空のグラフを作成したあと、データとグラフの種類を指定します。グラフシートは、その名のとおりシートの仲間です。ワークシートの数を数えるときに「Worksheets.Count」と記述しますが、この場合、CountプロパティのオブジェクトはWorksheetsコレクションなので、グラフシートは含まれません。

グラフシートを含めてシート数を取得するには、「Sheets.Count」と対象をSheetsコレクションにします。

• **Chartsオブジェクトの構文**

object.Charts

• **Addメソッドの構文**

object.Add(Before, After, Count)

Chartsオブジェクトはグラフシートを表します。Addメソッドを使用して、グラフシートを作成します。Addメソッドの引数Before、Afterは、グラフシートの作成場所を表します。指定したシートの左（Before）または、右（After）にグラフシートを作成します。省略すると、アクティブシートの左側に作成されます。引数Countは、追加するChartオブジェクトの数を指定します。グラフの元となるデータはSetSourceDataメソッドで、グラフの種類はChartTypeプロパティで指定します。それぞれについては、Tips321を参照してください。

9-1 グラフの作成（グラフの作成、追加、削除など）

Tips 323 グラフを選択/削除する

▶関連Tips
321
322

使用機能・命令 Selectメソッド/Deleteメソッド

サンプルコード SampleFile Sample323.xlsm

```
Sub Sample323()
    '1つ目のグラフを選択する
    Worksheets("Sheet1").ChartObjects(1).Select
    '2つ目のグラフを削除する
    Worksheets("Sheet1").ChartObjects(2).Delete
End Sub
```

❖ 解説

　ここでは、「Sheet1」ワークシートにある棒グラフと円グラフの2つのグラフで、1つ目のグラフを選択したあと、2つ目のグラフを削除しています。結果、1つ目のグラフが選択された状態になります。Selectメソッドは対象のオブジェクトを選択するメソッドです。ただ、実際のプログラムでは、Selectメソッドを使う機会は実は多くありません。このサンプルも、2つ目のグラフを選択することなくDeleteメソッドで削除しています。マクロ記録を利用すると、「選択→処理」という形で記録されることがありますが、多くの場合はこのように、選択せずに処理することができます。

・Selectメソッドの構文

object.Select

・Deleteメソッドの構文

object.Delete

　Selectメソッドは、指定したオブジェクトを選択します。Deleteメソッドは、objectに指定したオブジェクトを削除します。objectにChartオブジェクトを指定することで、グラフを選択・削除します。

Tips 324 グラフの種類を変更する

▶関連Tips 321

使用機能・命令 ChartType プロパティ

サンプルコード SampleFile Sample324.xlsm

```
Sub Sample324()
    'Sheet1の1つめのグラフの種類を「積み上げ棒」グラフにする
    Worksheets("Sheet1").ChartObjects(1).Chart _
        .ChartType = xlColumnStacked
End Sub
```

❖ 解説

ここでは、「Sheet1」ワークシートにある棒グラフを、「積み上げ棒」グラフに変更します。ChartObjectオブジェクトは、ワークシート上にグラフを表示するための枠(コンテナ)になります。その中に、実際のグラフであるChartオブジェクトがあります。そのため、このサンプルのように「ChartObjects(1).Chart」という記述方法になります。

▼グラフの種類を変更する

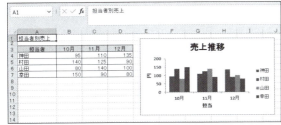

「積み上げ棒グラフ」に変更する

▼実行結果

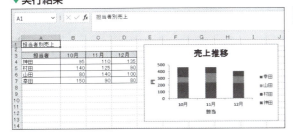

グラフが変更された

• ChartType プロパティの構文

object.ChartType = XlChartType

ChartTypeプロパティは、グラフの種類を表します。既存のグラフの種類を変更することも可能です。ChartTypeプロパティには、XlChartTypeクラスの定数を指定します。XlChartTypeクラスの定数については、Tips321を参照してください。

9-1 グラフの作成（グラフの作成、追加、削除など）

Tips 325 グラフの名前を設定する

▶関連Tips
321

使用機能・命令 Nameプロパティ

サンプルコード SampleFile Sample325.xlsm

```
Sub Sample325()
    'Sheet1の1つめのグラフに「売上推移」という名前を付ける
    Worksheets("Sheet1").ChartObjects(1).Name = "売上推移"
End Sub

Sub Sample325_2()
    'グラフシートのシート名を変更する
    Charts(1).Name = "売上推移"
End Sub
```

❖ 解説

ここでは、2つのサンプルを紹介します。1つ目は、ChartObjectsプロパティを使用して、グラフを取得し、Nameプロパティでグラフに「売上推移」という名前を付けます。グラフを挿入した時点で、グラフにはExcelによって自動的に名前が付けられていますが、明示的に名前を付けることで、プログラムを作成する際にわかりやすくなります。2つ目は、グラフシートの場合、Nameプロパティはグラフシートのシート名を表します。ここでは、グラフシートのシート名を「売上推移」にしています。次の実行結果は、1つ目のサンプルのものです。

▼グラフ名を変更する

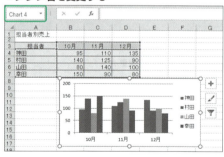

「売上推移」に変更する

▼実行結果

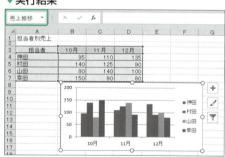

グラフ名が変更された

• Nameプロパティの構文

object.Name = expresson

Nameプロパティは、objectに指定したグラフの名前を表します。値の取得/設定ができます。

Tips 326 円グラフの一部を切り離す

▶関連Tips 321

使用機能・命令 SeriesCollection メソッド / Explosion プロパティ

サンプルコード SampleFile Sample326.xlsm

```
Sub Sample326()
    '円グラフの1つめの要素を切り出す
    Worksheets("Sheet1").ChartObjects(1).Chart _
        .SeriesCollection(1).Points(1).Explosion = 20
End Sub
```

❖ 解説

ここでは、「Sheet1」ワークシートの1番目のグラフ（円グラフ）に対して処理を行っています。
1つ目のデータ系列（鈴木）のデータを切り出しています。Pointsメソッドは、指定したデータ系列の要素を指定します。なお、切り出したデータを戻すには、Explosionプロパティに「0」を指定します。

▼円グラフの要素を切り出す

「神田」の要素を切り出す

▼実行結果

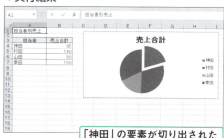

「神田」の要素が切り出された

●SeriesCollection メソッドの構文

object.SeriesCollection(index)

●Explosion プロパティの構文

object.Explosion = expression

SeriesCollectionメソッドは、グラフのデータ系列を返します。引数indexを指定した場合は、指定したIndex番号のデータ系列を返します。Explosionプロパティは、指定された円グラフまたはドーナツグラフの要素を切り出します。0～1000の範囲の値が有効です。切り出し値は、グラフの半径に対するパーセンテージになります。

9-2 グラフの編集(グラフのタイトル、軸、データ系列など)

Tips 327 特定の系列を第2軸に割り当てる

▶関連Tips 321 326

使用機能・命令 **HasAxisプロパティ/AxisGroupプロパティ**

サンプルコード
SampleFile Sample327.xlsm

```
Sub Sample327()
    With Worksheets("Sheet1").ChartObjects(1).Chart
        '数値軸の第2軸を表示する
        .HasAxis(xlValue, xlSecondary) = True

        With .SeriesCollection("合計")   '「合計」データ系列の設定する
            .ChartType = xlLine   '折れ線グラフにする
            .AxisGroup = xlSecondary    'グラフを第2軸に設定する
        End With
    End With
End Sub
```

❖ 解説

ここでは、「合計」データを第2軸に指定し折れ線グラフにします。まず、HasAxisプロパティを使用して数値軸の第2軸を表示します。先にこの設定をしておかないと、後でデータ系列を第2軸に設定する際にエラーが発生します(第2軸がすでに設定されていれば、エラーは発生しません)。

第2軸を表示したら、データ系列のうち「合計」をSeriesCollectionメソッドで取得し、グラフの種類を「折れ線」にします。続けて、AxisGroupプロパティで軸を第2軸に設定します。

•HasAxisプロパティの構文

object.HasAxis(index1, index2)

•AxisGroupプロパティの構文

object.AxisGroup

HasAxisプロパティは、指定したグラフの軸の表示/非表示を設定します。引数index1は、対象の軸をxlCategory(項目軸)、xlValue(数値軸)、xlSeriesAxis(系列軸)のいずれかで指定します。引数index2には、軸の種類をxlPrimary(主軸)または、xlSecondary(第2軸)で指定します。AxisGroupプロパティは、指定したデータ系列を主軸に設定するか、第2軸に設定するかを設定します。

9-2 グラフの編集(グラフのタイトル、軸、データ系列など)

Tips 328 プロットエリアの色を変更する

▶関連Tips
098
321

使用機能・命令 PlotAreaプロパティ/Colorプロパティ

サンプルコード SampleFile Sample328.xlsm

```
Sub Sample328()
    'プロットエリアの色をシアンに設定する
    Worksheets("Sheet1").ChartObjects(1).Chart _
        .PlotArea.Interior.Color = RGB(0, 255, 255)
End Sub
```

❖ 解説

ここでは、「Sheet1」ワークシートの1つめのグラフのプロットエリアの色を、「シアン」に変更します。ChartObjectsコレクションのChartプロパティでグラフを取得し、PlotAreaプロパティでプロットエリアを取得しています。塗りつぶしを表すInteriorプロパティと色を表すColorプロパティで、塗りつぶしの色を表しています。指定する色はRGB関数を使用してしています。RGB関数については、Tips098を参照してください。

▼プロットエリアを塗りつぶす

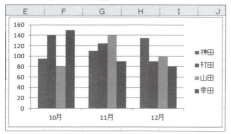

「シアン」で塗りつぶす

▼実行結果

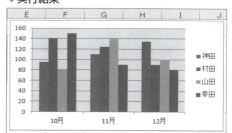

プロットエリアが塗りつぶされた

● **PlotAreaプロパティの構文**

object.PlotArea

● **Colorプロパティの構文**

object.Color

グラフのプロットエリアは、PlotAreaオブジェクトで表されます。PlotAreaオブジェクトを取得するには、PlotAreaプロパティを利用します。また、色の設定はColorプロパティで行います。Colorプロパティには、RGB関数を使用して色を指定します。

9-2 グラフの編集（グラフのタイトル、軸、データ系列など）

Tips 329 グラフのタイトルを設定する

▶関連Tips 321

使用機能・命令 HasTitleプロパティ/ChartTitleプロパティ

サンプルコード SampleFile Sample329.xlsm

```
Sub Sample329()
    '1つ目のグラフに対する処理
    With Worksheets("Sheet1").ChartObjects(1).Chart
        .HasTitle = True        'グラフタイトルを表示する
        With .ChartTitle        'グラフタイトルに対する処理
            .Text = "売上データ"    '文字列を指定する
            .Font.Size = 12     'フォントサイズを指定する
        End With
    End With
End Sub
```

❖ **解説**

ここでは「Sheet1」ワークシートの1つ目のグラフに、グラフタイトルを指定します。まず、HasTitleプロパティでグラフタイトルを表示し、ChartTitleプロパティで文字を指定します。なお、グラフタイトルを指定する場合、必ず先にHasTitleプロパティを利用して、グラフタイトルを表示させます。**グラフタイトルが非表示の状態でタイトル文字列を指定すると、エラーが発生します。**グラフタイトルとセルの値をリンクするには、Textプロパティで指

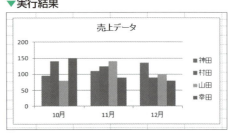

▼実行結果

グラフタイトルが設定された

定する箇所を「.Text = "=Sheet1!A1"」のように記述します。Textプロパティに指定する式は、シート名を含めます。

• **HasTitle プロパティの構文**

object.HasTitle = expression

• **ChartTitle プロパティの構文**

object.ChartTitle

HasTitleプロパティは、グラフタイトルの表示/非表示を設定します。Trueを指定するとグラフタイトルを表示します。ChartTitleプロパティは、グラフタイトルを表すChartTitleオブジェクトを取得します。Textプロパティと組み合わせて、グラフタイトルの文字列を設定することができます。

Tips 330 グラフの軸ラベルを設定する

▶関連Tips 321

使用機能・命令 HasTitleプロパティ/AxisTitleプロパティ

サンプルコード SampleFile Sample330.xlsm

```
Sub Sample330()
    With Worksheets("Sheet1").ChartObjects(1).Chart _
        .Axes(xlCategory)      '項目軸に対する処理

        .HasTitle = True       '項目軸ラベルを表示する
        .AxisTitle.Text = "担当"    'ラベルに文字列を設定する
        .AxisTitle.Font.Size = 9    'ラベルのフォントサイズを設定する
    End With
End Sub
```

❖ 解説

ここでは、グラフの項目軸に対して処理を行います。項目軸のラベルを表示し、「担当」と表示します。そして、フォントサイズを9ポイントに設定します。なお、軸ラベルにセルの値を使用して、さらにセルとリンクするには、Textプロパティに「Text = "=Sheet1!A3"」のように指定します。このとき設定する式には、シート名を含めます。

▼項目軸を設定する

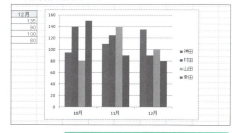

項目軸ラベルに「担当」と表示する

▼実行結果

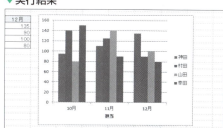

軸ラベルが設定された

•HasTitleプロパティの構文

object.HasTitle = expression

•AxisTitleプロパティの構文

object.AxisTitle

HasTitleプロパティは、軸ラベルのタイトルの表示/非表示を切り替えます。Trueを指定すると、軸ラベルを表示します。AxisTitleプロパティは、グラフの軸ラベルを表すAxisTitleオブジェクトを取得します。Textプロパティと組み合わせることで、軸ラベルの文字列を設定します。

Tips 331 数値軸の最大値/最小値を設定する

▶関連Tips
321
330

使用機能・命令 MaximumScaleプロパティ/MinimumScaleプロパティ

サンプルコード　SampleFile Sample331.xlsm

```
Sub Sample331()
    With Worksheets("Sheet1").ChartObjects(1).Chart _
        .Axes(xlValue)    '数値軸に対して設定する

        .MaximumScale = 200    '最大値を200にする
        .MinimumScale = 20     '最小値を20にする
    End With
End Sub
```

❖ 解説

ここでは、グラフの数値軸に対して処理を行います。AxesプロパティにxlValusを指定して、数値軸を対象にします。その後、MaximumScaleプロパティで最大値を、MinimumScaleプロパティで最小値を、それぞれ指定します。目盛り間隔はMajorUnitプロパティ、補助目盛間隔はMinorUnitプロパティで指定します。

▼数値軸の設定を行う

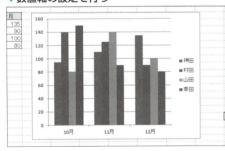

最小値を20、最大値を200に設定する

▼実行結果

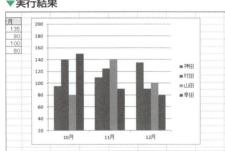

数値軸の値が設定された

• MaximumScaleプロパティ/MinimumScaleプロパティの構文

object.MaximumScale/MinimumScale = expression

数値軸の最大値/最小値を設定するには、MaximumScaleプロパティ（最大値）、MinimumScaleプロパティ（最小値）を使用します。

Tips 332 グラフの凡例を設定する

▶関連Tips 321

使用機能・命令 HasLegendプロパティ/Legendプロパティ

サンプルコード SampleFile Sample332.xlsm

```
Sub Sample332()
    With Worksheets("Sheet1").ChartObjects(1).Chart
        .HasLegend = True        '凡例を表示する
        .Legend.Font.Size = 9    'フォントサイズを9ポイントに設定する
    End With
End Sub
```

❖ 解説

ここではグラフに凡例を表示し、フォントサイズを9ポイントに設定します。フォントの設定の前に、HasLegendプロパティにTrueを指定して凡例を表示しています。このように、**先にHasLegendプロパティの値をTrueにせず、フォントの指定を行うとエラーが発生します**。

▼このグラフに設定を行う

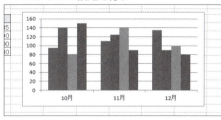

凡例を表示する

▼実行結果

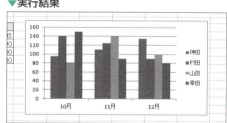

凡例が表示された

•**HasLegendプロパティの構文**

object.HasLegend = expression

•**Legendプロパティの構文**

object.Legend

HasLegendプロパティは、凡例の表示/非表示を切り替えます。Trueを指定すると、凡例を表示します。Legendプロパティは、凡例を表すLegendオブジェクトを取得します。

Tips 333 グラフのデータ系列を取得する

▶関連Tips: 321, 327

使用機能・命令 SeriesCollectionメソッド

サンプルコード SampleFile Sample333.xlsm

```
Sub Sample333()
    'データ系列「幸田」を削除する
    Worksheets("Sheet1").ChartObjects(1).Chart _
        .SeriesCollection("幸田").Delete
End Sub
```

❖ 解説

ここでは、「幸田」のデータ系列を取得し削除します。SeriesCollectionメソッドを使用して、「幸田」のデータ系列を取得し、Deleteメソッドで該当するデータ系列を削除しています。SeriesCollectionメソッドの引数に存在しない系列名を指定すると、エラーになります。

▼データ系列を取得する

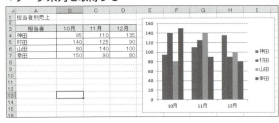

「幸田」データ系列を取得し削除する

▼実行結果

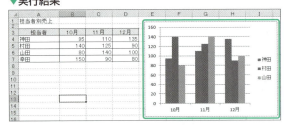

取得したデータ系列が削除された

● SeriesCollectionメソッドの構文

object.SeriesCollection(index)

SeriesCollectionメソッドは、グラフのデータ系列を表すSeriesCollectionオブジェクトを取得します。インデックス番号やデータ系列名を指定することで、特定のデータ系列を取得することができます。

Tips 334 データ要素を取得する

▶関連Tips: 098, 333

使用機能・命令 Pointsメソッド

サンプルコード SampleFile Sample334.xlsm

```
Sub Sample334()
    'データ系列「村田」の2番目のデータ要素の色を「黄」に設定する
    Worksheets("Sheet1").ChartObjects(1).Chart _
        .SeriesCollection("村田").Points(2) _
        .Interior.Color = RGB(255, 255, 0)
End Sub
```

❖ 解説

ここでは、SeriesCollectionメソッドで「村田」のデータ系列を取得し、Pointsプロパティで2番目の要素を取得します。この要素の色を、RGB関数を使用して「黄」に設定します。

▼グラフの要素を取得する

「村田」の2番目の要素（11月のデータ）を取得する

▼実行結果

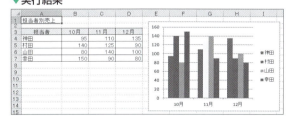

指定したデータ要素をのみ「黄」に変更された

• Pointsメソッドの構文

object.Points(index)

Pointsメソッドは、グラフのデータ要素（Pointオブジェクト）集合であるPointsオブジェクトを取得します。インデックス番号を指定することで、特定のデータ要素に対して処理を行うことができます。

9-2 グラフの編集（グラフのタイトル、軸、データ系列など）

Tips 335 データマーカーの書式を設定する

▶関連Tips 321

使用機能・命令 MarkerSizeプロパティ/
MarkerStyleプロパティ/
MarkerBackgroundColorプロパティ/
MarkerForegroundColorプロパティ

サンプルコード SampleFile Sample335.xlsm

```
Sub Sample335()
    With Worksheets("Sheet1").ChartObjects(1).Chart _
        .SeriesCollection("山田")  'データ系列「山田」に対する処理

        .MarkerSize = 5     'サイズを5ポイントに設定する
        '前景色を「赤」に設定する
        .MarkerForegroundColor = RGB(255, 0, 0)
        '背景色を「黄」に設定する
        .MarkerBackgroundColor = RGB(255, 255, 0)
        'マーカーをプラス記号付きの四角形に設定する
        .MarkerStyle = xlMarkerStylePlus
    End With
End Sub
```

❖ 解説

ここでは、折れ線グラフの中のデータ系列「山田」に対してマーカーの設定をします。MarkerSizeプロパティでマーカーのサイズを5ポイントにし、MarkerForegroundColorプロパティで前景色を「赤」、MarkerBackgroundColorプロパティで背景色を「黄」にしています。さらに、MarkerStyleプロパティでマーカーをプラス記号付きの四角形に設定しています。

なお、MarkerStyleプロパティに指定する定数は、以下のとおりです。

◆ MarkerStyleプロパティに指定するXlMarkerStyleクラスの定数

定数	値	説明
xlMarkerStyleAutomatic	-4105	自動マーカー
xlMarkerStyleCircle	8	円形のマーカー
xlMarkerStyleDash	-4115	長い棒のマーカー
xlMarkerStyleDiamond	2	ひし形のマーカー
xlMarkerStyleDot	-4118	短い棒のマーカー
xlMarkerStyleNone	-4142	マーカーなし
xlMarkerStylePicture	-4147	画像マーカー
xlMarkerStylePlus	9	正符号 (+) 付きの四角形のマーカー
xlMarkerStyleSquare	1	四角形のマーカー

xlMarkerStyleStar	5	アスタリスク (*) 付きの四角形のマーカー
xlMarkerStyleTriangle	3	三角形のマーカー
xlMarkerStyleX	-4168	X印付きの四角形のマーカー

▼データマーカーの書式を設定する

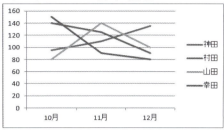

サイズ、色、形を設定する

▼実行結果

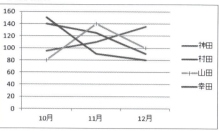

マーカーが設定された

- **MarkerSize プロパティの構文**

    object.MarkerSize

- **MarkerStyle プロパティの構文**

    oject.MarkerStyle = XlMarkerStyle

- **MarkerBackgroundColor /MarkerForegroundColor プロパティの構文**

    MarkerBackgroundColor/MarkerForegroundColor = color

グラフ上にある特定の系列、または特定の要素のマーカーの色や形、サイズを変更することができます。MarkerSizeプロパティはマーカーのサイズを、MarkerStyleプロパティはマーカーの形を設定します。MarkerBackgroundプロパティはマーカーの背景色を、MarkerForegroundColorプロパティはマーカーの前景色を設定します。MarkerStyleプロパティに指定する定数は、「解説」を参照してください。

Tips 336 データラベルを表示する

▶関連Tips 333 334

使用機能・命令 HasDataLabels プロパティ/ DataLabels プロパティ

サンプルコード SampleFile Sample336.xlsm

```
Sub Sample336()
    With Worksheets("Sheet1").ChartObjects(1).Chart _
        .SeriesCollection("山田")    'データ系列「山田」に対する処理

        .HasDataLabels = True    'データラベルを表示する
        .ApplyDataLabels ShowValue:=True   'データラベルに値を表示する
        With .Points(2).DataLabel    '2番目のデータ要素に対する処理
            .Text = .Text & " 最多 " 'ラベルの値に文字列を追加する
            .Font.Color = RGB(255, 0, 0)    'フォントの色を「赤」に設定する
        End With
    End With
End Sub
```

❖ 解説

ここでは、棒グラフのデータ系列「中村」の3番目のデータ要素を対象に、データラベルの設定を行います。データレベルの文字列は、Text プロパティで取得/設定します。データラベルを表示すると値が表示されるので、その値に「最多」の文字列を追加しています。また、フォントの色を「赤」に設定しています。

ApplyDataLabels メソッドに指定する値は、次のとおりです。

◆ ApplyDataLabels メソッドの引数

引数	説明
Type	データラベルの種類をXlDataLabelsTypeクラスの定数で指定する
LegendKey	Trueを指定すると、要素の隣に凡例マーカーを表示する
AutoText	Trueを指定すると、オブジェクトにより内容を元にした適切な文字列を自動作成する
HasLeaderLines	Trueを指定すると、データ系列に引き出し線を追加する
ShowSeriesName	Trueを指定すると、データラベルに系列名を表示する
ShowCategoryName	Trueを指定すると、データラベルに分類名を表示する
ShowValue	Trueを指定すると、データラベルに値を表示する
ShowPercentage	Trueを指定すると、データラベルにパーセンテージを表示する
ShowBubbleSize	Trueを指定すると、データラベルにバブルサイズを表示する
Separator	データラベルの区切り文字を指定する

9-2 グラフの編集（グラフのタイトル、軸、データ系列など）

◆ ApplyDataLabelsメソッドの引数Typeに指定するXlDataLabelsTypeクラスの定数

定数	値	説明
xlDataLabelsShowBubbleSizes	6	絶対値に対するバブルのサイズを表示する
xlDataLabelsShowLabel	4	データ要素の属する分類名
xlDataLabelsShowLabelAndPercent	5	全体のパーセンテージと要素の項目名円グラフとドーナツグラフだけに指定できる
xlDataLabelsShowNone	-4142	データラベルなし
xlDataLabelsShowPercent	3	全体のパーセンテージ円グラフとドーナツグラフにだけ指定できる
xlDataLabelsShowValue	2	データ要素の属する既定値（この引数が指定されていない場合）

▼「山田」のデータにデータラベルの設定を行う

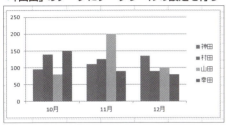

▼実行結果

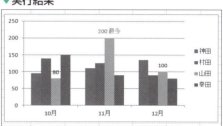

> データラベルを表示し、2番目の要素には「最多」と付ける

> データラベルが設定された

・HasDataLabels プロパティの構文

object.HasDataLabels = expression

・DataLabels プロパティの構文

object.DataLabels (n)

　HasDataLabelsプロパティは、データ系列のデータラベルの表示（True）/非表示（False）を設定します。特定のデータ系列のデータラベルを指定する場合は、インデックス番号を指定します。

　DataLabelsプロパティは、データラベルのコレクション（DataLabelsオブジェクト）を取得します。特定のデータラベルを取得するには、インデックス番号を指定します。また、データラベルに表示する値の設定は、ApplyDataLabelsメソッドを利用します。ApplyDataLabelsメソッドに指定する値は、「解説」を参照してください。

Tips 337 データテーブルを表示する

▶関連Tips 321 323

使用機能・命令 HasDataTableプロパティ/DataTableプロパティ

サンプルコード SampleFile Sample337.xlsm

```
Sub Sample337()
    With Worksheets("Sheet1").ChartObjects(1).Chart
        .HasDataTable = True        'データテーブルを表示する
        .DataTable.Font.Size = 10   'データテーブルのフォントサイズを10にする
    End With
End Sub
```

❖ 解説

ここでは、グラフのデータテーブルを表示します。データテーブルを表示するには、HasDataTableプロパティにTrueを指定します。また、DataTableプロパティでデータテーブルを表すDataTableオブジェクトを取得し、フォントサイズを10ポイントにしています。

▼データテーブルを表示する

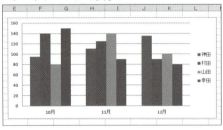

合わせてフォントサイズを設定する

▼実行結果

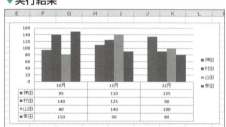

データテーブルが表示された

• **HasDataTableプロパティの構文**

object.HasDataTable = expression

• **DataTableプロパティの構文**

object.DataTable

HasDataTablesプロパティは、データテーブルの表示(True)/非表示(False)を設定します。DataTableプロパティは、データテーブルを表すDataTableオブジェクトを取得します。

9-3 その他の機能（グラフの位置の変更、保存など）

Tips 338 グラフの大きさや位置を設定する

▶関連Tips
092
323

使用機能・命令 Leftプロパティ/Topプロパティ/Widthプロパティ/Heightプロパティ

サンプルコード SampleFile Sample338.xlsm

```
Sub Sample338()
    With Worksheets("Sheet1").ChartObjects(1)   '1つめのグラフを対象にする
        .Left = 10          '左端を10ポイントの位置に指定する
        .Top = 100          '上端を100ポイントの位置に指定する
        .Width = 250        '幅を250ポイントに変更する
        .Height = 150       '高さを150ポイントに変更する
    End With
End Sub

Sub Sample338_2()
    'グラフの幅を、セルA3からD3の幅に合わせる
    With Worksheets("Sheet1").ChartObjects(1)
        .Width = Range("A3:D3").Width
    End With
End Sub
```

❖ 解説

ここでは、2つのサンプルを紹介します。1つ目は、グラフの位置と、幅、高さをそれぞれ変更します。2つ目は、グラフの幅を表の幅に合わせます。ここでは、セルA3からD3の幅をWidthプロパティで取得し、グラフのWidthプロパティに設定しています。セルのWidthプロパティについては、Tips092を参照してください。

▼実行結果

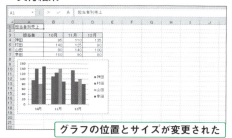

グラフの位置とサイズが変更された

• Leftプロパティ/Topプロパティ/Widthプロパティ/Heightプロパティの構文

object.Left/Top/Width/Height = expression

Leftプロパティはグラフの左端の位置を、Topプロパティは、グラフの上端の位置をワークシート左上端からの距離をポイント値で指定します。Widthプロパティ、Heightプロパティは、それぞれグラフの幅と高さをポイント値で指定します。

423

9-3 その他の機能（グラフの位置の変更、保存など）

Tips 339 グラフの数を数える

▶関連Tips 323

使用機能・命令 Countプロパティ

サンプルコード SampleFile Sample339.xlsm

```
Sub Sample339()
    'グラフの数をメッセージボックスに表示する
    MsgBox "グラフの数：" & _
        Worksheets("Sheet1").ChartObjects.Count
End Sub

Sub Sample339_2()
    'グラフシートの数をメッセージボックスに表示する
    MsgBox "グラフシートの数：" & Charts.Count
End Sub
```

❖ 解説

ここでは2つのサンプルを紹介します。

1つ目は、「Sheet1」ワークシート上のグラフの数をカウントし、メッセージボックスに表示します。2つ目は、グラフシートの数をカウントします。グラフシートの数を数えるには、Chartsオブジェクトと Countプロパティを使用します。

▼グラフの数を数える

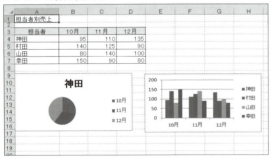

「Sheet1」にあるグラフを数える

▼実行結果

グラフの数が表示された

•Countプロパティの構文

object.Count

Countプロパティは、指定したオブジェクトの数を取得します。

9-3 その他の機能（グラフの位置の変更、保存など）

Tips 340 グラフを画像ファイルとして保存する

▶関連Tips 323

使用機能・命令 Exportメソッド

サンプルコード SampleFile Sample340.xlsm

```
Sub Sample340()
    'グラフを「グラフサンプル.gif」というファイル名で
    'このブックと同じフォルダに保存する
    Worksheets("Sheet1").ChartObjects(1).Chart.Export _
        ThisWorkbook.Path & "\グラフサンプル.gif"
End Sub
```

❖ 解説

ここでは、Exportメソッドを使って、グラフを「グラフサンプル.gif」という名前で保存します。保存先は、Pathプロパティを使用して、このブックと同じフォルダを指定します。

▼このグラフを保存する

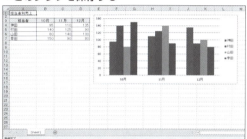

▼実行結果

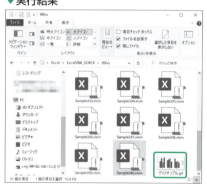

「グラフサンプル」という名前で、gifファイルを保存した

• Exportメソッドの構文

object.Export (Filename, FilterName, Interactive)

Exportメソッドを利用すると、指定したグラフを画像ファイルとして保存することができます。引数Filenameに保存するファイル名を指定します。

第10章 ユーザーフォームの極意

341~404

- 10-1 ユーザーフォーム概要
  (ユーザーフォームの作成、コントロールの配置など)
- 10-2 フォーム（フォームのサイズ、初期設定など）
- 10-3 コマンドボタン、トグルボタン
  (処理の実行、有効/無効の設定など)
- 10-4 テキストボックス（文字の入力、書式設定など）
- 10-5 コンボボックス、リストボックス
  (項目の設定、項目の削除など)
- 10-6 その他のコントロール
  (画像の配置、タブ、スクロールバーなど)

10-1 ユーザーフォーム概要（ユーザーフォームの作成、コントロールの配置など）

Tips 341 ユーザーフォームを表示する

▶関連Tips
342
343

使用機能・命令 Showメソッド

サンプルコード SampleFile Sample341.xlsm

```
Sub Sample341()
    '「UserFrom1」をモードレスで表示する
    UserForm1.Show vbModeless
End Sub
```

❖ 解説

ここでは、「UserForm1」をモードレスで開きます。そのため、引数modalにvbModelessを指定しています。こうすることで、ユーザーフォームを表示している間も他の操作が可能となります。ユーザーフォームを表示中は他の操作ができないフォーム（Showメソッドの引数にvbModalを指定または省略）を「モーダルフォーム」、他の操作ができるフォーム（Showメソッドの引数にvbModelessを指定）を「モードレスフォーム」と呼びます。

▼ユーザーフォームを表示する

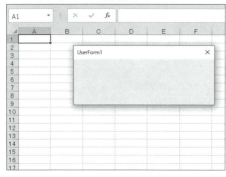

モードレスで開いたため他の操作ができる

▼実行結果

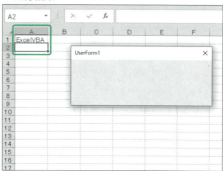

ユーザーフォームを開いた状態でセルに文字が入力できる

• Showメソッドの構文

object.Show modal

作成したユーザーフォームをプログラムから表示するには、Showメソッドを利用します。引数modalは、ユーザーフォームを表示中にワークシートやセルの操作といった他の処理を可能にするかどうかを指定します。指定する値は「vbModal（操作不可）」、「vbModeless（操作可能）」です。

10-1 ユーザーフォーム概要（ユーザーフォームの作成、コントロールの配置など）

Tips 342 フォームを非表示にする

▶関連Tips
341
343

使用機能・命令 Hideメソッド

サンプルコード SampleFile Sample342.xlsm

```
Private Sub CommandButton1_Click()
    With UserForm1    'ユーザーフォームに対する処理
        .Hide         '非表示にする
        MsgBox "ユーザーフォームを非表示にしました" & vbCrLf _
            & "[OK] ボタンをクリックすると再表示します"
        .Show         '再度表示する
    End With
End Sub
```

❖ 解説

ユーザーフォームを非表示にします。閉じるのではなく、あくまで非表示です。ここでは、ユーザーフォームを表示し、コマンドボタンをクリックすると、ユーザーフォームが非表示になりメッセージが表示されます。メッセージボックスの「OK」ボタンをクリックすると、ユーザーフォームが再度表示されます。コマンドボタンをクリックする前に、テキストボックスに何らかのデータを入力してから試してください。テキストボックス内の値が、そのまま残ることが確認できます。

▼ユーザーフォームを表示後一旦非表示にする

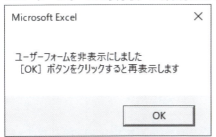

コマンドボタンをクリックすると、ユーザーフォームが非表示になる

▼実行結果

再度表示された

• Hideメソッドの構文

object.Hide

Hideメソッドを利用すると、ユーザーフォームを一時的に非表示にすることができます。非表示になるだけで閉じるわけではないため、コントロールに入力された値などは保持されます。

10-1 ユーザーフォーム概要(ユーザーフォームの作成、コントロールの配置など)

Tips 343 フォームを閉じる

▶関連Tips 341 342

使用機能・命令 Unloadステートメント

サンプルコード SampleFile Sample343.xlsm

```
Private Sub CommandButton1_Click()
    '現在のユーザーフォームを閉じる
    Unload Me
End Sub0
```

❖ 解説

ここでは、ユーザーフォーム上のコマンドボタンをクリックすると、そのユーザーフォームを閉じます。閉じるため、テキストボックスに入力中の値などは、何も処理をしなければどこにも記録されません。なお、ユーザーフォームを表示するには、標準モジュール等で「UserForm1.Show」を実行するか、VBEにユーザーフォームを表示し[F5]キーを押してください。

▼ユーザーフォームを閉じる

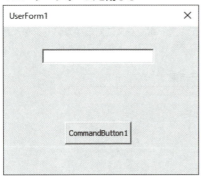

コマンドボタンをクリックする

▼実行結果

ユーザーフォームが閉じた

●Unloadステートメントの構文

Unload object

Unloadステートメントは、ユーザーフォームを閉じるステートメントです。Hideメソッドと異なり完全に閉じてしまうため、テキストボックス内の文字列などは破棄されます。

10-1 ユーザーフォーム概要（ユーザーフォームの作成、コントロールの配置など）

Tips 344 タイトルを設定する

▶関連Tips
355

使用機能・命令 Captionプロパティ

サンプルコード　SampleFile Sample344.xlsm

```
Sub Sample344()
    'タイトルを設定する
    UserForm1.Caption = "Excel VBA"
    'ユーザーフォームを表示する
    UserForm1.Show
End Sub
```

❖ 解説

ここでは、ユーザーフォームのタイトルを「Excel VBA」としてから表示します。なお、ここでは標準モジュールでユーザーフォームを開くときに処理を行いましたが、このような**ユーザーフォームの初期設定とも言える処理は、通常はユーザーフォームを開く際のイベントプロシージャを使用します**。初期設定の方法は、Tips355を参照してください。

▼ユーザーフォームを開く前に処理を行う　　　▼実行結果

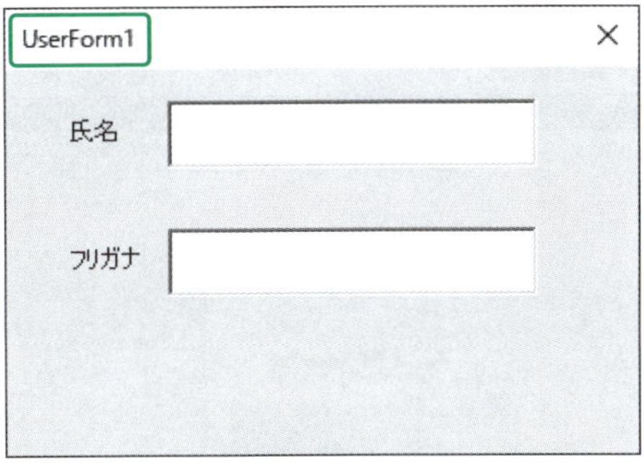

タイトル（Caption）を設定する　　　　　　　タイトル（Caption）が設定された

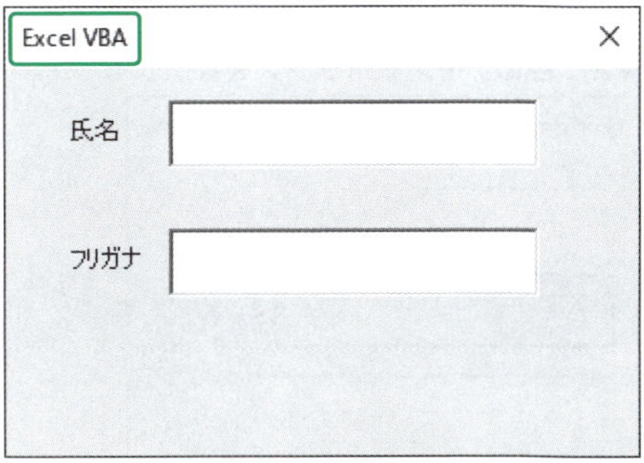

・Captionプロパティの構文

object.Caption = expression

Captionプロパティは、指定したオブジェクトのキャプションを取得/設定します。ユーザーフォームを指定した場合は、タイトルを取得/設定します。

10-1 ユーザーフォーム概要（ユーザーフォームの作成、コントロールの配置など）

Tips 345 コントロールを使用する

▶関連Tips
347

使用機能・命令 Controlsプロパティ

サンプルコード SampleFile Sample345.xlsm

```
Sub Sample345()
    'ユーザーフォームをモードレスで表示する
    UserForm1.Show vbModeless
    '2つ目のテキストボックスに入力されている文字列を表示する
    MsgBox UserForm1.Controls(1).Text
End Sub
```

❖ 解説

ここでは、ユーザーフォームに配置されているコントロールのうち、2つ目のテキストボックスに設定されている文字列をメッセージボックスに表示します。

ユーザーフォームは、メッセージボックスを表示するときに表示したままにするため、モードレスで表示します。続けて、Controlsプロパティを使用してコントロールを取得し、Textプロパティでテキストボックスの文字列を取得しています。なお、ユーザーフォームをモーダルで表示した場合は、ユーザーフォームを閉じた後、メッセージボックスが表示されます。

▼2つ目のテキストボックスを参照する

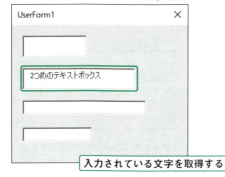

入力されている文字を取得する

▼実行結果

メッセージボックスが表示された

• Controlsプロパティの構文

object.Controls(index)

フォーム上に配置されたコントロールは、Controlsコレクションで取得することができます。
index番号を指定することで、任意コントロールを取得することも可能です。なお、index番号は「0」から始まります。

10-1 ユーザーフォーム概要（ユーザーフォームの作成、コントロールの配置など）

Tips 346 コントロールのサイズを自動調整する

▶関連Tips 353

使用機能・命令 AutoSizeプロパティ

サンプルコード SampleFile Sample346.xlsm

```
Sub Sample346()
    UserForm1.Show vbModeless    'ユーザーフォームをモードレスで表示する
    MsgBox "テキストボックスの幅を調整します"
    'テキストボックスの幅を自動調整する
    UserForm1.TextBox1.AutoSize = True
End Sub
```

❖ 解説

まず、ユーザーフォームをモードレスで表示します。これは、続けてメッセージボックスを表示して動作を確認するためです。メッセージ表示後、「OK」ボタンをクリックすると、テキストボックスの幅が自動調整されます。なお、ユーザーフォームを表示するには、標準モジュール等で「UserForm1.Show」を実行するか、VBEにユーザーフォームを表示し[F5]キーを押してください。

▼テキストボックスのサイズを調整する

幅と高さを入力されている文字に合わせる

▼実行結果

テキストボックスのサイズが調整された

• AutoSize プロパティの構文

object.AutoSize = expression

AutoSizeプロパティは、コントロールのサイズを表示されている文字列の長さに合わせるかどうかを設定します。Trueを指定すると、自動的にコントロールのサイズが変更され、Falseを指定するとサイズは固定されます。

10-1 ユーザーフォーム概要（ユーザーフォームの作成、コントロールの配置など）

Tips 347 コントロールの数を取得する

▶関連Tips
348
349

使用機能・命令 Count プロパティ

サンプルコード　SampleFile Sample347.xlsm

```
Sub Sample347()
    'ユーザーフォームをモードレスで表示する
    UserForm1.Show vbModeless
    'コントロールの数を表示する
    MsgBox "コントロールの数:" & _
        UserForm1.Controls.Count
End Sub
```

❖ 解説

　ここでは、ユーザーフォーム上にあるコントロールの数をカウントします。サンプルでは、あらかじめユーザーフォーム上に、テキストボックスが3個、チェックボックス2個、コマンドボタン1個の合計6個のコントロールが配置されています。この数をCountプロパティで取得して、メッセージボックスに表示します。結果を確認しやすいように、ユーザーフォームをモードレスで表示後、メッセージボックスを表示しています。

▼コントロールの数をカウントする

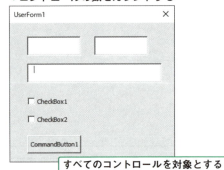

すべてのコントロールを対象とする

▼実行結果

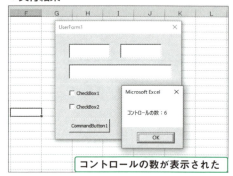

コントロールの数が表示された

• Countプロパティの構文

object.Count

　Countプロパティは、objectに指定したオブジェクトの数を返します。コントロールの数を取得するには、Controlsプロパティを使用して、ユーザーフォーム上のすべてのコントロールを対象にします。

Tips 348 コントロールの入力の順序を設定する

▶関連Tips **349**

使用機能・命令 TabIndex プロパティ

サンプルコード SampleFile Sample348.xlsm

```
Sub Sample348()
    With UserForm1 'ユーザーフォームに対して処理を行う
        .TextBox1.TabIndex = 0 'タブオーダーを1番目にする
        .TextBox2.TabIndex = 1 'タブオーダーを2番目にする
        .CheckBox1.TabIndex = 2 'タブオーダーを3番目にする
        .CheckBox2.TabIndex = 3 'タブオーダーを4番目にする
        .CommandButton1.TabIndex = 4 'タブオーダーを5番目にする
        .CommandButton2.TabIndex = 5 'タブオーダーを6番目にする
        .Show 'ユーザーフォームを表示する
    End With
End Sub
```

❖ 解説

ここでは、ユーザーフォーム上のタブオーダーを変更します。指定した順序はサンプルコードを参照してください。上から順に指定しています。TabIndexプロパティの番号は、「0」から始まる点に注意してください。なお、**TabIndexプロパティは、[プロパティ] ウィンドウでも設定可能です**。また、[表示] メニューの [タブオーダー] で確認/設定することもできます。

ここでは、すべてのコントロールの設定を行ったあと、ユーザーフォームを表示します。

なお、例えばテキストボックスのタブオーダーが「0」、コマンドボタンが「1」という状態で、別のテキストボックスのタブオーダーを「1」にすると、コマンドボタンのタブオーダーが「2」に自動的にずれます（あとから設定した値が有効になります）。

• TabIndex プロパティの構文

object.TabIndex = num

TabIndexプロパティは、ユーザーフォーム上で[Tab]キーを押したときにコントロールのフォーカスを移動する、その順序（タブオーダー）を表します。番号は「0」から始まります。通常、TabIndexプロパティは、ユーザーフォームにコントロールを配置したその順序で決まります。任意の順序に指定したい場合は、TabIndexプロパティを利用します。

10-1 ユーザーフォーム概要（ユーザーフォームの作成、コントロールの配置など）

Tips 349 フォーカスを移動する

▶関連Tips 348

使用機能・命令 SetFocus メソッド

サンプルコード SampleFile Sample349.xlsm

```
Sub Sample349()
    'ユーザーフォームをモードレスで表示する
    UserForm1.Show vbModeless

    MsgBox "コマンドボタンにカーソルを移動します"
    UserForm1.CommandButton1.SetFocus
End Sub
```

❖ 解説

ここでは、コマンドボタンにフォーカスを移動します。動作チェックのために、ユーザーフォームを表示し、メッセージを表示したあと、コマンドボタンにSetFocusメソッドを使用してフォーカスを移動します。動作をわかりやすくするために、ユーザーフォームはモードレスで表示します。

▼フォーカスを移動する

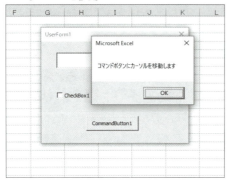

ここでは、コマンドボタンに移動する

▼実行結果

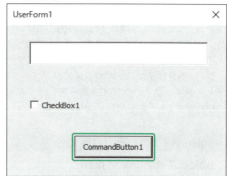

コマンドボタンにフォーカスが移動した

•SetFocusメソッドの構文

object.SetFocus

SetFocusメソッドは、指定したオブジェクト（コントロール）にフォーカスを移動します（カーソルを合わせます）。

10-1 ユーザーフォーム概要（ユーザーフォームの作成、コントロールの配置など）

Tips 350 コントロールをポイントしてヒントを表示する

▶関連Tips 349

使用機能・命令 ControlTipTextプロパティ

サンプルコード SampleFile Sample350.xlsm

```
Sub Sample350()
    'フリガナ欄にヒントを設定する
    UserForm1.TextBox2.ControlTipText = "カタカナで入力"
    'ユーザーフォームを表示する
    UserForm1.Show
End Sub
```

❖ 解説

ここでは、フリガナ欄（TextBox2）にヒントを表示するようにします。表示するヒントはフリガナ欄なので、「カタカナで入力」とします。その後、ユーザーフォームを表示します。
動作を確認するには、マウスカーソルをフリガナ欄に合わせてください。

▼コントロールにヒントを設定する

「フリガナ」の欄に「カタカナで入力」というヒントを表示する

▼実行結果

ヒントが表示された

• **ControlTipTextプロパティの構文**

object.ControlTipText = expression

ControlTipTextプロパティは、コントロールをマウスカーソルでポイントしたときにヒント（コントロールヒント）を表示します。

10-1 ユーザーフォーム概要（ユーザーフォームの作成、コントロールの配置など）

Tips 351 ユーザーフォームを「×」で閉じられなくする

▶関連Tips 343

使用機能・命令 QueryClose イベント

サンプルコード SampleFile Sample351.xlsm

```
Private Sub UserForm_QueryClose(Cancel As Integer _
    , CloseMode As Integer)
    '「×」ボタンがクリックされたかチェックする
    If CloseMode = vbFormControlMenu Then
        MsgBox "「×」ボタンでは閉じられません。", vbInformation
        Cancel = True
    End If
End Sub
```

❖ 解説

ここでは、ユーザーフォームを右上端の「×」ボタンをクリックしても閉じないようにします。なお、このユーザーフォームを閉じるには、コマンドボタンをクリックしてください。引数closemodeに指定する値は、次の通りです。

◆ 引数closemodeが返す値

定数	値	説明
vbFormControlMenu	0	ユーザーがUserFormの「×」ボタンまたは[Alt]キー+[F11]キーを押したことを表す
vbFormCode	1	コードからUnloadステートメントが呼び出されたことを表す
vbAppWindows	2	現在のWindowsオペレーティング環境セッションが終了しようとしている
vbAppTaskManager	3	Windowsのタスクマネージャーがアプリケーションを閉じる

• QueryCloseイベントの構文

Private Sub UserForm_QueryClose(cancel As Integer, closemode As Integer)

Statements

End Sub

QueryCloseイベントは、ユーザーフォームを閉じる直前に発生するイベントです。引数cancelにTrueを指定すると、ユーザーフォームを閉じる処理をキャンセルします。また、引数closemodeは、QueryCloseイベントの原因を示す値または定数です。

Tips 352 ユーザーフォームの表示位置を設定する

▶関連Tips 341

使用機能・命令 StartupPositionプロパティ

サンプルコード SampleFile Sample352.xlsm

```
Sub Sample352()
    With UserForm1          'ユーザーフォームに対する処理
        .StartupPosition = 0    '表示する際の位置を指定なしに設定する
        .Top = 100          '左端の位置を「100」に設定する
        .Left = 100         '上端の位置を「100」に設定する
        .Show
    End With
End Sub

Sub Sample352_2()
    '表示位置をExcelのウィンドウの中央に指定する
    UserForm1.StartupPosition = 1
    UserForm1.Show          'ユーザーフォームを表示する
End Sub
```

❖ 解説

ここでは、ユーザーフォームの位置を指定して表示します。1つ目のサンプルは、StartupPositionプロパティに「0」を指定し、画面の左上端にします。そのうえで、Leftプロパティ、Topプロパティを使用し位置を指定しています。Leftプロパティ、Topプロパティは、ユーザーフォームのコントロールに対しても使用できます。なお、StartupPositionプロパティを0以外に指定すると、Leftプロパティ、Topプロパティの指定は無視されます。そのため、サンプルコードでは最初にStartupPositionプロパティを指定しています。

2つ目のサンプルは、Excelウィンドウの画面の中央にユーザーフォームを表示します。まず、StartupPositionプロパティで表示位置を指定し、その後ユーザーフォームを表示します。

StartupPositionプロパティに指定する値は、次のとおりです。

◆ StartupPositionプロパティに指定する値

値	説明	値	説明
0	設定なし	2	画面全体の中央
1	Excelウィンドウの中央	3	画面の左上隅

• **StartupPositionプロパティの構文**

object.StartupPosition = position

StartupPositionプロパティは、ユーザーフォームの最初の表示位置を設定します。画面右上、画面中央などの指定ができます。Excelのウィンドウの中央に表示することもできます。StartupPositionプロパティに指定する値は、「解説」を参照してください。

10-2 フォーム（フォームのサイズ、初期設定など）

Tips 353 フォームやコントロールのサイズを変更する

▶関連Tips
346

使用機能・命令 Heightプロパティ/Widthプロパティ

サンプルコード SampleFile Sample353.xlsm

```
Sub Sample353()
    With UserForm1      'ユーザーフォームに対する処理
        .Show vbModeless        'モードレスで表示
        MsgBox "テキストボックスの幅と高さを揃えます"
        '氏名欄の幅にフリガナ欄を揃える
        .TextBox2.Width = .TextBox1.Width
        '氏名欄の高さにフリガナ欄を揃える
        .TextBox2.Height = .TextBox1.Height
    End With
End Sub
```

❖ 解説

ここでは、ユーザーフォーム上の「フリガナ」欄のテキストボックスの幅と高さを、「氏名」欄のテキストボックスに揃えます。まず、ユーザーフォームをモードレスで表示します。これは動作確認するためです。メッセージを表示後、テキストボックスの幅と高さをそれぞれ揃えます。

▼2つのテキストボックスの幅と高さを揃える

「フリガナ」欄のテキストボックスを「氏名」欄のものに合わせる

▼実行結果

テキストボックスの大きさが揃った

• Heightプロパティ/Widthプロパティの構文

object.Height/Width = expression

フォームやコントロールのサイズは、Heightプロパティ（高さ）、Widthプロパティ（幅）で設定します。単位はピクセルです。

フォーム上のマウスポインタを変更する

▶関連Tips 341

使用機能・命令 MousePointer プロパティ／MouseIcon プロパティ

サンプルコード SampleFile Sample354.xlsm

```
Sub Sample354()
    With UserForm1
        'テキストボックスのマウスポインタを矢印と砂時計に設定する
        .TextBox1.MousePointer _
            = fmMousePointerAppStarting
        With .CommandButton1
            'マウスポインタに指定したカーソルを使用する
            .MousePointer = fmMousePointerCustom
            'カーソルとして使用するファイルを指定する
            .MouseIcon = LoadPicture _
                (ThisWorkbook.Path & "Cur.cur")
        End With
        .Show    'ユーザーフォームを表示する
    End With
End Sub
```

◆ 解説

ここでは、ユーザーフォーム上のテキストボックスとコマンドボタンのそれぞれにマウスカーソルを合わせた際に、マウスポインタの形状を変更します。テキストボックスは「矢印と砂時計」に、コマンドボタンは「Cur.cur」ファイルを指定します。すべての設定が終わったあと、ユーザーフォームを表示します。

Curファイルを指定するには、LoadPicture関数を使用してカーソルファイルを読み込みます。
なお、アイコンの形状を表す定数は、次のとおりです。

◇ MousePointerプロパティに指定するfmMousePointerの値

定数	値	説明
fmMousePointerDefault	0	標準ポインタ。イメージはオブジェクトによって決まる（既定値）
fmMousePointerArrow	1	矢印
fmMousePointerCross	2	十字ポインタ
fmMousePointerIBeam	3	Iビーム
fmMousePointerSizeNESW	6	右上と左下を指し示す両端矢印
fmMousePointerSizeNS	7	上と下を指し示す両端矢印
fmMousePointerSizeNWSE	8	左上と右下を指し示す両端矢印
fmMousePointerSizeWE	9	左と右を指し示す両端矢印

10-2 フォーム（フォームのサイズ、初期設定など）

fmMousePointerUpArrow	10	上向き矢印
fmMousePointerHourglass	11	砂時計
fmMousePointerNoDrop	12	ドラッグされているオブジェクトに重なった "不可" シンボル（円と対角線）。無効なドロップターゲットを示す
fmMousePointerAppStarting	13	矢印と砂時計
fmMousePointerHelp	14	矢印と疑問符
fmMousePointerSizeAll	15	サイズ変更カーソル（上下左右を指し示す矢印）
fmMousePointerCustom	99	MouseIconプロパティで指定されたアイコンを使用する

▼ユーザーフォーム上のマウスカーソルを変更する

テキストボックスとコマンドボタンに合わせたときのカーソルを変更する

▼実行結果

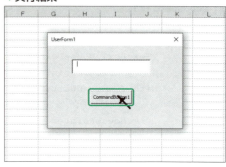

カーソルが変更された

●MousePointerプロパティの構文

object.MousePointer = fmMousePointer

●MouseIconプロパティの構文

object.MouseIcon = LoadPicture(pathname)

　MousePointerプロパティを利用すると、マウスポインタの形状を設定することができます。ポインタの形状は、コントロールごとに設定することができます。また、MouseIconプロパティと組み合わせることで、オリジナルで作成したアイコンをポインタとして使用することができます。

10-2 フォーム（フォームのサイズ、初期設定など）

Tips 355 フォームを表示する前に初期設定をする

▶関連Tips
341
351

使用機能・命令 Initializeイベント

サンプルコード　SampleFile Sample355.xlsm

```
Private Sub UserForm_Initialize()
    TextBox1.Text = Date & " 日 "    'テキストボックスに日付を設定する
End Sub
```

❖ 解説

ここでは、Initializeイベントを使用して、テキストボックスに本日の日付を入力します。

Initializeイベントは、ユーザーフォームが読み込まれるときに発生するイベントです。実際にユーザーフォームが表示される前に発生するため、ユーザーフォームを初期化する際に使用されます。

▼テキストボックスに日付を設定する

ユーザーフォームが表示される前に設定する

▼実行結果

日付が入力された状態で表示された

● Initializeイベントの構文

Private Sub UserForm_Initialize()
Statements
End Sub

ユーザーフォームが初めて表示される（メモリ上に読み込まれる）とき、Initializeイベントが発生します。このイベントを利用することで、フォームを表示する前に初期設定を行うことができます。

10-2 フォーム（フォームのサイズ、初期設定など）

Tips 356 フォームの背景色を変更する

▶関連Tips 098 394

使用機能・命令 BackColor プロパティ

サンプルコード SampleFile Sample356.xlsm

```
Private Sub CommandButton1_Click()
    Dim r As Long, g As Long, b As Long
    With Me 'このフォームに対して処理を行う
        r = .TextBox1.Value '赤の値を取得する
        g = .TextBox2.Value '緑の値を取得する
        b = .TextBox3.Value '青の値を取得する
        .BackColor = RGB(r, g, b)    '背景色を設定する
    End With
End Sub
```

❖ 解説

ここでは、ユーザーフォームの背景色を設定します。設定する色は、テキストボックスに入力された値を元にします。テキストボックスの値をそれぞれ変数に一旦取得後、RGB関数の値として使用します。この値を、ユーザーフォームの背景色に設定します。

処理は、コマンドボタンをクリックした時に行います。なお、**Meキーワードは、このコードが書かれているユーザーフォームそのものを表します**。色を指定するRGB関数については、Tips098を参照してください。ユーザーフォームを表示するには、標準モジュール等で「UserForm1.Show」を実行するか、VBEにユーザーフォームを表示し[F5]キーを押してください。

▼実行結果

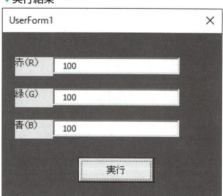

テキストボックスの値（0〜255まで）を元に背景色が設定された

• BackColor プロパティの構文

object.BackColor = RGB(red, green, blue)

BackColorプロパティを利用して、ユーザーフォームの背景色を設定することができます。背景色は、RGB値をRGB関数を使用して設定します。

Tips 357 右クリックメニューを追加する

▶関連Tips 355

使用機能・命令 Add メソッド

サンプルコード SampleFile Sample357.xlsm

```vba
'UserForm1モジュールに記述
'新しいコマンドバーを表す変数
Dim RightMenu As Object

'ユーザーフォームを初期化する
Private Sub UserForm_Initialize()
    '新しいコマンドバーを作成する
    Set RightMenu = Application.CommandBars.Add _
        (Position:=msoBarPopup,Temporary:=True)
    With RightMenu
        '新にコントロールを追加する
        With .Controls.Add
            .Caption = "日付を表示"    'Captionを設定する
            .OnAction = "ShowDate"     'クリックされたときに呼び出すプロシージャ
            .FaceId = 1096             'アイコンを設定する
        End With
        With .Controls.Add
            .Caption = "ユーザー名を表示"  'Captionを設定する
            .OnAction = "ShowUserName"    'クリックされたときに呼び出すプロシージャ
            .FaceId = 720                 'アイコンを設定する
        End With
    End With
End Sub

'ユーザーフォームでマウスがクリックされたときの処理
Private Sub UserForm_MouseUp(ByVal Button As Integer, ByVal Shift As _
    Integer, ByVal X As Single, ByVal Y As Single)
    '右クリックされたときにコマンドバーを表示する
    If Button = xlSecondaryButton Then RightMenu.ShowPopup
End Sub

'標準モジュールに記述
'テキストボックスに日付を入力する
Sub ShowDate()
    UserForm1.TextBox1.Text = Date
```

10-2 フォーム（フォームのサイズ、初期設定など）

```
End Sub

'テキストボックスに「Excel User」と入力する
Sub ShowUserName()
    UserForm1.TextBox1.Text = "Excel User"
End Sub
```

❖ 解説

ここでは、ユーザーフォームを右クリックしたときにメニューを表示します。ユーザーフォームのInitializeイベントでメニュー（コマンドバー）を設定します。また、ユーザーフォームを右クリックしたときに追加したメニューを表示しています。

表示したメニューをクリックしたときに呼び出すプロシージャは、標準モジュールに記述します。

Addメソッドの引数positionに指定する値は、次の通りです。

◈ Addメソッドの引数positionに指定するMsoBarPositionクラスの定数

定数	値	説明
msoBarBottom	3	コマンドバーはアプリケーションウィンドウの下部に固定される
msoBarFloating	4	コマンドバーは、アプリケーションウィンドウの上部に、固定されずに配置される
msoBarLeft	0	コマンドバーは、アプリケーションウィンドウの左側に固定される
msoBarMenuBar	6	コマンドバーは、メニューバーになる（Macintoshのみ）
msoBarPopup	5	コマンドバーはショートカットメニューになる
msoBarRight	2	コマンドバーは、アプリケーションウィンドウの右側に固定される
msoBarTop	1	コマンドバーは、アプリケーションウィンドウの上部に固定される

• Addメソッドの構文

object.Add(name, position, menubar, temporary)

CommandBarsオブジェクトのAddメソッドは、新しいコマンドバーを作成します。

引数nameは、新しいコマンドバーの名前を指定します。この引数を省略すると、コマンドバーには既定の名前（ユーザー設定1など）が自動的に割り当てられます。引数positionは、新しいコマンドバーの位置または種類を指定します。使用できる定数は、MsoBarPosition定数のいずれかです。

引数menuBarにTrueを指定すると、アクティブなメニューバーが新しいコマンドバーで置き換わります。既定値はFalseです。引数temporaryにTrueを指定すると、新しいコマンドバーが一時的なものになります。このコマンドバーは、アプリケーションの終了と同時に削除されます。既定値はFalseです。

Tips 358 コマンドボタンで処理を実行する

▶関連Tips 367

使用機能・命令 Click イベント

サンプルコード SampleFile Sample358.xlsm

```
'コマンドボタンをクリックした時に処理を行う
Private Sub CommandButton1_Click()
    'テキストボックスに文字列を設定する
    TextBox1.Text = "Excel VBA"
End Sub
```

❖ 解説

ここでは、コマンドボタンをクリックすると、テキストボックスに「Excel VBA」という文字列を入力します。なお、ユーザーフォームを表示するには、標準モジュール等で「UserForm1.Show」を実行するか、VBEにユーザーフォームを表示し[F5]キーを押してください。

▼コマンドボタンをクリックしたときに処理を行う

テキストボックスに文字を入力する

▼実行結果

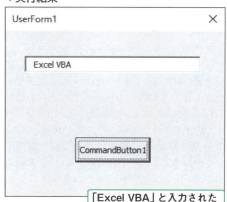

「Excel VBA」と入力された

• Click イベントの構文

Private Sub CommandButton1_Click()
Statement
End Sub

コマンドボタンがクリックされると、Clickイベントが発生します。Clickイベントは、VBE上でコマンドボタンをダブルクリックして作成することができます。このプロシージャ内に、コマンドボタンがクリックされたときの処理を記述します。

10-3 コマンドボタン、トグルボタン（処理の実行、有効/無効の設定など）

Tips 359 コマンドボタンを有効/無効にする

▶関連Tips 358

使用機能・命令 Enabled プロパティ

サンプルコード SampleFile Sample359.xlsm

```
'チェックボックスがクリックされた時に処理を行う
Private Sub CheckBox1_Click()
    With Me
        If .CheckBox1.Value = True Then 'チェックされたかを判定する
            'チェックが入っているときはコマンドボタンを有効に設定する
            .CommandButton1.Enabled = True
        Else
            'チェックが入っていないときはコマンドボタンを無効に設定する
            .CommandButton1.Enabled = False
        End If
    End With
End Sub
```

❖ 解説

ここでは、ユーザーフォーム上のチェックボックスに応じて、コマンドボタンの有効/無効を切り替えます。チェックボックスにチェックが入っている場合、Valueプロパティの値がTrueになります。これを利用して、コマンドボタンの有効/無効を切り替えています。なお、ユーザーフォームを表示するには、標準モジュール等で「UserForm1.Show」を実行するか、VBEにユーザーフォームを表示し[F5]キーを押してください。

▼実行結果

チェックボックスがOFFになるとコマンドボタンが無効になる

• Enabled プロパティの構文

object.Enabled = expression

コマンドボタンの有効/無効を切り替えるには、Enabled プロパティを利用します。Enabledプロパティを False にすると、コマンドボタンは無効になり、フォーカスを取得できなくなりクリックもできなくなります。

10-3　コマンドボタン、トグルボタン（処理の実行、有効／無効の設定など）

Tips 360　コマンドボタンに埋め込まれた詳細情報を表示する

▶関連Tips 358

使用機能・命令　Tagプロパティ

サンプルコード　SampleFile Sample360.xlsm

```
'ユーザーフォームを初期化する
Private Sub UserForm_Initialize()
    'コマンドボタンのTagプロパティに文字列を設定する
    CommandButton1.Tag = "入力データを確定します"
End Sub

'コマンドボタンをクリックした時の処理
Private Sub CommandButton1_Click()
    'メッセージボックスにTagプロパティの値を表示する
    MsgBox "[実行] ボタンの情報：" & CommandButton1.Tag
End Sub
```

❖ 解説

ここでは、まずInitializeイベントでコマンドボタンのTagプロパティに文字列を設定します。
ユーザーフォームを開いたあとにコマンドボタンをクリックすると、Tagプロパティに設定した値がメッセージボックスに表示されます。なお、ユーザーフォームを表示するには、標準モジュール等で「UserForm1.Show」を実行するか、VBEにユーザーフォームを表示し[F5]キーを押してください。

▼コマンドボタンに設定を行う

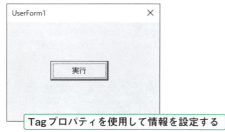

Tagプロパティを使用して情報を設定する

▼実行結果

情報が表示された

・Tagプロパティの構文

object.Tag = expression

Tagプロパティは、objectに指定したコマンドボタンやラベル、テキストボックスに埋め込まれた情報を取得／設定します。

10-3 コマンドボタン、トグルボタン（処理の実行、有効/無効の設定など）

Tips 361 コマンドボタンのクリック後、フォーカスを持たないようにする

▶関連Tips 349

使用機能・命令 TakeFocusOnClick プロパティ

サンプルコード SampleFile Sample361.xlsm

```
'ユーザーフォームを初期化する
Private Sub UserForm_Initialize()
    'それぞれのコマンドボタンがフォーカスを持たないようにする
    CommandButton1.TakeFocusOnClick = False
    CommandButton2.TakeFocusOnClick = False
End Sub

'コマンドボタンをクリックしたときの処理
Private Sub CommandButton1_Click()
    'テキストボックスに「Excel VBA」と入力する
    TextBox1.Text = "Excel VBA"
End Sub
```

❖ 解説

ここでは、コマンドボタンをクリックしたときに、クリックしたコマンドボタンにフォーカスが移らないようにします。サンプルのユーザーフォームには、テキストボックスが1つとコマンドボタンが2つあります。通常、ユーザーフォームを開いた時点では、テキストボックスにフォーカスが設定されるようになっています。この状態で、「実行」ボタン（CommandButton1）をクリックした時に、テキストボックスに文字列「Excel VBA」を入力しますが、フォーカスはコマンドボタンに移ります。

そこで、ここではInitializeイベントで、コマンドボタンにフォーカスが移らないように設定します。

なお、ユーザーフォームを表示するには、標準モジュール等で「UserForm1.Show」を実行するか、VBEにユーザーフォームを表示し[F5]キーを押してください。

● **TakeFocusOnClick プロパティの構文**

object.TakeFocusOnClick = expression

TakeFocusOnClickプロパティは、コントロールをクリックした時に、そのコントロールがフォーカスを取得できるかを設定することができます。Trueを設定すると、フォーカスを持ち、Falseを指定するとフォーカスを持ちません。

Tips 362 コマンドボタンに画像を表示する

▶関連Tips 344

使用機能・命令 Pictureプロパティ

サンプルコード SampleFile Sample362.xlsm

```
'コマンドボタンをクリックしたときに処理を行う
Private Sub CommandButton1_Click()
    'キャプションの代わりに画像を表示する
    CommandButton1.Picture _
        = LoadPicture(ThisWorkbook.Path & "\Caption.bmp")
End Sub
```

❖ 解説

コマンドボタンをクリックすると、このブックと同じフォルダにある「Caption.bmp」をLoadPicture関数を使用して読み込み、コマンドボタンに設定します。なお、コマンドボタンを常に画像を表示して利用するのであれば、Clickイベントではなく、ユーザーフォームを初期化するタイミングで処理を行うと良いでしょう。

なお、ユーザーフォームを表示するには、標準モジュール等で「UserForm1.Show」を実行するか、VBEにユーザーフォームを表示し[F5]キーを押してください。

▼コマンドボタンに画像を表示する

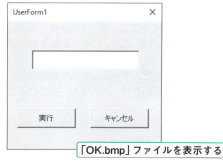

「OK.bmp」ファイルを表示する

▼実行結果

画像が表示された

• Pictureプロパティの構文

object.Picture = LoadPicture(path)

Pictureプロパティを使用すると、コマンドボタンに画像を表示することができます。指定できる画像ファイルは、ビットマップ (bmp/dib)、Gifイメージ (gif)、JPEGファイル (jpg)、メタファイル (wmf/emf)、アイコン (ico) です。画像ファイルを設定するには、LoadPicture関数を使用します。

10-3 コマンドボタン、トグルボタン（処理の実行、有効／無効の設定など）

Tips 363 アクセスキーで実行できるようにする

▶関連Tips **358**

使用機能・命令 Accelerator プロパティ

サンプルコード SampleFile Sample363.xlsm

```
'ユーザーフォームの初期化時の処理
Private Sub UserForm_Initialize()
    'コマンドボタンに [Alt] キー + [d] を割り当てる
    CommandButton1.Accelerator = "d"
End Sub

'コマンドボタンをクリックした時の処理
Private Sub CommandButton1_Click()
    'テキストボックスに「Excel VBA」と入力する
    TextBox1.Text = "Excel VBA"
End Sub
```

❖ 解説

　ここでは、コマンドボタンに[Alt]キー+[D]キーをアクセスキーとして割り当てます。割り当ては、ユーザーフォームを初期化する際にInitializeイベント内で行います。

　ユーザーフォームを表示したあと、[Alt]キー+[D]キーを押すと、コマンドボタンをクリックした場合と同様の処理が行われ、テキストボックスに「Excel VBA」と入力されます。

　なお、**指定できるアクセスキーは、あくまで[Alt]キーとの組み合わせです。[Shift]キーや[Ctrl]キーとの組み合わせは指定できません。仮に「D」と大文字を指定しても、[Shift]キーと組み合わせたことにはなりません。**

　また、コマンドボタンのキャプションを「実行(d)」のように、アクセスキーに指定した文字列を半角のカッコで囲んで指定すると、その文字（ここでは「d」）に下線が引かれ、アクセスキーであることが明示されます。

　なお、サンプルのユーザーフォームを表示するには、標準モジュール等で「UserForm1.Show」を実行するか、VBEにユーザーフォームを表示し[F5]キーを押してください。

• Accelerator プロパティの構文

object.Accelerator = str

　Acceleratorプロパティは、コマンドボタンにアクセスキーを設定するプロパティです。アクセスキーを設定すると、[Alt]キー+割り当てたキーでコマンドボタンをクリックしたときと同じ動作をすることができます。

10-3 コマンドボタン、トグルボタン（処理の実行、有効/無効の設定など）

Tips 364 トグルボタンが変更されたときに処理を実行する

▶関連Tips 344

使用機能・命令 Value プロパティ

サンプルコード SampleFile Sample364.xlsm

```
'トグルボタンがクリックされた時に処理を行う
Private Sub ToggleButton1_Click()
    'トグルボタンの状態を判定する
    If ToggleButton1.Value Then
        'オンの場合、キャプションを「ON」に設定する
        ToggleButton1.Caption = "ON"
    Else
        'オフの場合、キャプションを「OFF」に設定する
        ToggleButton1.Caption = "OFF"
    End If
End Sub
```

❖ 解説

このサンプルでは、トグルボタンの状態に応じてキャプションを変更します。トグルボタンはオンとオフを切り替えることができるボタンです。オンのときは、ボタンがくぼんだ状態になります。この状態は、Valueプロパティで取得することができます。トグルボタンのValueプロパティは、OnのときはTrueを、OffのときはFalseを返します。このサンプルではこれを利用して、Captionの変更に使用しています。

▼トグルボタンの状態を取得する

押された状態の場合キャプションを「ON」にする

▼実行結果

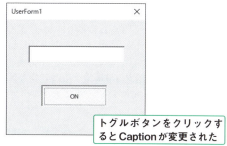

トグルボタンをクリックするとCaptionが変更された

• Valueプロパティの構文

object.Value = expression

objectにトグルボタンを指定すると、Valueプロパティはトグルボタンの状態を取得します。オンのときはTrue、オフのときはFalseです。Captionプロパティと組み合わせることで、トグルボタンのオン/オフに合わせて、トグルボタンに表示されている文字列を変更することができます。

10-3 コマンドボタン、トグルボタン（処理の実行、有効/無効の設定など）

Tips 365 トグルボタンを淡色表示にする

▶関連Tips
364

使用機能・命令 TripleState プロパティ

サンプルコード SampleFile Sample365.xlsm

```
Private Sub UserForm_Initialize()   'ユーザーフォームの初期化時の処理
    'トグルボタンに淡色表示ができるようにする
    ToggleButton1.TripleState = True
End Sub

Private Sub ToggleButton1_Change()   'トグルボタンが変化した時の処理
    Select Case True      'トグルボタンの状態に応じて処理を分岐する
        Case IsNull(ToggleButton1.Value)
            'Nullの場合キャプションを「未設定」に設定する
            ToggleButton1.Caption = "未設定"
        Case ToggleButton1.Value
            'Trueの場合キャプションを「ON」に設定する
            ToggleButton1.Caption = "ON"
        Case ToggleButton1.Value = False
            'Falseの場合キャプションを「OFF」に設定する
            ToggleButton1.Caption = "OFF"
    End Select
End Sub
```

❖ 解説

　ここでは、TripleStateプロパティを使用して、トグルボタンが淡色表示になるように設定します。まず、ユーザーフォームのInitializeイベントで、TripleStateプロパティをTrueにします。

　ユーザーフォーム表示後、トグルボタンのChangeイベントで状態に応じてキャプションを変更します。なお、**キャプションの変更はClickイベントでも通常は可能ですが、トグルボタンが淡色表示の場合、トグルボタンは編集不可となります。そのため、今回の処理はClickイベントではうまくいきません**。Changeイベントは、トグルボタンの状態が変わるときに発生するイベントなので、そちらを利用します。

・**TripleState プロパティの構文**

object.TripleState = expression

　TripleStateプロパティを利用すると、トグルボタンのValueプロパティにNullを指定することができるようになります。Nullが設定されたトグルボタンは、淡色表示になります。トグルボタンはオンとオフを表すボタンですが、状態が未設定であることを表すことができます。

Tips 366 入力モードを設定する

▶関連Tips 355

使用機能・命令 IMEMode プロパティ

サンプルコード SampleFile Sample366.xlsm

```
'ユーザーフォームの初期化時の処理
Private Sub UserForm_Initialize()
    'テキストボックスの入力モードを「ひらがな」に設定する
    TextBox1.IMEMode = fmIMEModeHiragana
End Sub
```

❖ 解説

ここでは、ユーザーフォームのInitializeイベントを使用して、ユーザーフォームを開くときに、テキストボックスの入力モードをひらがなに指定しています。IMEModeプロパティに指定する値は、次のとおりです。なお、サンプルのユーザーフォームを表示するには、標準モジュール等で「UserForm1.Show」を実行するか、VBEにユーザーフォームを表示し[F5]キーを押してください。

◇ IMEModeプロパティに指定するfmIMEModeクラスの定数

定数	値	説明
fmIMEModeNoControl	0	IMEを制御しない（既定値）
fmIMEModeOn	1	オン
fmIMEModeOff	2	オフ（英語モード）
fmIMEModeDisable	3	オフ。ユーザーはキーボードでIMEをオンにできない
fmIMEModeHiragana	4	全角ひらがなモード
fmIMEModeKatakana	5	全角カタカナモード
fmIMEModeKatakanaHalf	6	半角カタカナモード
fmIMEModeAlphaFull	7	全角英数字モード
fmIMEModeAlpha	8	半角英数字モード
fmIMEModeHangulFull	9	全角ハングルモード
fmIMEModeHangul	10	半角ハングルモード

• **IMEModeプロパティの構文**

object.IMEMode fmIMEMode

IMEModeプロパティを利用すると、日本語入力システムの入力モードを設定することができます。IMEModeプロパティに指定する値は、「解説」を参照してください。

10-4 テキストボックス（文字の入力、書式設定など）

Tips 367 テキストボックスの文字列を取得/設定する

▶関連Tips
370
377
381

使用機能・命令 Valueプロパティ/Textプロパティ

サンプルコード SampleFile Sample367.xlsm

```
'コマンドボタンをクリックした時の処理
Private Sub CommandButton1_Click()
    'テキストボックスに文字列「Excel VBA」を入力する
    TextBox1.Value = "Excel VBA"
    'テキストボックスに入力された文字列を表示する
    MsgBox "テキストボックスの文字：" & TextBox1.Text
End Sub
```

❖ 解説

ここでは、コマンドボタンをクリックした時に、テキストボックスにValueプロパティを使用して文字列を入力し、その後、その入力した文字列をTextプロパティを使用して取得し、メッセージボックスに表示します。ValueプロパティとTextプロパティが連動していることを確認することができます。

なお、サンプルのユーザーフォームを表示するには、標準モジュール等で「UserForm1.Show」を実行するか、VBEにユーザーフォームを表示し[F5]キーを押してください。

▼Valueプロパティを使用して文字を設定する

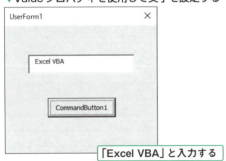

「Excel VBA」と入力する

▼実行結果

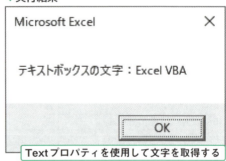

Textプロパティを使用して文字を取得する

• Valueプロパティ/Textプロパティの構文

object.Value/Text = expression

テキストボックスの文字列を取得/設定するには、ValueプロパティまたはTextプロパティを利用します。両者に、特に違いはありません。また両者は連動しているため、Valueプロパティに値を指定すれば、Textプロパティにも反映されます。

Tips 368 入力文字数を取得する

▶関連Tips 371

使用機能・命令 TextLengthプロパティ

サンプルコード SampleFile Sample368.xlsm

```
'ユーザーフォームの初期化時の処理
Private Sub UserForm_Initialize()
    CommandButton1.Enabled = False    'コマンドボタンを無効にする
End Sub

Private Sub TextBox1_Change()    'テキストボックスの値が変化した時の処理
    If TextBox1.TextLength <= 5 Then    'テキストボックスの文字数をチェックする
        CommandButton1.Enabled = False    'コマンドボタンを無効にする
    Else
        CommandButton1.Enabled = True    'コマンドボタンを有効にする
    End If
End Sub
```

❖ 解説

ここでは、TextLengthプロパティを使用して、テキストボックスに入力されている文字数を取得し、その値を元にコマンドボタンの有効/無効を切り替えます。まず、Initializeイベントでコマンドボタンを無効にします。そして、ユーザーフォーム表示後、テキストボックスの文字数が5文字より長くなると、コマンドボタンが有効になります。また、テキストボックスの文字数が5文字以下になると、再びコマンドボタンは無効になります。

▼コマンドボタンの有効/無効を切り替える

▼実行結果

• **TextLengthプロパティの構文**

object.TextLength

TextLengthプロパティを利用すると、テキストボックスに文字が入力された文字数を取得することができます。

10-4 テキストボックス（文字の入力、書式設定など）

Tips 369 テキストボックスの文字を中央揃えにする

▶関連Tips 375

使用機能・命令 TextAlignプロパティ

サンプルコード SampleFile Sample369.xlsm

```
'コマンドボタンをクリックした時の処理
Private Sub CommandButton1_Click()
    '文字列を中央揃えに設定する
    TextBox1.TextAlign = fmTextAlignCenter
End Sub
```

❖ 解説

ここでは、テキストボックスに設定された文字列の配置を設定します。コマンドボタンをクリックすると、テキストボックスの文字列が中央揃えになります。TextAlignプロパティに指定する値は、次のとおりです。なお、サンプルのユーザーフォームを表示するには、標準モジュール等で「UserForm1.Show」を実行するか、VBEにユーザーフォームを表示し[F5]キーを押してください。

◇ TextAlignプロパティに指定する値

定数	値	配置位置
fmTextAlignLeft	1	左詰め
fmTextAlignCenter	2	中央揃え
fmTextAlignRight	3	右詰め

• TextAlignプロパティの構文

object.TextAlign = position

TextAlignプロパティは、テキストボックス内の文字列の位置を設定するプロパティです。左揃え、中央揃え、右揃えが選択できます。指定する値は「解説」を参照してください。

Tips 370 複数行を入力できるようにする

▶関連Tips 367

使用機能・命令 MultiLineプロパティ

サンプルコード SampleFile Sample370.xlsm

```
'ユーザーフォームの初期化時の処理
Private Sub UserForm_Initialize()
    'テキストボックスに「Excel VBA」の文字列を設定する
    TextBox1.Text = "Excel VBA"
End Sub

'コマンドボタンをクリックした時の処理
Private Sub CommandButton1_Click()
    '複数行の入力ができるように設定
    TextBox1.MultiLine = True
End Sub
```

❖ 解説

テキストボックスに複数行の入力ができるようにするには、MultiLineプロパティをTrueに指定します。確認用に、ここではコマンドボタンをクリックした時に設定していますが、通常はユーザーフォームのInitializeイベント等で設定すると良いでしょう。

▼テキストボックスに複数行の文字を入力できるようにする

通常は[Ctrl]キー+[Enter]キーを押しても改行できない

▼実行結果

改行できるようになった

• **MultiLineプロパティの構文**

object.MultiLine = expression

MultiLineプロパティは、Trueを指定すると、テキストボックスに複数行入力することができるようになります。ユーザーが強制的に文字列を改行することもできるようになります。強制的に改行するには、[Ctrl]キー+[Enter]キーを押します。

Tips 371 入力文字数を制限する

▶関連Tips
367
368

使用機能・命令 MaxLengthプロパティ

サンプルコード SampleFile Sample371.xlsm

```
'コマンドボタンをクリックした時の処理
Private Sub CommandButton1_Click()
    '入力できる文字数を10文字に指定する
    TextBox1.MaxLength = 10
End Sub
```

❖ 解説

このサンプルは、コマンドボタンをクリックした時に、テキストボックスに入力できる文字数を10文字に設定します。なお、**すでに10文字以上入力されているテキストボックスに対して、あとからこの設定を行った場合、元の文字列はそのままとなります。**

ここでは、確認のためにコマンドボタンをクリックした時に設定を指定しますが、通常はユーザーフォームのInitializeイベント等で設定するといいでしょう。

▼テキストボックスの文字数を制限する

10文字までにする

▼実行結果

10文字以上入力できなくなった

•MaxLengthプロパティの構文

object.MaxLength = num

MaxLengthプロパティを利用すると、テキストボックスに入力できる最大文字数を設定することができます。郵便番号や商品コードなど、桁数が決まっている項目の入力ミスを防ぐことができます。

Tips 372 改行やタブの入力を有効にする

▶関連Tips **370**

使用機能・命令 EnterKeyBehaviorプロパティ/TabKeyBehaviorプロパティ

サンプルコード
SampleFile Sample372.xlsm

```
'コマンドボタンをクリックした時の処理
Private Sub CommandButton1_Click()
    With TextBox1           'テキストボックスに対する設定
        .MultiLine = True           '複数行の入力を可能にする
        .EnterKeyBehavior = True    '改行キーを有効にする
        .TabKeyBehavior = True      'タブキーを有効にする
    End With
End Sub
```

❖ **解説**

ここでは、コマンドボタンをクリックした時に、テキストボックスの設定を行います。まず、MultiLineプロパティ(→Tips370)を使用して複数行の入力を可能にし、[Enter]キー(EnterKeyBehaviorプロパティ)と[Tab]キー(TabKeyBehaviorプロパティ)を有効にします。なお、ここでは確認のためにコマンドボタンをクリックした時に設定していますが、通常はユーザーフォームのInitializeイベント等で設定すると良いでしょう。

なお、サンプルのユーザーフォームを表示するには、標準モジュール等で「UserForm1.Show」を実行するか、VBEにユーザーフォームを表示し[F5]キーを押してください。

• **EnterKeyBehaviorプロパティ/TabKeyBehaviorプロパティの構文**

EnterKeyBehavior/TabKeyBehavior = expression

EnterKeyBehavior/TabKeyBehaviorプロパティを利用すると、テキストボックスにフォーカスがある際に、[Enter]キーや[Tab]キーを押したときの動作を設定することができます。MultiLineプロパティがTrueで、EnterKeyBehaviorプロパティがTrueの場合、テキストボックス内で[Enter]キーを押すと改行が行われます。また、MultiLineプロパティがTrueで、TabKeyBehaviorプロパティがTrueの場合、テキストボックス内で[Tab]キーを押した場合タブが挿入されます。

Tips 373 フォーカスの移動で文字列がすべて選択されているようにする

▶関連Tips 374

使用機能・命令 EnterFieldBehavior プロパティ

サンプルコード SampleFile Sample373.xlsm

```
'ユーザーフォームの初期化時の処理
Private Sub UserForm_Initialize()
    TextBox1.Text = "Excel VBA"    'テキストボックスに文字列を設定する
    'フォーカス取得時に文字列を選択する
    TextBox1.EnterFieldBehavior = fmEnterFieldBehaviorSelectAll
End Sub
```

❖ 解説

ここでは、テキストボックスがフォーカスを取得した時に、テキストボックス内の文字列を選択します。ユーザーフォームを表示後、[Tab]キー等でテキストボックスにフォーカスを移動してください。文字列が選択されます。なお、EnterFieldBehaviorプロパティに指定する値は次のとおりです。

◆ EnterFieldBehaviorプロパティに指定するfmEnterFieldBehaviorの値

定数	値	説明
fmEnterFieldBehaviorSelectAll	0	編集領域の全体の内容を選択する（既定）
fmEnterFieldBehaviorRecallSelection	1	最後にアクティブだった時の選択を使用する

▼テキストボックスの文字を選択する

フォーカス取得時に自動的に選択する

▼実行結果

文字列が選択された

• EnterFieldBehavior プロパティの構文

object.EnterFieldBehavior = expression

EnterFieldBehaviorプロパティを利用すると、テキストボックスがフォーカスを取得したときに、入力されている文字列を選択するかどうかを指定することができます。Trueを指定すると、文字列を選択します。

Tips 374 文字列の選択状態を保持する

▶関連Tips 373

使用機能・命令 HideSelectionプロパティ

サンプルコード SampleFile Sample374.xlsm

```
'ユーザーフォームの初期化時の処理
Private Sub UserForm_Initialize()
    With TextBox1    'テキストボックスに対する処理
        .Text = "Excel VBA" '文字列を設定する
        .HideSelection = False  '文字列の選択状態を保持するように設定する
    End With
End Sub
```

❖ 解説

ユーザーフォームの初期化時に、テキストボックスに文字列を設定し、フォーカスが移動しても文字列の選択状態を保持するようにします。ユーザーフォームを表示後、いったんテキストボックス内の文字列を選択してください(部分的でも結構です)。そのあと、[Tab]キー等でフォーカスを別のオブジェクトに移動してください。テキストボックス内の文字列の選択状態が、保持されることが確認できます。

▼文字列の選択状態を維持する

「VBA」が選択されている

▼実行結果

コマンドボタンにフォーカスが移っても、文字列の選択状態は変わらない

•HideSelectionプロパティの構文

object.HideSelection = expression

HideSelectionプロパティをFalseに設定すると、コントロールがフォーカスを失っても文字列の選択状態を維持することができます。

10-4 テキストボックス（文字の入力、書式設定など）

Tips 375 テキストボックス内で左余白を空ける

▶関連Tips 373

使用機能・命令 SelectionMargin プロパティ

サンプルコード SampleFile Sample375.xlsm

```
Private Sub UserForm_Initialize()      'ユーザーフォームの初期化時の処理
    TextBox1.Text = "Excel VBA"        'テキストボックスに文字列を設定する
End Sub

Private Sub CommandButton1_Click()     'コマンドボタンをクリックしたときの処理
    TextBox1.SelectionMargin = True    '余白を設定する
End Sub
```

❖ 解説

テキストボックスの左端と入力されている文字列の間に、余白を設定します。ここではコマンドボタンをクリックすると設定されます。余白をクリックすると、入力されている文字列全体を選択することができるので、文字列全体を選択する操作が多い場合はとても便利です。

▼テキストボックスに余白を設定する

1つ目のテキストボックスに設定する

▼実行結果

余白が設定された

• SelectionMargin プロパティの構文

object.SelectionMargin = expression

SelectionMargin プロパティにTrueを指定すると、テキストボックスやコンボボックスの左側に余白を設定することができます。余白を設定すると、余白部分をクリックするだけで、入力されている文字列全体を選択することができるようになります。複数行表示されている場合は、行選択を行うことができます。

10-4 テキストボックス（文字の入力、書式設定など）

Tips 376 テキストボックス内を編集禁止にする

▶関連Tips
371

使用機能・命令 Lockedプロパティ/Enableプロパティ

サンプルコード　SampleFile Sample376.xlsm

```vb
'ユーザーフォームの初期化時の処理
Private Sub UserForm_Initialize()
    'TextBox1に「Excel VBA」の文字列を設定する
    TextBox1.Text = "Excel VBA"
    'TextBox2に「Visual Basic for Applications」の文字列を設定する
    TextBox2.Text = "Visual Basic for Applications"
End Sub


'トグルボタンをクリックした時の処理
Private Sub ToggleButton1_Click()
    'トグルボタンの状態を判定する
    If ToggleButton1.Value Then
        TextBox1.Enabled = False    'TextBox1を使用不可にする
        TextBox2.Locked = True      'TextBox2を編集不可にする
    Else
        TextBox1.Enabled = True     'TextBox1を使用可にする
        TextBox2.Locked = False     'TextBox2を編集可にする
    End If
End Sub
```

❖ **解説**

　ここでは、2つのテキストボックスそれぞれの状態をトグルボタンで変更します。トグルボタンをクリックすると、Enabledプロパティを使用して、上のテキストボックス（TextBox1）の使用可/不可が切り替わり、Lockedプロパティを使用して、下のテキストボックス（TextBox2）の編集可/不可が切り替わります。

　なお、サンプルのユーザーフォームを表示するには、標準モジュール等で「UserForm1.Show」を実行するか、VBEにユーザーフォームを表示し[F5]キーを押してください。

• **Lockedプロパティ/Enableプロパティの構文**

object.Locked/Enable = expression

　LockedプロパティをTrueにすると、テキストボックスの編集ができなくなります。
　EnableプロパティをFalseにすると、テキストボックスが使用不可になり、編集だけではなく選択もできなくなり、コントロールの色もグレーアウトします。

10-4 テキストボックス（文字の入力、書式設定など）

Tips 377 パスワードの入力を可能にする

▶関連Tips 366 367

使用機能・命令 PasswordCharプロパティ

サンプルコード SampleFile Sample377.xlsm

```
'コマンドボタンをクリックした時の処理
Private Sub CommandButton1_Click()
    If TextBox1.Value = "VBA" Then      '入力された文字のチェック
        Unload Me   '入力された文字が「VBA」だった場合、ユーザーフォームを閉じる
    Else
        '入力された文字が「VBA」でない場合メッセージを表示する
        MsgBox "パスワードが一致していません。再入力してください"
    End If
End Sub
```

❖ 解説

ここでは、テキストボックスをパスワード入力用にします。ユーザーフォームを開くときに、PasswordCharプロパティに「*」を指定して、入力された文字をすべて「*」で表示するようにします。また、合わせて入力されたパスワードをチェックする方法も紹介します。ここでは、コマンドボタンをクリックした時に文字列を比較し、「VBA」と等しい場合は閉じますが、等しくない場合はメッセージを表示します。なお、PasswordCharプロパティには、「*」以外の文字列を指定することも可能です。ただし、一般にパスワードは「*」や「●」で表示されることが多いので、ユーザーが見慣れているこれらの文字列を指定するほうが良いでしょう。

▼実行結果

文字が「*」で表示された

• PasswordCharプロパティの構文

object.PasswordChar = str

PasswordCharプロパティを使用すると、テキストボックスに入力された文字をstrに指定した文字で表すことができます。

> **Memo** ここでは、比較対象のパスワードをコード内に記述していますが、そのためパスワードが変更になると、コードを修正する必要が出てしまいます。実務では、パスワードは、例えば隠しシートに入力しておさ、その値と比較するなどして、パスワードが変更になってもコードを直さなくて済むようにします。

Tips 378 テキストボックスにスクロールバーを表示する

▶関連Tips 370

使用機能・命令 ScrollBarsプロパティ

サンプルコード SampleFile Sample378.xlsm

```vba
'ユーザーフォームの初期化時の処理
Private Sub UserForm_Initialize()
    'テキストボックスを複数行入力可にする
    TextBox1.MultiLine = True
    'テキストボックスに文字列を指定する
    TextBox1.Text = "Excel VBA" & vbLf _
        & "Visual Basic for Applications"
End Sub

'トグルボタンのクリック時の処理
Private Sub ToggleButton1_Click()
    'トグルボタンがオンかどうか判定する
    If ToggleButton1.Value Then
        'テキストボックスに垂直スクロールバーを設定する
        TextBox1.ScrollBars = fmScrollBarsVertical
        'トグルボタンのキャプションを変更する
        ToggleButton1.Caption = "スクロールバーの表示"
    Else
        'テキストボックスのスクロールバーを解除する
        TextBox1.ScrollBars = fmScrollBarsNone
        'トグルボタンのキャプションを変更する
        ToggleButton1.Caption = "スクロールバーの非表示"
    End If
End Sub
```

❖ 解説

ここでは、トグルボタンのオン/オフでテキストボックス（TextBox1）に垂直スクロールバーを表示したり、非表示にしたりします。ScrollBarsプロパティに指定する値は、次のとおりです。

◆ ScrollBarsプロパティに指定する値

定数	値	スクロールバー
fmScrollBarsNone	0	スクロールバーを表示しない
fmScrollBarsHorizontal	1	水平スクロールバー
fmScrollBarsVertical	2	垂直スクロールバー
fmScrollBarsBoth	3	水平スクロールバーと垂直スクロールバーの両方

10-4 テキストボックス（文字の入力、書式設定など）

なお、ScrollBarsプロパティは、テキストボックスのMultiLineプロパティ（→Tips370）がTrueでないと無効になるため、ここではユーザーフォームの初期化時に設定しています。

また、トグルボタンをクリックしたときに、トグルボタンのキャプションも合わせて変更しています。なお、このサンプルでトグルボタンを最初にクリックした際に、テキストボックスにスクロールバーが表示されない場合、テキストボックスにカーソルを表示し、カーソルキーで上下にカーソルを移動してください。スクロールバーが表示されます。

▼このテキストボックスにスクロールバーを表示する

垂直方向のスクロールバーを表示する

▼実行結果

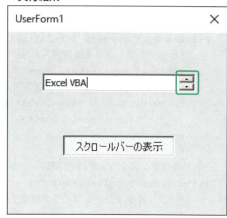

スクロールバーが表示された

• ScrollBarプロパティの構文

object.ScrollBar = expression

ScrollBarプロパティを利用すると、テキストボックスにスクロールバーを表示するかどうかの設定を行うことができます。ただし、対象となるテキストボックスのMultiLineプロパティがTrueでないと、設定は無効です。

10-4 テキストボックス（文字の入力、書式設定など）

Tips 379 セルの値をテキストボックスに表示する

▶関連Tips 367

使用機能・命令 ControlSourceプロパティ

サンプルコード SampleFile Sample379.xlsm

```vba
'CommandButton1をクリックした時の処理
Private Sub CommandButton1_Click()
    TextBox1.ControlSource = "A1"    'テキストボックスのソースをセルA1に指定する
End Sub

'CommandButton2をクリックした時の処理
Private Sub CommandButton2_Click()
    MsgBox "セルA1の値を変更します"    'メッセージを表示する
    Range("A1").Value = "VBA"    'セルA1の値を「VBA」に変更する
End Sub
```

❖ 解説

ここでは、テキストボックスとセルA1をリンクさせて、セルの値をテキストボックスに表示できるようにします。セルA1にはあらかじめ、「Excel」の文字が入力されています。ユーザーフォームを表示後、CommandButton1をクリックすると、テキストボックスとセルがリンクし、セルA1の値がテキストボックスに表示されます。続けて、CommandButton2をクリックするとメッセージを表示後、セルA1の値を「VBA」に変更します。このタイミングで、テキストボックスの値も自動的に更新されます。これで、セルとテキストボックスがリンクされていることが確認できます。

▼実行結果

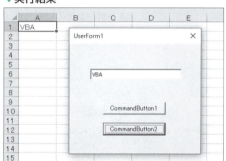

セルA1の値を変更すると、テキストボックスの値も変更される

なお、別シートのセルをリンクしたい場合は、「TextBox1.ControlSource = "Sheet2!A1"」の様にシート名を含めて指定します。シート名が指定されていない場合は、アクティブシートのセルが参照されます。

• **ControlSourceプロパティの構文**

object.ControlSource = expression

ControlSourceプロパティを利用すると、テキストボックスの元データとしてセルを指定することができます。指定したセルの値を変更すると、テキストボックスの値も自動的に変化します。

10-4 テキストボックス（文字の入力、書式設定など）

Tips 380 テキストボックスの文字の色と背景色を指定する

▶関連Tips 098

使用機能・命令 ForeColorプロパティ/BackColorプロパティ

サンプルコード　SampleFile Sample380.xlsm

```vb
'トグルボタンをクリックした時の処理
Private Sub ToggleButton1_Click()
    If ToggleButton1.Value Then     'トグルボタンの状態をチェックする
        'トグルボタンがオンの時の処理
        'テキストボックスの文字を「青」にする
        TextBox1.ForeColor = RGB(0, 0, 255)
        'テキストボックスの背景色を「赤」に設定する
        TextBox1.BackColor = RGB(255, 0, 0)
    Else
        'トグルボタンがオフの時
        'テキストボックスの文字の色を規定値の「ウィンドウの文字」にする
        TextBox1.ForeColor = &H80000012
        'テキストボックスの背景色を既定値の「ウィンドウの背景色」に設定する
        TextBox1.BackColor = &H80000005
    End If
End Sub
```

❖ 解説

　テキストボックスの文字の色を「青」に、背景色を「赤」に設定します。文字の色はForeColorプロパティを、背景色はBackColorプロパティで指定します。ここでは確認のために、トグルボタンのオン/オフに応じて、文字色の「青」と背景色の「赤」を既定値と切り替えます。

▼実行結果

テキストボックスの文字の色と背景色が設定された

•ForeColorプロパティ/BackColorプロパティの構文

ForeColor/BackColor = expression

　ForeColorプロパティはテキストボックスの文字の色を、BackColorプロパティはテキストボックスの背景色を設定します。16進数の値やRGB関数（→Tips098）を使用して、色を指定します。

10-4 テキストボックス（文字の入力、書式設定など）

Tips 381 テキストボックスのデータだけをクリアする

▶関連Tips
003
067

使用機能・命令 TypeName関数

サンプルコード SampleFile Sample381.xlsm

```
'コマンドボタンをクリックした時の処理
Private Sub CommandButton1_Click()
    Dim temp As Control
    For Each temp In Controls   'すべてのコントロールに対する処理
        'テキストボックスかどうか判定する
        If TypeName(temp) = "TextBox" Then
            'テキストボックスだった場合、空欄にする
            temp.Value = vbNullString
        End If
    Next
End Sub
```

❖ 解説

ユーザーフォームに配置されているコントロールの種類を判定し、テキストボックスの場合は値をクリアします。コントロールの種類を判定するには、TypeName関数を使用します。TypeName関数は引数にコントロールを指定すると、コントロールの種類を返します。

▼テキストボックスの値をクリアする

コンボボックスの値はクリアしない

▼実行結果

テキストボックスの値だけがクリアされた

・TypeName関数の構文

TypeName(varname)

TypeName関数を利用すると、コントロールがテキストボックスかどうかを判定することができます。テキストボックスをクリアするには、vbNullStringをテキストボックスのValueプロパティに設定します。

10-5 コンボボックス、リストボックス（項目の設定、項目の削除など）

Tips 382 コンボボックスに項目を追加する

▶関連Tips
034
383

使用機能・命令 AddItem メソッド

サンプルコード SampleFile Sample382.xlsm

```
'コマンドボタンをクリックした時の処理
Private Sub CommandButton1_Click()
    Dim tempData As Variant
    Dim temp As Variant
    '追加する項目を配列に設定する
    tempData = Array("テニス", "野球", "バスケットボール" _
        , "バレーボール", "スキー", "スノーボード")

    For Each temp In tempData    '配列内のデータを処理する
        ComboBox1.AddItem temp   '配列内のデータをコンボボックスに追加する
    Next
    ComboBox1.ListRows = 3   'コンボボックスで一度に表示する項目数を3に設定する
End Sub
```

❖ 解説

コンボボックスに項目を追加します。ここでは複数の項目を追加するために、Array関数（→Tips034）を使って追加する項目を一度配列に代入しています。その後、配列内のデータをループ処理で順次、コンボボックスに追加します。最後に、コンボボックスのドロップダウンをクリックした時に、一度に表示する項目の数をListRowsプロパティで3つに設定しています。

▼実行結果

コンボボックスに値が設定された

• AddItem メソッドの構文

object.AddItem item, varindex

AddItemメソッドを利用すると、コンボボックスに項目を追加することができます。引数itemに追加する項目を、引数varindexには項目を追加する行を指定します。引数varindexを省略した場合は、追加する項目は末尾に追加されます。なお、コンボボックスのリストの番号は、先頭が「0」になります。

Tips 383 コンボボックスの既定値を指定する

▶関連Tips 382

使用機能・命令 ListIndex プロパティ

サンプルコード SampleFile Sample383.xlsm

```
'コマンドボタンをクリックした時の処理
Private Sub CommandButton1_Click()
    Dim tempData As Variant
    Dim temp As Variant
    
    'コマンドボタンに追加する項目を配列に代入する
    tempData = Array("クラシック", "Jazz" _
        , "フュージョン", "ワールドミュージック")
    
    For Each temp In tempData    '配列の内容を順次処理する
        ComboBox1.AddItem temp    '配列内の値をコンボボックスに追加する
    Next
    ComboBox1.ListIndex = 1    '2番めの値を既定値にする
End Sub
```

❖ 解説

ここでは、ListIndexプロパティを使用して、コンボボックスに設定されている項目のうち既定値として表示する値を設定します。ここでは、コマンドボタンをクリックした際に、AddItemメソッド (→Tips382) を使用してコンボボックスに4つの項目を追加し、最後に2番目の項目を既定値として表示します。**コンボボックスの値のインデックス番号は「0」から始まるため、2番目の項目が「1」となります。**

▼実行結果

2番目の「Jazz」が既定値になった

• ListIndex プロパティの構文

object.ListIndex = num

ListIndexプロパティを使用すると、コンボボックスに表示する値の既定値を指定することができます。このプロパティの既定値は「-1」で、未選択の状態を表します。指定する番号は、先頭の項目が「0」、2番目の項目が「1」となります。

10-5 コンボボックス、リストボックス（項目の設定、項目の削除など）

Tips 384 コンボボックスに複数の項目を表示する

▶関連Tips 382

使用機能・命令 ColumnCountプロパティ／TextColumnプロパティ

サンプルコード SampleFile Sample384.xlsm

```
'コマンドボタンをクリックした時の処理
Private Sub CommandButton1_Click()
    Dim tempData(0 To 1, 0 To 1) As Variant
    Dim temp As Variant
    'コンボボックスに追加するデータを2次元配列に設定する
    tempData(0, 0) = "Excel"
    tempData(0, 1) = "Access"
    tempData(1, 0) = "VBA"
    tempData(1, 1) = "Macro"

    With ComboBox1       'コンボボックスに対する処理
        .ColumnCount = 2    '列数を2に設定する
        .Column() = tempData 'コンボボックスのデータを設定する
        .ColumnWidths = "50;50" '列幅をそれぞれ50ポイントに設定する
        .TextColumn = 2   '2列目の値をコンボボックスに表示する
    End With
End Sub
```

❖ 解説

ここでは、確認のためにコマンドボタンをクリックしたときに、コンボボックスに複数列の値を設定、表示します。ColumnCountプロパティで列数を2列に指定し、設定する値は、2次元配列でColumnプロパティに設定します。また、ここではColumnWidthsプロパティで列幅を設定しています。最後に、コンボボックスで項目を選択した際に、2列目の値が表示されるようにTextColumnプロパティに2を指定します。

• ColumnCountプロパティの構文

object.ColumnCount = num

• TextColumnプロパティの構文

object.TextColumn = columnno

ColumnCountプロパティは、コンボボックスの列数を指定するプロパティです。選択された項目のどの列をコンボボックスに表示するかは、TextColumnプロパティで指定します。

… 10-5 コンボボックス、リストボックス（項目の設定、項目の削除など）

Tips 385 コンボボックスに直接入力できないようにする

▶関連Tips 382

使用機能・命令 Styleプロパティ

サンプルコード SampleFile Sample385.xlsm

```
'コマンドボタンをクリックした時の処理
Private Sub CommandButton1_Click()
    Dim tempData As Variant
    Dim temp As Variant
    'コンボボックスに設定する項目を配列に代入する
    tempData = Array("クラシック", "Jazz" _
        , "フュージョン", "ワールドミュージック")
    'コンボボックスに項目を設定する
    For Each temp In tempData
        ComboBox1.AddItem temp
    Next
    'コンボボックスを編集不可にする
    ComboBox1.Style = fmStyleDropDownList
End Sub
```

❖ **解説**

ここでは、コマンドボタンをクリックすると、コンボボックスに項目が設定され、入力ができなくなります。通常のコンボボックスはユーザーが項目を入力することができますが、Styleプロパティを使用して入力不可にすることができます。なお、Styleプロパティに指定する値は、次のとおりです。

◈ Styleプロパティに指定する値

定数	値	説明
fmStyleDropDownCombo	0	ComboBoxの編集領域に値を入力するか、またはドロップダウンリストから値を選択できる（既定値）
fmStyleDropDownList	2	ComboBoxはリストボックスとして動作し、値はリストから選択する必要がある

• **Styleプロパティの構文**

object.Style = expression

Styleプロパティを利用すると、コンボボックスに直接値が入力できないようにすることができます。

10-5 コンボボックス、リストボックス（項目の設定、項目の削除など）

Tips 386 リストボックスに項目を追加する

▶関連Tips
034
382

使用機能・命令 **AddItem メソッド**

サンプルコード　SampleFile Sample386.xlsm

```
'コマンドボタンをクリックした時の処理
Private Sub CommandButton1_Click()
    Dim tempData As Variant, temp As Variant
    'リストボックスに設定する項目を配列に代入する
    tempData = Array("クラシック", "Jazz" _
        , "フュージョン", "ワールドミュージック")
    For Each temp In tempData     '配列の値を順次処理する
        ListBox1.AddItem temp     '配列内の値をリストボックスに追加する
    Next
End Sub
```

❖ 解説

　ここでは、コマンドボタンをクリックした時に、リストボックスに複数の項目を追加します。まず、Array関数（→Tips034）を使用して、追加する項目を一度配列に代入しています。その後、配列内のデータをループ処理で順次、リストボックスに追加します。

▼リストボックスに項目を追加する

4つの項目を追加する

▼実行結果

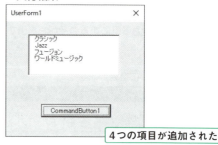

4つの項目が追加された

• AddItem メソッドの構文

object.AddItem item, varindex

　AddItemメソッドを利用すると、リストボックスに項目を追加することができます。引数itemに追加する項目を、引数varindexには項目を追加する行を指定します。引数varindexを省略した場合は、追加する項目は末尾に追加されます。なお、リストボックスのリストの番号は、先頭が「0」になります。

10-5 コンボボックス、リストボックス（項目の設定、項目の削除など）

Tips 387 リストボックスの項目にセルの範囲を設定する

▶関連Tips 386

使用機能・命令 RowSourceプロパティ

サンプルコード SampleFile Sample387.xlsm

```
'コマンドボタンをクリックした時の処理
Private Sub CommandButton1_Click()
    'リストボックスの項目にセル範囲の値を設定する
    ListBox1.RowSource = Range("A1:A5").Address
End Sub
```

❖ **解説**

ここでは、セル範囲の値をリストボックスの項目に設定します。コマンドボタンをクリックすると、セルA1～A5の値をリストボックスの項目として設定します。RowSourceプロパティに、セル範囲の値を設定する場合、Addressプロパティを使用してセルアドレス（文字列）を指定します。

なお、他のワークシートの値を設定するには、「シート名!セル範囲のアドレス」となります。例えば、Sheet2のセルA1からA5であれば、「Sheet2!A1:A5」です。これをVBAで表す場合、「Worksheets("Sheet2").Name & "!" Range("A1:A5").Address(False, False)」となります。

▼**実行結果**

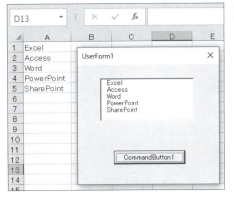

セルの値がリストボックスに設定された

• **RowSource プロパティの構文**

　　object.RowSource = string

RowSourceプロパティを利用すると、ワークシートのセル範囲の値をリストボックスの項目として設定することができます。

477

10-5 コンボボックス、リストボックス（項目の設定、項目の削除など）

Tips 388 リストボックスに複数の項目を表示する

▶関連Tips 384

使用機能・命令 ColumnCountプロパティ／TextColumnプロパティ

サンプルコード　SampleFile Sample388.xlsm

```
'コマンドボタンをクリックした時の処理
Private Sub CommandButton1_Click()
    Dim tempData(0 To 1, 0 To 1) As Variant
    Dim temp As Variant
    
    'リストボックスに追加するデータを配列に設定する
    tempData(0, 0) = "Excel"
    tempData(0, 1) = "Access"
    tempData(1, 0) = "VBA"
    tempData(1, 1) = "Macro"
    
    With ListBox1    'リストボックスに対する処理
        .ColumnCount = 2                '列数を2に設定
        .ColumnWidths = "50;50"         '列幅をそれぞれ50ポイントに設定
        .Column() = tempData            'リストボックスのデータを設定
        .TextColumn = 2                 '2列目の値をリストボックスに表示する
    End With
End Sub
```

❖ 解説

　ここでは、リストボックスに複数列の値を設定、表示します。リストボックスに複数列の値を指定する場合、設定する値は、Array関数（→Tips034）を使用して配列でColumnプロパティに設定します。この時、配列は2次元配列になっている点に注意してください。また、Columnプロパティの後に「()」がある点にも注意しましょう。

　ColumnCountプロパティで、列数を指定し、それぞれの列幅はColumnWidthsプロパティを使用して設定します。最後に、リストボックスで項目を選択した際に、リストボックスから取得される値を2列目の値になるようにTextColumnプロパティに2を指定します。

▼実行結果

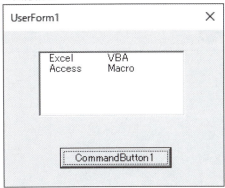

2列の項目が表示された

●ColumnCount プロパティの構文
object.ColumnCount = num

●TextColumn プロパティの構文
object.TextColumn = columnno

ColumnCountプロパティは、リストボックスの列数を指定するプロパティです。選択された項目のどの列をリストボックスの値として設定するかは、TextColumnプロパティで指定します。

> **Memo** ユーザーフォームは、ユーザーにとって使いやすいインターフェース（UI - ユーザーインターフェース）を提供するための方法の1つです。VBEの編集機能は、決して使いやすいとはいいがたい部分もありますが、細かい部分含め作りこむことで、ユーザーの使いやすさが向上しますし、操作ミスを減らすこともできます。業務で他のメンバーにも使ってもらうプログラムを作成するのであれば、ぜひ色々と工夫してみてください。

10-5 コンボボックス、リストボックス（項目の設定、項目の削除など）

Tips 389 項目が選択されているかどうかを調べる

▶関連Tips
390
391

使用機能・命令 ListIndex プロパティ

サンプルコード SampleFile Sample389.xlsm

```
'ユーザーフォームの初期化時の処理
Private Sub UserForm_Initialize()
    'リストボックスにセルA1～A5の値を設定する
    ListBox1.RowSource = "A1:A5"
End Sub

'コマンドボタンをクリックした時の処理
Private Sub CommandButton1_Click()
    'リストボックスの項目が未選択かどうか判定する
    If ListBox1.ListIndex = -1 Then
        MsgBox "何も選択されていません"  '何も選択されていない時のメッセージ
    Else
        '選択されている場合、選択されている文字列を表示
        MsgBox "選択項目：" & ListBox1.Value
    End If
End Sub
```

❖ **解説**

ここでは、リストボックスで選択されている値を取得します。コマンドボタンをクリックすると、リストボックスで何も選択されていない場合（ListIndexプロパティの値が「-1」の時）はその旨のメッセージを、選択されている場合はValueプロパティを使用して、選択されている項目をメッセージボックスに表示します。なお、このサンプルではユーザーフォームを開くときに、RowSourceプロパティ（→Tips387）を使用してセルの値をリストボックスに表示しています。

▼実行結果

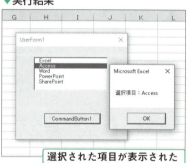

選択された項目が表示された

• **ListIndex プロパティの構文**

object.ListIndex = num

ListIndexプロパティは、現在選択されている項目のインデックス番号を取得します。選択されていなければ「-1」を返します。インデックス番号は、「0」から始まるので注意が必要です。

10-5 コンボボックス、リストボックス（項目の設定、項目の削除など）

Tips 390 選択されている項目を取得する

▶関連Tips 388

使用機能・命令 Listプロパティ

サンプルコード SampleFile Sample390.xlsm

```vba
'ユーザーフォームの初期化時の処理
Private Sub UserForm_Initialize()
    With ListBox1    'リストボックスに対する処理
        'リストボックスの値をセルA1～B3の値に設定する
        .RowSource = Worksheets("Sheet1").Range("A1:B3").Address
        .ColumnWidths = "50;30"   'リストボックスの列幅をそれぞれ指定する
        .ColumnCount = 2     'リストボックスの列を2列に指定する
    End With
End Sub

'コマンドボタンをクリックした時の処理
Private Sub CommandButton1_Click()
    '選択されている項目を表示する
    With ListBox1
        MsgBox "選択項目：" & vbCrLf _
            & .List(.ListIndex, 0) & vbCrLf _
            & .List(.ListIndex, 1)
    End With
End Sub
```

❖ 解説

ここでは、まずユーザーフォームを開くときに、リストボックスに2列のデータが表示されるようにしています。そして、このリストボックスで任意の項目を選択後、コマンドボタンをクリックすると、メッセージボックスに選択された項目を表示します。ここでは、選択された項目のインデックス番号（何行目か）をListIndexプロパティで取得し、列番号を引数columnに指定します。

•Listプロパティの構文

object.List row, column

リストボックスのValueプロパティで取得できる選択項目は、1列目の値です。複数列表示しているリストボックスで、他の列の値を取得するにはListプロパティを利用します。引数rowは行番号を、引数columnは列番号を指定します。番号はいずれも「0」から始まります。

10-5 コンボボックス、リストボックス（項目の設定、項目の削除など）

複数の項目を選択できるようにする

▶関連Tips
386
387

使用機能・命令 MultiSelectプロパティ

サンプルコード　SampleFile Sample391.xlsm

```
'ユーザーフォームの初期化時の処理
Private Sub UserForm_Initialize()
    With ListBox1
        'リストボックスのデータをセルA1～A4の値にする
        .RowSource = Range("A1:A4").Address
        .MultiSelect = fmMultiSelectMulti '複数項目の選択を可能にする
    End With
End Sub

'コマンドボタンをクリックした時の処理
Private Sub CommandButton1_Click()
    Dim str As String
    Dim i As Long
    With ListBox1
        For i = 0 To 3 'リストボックスの項目の数だけ処理を繰り返す
            If .Selected(i) Then '項目が選択されているかどうか判定する
                '選択されている場合、項目を取得する
                str = str & .List(i, 0) & vbCrLf
            End If
        Next
        '選択されている項目をメッセージボックスに表示する
        MsgBox "選択項目：" & vbCrLf & str
    End With
End Sub
```

❖ 解説

　ここでは、リストボックスの項目を複数選択できるようにします。まず、ユーザーフォームを開くときにRowSourceプロパティを使用して、リストボックスにセルの値を表示するようにします。また、MultiSelectプロパティにfmMultiSelectMultiを指定して、複数選択を可能にします。そして、リストボックスで値を選択後、コマンドボタンをクリックすると選択された項目がメッセージボックスに表示されます。リストボックスで**選択された項目はSelectedプロパティがTrueになる**ため、それを条件に選択されている項目を取得します。なお、MultiSelectプロパティに指定する値は、次のとおりです。

10-5 コンボボックス、リストボックス（項目の設定、項目の削除など）

◈ MultiSelectプロパティに指定する値

定数	値	説明
fmMultiSelectSingle	0	1項目しか選択できない（既定値）
fmMultiSelectMulti	1	[Space]キーを押すか、クリックして、一覧の項目を選択するか、選択を解除する
fmMultiSelectExtended	2	[Shift]キーを押しながらクリックするか、[Shift]キーを押しながら方向キーのいずれかを押して、前に選択した項目から現在の項目まで選択範囲を広げる。[Ctrl]キーを押しながらクリックして、項目を選択するか選択を解除する

▼複数選択できるリストボックス

この値を取得する

▼実行結果

選択された項目が表示された

• MultiSelectプロパティの構文

object.MultiSelect = expression

MultiSelectプロパティを利用すると、複数項目を選択可能にすることができます。選択されている項目は、SelectedプロパティがTrueになります。MultiSelectプロパティに指定する値は、「解説」を参照してください。

10-5 コンボボックス、リストボックス（項目の設定、項目の削除など）

Tips 392 リストボックスから選択した項目を削除する

▶関連Tips
390
391

使用機能・命令 RemoveItem メソッド

サンプルコード SampleFile Sample392.xlsm

```vb
'ユーザーフォームの初期化時の処理
Private Sub UserForm_Initialize()
    Dim temp As Variant
    Dim i As Long
    
    temp = Range("A1:A4").Value 'セルA1～A4の値を変数に代入する
    
    With ListBox1 'リストボックスに対する処理
        For i = 1 To UBound(temp) '配列の要素数分の処理
            .AddItem temp(i, 1) 'リストボックスに項目を設定する
        Next
        'リストボックスの項目を複数選択可能にする
        .MultiSelect = fmMultiSelectMulti
    End With
End Sub

'コマンドボタンをクリックしたときの処理
Private Sub CommandButton1_Click()
    Dim i As Long
    'リストボックスの項目の数だけ処理を繰り返す
    For i = ListBox1.ListCount - 1 To 0 Step -1
        If ListBox1.Selected(i) Then '項目が選択されているかの判定
            ListBox1.RemoveItem i '選択されている場合、その項目を削除する
        End If
    Next
End Sub
```

❖ **解説**

　ここでは、リストボックスから指定した項目を削除します。まず、ユーザーフォームを開くときに、リストボックスの項目の複数選択を可能にします。そして、リストボックスの項目を選択後、コマンドボタンをクリックすると、選択されている項目すべてを削除します。リストボックスの項目の数は、ListCountプロパティで取得します。また、**選択されている項目はSelectedプロパティがTrueになる**ため、Ifステートメントで判定しています。なお、項目を削除すると、項目のインデックス番号は自動的に詰められます。そのため、ループ処理をリストボックスの最後の項目から、逆順にチェックしています。

10-5 コンボボックス、リストボックス（項目の設定、項目の削除など）

▼リストボックスから値を削除する

選択された2つの値を削除する

▼実行結果

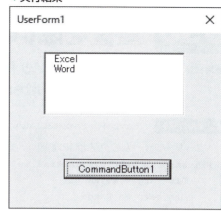

値が削除された

•RemoveItemメソッドの構文

object.RemoveItem index

RemoveItemメソッドは、引数indexに指定したインデックス番号の項目を、リストボックスから削除します。

10-5 コンボボックス、リストボックス（項目の設定、項目の削除など）

Tips 393 コンボボックスに表から重複を除いた値を表示する

▶関連Tips
069
073
263

使用機能・命令 AddItemメソッド／
AdvancedFilterメソッド（→Tips263）

サンプルコード SampleFile Sample393.xlsm

```
'ユーザーフォームの初期化時の処理
Private Sub UserForm_Initialize()
    Dim Target As Range
    Dim temp As Range
        'フィルタオプションで重複なしのデータを抽出する
    Range("A1").CurrentRegion.AdvancedFilter _
        Action:=xlFilterInPlace, Unique:=True
    With Range("A1").CurrentRegion '抽出したデータの見出しを除く範囲を取得する
        Set Target = .Resize(.Rows.Count - 1) _
                .Offset(1).SpecialCells(xlCellTypeVisible)
    End With
    For Each temp In Target '抽出したデータをコンボボックスのリストに追加する
        ListBox1.AddItem temp.Value
    Next
    Worksheets("Sheet1").ShowAllData 'フィルタを元に戻す
End Sub
```

❖ 解説

　ここでは、リストボックスにセルのデータから重複のないデータを取得し表示します。サンプルのA列には、アプリケーション名が重複ありで入力されています。このデータからAdvancedFilterメソッド（→Tips263）を使って、重複のないリストを取得します。ただし、このままだと表の見出しも含まれるため、ResizeプロパティとOffsetプロパティ（→Tips069）、さらにSpecialCellsメソッド（→Tips073）を使用して、見出しを除いたセル範囲を取得します。後はAddItemメソッドを使って、このセル範囲の値をリストボックスに表示します。

•AddItemメソッドの構文

object.AddItem item, varindex

　AddItemメソッドを利用すると、リストボックスに項目を追加することができます。引数itemに追加する項目を、引数varindexには項目を追加する行を指定します。省略した場合は、追加する項目は末尾に追加されます。なお、コンボボックスのリストの番号は、先頭が「0」になります。

10-6 その他のコントロール（画像の配置、タブ、スクロールバーなど）

フォームに画像を表示する

▶関連Tips
395

使用機能・命令 **Pictureプロパティ**

サンプルコード　SampleFile Sample394.xlsm

```
'コマンドボタンをクリックした時の処理
Private Sub CommandButton1_Click()
    'イメージコントロールに画像を表示する
    Image1.Picture = _
        LoadPicture(ThisWorkbook.Path & "\image.jpg")
End Sub
```

❖ 解説

　ここでは、コマンドボタンをクリックした時に、サンプルファイルと同じフォルダ内にある「Image.jpg」ファイルを読み込んで、イメージコントロールに表示します。
　なお、イメージコントロールは、[プロパティウィンドウ]でPictureSizeModeを「fmPictureSizeModeZoom」に設定してあります。こうすることで、画像をイメージコントロールのサイズに合わせて表示します。

▼Imageコントロールに画像を表示する　　▼実行結果

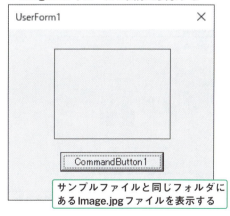

サンプルファイルと同じフォルダにあるImage.jpgファイルを表示する

画像ファイルが表示された

• Pictureプロパティの構文

　object.Picture = LoadPicture(pathname)

　Pictureプロパティを利用すると、フォーム上のImageコントロールに画像を表示させることができます。表示する画像は、LoadPicture関数で指定します。

10-6 その他のコントロール（画像の配置、タブ、スクロールバーなど）

Tips 395 フォームにグラフを表示する

▶関連Tips
340
394

使用機能・命令 **Picture プロパティ**

サンプルコード　SampleFile Sample395.xlsm

```
'コマンドボタンをクリックした時の処理
Private Sub CommandButton1_Click()
    'グラフを画像として保存する
    Worksheets("Sheet1").ChartObjects(1).Chart.Export _
        ThisWorkbook.Path & "\Graph.jpg"
    'イメージコントロールにグラフを表示する
    Image1.Picture = _
        LoadPicture(ThisWorkbook.Path & "\Graph.jpg")
End Sub
```

❖ 解説

　ここでは、ユーザーフォームのコマンドボタンをクリックしたときに、ワークシートにあるグラフをユーザーフォームに表示します。まず、Exportメソッドを使って、グラフを画像として保存します（→Tips340）。その後、Pictureプロパティに、LoadPicture関数を使って保存した画像を指定してImageコントロールに表示します。

▼このグラフを利用する

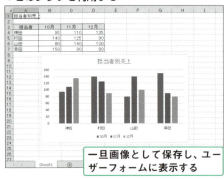

一旦画像として保存し、ユーザーフォームに表示する

▼実行結果

ユーザーフォームにグラフが表示された

• Pictureプロパティの構文

　object.Picture = LoadPicture(pathname)

　Pictureプロパティを利用すると、フォーム上のImageコントロールに画像を表示させることができます。表示する画像は、LoadPicture関数で指定します。

10-6 その他のコントロール（画像の配置、タブ、スクロールバーなど）

Tips 396 ラベルのフォントを設定する

▶関連Tips 381

使用機能・命令 Sizeプロパティ/Boldプロパティ

サンプルコード SampleFile Sample396.xlsm

```
'コマンドボタンをクリックした時の処理
Private Sub CommandButton1_Click()
    Dim temp As Control
    For Each temp In Controls  'すべてのコントロールに対する処理
        If TypeName(temp) = "Label" Then  'ラベルかどうかの判定
            temp.Font.Bold = True  'フォントを太字に設定
            temp.Font.Size = 12  'フォントサイズを12ポイントに設定
        End If
    Next
End Sub
```

❖ 解説

ここでは、コマンドボタンをクリックした時に、ユーザーフォーム上のすべてのラベルのフォントを変更します。すべてのコントロールをループ処理でチェックし、TypeName関数で対象のコントロールがラベルかどうかをチェックします。ラベルの場合、フォントをBoldプロパティをTrueにして太字にし、フォントサイズをSizeプロパティに12を指定して12ポイントにします。

▼ラベルのフォントを変更する

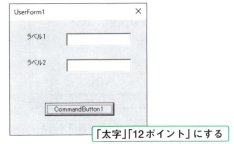

「太字」「12ポイント」にする

▼実行結果

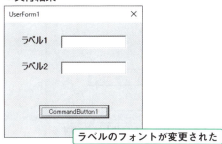

ラベルのフォントが変更された

• Sizeプロパティ/Boldプロパティの構文

object.Size/Bold = expression

ラベルのフォントを設定するには、Fontオブジェクトを使用します。ここでは、フォントのサイズはSizeプロパティ、太字の設定はBoldプロパティを使用します。なお、その他にもitalicプロパティ（斜体）やUnderLineプロパティ（下線）などのプロパティが使用できます。

10-6 その他のコントロール（画像の配置、タブ、スクロールバーなど）

Tips 397 チェックボックス/オプションボタンの状態を取得/設定する

▶関連Tips 399

使用機能・命令 Value プロパティ

サンプルコード SampleFile Sample397.xlsm

```
'コマンドボタンをクリックした時の処理
Private Sub CommandButton1_Click()
    'チェックボックスとオプションボタンの状態をそれぞれ取得し、
    'メッセージボックスに表示する
    MsgBox "チェックボックスの状態：" & CheckBox1.Value & vbCrLf _
        & "オプションボタンの状態：" & OptionButton1.Value
End Sub
```

❖ 解説

ここでは、コマンドボタンをクリックした時に、Valueプロパティを使用して、ユーザーフォーム上のチェックボックスとオプションボタンの状態を取得し、メッセージボックスに表示します。Valueプロパティの値がTrueのときはONで、FalseのときはOFFです。

▼チェックボックスとオプションボタンの状態を取得する

Valueプロパティを使用して取得する

▼実行結果

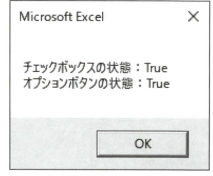

それぞれONなので、Trueが表示された

• Value プロパティの構文

object.Value = expression

Valueプロパティは、チェックボックスやオプションボタンのオン/オフを取得/設定します。Valueプロパティの状態がオンのときはTrue、オフのときはFalseになります。

10-6 その他のコントロール（画像の配置、タブ、スクロールバーなど）

Tips 398 コントロールの表示/非表示を切り替える

▶関連Tips
359

使用機能・命令 Visibleプロパティ

サンプルコード SampleFile Sample398.xlsm

```
'ユーザーフォームの初期化時の処理
Private Sub UserForm_Initialize()
    CheckBox1.Value = True    'チェックボックスをオンにする
End Sub

'コマンドボタンをクリックした時の処理
Private Sub CheckBox1_Change()
    If CheckBox1.Value Then    'チェックボックスがオンかどうかの判定
        'チェックボックスがオンの場合、コマンドボタンを表示する
        CommandButton1.Visible = True
    Else
        'チェックボックスがオフの場合、コマンドボタンを非表示にする
        CommandButton1.Visible = False
    End If
End Sub
```

❖ **解説**

ここでは、チェックボックスのChangeイベントを利用して、チェックボックスのオン/オフに合わせてVisibleプロパティを使用し、コマンドボタンの表示/非表示を切り替えます。

なお、ユーザーフォームを表示する際にチェックボックスをオンにして、その後の処理との整合性をとっています。

▼実行結果

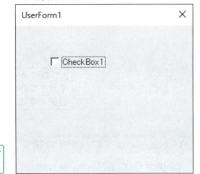

チェックボックスの状態に応じて、コマンドボタンの表示/非表示を切り替える

• **Visibleプロパティの構文**

object.Visible = expression

Visibleプロパティは、指定したコントロールの表示/非表示を取得/設定します。Trueを指定すると表示、Falseを指定すると非表示になります。

Tips 399 オプションボタンをグループ化する

▶関連Tips 355

使用機能・命令 GroupName プロパティ

サンプルコード SampleFile Sample399.xlsm

```
'ユーザーフォームを表示するときの処理
Private Sub UserForm_Initialize()
    'OptionButton1のグループ名を「GroupA」に設定する
    OptionButton1.GroupName = "GroupA"
    'OptionButton2のグループ名を「GroupA」に設定する
    OptionButton2.GroupName = "GroupA"
    'OptionButton3のグループ名を「GroupB」に設定する
    OptionButton3.GroupName = "GroupB"
    'OptionButton4のグループ名を「GroupB」に設定する
    OptionButton4.GroupName = "GroupB"
End Sub
```

❖ 解説

ここでは、ユーザーフォームを表示する際に、ユーザーフォーム上にあるオプションボタンを2つのグループに分けます。OptionButtonの1と2を「GroupA」というグループに、OptionButtonの3と4を「GroupB」というグループにします。

▼実行結果

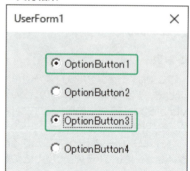

2つのグループに分かれ、それぞれ1つのオプションボタンを選択できるようになった

• GroupNameプロパティの構文

object.GroupName = name

GroupNameプロパティを利用すると、オプションボタンをグループにまとめることができます。グループにまとめられたオプションボタンは、グループ内では1つのオプションボタンしかオンにすることができません。また、1つのオプションボタンをオンにした場合、他のオプションボタンは自動的にオフになります。

10-6 その他のコントロール（画像の配置、タブ、スクロールバーなど）

Tips 400 タブストリップ/マルチページのページを追加する

▶関連Tips 401

使用機能・命令 Addメソッド

サンプルコード SampleFile Sample400.xlsm

```
'コマンドボタンをクリックした時の処理
Private Sub CommandButton1_Click()
    'タブストリップにタブを追加する
    TabStrip1.Tabs.Add
End Sub
```

❖ 解説

ここでは、タブストリップにタブを追加します。コマンドボタンをクリックするたびに、Addメソッドを使用して、タブストリップにタブが追加されます。

▼コマンドボタンをクリックしてタブを追加する

タブは右端に追加される

▼実行結果

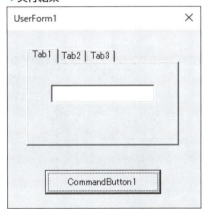

タブが追加された

• **Addメソッドの構文**

object.Add

Addメソッドは、タブストリップ（TabStrip）コントロールやマルチページ（MultiPage）コントロールにページ（タブ）を追加します。いずれも、ユーザーフォーム上のデータを複数のページに分けて持つことができます。タブストリップは、ページ（タブ）ごとに同じコントロールを持ち、マルチページはページごとに異なるデータを持つことができます。

Tips 401 タブストリップで選択されているタブを取得する

▶関連Tips 344 400

使用機能・命令 SelectedItem プロパティ

サンプルコード SampleFile Sample401.xlsm

```
'コマンドボタンをクリックした時の処理
Private Sub CommandButton1_Click()
    '選択されているタブのキャプションを表示する
    MsgBox "現在選択されているタブは、" & _
        TabStrip1.SelectedItem.Caption & "です。"
End Sub
```

❖ 解説

ここでは、コマンドボタンをクリックすると、選択されているタブのキャプションが表示されます。SelectedItem プロパティで、対象のタブを取得し、Caption プロパティでタブのキャプションを取得しています。なお、Caption プロパティは値の設定も可能です。値を設定するには、「TabStrip1.SelectedItem.Caption = "Hint"」のように記述します（これは、選択されているタブのキャプションを「Hint」にします）。

▼選択されているタブのキャプションを取得する

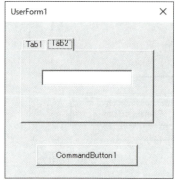

「Tab2」が選択されている

▼実行結果

タブのキャプションが表示された

• SelectedItem プロパティの構文

object.SelectedItem

SelectedItem プロパティは、タブストリップで選択されているタブを取得します。Caption プロパティと組み合わせると、タブのキャプションを取得することができます。

10-6 その他のコントロール（画像の配置、タブ、スクロールバーなど）

Tips 402 スクロールバーの最大値/最小値を設定する

▶関連Tips 367

使用機能・命令 Maxプロパティ/Minプロパティ

サンプルコード　　SampleFile Sample402.xlsm

```
Private Sub UserForm_Initialize() 'ユーザーフォームの初期化時の処理
    With ScrollBar1 'スクロールバーに対する処理
        .Min = 18 '最小値を18に設定
        .Max = 80 '最大値を80に設定
    End With
    'テキストボックスの値にスクロールバーの値を設定する
    TextBox1.Value = ScrollBar1.Value
End Sub

Private Sub ScrollBar1_Change() 'スクロールバーが変化した時の処理
    'テキストボックスの値に、スクロールバーの値を設定する
    TextBox1.Value = ScrollBar1.Value
End Sub

Private Sub TextBox1_Change() 'テキストボックスの値が変化した時の処理
    On Error Resume Next 'エラー処理
    'スクロールバーの値に、テキストボックスの値を設定する
    ScrollBar1.Value = TextBox1.Value
End Sub
```

❖ **解説**

　ここでは、スクロールバーの最大値（Maxプロパティ）と最小値（Minプロパティ）を設定します。また、テキストボックスにはスクロールバーの値を表示します。スクロールバーの値が変更された場合は、テキストボックスにその値が反映されるように、テキストボックスの値が変更された場合は、テキストボックスの値がスクロールバーに反映されるようにしています。ただし、テキストボックスの値が、スクロールバーの最大値と最小値の範囲外だったり、数値以外が入力された時のために、エラーが発生した場合は無視するように指定しています。

・**Max/Minプロパティの構文**

object.Max/Min = num

　Maxプロパティはスクロールバーの最大値を、Minプロパティはスクロールバーの最小値を設定します。

10-6　その他のコントロール（画像の配置、タブ、スクロールバーなど）

Tips 403　スピンボタンとテキストボックスを連動させる

▶関連Tips
402

使用機能・命令　**Value プロパティ**

サンプルコード　SampleFile Sample403.xlsm

```
Private Sub UserForm_Initialize() 'ユーザーフォームの初期化時の処理
    With SpinButton1 'スピンボタンに対する処理
        .Min = 18 '最小値を18に設定
        .Max = 80 '最大値を80に設定
    End With
    'テキストボックスの値にスピンボタンの値を設定
    TextBox1.Value = SpinButton1.Value
End Sub

Private Sub SpinButton1_Change() 'スピンボタンが変化した時の処理
    'テキストボックスの値に、スピンボタンの値を設定
    TextBox1.Value = SpinButton1.Value
End Sub

Private Sub TextBox1_Change() 'テキストボックスの値が変化した時の処理
    On Error Resume Next 'エラー処理
    'スピンボタンの値に、テキストボックスの値を設定
    SpinButton1.Value = TextBox1.Value
End Sub
```

❖ 解説

　ここでは、まずスピンボタンの最大値（Maxプロパティ）と最小値（Minプロパティ）を設定し、Valueプロパティを使用してテキストボックスにスピンボタンの値を表示します。また、スクロールバーのChangeイベントでスピンボタンの値が変更された場合も、すぐにテキストボックスにその値が反映されるようにします。さらに、テキストボックスの値が直接変更された場合も、テキストボックスのChangeイベントを使用して、テキストボックスの値がスピンボタンに反映されるようにしています。ただし、テキストボックス内の値が、スピンボタンの最大値と最小値の範囲外だったり、そもそも数値以外が入力された時のために、On Error Resume Next ステートメントを使用して、エラーが発生した場合は無視するように指定しています。

・Value プロパティの構文

object.Value = num

　Valueプロパティは、スピンボタンの値を取得/設定します。Valueプロパティを使用して、テキストボックスとスピンボタンの値を連動させることができます。

10-6 その他のコントロール（画像の配置、タブ、スクロールバーなど）

Tips 404 ワークシート上でコントロールを利用する

▶関連Tips
402
403

使用機能・命令 Value プロパティ

サンプルコード SampleFile Sample404.xlsm

```
Dim curRow As Long '参照する行番号を表す変数をモジュールレベルで宣言

'コマンドボタンをクリックした時の処理
Private Sub CommandButton1_Click()
    curRow = 1 '参照する行番号を1に設定
    Worksheets("Sheet1").ScrollBar1.Min = 1 'スクロールバーの最小値を設定
    Worksheets("Sheet1").ScrollBar1.Max = 4 'スクロールバーの最大値を設定
    SmpScrollBar 'SmpScrollBarプロシージャを呼び出す
End Sub

Private Sub ScrollBar1_Change()     'スクロールバーが変化した時の処理
    curRow = ScrollBar1.Value '変数にスクロールバーの値を設定
    SmpScrollBar 'SmpScrollBarプロシージャを呼び出す
End Sub

Sub SmpScrollBar() 'スクロールバーの値に応じてセルの値を変更するプロシージャ
    'セルD1の値をスクロールバーの値（変数の値）に応じて、A列の値を参照する
    Range("D1").Value = Range("A" & curRow).Value
End Sub
```

❖ 解説

　ワークシート上にコントロールを配置して処理を行うことができます。ここでは、ActiveXコントロールを使用します。このサンプルはコマンドボタンをクリックすると、スクロールバーの最小値と最大値を設定し、Valueプロパティを使用して、スクロールバーの値を変数に代入します。この変数を介して、スクロールバーの値とセルD1の参照先を変更します。この処理は、スクロールバーが変化するときに発生するChangeイベントを使用しています。変数にスクロールバーの値を代入し、セルD1の値を変更するプロシージャを呼び出します。SmpScrollBar プロシージャは、変数の値を使用してセルD1にA列の値を入力します。

• Value プロパティの構文

object.Value = num

　Valueプロパティは、ワークシート上のコントロールの値を取得/設定します。

印刷の極意

11-1 印刷の基礎（印刷、プレビュー、プリンターの選択など）
11-2 印刷時の用紙の設定（サイズ、向き、ページ数など）
11-3 印刷設定（ヘッダー/フッター、枠線の印刷など）

11-1 印刷の基礎（印刷、プレビュー、プリンターの選択など）

Tips 405 印刷を実行する

▶関連Tips
406

使用機能・命令 PrintOutメソッド

サンプルコード　SampleFile Sample405.xlsm

```
Sub Sample405()
    'Sheet1を2部印刷（プレビュー）する
    Worksheets("Sheet1").PrintOut Copies:=2, Preview:=True
End Sub
```

❖ 解説

ここでは、PrintOutメソッドを使用して、「Sheet1」ワークシートを2部印刷（プレビュー）します。
サンプルなので、引数PreviewにTrueを指定して印刷プレビューするようにしています。**実際に印刷する場合は、引数Previewを削除してください**。PrintOutメソッドの引数は、次のとおりです。

◆ PrintOutメソッドの引数

引数	説明
From	印刷を開始するページのページ番号。この引数を省略すると、先頭のページから印刷が開始される
To	印刷を終了するページのページ番号。この引数を省略すると、最後のページで印刷が終了する
Copies	印刷部数。この引数を省略すると、印刷部数は1部になる
Preview	Trueの場合、印刷をする前に印刷プレビューを実行する
ActivePrinter	使用しているプリンターの名前
PrintToFile	Trueの場合、ファイルへ出力する。引数PrToFileNameが省略された場合、出力先のファイル名を指定するためのダイアログボックスが表示される
Collate	Trueの場合、部単位で印刷する
PrToFileName	PrintToFileがTrueの場合、出力先ファイルの名前を指定する
IgnorePrintAreas	Trueの場合、印刷範囲を無視してオブジェクト全体を印刷する

• **PrintOutメソッドの構文**

object.PrintOut(From, To, Copies, Preview, ActivePrinter, PrintToFile, Collate,PrToFileName)

PrintOutメソッドは、指定したワークシートやグラフなどを印刷します。

11-1 印刷の基礎（印刷、プレビュー、プリンターの選択など）

Tips 406 印刷プレビューを表示する

▶関連Tips 405

使用機能・命令 PrintPreviewメソッド

サンプルコード SampleFile Sample406.xlsm

```
Sub Sample406()
    'Sheet1ワークシートを印刷プレビューする
    'この時印刷設定の変更はできないようにする
    Worksheets("Sheet1").PrintPreview EnableChanges:=False
End Sub
```

❖ 解説

ここでは、「Sheet1」ワークシートを印刷プレビューします。この時、引数EnableChangesにFalseを指定して、印刷設定ができないようにします。

▼このデータを印刷プレビューする

ただし、印刷設定ができない状態にする

▼実行結果

印刷設定ができない状態で印刷プレビューされた

• **PrintPreviewメソッドの構文**

object.PrintPreview(EnableChanges)

PrintPreviewメソッドは、印刷プレビューを表示します。引数EnableChangesは、ユーザーが印刷プレビューで余白などのページ設定を変更できるかどうかを指定します。Trueを指定すると設定可能で、Falseを指定すると設定不可となります。

11-1 印刷の基礎（印刷、プレビュー、プリンターの選択など）

Tips 407 アクティブプリンターを取得する

▶関連Tips 405

使用機能・命令 ActivePrinterプロパティ

サンプルコード SampleFile Sample407.xlsm

```
Sub Sample407()
    'アクティブプリンターの名前を表示する
    MsgBox "現在の通常使うプリンター：" _
        & Application.ActivePrinter
End Sub
```

❖ 解説

　ここでは、ActivePrinterプロパティを使用して、アクティブプリンターの名前をメッセージボックスに表示します。なお、ActivePrinterプロパティは、値を設定することもできます。つまり、印刷する前にプリンターを切り替えることができるのです。ただし、その場合はプリンター名を正しく指定しなくてはなりません。プログラムを作成中に、確認のためにアクティブプリンターの名前を取得するには、イミディエイトウィンドウを使用するのが良いでしょう。VBEで［表示］メニュー→［イミディエイトウィンドウ］で［イミディエイトウィンドウ］を開き、「?application.activeprinter」と入力して[Enter]キーを押すと、アクティブプリンターの名前が表示されます。

▼アクティブプリンター名を取得する

アクティブプリンターは「プリンターとスキャナー」で確認できる

▼実行結果

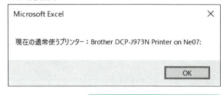

プリンター名が表示された

• ActivePrinterプロパティの構文

object.ActivePrinter

　ActivePrinterプロパティを利用すると、現在使用している「通常使うプリンター」名を取得・設定することができます。

11-2 印刷時の用紙の設定（サイズ、向き、ページ数など）

Tips 408 用紙サイズ、印刷の向きを変更する

▶関連Tips
407

使用機能・命令 PaperSizeプロパティ/Orientationプロパティ

サンプルコード SampleFile Sample408.xlsm

```
Sub Sample408()
    With Worksheets("Sheet1")   'Sheet1に対して処理を行う
        '印刷の向きを縦に設定する
        .PageSetup.Orientation = xlPortrait
        '用紙のサイズをB5に設定する
        .PageSetup.PaperSize = xlPaperB5
        .PrintPreview   '印刷プレビューする
    End With
End Sub
```

❖ 解説

印刷の向きと用紙サイズを設定します。ここでは、印刷の向きを縦に、用紙サイズをB5に設定したあとで印刷プレビューします。PaperSizeプロパティ/Orientationプロパティ、それぞれに指定する値は次のとおりです。

◆ PaperSizeプロパティに設定する主なXlPaperSizeクラスの定数

定数	値	説明
xlPaperA4	9	A4 (210 mm x 297 mm)
xlPaperA5	11	A5 (148 mm x 210 mm)
xlPaperA3	8	A3 (297 mm x 420 mm)
xlPaperB5	12	B5 (182 mm x 257 mm)
xlPaperB4	13	B4 (250 mm x 354 mm

◆ Orientationプロパティに設定するXlPageOrientationクラスの定数数

定数	値	説明
xlLandscape	2	横モード
xlPortrait	1	縦モード

•**PaperSizeプロパティ/Orientationプロパティの構文**

object.PaperSize/Orientation = expression

PaperSizeプロパティは用紙サイズを、Orientationプロパティは印刷の向きを設定します。

503

11-2　印刷時の用紙の設定（サイズ、向き、ページ数など）

Tips 409 事前に印刷されるページ数を確認する

▶関連Tips
410

使用機能・命令 HPageBreaksプロパティ/VPageBreaksプロパティ

サンプルコード　SampleFile Sample409.xlsm

```
Sub Sample409()
    With Worksheets("Sheet1")    'Sheet1に対する処理
        '総ページ数をメッセージボックスに表示する
        MsgBox "総ページ数：" & (.HPageBreaks.Count + 1) _
            * (.VPageBreaks.Count + 1)
    End With
End Sub
```

❖ 解説

ここでは、「Sheet1」ワークシートの印刷時の総ページ数を、メッセージボックスに表示します。水平方向（HPageBreaksプロパティ）と垂直方向（VPageBreaksプロパティ）の改ページをそれぞれ取得し、乗算することで求めています。

なお、総ページ数を求めるには、Excel 4.0マクロを利用する方法もあります。次のサンプルは、一度改ページプレビューした後で総ページ数を求めています。なお、実行結果は上記サンプルのものになります。

▼Excel 4.0マクロの例

```
Sub Sample409_1()
    ActiveWindow.View = _
        xlPageBreakPreview
    MsgBox "総ページ数：" _
        & ExecuteExcel4Macro _
        ("GET. _
        DOCUMENT(50,""Sheet1"")")
End Sub
```

▼実行結果

総ページ数が表示された

● HPageBreaksプロパティ/VPageBreaksプロパティの構文

objects.HPageBreaks/VPageBreaks

HPageBreaksプロパティは、水平方向の改ページのコレクションです。VPageBreaksプロパティは、垂直方向の改ページのコレクションです。それぞれの値を「1」プラスして乗算したものが、全体のページ数になります。

11-2 印刷時の用紙の設定（サイズ、向き、ページ数など）

Tips 410 印刷範囲を指定ページ数に収める

▶関連Tips
409
411

使用機能・命令 FitToPagesTallプロパティ/
FitToPagesWideプロパティ

サンプルコード SampleFile Sample410.xlsm

```
Sub Sample410()
    With Worksheets("Sheet1")   'Sheet1に対して処理を行う
        .PageSetup.Zoom = False   'Zoom表示を無効にする
        .PageSetup.FitToPagesTall = 1   '縦方向を1ページに収める
        .PageSetup.FitToPagesWide = 1   '横方向を1ページに収める
        .PrintPreview   '印刷プレビューする
    End With
End Sub
```

❖ 解説

ここでは、「Sheet1」ワークシートを縦横1ページに収まるように設定し、印刷プレビューします。

▼1ページに納めて印刷する

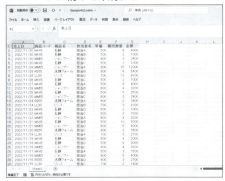

確認の為に印刷プレビューする

▼実行結果

1ページに収まった

• **FitToPagesTallプロパティ/FitToPagesWideプロパティの構文**

objects.FitToPagesTall/FitToPagesWide = expression

FitToPagesTallプロパティ（縦方向）、FitToPagesWideプロパティ（横方向）を利用して、印刷範囲を指定したページ数に納めて印刷することができます。なお、ZoomプロパティがTrueに設定されていると、これらの設定は無効になります。

11-2 印刷時の用紙の設定（サイズ、向き、ページ数など）

Tips 411 印刷位置をページ中央に設定する

▶関連Tips
408

使用機能・命令 CenterHorizontally プロパティ/CenterVertically プロパティ

サンプルコード SampleFile Sample411.xlsm

```
Sub Sample411()
    'Sheet1に対する処理
    With Worksheets("Sheet1")
        '水平方向の中央に配置する
        .PageSetup.CenterHorizontally = True
        '垂直方向の中央に配置する
        .PageSetup.CenterVertically = True
        '印刷プレビューする
        .PrintPreview
    End With
End Sub
```

❖ 解説

ここでは、CenterHorizontallyプロパティ（水平方向）とCenterVerticallyプロパティ（垂直方法）を使用して、「Sheet1」ワークシートを用紙の縦横中央に配置します。動作確認のため、印刷プレビューします。

▼この表を印刷する

縦横中央に配置して印刷する

▼実行結果

表が縦横中央に配置された

• CenterHorizontally プロパティ/CenterVertically プロパティの構文

objects.CenterHorizontally/CenterVertically = expression

印刷対象を、水平（CenterHorizontallyプロパティ）、垂直（CenterVerticallyプロパティ）方向に中央に配置することができます。ページ内にバランス良く配置することができます。

11-3 印刷設定（ヘッダー/フッター、枠線の印刷など）

Tips 412 ヘッダーを取得/設定する

▶関連Tips 413

使用機能・命令 LeftHeaderプロパティ/CenterHeaderプロパティ/RightHeaderプロパティ

サンプルコード SampleFile Sample412.xlsm

```
Sub Sample412()
    With Worksheets("Sheet1")       'Sheet1に対する処理
        .PageSetup.LeftHeader = "&D"     '左ヘッダーに日付を設定する
        '中央ヘッダーにファイル名を設る
        .PageSetup.CenterHeader = "&F"
        '右ヘッダーにシート見出し名を設定する
        .PageSetup.RightHeader = "&A"    '印刷プレビューを行う
        .PrintPreview
    End With
End Sub
```

❖ 解説

ここでは、印刷時のヘッダーの設定を行います。ヘッダーは左ヘッダー（LeftHeaderプロパティ）、中央ヘッダー（CenterHeaderプロパティ）、右ヘッダー（RightHeaderプロパティ）のそれぞれに対して設定を行います。最後に確認のために印刷プレビューします。設定する値は文字列の他、次の値があります（設定する値はフッターも共通です）。

◇ ヘッダー/フッターに設定する値

コード	説明
&L	このコードに続く文字列を左詰めに配置する
&C	このコードに続く文字列を中央揃えに配置する
&R	このコードに続く文字列を右詰めに配置する
&E	文字列を二重下線付きで印刷する
&X	上付き文字を印刷する
&Y	下付き文字を印刷する
&B	文字列を太字で印刷する
&I	文字列を斜体で印刷する
&U	文字列を下線付きで印刷する
&S	文字列を取り消し線付きで印刷する
&"フォント名"	指定したフォントで文字を印刷する
&nn	指定したフォントサイズで文字を印刷する。nnには、ポイント数を表す2桁の数値を指定する
&color	文字を指定された色で印刷する。16進数の色の値を指定する
&"+"	現在のテーマの[見出し]フォントで文字を印刷する（Excel 2007以降）
&"-"	現在のテーマの[本文]フォントで文字を印刷する（Excel 2007以降）

11-3 印刷設定（ヘッダー/フッター、枠線の印刷など）

&Kxx.Syyy	現在のテーマの指定した色で文字を印刷する。xxは、使用するテーマの色を指定する2桁の数値（1～12）。Syyyはテーマの色の網掛け（濃淡）を指定する
&D	現在の日付を印刷する
&T	現在の時刻を印刷する
&F	ファイルの名前を印刷する
&A	シート見出し名を印刷する
&P	ページ番号を印刷する
&P+＜数値＞	ページ番号に指定した＜数値＞を加えた値を印刷する
&P-＜数値＞	ページ番号から指定した＜数値＞を引いた値を印刷する
&&	アンパサンド(&)を1つ印刷する
&N	ファイルのすべてのページ数を印刷する
&Z	ファイルパスを印刷する
&G	イメージを挿入する

▼この表を印刷するときにヘッダーに情報を設定する　▼実行結果

「日付」「ファイル名」「シート見出し」を設定する　　ヘッダーが設定された

• **LeftHeader プロパティ/CenterHeader プロパティ/RightHeader プロパティの構文**

object.LeftHeader/CenterHeader/RightHeader = expression

　ヘッダー情報の取得/設定を行います。それぞれ、左ヘッダー（LeftHeaderプロパティ）、中央ヘッダー（CenterHeaderプロパティ）、右ヘッダー（RightHeaderプロパティ）を利用します。

11-3 印刷設定（ヘッダー/フッター、枠線の印刷など）

Tips 413 フッターを取得/設定する

▶関連Tips 412

使用機能・命令 LeftFooterプロパティ/CenterFooterプロパティ/RightFooterプロパティ

サンプルコード SampleFile Sample413.xlsm

```
Sub Sample413()
    With Worksheets("Sheet1")
        '左フッターに文字列「Sheet1」を下線付きで設定する
        .PageSetup.LeftFooter = "&USheet1"
        '中央フッターに「ページ番号」と「総ページ数」を設定する
        .PageSetup.CenterFooter = "&P/&N"
        '右フッターに「時刻」を設定する
        .PageSetup.RightFooter = "印刷時刻：&T"
        .PrintPreview  '印刷プレビューする
    End With
End Sub
```

❖ 解説

ここでは、フッターの設定を行います。フッターは左フッター（LeftFooterプロパティ）、中央フッター（CenterFooterプロパティ）、右フッター（RightFooterプロパティ）のそれぞれに対して設定を行います。設定する値は文字列の他に、指定できる値があります。詳しくは、Tips412を参照してください。

▼この表にフッターの設定を行う

	A	B	C	D	E
1	会員番号	氏名	フリガナ	年齢	
2	A001	田中　健太郎	タナカ　ケンタロウ	25	
3	A002	村上　恭子	ムラカミ　キョウコ	28	
4	A003	山田　泰恵	ヤマダ　ヤスエ	30	
5	A004	安達　幸助	アダチ　コウスケ	27	
6	A005	川田　美玖	カワタ　ミク	33	

▼実行結果

フッターが設定された

「下線付きのSheet1」、「ページ番号と総ページ数」「時刻」を設定する

• LeftFooter/CenterFooter/RightFooterプロパティの構文

LeftFooter/CenterFooter/RightFooter = expression

フッター情報の取得/設定を行います。それぞれ、左フッター（LeftFooterプロパティ）、中央フッター（CenterFooterプロパティ）、右フッター（RightFooterプロパティ）を利用します。

11-3 印刷設定（ヘッダー/フッター、枠線の印刷など）

Tips 414 ヘッダー/フッターに画像を表示する

▶関連Tips
412
413

使用機能・命令　**LeftHeaderPicture プロパティ**

サンプルコード　SampleFile Sample414.xlsm

```
Sub Sample414()
    With Worksheets("Sheet1")       'Sheet1に対する処理
        .PageSetup.LeftHeader = "&G"    '左ヘッダーに画像を配置する
        '表示する画像ファイルを指定する
        .PageSetup.LeftHeaderPicture.Filename = _
            ThisWorkbook.Path & "¥Image.jpg"
        .PrintPreview   '印刷プレビューする
    End With
End Sub
```

❖ 解説

ここでは、左ヘッダーに指定した画像ファイル（Image.jpg）を設定します。同様にヘッダー/フッターの様々な位置に画像を表示するには、以下のプロパティを使用します。

◈ ヘッダー/フッターの様々な位置に画像を表示するためのプロパティ

プロパティ	内容	プロパティ	内容
CenterHeaderPicture	中央ヘッダー	CenterFooterPicture	中央フッター
LeftHeaderPicture	左ヘッダー	LeftFooterPicture	左フッター
RightHeaderPicture	右ヘッダー	RigfhtFooterPicture	右フッター

▼ヘッダーに画像を設定する　　　　　　　　▼実行結果

「Image.jpg」ファイルを設定する　　　　　　画像ファイルが設定された

・**LeftHeaderPicture プロパティの構文**

object.LeftHeaderPicture = expression

LeftHeaderPictureプロパティは、ヘッダーに画像を表示するプロパティです。表示する画像ファイルを、Filenameプロパティにフルパスで指定します。

11-3 印刷設定（ヘッダー/フッター、枠線の印刷など）

行タイトルと列タイトルを取得/設定する

▶関連Tips
412
413

使用機能・命令 PrintTitleRows プロパティ/
PrintTitleColumns プロパティ

サンプルコード SampleFile Sample415.xlsm

```
Sub Sample415()
    With Worksheets("Sheet1")    'Sheet1に対する処理
        '行のタイトルに1行目を設定する
        .PageSetup.PrintTitleRows = .Rows(1).Address
        '列のタイトルにA列を設定する
        .PageSetup.PrintTitleColumns = .Columns("A").Address
        .PrintPreview    '印刷プレビューする
    End With
End Sub
```

❖ 解説

ここでは、行/列それぞれのタイトルを設定します。ここでは、1行目とA列を列をタイトルに指定します。このとき、行/列の値を指定するためにRowsプロパティ（行）、Columnsプロパティ（列）を使用しています。最後に、印刷プレビューをして確認します。

▼印刷時の設定を行う　　　　　　　　　▼実行結果

1行目とA列をタイトルに指定する　　　　それぞれ設定された

• PrintTitleRowsプロパティ/PrintTitleColumnsプロパティの構文

object.PrintTitleRows/PrintTitleColumns = expression

PrintTitleRowsプロパティ、PrintTitleColumnsプロパティを利用すると、行タイトル、列タイトルの設定ができます。指定した行/列は各ページに必ず印刷されるので、大きな表を印刷する際にとても便利です。

11-3 印刷設定（ヘッダー/フッター、枠線の印刷など）

Tips 416 白黒印刷を行う

▶関連Tips 407

使用機能・命令 BlackAndWhite プロパティ

サンプルコード SampleFile Sample416.xlsm

```
Sub Sample416()
    With Worksheets("Sheet1")         'Sheet1に対する処理
        .PageSetup.BlackAndWhite = True   '白黒印刷を有効にする
        .PrintPreview    '印刷プレビューする
    End With
End Sub
```

❖ 解説

ここでは、BlackAndWhite プロパティに True を指定して、「Sheet1」ワークシートを白黒印刷する設定を行います。最後に印刷プレビューで確認します。ここでは、白黒印刷の設定方法を紹介しました。しかし白黒印刷だと、実際には表などが見づらくなります。カラー印刷が不要な場合は、グレースケールでの印刷を行うと良いでしょう。グレースケールでの印刷はプリンターの設定で行います。

▼白黒印刷の設定を行う　　　　　　　　　▼実行結果

見出しには背景色が設定されている　　　見出しの色が白黒印刷される

・**BlackAndWhite プロパティの構文**

object.BlackAndWhite = expression

BlackAndWhite プロパティの値が True の場合、白黒印刷を行います。カラープリンターを利用しても白黒印刷となります。

11-3 印刷設定（ヘッダー/フッター、枠線の印刷など）

Tips 417 オブジェクトのみ印刷する

▶関連Tips 405

使用機能・命令　**PrintOutメソッド**

サンプルコード　SampleFile Sample417.xlsm

```
Sub Sample417()
    'Sheet1ワークシートのグラフを印刷対象にし、印刷プレビューする
    Worksheets("Sheet1").ChartObjects(1).Chart _
        .PrintOut Preview:=True
End Sub
```

❖ 解説

ここでは、「Sheet1」ワークシート上のグラフを印刷対象にします。PrintOutメソッドの指定する対象をグラフにしています。確認のため、PrintOutメソッドの引数PrintPreviewをTrueにして、印刷プレビューしています（実際に印刷は行われません。**実際に印刷するには、引数Previewを指定しないか、False を設定します**）。

▼グラフを印刷する

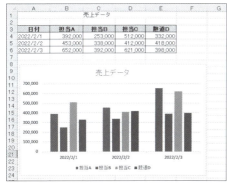

印刷時にグラフを対象とする

▼実行結果

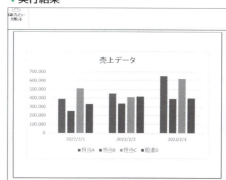

グラフのみが印刷された

• **PirntOut メソッドの構文**

object.PrintOut(From, To, Copies, Preview, ActivePrinter, PrintToFile, Collate,PrToFileName)

オブジェクトのみ印刷するには、PrintOutメソッドの対象に、そのオブジェクトを指定します。

11-3 印刷設定（ヘッダー/フッター、枠線の印刷など）

Tips 418　印刷範囲を設定する

▶関連Tips 405

使用機能・命令　**PrintAreaプロパティ**

サンプルコード　SampleFile Sample418.xlsm

```
Sub Sample418()
    With Worksheets("Sheet1")    '「Sheet1」に対して処理を行う
        If TypeName(Selection) = "Range" Then    '選択対象がセルかチェックする
            '選択セル範囲を印刷範囲に設定する
            .PageSetup.PrintArea = Selection.Address
            .PrintPreview    '印刷プレビューする
        End If
    End With
End Sub
```

❖ 解説

　ここでは、PrintAreaプロパティに選択セル範囲のセルアドレスを指定して、「Sheet1」ワークシートで選択されているセル範囲を印刷対象にします。確認のために、印刷プレビューまで行います。なお、**選択されているのがセルではなくグラフなどのオブジェクトの場合、PrintAreaプロパティに設定する箇所でエラーになります**。それを防ぐために、TypeName関数（→Tips003）を使用して、選択されたのがセルであることを確認してから処理しています。

▼印刷範囲の設定を行う

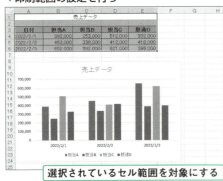

選択されているセル範囲を対象にする

▼実行結果

選択されたセル範囲のみ印刷される

•PrintAreaプロパティの構文

object.PrintArea = expression

　PrintAreaプロパティを利用すると、印刷範囲の設定を行うことができます。設定する値は、セルアドレスを文字列で指定します。

11-3 印刷設定（ヘッダー/フッター、枠線の印刷など）

印刷倍率を設定する

▶関連Tips
405
418

使用機能・命令 Zoomプロパティ

サンプルコード SampleFile Sample419.xlsm

```
Sub Sample419()
    With Worksheets("Sheet1")    'Sheet1に対する処理
        .PageSetup.Zoom = 150    '印刷倍率を150%に設定する
        .PrintPreview            '印刷プレビューする
    End With
End Sub
```

❖ 解説

ここでは、Zoomプロパティを使用して印刷倍率を150%に設定し、印刷プレビューを行います。

▼このデータを印刷する　　　　　　　　▼実行結果

印刷倍率を150%にする　　　　　　　印刷倍率が設定された

• **Zoomプロパティの構文**

object.Zoom = num

Zoomプロパティは、印刷時の倍率を設定します。10〜400の値（パーセンテージ）が設定できます。

Tips 420 セルの枠線を印刷する

▶関連Tips: 405, 412, 413

使用機能・命令 PrintGridlines プロパティ

サンプルコード SampleFile Sample420.xlsm

```
Sub Sample420()
    With Worksheets("Sheet1")   'Sheet1に対する処理
        'セルの枠線を印刷する設定にする
        .PageSetup.PrintGridlines = True
        .PrintPreview   '印刷プレビューする
    End With
End Sub
```

❖ 解説

セルの枠線を印刷するように設定します。設定後、印刷プレビューを行います。なお、**行番号と列番号を印刷する場合は、PrintHeadingsプロパティを使用します**。PrintHeadingsプロパティにTrueを指定すると、行番号と列番号が印刷されます。

▼印刷時の設定を行う　　　　　　　　　　▼実行結果

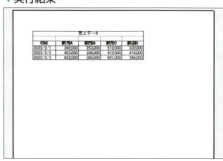

セルの枠線を印刷する　　　　　　　　　　枠線が印刷された

● PrintGridlines プロパティの構文

object.PrintGridlines = expression

PrintGridlinesプロパティは、セルの枠線の印刷を行うかどうかを設定します。値の取得も可能です。Trueに指定すると枠線を印刷し、Falseに指定すると枠線を印刷しません。

ファイルとフォルダの極意

- 12-1　ファイルの操作（情報の取得、コピー、移動、削除など）
- 12-2　フォルダの操作
　　　　（作成/削除、カレントドライブの取得など）
- 12-3　FileSystemObjectによるファイルの操作
　　　　（作成、移動、削除など）
- 12-4　FileSystemObjectによるフォルダの操作
　　　　（作成、移動、削除など）

12-1 ファイルの操作（情報の取得、コピー、移動、削除など）

Tips 421 ファイル/フォルダの存在を確認する

▶関連Tips
428
429
437

使用機能・命令 Dir関数

サンプルコード SampleFile Sample421.xlsm

```vba
Sub Sample421()
    Dim temp1 As String, temp2 As String
    Dim msg1 As String, msg2 As String

    'ファイル名を取得する
    temp1 = Dir(ThisWorkbook.Path & "\ExcelSample.xlsx")
    'フォルダ名を取得する
    temp2 = Dir(ThisWorkbook.Path & "\ExcelSample", vbDirectory)
    'ファイルの有無をチェックする
    If Len(temp1) <> 0 Then
        msg1 = "ExcelSample.xlsxは存在します"
    Else
        msg1 = "ExcelSample.xlsxは存在しません"
    End If
    'フォルダの有無をチェックする
    If Len(temp2) <> 0 Then
        msg2 = "ExcelSampleフォルダは存在します"
    Else
        msg2 = "ExcelSampleフォルダは存在しません"
    End If
    '結果をメッセージボックスに表示する
    MsgBox msg1 & vbLf & msg2
End Sub
```

❖ 解説

　ここでは、Dir関数を使用してサンプルファイルと同じフォルダ内に、「ExcelSample.xlsx」ファイルと「ExcelSample」フォルダがあるかチェックします。**フォルダを検索する場合は、Dir関数の引数attributeにvbDirectoryを指定します。Dir関数は、指定したファイル/フォルダが見つからなかった場合は長さ0の文字列を返す**ので、実際にファイル/フォルダがあったかどうかを、Len関数を使用して判定しています。

　引数attributesは、検索対象の属性を指定します。引数attributesに指定する値は、次のとおりです。なお、これらの値は複数指定することができます。その場合、「vbNormal + vbHidden」のように「+」を使って指定します。

12-1 ファイルの操作（情報の取得、コピー、移動、削除など）

◆ 引数attributesに指定するVbFileAttributeクラスの値

定数	値	説明
vbNormal	0	通常ファイル
vbReadOnly	1	読み取り専用ファイル
vbHidden	2	隠しファイル
vbSystem	4	システムファイル
vbDirectory	16	フォルダ
vbArchive	32	アーカイブ（Macintoshでは使用不可）
vbAlias	64	エイリアスファイル（Macintoshのみ）

▼このフォルダ内を検索する

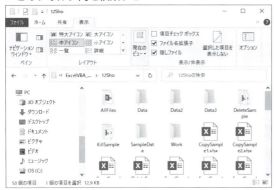

ファイルとフォルダのそれぞれを探す

▼実行結果

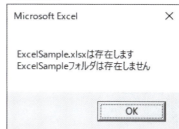

結果が表示された

・Dir関数の構文

Dir[(pathname[, attributes])

　Dir関数は、引数pathnameに指定したファイル/フォルダを検索します。ファイル/フォルダはフルパスで指定します。パスを省略した場合、カレントフォルダが対象になります。

　対象が見つかった場合は、ファイル/フォルダ名を返します。見つからなかった場合は、長さ0の文字列を返します。引数attributesに指定する値は、「解説」を参照してください。

　なお、Dir関数を使った処理の後、対象となったファイルを移動/削除しようとすると、「使用中です」というメッセージが表示され処理できないことがあります。これを防ぐには、Dir関数の処理が終わったあと、「Dir vbNullString」の記述を入れてください。

> **Memo** Dir関数は、「¥¥」から始まるネットワーク上のフォルダは検索できません。そのような場合には、FileSystemObjectオブジェクト（Tips436）を使用してください。

12-1 ファイルの操作（情報の取得、コピー、移動、削除など）

Tips 422 ファイルサイズを取得する

▶関連Tips
423
441

使用機能・命令 FileLen関数

サンプルコード SampleFile Sample422.xlsm

```
Sub Sample422()
    Dim temp As String
    'チェックするファイルのパスを変数に代入する
    temp = ThisWorkbook.Path & "¥ExcelSample.xlsx"
    
    '指定したファイルのファイルサイズをKB単位で表示する
    MsgBox "選択されたファイルのファイルサイズ：" _
        & Round(FileLen(temp) / 1024, 2) & "KB"
End Sub
```

❖ 解説

ここでは、「ExcelSample.xlsx」ファイルのファイルサイズを、メッセージボックスに表示します。FileLen関数は、指定したファイルのバイト数を返します。そこで、ここでは1024で除算して、KB単位に変換します。また、小数点第2位までの値に丸めるために、Round関数を使用しています。Round関数は、銀行系の丸め処理を行う関数です。いわゆる四捨五入とは異なります。

▼「ExcelSample.xlsx」ファイルのプロパティ

このファイルのファイルサイズを取得する

▼実行結果

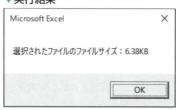

ファイルサイズがKB単位で表示された

• FileLen関数の構文

FileLen(filename)

FileLen関数は、ファイルサイズ（バイト数）を取得します。引数に対象となるファイルを、フルパスで指定します。パスを省略すると、カレントフォルダのファイルが対象となります。

Tips 423 ファイルの属性を取得/設定する

▶関連Tips 424 441

使用機能・命令 GetAttr関数/SetAttr関数

サンプルコード SampleFile Sample423.xlsm

```
Sub Sample423()
    Dim FileName As String
    Dim FileAttr As Long
    Dim msg As String

    '対象のファイル名を変数に代入する
    FileName = ThisWorkbook.Path & "\ExcelSample.xlsx"
    '指定したファイルに「隠しファイル」「読み取り専用」の属性を設定する
    SetAttr FileName, vbHidden + vbReadOnly
    'ファイルの属性を取得する
    FileAttr = GetAttr(FileName)
    '読み取り専用かどうかの判定
    If FileAttr And vbReadOnly Then
        msg = msg & "読み取り専用" & vbCrLf
    End If
    '隠しファイルかどうかの判定
    If FileAttr And vbHidden Then
        msg = msg & "隠しファイル" & vbCrLf
    End If
    'システムファイルかどうかの判定
    If FileAttr And vbSystem Then
        msg = msg & "システムファイル" & vbCrLf
    End If
    'フォルダかどうかの判定
    If FileAttr And vbDirectory Then
        msg = msg & "フォルダ" & vbCrLf '
    End If
    'アーカイブ属性かどうかの判定
    If FileAttr And vbArchive Then
        msg = msg & "アーカイブ"
    End If
    '処理結果を表示する
    MsgBox "ExcelSample.xlsxファイルの属性" & vbLf & msg
End Sub
```

12-1 ファイルの操作（情報の取得、コピー、移動、削除など）

❖解説

　ここでは、「ExcelSample.xlsx」ファイルに対して処理を行います。まず、SetAttr関数で「隠しファイル」「読み取り専用」の属性を設定します。続けてGetAttr関数を使用して、正しく属性が設定されているかどうかを判定します。ただし、サンプルは「隠しファイル」「読み取り専用」のチェックだけではなく、「システムファイル」「フォルダ」「アーカイブ属性」かどうかについてもチェックするコードになっています。

　GetAttr関数は、指定したファイルの属性を数値で返します。複数の属性が設定されている場合は、その合計値を返します。これを判定するには、And演算子を使用します。取得した値とAnd演算子の結果がTrueになれば、その属性が設定されていることになります。

　なぜ、このような処理ができるかと言えば、属性として設定されている値ですが、実際には2進数となります。このサンプルで設定したvbReadOnlyは「1」（2進数で「0001」）、vbHiddenは「2」（2進数で「0010」）で、合計「3」（2進数で「0011」）となります。

　この値、「0011」にvbHiddenが含まれているか判定するには、「0011」とvbHiddenを表す「0010」をAnd演算子で計算します。And演算子はビット演算を行う演算子です。同じ桁の値が同じ場合、True（1）を返します。「0011」と「0010」ですので、処理結果は「0010」となります。この値はvbHiddenの値と同じですので、vbHiddenの値が設定されていることがわかります。

　なお、SetAttr関数、GetAttr関数で使用する属性を表す定数は、以下の表のとおりです。

　この処理は次の図で確認してください。

▼Andビット演算子による処理

```
        0001  →  vbReadOnly
    +   0010  →  vbHidden
        0011

        0011  →  vbReadOnly + vbHidden
   And  0001  →  vbHidden
        0001
```

処理結果が **vbHidden** と同じになる

◈ 属性を表す定数

定数	値	説明
vbReadOnly	1	読み取り専用
vbHidden	2	非表示
vbSystem	4	システムファイル
vbDirectory	16	ディレクトリまたはフォルダ
vbArchive	32	前回のバックアップ以降に変更されているファイル

12-1 ファイルの操作（情報の取得、コピー、移動、削除など）

▼「ExcelSample.xlsx」ファイルの属性を設定/取得する　　▼実行結果

ここでは「読み取り専用」と「隠しファイル」の設定を行う　　属性が設定された

• GetAttr関数の構文

GetAttr(pathname)

• SetAttr関数の構文

SetAttr pathname, attributes

　GetAttr関数は、ディスクに保存されたファイルの属性を取得します。属性を表す戻り値は、各属性を表す値の合計値となります。例えば、「読み取り専用（1）」と「隠しファイル（2）」の属性を持つファイルの戻り値は、「1＋2＝3」となります。

　SetAttr関数を利用して、ファイルの属性を設定することができます。引数attributesに、設定するファイル名と属性の値の合計を指定します。

　いずれも、引数pathnameには対象のファイル名をフルパスで指定します。またいずれも、パスを省略するとカレントフォルダを指定したものと見なされます。

12-1 ファイルの操作（情報の取得、コピー、移動、削除など）

Tips 424 ファイルの作成日時を取得する

▶関連Tips
423
441

使用機能・命令 FileDateTime関数

サンプルコード SampleFile Sample424.xlsm

```
Sub Sample424()
    '指定したファイルの作成日時を表示する
    MsgBox "ファイルの作成日時：" & _
        FileDateTime(ThisWorkbook.Path & "¥ExcelSample.xlsx")
End Sub
```

❖ 解説

ここでは、「ExcelSample.xlsx」ファイルの作成日時を、FileDateTime関数を使用して取得しメッセージボックスに表示します。取得される日時は、Windowsのシステム設定に設定されている形式になります。

▼このファイルの「作成日時」を取得する

作成日時はファイルのプロパティで確認できる

▼実行結果

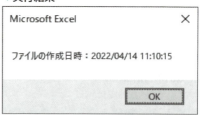

「作成日時」が取得された

• FileDateTime関数の構文

FileDateTime(pathname)

FileDateTime関数は、ファイルの作成日時を取得します。ファイル名は引数にフルパスで指定します。パスを省略すると、カレントフォルダが対象となります。

12-1 ファイルの操作（情報の取得、コピー、移動、削除など）

Tips 425 ファイルをコピーする

▶関連Tips
421
437

使用機能・命令 FileCopyステートメント

サンプルコード SampleFile **Sample425.xlsm**

```
Sub Sample425()
    'ExcelSample.xlsxファイルをSampleDataフォルダに、
    'ExcelSampleCopy.xlsxという名前でコピーする
    FileCopy ThisWorkbook.Path & "¥ExcelSample.xlsx" _
        , ThisWorkbook.Path & "¥SampleData¥ExcelSampleCopy.xlsx"
End Sub
```

❖ 解説

FileCopyステートメントを使って、指定したファイルをコピーします。ここでは、「ExcelSample.xlsx」ファイルを「SampleData」フォルダに「ExcelSampleCopy.xlsx」という名前でコピーします。このようにFileCopyステートメントは、**単にファイルをコピーするだけではなく、同時にファイル名を変更することも可能です**。なお、コピー先にすでにファイルが存在する場合、FileCopyステートメントは特にメッセージ等は表示せず、コピーを実行します。そのため、**指定先に同名のファイルがある場合、上書きになるので注意が必要です**。実際にこの処理を利用する場合、事前にファイルの存在チェックを行うと良いでしょう。ファイルの存在チェックはDir関数を使用します。詳しくは、Tips421を参照してください。

▼ファイルを別フォルダにコピーする　　　　　▼実行結果

「ExcelSample.xlsx」ファイルを「SampleData」フォルダにコピーする　　　ファイルがコピーされた

• **FileCopyステートメントの構文**

FileCopy source, destination

FileCopyステートメントは、ファイルをコピーするステートメントです。FileCopyステートメントでは、引数sourceにコピー元ファイル名を、引数destinationにコピー後のファイル名をフルパスで指定します。パスを省略すると、カレントフォルダが対象になります。なお、コピー後のファイル名は、元のファイルと異なる名前でも結構です。

Tips 426 ファイルを移動する

▶関連Tips 425 428

使用機能・命令 Nameステートメント

サンプルコード SampleFile Sample426.xlsm

```
Sub Sample426()
    'ExcelSample2.xlsxをSampleDataファイルに移動する
    Name ThisWorkbook.Path & "\ExcelSample2.xlsx" _
        As ThisWorkbook.Path & "\SampleData\ExcelSample2Copy.xlsx"
End Sub
```

❖ 解説

「ExcelSample2.xlsx」ファイルを「SampleData」フォルダに移動します。この時、ファイル名を「ExcelSample2Copy.xlsx」にします。このように、Nameステートメントを使用したファイルの移動では、**移動先のファイル名を別の名前にすることもできます。**

▼このファイルを移動する

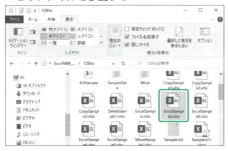

「SampleData」フォルダにファイル名を変更して移動する

▼実行結果

ファイルが移動した

• Nameステートメントの構文

Name oldname As newname

Nameステートメントは、ファイル名を変更するステートメントです。引数oldnameに元のファイル名、引数newnameに変更後のファイル名を、それぞれフルパスで指定します。パスを省略した場合、カレントフォルダが対象になります。このとき、引数newnameに元のファイルと別のフォルダを指定すると、結果的にファイルが移動します。

12-1 ファイルの操作（情報の取得、コピー、移動、削除など）

Tips 427 ファイルを削除する

▶関連Tips
421
440

使用機能・命令 Killステートメント

サンプルコード SampleFile Sample427.xlsm

```
Sub Sample427()
    'KillSampleフォルダ内のすべてのファイルを削除する
    Kill ThisWorkbook.Path & "¥KillSample¥*.*"
End Sub
```

❖ 解説

ここではKillステートメントを使って、「KillSample」フォルダ内のファイルすべてを削除します。すべてのファイルを削除するには、このように「*」を使用してファイルを指定します。

なお、特定のファイルを削除する場合はファイル名を、特定の種類のファイルを削除するのであれば、「*.txt」のように拡張子を指定します。

Killステートメントは、対象ファイルが見つからないとエラーになります。エラー処理と組み合わせるか、対象のファイルが存在するか、Dir関数（→Tips421）などを使ってチェックするようにしてください。

また、Killステートメントを使用して削除したファイルは、ゴミ箱には入らず、完全に削除されてしまうので注意してください。

▼このフォルダのすべてのファイルを削除する

まとめて削除する

▼実行結果

ファイルが削除された

• **Killステートメントの構文**

Kill pathname

Killステートメントは、フォルダ内のファイルを削除します。対象となるファイルをフルパスで指定します。パスを省略すると、カレントフォルダが対象となります。また、ファイル名には「*」「?」といったワイルドカードを利用することができます。

12-1 ファイルの操作（情報の取得、コピー、移動、削除など）

Tips 428 ファイル名やフォルダ名を変更する

▶関連Tips 420

使用機能・命令 Nameステートメント

サンプルコード SampleFile Sample428.xlsm

```
Sub Sample428()
    '指定したファイル名に「_bk」を付ける
    Name ThisWorkbook.Path & "\ExcelSample3.xlsx" _
        As ThisWorkbook.Path & "\ExcelSample3_bk.xlsx"
End Sub
```

❖ 解説

ここでは、「ExcelSample3.xlsx」ファイルの名前を「ExcelSample3_bk.xlsx」に変更します。
Nameステートメントは変更前のファイルが存在しない場合、エラーになります。また、**変更後のファイル名と同名のファイルがある場合も、エラーになります。**事前にファイルが存在するかをチェックしてください。ファイルの存在チェックについては、Tips421を参照してください。

▼ファイル名を変更する

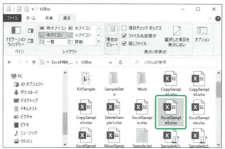

「ExcelSample3.xlsx」を「ExcelSample3_bk.xlsx」に変更する

▼実行結果

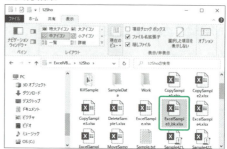

ファイル名が変更された

•Nameステートメントの構文

Name oldname As newname

Nameステートメントは、ファイル名やフォルダ名を変更します。Asキーワードと組み合わせて使用します。ファイル名はフルパスで指定します。パスを省略すると、カレントフォルダが対象になります。

12-1 ファイルの操作（情報の取得、コピー、移動、削除など）

Tips 429 フルパスからファイル名を取り出す

▶関連Tips 137 146

使用機能・命令 **FullNameプロパティ/ InStrRev関数**（→Tips146）**/Mid関数**（→Tips137）

サンプルコード SampleFile Sample429.xlsm

```
Sub Sample429()
    Dim temp As String
    Dim pos As String
    
    temp = ThisWorkbook.FullName    '現在のブックのフルパスを取得する
    pos = InStrRev(temp, "¥")    '区切り文字の位置を取得する
    'フルパスで、区切り文字の位置の次の文字から最後までを取得する
    MsgBox "ファイル名：" & Mid(temp, pos + 1)
End Su
```

❖ 解説

ファイルのフルパスからファイル名を取得します。ファイルのパスは、区切り文字「¥」でフォルダ名とファイル名を区切っています。ですから、ファイル名は最後の「¥」以降の文字列になります。

ここでは、FullNameプロパティでファイルのフルパスを取得します。そしてInStrRev関数で、最後の「¥」の位置を取得します。ファイル名は、この最後の「¥」の次の文字からフルパスの最後の文字までですから、Mid関数を使って「¥」の次の文字から最後の文字までを取得します。

▼取得する文字

C:¥Data¥Sample.xlsx

この文字の位置を取得する

次の文字から最後の文字までがファイル名になる

▼実行結果

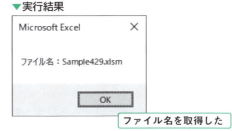

ファイル名を取得した

• **FullNameプロパティの構文**

object.FullName

FullNameプロパティは、objectに指定したブックのパス（保存先のフォルダ）と名前を合わせて取得します。保存されていないブックの場合は、ブックの名前のみ取得します。なお、ブックのパスのみ取得する場合はPathプロパティを、ブックの名前だけを取得する場合はNameプロパティを使用します。

12-1 ファイルの操作（情報の取得、コピー、移動、削除など）

Tips 430 様々な条件でファイルを検索する

▶関連Tips
421
429

使用機能・命令 Dir関数/Pathプロパティ

サンプルコード SampleFile Sample430.xlsm

```vb
Sub Sample430()
    Dim vPath As String
    vPath = ThisWorkbook.Path & "\"    '対象フォルダを変数に代入する
    
    '「Excel」を含むExcelファイルを検索する
    If Len(Dir(vPath & "*Excel*.xl*")) <> 0 Then
        MsgBox "ファイルが見つかりました"  '見つかった場合のメッセージ
    Else
        MsgBox "ファイルが見つかりません"  '見つからなかった場合のメッセージ
    End If
    
    '隠しファイルを検索する
    If Len(Dir(vPath & "*.*", vbHidden)) <> 0 Then
        MsgBox "隠しファイルがあります"  '見つかった場合のメッセージ
    Else
        MsgBox "隠しファイルはありません"  '見つからなかった場合のメッセージ
    End If
    
    'システムファイルを検索する
    If Len(Dir(vPath & "*.*", vbSystem)) <> 0 Then
        MsgBox "システムファイルがあります"  '見つかった場合のメッセージ
    Else
        MsgBox "システムファイルはありません"   '見つからなかった場合のメッセージ
    End If
End Sub
```

❖ 解説

ここでは、様々な条件でファイルを検索する方法を紹介します。

検索対象のフォルダは、サンプルファイルのあるフォルダにします。そのため、変数vPathに「ThisWorkbook.Path & "\"」を指定しています。ThisWorkbookプロパティは、そのマクロが記述されているブックを、Pathプロパティは対象ファイルが保存されているフォルダを取得します。

検索する対象ですが、まずはファイル名にワイルドカードを使って、指定した文字が含まれるファイルを検索します。ここでは、ファイル名に「Excel」を含み、拡張子に「xl」を含むファイルを検索しています。

続けて、隠しファイル、システムファイルの検索を行っています。ファイルの種類は、引数attributeに定数を指定することで限定することができます。

なお、Dir関数はファイルが見つかるとファイル名を返すので、Len関数でDir関数の戻り値の長さを取得してファイルの有無を判定しています。

なお、ファイルが見つかったかどうかの判定では、よく「Dir(Path & "*.*", vbSystem) <> ""」というコードを見かけます。このコードでも判定はできますが、サンプルコードのようにLen関数を使ったほうが、VBAの仕組み上わずかながら処理速度が早くなります。

Dir関数の引数attributeに指定できる値については、Tips421を参照してください。

▼サンプルファイルのあるフォルダを対象にする

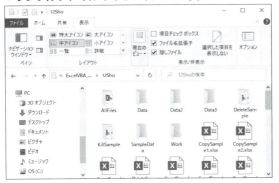

ファイル名だけではなく、隠しファイルやシステムファイルの検索を行う

▼実行結果

検索結果が表示された

•Dir関数の構文

Dir[(pathname[, attributes])

•Pathプロパティの構文

object.Path

Dir関数は、引数pathnameに指定したファイル/フォルダを検索します。ファイル/フォルダはフルパスで指定します。パスを省略した場合、カレントフォルダが対象になります。

引数attributesは、検索で見つかった場合はファイル/フォルダ名を返します。見つからなかった場合は長さ0の文字列を返します。引数attributesに指定する値は、Tips421を参照してください。

Pathプロパティは、objectに指定したブックのパス（保存先フォルダ）を取得します。

12-2 フォルダの操作（作成/削除、カレントドライブの取得など）

Tips 431　新規フォルダを作成する

▶関連Tips
421
446

使用機能・命令　**MkDir ステートメント**

サンプルコード　SampleFile Sample431.xlsm

```
Sub Sample431()
    'フォルダを新規に作成する
    MkDir ThisWorkbook.Path & "\DataBackUp"
End Sub
```

❖ 解説

ここでは、ThisWorkbookプロパティとPathプロパティを使って、このサンプルを含むブックと同じフォルダを取得し、このフォルダに「DataBackUp」フォルダを新規に作成します。

なお、**すでに同名のフォルダが存在する場合に、このサンプルを実行するとエラーになります**。

事前にフォルダの存在を確認するには、Dir関数を使用します。詳しくは、Tips421を参照してください。

▼このフォルダに新たにフォルダを作成する

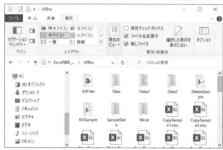

「DataBackUp」というフォルダを作成する

▼実行結果

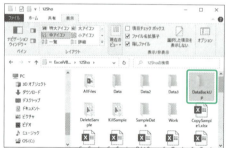

フォルダが作成された

● MkDirステートメントの構文

　MkDir path

MkDirステートメントは、フォルダを新たに作成します。引数pathには、作成するフォルダ名をフルパスで指定します。省略するとカレントフォルダが対象となります。

12-2 フォルダの操作（作成/削除、カレントドライブの取得など）

Tips 432 フォルダを削除する

▶関連Tips
427
449

使用機能・命令 RmDirステートメント/
Killステートメント（→Tips427）

サンプルコード　SampleFile Sample432.xlsm

```
Sub Sample432()
    Dim Target As String
    
    '削除対象のフォルダのフルパスを変数に代入する
    Target = ThisWorkbook.Path & "\DeleteSample"
    
    Kill Target & "\*.*" 'フォルダ内のファイルをすべて削除する
    RmDir Target 'フォルダを削除する
End Sub
```

❖ 解説

　ここでは、RmDirステートメントを使って、このマクロを含むブックと同じフォルダ内の「DeleteSample」フォルダを削除します。ただし、このフォルダにはファイルが存在しています。RmDirステートメントは、フォルダ内にファイルが存在するとエラーになるため、先にKillステートメントでフォルダ内のファイルを削除してから、フォルダを削除します。
　なお、Killステートメントで削除されたファイルや、RmDirステートメントで削除されたフォルダは、ゴミ箱には入らず完全に削除されるので注意してください。

▼フォルダを削除する

「DeleteSample」フォルダを削除する

▼実行結果

フォルダが削除された

• RmDirステートメントの構文

RmDir pathname

　RmDirステートメントは、対象のフォルダを削除します。引数pathnameには削除対象をフルパスで指定します。省略すると、カレントフォルダが対象となります。

12-2 フォルダの操作（作成/削除、カレントドライブの取得など）

Tips 433 カレントドライブを変更する

▶関連Tips 434

使用機能・命令 ChDriveステートメント

サンプルコード SampleFile Sample433.xlsm

```
Sub Sample433()
    ChDrive "C"    'カレントドライブをcドライブにする
    'カレントドライブをメッセージボックスに表示する
    MsgBox "カレントドライブ：" & Left(CurDir, 1)
End Sub
```

❖ 解説

ここでは、ChDriveステートメントを使用して、カレントドライブを変更します。変更後、CurDir関数でカレントドライブが変更されているか確認しています。CurDir関数は、引数を省略すると、カレントドライブのカレントフォルダを返します。ここでは、CurDir関数で取得した値の一番左の文字を、Left関数を使って取得して、カレントドライブをメッセージボックスに表示しています。なぜこのような方法を取るかというと、カレントドライブを直接調べるコマンドが無いためです。CurDir関数については、Tips434を参照してください。

なお、「カレント」とは「現在作業対象の」という意味になります。作業対象のドライブなので、カレントドライブです。Excel VBAでは、例えばブックを開くOpenメソッドの引数に「Sample001.xlsx」のようにファイル名だけ指定された場合、カレントフォルダを対象に処理を行います。

▼実行結果

カレントドライブが取得された

•ChDriveステートメントの構文

ChDrive drive

ChDriveステートメントは、カレントドライブを変更します。引数driveに変更先のドライブ名を指定します。

12-2 フォルダの操作（作成/削除、カレントドライブの取得など）

Tips 434 カレントフォルダを取得する

▶関連Tips
433
435

使用機能・命令 DefaultFilePathプロパティ/CurDir関数

サンプルコード　SampleFile Sample434.xlsm

```
Sub Sample434()
    'カレントフォルダを表示する
    MsgBox "デフォルトのカレントフォルダ：" _
        & Application.DefaultFilePath & vbCrLf _
        & "カレントフォルダ：" & CurDir("C")
End Sub
```

❖ 解説

ここでは、DefaultFilePathプロパティでデフォルトのカレントフォルダと、CurDir関数を使用して、Cドライブのカレントフォルダを取得し、メッセージボックスに表示します。

カレントフォルダの「カレント」とは、「現在作業中の」という意味です。Excelが現在作業対象にしているフォルダが、カレントフォルダです。そのため、ファイルを開いたり、ファイルに名前を付けて保存したりすると、そのタイミングでカレントフォルダが変わります（例えば、「C:¥Data」フォルダに名前を付けてファイルを保存すると、カレントフォルダはこのフォルダになります）。

また、Excelは起動時に、どのフォルダをカレントフォルダにするか設定することができます。このフォルダのことを、デフォルトのカレントフォルダと呼びます。当然、その後の作業でカレントフォルダは変わります。デフォルトのカレントフォルダは、Excelのオプションから「保存」で、「既定のローカルファイルの保存場所」で確認できます。

▼実行結果

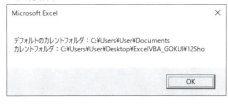

それぞれの情報が確認できた

• **CurDir関数の構文**

　CurDir drive

• **DefaultFilePathプロパティの構文**

　object.DefaultFilePath

CurDir関数を使用すると、現在Excelが作業をしているフォルダのカレントフォルダを取得することができます。CurDirの引数には、対象となるドライブを指定します。省略すると、カレントドライブが対象となります。

DefaultFilePathプロパティは、Excelの既定のフォルダを取得します。設定も可能です。

12-2 フォルダの操作（作成/削除、カレントドライブの取得など）

Tips 435 カレントフォルダを別のフォルダに変更する

▶関連Tips
433
434

使用機能・命令 ChDirステートメント

サンプルコード SampleFile Sample435.xlsm

```
Sub Sample435()
    Dim temp As String

    temp = CurDir '現在のカレントフォルダ名を変数に代入する
    ChDir "C:¥" 'カレントフォルダを変更する

    MsgBox "カレントフォルダ：" & CurDir '変更後のカレントフォルダ名を表示する
    ChDir temp 'カレントフォルダを元のフォルダに戻す
End Sub
```

❖ 解説

ここではカレントフォルダを「C:¥」に変更します。カレントフォルダは、現在作業対象のフォルダで、ブックを開くときや保存するときに、最初に表示されるフォルダです。

ここでは一旦、現在のカレントフォルダを変数に代入し、その後カレントフォルダを変更してメッセージを表示しています。最後に、カレントフォルダを元に戻しています。

カレントフォルダを任意の場所に変更することができると、例えばユーザーにファイルを開かせる操作の時に、プログラム側で最初に表示するフォルダを指定できるので、ユーザーの負担を減らすことができます。細かいことですが、このような処理を行うことで、ユーザーにとって使いやすいプログラムにすることができます。

▼実行結果

カレントフォルダが変更された

• ChDirステートメントの構文

ChDir pathname

ChDirステートメントは、カレントフォルダを変更します。引数pathnameには、変更後のフォルダをフルパスで指定します。

12-3 FileSystemObjectによるファイルの操作（作成、移動、削除など）

Tips 436 FileSystemObjectオブジェクトを使用する

▶関連Tips 421

使用機能・命令 FileSystemObjectオブジェクト/
CreateObject関数/CreateTextFileメソッド

サンプルコード SampleFile Sample436.xlsm

```
Sub Sample436()
    Dim fso As FileSystemObject '参照設定を使用した場合の変数の宣言

    'FileSystemObjectオブジェクトを作成し変数に代入する
    Set fso = New FileSystemObject

    'CreateTextFileメソッドを使用してテキストファイルを作成する
    fso.CreateTextFile ThisWorkbook.Path & "\FSO.txt"
End Sub

Sub Sample436_2()
    Dim fso As Object '参照設定を使用しない場合の変数の宣言

    'FileSystemObjectを作成し変数に代入する
    Set fso = CreateObject("Scripting.FileSystemObject")

    'CreateTextFileメソッドを使用してテキストファイルを作成する
    fso.CreateTextFile ThisWorkbook.Path & "\FSO.txt"
End Sub
```

❖ **解説**

　FileSystemObjectオブジェクトを使うと、ファイルやフォルダに関する様々な処理を行うことができます。FileSystemObjectオブジェクトは、Scrrun.dllファイル内のスクリプティングタイプライブラリとして提供されます。ですので、Excel VBA専用の命令ではありません。他のVBA（AccessやWordなど）からはもちろん、VBSなどからも使用することができます。

　そのため、FileSystemObjectオブジェクトを使用するには、FileSystemObjectオブジェクトのインスタンスを用意しなくてはなりません。その方法は2種類あるので、ここでは両方とも紹介します。

　まず、1つ目のサンプルは、FileSystemObjectオブジェクトを使用するために参照設定を行った場合です。VBAでは、参照設定を行うことでExcel VBAにない機能を使うことができます。

　参照設定を行った場合、変数はFileSystemObject型の変数として宣言し、Newキーワードを使用してオブジェクトを作成します。

　参照設定は、VBEの「ツール」メニューから「参照設定」をクリックして、「参照設定」ダイアログボックスを表示します。そして、「Microsoft Scripting Runtime」にチェックを入れます。

12-3 FileSystemObjectによるファイルの操作（作成、移動、削除など）

2つ目は、参照設定を行わない場合のサンプルです。参照設定を行わない場合、変数はObject型の変数として宣言し、CreateObject関数を使用してオブジェクトを作成します。

なお、ここではFileSystemObjectオブジェクトのCreateTextFileメソッドを使用して、「FSO.txt」テキストファイルを作成する処理を行います。

▼「参照設定」ダイアログボックス

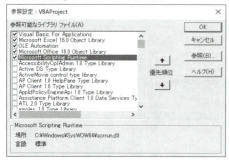

「Microsoft Scripting Runtime」にチェックを入れる

▼実行結果

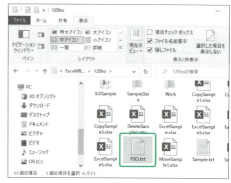

ファイルが作成された

•FileSystemObjectオブジェクトの構文

Set object = New FileSystemObject

•CreateObject関数の構文

Set object = CreateObject(ProgId)

•CreateTextFileメソッドの構文

object.CreateTextFile(filename[, overwrite[, unicode]])

ファイルシステムオブジェクト（FileSystemObject [FSO]）を利用すると、ファイルやフォルダの様々な操作を行うことができます。FSOを利用するには「Microsoft Scripting Runtime」を参照設定するか、CreateObject関数を利用します。CreateObject関数を利用する場合は、引数に「Scripting.FileSystemObject」を指定します。

CreateTextFileメソッドはテキストファイルを作成します。objectには、FileSystemObjectまたはFolderオブジェクトを指定します。引数filenameは必ず指定します。作成するファイルの名前を指定します。引数overwriteは、既存ファイルの場合に上書きするかどうかを指定します。上書きする場合はTrueを、上書きしない場合はFalseを指定します。省略した場合は、既存ファイルは上書きされません。引数unicodeは、UnicodeファイルとASCIIファイルのどちらを作成するかを示すブール値を指定します。Unicodeファイルを作成する場合はTrueを、ASCIIファイルを作成する場合はFalseを指定します。省略した場合は、ASCIIファイルが作成されます。

Tips 437 ファイルの存在を調べる

▶関連Tips 421

使用機能・命令 FileExists メソッド

サンプルコード SampleFile Sample437.xlsm

```vb
Sub Sample437()
    Dim FSO As Object
    Dim Target As String
    'FileSystemObjectオブジェクトを作成する
    Set FSO = CreateObject("Scripting.FileSystemObject")
    'チェックするファイル名を変数に代入する
    Target = ThisWorkbook.Path & "\Sample.txt"
    If FSO.FileExists(Target) Then
        MsgBox Target & "が存在します"
    End If
End Sub
```

❖ **解説**

ここでは、FileSystemObjectオブジェクトのFileExistsメソッドを使って、このマクロを含むブックと同じフォルダ内に「Sample.txt」ファイルが存在するかチェックします。FileExistsメソッドは、指定したファイルが存在する場合はTrueを、存在しない場合はFalseを返します。

▼このファイルがあるかチェックする

このファイルがあるかチェックする

▼実行結果

結果が表示された

• **FileExistsメソッドの構文**

object.FileExists(filespec)

FileExistsメソッドは、ファイルが存在するかどうかを返します。引数filespecに調べたいファイル名をフルパスで指定します。ファイルが存在する場合はTrueを、存在しない場合はFalseを返します。

12-3 FileSystemObjectによるファイルの操作（作成、移動、削除など）

Tips 438 ファイルをコピーする

▶関連Tips: 425

使用機能・命令 CopyFileメソッド

サンプルコード SampleFile Sample438.xlsm

```
Sub Sample438()
    Dim FSO As Object
    Dim Path As String
    
    'FileSystemObjectオブジェクトを作成して変数に代入する
    Set FSO = CreateObject("Scripting.FileSystemObject")
    Path = ThisWorkbook.Path & "\"    'パスを変数に代入する
    
    'CopySample1.xlsxファイルをCopySample1_bk.xlsxファイルとしてコピーする
    FSO.CopyFile Path & "CopySample1.xlsx", Path _
        & "CopySample1_bk.xlsx"
    'CopySample1.xlsxファイルをWorkフォルダにコピーする
    FSO.CopyFile Path & "CopySample1.xlsx", Path & "Work\"
End Sub
```

❖ 解説

ファイルをコピーします。最初のコピーは、同じフォルダ内に「CopySample1.xlsx」のコピーを、「CopySample1_bk.xlsx」という名前で保存します。2つ目の処理では、「CopySample1.xlsx」ファイルをWorkフォルダにコピーします。**コピー先を指定する文字列の最後が「\」の場合、対象がフォルダとみなされ、そのフォルダにファイルがコピーされます。**

▼実行結果

ファイルがコピーされた

• CopyFileメソッドの構文

object.CopyFile source, destination[, overwrite]

CopyFileメソッドは指定したファイルをコピーします。引数sourceにコピーするファイルを、引数destinationにコピー先を指定します。

引数sourceにはワイルドカードを使用できます。ただし、ワイルドカードに該当するファイルが1つも存在しないとエラーになります。また、ワイルドカードが使えるのは、パスの最終要素だけです。なお、引数destinationと同じ名前のファイルがすでに存在する場合、引数overwriteにTrueを指定すると上書きし、Falseを指定したときはエラーが発生します。規定値はTrueです。

12-3 FileSystemObjectによるファイルの操作（作成、移動、削除など）

Tips 439 ファイルを移動する

▶関連Tips 437

使用機能・命令 Moveメソッド/GetFileメソッド

サンプルコード SampleFile Sample439.xlsm

```
Sub Sample439()
    Dim FSO As Object
    'FileSystemObjectオブジェクトを作成して変数に代入する
    Set FSO = CreateObject("Scripting.FileSystemObject")

    'MoveSample1.xlsxをWorkフォルダに移動する
    FSO.GetFile(ThisWorkbook.Path & "\MoveSample1.xlsx") _
        .Move ThisWorkbook.Path & "\Work\"
End Sub
```

❖ 解説

ここでは、「MoveSample1.xlsx」ファイルを移動します。FileSystemObjectオブジェクトでは、ファイルをFileオブジェクトとして扱います。そのため、GetFileメソッドでコピー元のファイルをFileオブジェクトとして取得します。そのファイルを、Moveメソッドで移動します。なお、**Moveメソッドは移動先に同名のファイルがある場合、エラーが発生します。** 同名のファイルが存在する可能性がある場合、Moveメソッドの前にファイルの存在を確認すると良いでしょう。ファイルの存在を確認するには、Tips437を参照してください。

▼実行結果

ファイルが移動した

• Moveメソッドの構文

　object.Move destination

• GetFileメソッドの構文

　objectGetFile(filespec)

Moveメソッドは、objectに指定したファイルを、引数destinationに指定したフォルダに移動します。GetFileメソッドは、指定したファイルに対応するFileオブジェクトを返します。
FileSystemObjectでは、ファイルはFileオブジェクトとして扱います。

12-3 FileSystemObjectによるファイルの操作（作成、移動、削除など）

Tips 440 ファイルを削除する

▶関連Tips
427
437
449

使用機能・命令 Delete メソッド

サンプルコード SampleFile Sample440.xlsm

```
Sub Sample440()
    Dim FSO As Object
    'FileSystemObjectオブジェクトを作成して変数に代入する
    Set FSO = CreateObject("Scripting.FileSystemObject")
    'DeleteSample1.xlsxを削除する
    FSO.GetFile(ThisWorkbook.Path & "\DeleteSample1.xlsx").Delete
End Sub
```

❖ 解説

ここでは、「DeleteSample1.xlsx」ファイルを削除します。Deleteメソッドは、Fileオブジェクトに対して使用します。そこでGetFileメソッド（→Tips439）を使用して、指定したファイルをFileオブジェクトとして取得します。

なお、Deleteメソッドを使用して削除したファイルは、ゴミ箱には入らず、完全に削除されてしまうので注意してください。

▼ファイルを削除する

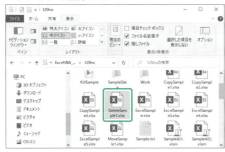

「DeleteSample1.xlsx」ファイルを削除する

▼実行結果

ファイルが削除された

• Delete メソッドの構文

object.Delete force

Deleteメソッドは、objectに指定したFileオブジェクトを削除します。引数forceにTrueを指定すると、読み取り専用のファイルも削除します。規定値はFalseです。引数forceを省略し、読み取り専用のファイルを削除しようとするとエラーが発生します。

Tips 441 ファイルの属性を調べる

▶関連Tips 436 451

使用機能・命令 Attributes プロパティ

サンプルコード SampleFile Sample441.xlsm

```
Sub Sample441()
    Dim FSO As Object
    Dim FileObject As Object
    
    'FileSystemObjectオブジェクトを作成して変数に代入する
    Set FSO = CreateObject("Scripting.FileSystemObject")
    
    '対象のファイルをFileオブジェクトとして変数に代入する
    Set FileObject = FSO.GetFile(ThisWorkbook.Path _
        & "\ExcelSample4.xlsx")
    
    '対象ファイルが読み取り専用かチェックする
    If FileObject.Attributes And 1 Then
        '読み取り専用の場合読み取り専用を解除する
        FileObject.Attributes = 0
    End If
End Sub
```

❖ 解説

ここでは、「ExcelSample4.xlsx」ファイルの属性を取得/設定します。ここでは、「ExcelSample4.xlsx」に読み取り専用の属性が付いているかをチェックし、読み取り専用の場合は属性を解除します。

属性が設定されているかどうかは、And演算子を使用して判定します。「取得したい属性 And 確認したい属性」のように記述し、Trueになれば、その属性が設定されていることがわかります。

Attributesプロパティに指定する値は、次のとおりです。

12-3 FileSystemObjectによるファイルの操作（作成、移動、削除など）

◆ Attributesプロパティに指定する値

値	値	内容
Normal	0	標準ファイル。どの属性も設定されない
ReadOnly	1	読み取り専用ファイル。値の取得も設定も可能
Hidden	2	隠しファイル。値の取得も設定も可能
System	4	システムファイル。値の取得も設定も可能
Volume	8	ディスクドライブボリュームラベル。値の取得のみ可能
Directory	16	フォルダまたはディレクトリ。値の取得のみ可能
Archive	32	アーカイブファイル。ファイルが前回のバックアップ以降に変更されているかどうかを表す。値の取得も設定も可能
Alias	64	リンクまたはショートカット。値の取得のみ可能
Compressed	128	圧縮ファイル。値の取得のみ可能

▼ファイルの属性をチェックする

「読み取り専用」かチェックし、「読み取り専用」の場合は属性を解除する

▼実行結果

「読み取り専用」が解除された

●Attributesプロパティの構文

object.Attributes

Attributesプロパティは、objectに指定したFileオブジェクトの属性を取得/設定します。設定する属性は数値で指定します。
なお、複数の属性を設定する場合は、+演算子を使用して数値を加算します。

12-3 FileSystemObjectによるファイルの操作（作成、移動、削除など）

Tips 442 ファイル名を取得する

▶関連Tips
437
443
444

使用機能・命令 GetFileNameメソッド

サンプルコード SampleFile Sample442.xlsm

```
Sub Sample442()
    Dim FSO As Object

    'FileSystemObjectオブジェクトを作成して変数に代入する
    Set FSO = CreateObject("Scripting.FileSystemObject")

    '指定したパスからファイル名のみメッセージボックスに表示する
    MsgBox "ファイル名：" & _
        FSO.GetFileName(ThisWorkbook.Path & "\ExcelSample5.xlsx")
End Sub
```

❖ 解説

ここでは、指定したパスからファイル名（「ExcelSample5.xlsx」）を取得し、メッセージボックスに表示します。GetFileNameメソッドを使用すると、ファイル名を取得することができます。

この時、指定したパスに拡張子が含まれていれば、拡張子込みのファイル名を、拡張子が含まれていなければ、拡張子をのぞいたファイル名を返します。OSの設定とは関係ありません。

▼ファイル名を取得する

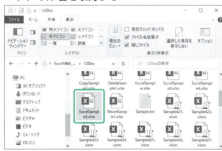

このフォルダの「ExcelSample5.xlsx」を対象にする

▼実行結果

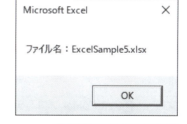

ファイル名が表示された

• GetFileNameメソッドの構文

object.GetFileName(pathspec)

GetFileNameメソッドは、引数pathspecに指定したパスからファイル名のみを返します。実際にファイルが存在しなくても、エラーにならず指定されたパスからファイル名を返します。

545

Tips 443 ファイルのパスを取得する

▶関連Tips: 442, 444

使用機能・命令 Pathプロパティ/ParentFolderプロパティ

サンプルコード SampleFile Sample443.xlsm

```
Sub Sample443()
    Dim FSO As Object
    Dim File As Object

    'FileSystemObjectオブジェクトを作成して変数に代入する
    Set FSO = CreateObject("Scripting.FileSystemObject")
    'Fileオブジェクトを取得して変数に代入する
    Set File = FSO.GetFile(ThisWorkbook.Path _
        & "\ExcelSample5.xlsx")

    '指定したファイルのフルパスとフォルダ名をメッセージボックスに表示する
    MsgBox "フルパス:" & File.Path & vbCrLf _
        & "フォルダ名:" & File.ParentFolder
End Sub
```

❖ 解説

ここでは、「ExcelSample5.xlsx」ファイルのフルパスと、ファイルが保存されているフォルダ名を取得して、メッセージボックスに表示します。ファイルのフルパスはPathプロパティで、フォルダ名はParentFolderプロパティで取得することができます。

▼実行結果

それぞれの値が表示された

●Pathプロパティ/ParentFolderプロパティの構文

object.Path/ParentFolder

Pathプロパティは、objectに指定したFileオブジェクトのパスを返します。パスにはファイル名も含みます。
ParentFolderプロパティは、objectに指定したFileオブジェクトが保存されているフォルダを返します。

Tips 444 ファイル名と拡張子を取得する

▶関連Tips: 442, 443

使用機能・命令 GetExtensionNameメソッド / GetBaseNameメソッド

サンプルコード SampleFile Sample444.xlsm

```
Sub Sample444()
    Dim FSO As Object
    Dim TargetFile As String

    '対象のファイルのパスを変数に代入する
    TargetFile = ThisWorkbook.Path & "\ExcelSample5.xlsx"
    'FileSystemObjectオブジェクトを作成して変数に代入する
    Set FSO = CreateObject("Scripting.FileSystemObject")

    '対象のファイルの拡張子と拡張子を除くファイル名を表示する
    MsgBox "拡張子：" & FSO.GetExtensionName(TargetFile) & vbCrLf _
        & "ベースファイル名：" & FSO.GetBaseName(TargetFile)
End Sub
```

❖ 解説

ここでは、指定したファイル（「ExcelSample5.xlsx」）の拡張子と、拡張子を除いたファイル名（これを「ベースファイル名」といいます）を取得します。まず、GetExtensionNameメソッドを使用して、指定したファイルの拡張子を取得します。なお、GetExtensionNameメソッドは、引数pathに指定したファイルが実際には存在しなくても、拡張子を返します（引数pathに指定した値に拡張子がなければ、ブランクを返します）。ですので、OSの設定で拡張子を表示しているかどうかは、GetExtensionNameメソッドの動作には関係ありません。

次に、GetBaseNameメソッドを使用して、拡張子を除くファイル名を取得します。

• GetExtensionNameメソッドの構文

object.GetExtensionName(path)

• GetBaseNameメソッドの構文

object. GetBaseName(path)

GetExtensionNameメソッドは、引数pathに指定したパスからファイルの拡張子を取得します。GetBaseNameメソッドは、引数pathに指定したパスから、拡張子を除くファイル名を取得します。

12-3 FileSystemObjectによるファイルの操作（作成、移動、削除など）

Tips 445 すべてのファイルを取得する

▶関連Tips 442 556

使用機能・命令 SubFoldersプロパティ

サンプルコード SampleFile Sample445.xlsm

```
Sub Sample445()
    Dim i As Long
    
    'コレクションを作成する
    Set vFoundFiles = New Collection
    
    'このブックのあるフォルダ内のファイル名を取得する
    GetFileList ThisWorkbook.Path & "\AllFiles"
    
    '見つかったファイルをA列に入力する
    For i = 1 To vFoundFiles.Count
        Cells(i, 1).Value = vFoundFiles.Item(i)
    Next
End Sub

Sub GetFileList(ByVal vPath As String)
    Dim FSO As Object
    Dim TargetFolder As Object
    Dim SubFolder As Object
    Dim vFile As Object
    
    'FileSystemObjectオブジェクトを作成して変数に代入する
    Set FSO = CreateObject("Scripting.FilesystemObject")
    
    '指定したフォルダをFolderオブジェクトとして変数に代入する
    Set TargetFolder = FSO.GetFolder(vPath)
    
    'ファイル名の取得
    'すべてのファイルに対する処理
    For Each vFile In TargetFolder.Files
        'ファイル名をコレクションに追加する
        vFoundFiles.Add Item:=vFile.Name
    Next
    
    'すべてのフォルダに対して処理を行う
```

```
    For Each SubFolder In TargetFolder.SubFolders
        '取得したフォルダに対して、GetFileLisを再び実行する
        GetFileList SubFolder.Path
    Next

    Set FSO = Nothing
End Sub
```

❖ 解説

　ここでは、サンプルファイルのあるフォルダ内の「AllFiles」フォルダ内を検索し、Nameプロパティを使用してすべてのファイル名を取得します。サブフォルダ内のファイルも取得します。

　まず、変数vFoundFilesをモジュールレベルで宣言します。この変数にファイル名を格納します。このプログラムは、Sample445プロシージャを実行することで処理が行われます。Sample445プロシージャでは、GetFileListプロシージャを呼び出した後、取得したファイル名をA列に入力しています。このGetFileListプロシージャが、ファイルを検索するプロシージャです。まず、For Eachステートメントを使用して、対象のフォルダ内のファイル名を取得し、変数vFoundFilesに代入します。次にSubFoldersプロパティを使用して、対象のフォルダにあるサブフォルダを取得します。ここでは、取得したサブフォルダをGetFileListプロシージャ（つまり、実行中のプロシージャ自身）に渡します。こうすると、いま取得したサブフォルダ内のファイルをGetFileListプロシージャで得ることができます。そして、さらにサブフォルダが無いか探します。

　この処理を繰り返すことで、すべてのファイル名を取得します。このようにGetFileListプロシージャ内で、再度GetFileListプロシージャを呼び出す処理を、再帰処理と呼びます。ここでは、指定したフォルダにあるすべてのファイルを取得するために、再帰処理を使用しています。

▼このフォルダを対象に処理を行う

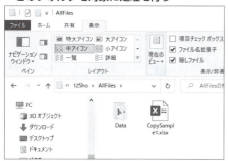

すべてのファイル名を取得する

▼実行結果

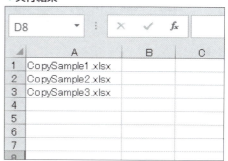

ファイル名が入力された

• SubFoldersプロパティの構文

object.SubFolders

SubFoldersプロパティは、指定したフォルダのサブフォルダを取得します。

12-4 FileSystemObjectによるフォルダの操作（作成、移動、削除など）

Tips 446 フォルダの存在を調べる

▶関連Tips 437

使用機能・命令 FolderExists メソッド

サンプルコード SampleFile Sample446.xlsm

```
Sub Sample446()
    Dim FSO As Object
    Dim temp As String
    
    'FileSystemObjectオブジェクトを作成して変数に代入する
    Set FSO = CreateObject("Scripting.FileSystemObject")
    temp = CurDir '現在のカレントフォルダを変数に代入する
    'カレントフォルダをこのブックの保存先に変更する
    ChDir ThisWorkbook.Path
    
    'Workフォルダがあるかどうかチェックする
    If FSO.FolderExists(".\Work") Then
        MsgBox "Workフォルダが存在します"
    Else
        MsgBox "Workフォルダは存在しません"
    End If
    ChDir temp 'カレントフォルダを変更前に戻す
End Sub
```

❖ 解説

ここでは、このマクロを含むブックと同じフォルダ内に「Work」フォルダが存在するかチェックし、結果をメッセージボックスに表示します。この時、FolderExistsメソッドの引数には、相対パスで「Work」フォルダを指定しています。そのため、ChDir関数でカレントフォルダを、このブックが保存されているフォルダに変更しています。また、処理終了後、カレントフォルダを変更前に戻しています。

• FolderExists メソッドの構文

object.FolderExists(folderspec)

FolderExistsメソッドは、フォルダが存在するかを取得します。存在する場合はTrueを、存在しない場合はFalseを返します。引数folderspecには、対象フォルダを指定します。対象フォルダには、相対パスを指定することも可能です。相対パスでは、「.」がカレントフォルダを示し、「..」はカレントフォルダの親フォルダを表します。

12-4 FileSystemObjectによるフォルダの操作（作成、移動、削除など）

フォルダを作成する

▶関連Tips
446

使用機能・命令 **CreateFolder メソッド**

サンプルコード　SampleFile Sample447.xlsm

```
Sub Sample447()
    Dim FSO As Object
    Dim temp As String

    'FileSystemObjectオブジェクトを作成して変数に代入する
    Set FSO = CreateObject("Scripting.FileSystemObject")

    On Error Resume Next 'エラー処理を開始
    'フォルダを作成する
    temp = FSO.createfolder(ThisWorkbook.Path & "\Data4")

    If Err.Number = 0 Then 'エラーが発生したかの判定
        MsgBox temp & "フォルダを作成しました"
    Else
        MsgBox temp & "フォルダは作成できませんでした" & vbLf _
            & Err.Description
    End If
End Sub
```

❖ 解説

　ここでは、CreatFolderメソッドを使用して、「Data4」フォルダを作成します。CreateFolderメソッドは、フォルダの作成に成功すると作成したフォルダのパスを返し、失敗するとエラーになります。それを利用して、フォルダが作成されたかを判定します。そのため、On Error Resume Nextステートメントでエラーが発生しても、処理が中断しないようにしています。また、エラーが発生した場合、Descriptionプロパティを使用して、エラーの内容をメッセージボックスに表示します。

• **CreateFolderメソッドの構文**

object.CreateFolder(foldername)

　CreateFolderメソッドは、引数foldernameに指定したフォルダを作成します。すでに同名のフォルダが存在する場合はエラーになります。作成に成功すると、作成したフォルダのパスを返します。

12-4 FileSystemObjectによるフォルダの操作（作成、移動、削除など）

Tips 448 フォルダをコピーする

▶関連Tips
447
449

使用機能・命令 CopyFolder メソッド

サンプルコード SampleFile Sample448.xlsm

```
Sub Sample448()
    Dim FSO As Object
    
    'FileSystemObjectオブジェクトを作成して変数に代入する
    Set FSO = CreateObject("Scripting.FileSystemObject")
    
    'DataフォルダをWorkフォルダにコピーする
    FSO.CopyFolder ThisWorkbook.Path & "\Data", _
        ThisWorkbook.Path & "\Work\"
End Sub
```

❖ 解説

ここでは、CopyFolderメソッドを使用して、「Data」フォルダを「Work」フォルダ内にコピーします。この時、コピー先のフォルダ名には末尾に「\」を付けます。これで、コピー先がフォルダであることを表します。

▼「Work」フォルダにフォルダをコピーする

コピーするフォルダは「Data」フォルダ

▼実行結果

フォルダがコピーされた

• CopyFolderメソッドの構文

CopyFolder source, destination[, overwrite]

CopyFolderメソッドは、指定したフォルダをコピーします。引数sourceにコピーするフォルダを、引数destinationにコピー先を指定します。

引数sourceにはワイルドカードを使用できます。ただし、ワイルドカードに該当するファイルが1つも存在しないとエラーになります。また、ワイルドカードが使えるのはパスの最終要素だけです。なお、引数destinationと同じ名前のフォルダがすでに存在する場合、引数overwriteにTrueを指定すると上書きし、Falseを指定したときはエラーが発生します。規定値はTrueです。

12-4 FileSystemObjectによるフォルダの操作（作成、移動、削除など）

Tips 449 フォルダを移動する

▶関連Tips 448

使用機能・命令 MoveFolderメソッド

サンプルコード SampleFile Sample449.xlsm

```
Sub Sample449()
    Dim FSO As Object
    
    'FileSystemObjectオブジェクトを作成して変数に代入する
    Set FSO = CreateObject("Scripting.FileSystemObject")
    
    'DataフォルダをWorkフォルダ内に移動する
    FSO.MoveFolder ThisWorkbook.Path & "\Data", _
        ThisWorkbook.Path & "\Work\"
End Sub
```

❖ 解説

ここでは、MoveFolderメソッドを使用して、このマクロを含むブックと同じフォルダのDataフォルダを、同じ階層のWorkフォルダに移動します。なお、**移動先にすでに同名のフォルダがある場合はエラーになります**。

▼フォルダを移動する

このフォルダに「Data」フォルダを移動する

▼実行結果

フォルダが移動した

• MoveFolderメソッドの構文

　MoveFolder source, destination

　MoveFolderメソッドは、引数sourceに指定したフォルダを、引数destinationに指定したパスに移動します。引数sourceには、ワイルドカードを使うことができます。ただし、ワイルドカードを使用できるのは、指定する要素の最後の要素のみです。

Tips 450 フォルダを削除する

▶関連Tips 440 447 448 449

使用機能・命令 DeleteFolderメソッド

サンプルコード SampleFile Sample450.xlsm

```
Sub Sample450()
    Dim FSO As Object

    'FileSystemObjectオブジェクトを作成して変数に代入する
    Set FSO = CreateObject("Scripting.FileSystemObject")
    'Data2フォルダを削除する
    FSO.DeleteFolder ThisWorkbook.Path & "\Data2"
End Sub
```

❖ 解説

ここでは、DeleteFolderメソッドを使用して、サンプルファイルと同じ階層にある「Data2」フォルダを削除します。この時、「Data2」フォルダが存在しないとエラーになります。また、DeleteFolderメソッドは、引数forceを省略した場合で、削除するフォルダ内に読み取り専用のファイルがあるとエラーになります。

▼フォルダを削除する

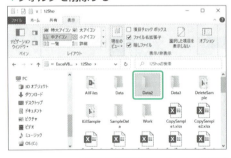

「Data2」フォルダを削除する

▼実行結果

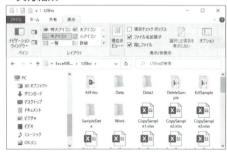

フォルダが削除された

• DeleteFolder メソッドの構文

object.DeleteFolder folderspec[, force]

DeleteFolderメソッドは、引数folderspecに指定したフォルダを削除します。フォルダ内のファイルもすべて削除します。引数forceは省略可能です。Trueを指定すると、読み取り専用ファイルも削除されます。規定値はFalseです。

12-4 FileSystemObjectによるフォルダの操作（作成、移動、削除など）

フォルダの属性を調べる

▶関連Tips
441

使用機能・命令 Attributesプロパティ

サンプルコード SampleFile Sample451.xlsm

```
Sub Sample451()
    Dim FSO As Object
    Dim FolderObject As Object
    'FileSystemObjectオブジェクトを作成して変数に代入する
    Set FSO = CreateObject("Scripting.FileSystemObject")
    '対象のフォルダをFolderオブジェクトとして変数に代入する
    Set FolderObject = FSO.GetFolder(ThisWorkbook.Path _
        & "¥Data3")
    '対象フォルダが読み取り専用かチェックする
    If FolderObject.Attributes And 1 Then
        '読み取り専用の場合読み取り専用を解除する
        FolderObject.Attributes = 0
    End If
End Sub
```

❖ 解説

フォルダの属性を取得/設定します。ここでは、「Data3」フォルダに読み取り専用の属性が付いているかをチェックし、読み取り専用の場合は属性を解除します。

属性が設定されているかどうかは、And 演算子を使用して判定します。「取得したい属性 And 確認したい属性」のように記述し、Trueになれば、その属性が設定されていることがわかります。

Attributes プロパティに指定する値は、Tips441を参照してください。

• **Attributesプロパティの構文**

object.Attributes

Attributes プロパティは、objectに指定したFolderオブジェクトの属性を取得/設定します。
設定する属性は数値で指定します。なお、複数の属性を設定する場合は、＋演算子を使用して数値を加算します。

12-4 FileSystemObjectによるフォルダの操作(作成、移動、削除など)

ドライブの総容量と空き容量を調べて使用容量を計算する

▶関連Tips
453
454

使用機能・命令 TotalSizeプロパティ/FreeSpaceプロパティ

サンプルコード　SampleFile Sample452.xlsm

```
Sub Sample452()
    Dim FSO As Object
    Dim Total As Long, Free As Long

    'FileSystemObjectオブジェクトを作成して変数に代入する
    Set FSO = CreateObject("Scripting.FileSystemObject")
    'CドライブをDriveオブジェクトとして取得し、処理対象にする
    With FSO.GetDrive("C")
        '総容量をGB単位で取得する
        Total = .TotalSize / 1024 / 1024 / 1024
        '空き容量をGB単位で取得する
        Free = .FreeSpace / 1024 / 1024 / 1024
    End With
    '取得した値をメッセージボックスに表示する
    MsgBox "総容量:" & Total & "GB" & vbCrLf _
        & "空き容量:" & Free & "GB"
End Sub
```

❖ 解説

ここでは、Cドライブの総容量と空き容量を取得し、メッセージボックスに表示します。

GetDriveメソッドで、CドライブをDriveオブジェクトとして取得します。TotalSizeプロパティで総容量を、FreeSpaceプロパティで空き容量を取得します。

それぞれバイト単位で取得されるため、1024での除算を繰り返し、GB単位で取得します。

•TotalSizeプロパティ/FreeSpaceプロパティの構文

object.TotalSize/FreeSpace

TotalSizeプロパティは、指定したドライブの総容量を取得します。また、FreeSpaceプロパティは空き容量を取得します。いずれも、単位はバイト単位になります。

なお、objectには、FileSystemObjectオブジェクトのDriveオブジェクトを指定します。ドライブオブジェクトはGetDriveメソッドで取得します。

12-4 FileSystemObjectによるフォルダの操作（作成、移動、削除など）

Tips 453 すべてのドライブの種類を調べる

▶関連Tips 454

使用機能・命令 DriveTypeプロパティ

サンプルコード SampleFile Sample453.xlsm

```vba
Sub Sample453()
    Dim FSO As Object
    Dim DriveObject As Object
    Dim msg As String
    'FileSystemObjectオブジェクトを作成して変数に代入する
    Set FSO = CreateObject("Scripting.FileSystemObject")
    'すべてのドライブを対象に処理を行う
    For Each DriveObject In FSO.Drives
        msg = msg & DriveObject.DriveLetter & ":"   'ドライブレターを取得する
        'ドライブの種類に応じてメッセージを取得する
        Select Case DriveObject.DriveType
            Case 0: msg = msg & "不明" & vbLf
            Case 1: msg = msg & "リムーバブルディスク" & vbLf
            Case 2: msg = msg & "ハードディスク" & vbLf
            Case 3: msg = msg & "ネットワークドライブ" & vbLf
            Case 4: msg = msg & "CD-ROMドライブ" & vbLf
            Case 5: msg = msg & "RAMディスク" & vbLf
        End Select
    Next
    MsgBox msg, vbInformation   '取得したメッセージを表示する
End Sub
```

❖ **解説**

ここでは、パソコンのすべてのドライブの種類を取得し、メッセージボックスに表示します。

Drivesコレクションに対してループ処理を行い、すべてのDriveオブジェクトについて、DriveType プロパティでドライブの種類を取得します。また、DriveLetterプロパティを使用して、ドライブレターも取得しています。なお、Driveプロパティが返す値とドライブの種類は、サンプル内Select Case ステートメントで指定した値がすべてです。

•**DriveTypeプロパティの構文**

object.DriveType

DriveTypeプロパティは、objectに指定したドライブの種類を取得します。

12-4 FileSystemObjectによるフォルダの操作（作成、移動、削除など）

Tips 454 ドライブのファイルシステムの種類を調べる

▶関連Tips 458

使用機能・命令 **FileSystem プロパティ**

サンプルコード SampleFile Sample454.xlsm

```
Sub Sample454()
    Dim FSO As Object
    Dim DriveObject As Object
    Dim msg As String
    'FileSystemObjectオブジェクトを作成して変数に代入する
    Set FSO = CreateObject("Scripting.FileSystemObject")

    'すべてのドライブに対する処理
    For Each DriveObject In FSO.Drives
        'ドライブが準備できているかチェックする
        If DriveObject.IsReady Then
            'ドライブレターを取得
            msg = msg & DriveObject.DriveLetter & ":"
            'ドライブのファイルシステムを取得
            msg = msg & DriveObject.FileSystem & vbLf
        End If
    Next
    '取得したメッセージを表示する
    MsgBox msg, vbInformation
End Sub
```

❖ 解説

　ここでは、すべてのドライブを対象にファイルシステムを取得して、メッセージボックスに表示します。ただし、DVDドライブのように、リムーバブルディスクを使用するドライブの場合、ディスク等がドライブに入っていないと（準備ができていないと）エラーになります。
　そこで、IsReadyプロパティでドライブの準備ができているか判定し、準備ができているドライブのファイルシステムを取得しています。

・**FileSystem プロパティの構文**

object.FileSystem

　FileSystemプロパティは、objectに指定したDriveオブジェクトのファイルシステムを返します。返される値は、「FAT」「NTFS」「CDFS」の3種類です。

第13章
455~493

データ連携の極意（他のアプリケーションとの連携）

13-1 テキストファイルとの連携
　　　（ファイルを開く、読み込み/書き込みなど）
13-2 他のアプリケーションとの連携
　　　（WordやOutlookとの連携など）
13-3 データベースとの連携（AccessやSQLの利用など）

13-1 テキストファイルとの連携（ファイルを開く、読み込み/書き込みなど）

テキストファイルを開く

▶関連Tips
456
458

使用機能・命令 OpenTextメソッド

サンプルコード SampleFile Sample455.xlsm

```
Sub Sample455()
    'カンマ区切りでデータが入力された販売データ.txtを読み込む
    Workbooks.OpenText Filename:=ThisWorkbook.Path & "\販売データ.txt" _
        , DataType:=xlDelimited _
        , TextQualifier:=xlTextQualifierNone _
        , Comma:=True
End Sub
```

❖ 解説

テキストファイルを読み込みます。OpenTextメソッドの引数及び、引数に設定する値は次のとおりです。

◆ OpenTextメソッドの引数

引数	説明
Filename	読み込むテキストファイル名を指定する
Origin	テキストファイルの元のプラットフォームを指定。使用できる定数は、XlPlatformクラスのxlMacintosh、xlWindows、xlMSDOSのいずれか。また、目的のコードページのコードページ番号を表す整数値を指定することもできる。例えば、"1256"の場合、ソーステキストファイルのエンコードは"アラビア語 (Windows)"であることを示す。この引数を省略すると、テキストインポートウィザードの[元のファイル]の現在の設定値を使用する
StartRow	取り込み開始行を指定
DataType	ファイルに含まれるデータの形式を指定。使用できる定数は、XlTextParsingTypeクラスのxlDelimited（区切り文字）またはxlFixedWidth（固定長）
TextQualifier	文字列の引用符を指定
ConsecutiveDelimiter	連続した区切り文字を1文字として扱うときはTrueを指定
Tab	区切り文字にタブを使うときはTrueを指定
Semicolon	区切り文字にセミコロン (;) を使うときはTrueを指定
Comma	区切り文字にカンマ (,) を使うときはTrueを指定
Space	区切り文字にスペースを使うときはTrueを指定
Other	区切り文字に引数OtherCharで指定した文字を使うときはTrueを指定
OtherChar	引数OtherがTrueのとき、区切り文字を指定

13-1 テキストファイルとの連携（ファイルを開く、読み込み／書き込みなど）

FieldInfo	各列のデータ形式を示す配列を指定。データが区切り記号で区切られている場合は、この引数に配列を使用して、特定の列の変換オプションを指定。データが固定長の場合、Array(開始位置, データ形式)と、固定長でない場合は、Array(列番号, データ形式)の様に指定。データ形はXlColumnDataTypeクラスの定数を指定
TextVisualLayout	テキストの視覚的な配置を指定
DecimalSeparator	Excelで数値を認識する場合に使う小数点の記号
ThousandsSeparator	Excelで数値を認識する場合に使う桁区切り記号
TrailingMinusNumbers	末尾に負符号が付く数値を負の数値として扱う場合は、Trueを指定
Local	区切り記号、数値、およびデータの書式にコンピューターの地域設定を使用する場合は、Trueを指定

◆ 引数TextQualifierに指定するXlTextQualifierクラスの定数

定数	値	説明
xlTextQualifierDoubleQuote	1	二重引用符（"）
xlTextQualifierNone	−4142	引用符なし
xlTextQualifierSingleQuote	2	一重引用符（'）.

◆ 引数FieldInfoに指定する、XlColumnDataTypeクラスの定数

定数	値	説明
xlDMYFormat	4	DMY日付形式
xlDYMFormat	7	DYM日付形式
xlEMDFormat	10	EMD日付形式
xlGeneralFormat	1	一般形式
xlMDYFormat	3	MDY日付形式
xlMYDFormat	6	MYD日付形式
xlSkipColumn	9	列は解析されない
xlTextFormat	2	テキスト形式
xlYDMFormat	8	YDM日付形式
xlYMDFormat	5	YMD日付形式

● OpenTextメソッドの構文

object.OpenText(Filename, Origin, StartRow, DataType, TextQualifier, Consecutive, Delimiter, Tab, Semicolon, Comma, Space, Other, OtherChar, FieldInfo, TextVisualLayout, DecimalSeparator, ThousandsSeparator, TrailingMinusNumbers, Local)

OpenTextメソッドはテキストファイルを読み込みます。読み込まれたテキストファイルを1つのワークシートとした、新しいブックが開かれます。

13-1 テキストファイルとの連携（ファイルを開く、読み込み/書き込みなど）

Tips 456 固定長フィールド形式のテキストファイルを開く

▶関連Tips 455

使用機能・命令 OpenTextメソッド

サンプルコード SampleFile Sample456.xlsm

```
Sub Sample456()
    '固定長テキストファイルの「得意先.txt」を開く
    Workbooks.OpenText Filename:=ThisWorkbook.Path & "¥得意先.txt" _
        , DataType:=xlFixedWidth _
        , FieldInfo:=Array(Array(0, xlGeneralFormat) _
        , Array(2, xlTextFormat), Array(17, xlTextFormat) _
        , Array(25, xlTextFormat), Array(55, xlTextFormat))
    'A～E列の列幅を自動調整する
    ActiveSheet.Columns("A:E").AutoFit
End Sub
```

❖ 解説

ここでは、固定長テキストファイルを開きます。固定長テキストファイルを開くには、OpenTextメソッドの引数DataTypeにxlFixedWidthを指定し、引数FieldInfoに各列の開始位置の情報をArray関数(→Tips034)を使用して、配列で指定します。Array関数に指定する値は、Array(開始位置,データ形式)となります。これをさらにArray関数で配列として、引数FieldInfoに渡します。

ここでは、最初のフィールドを一般形式、残りのフィールドをテキスト形式で読み込みます。なお、固定長フィールド形式のデータは、1列目の開始位置を「0」で指定します。また、2バイトデータは2文字と計算します。最後に、AutoFitメソッドを使用して、A～E列の列幅を自動調整します。

▼実行結果

	A	B	C	D	E
1	1	神田商事（株）	2110041	川崎市中原区下小田中23-XX	(044)XXX-X
2	2	ITプラクティス	1600023	東京都新宿区西新宿1-21-XX	(03)XXXX-X
3	3	プラスワン	1460082	東京都大田区池上2-702-XX	(03)XXXX-X
4	4	中村工務店	2410014	横浜市旭区市沢町19-X	(045)XXX-X
5	5	（株）濱田書店	2110053	川崎市中原区上小田中23-XX	(075)XXX-X
6	6	米田商事	2210814	横浜市神奈川区旭ヶ丘X-XXX	(045)XXX-X
7					
8			テキストファイルがExcelで表示された		
9					

●OpenTextメソッドの構文

object.OpenText(Filename, Origin, StartRow, DataType, TextQualifier, Consecutive, Delimiter, Tab, Semicolon, Comma, Space, Other, OtherChar, FieldInfo, TextVisualLayout, DecimalSeparator, ThousandsSeparator, TrailingMinusNumbers, Local)

OpenTextメソッドは、テキストファイルを読み込みます。固定長フィールド形式とは、各列の文字列の長さを一定にし、それぞれのデータの開始位置を設定したファイル形式のことです。引数DayaTypeにxlFixedWidthを指定すると、固定長のデータを読み込むことができます。OpenTextメソッドのその他の引数については、Tips455を参照してください。

13-1 テキストファイルとの連携（ファイルを開く、読み込み/書き込みなど）

数値データを文字データに変換してテキストファイルを開く

▶関連Tips
455
456

使用機能・命令 OpenTextメソッド

サンプルコード SampleFile Sample457.xlsm

```
Sub Sample457()
    '「得意先リスト.txt」ファイルを指定したフォーマットで開く
    Workbooks.OpenText Filename:=ThisWorkbook.Path & "¥得意先リスト.txt" _
        , DataType:=xlDelimited, Comma:=True _
        , FieldInfo:=Array(Array(1, xlGeneralFormat) _
        , Array(2, xlTextFormat), Array(3, xlSkipColumn) _
        , Array(4, xlTextFormat), Array(5, xlTextFormat))
    'A～E列の列幅を自動調整する
    ActiveSheet.Columns("A:E").AutoFit
End Sub
```

❖ 解説

OpenTextメソッドを使用すると、テキストファイルを開く際に、列ごとにフォーマットを設定することができます。また、読み込まない列を指定することもできます。列ごとの設定を行うには、引数FieldInfoに列ごとの読み込み方法を指定します。ここでは、引数DataTypeにxlDelimitedを指定しているため、引数FieldInfoに指定するArray関数（→Tips034）は、Array(列番号, データ形式)となります。そして、1列目の数値をテキスト形式に変換して読み込み、3列目のデータはArray関数を使って指定するデータ形式の箇所にxlSkipColumnを指定してスキップします。最後に、AutoFitメソッドを使って、A～E列の列幅を自動調整します。

▼実行結果

テキストファイルがExcelで表示された

• OpenTextメソッドの構文

object.OpenText(Filename, Origin, StartRow, DataType, TextQualifier, Consecutive, Delimiter, Tab, Semicolon, Comma, Space, Other, OtherChar, FieldInfo, TextVisualLayout, DecimalSeparator, ThousandsSeparator, TrailingMinusNumbers, Local)

OpenTextメソッドはテキストファイルを読み込みます。引数FieldInfoにXlColumnDataTypeクラスの定数を使用すると、特定のデータの形式を変換してファイルを開くことが可能です。OpenTextメソッドのその他の引数については、Tips455を参照してください。

13-1 テキストファイルとの連携（ファイルを開く、読み込み/書き込みなど）

Tips 458 テキストファイルのデータを読み込む

▶関連Tips
455
456
457

使用機能・命令 Openステートメント/Inputステートメント/Closeステートメント

サンプルコード　SampleFile Sample458.xlsm

```
Sub Sample458()
    Dim temp(5) As String
    Dim i As Long, j As Long
    '「得意先リスト.txt」をシーケンシャル入力モードで開く
    Open ThisWorkbook.Path & "¥得意先リスト.txt" For Input As #1
    'ファイルの最後まで処理を繰り返す
    Do Until EOF(1)
        '1行6列分のデータを読み込む
        Input #1, temp(0), temp(1), temp(2), temp(3), temp(4), temp(5)
        '各列のデータをワークシートに入力する
        i = i + 1
        For j = 0 To 5
            Range("A1").Item(i, j + 1).Value = temp(j)
        Next
    Loop
    Close #1 'ファイルを閉じる
    ActiveSheet.Columns("A:F").AutoFit 'A～F列の列幅を自動調整する
End Sub
```

❖ 解説

　ここでは、「得意先リスト.txt」ファイルのデータを読み込みます。Openステートメントでデータを開き、InputステートメントとDo Loopを組み合わせて、ファイルの最後まで1行ずつ処理を行います。EOF関数は、指定したファイル番号のデータの末尾まで処理が進むと、Trueを返します。Inputステートメントで1行6列分のデータを配列に読み込み、その配列を使用して、セルにデータを入力します。

　ファイルを開くときには、ファイル番号を指定します。このファイル番号は、すでに使用されている番号を指定するとエラーになります。ここでは「1」を指定していますが、FreeFile関数を使用して取得した値を使用するのが一般的です。FreeFile関数は、現在未使用のファイル番号を返す関数です。

　なお、Inputステートメントは、シーケンシャル入力（Input）モードで開かれたファイルをカンマで区切られた単位で読み込みます。データ内の「"（ダブルクォーテーション）」は無視されます。

　ファイルを読み込み終わったら、Closeステートメントでファイルを閉じます。

　なおOpenステートメントの引数は、次のようになります。

13-1 テキストファイルとの連携（ファイルを開く、読み込み/書き込みなど）

◆ Openステートメントに設定する項目

引数	内容
pathname	ファイル名を指定。フォルダ名、またはドライブ名も含めて指定する
mode	ファイルモードを示す、次のいずれかのキーワードを指定する。Append（追加）、Binary（バイナリ）、Input（シーケンシャル入力）、Output（シーケンシャル出力）、Random（ランダムアクセス）。省略すると、ファイルはランダムアクセスモードで開かれる
Access	開くファイルに対して行う処理を示す、次のいずれかのキーワードを指定する。Read（読み取り専用）、Write（書き込み専用）、またはRead Write（読み書き）
lock	開くファイルに対する、他のプロセスからのアクセスを制御する、次のいずれかのキーワードを指定する。Shared（読み書き可）、Lock Read（読み込み不可）、Lock Write（書き込み不可）、またはLock Read Write（読み書き不可）
filenumber	1～511の範囲で任意のファイル番号を指定する
reclength	32,767バイト以下の数値を指定する。ランダムアクセスファイルの場合は、レコード長を表す。シーケンシャルファイルの場合は、バッファの容量を表す

▼テキストファイルを読み込む

カンマ区切りのデータを読み込む

▼実行結果

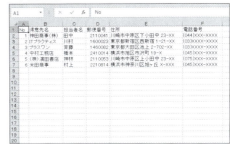

Excelに読み込まれた

•Openステートメントの構文

Open pathname For mode [Access access] [lock] As [#]filenumber [Len=reclength]

•Inputステートメントの構文

Input #filenumber, varlist

•Closeステートメントの構文

Close [filenumberlist]

　Openステートメントは、指定したテキストファイルを開きます。Inputステートメントはデータを読み込みます。Closeステートメントは、指定したファイルを閉じます。テキストファイルを読み込む場合、この流れが基本となります。Openステートメントに指定する値は、「解説」を参照してください。

13-1 テキストファイルとの連携（ファイルを開く、読み込み/書き込みなど）

Tips 459 テキストファイルを1行ずつ読み込む

▶関連Tips 458

使用機能・命令 Line Inputステートメント

サンプルコード SampleFile Sample459.xlsm

```
Sub Sample459()
    Dim num As Integer
    Dim temp As String
    Dim DataArray As Variant
    Dim i As Long, j As Long

    num = FreeFile   'ファイル番号を取得する
    '「得意先リスト.txt」を開く
    Open ThisWorkbook.Path & "\得意先リスト.txt" For Input As #num
    'ファイルの末尾まで処理を繰り返す
    Do Until EOF(num)
        Line Input #num, temp   '1行分のデータを読み込む
        DataArray = Split(temp, ",")   'カンマで分割して配列に格納する
        i = i + 1
        For j = 0 To UBound(DataArray) - 1   '配列のデータ数だけ処理を繰り返す
            'セルに配列のデータを書き込む
            Range("A1").Item(i, j + 1).Value = DataArray(j)
        Next
    Loop
    Close #num   'ファイルを閉じる
End Sub
```

❖ 解説

「得意先リスト.txt」は、カンマでデータが区切られたテキストファイルです。このファイルを読み込みます。FreeFile関数でファイル番号を取得し、Openステートメントでデータを開き、ファイルの最後まで1行ずつ処理を行います。EOF関数は、指定したファイル番号のデータの末尾まで処理が進むとTrueを返します。Line Inputステートメントで、変数tempに1行分のデータを読み込みます。読み込んだデータをSplit関数で、カンマごとに分けた配列に取り込みます。この配列（変数DataArray）の値をループ処理で、セルに入力します。

• Line Inputステートメントの構文

Line Input #filenumber, varname

テキストファイルを1行ずつ読み込むには、Line Inputステートメントを使用します。
Line Inputステートメントは、シーケンシャル入力モードで開いたテキストファイルを1行ずつ読み込み、引数varnameに指定した変数に代入します。

Tips 460 ワークシートの内容をカンマ区切りでテキストファイルに書き込む

▶関連Tips 463

使用機能・命令 Write ステートメント

サンプルコード SampleFile Sample460.xlsm

```vb
Sub Sample460()
    Dim num As Integer
    Dim temp As Range
    Dim i As Long
    'セルA1を含む範囲を取得する
    Set temp = Range("A1").CurrentRegion
    num = FreeFile    'ファイル番号を取得する
    '会員データ.txtを出力モードで開く
    Open ThisWorkbook.Path & "\会員データ.txt" For Output As #num
    For i = 1 To temp.Rows.Count
        With temp
            '5列分のデータを書き込む
            Write #num, .Cells(i, 1), .Cells(i, 2), .Cells(i, 3) _
                , .Cells(i, 4), .Cells(i, 5)
        End With
    Next
    Close #num    'ファイルを閉じる
End Sub
```

❖ 解説

ワークシートには、A～E列までの5行分のデータが入力されています。このデータを「会員データ.txt」ファイルに出力します。Openステートメントは出力モードでファイルを開く際に、該当するファイルがないと、自動的にそのファイルを作成します。まず、CurrentRegionプロパティでセルA1を含むセル範囲を取得し、ループ処理ですべての行のデータをWriteステートメントを使ってファイルに書き込みます。なお、Writeステートメントを使用して書き込んだ値は、自動的に「"（ダブルクォーテーション）」で囲まれます（ただし、日付データは「#」で囲まれます）。

• **Write ステートメントの構文**

Write #filenumber [, outputlist]

ワークシートの内容をセルごとにカンマで区切ってテキストファイルに出力するには、Writeステートメントを利用します。Writeステートメントは、シーケンシャル出力モード（OutputまたはAppend）で開いたテキストファイルにデータを書き込みます。引数filenubmerにはファイル番号を、引数outputlistには、ファイルに出力するデータをカンマで区切られた式で指定します。

13-1 テキストファイルとの連携（ファイルを開く、読み込み/書き込みなど）

Tips 461 ワークシートの内容を行単位でテキストファイルに書き込む

▶関連Tips 461

使用機能・命令 Printステートメント

サンプルコード SampleFile Sample461.xlsm

```
Sub Sample461()
    Dim num As Integer
    Dim temp As Variant
    Dim i As Long
    
    'セルA1を含む範囲の値を変数tempに配列として代入する
    temp = Range("A1").CurrentRegion.Value
    
    num = FreeFile   'ファイル番号を取得する
    '「報告.txt」ファイルをシーケンシャル出力モードで開く
    Open ThisWorkbook.Path & "\報告.txt" For Output As #num
    
    For i = 1 To UBound(temp)   '配列に対して処理を行う
        '各行の値からカンマ区切りのデータを作成し、テキストファイルに入力する
        Print #num, Join(WorksheetFunction.Index(temp, i), ",")
    Next
    Close #num   'ファイルを閉じる
End Sub
```

❖ 解説

ワークシートの内容を、テキストファイルに出力します。すべての行のデータをカンマ区切りで出力します。ここでは、セルA1を含むセル範囲を一旦、変数tempに配列として代入します。ファイル番号をFreeFile関数で取得し、Openステートメントで「報告.txt」ファイルを開きます。

ループ処理を使用して、すべての行を順番に処理します。Printステートメントは、1度に1行分のデータを書き込みます。そこで、Index関数を使用して配列から1行分の配列を抜き出し、さらにJoin関数を使用して、カンマで区切って1行分のデータを作成しています。

• Printステートメントの構文

Print #filenumber [, outputlist]

ワークシートの内容をテキストファイルに書き込むには、Printステートメントを利用します。
　Printステートメントは、シーケンシャル出力モード（OutPutまたはAppend）で開いたファイルにデータを書き込みます。

13-1 テキストファイルとの連携（ファイルを開く、読み込み/書き込みなど）

Tips 462 テキストファイルの指定した位置からデータを読み込む

▶関連Tips 458 459

使用機能・命令 Seekステートメント

サンプルコード SampleFile Sample462.xlsm

```
Sub Sample462()
    Dim buf As String, num As Integer
    num = FreeFile    'ファイル番号を取得する
    'Data.txtファイルを入力モードで開く
    Open ThisWorkbook.Path & "\Data.txt" For Input As #num
    Seek #num, 5    '開始位置を5バイト目にする
    Input #num, buf    '変数bufにデータを読み込む
    Close #num    'ファイルを閉じる
    MsgBox "読み込んだ値：" & buf
End Sub
```

❖ 解説

Seekステートメントは、データを読み込んだり書き込んだりする位置をバイト数で指定します。ここでは、「Data.txt」ファイルの5バイト目から読み込むように指定します。その後、Inputステートメントでデータを変数bufに読み込み、データをメッセージボックスに表示します。

▼5バイト目から読み込む

「5」以降の値を読み込む

▼実行結果

5バイト目以降が読み込まれた

• Seekステートメントの構文

Seek [#]filenumber,position

Seekステートメントは、引数positionに開始位置を指定して、Openステートメントで開いたファイルの、次の書き込み位置や読み込み位置を設定します。指定できるのは、1～2,147,483,647です。値は、開いたファイルがRandomモード以外の場合はバイト位置、Randomモードの場合はレコード位置になります。引数positionに、ファイルの末尾より後ろの位置を指定して書き込みを行うと、ファイルの末尾にデータが追加されます。

13-1 テキストファイルとの連携（ファイルを開く、読み込み/書き込みなど）

Tips 463 ファイルの指定した位置にデータを書き込む

▶関連Tips
460
461

使用機能・命令 **Putステートメント**

サンプルコード SampleFile Sample463.xlsm

```
Sub Sample463()
    Dim num As Integer

    num = FreeFile    'ファイル番号を取得する
    'Data.datファイルをバイナリモードで開く
    Open ThisWorkbook.Path & "\Data.bat" For Binary As #num
    Put #num, 5, "abc"    '5バイト目以降に「abc」と書き込む

    Close #num    'ファイルを閉じる
End Sub
```

❖ 解説

ここでは、「Data.dat」ファイルに文字列「abc」を書き込みます。Putステートメントの引数recnumberに「5」を指定して、書き込む位置を5バイト目にします。なお、Putステートメントでデータを書き込む際、指定した位置にデータがあると上書きされます。

▼5バイト目（5文字目）以降に書き込む

```
Data.bat - メモ帳
ファイル(F) 編集(E) 書式(O) 表示(V) ヘルプ(H)
123456789
```
「abc」と書き込む

▼実行結果

```
Data.bat - メモ帳
ファイル(F) 編集(E) 書式(O) 表示(V) ヘルプ(H)
1234abc89
```
もともとの文字が上書きされて、「abc」と書き込まれた

・Putステートメントの構文

Put #fileNumber, [recnumber], varname

Putステートメントは、指定した値をファイルに書き込みます。引数fileNumberには、任意のファイル番号を指定します。開くファイルはRandomモード、またはBinaryモードになります。引数recnumberは書き込みを開始するレコード番号（Randomモード時）や、バイト位置（Binaryモード時）を指定します（省略可）。引数varnameには、書き込むデータを格納している変数の名前を指定します。

13-1 テキストファイルとの連携（ファイルを開く、読み込み/書き込みなど）

大きなテキストファイルを高速に読み込む

▶関連Tips 036

使用機能・命令 Getステートメント/Split関数

サンプルコード　SampleFile Sample464.xlsm

```
Sub Sample464()
    Dim num As Integer
    Dim buf() As Byte
    Dim DataList As Variant, temp As Variant, Data() As Variant
    Dim RowNum As Long
    Dim i As Long, j As Long
    num = FreeFile  'ファイル番号を取得する
    'Data.csvファイルをバイナリモードで開く
    Open ThisWorkbook.Path & "\Data.csv" For Binary As #num
    'ファイルの長さを取得し、変数bufの大きさを確保する
    ReDim buf(1 To LOF(num))
    Get #num, , buf  'ファイルを変数bufに読み込む
    Close #num  'ファイルを閉じる
    
    '読み込んだデータを改行コードで区切り、配列に代入
    '配列は行ごとのデータになる
    DataList = Split(StrConv(buf, vbUnicode), vbCrLf)
    
    RowNum = UBound(DataList) 'データの行数を取得
    For i = 1 To RowNum  'データの行数分処理を繰り返す
        '1行分のデータをカンマで区切り配列に代入
        temp = Split(DataList(i - 1), ",")
        '配列変数Dataの要素数を変更する
        ReDim Preserve Data(1 To RowNum, 1 To UBound(temp) + 1)
        For j = 1 To UBound(temp) + 1  '1行の各データを処理
            Data(i, j) = temp(j - 1)  'データを配列に代入
        Next
    Next
    'データをセルに書き込む
    Range("A1").Resize(UBound(Data), UBound(Data, 2)).Value = Data
End Sub
```

13-1 テキストファイルとの連携（ファイルを開く、読み込み/書き込みなど）

❖ 解説

ここでは、「Data.csv」ファイルを高速に読み込み、ワークシートに展開します。

VBAの処理では、セルにアクセスする回数が少ない方が速度的に有利です。そこで、配列を駆使してcsvファイルを配列に格納し、最後に1回の処理でデータをワークシートに転記します。

まず、Getステートメントを使用して、「Data.csv」ファイルをまとめて変数bufに読み込みます。Getステートメントでデータを読み込む変数に、変数bufを指定しています。この時、事前にLOF関数を使用して、変数bufにファイルのデータ分の容量を確保しています。Getステートメントでは指定した変数のサイズ分のデータしか読み込めないため、この処理が必要になります。

次に、Split関数を使用して、改行（vbCrLf）を基準にして読み込んだデータを行ごとのデータに分割します。

そして、取得した各行のデータに対し、今度はカンマを基準にデータを分割します。これで、1行のデータがセルごとのデータに分割されたことになります。これを配列変数Dataに格納します。

最後に、配列変数Dataの値をセルA1以降に貼り付けます。この時、Resizeプロパティを使用して、貼り付け先のセル範囲を配列変数Dataに合わせます。

▼csvファイルを読み込む

大量のデータを高速に読み込む

▼実行結果

csvファイルのデータが読み込まれた

• Getステートメントの構文

Get [#]filenumber,[recnumber],varname

• Split関数の構文

Split(expression[, delimiter[, limit[, compare]]])

Getステートメントは、ファイルのデータを読み込みます。引数filenumberには、任意のファイル番号を指定します。ファイルは、RandomモードかBinaryモードで開かれている必要があります。引数recnumberは省略可能です。読込を開始するレコード番号（Randomモード時）やバイト位置（Binaryモード時）を指定します。引数varnameには、読み込んだデータを格納する変数を指定します。

Split関数は、引数expressionに指定した文字列を、引数delimiterに指定した区切り文字で区切り、配列を返します。詳しくはTips036参照してください。

Tips 465 他のアプリケーションを起動する

▶関連Tips 467

使用機能・命令 **Shell関数**

サンプルコード　SampleFile Sample465.xlsm

```
Sub Sample465()
    'メモ帳を起動する
    Shell pathname:="Notepad.exe", windowstyle:=vbMaximizedFocus
End Sub
```

解説

ここでは、Shell関数を使用してメモ帳を最大化表示で起動します。メモ帳の実行ファイルは「Notepad.exe」です。なお、Shell関数に指定する値と引数windowstyleに指定する値は、次のとおりです。

◇ Shell関数に設定する値

引数	説明
pathname	バリアント型の値を指定する。実行するプログラム名と必要な引数名、またはコマンドラインのスイッチを指定する
windowstyle	実行するプログラムのウィンドウの形式に対応するバリアント型の値を指定する。省略すると、プログラムはフォーカスを持った状態で最小化され、実行を開始する

◇ 引数windowstyleに設定する値

定数	値	説明
vbHide	0	ウィンドウが非表示になり、フォーカスが非表示のウィンドウに渡される。vbHide定数は、Macintoshプラットフォームには適用されない
vbNormalFocus	1	ウィンドウがフォーカスを持ち、元のサイズと位置に復元される
vbMinimizedFocus	2	ウィンドウがフォーカスを持ってアイコンとして表示される
vbMaximizedFocus	3	ウィンドウがフォーカスを持って最大化される
vbNormalNoFocus	4	ウィンドウが直近のサイズと位置に復元される。アクティブウィンドウは変わらない
vbMinimizedNoFocus	6	ウィンドウがアイコンとして表示される。アクティブウィンドウは変わらない

• Shell関数の構文

Shell(pathname[, windowstyle]

VBAを利用して外部プログラムを実行するには、Shell関数を利用します。Shell関数は、プログラムを実行するとプログラムのタスクID（内部処理形式DoubleのVariant型）の値を返します。実行に問題が発生した場合は、「0」を返します。

13-2 他のアプリケーションとの連携（WordやOutlookとの連携など）

Tips 466 他のアプリケーションをキーコードで操作する

▶関連Tips
465
467

使用機能・命令 SendKeysメソッド

サンプルコード SampleFile Sample466.xlsm

```
Sub Sample466()
    'セルA1を含む範囲をコピーする
    Range("A1").CurrentRegion.Copy
    'ペイントを起動する
    Shell pathname:="mspaint.exe", windowstyle:=vbNormalFocus
    '5秒待つ
    Application.Wait Now + TimeValue("00:00:05")
    '[Ctrl]キー+[v]を送る
    SendKeys "^v", True
End Sub
```

❖ 解説

　ここでは、セルA1を含むセル範囲をコピーし、ペイントを起動して貼り付けます。Shell関数でペイントを起動した後、Waitメソッドを使用して、5秒処理を中断します。これは、ペイントが起動する前にキー送信することを避けるためです。その後、[Ctrl]キー+[V]キーでデータを貼り付けます。SendKeysメソッドに指定する値と、指定するキーの表すコードは次のとおりです。

◆ SendKeysメソッドに指定する値

値	内容
string	転送するキーコードを表す文字列式を指定する
wait	処理が終了するまで、実行を一時中断するかどうかを指定する。Falseを指定すると、送られたキー操作の終了を待たずに次の行に制御を移す

◆ キーを表すコード

キー	コード
BackSpace	{BACKSPACE}、{BS}、または{BKSP}
Ctrl+Break	{BREAK}
CapsLock	{CAPSLOCK}
DelまたはDelete	{DELETE}または{DEL}
↓	{DOWN}
End	{END}
Enter	{ENTER}または{~}
Esc	{ESC}
Help	{HELP}
Home	{HOME}
InsまたはInsert	{INSERT}または{INS}

13-2 他のアプリケーションとの連携（WordやOutlookとの連携など）

←	{LEFT}
NumLock	{NUMLOCK}
PageDown	{PGDN}
PageUp	{PGUP}
PrintScreen	{PRTSC}
→	{RIGHT}
ScrollLock	{SCROLLLOCK}
Tab	{TAB}
↑	{UP}
F1～F16	{F1}～{F16}
Shift	+
Ctrl	^
Alt	%

▼このデータを利用する　　　　　　　　　▼実行結果

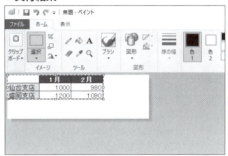

ペイントを起動してコピーする　　　　　ペイントに貼り付けられた

- **SendKeysメソッドの構文**

object.SendKeys(Keys, Wait)

　SendKeysメソッドは、アクティブなアプリケーションにキーコードを転送します。引数Keysには、任意のキーを指定します。[Alt]キーや[Ctrl]キー、[Shift]キーと組み合わせることも可能です。例えば、文字「a」を指定するには「"a"」と表記し、[Enter]キーは「{ENTER}」と表記します。

13-2 他のアプリケーションとの連携（WordやOutlookとの連携など）

Tips 467 ActiveXオブジェクトを使用する

▶関連Tips 468

使用機能・命令 CreateObject関数

サンプルコード SampleFile Sample467.xlsm

```
Sub Sample467()
    Dim objWord As Object
    'Wordオブジェクトを作成する
    Set objWord = CreateObject("Word.Application")
    'Wordに対して処理を行う
    With objWord
        .Visible = True  'Wordを表示する
        .Documents.Add   '新たにファイルを作成する
    End With
End Sub
```

❖ 解説

　ここでは、CreateObject関数を使用してWordを起動し、新規ファイルを作成します。参照設定を行っていないため、作成したWordオブジェクトを格納する変数objWordは、Object型で宣言しています。CreateObject関数でWordを作成し、VisibleプロパティでWordを表示します。この処理がないとWordは表示されません。その後、Addメソッドを使用して新たにファイルを作成しています。このように、CreateObject関数を使用すると、参照設定することなく他のアプリケーションを利用することができます。**事前に参照設定を行わないため、この手法を実行時バインディング（レイトバインディング）と言います。**

▼実行結果

Wordが起動した

• CreateObject関数の構文

CreateObject(class,[servername])

　CreateObject関数は、オートメーションに対応した他のアプリケーションを起動することができます。引数classには、作成するオブジェクトのアプリケーション名とクラスを指定します。また、引数classは「appname.objecttype」という構文を使用します。appnameにはオブジェクトを提供するアプリケーションの名前を指定し、objecttypeには作成するオブジェクトの型またはクラスを指定します。引数servernameは、オブジェクトが作成されるネットワークサーバーの名前を指定します。servernameが空の文字列("")の場合は、ローカルコンピューターが使用されます。

Tips 468 起動しているアプリケーションを参照する

▶関連Tips 467

使用機能・命令 GetObject関数

サンプルコード SampleFile Sample468.xlsm

```
Sub Sample468()
    With CreateObject("Word.Application")   'Wordを起動する
        .Visible = True    '起動したWordを表示する
        .Documents.Add     '新規文書を作成する
    End With
    '起動しているWordを参照する
    With GetObject(, "Word.Application")
        .Selection.Font.Size = 15        'フォントを15ポイントに設定する
        .Selection.TypeText Text:="Microsoft Word"   '文字を入力する
    End With
End Sub
```

❖ 解説

ここでは、CreateObject関数で起動したWordをGetObject関数を使用して改めて取得し、文字列「Microsoft Word」を15ポイントの文字の大きさで入力します。

▼実行結果

Wordに文字が入力された

・GetObject関数の構文

GetObject([pathname] [, class])

GetObject関数を利用すると、すでに起動しているアプリケーションを参照することができます。引数pathnameは、取得するオブジェクトが含まれているファイル名をフルパスで指定します。省略した場合、引数classは省略できません。引数classは、引数pathnameが省略されている場合は、必ず指定します。オブジェクトのクラスを表す文字列を指定します。引数classの指定方法は、Tips467を参照してください。

13-2 他のアプリケーションとの連携（WordやOutlookとの連携など）

Tips 469 Wordで文書を新規作成する

▶関連Tips 467

使用機能・命令 CreateObject関数

サンプルコード SampleFile Sample469.xlsm

```
Sub Sample469()
    With CreateObject("Word.Application")   'Wordを起動する
        .Documents.Add      '新規に文書を追加する
        .Visible = True     'Wordを表示する
        .Activate           'Wordをアクティブにする
    End With
End Sub

Sub Sample469_2()
    'あらかじめ参照設定を行ってWordを起動する
    With New Word.Application
        .Documents.Add      '新規に文書を追加する
        .Visible = True     'Wordを表示する
        .Activate           'Wordをアクティブにする
    End With
End Sub
```

❖ 解説

　ここでは、2つのサンプルを紹介します。いずれもWordを起動し、Addメソッドを使用して新規文書を追加します。その後、VisibleプロパティでWordを表示し、ActivateメソッドでWordをアクティブにします。ただし、1つ目のサンプルはWordを、CreateObject関数を使用して起動します。2つ目のサンプルは、あらかじめ「Microsoft Word x.x Object Library」に参照設定した場合（「x.x」の部分はバージョンによって異なります）のサンプルです。Newキーワードを使用してWordを起動しています。

・CreateObject関数の構文

CreateObject(class,[servername])

　CreateObject関数は、オートメーションに対応した他のアプリケーションを起動することができます。引数classには、作成するオブジェクトのアプリケーション名とクラスを指定します。また、引数classは、「appname.objecttype」という構文を使用します。appnameにはオブジェクトを提供するアプリケーションの名前を指定し、objecttypeには作成するオブジェクトの型またはクラスを指定します。引数servernameは、オブジェクトが作成されるネットワークサーバーの名前を指定します。servernameが空の文字列("")の場合は、ローカルコンピューターが使用されます。

Tips 470 Wordに文字列を追加する

▶関連Tips 467

使用機能・命令 CreateObject関数

サンプルコード SampleFile Sample470.xlsm

```
Sub Sample470()
    Dim WordApp As Object
    'Wordを起動する
    Set WordApp = CreateObject("Word.Application")
    'Wordファイルを開き、文末に文字を入力する
    WordApp.Documents.Open(ThisWorkbook.Path & "\WordSample.docx") _
        .Content.InsertAfter "end of doc"
    'Wordを表示する
    WordApp.Visible = True
End Sub
```

❖ 解説

ここでは、CreateObject関数でWordを起動した後、Openメソッドで「WordSample.docx」を開き、文字列「end of doc」を文書の末尾に追加します。InsertAfterメソッドは、末尾に指定した文字列を追加します。最後にWordを表示します。ここでは、起動したWordアプリケーションを、Setステートメントを使用してオブジェクト変数に代入しています。アプリケーションを起動後、別の処理を行う場合は、このように一度変数に代入すると後の記述が楽になります。

▼実行結果

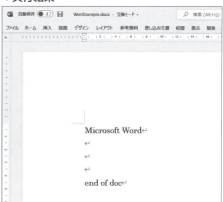

既存の文書が開き、文字列が追加された

• CreateObject関数の構文

CreateObject(class,[servername])

CreateObject関数は、オートメーションに対応した他のアプリケーションを起動することができます。引数classには、作成するオブジェクトのアプリケーション名とクラスを指定します。また、引数classは、「appname.objecttype」という構文を使用します。appnameにはオブジェクトを提供するアプリケーションの名前を指定し、objecttypeには作成するオブジェクトの型またはクラスを指定します。引数servernameは、オブジェクトが作成されるネットワークサーバーの名前を指定します。servernameが空の文字列 ("") の場合は、ローカルコンピューターが使用されます。

Tips 471 WordにExcelの表を貼り付ける

▶関連Tips 467

使用機能・命令 CreateObject関数

サンプルコード SampleFile Sample471.xlsm

```vb
Sub Sample471()
    Dim WordApp As Object, WordDoc As Object
    'セルA1を含む範囲をコピーする
    Range("A1").CurrentRegion.Copy
    'Wordを起動する
    Set WordApp = CreateObject("Word.Application")
    WordApp.Visible = True    'Wordを表示する
    'WordSample.docxを開き変数に代入する
    Set WordDoc = WordApp.Documents.Open(ThisWorkbook.Path _
        & "\WordSample.docx")
    With WordDoc
        .Range(.Range.End - 1).Paste    '文書の末尾に貼り付ける
    End With
End Sub
```

❖ 解説

ここでは既存のWord文書 (WordSample.docx) を開き、Excelの表を貼り付けます。ここでは、セルA1を含む表をWord文書の末尾に貼り付けます。CreateObject関数でWordアプリケーションを起動し、Openメソッドで文書を開きます。Word VBAのRangeオブジェクトとEndプロパティを使用して文書の末尾を取得し、Pasteメソッドで貼り付けます。

▼実行結果

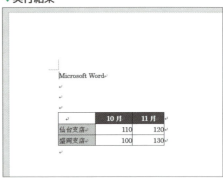

Wordが起動し表が貼り付けられた

• CreateObject関数の構文

CreateObject(class,[servername])

CreateObject関数は、オートメーションに対応した他のアプリケーションを起動することができます。CreateObject関数の引数については、Tips467を参照してください。

Tips 472 ExcelのグラフをWordに図として貼り付ける

▶関連Tips 340 467

使用機能・命令 CopyPictureメソッド

サンプルコード SampleFile Sample472.xlsm

```
Sub Sample472()
    Dim WordApp As Object
    Dim WordDoc As Object

    'Excelのグラフを図としてコピーする
    Worksheets(1).ChartObjects(1).CopyPicture

    'Wordを起動する
    Set WordApp = CreateObject("Word.Application")
    WordApp.Visible = True       'Wordを表示する
    'WordSample.docxを開く
    Set WordDoc = WordApp.Documents.Open(ThisWorkbook.Path _
        & "\WordSample.docx")
    With WordDoc
        .Range(.Range.End - 1).Paste    '文書の末尾に貼り付ける
    End With
End Sub
```

❖ 解説

ここでは、既存のWord文書 (WordSample.docx) の末尾に、Excelのグラフを図として貼り付けます。まず、「Sheet1」ワークシートのグラフを、CopyPictureメソッドを使用して図としてコピーします。その後、CreateObject関数でWordアプリケーションを起動し、Openメソッドで文書を開きます。RangeオブジェクトとEndプロパティを使用して文書の末尾を取得し、Pasteメソッドで貼り付けます。

• **CopyPictureメソッドの構文**

object.CopyPicture(Appearance, Format)

Excelで作成したグラフを画像としてコピーするには、CopyPictureメソッドを使用します。
WordのPasteメソッドと組み合わせることで、ExcelのグラフをWordに図として貼り付けることができます。

13-2 他のアプリケーションとの連携(WordやOutlookとの連携など)

Tips 473 PowerPointのスライドを新規に作成する

▶関連Tips 467

使用機能・命令 CreateObject関数

サンプルコード SampleFile Sample473.xlsm

```
Sub Sample473()
    'PowerPointを起動する
    With CreateObject("PowerPoint.Application")
        .Presentations.Add    '新規プレゼンテーションを作成する
        .Visible = True       'PowerPointを表示する
    End With
End Sub

Sub Sample473_2()
    'PowerPointを起動する
    With New PowerPoint.Application
        .Presentations.Add    '新規プレゼンテーションを作成する
        .Visible = True       'PowerPointを表示する
    End With
End Sub
```

❖ 解説

ここでは、2つのサンプルを紹介します。いずれもPowerPointを起動し、Addメソッドで新規にプレゼンテーションを作成します。その後、VisibleプロパティでPowerPointを表示します。1つ目のサンプルは、CreateObject関数を使用してPowerPointを起動します。2つ目のサンプルは、あらかじめ「Microsoft PowerPoint x.x ObjectLibrary」に参照設定して(「x.x」の部分はバージョンによって異なります)、PowerPointを起動します。

▼実行結果

PowerPointが起動した

・CreateObject関数の構文

CreateObject(class,[servername])

CreateObject関数は、オートメーションに対応した他のアプリケーションを起動することができます。CreiateObject関数の引数については、Tips467を参照してください。

13-2 他のアプリケーションとの連携（WordやOutlookとの連携など）

Tips 474 PowerPointのスライドショーを開始する

▶関連Tips 467 473

使用機能・命令 Runメソッド

サンプルコード SampleFile Sample474.xlsm

```
Sub Sample474()
    'PowerPointを起動する
    With CreateObject("PowerPoint.Application")
        .Visible = True 'PowerPointを表示する
        '「PowerPointSample.pptx」のスライドショーを開始する
        .Presentations.Open _
            (ThisWorkbook.Path & "\PowerPointSample.pptx") _
                .SlideShowSettings.Run
    End With
End Sub
```

❖ 解説

ここでは、PowerPointのスライドショーを実行します。CreateObject関数でPowerPointを起動します。VisibleプロパティをTrueにしてPowerPointを表示した後、Openメソッドで「PowerPointSample.pptx」を開き、Runメソッドでスライドショーを実行します。

▼ExcelからPowerPointのスライドショーを開始する

「PowerPointSample.pptx」を開いて行う

▼実行結果

スライドショーが開始された

• Runメソッドの構文

object.Run

Runメソッドは、objectにSlideShowSettingsオブジェクトを指定すると、PowerPointのスライドショーを開始することができます。

Tips 475 ExcelのグラフをPowerPointに図として貼り付ける

▶関連Tips 340 467

使用機能・命令 CopyPictureメソッド

サンプルコード SampleFile Sample475.xlsm

```
Sub Sample475()
    Dim pptApp As Object
    'グラフを図としてコピーする
    Worksheets("Sheet1").ChartObjects(1).CopyPicture
    'PowerPointを起動する
    Set pptApp = CreateObject("PowerPoint.Application")
    With pptApp
        With .Presentations.Add   'プレゼンテーションを追加する
            '空白のスライドを追加し、グラフを貼り付ける
            .Slides.Add(Index:=1, Layout:=12) _
                .Shapes.Paste
        End With
        .Visible = True  'PowerPointを表示する
    End With
End Sub
```

❖ 解説

ここではPowerPointにExcelのグラフを図として貼り付けます。CopyPictureメソッドは、指定したオブジェクトを図としてコピーします。ここでは、「Sheet1」ワークシートのグラフを図としてコピーします。続けて、CreateObject関数でPowerPointを起動し、プレゼンテーションを追加して、さらにAddメソッドでスライドを追加します。追加したスライドにPasteメソッドを使用して、グラフを貼り付けます。

▼実行結果

PowerPointにグラフが貼り付けられた

• CopyPictureメソッドの構文

object.CopyPicture(Appearance, Format)

Excelで作成したグラフを画像としてコピーするには、CopyPictureメソッドを使用します。PowerPointのPasteメソッドと組み合わせることで、ExcelのグラフをPowerPointに図として貼り付けることができます。

13-2 他のアプリケーションとの連携（WordやOutlookとの連携など）

Tips 476 OutlookでExcelの住所録を元にメールを送信する

▶関連Tips 467

使用機能・命令 CreateItemメソッド

サンプルコード SampleFile Sample476.xlsm

```
Sub Sample476()
    Dim olApp As Object
    Dim MailItem As Object
    'Outlookを起動する
    Set olApp = CreateObject("Outlook.Application")
    'メールを作成する
    Set MailItem = olApp.CreateItem(0)
    With MailItem
        .Recipients.Add(Range("B2").Value).Type = 1   '送信先を指定する
        .Subject = "ご報告"                  '件名を指定する
        '本文を指定する
        .Body = Range("A2").Value & "様" & vbCrLf _
            & "お世話になります。" & "先日のご報告を" _
            & "させて頂きます """
        '添付ファイルを指定する
        .Attachments.Add ThisWorkbook.Path & "\Sample484.xlsx"
        '.Send   'メールを送信する
        .Display    'メールを表示する
    End With
End Sub
```

❖ 解説

　Outlookでメールを新たに作成します。このとき、Excelに入力されているメールアドレスや氏名を利用します。CreateObject関数でOutlookを起動し、CreateItemメソッドでメールアイテムを作成します。Recipientsプロパティでメールの「To」に、セルB2の値を指定します。また、Subjectプロパティにメールのタイトルを、Bodyプロパティにメールの本文を指定します。Attachmentsコレクションは添付ファイルを表します。Addメソッドでファイルを添付します。最後に、Sendメソッドでメールを送信します。**なお、実行結果の図では、Sendメソッドの代わりにDisplayメソッドを使用して、作成したメールを表示しています。**

　CreateItemメソッドはOutlookのメールだけではなく、他のアイテムを作成することもできます。引数に指定できる値は次の通りです。なお、このサンプルでは、Outlookを参照設定せずCreateObject関数で起動しています。コード内では定数を直接使うことができないため、値で指定しています。

13-2 他のアプリケーションとの連携（WordやOutlookとの連携など）

◈ CreateItemメソッドの引数ItemTypeに指定する値

定数	値	説明
olAppointmentItem	1	AppointmentItem オブジェクト。予定表フォルダーの会議、1回限りの予定、または定期的な予定や会議を表す
olContactItem	2	ContactItem オブジェクト。個人用または会社の連絡先を表す
olDistributionListItem	7	DistListItem オブジェクト。配布リストを表す
olJournalItem	4	JournalItem オブジェクト。履歴項目を表す
olMailItem	0	MailItem オブジェクト。メールメッセージを表す
olNoteItem	5	NoteItem オブジェクト。メモフォルダー内のメモを表す
olPostItem	6	PostItem オブジェクト。パブリックフォルダーへの投稿アイテムを表す
olTaskItem	3	TaskItem オブジェクト。タスクフォルダー内のタスクを表す

▼実行結果

メールが作成された

• **CreateItem メソッドの構文**

object.CreateItem(ItemType)

Outlookのアイテムを作成します。引数ItemTypeに「0」を指定すると、メールアイテムを作成します。

Tips 477 ワークシート上に受信メール一覧を作成する

▶関連Tips 467, 476

使用機能・命令 GetNamespaceメソッド

サンプルコード SampleFile Sample477.xlsm

```
Sub Sample477()
    Dim vOutlook As Object, vNamespase As Object, vFolder As Object
    Dim i As Long
    'Outlookを起動する
    Set vOutlook = CreateObject("Outlook.Application")
    Set vNamespase = vOutlook.GetNamespace("MAPI")   '名前空間を取得する
    '対象フォルダを選択する
    Set vFolder = vNamespase.PickFolder
    'すべてのアイテムに対して処理を行う
    For i = 1 To vFolder.Items.Count
        If vFolder.Items(i).Class = 43 Then    'メールアイテムの場合の処理
            '送信者名
            Cells(i + 1, 1).Value = vFolder.Items(i).SenderName
            '件名
            Cells(i + 1, 2).Value = vFolder.Items(i).Subject
            '受信日時
            Cells(i + 1, 3).Value = vFolder.Items(i).ReceivedTime
            '本文
            Cells(i + 1, 4).Value = vFolder.Items(i).Body
        End If
    Next
End Sub
```

❖ 解説

ここでは、Outlookの指定したフォルダ内のメールの内容をワークシートに転記します。PickFolderメソッドで、対象フォルダを選択するダイアログボックスを表示します。フォルダが選択されたら、そのフォルダ内の「送信者名」「件名」「受信日時」「本文」をワークシートに入力します。

• GetNamespaceメソッドの構文

object.GetNamespace(namespase)

GetNamespaceメソッドは、指定した名前空間を取得します。受信メールを取得するため「MAPI」を指定します。

13-2 他のアプリケーションとの連携（WordやOutlookとの連携など）

Tips 478 XMLスプレッドシートとして保存する

▶関連Tips 217

使用機能・命令 SaveAsメソッド

サンプルコード SampleFile Sample478.xlsm

```
Sub Sample478()
    'Sheet1をXMLスプレッドシートとして保存する
    Worksheets("Sheet1").SaveAs Filename:=ThisWorkbook.Path _
        & "\Spreadsheet.xml", FileFormat:=xlXMLSpreadsheet
End Sub
```

❖ 解説

　ここでは、SaveAsメソッドを使用して、「Sheet1」ワークシートをXMLスプレッドシートとして保存します。XMLスプレッドシート形式で保存すると、テキストエディタで開き、内容を編集することができるようになります。ただしその場合、XMLタグの知識が必要になります。
　なお、XMLスプレッドシート形式では、グラフや図形などは保存されません。

▼XMLスプレッドシートで保存する　　　▼実行結果

XMLスプレッドシート形式はテキストデータになる

ファイルが保存され、メモ帳で開けた

• SaveAsメソッドの構文

object.SaveAs(FileName, FileFormat, Password, WriteResPassword, ReadOnly Recommended, CreateBackup, AddToMru, TextCodepage, TextVisualLayout, Local)

　SaveAsメソッドを使用すると、名前を付けてブックを保存することができます。このとき、引数FileFormatにxlXMLSpreadsheetを指定すると、XMLスプレッドシート形式で保存することができます。

Tips 479 XMLスプレッドシートを開く

▶関連Tips 478

使用機能・命令 OpenXMLメソッド

サンプルコード SampleFile Sample479.xlsm

```vba
Sub Sample479()
    'SpreadsheetSample.xmlを開く
    Workbooks.OpenXML Filename:=ThisWorkbook.Path _
        & "\SpreadsheetSample.xml"
End Sub
```

❖ 解説

ここでは「SpreadsheetSample.xml」ファイルを開きます。なお、XMLファイルをExcelで編集する場合、以下の制限があります。

◇ XMLファイルをExcelで編集する場合の制限

機能	説明
分析機能のトレース矢印	保持されない
グラフやその他のグラフィックオブジェクト	保持されない
グラフシート、マクロシート、ダイアログシート	保持されない
ユーザー設定のビュー	保持されない
データの統合	参照は保持されない
描画オブジェクトの重ね順	保持されない
リスト	リストの機能は失われるがデータは保持される
アウトライン	保持されない
パスワードの設定	パスワードで保護されているワークシートおよびブックのデータは保存できない
シナリオ	保持されない
共有ブック情報	保持されない
小計	数値と計算は保持される。グループ機能およびアウトライン機能は保持されない
ユーザー定義関数の項目	保持されない
Visual Basic for Applicationsプロジェクト	保持されない

・OpenXMLメソッドの構文

object.OpenXML(Filename, Stylesheets, LoadOption)

OpenXMLメソッドを利用すると、XMLデータファイルを開くことができます。

13-3 データベースとの連携（AccessやSQLの利用など）

データベースのデータを取得する

▶関連Tips 481

使用機能・命令 Openメソッド/Closeメソッド

サンプルコード SampleFile Sample480.xlsm

```
Sub Sample480()
    Dim cn As Object
    Dim rs As Object

    'Connectionオブジェクトを作成する
    Set cn = CreateObject("ADODB.Connection")
    'Recordsetオブジェクトを作成する
    Set rs = CreateObject("ADODB.Recordset")

    '「顧客データ.accdb」データベースを開く
    cn.Open _
        "Provider=Microsoft.ACE.OLEDB.16.0;" & _
        "Data Source=" & ThisWorkbook.Path & "\顧客データ.accdb;"

    '「T顧客リスト」テーブルのデータを取得する
    rs.Open "T顧客リスト", cn

    'メッセージを表示する
    MsgBox "【1件目のデータ】" & vbCrLf & _
        rs.Fields(0).Name & "：" & rs.Fields(0).Value & vbCrLf _
        & rs.Fields(1).Name & "：" & rs.Fields(1).Value & vbCrLf _
        & rs.Fields(2).Name & "：" & rs.Fields(2).Value & vbCrLf _
        & rs.Fields(3).Name & "：" & rs.Fields(3).Value & vbCrLf _
        & rs.Fields(4).Name & "：" & rs.Fields(4).Value

    cn.Close  '接続を閉じる
End Sub
```

❖ 解説

　ここでは「顧客データ.accdb」ファイルに接続します。ADOという技術を使っています。この場合、データベースに接続するにはConnectionオブジェクトを作成し、サンプルにある文字列を使ってデータベースに接続します。このとき、Openメソッドの引数Providerに注意してください。サンプルでは「Microsoft.ACE.OLEDB.16.0」と指定していますが、最後の「16.0」の部分は、Access 2013では「12.0」になります。

13-3 データベースとの連携（AccessやSQLの利用など）

　実際にテーブル等のデータを取得するには、Recordsetオブジェクトを作成します。ここでは、「T顧客リスト」テーブルのデータをレコードセットとして取得し、FieldsコレクションのNameプロパティでフィールド名を、Valueプロパティでその値を取得しています。なお、Access 2003とそれ以降のバージョンで、接続文字列が変わっています。Access 2007から、ACEデータベースエンジンが新たに採用されました。そのため、接続文字列が変わっています。Access 2003の場合、Providerに指定する文字列は、「Microsoft.Jet.OLEDB.4.0;」でした。Access 2003から移行する際には注意が必要です。Openメソッドの引数については、以下のとおりです。

◈ Openメソッドの引数

引数	説明
ConnectionString	省略可能。接続情報を指定する
UserID	省略可能。接続を確立するときに使用するユーザー名を指定する
Password	省略可能。接続を確立するときに使用するパスワードを指定する
Options	省略可能。このメソッドで接続が確立された後（同期）と確立される前（非同期）のいずれで終了するかを決定するConnectOptionEnum値を指定する
Provider	接続用のプロバイダ名を指定する
File Name	固有のファイル名を指定する
Remote Provider	クライアント側の接続を開く際に使用するプロバイダ名を指定する（RDSのみ）
Remote Server	クライアント側の接続を開く際に使う、サーバーのパス名を指定する（RDSのみ）
URL	ファイルやディレクトリなどのリソースを識別する絶対URLとして接続文字列を指定する

▼Accessデータベースに接続する

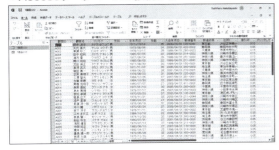

このデータを取得する

▼実行結果

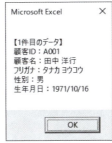

「T顧客リスト」のデータを取得した

● Openメソッドの構文

object.connection.Open ConnectionString, UserID, Password, Options

● Closeメソッドの構文

object.Close

　Openメソッドは、objectにConnectionオブジェクトを指定することで、データベースに接続することができます。Closeメソッドは、objectに指定したConnectionオブジェクトとの接続を解除します。Openメソッドの引数については、「解説」を参照してください。

13-3 データベースとの連携（AccessやSQLの利用など）

Tips 481 テーブルのデータをワークシートにコピーする

▶関連Tips 480

使用機能・命令 CopyFromRecordset メソッド

サンプルコード SampleFile Sample481.xlsm

```vb
Sub Sample481()
    Dim cn As Object
    Dim rs As Object
    Dim i As Long
    
    'Connectionオブジェクトを作成する
    Set cn = CreateObject("ADODB.Connection")
    'Recordsetオブジェクトを作成する
    Set rs = CreateObject("ADODB.Recordset")
    
    '「顧客データ.accdb」と接続する
    cn.Open _
        "Provider=Microsoft.ACE.OLEDB.16.0;" & _
        "Data Source=" & ThisWorkbook.Path & "¥顧客データ.accdb"
    
    '「T顧客リスト」テーブルのデータを取得する
    rs.Open "T顧客リスト", cn
    
    'フィールド名をワークシートに入力する
    For i = 0 To rs.Fields.Count - 1
        Cells(1, i + 1).Value = rs.Fields(i).Name
    Next
    
    'データベースから取得したデータをセルA2以降に転記する
    Range("A2").CopyFromRecordset rs
    
    'データベースとの接続を解除する
    cn.Close
    'A～K列の列幅を自動調整する
    Columns("A:K").AutoFit
End Sub
```

13-3 データベースとの連携（AccessやSQLの利用など）

❖ 解説

ここでは「顧客データ」データベースに接続し、「T顧客リスト」テーブルのデータをすべて取得して、ワークシートにコピーします。まず、ConnectionオブジェクトのOpenメソッドを使ってデータベースに接続します。次に、レコードセットを表す変数rsに、RecordsetオブジェクトのOpenメソッドを使って「T顧客リスト」テーブルのレコードセットを代入します。このレコードセットのデータを、CopyFromRecordsetメソッドを使ってワークシートに貼り付けます。CopyFromRecordsetメソッドは、指定したレコードセットのデータを取得します。

ここでは、FieldオブジェクトのNameプロパティでフィールド名を1行目に入力後、2行目以降にデータを貼り付けます。

なお、CopyFromRecordsetメソッドの引数は、次のようになります。

◈ CopyFromRecordsetメソッドの引数

引数	説明
Data	セル範囲にコピーするRecordsetオブジェクトを返すオブジェクト式を指定する
MaxRows	省略可能。ワークシートにコピーするレコードの最大数を指定する。この引数を省略すると、Recordsetオブジェクトのすべてのレコードをコピーする
MaxColumns	省略可能。ワークシートにコピーするフィールドの最大数を指定する。この引数を省略すると、Recordsetオブジェクトのすべてのフィールドをコピーする

▼Accessのデータをコピーする

「T顧客リスト」のデータをすべてコピーする

▼実行結果

Excelにコピーされた

• CopyFromRecordsetメソッドの構文

CopyFromRecordset(Data, MaxRows, MaxColumns)

CopyFromRecordsetメソッドを使用すると、Recordsetオブジェクトの内容をワークシートにコピーし、貼り付けることができます。

13-3 データベースとの連携（AccessやSQLの利用など）

Tips 482 テーブルのレコード件数を取得する

▶関連Tips 480

使用機能・命令 RecordCountプロパティ

サンプルコード SampleFile Sample482.xlsm

```
Sub Sample482()
    Dim cn As Object
    Dim rs As Object
    'Connectionオブジェクトを作成する
    Set cn = CreateObject("ADODB.Connection")
    'Recordsetオブジェクトを作成する
    Set rs = CreateObject("ADODB.Recordset")
    cn.Open _
        "Provider=Microsoft.ACE.OLEDB.16.0;" & _
        "Data Source=" & ThisWorkbook.Path & "¥顧客データ.accdb"

    rs.Open "T顧客リスト", cn, 3　'「T顧客リスト」テーブルを静的カーソルで開く
    'レコード数を取得し、メッセージボックスに表示する
    MsgBox "「T顧客リスト」テーブルのデータ件数：" _
        & rs.RecordCount
    cn.Close    'データベースへの接続を閉じる
End Sub
```

❖ 解説

　ここでは、「顧客データ.accdb」の、「T顧客リスト」テーブルのデータ件数を求めます。
　Openメソッドで「T顧客リスト」テーブルを開き、RecordCountプロパティでレコード件数を取得します。この時、**Openメソッドの3番目の引数に「3」を指定して、レコードセットを静的カーソルで開いています**。このサンプルでは、参照設定をせずにCreateObject関数を使って、Accessに接続しています。そのため、Accessの定数（ここでは静的カーソルを表す「adOpenStatic」）が使えません（定数として宣言して利用する、という方法もあります）。そこで、「adOpenStatic」の値である「3」を指定しています。

• **RecordCountプロパティの構文**

object.RecordCount

　RecordCountプロパティを利用すると、Recordsetオブジェクトのレコード数を取得することができます。ただし、カーソルタイプがRecordCountプロパティをサポートしていない場合、－1を返します。通常、キーセットカーソルか、静的カーソルでRecordsetを開いて利用します。

Tips 483 SQL文を利用してデータを抽出する(1)

▶関連Tips 482

使用機能・命令 Sourceプロパティ

サンプルコード SampleFile Sample483.xlsm

```
Sub Sample483()
    Dim cn As Object
    Dim rs As Object
    Dim i As Long
    
    'Connectionオブジェクトを作成する
    Set cn = CreateObject("ADODB.Connection")
    'RecordSetオブジェクトを作成する
    Set rs = CreateObject("ADODB.Recordset")
    
    cn.Open _
        "Provider=Microsoft.ACE.OLEDB.16.0;" & _
        "Data Source=" & ThisWorkbook.Path & "\顧客データ.accdb"
    
    With rs
        .ActiveConnection = cn
        '35歳以上のデータを取得するSQL文を設定する
        .Source = "SELECT * FROM T顧客リスト WHERE 年齢 > 35"
        .Open 'レコードセットを開く
    End With
    
    'フィールド名を入力する
    For i = 0 To rs.Fields.Count - 1
        Cells(1, i + 1).Value = rs.Fields(i).Name
    Next
    '取得したデータをセルA2以降に貼り付ける
    Range("A2").CopyFromRecordset rs
    cn.Close          'データベースへの接続を閉じる
    Columns("A:K").AutoFit   'A〜K列の列幅を自動調整する
End Sub
```

13-3 データベースとの連携（AccessやSQLの利用など）

❖ 解説

ここでは、SQLを使って「顧客データ.accdb」の「T顧客リスト」から35歳より上の年齢のデータを取得し、ワークシートにコピーします。ワークシートにコピーする際にはCopyFromRecordsetメソッド（→Tips481）を使用しています。ここでは、RecordsetオブジェクトのOpenメソッドのSourceプロパティにSELECT文（SQL文）を指定し、条件に合ったデータを取得しています。

SQLとは、リレーショナルデータベース管理システム（RDBMS）で、データの操作や定義を行うためのデータベース言語（問い合わせ言語）です。SQLを使用すると、データベースから柔軟にデータを取り出すことができるだけではなく、データの更新や削除、テーブルの作成といった操作も可能です。SQL文を使った例は、以下になります。

◇ SQL文を使用したデータ操作の例

命令	説明	使用例	意味
SELECT文	データの抽出	SELECT * FROM T顧客マスタ	T顧客マスタの全データを抽出する
INSERT文	データの挿入	INSERT INTO T顧客マスタ (Name) VALUES ('中村')	T顧客マスタの「Name」フィールドに「中村」を新規に入力する
UPDATE文	データの更新	UPDATE T顧客マスタ SET Age = 42 WHERE Name = '中村'	T顧客マスタの「Name」欄が「中村」のデータの「Age」欄を「42」に更新する
DELETE文	データの削除	DELETE FROM T顧客マスタ WHERE Name = '中村'	T顧客マスタの「Name」欄が「中村」のデータを削除する

▼Accessのデータを条件付きで取得する

「T顧客リスト」の「年齢」欄が「35歳より上」のデータを取得する

▼実行結果

Excelにデータが貼り付けられた

• Sourceプロパティの構文

object.Source

Sourceプロパティを利用すると、SQL文を使用して指定した条件のレコードを抽出することができます。

13-3 データベースとの連携（AccessやSQLの利用など）

Tips 484 SQL文を利用してデータを抽出する（2）

▶関連Tips 483

使用機能・命令 Executeメソッド

サンプルコード SampleFile Sample484.xlsm

```
Sub Sample484()
    Dim cn As Object
    Dim rs As Object
    Dim cmd As Object
    Dim i As Long

    'Connectionオブジェクトを作成する
    Set cn = CreateObject("ADODB.Connection")
    'RecordSetオブジェクトを作成する
    Set rs = CreateObject("ADODB.Recordset")
    'Commandオブジェクトを作成する
    Set cmd = CreateObject("ADODB.Command")

    '「顧客データ.accdb」に接続する
    cn.Open _
        "Provider=Microsoft.ACE.OLEDB.16.0;" & _
        "Data Source=" & ThisWorkbook.Path & "\顧客データ.accdb"

    '現在のコネクションをCommandオブジェクトに設定する
    Set cmd.ActiveConnection = cn

    '「T顧客リスト」テーブルで、年齢が35歳より上のデータを
    '抽出するSQL文を設定する
    cmd.CommandText = _
        "SELECT * FROM T顧客リスト WHERE 年齢 > 35"

    '設定したSQL文を実行する
    Set rs = cmd.Execute

    'フィールド名をワークシートの1行目に入力する
    For i = 0 To rs.Fields.Count - 1
        Cells(1, i + 1).Value = rs.Fields(i).Name
    Next

    '2行目以降に抽出したデータを貼り付ける
```

13-3 データベースとの連携（AccessやSQLの利用など）

```
    Range("A2").CopyFromRecordset rs
    cn.Close          'データベースとの接続を解除する
    Columns("A:K").AutoFit    'A～K列の列幅を自動調整する
End Sub
```

❖ 解説

　ここでは、「顧客データ.accdb」データベースの「T顧客リスト」テーブルから、35歳より上のデータをSQL文を使用して抽出し、ワークシートにコピーします。ワークシートにコピーする際には、CopyFromRecordsetメソッド（→Tips481）を使用しています。ここでは、CommandオブジェクトのActiveConnectionプロパティに現在のコネクションを設定した後、CommandTextプロパティにSQL文を指定し、ExecuteメソッドでSQL文を実行してレコードセットを取得しています。

　なお、SQLを使用すると、テーブルを作成したり削除する、といったデータ定義を行うことができます。次の例を参考にしてください。

◇ SQL文を使用したデータ定義の例

命令	説明	使用例	意味
CREATE文	新しいデータベースやテーブル等を作成する	CREATE TABLE T顧客マスタ (ID INTEGER PRIMARY KEY , Name CHAR(20) NOT NULL)	「T顧客マスタ」テーブルを作成する。「ID」フィールドは数値型で、主キーとする。Nameフィールドは文字列型でフィールドサイズは20文字、入力は必須とする
DROP文	既存のデータベースやテーブル等を削除する	DROP TABLE T顧客マスタ	T顧客マスタテーブルを削除する
ALTER文	既存のデータベースオブジェクトを変更する	ALTER TABLE T顧客マスタ ADD Age INTEGER	T顧客マスタテーブルに数値型の「Age」フィールドを追加する

•Executeメソッドの構文

command.Execute RecordsAffected, Parameters, Options

　Executeメソッドを利用して、クエリやSQLステートメントを実行します。

13-3 データベースとの連携（AccessやSQLの利用など）

Tips 485 SQL文を利用してデータを更新する

▶関連Tips
486
487

使用機能・命令 UPDATE文

サンプルコード SampleFile Sample485.xlsm

```
Sub Sample485()
    Dim cn As Object, vSQL As String
    Set cn = CreateObject("ADODB.Connection") 'Connectionオブジェクトを作成する
    '「顧客データ.accdb」に接続する
    cn.Open _
        "Provider=Microsoft.ACE.OLEDB.16.0;" & _
        "Data Source=" & ThisWorkbook.Path & "¥顧客データ.accdb"
    '「T顧客リスト」テーブルで、「顧客名」が「田中 洋行」の「年齢」を「42」に変更する
    vSQL = _
        "UPDATE T顧客リスト SET 年齢 = 42 WHERE 顧客名 = '田中 洋行'"
    cn.Execute vSQL   '設定したSQL文を実行する
    cn.Close          'データベースとの接続を解除する
End Sub
```

❖ **解説**

ここでは、「顧客データ.accdb」データベースの「T顧客リスト」テーブルで、「顧客名」が「田中 洋行」の「年齢」欄の値を「42」に更新しています。SQLを使って既存のデータを更新する場合は、UPDATE文を使用します。ここでは、ConnectionオブジェクトのExecuteメソッドにSQL文を指定して実行しています。

▼**実行結果**

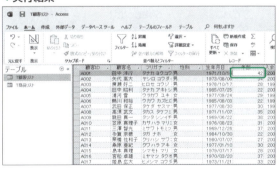

「年齢」が更新された

・**DELETE文の構文**

UPDATE table SET fieldname = value;

SQLのUPDATE文は、対象のtableのデータを更新します。WHERE句と一緒に使用して、特定のデータのみ更新することも可能です。

13-3 データベースとの連携（AccessやSQLの利用など）

Tips 486 SQL文を利用してデータを削除する

▶関連Tips
495
497

使用機能・命令 DELETE文

サンプルコード SampleFile Sample486.xlsm

```
Sub Sample486()
    Dim cn As Object, vSQL As String
    Set cn = CreateObject("ADODB.Connection")  'Connectionオブジェクトを作成する
    '「顧客データ.accdb」に接続する
    cn.Open _
        "Provider=Microsoft.ACE.OLEDB.16.0;" & _
        "Data Source=" & ThisWorkbook.Path & "¥顧客データ.accdb"
    '「T顧客リスト」テーブルで、「顧客名」が「田中 洋行」のデータを削除する
    vSQL = _
        "DELETE FROM T顧客リスト WHERE 顧客名 = '田中 洋行'"
    cn.Execute vSQL  '設定したSQL文を実行する
    cn.Close         'データベースとの接続を解除する
End Sub
```

❖ 解説

ここでは、「顧客データ.accdb」データベースの「T顧客リスト」テーブルで、「顧客名」が「田中 洋行」のデータを削除します。SQLを使って既存のデータを更新する場合は、DELETE文を使用します。ここでは、ConnectionオブジェクトのExecuteメソッドに、SQL文を指定して実行しています。

▼実行結果

1件目のレコードが削除された

・DELETE文の構文

DELETE FROM table WHERE criteria

SQLのDELETE文は、指定したテーブルからWHERE句に指定したデータを削除します。削除する際、特に警告のメッセージ等は表示されません。実行時は気をつけてください。

Tips 487 SQL文を利用してデータを追加する

▶関連Tips 495 496

使用機能・命令 INSERT文

サンプルコード SampleFile Sample487.xlsm

```
Sub Sample487()
    Dim cn As Object, vSQL As String
    Set cn = CreateObject("ADODB.Connection")  'Connectionオブジェクトを作成する
    '「顧客データ.accdb」に接続する
    cn.Open _
        "Provider=Microsoft.ACE.OLEDB.16.0;" & _
        "Data Source=" & ThisWorkbook.Path & "\顧客データ.accdb"
    '「T顧客リスト」テーブルに「顧客ID」が「A051」「顧客名」が「松坂 正義」のデータを追加する
    vSQL = _
        "INSERT INTO T顧客リスト(顧客ID, 顧客名) VALUES ('A051','松坂 正義')"
    cn.Execute vSQL   '設定したSQL文を実行する
    cn.Close          'データベースとの接続を解除する
End Sub
```

❖ 解説

ここでは、「顧客データ.accdb」データベースの「T顧客リスト」テーブルに、「顧客ID」が「A051」、「顧客名」が「松坂 正義」のデータを追加します。SQLを使って既存のデータを更新する場合は、INSERT文を使用します。INTO句の後に追加するテーブルと、そのフィールド名をカンマ区切りで指定します。VALUES句の後に、カンマ区切りで実際に追加するデータを記述します。ここでは、ConnectionオブジェクトのExecuteメソッドに、SQL文を指定して実行しています。

▼実行結果

データが追加された

• INSERT文の構文

INSERT INTO table(field1, field2….) VALUES(value1, value2…)

INSERT文は、指定したtableのフィールドに、VALUES句で指定した値を追加します。フィールドの順番と追加する値の順序は、同じでなくてはなりません。

13-3 データベースとの連携（AccessやSQLの利用など）

Tips 488 データベースファイルのテーブルリストを取得する

▶関連Tips 480

使用機能・命令 ActiveConnection プロパティ

サンプルコード SampleFile Sample488.xlsm

```vba
Sub Sample488()
    Dim cn As Object
    Dim catData As Object
    Dim temp As Object
    Dim i As Long
    'Connectionオブジェクトを作成する
    Set cn = CreateObject("ADODB.Connection")
    'Catalogオブジェクトを作成する
    Set catData = CreateObject("ADOX.Catalog")
    '「顧客データ.accdb」に接続する
    cn.Open _
        "Provider=Microsoft.ACE.OLEDB.16.0;" & _
        "Data Source=" & ThisWorkbook.Path & "\顧客データ.accdb"
    Set catData.ActiveConnection = cn    '現在のコネクションを変数に取得する

    i = 1
    For Each temp In catData.Tables    'すべてのテーブルに対して処理を行う
        i = i + 1
        'セルにテーブル名と種類を入力する
        Cells(i, 1).Resize(, 3).Value _
            = Array(i - 1, temp.Name, temp.Type)
    Next
    cn.Close    'データベースへの接続を解除する
End Sub
```

❖ 解説

ここでは、「顧客リスト.accdb」データベースに接続し、Catalogオブジェクトを利用してテーブルリストを取得します。

• ActiveConnection プロパティの構文

object.ActiveConnection

ActiveConnectionプロパティを利用すると、テーブルのリストを取得することができます。

Tips 489 指定した名前でデータベースファイルを作成する

▶関連Tips 480

使用機能・命令 Create メソッド

サンプルコード SampleFile Sample489.xlsm

```
Sub Sample489()
    Dim catData As Object
    'Catalogオブジェクトを作成する
    Set catData = CreateObject("ADOX.Catalog")
    '「顧客データbk.accdb」を作成する
    catData.Create _
        "Provider=Microsoft.ACE.OLEDB.16.0;" & _
        "Data Source=" & ThisWorkbook.Path & "¥顧客データbk.accdb"
End Sub
```

❖ 解説

データベースファイルを作成します。ここでは、このサンプルマクロが設定されたフォルダに、「顧客bk.accdb」ファイルを作成します。

▼データベースのファイルを作成する

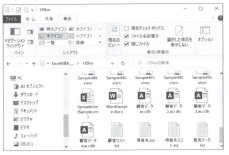

「顧客データbk.accdb」ファイルを作成する

▼実行結果

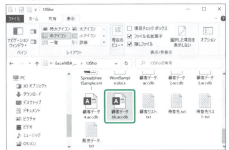

ファイルが作成された

• Createメソッドの構文

object.Create ConnectionString

Createメソッドは、新規データベースを作成します。引数ConnectionStringに接続文字列を設定します。このとき、接続文字列に作成するデータベースのパスを指定します。

Tips 490 テーブルのデータを検索する

▶関連Tips
489
491

使用機能・命令 Findメソッド

サンプルコード SampleFile Sample490.xlsm

```vb
Sub Sample490()
    Dim cn As Object
    Dim rs As Object
    Dim str As String
    'Connectionオブジェクトを作成する
    Set cn = CreateObject("ADODB.Connection")
    'RecordSetオブジェクトを作成する
    Set rs = CreateObject("ADODB.Recordset")
    '「顧客データ.accdb」に接続する
    cn.Open _
        "Provider=Microsoft.ACE.OLEDB.16.0;" & _
        "Data Source=" & ThisWorkbook.Path & "¥顧客データ.accdb"
    rs.Open "T顧客リスト", cn, 2    '「T顧客リスト」テーブルを開く

    str = "A002"
    rs.Find "顧客ID = '" & str & "'"    '検索する「顧客ID」を指定する
    '「顧客ID」を検索する
    If rs.EOF Then
        MsgBox "顧客ID" & str & _
            "に該当するレコードはありませんでした。"
    Else
        MsgBox "<検索結果>" & vbCr & str & _
            ":" & rs.Fields(1).Value
    End If

    cn.Close    'データベースへの接続を閉じる
End Sub

Sub Sample490_2()
    Dim cn As Object, rs As Object
    Dim str As String
    'Connectionオブジェクトを作成する
    Set cn = CreateObject("ADODB.Connection")
    'RecordSetオブジェクトを作成する
    Set rs = CreateObject("ADODB.Recordset")
```

13-3 データベースとの連携（AccessやSQLの利用など）

```vb
    '「顧客データ.accdb」に接続する
    cn.Open _
        "Provider=Microsoft" & ".ACE.OLEDB.16.0;" _
        & "Data Source=" & ThisWorkbook.Path & "\顧客データ.accdb"

    rs.Open "T顧客リスト", cn, 2     '「T顧客リスト」テーブルを開く

    str = "顧客名 Like '田中*'"
    rs.Find str   '検索する「顧客名」を指定する

    'すべてのデータを検索する
    If Not rs.EOF Then
        Do While Not rs.EOF
            Debug.Print rs.Fields("顧客名").Value
            '次のレコードを検索する
            rs.Find Criteria:=str, SkipRecords:=1
        Loop
    Else
        MsgBox "レコードが見つかりません"
    End If
    cn.Close
End Sub
```

❖ 解説

ここでは2つのサンプルを紹介します。いずれも「顧客データ.accdb」に接続し、「T顧客リスト」テーブル内を検索します。Findメソッドを使用して検索するため、Openメソッドで「T顧客リスト」テーブルを開く際に、動的カーソルでRecordSetを取得します。

1つ目のサンプルは、「顧客ID」が「A002」のデータを検索します。

2つ目のサンプルは、「顧客名」が「田中」で始まるデータを検索します。この時Findメソッドの引数SkipRecordsを使って検索開始位置を移動することで、当てはまるすべてのデータを取得します。

• Findメソッドの構文

Find(Criteria, SkipRows, SearchDirection, Start)

テーブルのデータを検索するには、Findメソッドを利用します。Findメソッドは、Recordsetから指定した条件を満たす行を検索します。検索の方向や開始行などを指定できます。条件が一致すると、カレントレコードの位置が、見つかったレコードに移動します。

13-3 データベースとの連携(AccessやSQLの利用など)

Tips 491 指定したレコードを更新する

▶関連Tips 485

使用機能・命令 Update メソッド

サンプルコード SampleFile Sample491.xlsm

```
Sub Sample491()
    Dim cn As Object
    Dim rs As Object
    Dim str As String
    'Connectionオブジェクトを作成する
    Set cn = CreateObject("ADODB.Connection")
    'RecordSetオブジェクトを作成する
    Set rs = CreateObject("ADODB.Recordset")

    cn.Open _
        "Provider=Microsoft.ACE.OLEDB.16.0;" & _
        "Data Source=" & ThisWorkbook.Path & "\顧客データ2.accdb"

    With rs
        '「顧客ID」が「A001」のデータを取得する
        .Open "SELECT * FROM T顧客リスト WHERE 顧客ID = 'A001'" _
            , cn, , 2
        .Fields("年齢").Value = 20   '「年齢」を「20」に設定する
        .Update    'データを更新する
    End With

    cn.Close    'データベースへの接続を閉じる
End Sub
```

❖ 解説

ここでは、「顧客データ2.accdb」データベースの「T顧客リスト」テーブルのデータを更新します。まず、SQL文を使用して「顧客ID」が「A001」のデータを取得し、Updateメソッドを使用して、そのデータの「年齢」欄の値を「20」に変更します。

• **Updateメソッドの構文**

object.Update

Updateメソッドは、指定したレコードセット内のデータを更新します。

13-3 データベースとの連携（AccessやSQLの利用など）

Tips 492 指定したレコードを削除する

▶関連Tips 486

使用機能・命令 Deleteメソッド

サンプルコード SampleFile Sample492.xlsm

```
Sub Sample492()
    Dim cn As Object
    Dim rs As Object
    Dim str As String

    'Connectionオブジェクトを作成する
    Set cn = CreateObject("ADODB.Connection")
    'RecordSetオブジェクトを作成する
    Set rs = CreateObject("ADODB.Recordset")

    cn.Open _
        "Provider=Microsoft.ACE.OLEDB.16.0;" & _
        "Data Source=" & ThisWorkbook.Path & "\顧客データ3.accdb"

    With rs
        '「顧客ID」が「A001」のデータを取得する
        .Open "SELECT * FROM T顧客リスト WHERE 顧客ID = 'A001'" _
            , cn, , 2
        .Delete 'データを削除する
    End With

    cn.Close 'データベースへの接続を閉じる
End Sub
```

❖ 解説

「顧客データ3.accdb」データベースの、「T顧客リスト」テーブルのデータを削除します。ここでは、SQL文を使用して「顧客ID」が「A001」のデータを取得し、Deleteメソッドを使用して、そのデータ削除します。

・Deleteメソッドの構文

object.Delete

Deleteメソッドを利用すると、指定したレコードセットを削除することができます。

13-3 データベースとの連携（AccessやSQLの利用など）

Tips 493 トランザクション処理を行う

▶関連Tips 486

使用機能・命令 **BeginTrance メソッド**

サンプルコード SampleFile Sample493.xlsm

```vb
Sub Sample493()
    Dim cn As Object
    Dim rs As Object
    Dim cmd As Object
    Dim str As String
    
    'Connectionオブジェクトを作成する
    Set cn = CreateObject("ADODB.Connection")
    'RecordSetオブジェクトを作成する
    Set rs = CreateObject("ADODB.Recordset")
    'Commandオブジェクトを作成する
    Set cmd = CreateObject("ADODB.Command")
    
    cn.Open _
        "Provider=Microsoft.ACE.OLEDB.12.0;" & _
        "Data Source=" & ThisWorkbook.Path & "¥顧客データ4.accdb"
    
    'Commandオブジェクトのコネクションを設定する
    Set cmd.ActiveConnection = cn
    
    'トランザクション処理を開始する
    cn.BeginTrans
    '「顧客ID」が「A001」のデータを削除する
    cmd.CommandText = "DELETE FROM T顧客リスト WHERE 顧客ID = 'A001'"
    cmd.Execute
    
    '確認のメッセージ
    If MsgBox("処理を続行しますか", vbYesNo) = vbYes Then
        'トランザクションを確定する
        cn.CommitTrans
    Else
        'ロールバックする
        cn.RollbackTrans
    End If
```

```
    cn.Close    'データベースへの接続を閉じる
End Sub
```

❖ 解説

ここでは、「顧客データ4.accdb」データベースの「T顧客リスト」テーブルから、「顧客ID」が「A001」のデータを削除します。ただし、トランザクション処理を行い、削除後の確認のメッセージで「いいえ」がクリックされた場合は、ロールバックし削除されたデータを戻します。

トランザクション処理で重要なのが、ロールバックができる点です。例えば、銀行の振込処理を考えてみます。銀行の振込処理では、まず自分の口座から指定した金額を引き、その後、指定口座にその金額を入金します。ここで仮に、自分の口座から引き落とす処理が終わった時点で、何らかのエラーが発生したとし、振込の処理が行われなかったとします。ロールバックの仕組みがあれば、この時点で口座からの引き落とし処理を行う手前まで、処理を戻すことができるため、データの整合性を保つことができます。

このように、**一連の処理の途中でエラーが発生した場合に、元の状態に戻すことができるのがロールバックです。**データベースを扱う上では、とても大切な考え方となります。

▼削除後に確認のメッセージが表示される　　▼実行結果

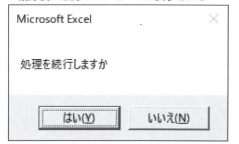

「いいえ」をクリックすると、ロールバックが行われる

データが削除されずに残る

● BeginTrance メソッドの構文

object.BeginTrance

トランザクション処理を行うには、BeginTranceメソッドを使用します。BeginTranceメソッドは、ソースデータに対して行った一連の処理をひとまとまりとして、保存（CommitTransメソッド）またはキャンセル（ロールバック－RollbackTransメソッド）することができます。

イベントの極意

- 14-1 ブックのイベント
  (開く時や閉じる時、保存時の処理など)
- 14-2 シートのイベント
  (アクティブになった時、クリック時の処理など)
- 14-3 その他のイベント
  (イベントのハンドル、独自のイベントの作成など)

14-1 ブックのイベント（開く時や閉じる時、保存時の処理など）

Tips 494 ブックを開いたときに処理を行う

▶関連Tips 495

使用機能・命令　**Openイベント**

サンプルコード　SampleFile Sample494.xlsm

```vb
'ブックを開くときに処理を行う
Private Sub Workbook_Open()
    '今日の日付を表示する
    MsgBox "今日の日付：" & Date
End Sub
```

❖ 解説

ここでは、Openイベントを使用して、ブックを開いた時に、Date関数を使用してその日の日付をメッセージボックスに表示します。

Openイベントは、ブックを開くときに処理を行うため、様々な利用方法が考えられます。例えば、ブックを開いた時には、必ず特定のワークシートの特定のセルをアクティブにする、といった処理も可能です。また、データを入力するための表であれば、ブックを開くときに必ずデータ入力するセルを選択させる、ということもできます。Openイベントに限らず、イベント処理は工夫次第で色々と役に立てることができます。

▼実行結果

ブックを開くときにメッセージが表示された

・Openイベントの構文

Private Sub Workbook_Open()
　　statements
End Sub

Openイベントは、ブックが開くときに処理を行うイベントです。ブックを開くときにメッセージを表示したり、特定のワークシートをアクティブにしたりすることができます。Openイベントは、ブックモジュールに記述します。

Tips 495 ブックを閉じる直前に処理を行う

▶関連Tips 510

使用機能・命令 BeforeCloseイベント

サンプルコード SampleFile Sample495.xlsm

```
'ブックを閉じる直前に処理を行う
Private Sub Workbook_BeforeClose(Cancel As Boolean)
    '確認のメッセージを表示する
    If MsgBox("本当にブックを閉じますか？", vbYesNo) = vbNo Then
        '「いいえ」がクリックされた場合、処理をキャンセルする
        Cancel = True
    End If
End Sub
```

❖ 解説

ここでは、ブックを閉じるときに確認のメッセージを表示します。メッセージボックスには、「はい」と「いいえ」の2つのボタンを用意し、「いいえ」ボタンがクリックされた場合、引数CancelにTrueを指定して処理をキャンセルします。BeforeCloseイベントは、ブックを閉じる際に処理を行います。このことを利用して、例えば未入力のセルが無いかチェックしたりすることができます。

▼ブックを閉じるときに処理を行う

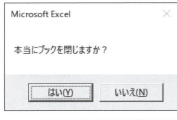

確認のメッセージを表示する

▼実行結果

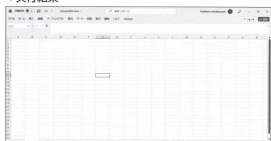

「いいえ」をクリックすると処理がキャンセルされた

• BeforeCloseイベントの構文

```
Private Sub Workbook_BeforeClose(Cancel As Boolean)
    statements
End Sub
```

BeforeCloseイベントを利用すると、ブックを閉じる直前に処理を行うことができます。引数CancelにTrueを指定すると、ブックを閉じる操作をキャンセルすることができます。BeforeCloseイベントは、ブックモジュールに記述します。

14-1 ブックのイベント（開く時や閉じる時、保存時の処理など）

Tips 496 ブックがアクティブになったときに処理を行う

▶関連Tips 500

使用機能・命令 Activateイベント

サンプルコード SampleFile Sample496.xlsm

```
'ブックがアクティブになった時に処理を行う
Private Sub Workbook_Activate()
    'ブック名をメッセージボックスに表示する
    MsgBox "アクティブブック：" & ThisWorkbook.Name
End Sub
```

❖ 解説

ここでは、このマクロを含むブックがアクティブになった時に、Nameプロパティを使用してメッセージボックスにブック名を表示します。

Activateイベントは、他のブックからイベントを設定されているブックにアクティブブックが切り替わった際に発生します。Wordなどの他のアプリケーションから切り替わった場合は、イベントは発生しません。

▼このブックがアクティブになったときに処理を行う

ここではメッセージボックスを表示する

▼実行結果

ブック名がメッセージボックスに表示された

•Activateイベントの構文

Private Sub Workbook_Activate()
　　statements
End Sub

Activateイベントは、ブックがアクティブになったときに処理を行うイベントです。複数のブックを利用していて、特定のブックがアクティブになったときにメッセージを表示する、といった処理が可能です。Activateイベントは、ブックモジュールに記述します。なお、ブックがアクティブでなくなったときに発生するのは、Deactivateイベントになります。

Tips 497 印刷する直前に処理を行う

▶関連Tips 080 495

使用機能・命令 BeforePrintイベント

サンプルコード SampleFile Sample497.xlsm

```
'ブックを印刷する直前に処理を行う
Private Sub Workbook_BeforePrint(Cancel As Boolean)
    'セルA1が未入力か確認する
    If IsEmpty(Range("A1").Value) Then
        'メッセージを表示する
        MsgBox "セルA1にデータを入力してください" & vbLf _
            & "処理を終了します", vbInformation
        '印刷をキャンセルする
        Cancel = True
    End If
End Sub
```

❖ 解説

ここでは、印刷する際にセルA1をチェックし、空欄の場合はメッセージを表示して印刷処理をキャンセルします。セルが空欄かどうかは、IsEmpty関数（→Tips080）でチェックします。また、印刷をキャンセルする場合は、BeforePrintイベントの引数CancelにTrueを設定します。

BeforePrintイベントは、この他に例えば印刷時のページ数を計算して、ページ数が多い場合に確認のメッセージを表示する、といった使い方ができます。

▼実行結果

確認のメッセージが表示され、印刷がキャンセルされる

• BeforePrintイベントの構文

Private Sub Workbook_BeforePrint(Cancel As Boolean)
　　statements
End Sub

BeforePrintイベントは、印刷の直前に処理を行うイベントです。引数CancelにTrueを指定すると、印刷処理をキャンセルすることができます。BeforePrintイベントは、ブックモジュールに記述します。

14-1 ブックのイベント（開く時や閉じる時、保存時の処理など）

Tips 498 ブックを保存する直前に処理を行う

▶関連Tips 499

使用機能・命令 BeforeSaveイベント

サンプルコード SampleFile Sample498.xlsm

```vba
'ブックを保存する直前に処理を行う
Private Sub Workbook_BeforeSave(ByVal SaveAsUI As Boolean, Cancel As Boolean)
    '「名前を付けて保存」かチェックする
    If SaveAsUI Then
        'メッセージを表示する
        MsgBox "[名前をつけて保存] はできません"
        '保存処理をキャンセルする
        Cancel = True
    End If
End Sub
```

❖ 解説

ここでは、このマクロが含まれているブックで、「名前を付けて保存」の処理ができないようにします。BeforeSaveイベントの引数SaveAsUIがTrueの場合は、「名前を付けて保存」の処理になります。そこで、Ifステートメントで判定し、Trueの場合はメッセージを表示した後、引数CancelをTrueにして保存の処理をキャンセルします。

▼実行結果

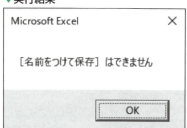

「名前を付けて保存」を行うとメッセージが表示され、保存がキャンセルされる

•BeforeSaveイベントの構文

```
Private Sub Workbook_BeforeSave(ByVal SaveAsUI As Boolean _
    , Cancel As Boolean)
    statements
End Sub
```

BeforeSaveイベントは、ブックを保存する前に処理を行うイベントです。引数SaveAsUIは、保存の処理が「名前を付けて保存」の場合はTrue、「上書き保存」の場合はFalseになります。また、引数CancelをTrueにすると、保存する処理をキャンセルすることができます。なお、BeforeSaveイベントはブックモジュールに記述します。

Tips 499 ブックを保存した後に処理を行う

▶関連Tips 498

使用機能・命令 AfterSaveイベント

サンプルコード SampleFile Sample499.xlsm

```
'ブックを保存した後に処理を行う
Private Sub Workbook_AfterSave(ByVal Success As Boolean)
    '保存が正常に行われたかチェックする
    If Success Then
        '保存された場合のメッセージ
        MsgBox "保存処理が正常に終了しました"
    Else
        '保存されなかった場合のメッセージ
        MsgBox "正しく保存できませんでした。確認してください"
    End If
End Sub
```

❖ 解説

ここでは、ブックが正しく保存されたかどうかをチェックし、メッセージを表示します。保存が正しくできたかどうかは、AfterSaveイベントでチェックします。このイベントは、ブックを保存した後に処理が行われます。**引数Successは、正しく保存された場合にTrueを、保存されなかった場合にFalseを返します**。このサンプルでは、この値によって異なるメッセージを表示しています。

▼実行結果

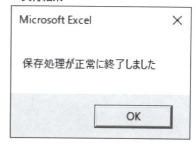

ブックが保存されたかチェックできた

・AfterSaveイベントの構文

Private Sub Workbook_AfterSave(ByVal Success As Boolean)
　statements
End Sub

AfterSaveイベントは、ブックを保存後に発生するイベントです。Excel 2010から追加されました。正しく保存された場合、引数SuccessがTrueに、保存されなかった場合、Falseになります。

AfterSaveイベントはブックモジュールに記述します。

14-1 ブックのイベント（開く時や閉じる時、保存時の処理など）

Tips 500 ウィンドウがアクティブになったときに処理を行う

▶関連Tips 496

使用機能・命令 WindowActivateイベント

サンプルコード SampleFile Sample500.xlsm

```
'ウィンドウがアクティブになった時に処理を行う
Private Sub Workbook_WindowActivate(ByVal Wn As Window)
    'アクティブウィンドウのキャプションをメッセージボックスに表示する
    MsgBox "ウィンドウキャプション：" & Wn.Caption
End Sub
```

❖ 解説

ここでは、ウィンドウがアクティブになった時に、キャプションをメッセージボックスに表示します。対象のウィンドウは、WindowActivateイベントの引数Wnで表されます。これを利用して、Captionプロパティでウィンドウのキャプションを取得しています。

また、似たような処理で、ブックがアクティブになった時に処理を行うActivateイベントがあります。違いは、このサンプルのようにWindowが対象の場合は、同じブックで複数ウィンドウを開いている場合でもイベントを発生させることができます。これに対してブックのイベントは、あくまでブックが対象ですから、そのような処理はできません。

▼ウィンドウがアクティブになったときに処理を行う

キャプションを取得する

▼実行結果

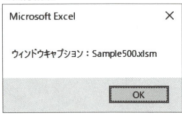

キャプションが表示された

•WindowActivate イベントの構文

```
Private Sub Workbook_WindowActivate(ByVal Wn As Window)
    statements
End Sub
```

WindowActivateイベントは、ウィンドウがアクティブになったときに処理を行います。WindowActivateイベントは、ブックモジュールに記述します。

Tips 501 ワークシートがアクティブになったときに処理を行う

▶関連Tips 511

使用機能・命令 Activateイベント

サンプルコード SampleFile Sample501.xlsm

```
'「Sheet1」がアクティブになった時に処理を行う
Private Sub Worksheet_Activate()
    'ワークシート名をメッセージボックスに表示する
    MsgBox "アクティブシート：" & Me.Name
End Sub
```

❖ 解説

ここでは、Activateイベントを利用して、「Sheet1」ワークシートがアクティブになったときにワークシート名をメッセージボックスに表示します。Activateイベントは「Sheet1」シートモジュールに記述します。ワークシート名はNameプロパティを使用して取得します。また、ここでは「Sheet1」シートモジュールにコードを記述しているため、そのシートそのものを表すMeキーワードを使用しています。

▼「Sheet1」ワークシートがアクティブになったときに処理を行う

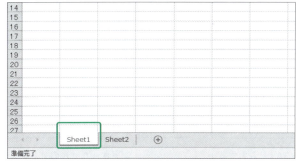

ワークシート名を表示する

▼実行結果

ワークシート名が表示された

• Activateイベントの構文

```
Private Sub Worksheet_Activate()
    statements
End Sub
```

Activateイベントは、ワークシートがアクティブになった時に処理を行います。Activateイベントは、シートモジュールに記述します。なお、同じような処理ができるイベントに、SheetActivateイベントがあります。こちらはブックモジュールに記述し、ブック内のすべてのシートがイベントの対象になります。

14-2 シートのイベント（アクティブになった時、クリック時の処理など）

セルの内容が変更された ときに処理を行う

▶関連Tips
503

使用機能・命令 Change イベント

サンプルコード　SampleFile **Sample502.xlsm**

```
'セルの値が変更されたときに処理を行う
Private Sub Worksheet_Change(ByVal Target As Range)
    'セルのアドレスをメッセージボックスに表示する
    MsgBox "変更されたセルアドレス：" & Target.Address
End Sub
```

❖ 解説

　ここでは、「Sheet1」シートモジュールにイベントを記述しています。「Sheet1」ワークシートのセルの値を変更すると、イベントが発生します。Changeイベントの**引数Targetは、変更されたセルを表します**。そこでAddressプロパティと組み合わせて、変更されたセルのアドレスをメッセージボックスに表示します。実際に「Sheet1」ワークシートの値を変更して、動作を確認してください。なお、複数のセルの値を同時に変更した場合、引数Targetはそのセルのセル範囲を表します。

▼セルの値が変更されたときに処理を行う　　　　▼実行結果

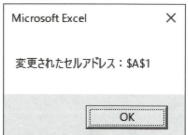

セルA1に「ExcelVBA」と入力する　　　　変更されたセルのアドレスが表示された

● Change イベントの構文

Private Sub Worksheet_Change(ByVal Target As Range)
　　statements
End Sub

　Changeイベントは、シートモジュールに記述し、そのワークシートのセルの値が変更された時に処理を行います。引数Targetは、変更されたセル範囲を表します。また、似たような処理を行うイベントに、SheetChangeイベントがあります。こちらはブックモジュールに記述し、ブック全体でセルの値が変更された時に処理を行います。

14-2 シートのイベント（アクティブになった時、クリック時の処理など）

Tips 503 セルを選択したときに処理を行う

▶関連Tips 067 502

使用機能・命令 SelectionChangeイベント

サンプルコード SampleFile Sample503.xlsm

```
'選択セル範囲が変わったときに処理を行う
Private Sub Worksheet_SelectionChange(ByVal Target As Range)
    '選択されたセルアドレスをメッセージボックスに表示する
    MsgBox "選択されたセルアドレス：" & Target.Address
End Sub
```

❖ 解説

ここでは、「Sheet1」シートモジュールにイベントを記述します。「Sheet1」で選択セル範囲が変わった時に、SelectionChangeイベントが発生します。SelectionChangeイベントの**引数Targetは、変更後のセル範囲を表します**。これを利用して、新たに選択されたアドレスをAddressプロパティ（→Tips067）で取得して、メッセージボックスに表示します。

▼選択セル範囲が変更されたときに処理を行う　　▼実行結果

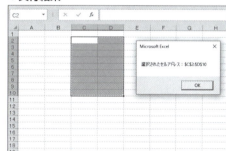

選択後のセル範囲のアドレスを　　　　　　　　セルアドレスが表示された
メッセージボックスに表示する

• SelectionChangeイベントの構文

```
Private Sub Worksheet_SelectionChange(ByVal Target As Range)
    statements
End Sub
```

SelectionChangeイベントは、シートモジュールに記述し、ワークシート上で選択セル範囲が変更されたときに処理を行います。引数Targetは選択セル範囲を表します。また、似たような処理を行うイベントに、SheetSelectionChangeイベントがあります。こちらはブックモジュールに記述し、ブック全体で選択セル範囲が変更された時に処理を行います。

14-2 シートのイベント（アクティブになった時、クリック時の処理など）

Tips 504 新しいワークシートを作成したときに処理を行う

▶関連Tips 501

使用機能・命令 NewSheetイベント

サンプルコード SampleFile Sample504.xlsm

```
'新しくワークシートが追加されたときに処理を行う
Private Sub Workbook_NewSheet(ByVal Sh As Object)
    'ワークシート名をメッセージボックスに表示する
    MsgBox "追加されたワークシート名：" & Sh.Name
End Sub
```

❖ 解説

NewSheetイベントは、新たにワークシートを追加したときに発生します。NewSheetイベントの引数Shは、追加されたワークシートを表します。ここでは、新しくワークシートが追加されたときに、追加されたワークシート名をメッセージボックスに表示します。実際にワークシートを追加して、動作を確認してください。NewSheetイベントを使うと、例えばワークシートを追加すると同時に、列幅等を所定のフォーマットに揃えるといった処理ができます。

▼新たにワークシートを追加したときに処理を行う

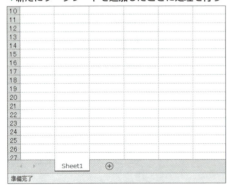

ワークシートを追加する

▼実行結果

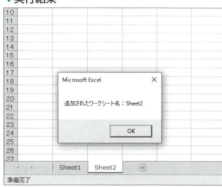

ワークシート名が表示された

•NewSheetイベントの構文

```
Private Sub Workbook_NewSheet(ByVal Sh As Object)
    statements
End Sub
```

NewSheetイベントは、新しいワークシートが追加されたときに処理を行います。引数Shは、追加されたワークシートを表します。NewSheetイベントはブックモジュールに記述します。

Tips 505 ワークシートのセルをダブルクリックしたときに処理を行う

▶関連Tips 506

使用機能・命令 BeforeDoubleClick イベント

サンプルコード SampleFile **Sample505.xlsm**

```
'セルをダブルクリックしたときに処理を行う
Private Sub Worksheet_BeforeDoubleClick(ByVal Target As Range _
    , Cancel As Boolean)
    '確認のメッセージを表示する
    If MsgBox("セルを編集しますか?", vbYesNo) = vbNo Then
        '「いいえ」がクリックされたときに処理をキャンセルする
        Cancel = True
    End If
End Sub
```

❖ **解説**

ここでは、「Sheet1」シートモジュールにイベントを記述しています。任意のセルをダブルクリックすると、メッセージが表示されます。「いいえ」ボタンをクリックすると、通常はセルをダブルクリックするとセルが編集モード（セル内にカーソルが表示された状態）になりますが、**引数CancelにTrueを指定することで、この処理をキャンセルします**。結果、セルは編集モードにはなりません。

▼セルの編集モード

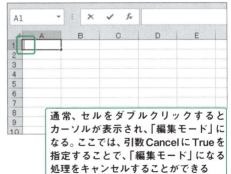

通常、セルをダブルクリックするとカーソルが表示され、「編集モード」になる。ここでは、引数CancelにTrueを指定することで、「編集モード」になる処理をキャンセルすることができる

• **BeforeDoubleClick イベントの構文**

Private Sub Worksheet_BeforeDoubleClick(ByVal Target _
    As Range, Cancel As Boolean)
    statements
End Sub

BeforeDoubleClickイベントは、シートモジュールに記述し、ワークシートのセルをダブルクリックしたときに処理を行います。引数Targetは、ダブルクリックされたセルを表します。引数CancelにTrueを指定すると、セルをダブルクリックした時の規定の動作（セルを編集モードにする）をキャンセルします。なお、BeforeDoubleClickイベントと似た処理ができるイベントに、SheetBeforeDoubleClickイベントがあります。こちらはブックモジュールに記述し、ブック全体が対象となります。

14-2 シートのイベント（アクティブになった時、クリック時の処理など）

Tips 506 ワークシート上を右クリックしたときに処理を行う

▶関連Tips 505

使用機能・命令 BeforeRightClick イベント

サンプルコード SampleFile Sample506.xlsm

```
'セルを右クリックしたときに処理を行う
Private Sub Worksheet_BeforeRightClick(ByVal Target As Range _
    , Cancel As Boolean)
    '確認のメッセージを表示する
    If MsgBox("ショートカットメニューを表示しますか?", vbYesNo) _
        = vbNo Then
        '「いいえ」がクリックされた場合、処理をキャンセルする
        Cancel = True
    End If
End Sub
```

❖ 解説

BeforeRightClickイベントを、「Sheet1」シートモジュールに記述します。通常、セルを右クリックするとショートカットメニューが表示されます。しかしここでは、メッセージボックスを表示し、「いいえ」ボタンをクリックすると、ショートカットメニューを表示されなくします。

▼セルを右クリックしたときに表示されるショートカットメニュー

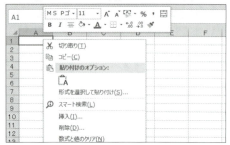

このメニューを非表示にすることができる

•BeforeRightClick イベントの構文

```
Private Sub Worksheet_BeforeRightClick(ByVal Target As Range _
    , Cancel As Boolean)
    statements
End Sub
```

BeforeRightClickイベントは、シートモジュールに記述し、ワークシート上で右クリックしたときに処理を行います。引数Targetは、右クリックされたセルを表します。引数CancelにTrueを指定すると、セルを右クリックした時の既定の処理（ショートカットメニューの表示）をキャンセルすることができます。似たような処理を行うイベントに、SheetBeforeRightClickイベントがあります。こちらはブックモジュールに記述し、対象がブック全体になります。

14-2 シートのイベント（アクティブになった時、クリック時の処理など）

Tips 507 再計算を行ったときに処理を行う

▶関連Tips **509**

使用機能・命令 Calculate イベント

サンプルコード SampleFile Sample507.xlsm

```
'再計算が行われたときに処理を行う
Private Sub Worksheet_Calculate()
    '「金額」欄（D列）の列幅を調整する
    Columns("D").AutoFit
End Sub
```

❖ 解説

　ここでは、再計算が行われる度に、Calculateイベントを使って「金額」欄（D列）の列幅をAutoFitメソッドで自動調整します。Calculateイベントは「Sheet1」シートモジュールに記述します。セルD2には、金額を求める計算式が入力されています。「単価」欄または「数量」欄の値を変更すると、再計算が行われます。この時、Calculateイベントが発生します。「金額」欄は「単価」や「数量」欄の値によっては桁数が多くなり、セルに表示しきれなくなる場合があります。そこで、AutoFitメソッドで、列幅を自動調整するようにしています。こうすることで、常に最適な列幅に保つことができます。

▼「単価」の値を大きな値に変更する

このまま計算すると「金額」欄の桁数が大きくなり、値がきちんと表示されない

▼実行結果

CalculateイベントとAutoFitメソッドを使って列幅を自動調整した

• Calculate イベントの構文

Private Sub Worksheet_Calculate()
　　statements
End Sub

　Calculateイベントは、シートモジュールに記述し、再計算が行われた時に処理を行います。なお、ブック全体を対象にする場合は、SheetCalculateイベントを使用します。

14-2 シートのイベント（アクティブになった時、クリック時の処理など）

Tips 508 ハイパーリンクを クリックしたときに処理を行う

▶関連Tips
545
547

使用機能・命令 FollowHyperlink イベント

サンプルコード SampleFile Sample508.xlsm

```
'ハイパーリンクをクリックしたときに処理を行う
Private Sub Worksheet_FollowHyperlink(ByVal Target As Hyperlink)
    'クリックされたハイパーリンクのURLを表示する
    MsgBox "URL：" & Target.Address & "を開きます"
End Sub
```

❖ 解説

ここでは、「Sheet1」ワークシートにFollowHyperlinkイベントを記述します。セルA1には、秀和システムのホームページへのハイパーリンクが設定されています。このハイパーリンクをクリックすると、FollowHyperlinkイベントが派生し、クリックされたハイパーリンクに設定してあるURLをメッセージボックスに表示します。そして、実際にホームページが表示されます（処理は非同期になります。メッセージボックスを閉じなくてもホームページは表示されます）。FollowHyperlinkイベントの引数Targetは、クリックされたハイパーリンクを表します。URLはAddressプロパティで取得します。

▼セルA1にはハイパーリンクが設定されている　　▼実行結果

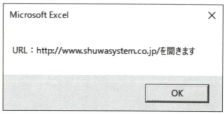

・FollowHyperlink イベントの構文

Private Sub Worksheet_FollowHyperlink(ByVal Target As Hyperlink)
　　statements
End Sub

FollowHyperlinkイベントは、シートモジュールに記述し、ハイパーリンクをクリックしたときに処理を行います。引数Targetは、クリックされたハイパーリンクを表します。似た処理を行うSheetFollowHyperlinkイベントは、ブックモジュールに記述し、ブック全体が対象になります。

Tips 509 ピボットテーブルが更新されたときに処理を行う

▶関連Tips 282 294

使用機能・命令 PivotTableUpdate イベント

サンプルコード SampleFile Sample509.xlsm

```
'ピボットテーブルが更新されたときに処理を行う
Private Sub Worksheet_PivotTableUpdate(ByVal Target As PivotTable)
    '「集計データ」ピボットテーブルが更新されたかチェックする
    If Target.Name = "集計データ" Then
        '「集計データ」ピボットテーブルが更新された場合のメッセージ
        MsgBox "ピボットテーブルが更新されました"
    End If
End Sub
```

❖ 解説

ここでは、「Sheet1」シートモジュールにイベントを記述します。「Sheet1」ワークシートには、2つのピボットテーブルがあります。この内、左側（セルA15以降）にあるピボットテーブルが更新された場合に、メッセージを表示します。**引数Targetは更新されたピボットテーブルを表します**。そこでNameプロパティを使って、ピボットテーブル名を取得して確認しています。実際に、2つのピボットテーブルのレイアウトを変更するなどして、動作を確認してください。

▼実行結果

「江口」の「2022/2/3」の「金額」を変更してピボットテーブルを更新すると、メッセージが表示された

● PivotTableUpdate イベントの構文

Private Sub Worksheet_PivotTableUpdate(ByVal Target As PivotTable)
    statements
End Sub

PivotTableUpdateイベントは、ピボットテーブルが更新された時に処理を行います。引数Targetは、更新されたピボットテーブルを表します。PivotTableUpdateイベントは、シートモジュールに記述します。

Tips 510 すべてのワークシートに共通の処理を行う

▶関連Tips
168
501

使用機能・命令 SheetActivate イベント

サンプルコード SampleFile Sample510.xlsm

```
'ワークシートがアクティブになった時に処理を行う
Private Sub Workbook_SheetActivate(ByVal Sh As Object)
    'アクティブになったワークシート名を表示する
    MsgBox "アクティブシート：" & Sh.Name
End Sub
```

❖ 解説

　ここでは、SheetActivateイベントを利用して、ワークシートがアクティブになる時にメッセージボックスを表示します。SheetActivateイベントの**引数Shは、対象のワークシートを表します**。そこで、「Sh.Name」と記述し、Nameプロパティ（→Tips168）でワークシート名を取得しています。ワークシートがアクティブになった時のイベントには、Activateイベント（→Tips501）があります。こちらは、シートモジュールに記述し、そのワークシートがアクティブになった時のみ発生します。それに対して、SheetActivateイベントはブックモジュールに記述し、すべてのワークシートが対象となります。そのため、引数Shで実際にアクティブになったワークシートを特定できるようになっています。

　このように、ワークシートのイベントと同じ処理を行うイベントが、ブックのイベントにも用意されています。**特定のワークシートだけでイベントを発生させたい場合にはワークシートのイベントを、すべてのワークシート共通で処理を行いたい場合には、ブックのイベントを使用します**。

▼実行結果

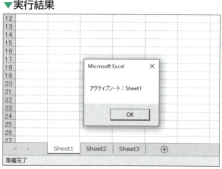

メッセージが表示された

• SheetActivate イベントの構文

Private Sub Workbook_SheetActivate(ByVal Sh As Object)
　　statements
End Sub

　SheetActivateイベントは、シートがアクティブになった時に発生します。ブックモジュールに記述します。引数Shは、実際にアクティブになったシートを表します。対象がグラフシートなどワークシート以外でも発生します。

Tips 511 イベントを発生しないようにする

▶関連Tips 502

使用機能・命令 EnableEvents プロパティ

サンプルコード SampleFile Sample511.xlsm

```vba
'セルの値が変更になったときに処理を行う
Private Sub Worksheet_Change(ByVal Target As Range)
    'セルの値が100より大きいかチェックする
    If Target.Value > 100 Then
        'イベントを無効にする
        Application.EnableEvents = False
        'セルの値を「100」にする
        Target.Value = 100
        'イベントを有効にする
        Application.EnableEvents = True
    End If
End Sub
```

❖ 解説

ここでは、Changeイベント（→Tips502）を使用して、「Sheet1」ワークシートのセルの値が変更になった時に処理を行います。入力された値が100より大きかった場合は、「Target.Value = 100」でそのセルの値を100にして、100より大きい値を入力できないようにしています。

イベントが有効のままだと、「Target.Value = 100」が実行されるタイミングで、Changeイベントが再度発生してしまいます（実際には、2回目のChangeイベントが発生しますが、その時点でセルの値は100なので、処理が終了します。ただし、余計な処理が行われていることには変わりません）。

これを防ぐために、セルに値を入力する前にEnableEventsプロパティをFalseにして、余分なイベントが発生しないようにしています。ただし、EnableEventsプロパティは、プロシージャ終了後も変更した値が有効のままになるため、「Target.Value = 100」の処理の後でTrueに戻しています。

•EnableEvents プロパティの構文

object.EnableEvents = expression

EnableEventsプロパティは、Falseを指定するとイベントを無効にします。一度設定すると、アプリケーションが終了するまで値が保持されるため、イベントを無効にして実行したい処理が終わったらTrueに戻すようにします。

Tips 512 イベントをハンドルする

▶関連Tips 513

使用機能・命令 WithEventsキーワード

サンプルコード SampleFile Sample512.xlsm

```vb
'Applicationクラスのイベントをハンドルする
Private WithEvents xlApp As Excel.Application

'ブックが開いた時に参照を取得する
Private Sub Workbook_Open()
    Set xlApp = Excel.Application
End Sub

Private Sub xlApp_NewWorkbook(ByVal Wb As Workbook)
    '新規にブックが作成された時に文字列を入力する
    Wb.Worksheets(1).Range("A1").Value = "Excel VBA"
End Sub
```

❖ 解説

ここでは、ブックモジュールにコードを記述しています。WithEventsキーワードを付けて、Applicationオブジェクトの変数xlAppを宣言します。

Openイベントで、この変数xlAppにApplicationオブジェクトを代入します。Openイベントで処理を行っているのは、ブックを開いた時点からApplicationオブジェクトを取得し、イベントをハンドルしたいからです。WithEventsキーワードを付けて変数を宣言すると、オブジェクトボックスで変数名を選択し、関連するイベントを設定することができるようになります。

ここでは、ApplicationクラスのNewWorkbookイベントを使用します。NewWorkbookイベントは、ブックが新規に作成された場合に発生するイベントです。このイベントを使用して、新規にブックが作成された場合に、1つ目のワークシートのセルA1に「Excel VBA」と入力しています。

実際に、ブックを新規に作成して動作を確認してください。

WithEventsキーワードを使用すると、他のブックのイベントを取得して、コントロールすることなどができます。

• WithEvetsキーワードの構文

Private[Dim/Public] WithEvents expression As Type

WithEventsキーワードを使用すると、Typeに指定したオブジェクトのイベントをハンドルすることができます。Applicationオブジェクトを指定すると、Applicationクラスのイベントを扱えるようになります。

Tips 513 独自のイベントを作成する

▶関連Tips 512

使用機能・命令 Eventステートメント

サンプルコード SampleFile Sample513.xlsm

```vb
'ブックモジュールに記述
'イベントをハンドルするEventClassクラスの変数を宣言する
Private WithEvents mEventClass As EventClass

Private Sub Workbook_Open()    'ブックを開いた時に処理を行う
    'EventClassクラスのインスタンスを作成する
    Set mEventClass = New EventClass
    '変数mEventClassのInitメソッドに
    'このブックの1番目のワークシートを設定する
    mEventClass.Init ThisWorkbook.Worksheets(1)
End Sub

Private Sub mEventClass_LengthOver()   'LengthOverイベント
    'メッセージを表示する
    MsgBox "桁数がオーバーしています"
End Sub


'EventClassモジュールに記述
'LengthOverイベントを定義する
Public Event LengthOver()
'ワークシートのイベントをハンドルする変数mShを宣言する
Private WithEvents mSh As Worksheet

Public Sub Init(ByVal sh As Worksheet)   '初期化を行うプロシージャ
    Set mSh = sh   '変数mShに引数shを代入する
End Sub


'セルの値が変更になった時に処理を行う
Private Sub mSh_Change(ByVal Target As Range)
    'セルA1を対象にする
    If Not Intersect(Target, Range("A1")) Is Nothing Then
        '文字列の長さをチェックする
        If Len(Target.Value) > 10 Then
            '10文字より大きい場合LengthOverイベントを発生する
            RaiseEvent LengthOver
```

14-3 その他のイベント (イベントのハンドル、独自のイベントの作成など)

```
        End If
    End If
End Sub
```

❖ 解説

　ここでは独自のイベントを作成します。ブックモジュールと「EventClass」クラスモジュールを使用し、「Sheet1」ワークシートのセルA1に入力された値の文字数が10より大きい場合にイベントを発生させ、メッセージを表示します。セルの値が変わった時には、Changeイベントが発生します。ですから、Changeイベントの処理で済む話ではありますが、サンプルということで、ここではこのようなイベントを考えます。ブックモジュールに、イベントをハンドルするためにWithEventsキーワードを使用して、EventClassクラスの変数を宣言します。ブックのOpenイベントを使用して、変数を初期化します。合わせて、EventClassクラスのInitメソッドを使用して、1番目のワークシートをセットします。また、ブックモジュールには、実際のイベントを記述します。EventClassのLengthOverイベントを作成します。ここでは、単にメッセージを表示します。

　次に、EventClassクラスモジュールに記述します。まず、Eventステートメントを使用して、LengthOverイベントを定義します。またワークシートのイベントをハンドルするために、変数mShを宣言します。Initプロシージャは、変数mShに1番目のワークシートをセットします。

　これで、とりあえず準備ができました。最後に、ワークシートのChangeイベントを使用して、セルA1の値をチェックし、Len関数でセルA1の文字数が10より大きい場合には、RaiseEventステートメントでイベントを発生させています。

▼セルA1の文字数をチェックする　　▼実行結果

10文字以上の文字を入力する　　　メッセージが表示された

•Eventステートメントの構文

Public Event eventname

•RaiseEventステートメントの構文

RaiseEvent eventname

　Eventステートメントはイベントを定義します。RaiseEventステートメントは、イベントを発生させます。

バージョン/トラブルシューティング/エラー処理の極意

- 15-1 バージョン処理
  (ExcelやOSのバージョンによる処理など)
- 15-2 トラブルシューティング (シートコピーのトラブルなど)
- 15-3 エラー処理
  (エラー時のプログラムの制御、エラーの種類など)

15-1 バージョン処理（ExcelやOSのバージョンによる処理など）

Tips 514 Excelのバージョンを取得する

▶関連Tips
515
516

使用機能・命令 Versionプロパティ

サンプルコード SampleFile Sample514.xlsm

```
Sub Sample514()
    MsgBox "Excelのバージョン：" & Application.Version 'Excelのバージョンを表示する
End Sub
```

❖ 解説

ここでは、ExcelのバージョンをVersionプロパティを使用して取得し、メッセージボックスに表示します。バージョンごとに処理を分けなくてはならない場合に使用します。なお、Excelのバージョンと取得される文字列は、次のようになります。

◆ ExcelのバージョンとバージョンNo

バージョン	バージョンNo	バージョン	バージョンNo
Excel 2016/2019/2021/365	16.0	Excel 2002	10.0
Excel 2013	15.0	Excel 2000	9.0
Excel 2010	14.0	Excel 97	8.0
Excel 2007	12.0	Excel 95	7.0
Excel 2003	11.0	Excel 5.0	5.0

▼Excelのバージョン

▼実行結果

Excelのバージョンが表示された

このバージョン情報を取得する

• Versionプロパティの構文

object.Version

Excelのバージョンを取得するには、Versionプロパティを使用します。Excelのバージョンに応じた文字列を返します。

15-1 バージョン処理（ExcelやOSのバージョンによる処理など）

Tips 515 OSのバージョンを取得する

▶関連Tips
514
517

使用機能・命令 OperatingSystemプロパティ

サンプルコード SampleFile **Sample515.xlsm**

```
Sub Sample515()
    'OSの種類を取得して、メッセージボックスに表示する
    MsgBox "OSの種類：" & Application.OperatingSystem
End Sub
```

❖ 解説

ここでは、OSの種類を取得してメッセージボックスに表示します。OperatingSystemプロパティで取得される値は、次のとおりです。なお、64bitOSの場合、以下の表の「(32-bit)」の部分が「(64-bit)」になります。

◈ OperatingSystemプロパティで取得される値

OS	値
Windows 10/11	Windows (32-bit) NT 10.00
Windows 8	Windows (32-bit) NT 6.02
Windows 7	Windows (32-bit) NT 6.01
Windows Vista	Windows (32-bit) NT 6.00
Windows XP	Windows (32-bit) NT 5.01
Windows 2000	Windows (32-bit) NT 5.00

▼実行結果

OSの情報が表示された

- **OperatingSystemプロパティの構文**

    object.OperatingSystem

OperatingSystemプロパティは、OSの種類を取得します。

> **Memo** 一昔前と比べて、複数のOSが混在するという状況は流石に減ってきていると思います。また、もし混在しているとなると、OSに合わせてExcelのバージョンも異なることが多いでしょう。ですので、OSのバージョンチェックが必要な場合、多くは合わせてExcelのバージョンチェックが必要になります。Excelのバージョンについては、Tips514で紹介していますので、セットで覚えるようにしましょう。

15-1 バージョン処理（ExcelやOSのバージョンによる処理など）

VBAのバージョンに応じて処理を分ける

▶関連Tips
514
517

使用機能・命令 **#IF Then #Elseディレクティブ**

サンプルコード　SampleFile Sample516.xlsm

```vb
'VBAのバージョンをチェックする
#If VBA7 Then
    'Excel 2010以降の場合に使用するAPI関数
    Private Declare PtrSafe Function MessageBox Lib "User32.dll" _
        Alias "MessageBoxA" ( _
            ByVal hWnd As LongPtr, ByVal lpText As String, _
            ByVal lpCaption As String, ByVal uType As Long _
        ) As Integer
#Else
    'Excel 2010以前の場合に使用するAPI関数
    Private Declare Function MessageBox Lib "User32.dll" _
        Alias "MessageBoxA" ( _
            ByVal hWnd As Long, ByVal lpText As String, _
            ByVal lpCaption As String, ByVal uType As Long _
        ) As Integer
#End If

Sub Sample516()
    #If VBA7 Then
        'Excel 2010以降の場合のメッセージ
        MessageBox 0, "使用中のOffice：Office 2010以降" _
            , "Office判定", vbOKOnly
    #Else
        'Excel 2010以前の場合のメッセージ
        MessageBox 0, "使用中のOffice：Office 2010以前" _
            , "Office判定", vbOKOnly
    #End If
End Sub
```

15-1 バージョン処理（ExcelやOSのバージョンによる処理など）

❖ 解説

　ここでは、Excelのバージョンが2010とそれ以前とで処理を分けています。ただし、処理を分けると言っても、単純にIfステートメントで分けるのとは異なります。

　Excel 2010から、Excelには32bit版と64bit版の2種類が提供されるようになりました。そのため、VBAのバージョンも7に上がっています。64bit版のExcelでは、APIの宣言時にPtrSafe属性を付けなくては、コンパイルエラーになりVBAが実行できません。

　そのようなコンパイルエラーを防ぐためには、#IF Then #ElseディレクティブとVBA7条件付きコンパイラ定数を組み合わせ、APIの宣言を分けるようにします。#IF Then #Elseディレクティブは、条件に当てはまらない処理についてはコンパイルしないため、コンパイルエラーが出ません。

　ここでは、MessageBoxAPI関数を使用して、Excelのバージョンによって異なるメッセージを表示します。

▼Excelのバージョンをチェックする　　　　　　　　　▼実行結果

Excelのバージョンをチェックする

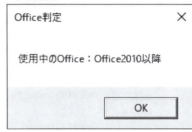

バージョンに合った処理が行われた

• #IF Then #Elseディレクティブの構文

#If expression Then
　statements
[#ElseIf expression Then
　[statements]
[#Else
　[statements]]
#End If

　#If Then #Elseディレクティブは、通常のIF関数と同じように、条件に応じた処理を行います。ただし、条件に満たない場合の処理については、コンパイルを行いません。そのため、VBAのバージョンの違いで、コンパイルエラーが出てしまうようなケースで使用します。なお、VBAはExcel 2010から、64bitに対応するためにバージョンが7になりました。VBA7条件付きコンパイラ定数は、VBAのバージョンを表す定数です。

15-1 バージョン処理（ExcelやOSのバージョンによる処理など）

Tips 517 OSの種類に応じて処理を分ける

▶関連Tips
515
516

使用機能・命令 #IF Then #Else ディレクティブ

サンプルコード SampleFile Sample517.xlsm

```
Sub Sample517()
    #If Win64 Then    'OSが64bitかどうかチェックする
        Dim t1 As LongLong, t2 As LongLong '64bitだった場合の宣言
    #Else
        Dim t1 As Long, t2 As Long '64bitではなかった場合の宣言
    #End If

    Dim i As Long
    '経過時刻を取得する
    #If Win64 Then
        t1 = GetTickCount64
    #Else
        t1 = GetTickCount
    #End If
    Do    '時間を計測するための処理をする
        i = i + 1
    Loop Until i > 1000000
    '再度経過時刻を取得する
    #If Win64 Then
        t2 = GetTickCount64
    #Else
        t2 = GetTickCount
    #End If
    MsgBox t2 - t1 & "ミリ秒"    '経過時刻を表示する
End Sub
```

❖ 解説

　ここでは、OSの種類に応じて処理を分けます。OSは、64bit版と32bit版があります。#If Then #Else ディレクティブとWin64条件付きコンパイラ定数を使って、適切に処理を行います。ここで使用するのは、GetTickCountAPI関数です。GetTickCountAPI関数は、システムが起動してからの時間をミリ秒単位で取得します。このGetTickCountAPI関数は、64bit版のOSでは、GetTickCountAPI64関数を使用します。そのため、APIの宣言を#If Then #Elseディレクティブを使用して分けています。また返す値も、64bit版では、LongLong型となるため、受ける変数（t1とt2）の宣言やGetTickCountAPI関数の戻り値を取得する際にも処理を分けています。#If Then #Elseディレクティブを使用することで、OSの違いによるコンパイルエラーを避けることができさま

15-1 バージョン処理（ExcelやOSのバージョンによる処理など）

す。なお、Do Loopステートメントによる処理は、ここでは特に何もせず時間の計測だけに使用しています。

▼OSの違いによって処理を分ける

ここでは、64bit版かどうかで処理を分け、処理時間を計測する

▼実行結果

処理時間が表示された

• #IF Then #Elseディレクティブの構文

#If expression Then
   statements
[#ElseIf expression Then
   [statements]
[#Else
   [statements]]
#End If

　#If Then #Elseディレクティブは、通常のIF関数と同じように、条件に応じた処理を行います。ただし、条件に満たない場合の処理については、コンパイルを行いません。Windowsには、32bit版と64bit版があります。VBAからAPIを使用する時に、この違いを区別しなくてはならないケースなどで使用します。

639

15-1 バージョン処理（ExcelやOSのバージョンによる処理など）

Tips 518 セルの数をカウントする際に発生するエラーを回避する

▶関連Tips 514

使用機能・命令 **CountLarge プロパティ**

サンプルコード SampleFile Sample518.xlsm

```
Sub Sample518()
    'Excelのバージョンが2007以降か判定する
    If Val(Application.Version) >= 12 Then
        'Excel 2007以降の場合のメッセージ
        MsgBox "セルの数：" & Cells.CountLarge
    Else
        MsgBox "セルの数：" & Cells.Count   'Excel 2007以前の場合のメッセージ
    End If
End Sub
```

❖ 解説

ここでは、ワークシートのすべてのセルの数をメッセージボックスに表示します。ワークシートの行数や列数は、Excel 2007からそれ以前に比べ大幅に増えました。そのため、Countプロパティを使用して、ワークシートのすべてのセルの数を取得しようとすると、エラーになります。そこでExcel 2007で新たに用意されたのが、CountLargeプロパティです。ここでは、Versionプロパティ（→Tips514）を使用して、Excel 2007以降ではCountLargeプロパティを、それ以前ではCountプロパティを使用するようにしています。CountLargeプロパティもCountプロパティも、基本的には同じ機能です。ただし、扱える桁数が異なります。これは、Countプロパティが返す値がLong型であるのに対し、CountLargeプロパティはVariant型になるためです。

▼実行結果

セルの数がカウントされた

• CountLargeプロパティの構文

object.CountLarge

CountLargeプロパティは、Excel 2007から追加されたプロパティです。Rangeオブジェクトを指定すると、セルの数をカウントします。Excelはバージョン2007から、ワークシートの大きさ（行数・列数）が大きくなりました。そのため、すべてのセルの数をカウントする場合、Countプロパティではオーバーフローエラーが発生します。CountLargeプロパティでは、ワークシートの最大サイズ（17,179,869,184セル）までの範囲を処理できます。

15-1 バージョン処理（ExcelやOSのバージョンによる処理など）

Tips 519 参照しているライブラリの一覧を取得する

▶関連Tips 465

使用機能・命令 Referencesプロパティ

サンプルコード SampleFile Sample519.xlsm

```
Sub Sample519()
    Dim msg As String
    Dim ref As Object
    'すべての参照設定に対して処理を行う
    For Each ref In ThisWorkbook.VBProject.References
        With ref
            '参照設定の名前と説明を取得する
            msg = msg & "参照設定：" & .Name & "：" _
                & .Description & vbCrLf
        End With
    Next
    MsgBox msg '取得した参照設定の名前と説明を表示する
End Sub
```

❖ 解説

ここでは、Referencesプロパティで現在参照設定されているライブラリを取得し、Nameプロパティで「名前」を、Descriptionプロパティで「説明」をそれぞれ取得し、メッセージボックスに表示します。

▼実行結果

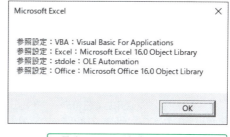

一覧をメッセージボックスに表示する

● Referencesプロパティの構文

object.References

Referencesプロパティは、参照設定されているライブラリのコレクションを返します。objectには、VBProjectオブジェクトを指定します。なお、このプロパティはセキュリティの設定で［VBAプロジェクトオブジェクトモデルへのアクセスを信頼する］チェックボックスがOnになっていないと使用できません。

15-2 トラブルシューティング（シートコピーのトラブルなど）

Tips 520 オートフィルタで日付がうまく抽出できない現象を回避する

▶関連Tips 106

使用機能・命令 NumberFormatLocal プロパティ

サンプルコード SampleFile Sample520.xlsm

```
Sub Sample520()
    Dim curFormat As String
    Dim Target As Range
    Dim temp As Range
    'A列のデータのみ変数に取得する
    Set Target = Range("A1").CurrentRegion
    With Target
        Set Target = .Resize(.Rows.Count - 1, 1).Offset(1)
    End With
    'データの最初のセルの書式を変数に代入する
    curFormat = Target.Cells(1, 1).NumberFormatLocal
    Target.NumberFormatLocal = "標準" 'データの書式を「標準」にする
    'オートフィルタで「2022/3/3」のデータを抽出する
    Range("A1").AutoFilter Field:=1 _
        , Criteria1:=CDbl(DateValue("2022/3/3"))
    For Each temp In Target 'データセルの表示形式を元の形式に戻す
        temp.NumberFormatLocal = curFormat
    Next
End Sub
```

❖ 解説

オートフィルタを使用して日付データを抽出する際に、Excelのバージョンと日付の表示形式の組み合わせによっては、うまく抽出できないことがあります。また、この組み合わせはExcelのバージョンによっても変わるため、悩ましい問題です。そこで、ここでは日付をシリアル値で表示し、シリアル値で抽出することで問題を回避しています。このサンプルでは、表示形式を戻す際にループ処理を使用してセルを1つずつ設定しています。

1度にまとめて設定したほうが効率的ですが、筆者の環境ではセルアドレスを指定しても、非表示のセルに対しての書式設定ができませんでした。そのため、1つずつ設定を行っています。

• NumberFormatLocalプロパティの構文

object.NumberFormatLocal = expression

NumberFormatLocalプロパティは、セルの表示形式を取得/設定します。指定できる値については、Tips106を参照してください。

Tips 521 ワークシートを大量にコピーしたときに発生するエラーを回避する

▶関連Tips 228

使用機能・命令 Close メソッド

サンプルコード SampleFile Sample521.xlsm

```
Sub Sample521()
    Dim TargetBook As Workbook
    Dim Path As String
    Dim i As Long
    Set TargetBook = Application.Workbooks.Add 'ブックを追加する
    'セルに名前をつける
    TargetBook.Names.Add Name:="tempRange", _
        RefersTo:="=Sheet1!$A$1"
    '保存するファイル名を「Test.xlsx」にする
    Path = ThisWorkbook.Path & "\Test.xlsx"
    TargetBook.SaveAs Path   'ブックを保存する
    
    For i = 1 To 275    '275回処理を繰り返す
        TargetBook.Worksheets(1).Copy _
            After:=TargetBook.Worksheets(1) 'ワークシートをコピーする
        If i Mod 100 = 0 Then  '100回ごとに処理を行う
            TargetBook.Close SaveChanges:=True 'ブックを上書き保存して閉じる
            Set TargetBook = Nothing
            Set TargetBook = Application.Workbooks.Open(Path) 'ブックを再度開く
        End If
    Next
End Sub
```

❖ 解説

大量のワークシートを連続でコピーすると、エラーが発生することがあります。環境によって、どの程度の回数でエラーが発生するかは異なります。これを回避するには、一定回数ごとに対象のブックを上書き保存/閉じる操作を行います。ここでは、100回ごとにブックを上書き保存して一旦閉じます。すぐにそのブックを開いて処理を続けています。

• Close メソッドの構文

object.Close(SaveChanges, Filename, RouteWorkbook)

Closeメソッドは、引数SaveChangesにTrueを指定すると、それまでの変更を上書き保存してブックを閉じます。詳しくはTips228を参照してください。

15-2 トラブルシューティング（シートコピーのトラブルなど）

非表示のシートとActivesheet プロパティの動作の違いを回避する

▶関連Tips
174

使用機能・命令 Visibleプロパティ

サンプルコード SampleFile Sample522.xlsm

```
Sub Sample522()
    Dim temp As Worksheet
    With Worksheets("Sheet2")       'Sheet2ワークシートに対して処理を行う
        .Visible = True             '表示する
        .Copy After:=Worksheets("Sheet2")   'コピーする
        Set temp = ActiveSheet      'アクティブシートを変数に代入する
        temp.Name = "Test"          'シート名を変更する
        .Visible = False            'ワークシートを非表示にする
    End With
End Sub
```

❖ 解説

　Copyメソッドを使用してワークシートをコピーすると、コピーされたワークシートがアクティブになります。ここでは、それを利用してアクティブシートを変数に代入し、その後そのシートに対して処理を行うケースについて説明します。

　コピー元のワークシートが非表示の場合、コピー後のワークシートも非表示となります。

　Excel 2003までは、ワークシートが非表示なのにもかかわらず、「Set temp = ActiveSheet」といった記述で、コピー後のワークシートを変数に代入することができていました。

　しかし当然ですが、非表示のワークシートはアクティブではないため、この処理ではうまく動作しません。

　そこで回避策として、コピー元のワークシートを一旦表示し、コピー後、再度非表示にするという処理を行います。こうすることで、予期せぬ動作を回避することができます。

　なお、ここではコピー後のワークシートが表示されていますが、このワークシートも非表示にしたい場合は、改めて非表示にする設定を行います。

・**Visibleプロパティの構文**

　object.Visible = expression

　Visibleプロパティは、objectにワークシートを指定すると、ワークシートの表示/非表示を設定することができます。詳しくはTips174を参照してください。

Tips 523 ファイルを開くときに表示される「名前の重複」ダイアログボックスを自動で閉じる

▶関連Tips 466

使用機能・命令 SendKeysメソッド

サンプルコード SampleFile Sample523.xlsm

```vb
'タイマーを開始するためのAPI関数
Public Declare Function SetTimer Lib "user32.dll" _
    (ByVal hWnd As Long, ByVal nIDEvent As Long, _
    ByVal uElapse As Long, ByVal lpTimerFunc As Long) As Long

'タイマーを解除するためのAPI関数
Public Declare Function KillTimer Lib "user32.dll" _
    (ByVal hWnd As Long, ByVal nIDEvent As Long) As Long

'ウィンドウハンドルを取得するAPI関数
Public Declare Function FindWindow Lib "user32.dll" Alias _
    "FindWindowA" (ByVal lpClassName As String _
    , ByVal lpWindowName As String) As Long

Sub Sample523()
    Dim timerID As Long
    'タイマーによる監視を開始する
    timerID = SetTimer(0, 0, 100, AddressOf TimerProc)
    'ブックを開く
    Workbooks.Open ThisWorkbook.Path & "\NameConflictSample.xls"
    KillTimer 0, timerID      'タイマーによる監視を終了する
End Sub

Sub TimerProc()
    Dim hWnd As Long

    '「名前の重複」ダイアログボックスを監視する
    hWnd = FindWindow("bosa_sdm_XL9", "名前の重複")
    '「名前の重複」ダイアログボックスが見つかったかチェックする
    If hWnd > 0 Then
        SendKeys GetRandomString, 10     '文字列を入力する
        SendKeys "{ENTER}"               '「Enter」キーを入力する
    End If
End Sub
```

15-2 トラブルシューティング（シートコピーのトラブルなど）

```
Function GetRandomString() As String
    Dim str As String
    Dim i As Long

    For i = 0 To 4     '5文字分の処理を行う
        Randomize
        '「A」以降の文字を使用して、ランダムに文字列を作成する
        str = str & Chr(65 + Int(Rnd * 10))
    Next
    GetRandomString = str
End Function
```

❖ 解説

　ブックを開く際に、「名前の重複」ダイアログボックスが開くことがあります。手動で操作している場合は良いのですが、連続して複数のブックを開く処理をVBAを使用して行う場合は、このダイアログボックスが開いた時点で処理が中断してしまうため、本当の意味での自動化ができません。

　ここでは、そのようなケースの対処方法を紹介します。このサンプルでは、SetTimerAPI関数、FindWindowAPI関数を使用して、「名前の重複」ダイアログボックスが表示されるのをチェックします。SetTimerAPI関数は、指定した時間ごとにプロシージャを呼び出すことができます。呼び出すプロシージャで、FindWindowAPI関数を使用して、「名前の重複」ダイアログボックスが開いていないかチェックします。

　「名前の重複」ダイアログボックスが開いている場合、GetString関数を呼び出し、ランダムな文字列をSendKeysメソッドで、「名前の重複」ダイアログボックスに送ります。こうすることで、処理が中断することを防ぎます。

• SendKeysメソッドの構文

object.SendKeys(Keys, Wait)

　SendKeysメソッドは、アクティブなアプリケーションにキーコードを転送します。引数Keysには、任意のキーを指定します。[Alt]キーや[Ctrl]キー、[Shift]キーと組み合わせることも可能です。
　例えば、文字「a」を指定するには「"a"」と表記し、[Enter]キーは「{ENTER}」と表記します。
　詳しくはTips466を参照してください。

15-3 エラー処理（エラー時のプログラムの制御、エラーの種類など）

Tips 524 エラー処理を行う

▶関連Tips
525
530

使用機能・命令 On Error Gotoステートメント

サンプルコード SampleFile Sample524.xlsm

```
Sub Sample524()
    Dim sh As Worksheet
    'エラー処理を開始する
    On Error GoTo ErrHdl
    'オブジェクト変数shに「Sheet2」ワークシートへの参照を代入する
    '「Sheet2」ワークシートは存在しないのでエラーになる
    Set sh = Worksheets("Sheet2")

    Exit Sub     '処理を終了する
ErrHdl:  'エラー発生時のラベル
    'エラー発生時のメッセージ
    MsgBox "エラーが発生しました"
End Sub
```

❖ 解説

ここでは、実際にエラーを発生させて動作を確認します。オブジェクト変数shに、「Sheet2」ワークシートへの参照を代入しますが、ブックに「Sheet2」ワークシートは存在しないので、エラーが発生します。On Error Gotoステートメントが使用されているので、エラーが発生すると「ErrHdl」のラベルに処理が移ります。なお、ラベルは「ラベル名:」のように、ラベル名に続けて「:」を入力し設定します。ところで、「ErrHdl」の手前に「Exit Sub」の記述がありますが、この記述がないと、エラーが発生していないときでも「ErrHdl」以降の処理が行われてしまいます。「Exit Sub」の記述は忘れないようにしましょう。

▼実行結果

エラーメッセージが表示された

• On Error Gotoステートメントの構文

On Error GoTo line

On Error Gotoステートメントは、エラーが発生するとlineに指定した行ラベル、または行番号に処理が移ります。

15-3 エラー処理（エラー時のプログラムの制御、エラーの種類など）

Tips 525 エラーを無視して次の処理を実行する

▶関連Tips
524
530

使用機能・命令 On Error Resume Nextステートメント

サンプルコード SampleFile Sample525.xlsm

```
Sub Sample525()
    Dim sh As Worksheet
    On Error Resume Next 'エラー処理を開始する

    'オブジェクト変数shに「Sheet2」ワークシートへの参照を代入する
    '「Sheet2」ワークシートは存在しないのでエラーになる
    Set sh = Worksheets("Sheet2")

    'エラーが発生しているかチェックする
    If Err.Number <> 0 Then
        'エラーが発生した場合のメッセージ
        MsgBox "エラーが発生しています"
    End If
End Sub
```

❖ 解説

ここでは、実際にエラーを発生させて動作を確認します。オブジェクト変数shに、「Sheet2」ワークシートへの参照を代入しますが、ブックに「Sheet2」ワークシートは存在しないので、エラーが発生します。On Error Resume Nextステートメントが使用されているので、エラーが発生しても次の処理が実行されます。次の処理では、ErrオブジェクトのNumberプロパティ（→Tips529）を使用して、エラーが発生したかをチェックします。**Numberプロパティは、エラーが発生していないと「0」になるため、**Numberプロパティの値が0以外の場合はエラーが発生したことがわかります。ここでは、これを利用してエラーが発生した時にメッセージを表示しています。

▼実行結果

エラーが発生しメッセージが表示された

•On Error Resume Nextステートメントの構文

On Error Resume Next

On Error Resume Nextステートメントは、エラーが発生しても、そのエラーを無視して次の処理を実行します。エラーが発生しても処理を継続したい場合に使用します。

15-3 エラー処理（エラー時のプログラムの制御、エラーの種類など）

Tips 526 エラーが発生したときの処理を無効にする

▶関連Tips
524
525

使用機能・命令 On Error Goto 0ステートメント

サンプルコード SampleFile Sample526.xlsm

```
Sub Sample526()
    Dim sh As Worksheet
    'エラー処理を開始する
    On Error Resume Next
    '「Sheet2」ワークシートは存在しないのでエラーが発生するが
    'エラーは無視される
    Set sh = Worksheets("Sheet2")
    'エラー処理を終了する
    On Error GoTo 0
    'エラーが発生する
    Set sh = Worksheets("Sheet2")
End Sub
```

解説

ここでは、On Error Goto 0ステートメントの動作を確認します。最初のオブジェクト変数に「Sheet2」への参照を代入する処理は、On Error Resume Nextステートメントがあるため無視されます。しかし、2回目の処理では、直前にOn Error Goto 0ステートメントがあり、エラー処理が無効になっているためエラーが発生します。このように、On Error Goto 0ステートメントは、On Error GotoステートメントやOn Error Resume Nextステートメントで開始したエラー処理を無効にする時に使用します。エラー処理は、プログラムの最初から最後までむやみに適用するのではなく、できるだけ割り当てる箇所を限定した方が、後で修正するときなどに混乱せずにすみます。

▼実行結果

エラーが発生した

● On Error Goto 0ステートメントの構文

On Error Goto 0

On Error Goto 0ステートメントは、エラー処理ルーチンを無効にします。

15-3 エラー処理（エラー時のプログラムの制御、エラーの種類など）

Tips 527 エラーが発生したときに戻って処理を実行する

▶関連Tips
524
525
526
528

使用機能・命令 Resumeステートメント

サンプルコード SampleFile Sample527.xlsm

```
Sub Sample527()
    Dim num As Long
    'エラー処理を開始する
    On Error GoTo ErrHdl
    'インプットボックスを表示し、入力された値を変数に代入する
    num = InputBox("数値を入力")
    '入力された値をメッセージボックスに表示する
    MsgBox "入力された値：" & num
    Exit Sub
ErrHdl:
    MsgBox "数値を入力してください"
    Resume 'エラーが発生した箇所から処理を再開する
End Sub
```

❖ 解説

ここでは、Resumeステートメントの動作を確認します。まず、InputBox関数で入力用のインプットボックスを開きます。入力された値を変数に代入しますが、変数のデータ型がLong型のため、数値以外を入力するとエラーが発生します。エラーが発生すると、「ErrHdl」ラベルに処理が移ります。エラーが発生したというメッセージを表示後、ResumeステートメントでInputBox関数の処理にもどり、再びインプットボックスが表示されます。こうすることで、正しい値（ここでは数値）が入力されるまで、何度もインプットボックスを表示する処理を行うことができます。

▼実行結果

数値以外を入力するとエラーになるが、再度インプットボックスが表示される

• Resumeステートメントの構文

Resume [line]

Resumeステートメントは、エラー処理ルーチンで使用します。エラー処理ルーチン内でエラーが発生した行から、再度プログラムを実行します。また、「Resume line」として、行ラベルからプログラムを再開することも可能です。

Tips 528 エラーが発生したときに次の行に進んで処理を実行する

▶関連Tips 524 525 526 527

使用機能・命令 Resume Nextステートメント

サンプルコード SampleFile Sample528.xlsm

```
Sub Sample528()
    Dim i As Long
    On Error GoTo ErrHdl    'エラー処理を開始する
    For i = 1 To 5  '5回処理を繰り返す
        'セルの値に「10」加算する
        Cells(i + 1, 1).Value = Cells(i + 1, 1).Value + 10
    Next
    Exit Sub    '処理を終了する
ErrHdl:         'エラー発生時の処理
    Resume Next 'エラーが発生した処理の次の処理から再開する
End Sub
```

❖ 解説

　Resume Nextステートメントの動作を確認します。ここでは、セルA2以降に入力されている数値を10増やす処理を行います。ただし、セルA5は「-」となっているため、単純にセルの値を加算しようとするとエラーが発生します。ここでは、セルの値が「-」の場合は無視するようにします。
　On Error Gotoステートメントで、エラーが発生した場合に処理をエラー処理ルーチンに飛ばし、Resume Nextステートメントで次の処理から処理を再開するようにしています。

▼セルA2以降の値にそれぞれ「10」加算する

▼実行結果

セルA5ではエラーになるが無視して処理を行う

セルA5を除くすべてのセルが「10」加算された

• Resume Nextステートメントの構文

Resume Next

　Resume Nextステートメントは、エラー処理ルーチン内で使用し、エラーが発生した箇所の次の行から処理を再開します。

15-3 エラー処理（エラー時のプログラムの制御、エラーの種類など）

Tips 529 エラー番号を表示する

▶関連Tips
525
532

使用機能・命令 **Number プロパティ**

サンプルコード SampleFile Sample529.xlsm

```
Sub Sample529()
    Dim i As Integer  '変数を宣言する

    On Error Resume Next  'エラー処理を開始する
    i = Range("A2").Value    'セルA2の値を代入する
    '発生したエラー情報をメッセージボックスに表示する
    MsgBox "エラー番号:" & Err.Number & vbCrLf _
        & "エラー内容:" & Err.Description
End Sub
```

❖ 解説

ここでは、Integer型の変数にInteger型の範囲より大きい値を代入し、エラーを発生させ、発生したエラーのエラー番号とエラーの内容をメッセージボックスに表示します。

Integer型の最大値は「65536」ですが、セルA2には「65537」が入力されています。そのため、セルA2の値を変数に代入するときにエラーが発生します。

なお、エラーの種類と主なエラー番号には、次のようなものがあります。

◇ エラーの種類と意味

種類	説明
コンパイルエラー	構文のミスやスペルミスなど文法上のミスから発生するエラーを指す
実行時エラー	プログラム実行時に発生するエラー。例えばLong型の変数に文字列を代入した時などに発生する
論理エラー	プログラムの論理的なエラー。消費税額を求める際に、0.05を乗算するのではなく除算してしまう、などの論理的なエラーを指す。論理エラーはVBA側では発見できないため、プログラム作成者がきちんとテスト（チェック）する必要がある

◇ 主なエラー番号とメッセージ

番号	メッセージ
0	プロシージャの呼び出し、または引数が不正です。
5	プロシージャの呼び出し、または引数が不正です。
6	オーバーフローしました。
9	インデックスが有効範囲にありません。
10	この配列は固定されているか、または一時的にロックされています。
11	0で除算しました。
13	型が一致しません。

20	エラーが発生していないときにResumeを実行することはできません。
28	スタック領域が不足しています。
35	SubまたはFunctionが定義されていません。
51	内部エラーです。
52	ファイル名または番号が不正です。
53	ファイルが見つかりません。
54	ファイルモードが不正です。
55	ファイルは既に開かれています。
57	デバイスI/Oエラーです。
58	既に同名のファイルが存在しています。
59	レコード長が一致しません。
61	ディスクの空き容量が不足しています。
70	書き込みできません。
75	パス名が無効です。
76	パスが見つかりません。
91	オブジェクト変数またはWithブロック変数が設定されていません。
93	パターン文字列が不正です。
94	Nullの使い方が不正です。
321	不正なファイル形式です。
380	プロパティの値が不正です。
383	値を設定できません。値の取得のみ可能なプロパティです。
387	値を設定できません。
424	オブジェクトが必要です。
448	名前付き引数が見つかりません。
449	引数は省略できません。
461	メソッドまたはデータメンバが見つかりません。
744	検索文字列が見つかりませんでした。

• Numberプロパティの構文

object.Number

　Numberプロパティは、objectにErrオブジェクトを指定すると、エラー番号を取得することができます。Errオブジェクトは、発生したエラーに関する情報を保持します。エラー番号を取得するNumberプロパティの他、エラーの内容を持つDescriptionプロパティ（→Tips532）があります。

15-3 エラー処理（エラー時のプログラムの制御、エラーの種類など）

Tips 530 エラーの種類によってエラー処理を分岐する

▶関連Tips 529

使用機能・命令 Numberプロパティ

サンプルコード SampleFile Sample530.xlsm

```
Sub Sample530()
    Dim num1 As Long, num2 As Long, ans As Double

    On Error GoTo ErrHdl 'エラー処理を開始する
    num1 = Range("A2").Value 'セルA2の値を変数に代入する
    num2 = Range("B2").Value 'セルB2の値を変数に代入する
    ans = num1 / num2 '除算を行う
    '結果をメッセージボックスに表示する
    MsgBox num1 & "÷" & num2 & "=" & ans

    Exit Sub '処理を終了する
ErrHdl:       'エラー処理を行う
    Select Case Err.Number 'エラー番号に応じて処理を行う
        Case 11 'エラー番号が11だった場合の処理
            MsgBox "0で除算はできません"
        Case 13 'エラー番号が13だった場合の処理
            MsgBox "整数を入力してください"
    End Select
End Sub
```

❖ 解説

　ここでは、セルA2の値をセルB2の値で除算する処理を行います。この時、セルB2の値が「0」の場合、0除算のエラーが発生します。また、いずれかのセルに文字列が入力されている場合もエラーが発生します。それぞれ、エラー番号が「11」と「13」になるため、エラー処理を行う際に、Select Caseステートメントでエラー番号に応じて表示するメッセージを変えています。エラー番号については、Tips529を参照してください。

• Numberプロパティの構文

oject.Number

　Numberプロパティは、objectにErrオブジェクトを指定するとエラー番号を取得することができます。Errオブジェクトは、発生したエラーに関する情報を保持します。IfステートメントやSelect Caseステートメントと組み合わせることで、エラーの内容（エラー番号）に応じた処理を行うことができます。

15-3 エラー処理（エラー時のプログラムの制御、エラーの種類など）

Tips 531 エラーを強制的に発生させる

▶関連Tips: 146

使用機能・命令　Raiseメソッド

サンプルコード　SampleFile Sample531.xlsm

```vba
Sub Sample531()
    On Error GoTo ErrHdl    'エラー処理を開始する
    'セルA2の文字列に「VBA」が含まれるかチェックする
    If InStr(Range("A2").Value, "VBA") = 0 Then
        '含まれない場合、エラーを発生させる
        Err.Raise Number:=1500 _
            , Description:="VBAが含まれません"
    End If
    Exit Sub    '処理を終了する
    '発生したエラーのエラー番号と内容をメッセージボックスに表示する
ErrHdl:
    MsgBox "エラー番号：" & Err.Number & vbCrLf _
        & "エラーの内容：" & Err.Description
End Sub
```

❖ 解説

ここではセルA2の文字列をチェックし、「VBA」という文字が含まれない場合、エラーを強制的に発生させます。指定した文字列に「VBA」が含まれるかどうかは、InStr関数（→Tips146）を使用して判定します。含まれない場合、Raiseメソッドでエラー番号「1500」、内容が「VBAが含まれません」というエラーを発生させます。エラー処理ルーチンで、そのエラー番号と内容をメッセージボックスに表示します。なお、エラー番号は、0〜65535の範囲の値になります。ただし、0〜512の値はシステムエラー用に予約されているため、ユーザー定義のエラーに使用できるのは513〜65535となります。

▼実行結果

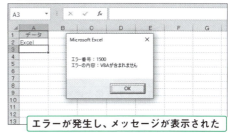

エラーが発生し、メッセージが表示された

• Raiseメソッドの構文

object.Raise number, source, description, helpfile, helpcontext

Raiseメソッドを利用すると、エラーを強制的に発生させることができます。引数numberにはエラー番号を、引数descriptionにはエラー内容を、それぞれ指定します。

15-3 エラー処理（エラー時のプログラムの制御、エラーの種類など）

Tips 532 エラーの内容を表示する

▶関連Tips
529

使用機能・命令 Descriptionプロパティ

サンプルコード SampleFile Sample532.xlsm

```
Sub Sample532()
    Dim msg As String   '変数を宣言する

    On Error Resume Next  'エラー処理を開始する
    msg = Range("A2").Value    'セルA2の値を代入する

    '発生したエラー情報をメッセージボックスに表示する
    MsgBox "エラー番号：" & Err.Number & vbCrLf _
        & "エラー内容：" & Err.Description
End Sub
```

❖ 解説

ここでは、セルA2に入力されている値を変数に代入する際のエラーをチェックし、エラーが発生した場合にNumberプロパティ（→Tips529）を使ってエラー番号を、Descriptionプロパティを使って、エラーの内容をそれぞれメッセージボックスに表示します。

▼セルA2の値を変数に代入する時にエラーが発生する

発生したエラーの番号と内容を表示する

▼実行結果

エラー番号と内容が表示された

•Descriptionプロパティの構文

oject.Description

Descriptionプロパティは、objectにErrオブジェクトを指定するとエラーの内容を取得することができます。Errオブジェクトは、発生したエラーに関する情報を保持します。Descriptionプロパティを使用すると、エラーが発生した時にエラーの内容をメッセージボックス等で表示することができます。エラー番号と対応する内容については、Tips529を参照してください。

15-3 エラー処理（エラー時のプログラムの制御、エラーの種類など）

Tips 533 プログラムの処理を一時的に止めてエラーの原因を探す（1）

▶関連Tips 534

使用機能・命令 Stopステートメント

サンプルコード SampleFile Sample533.xlsm

```
Sub Sample533()
    Dim i As Long

    '2行目から6行目まで処理を行う
    For i = 2 To 6
        '変数iの値が4の時に処理を止める
        If i = 4 Then Stop
        'セルの値を「1」加算する
        Cells(i, 1).Value = Cells(i, 1).Value + 1
    Next
End Sub
```

❖ 解説

ここでは、Stopステートメントを使って、繰り返し処理の中でカウンタ変数iの値が「4」の時にプログラムの実行を中断します。今回のサンプルは繰り返し処理で繰り返す回数が少ないため、ステップ実行でも構いませんが、繰り返す回数が多い場合で、その繰り返し処理内でエラーが発生する場合、どのタイミングでエラーが発生するか確認したいときがあります。そのような時にStopステートメントを使用すると、指定したタイミングで処理を中断することができます。今回のサンプルでは、セルの値をそれぞれ「1」増やすのですが、セルA5には文字が入力されているためエラーになります。そこで、その手前でStopステートメントを使ってプログラムの実行を中断し、後はステップ実行等でエラーを確認できるようにしています。

▼実行結果

プログラムの実行が中断された

• Stopステートメントの構文

Stop

Stopステートメントは、プログラムの実行を中断します。止めるのではなく「中断」です。ですので、変数に代入された値や、Openステートメントで開いているファイルなどはクリアされません。

15-3 エラー処理（エラー時のプログラムの制御、エラーの種類など）

Tips 534 プログラムの処理を一時的に止めてエラーの原因を探す（2）

▶関連Tips
533

使用機能・命令 Assertメソッド

サンプルコード SampleFile Sample534.xlsm

```
Sub Sample534()
    Dim i As Long

    '2行目から6行目まで処理を行う
    For i = 2 To 6
        '変数iの値が4の時に処理を止める
        Debug.Assert i <> 4
        'セルの値を「1」加算する
        Cells(i, 1).Value = Cells(i, 1).Value + 1
    Next
End Sub
```

❖ 解説

ここでは、Assertメソッドを使って、繰り返し処理の中でカウンタ変数iの値が「4」の時に、プログラムの実行を中断します。今回のサンプルは繰り返し処理で繰り返す回数が少ないため、ステップ実行でも構いませんが、繰り返す回数が多い場合で、その繰り返し処理内でエラーが発生する場合、どのタイミングでエラーが発生するか確認したいときがあります。そのような時にAssertメソッドを使用すると、指定したタイミングで処理を中断することができます。

今回のサンプルでは、セルの値をそれぞれ「1」増やすのですが、セルA5には文字が入力されているため、エラーになります。そこで、その手前でAssertメソッドを使ってプログラムの実行を中断し、後はステップ実行等でエラーを確認できるようにしています。

▼実行結果

プログラムが中断された

• Assertメソッドの構文

object.Assert expression

Assertメソッドは、objectにDebugオブジェクトを指定します。expressionにはTrueかFalseになる式を指定し、この値がFalseの時にプログラムの実行を中断します。

15-3 エラー処理（エラー時のプログラムの制御、エラーの種類など）

Tips 535 他のアプリケーションの定数を使用するときのエラーを回避する

▶関連Tips 007

使用機能・命令 Constステートメント

サンプルコード SampleFile Sample535.xlsm

```
Sub Sample535()
    '静的カーソルを表す定数「adOpenStatic」を宣言する
    Const adOpenStatic As Long = 3
    Dim cn As Object
    Dim rs As Object
    'Connectionオブジェクトを作成する
    Set cn = CreateObject("ADODB.Connection")
    'Recordsetオブジェクトを作成する
    Set rs = CreateObject("ADODB.Recordset")
    cn.Open _
        "Provider=Microsoft.ACE.OLEDB.16.0;" & _
        "Data Source=" & ThisWorkbook.Path & "\顧客データ.accdb"
    rs.Open "T顧客リスト", cn, adOpenStatic '「T顧客リスト」テーブルを静的カーソルで開く
    'レコード数を取得し、メッセージボックスに表示する
    MsgBox "「T顧客リスト」テーブルのデータ件数：" _
        & rs.RecordCount
    cn.Close    'データベースへの接続を閉じる
End Sub
```

❖ 解説

ここでは「顧客データ.accdb」の、「T顧客リスト」テーブルのデータ件数を求めます。

この時、取得するレコードセットは「静的カーソル」にします。ただし、静的カーソルを表す組み込み定数「adOpenStatic」はAccessの定数ですから、今回のように参照設定をしていない場合に、この定数を使用するとエラーになってしまいます。もちろん、定数「adOpenStatic」は内部的に「3」ですので、「3」を指定すればよいのですが、そうするとプログラムの可読性が下がってしまいます。そこで、今回のようにConstステートメントを使用して、定数「adOpenStatic」を宣言して使用します。こうすることで、エラーを回避しつつプログラムの可読性も保持することができます。

なお、定数の値を調べるには、オブジェクトブラウザを使用します。対象のアプリケーションでVBEを開き、オブジェクトブラウザで定数を使用するメソッド等を検索します。

• Constステートメントの構文

[Public|Private]Const constname[As type]=expression

Constステートメントを利用して、ユーザー定義定数を宣言します。定数の宣言時に格納する値を決めます。なお、通常「定数」といった場合は、ユーザー定義定数を指します。

高度なテクニックの極意

- 16-1 Excelの機能に関するテクニック
  (条件付き書式、ハイパーリンクなど)
- 16-2 プログラミング (正規表現、連想配列、レジストリなど)
- 16-3 VBEの高度な操作
  (コードの入力、置換、モジュールの操作など)
- 16-4 Windows APIとクラスモジュール
  (APIの利用、クラスモジュールの利用など)

16-1 Excelの機能に関するテクニック（条件付き書式、ハイパーリンクなど）

Tips 536 条件付き書式を設定／削除する

▶関連Tips
537
538

使用機能・命令 Addメソッド／Deleteメソッド

サンプルコード SampleFile Sample536.xlsm

```
Sub Sample536()
    With Range("F2:F11")     'セルF2～F11に対して処理を行う
        'セルF2～F11にセルの値が「500000」以上のときセルを黄色に
        '塗りつぶす条件付き書式を設定する
        .FormatConditions.Add( _
            Type:=xlCellValue _
            , Operator:=xlGreater, Formula1:=500000) _
            .Interior.Color = vbYellow
    End With
End Sub

Sub Sample536_2()
    '条件付き書式を削除する
    Range("F2:F11").FormatConditions.Item(1).Delete
End Sub
```

❖ 解説

ここでは、2つのサンプルを紹介します。1つ目はセルF2～F11（「金額」欄）に、セルの値が「500000」以上の時、セルの塗りつぶしの色を「黄色」にする条件付き書式を設定します。2つ目は、セルF2～F11に設定された1つ目の条件付き書式を削除します。条件付き書式を設定するAddメソッドに指定する値は、次のとおりです。

◆ Addメソッドに設定する引数

引数	説明
Type	セル値またはオブジェクト式のどちらを元に条件付き書式を設定するかをXlFormatConditionTypeクラスの値で指定する
Operator	条件付き書式の演算子を指定。引数TypeがxlExpressionの場合は無視される
Formula1	条件付き書式に関連させる値またはオブジェクト式を指定。定数値、文字列値、セル参照、または数式を指定する
Formula2	引数OperatorにxlBetweenまたはxlNotBetweenを指定した場合、条件付き書式の2番目の部分に関連させる値またはオブジェクト式を指定。それ以外を指定した場合、この引数は無視される

16-1 Excelの機能に関するテクニック（条件付き書式、ハイパーリンクなど）

◆ 引数TypeにつすするXlFormatConditionTypeクラスの値

定数	値	説明
xlAboveAverageCondition	12	平均以上の条件
xlBlanksCondition	10	空白の条件
xlCellValue	1	セルの値
xlColorScale	3	カラースケール
xlDatabar	4	データバー
xlErrorsCondition	16	エラー条件
xlExpression	2	演算
XlIconSet	6	アイコンセット
xlNoBlanksCondition	13	空白の条件なし
xlNoErrorsCondition	17	エラー条件なし
xlTextString	9	テキスト文字列
xlTimePeriod	11	期間
xlTop10	5	上から10個の値
xlUniqueValues	8	一意の値

◆ 引数Operatorに指定する定数

定数	値	説明
xlBetween	1	2つの値の間。2つの数式が指定されている場合にのみ使用できる
xlEqual	3	等しい
xlGreater	5	次の値より大きい
xlGreaterEqual	7	以上
xlLess	6	次の値より小さい
xlLessEqual	8	以下
xlNotBetween	2	次の値の間以外。2つの数式が指定されている場合にのみ使用できる
xlNotEqual	4	等しくない

● Addメソッドの構文

object.Add(Type, Operator, Formula1, Formula2)

● Deleteメソッドの構文

object.Delete

　FormatConditionsコレクションのAddメソッドは、条件付き書式を設定します。FormatConditionsコレクションは、条件付き書式の集合です。それぞれの引数については、「解説」を参照してください。

　Deleteメソッドは、objectにFormatConditionsコレクションを指定すると、条件付き削除します。Index番号を指定して、特定の条件付き書式を削除することもできます。

16-1　Excelの機能に関するテクニック（条件付き書式、ハイパーリンクなど）

Tips 537　条件付き書式の設定を変更する

▶関連Tips 536

使用機能・命令 Modify メソッド

サンプルコード　SampleFile Sample537.xlsm

```
Sub Sample537()
    'セルF2～F11に設定されている1つめの条件付き書式の設定を、値が300000未満にする
    Range("F2:F11").FormatConditions(1).Modify _
        Type:=xlCellValue, Operator:=xlLess, Formula1:=300000
End Sub
```

❖ 解説

　ここでは、あらかじめセル範囲F2～F11に設定されている条件付き書式の、1番目の設定を変更します。元々の条件は、『セルの値が「500000」以上の場合、セルを「黄色」で塗りつぶす』というものです。これを、『セルの値が「300000」未満のデータを塗りつぶす』という設定に変更します。
　なお、Modifyメソッドで変更できるのは、指定する条件です。書式も変更するには、Deleteメソッドで一度条件付き書式を削除し、Addメソッドを使用して、再度条件付き書式を設定します。

▼設定されている条件付き書式を変更する

▼実行結果

「「300000」未満のデータを塗りつぶす」ように変更する

条件が変更された

・Modify メソッドの構文

object.Modify(Type, Operator, Formula1, Formula2)

　Modifyメソッドは、指定した条件付き書式の設定を変更します。objectにFormatConditionオブジェクトを指定します。Modifyメソッドの引数は、Addメソッドと同等です。Tips536を参照してください。

Tips 538 条件付き書式のルールの優先順位を変更する

▶関連Tips 536 537

使用機能・命令 Priorityプロパティ/SetFirstPriorityメソッド

サンプルコード SampleFile Sample538.xlsm

```
Sub Sample538()
    'セルF2～F11の3番目の条件付き書式の優先順位を1にする
    Range("F2:F11").FormatConditions(3).Priority = 1
End Sub

Sub Sample538_2()
    'セルF2～F11の3番目の条件付き書式の優先順位を最初にする
    Range("F2:F11").FormatConditions(3).SetFirstPriority
End Sub
```

❖ 解説

ここでは、2つのサンプルを紹介します。1つ目は、Priorityプロパティを使用してセルF2～F11に設定されている条件付き書式のうち、3番目に設定されている条件を1番目に変更します。2つ目のサンプルは、SetFirstPriorityメソッドを使用して、3番目に設定されている条件を最初の条件に設定します。なお、逆に最後の条件に指定する場合は、SetLastPriorityメソッドを使用します。

▼条件付き書式の優先順位を変更する

3つ目の条件を1番目の条件にする

▼実行結果

条件の優先順位が変更された

•Priorityプロパティの構文

object.Priority = expression

•SetFirstPriorityメソッドの構文

object.SetFirstPriority

Priorityプロパティは、条件付き書式に設定されている条件の優先順位を取得/設定します。SetFirstPriorityメソッドは、objectに指定した条件付き書式の条件を最初の条件にします。

16-1 Excelの機能に関するテクニック（条件付き書式、ハイパーリンクなど）

Tips 539 データバーを表示する

▶関連Tips
540
541

使用機能・命令 AddDatabarメソッド／MaxPointプロパティ／MinPointプロパティ

サンプルコード　SampleFile Sample539.xlsm

```
Sub Sample539()
    'セルF2～F11に対して処理を行う
    With Range("F2:F11")
        'データバーを追加する
        .FormatConditions.AddDatabar
        'データバーに対して処理を行う
        With .FormatConditions(1)
            .ShowValue = True    '値を表示する
            '最小値を範囲の最小値に比例させる
            .MinPoint.Modify _
                newtype:=xlConditionValueLowestValue
            '最大値を範囲の最大値に比例させる
            .MaxPoint.Modify _
                newtype:=xlConditionValueHighestValue
            'データバーの色を「赤」に指定する
            .BarColor.Color = RGB(255, 0, 0)
        End With
    End With
End Sub
```

❖ **解説**

ここでは、セルF2～F11に「赤」のデータバーを設定します。

まず、条件付き書式を表すFormatConditionsコレクションに、AddDataBarメソッドを使用してデータバーを追加します。次に、ShowValueプロパティはTrueを指定することで、データバーの値を表示します。

MinPointプロパティのModifyメソッドの引数に、xlConditionValueLowestValueを使用して最低値を、MaxPointプロパティのModifyメソッドの引数に、xlConditionValueHighestValueを指定して最高値を、それぞれ指定します。最後に、BarColorプロパティを使用して、バーの色を「赤」にしています。

MinPointプロパティ、MaxPointプロパティのModifyメソッドの引数newtypeに指定する値は、次のとおりです。

16-1　Excelの機能に関するテクニック（条件付き書式、ハイパーリンクなど）

◈ Modifyメソッドの引数newtypeに指定するXlConditionValueTypesクラスの値

定数	値	説明
xlConditionValueAutomaticMax	7	最長のデータバーは、範囲の最大値に比例する
xlConditionValueAutomaticMin	6	最短のデータバーは、範囲の最小値に比例する
xlConditionValueFormula	4	数式が使用される
xlConditionValueHighestValue	2	値の一覧の最高値
xlConditionValueLowestValue	1	値の一覧の最低値
xlConditionValueNone	-1	条件値なし
xlConditionValueNumber	0	数字が使用される
xlConditionValuePercent	3	パーセンテージが使用される
xlConditionValuePercentile	5	百分位が使用される

▼データバーを設定する　　　　　　　　　　　　▼実行結果

データバーは最大値、最小値に比例させる　　　　データバーが表示された

- **AddDatabarメソッドの構文**

    object.AddDatabar

- **MaxPointプロパティの構文**

    object.MaxPoint

- **MinPointプロパティの構文**

    object.MinPoint

　AddDatabarメソッドは、条件付き書式にデータバーを設定します。また、MaxPointプロパティ、MinPointプロパティは、データバーの最長／最短の位置を表すConditonValueオブジェクトを返します。このConditionValueオブジェクトのModifyメソッドを使用して、データバーに関する設定を行います。

Tips 540 カラースケールの条件付き書式を設定する

▶関連Tips 537

使用機能・命令 AddColorScale メソッド

サンプルコード SampleFile Sample540.xlsm

```
Sub Sample540()
    With Range("F2:F11")
        '2色のカラースケールを設定する
        .FormatConditions.AddColorScale ColorScaleType:=2
        
        With .FormatConditions(1)
            With .ColorScaleCriteria(1)    '1番目の色の設定
                '最小値を範囲の最小値に比例させる
                .Type = xlConditionValueLowestValue
                .FormatColor.Color = RGB(255, 0, 0)    '色を赤にする
            End With
            With .ColorScaleCriteria(2)    '2番目の色の設定
                'パーセントで指定する
                .Type = xlConditionValuePercentile
                .Value = 50
                .FormatColor.Color = RGB(0, 255, 0)    '色を緑にする
            End With
        End With
    End With
End Sub
```

❖ 解説

カラースケールを設定します。カラースケールは、指定したセル範囲を2色または3色の間で、段階的に変化させて塗り分けます。ここでは2色にします。まず、AddColorScaleメソッドでカラースケールを設定します。カラースケールの色はColorScaleCriteriaプロパティで設定します。Typeプロパティに指定する値は、データバーで指定するConditionValueプロパティの、Modifyメソッドの値と同じです。詳しくは、Tips537を参照してください。

• AddColorScale メソッドの構文

object.AddColorScale(ColorScaleType)

AddColorScaleメソッドは、カラースケールを設定します。引数ColorScaleTypeには、カラースケールの色数を表す2または3を指定します。

16-1 Excelの機能に関するテクニック（条件付き書式、ハイパーリンクなど）

アイコンセットの条件付き書式を設定する

▶関連Tips
537

使用機能・命令 AddIconSetConditionメソッド

サンプルコード　SampleFile Sample541.xlsm

```
Sub Sample541()
    'セルF2～F11にアイコンセットを設定する
    With Range("F2:F11").FormatConditions.AddIconSetCondition
        'アイコンと値を表示する
        .ShowIconOnly = False
        '3つの矢印のアイコンセットを設定する
        .IconSet = _
            ThisWorkbook.IconSets(xl3Arrows)
        '2つ目のアイコンは全体の値の30パーセント以上にする
        With .IconCriteria(2)
            .Type = xlConditionValuePercentile
            .Value = 30
            .Operator = xlGreater
        End With
        '3つ目のアイコンは全体の値の60パーセント以上にする
        With .IconCriteria(3)
            .Type = xlConditionValuePercentile
            .Value = 60
            .Operator = xlGreater
        End With
    End With
End Sub
```

❖ **解説**

セルF2～F11にアイコンセットを設定します。ここでは「3つの矢印（色分け）」を設定します。

ShowIconOnlyプロパティにFalseを指定して、アイコンとセルの値の両方を表示します。Trueを指定すると、アイコンのみ表示されます。

IconCriteriaオブジェクトで、それぞれのアイコンについて設定します。Typeプロパティには、値の設定方法を設定します。指定する値は、データバーで指定するConditionValueプロパティのModifyメソッドの値と同じです。詳しくはTips537を参照してください。

Valueプロパティで閾値となる値を指定し、Operatorプロパティ値に対する条件（以上、以下など）を指定します。Operatorプロパティに指定する値は、FormatConditionsコレクションのAddメソッドと同じです。詳しくはTips536を参照してください。

アイコンセットを表すIconSetsプロパティに指定する値は、次のとおりです。

16-1 Excelの機能に関するテクニック（条件付き書式、ハイパーリンクなど）

◇ IconSetsプロパティの引数に指定するXlIconSetクラスの値

定数	値	説明
xl3Arrows	1	3つの矢印
xl3ArrowsGray	2	3つの灰色の矢印
xl3Flags	3	3つのフラグ
xl3Signs	6	3つのサイン
xl3Stars	18	3つの星
xl3Symbols	7	3つの記号（丸囲み）
xl3Symbols2	8	3つの記号（丸囲みなし）
xl3TrafficLights1	4	3つの交通信号（枠なし）
xl3TrafficLights2	5	3つの交通信号（枠あり）
xl3Triangles	19	3種類の三角形
xl4Arrows	9	4つの矢印
xl4ArrowsGray	10	4つの灰色の矢印
xl4CRV	12	4つの評価
xl4RedToBlack	11	4つの赤から黒
xl4TrafficLights	13	4つの交通信号
xl5Arrows	14	5つの矢印
xl5ArrowsGray	15	5つの灰色の矢印
xl5CRV	16	5つの評価
xl5Quarters	17	白黒の丸
xl5Boxes	20	5種類のボックス

▼アイコンセットを設定する　　　　　　　　　　　▼実行結果

「3つの矢印（色分け）」を設定する　　　　　　　アイコンセットが設定された

- **AddIconSetCondition メソッドの構文**

object.AddIconSetCondition

　AddIconSetConditionメソッドは、条件付き書式のアイコンセットを追加します。アイコンセットとは、入力されている値に応じて、セル範囲の各セルを3～5のカテゴリに分類してアイコンを表示します。

Tips 542 マイナスのデータバーを設定する

▶関連Tips 098 539

使用機能・命令: NegativeBarFormatプロパティ/AxisPositionプロパティ

サンプルコード SampleFile Sample542.xlsm

```
Sub Sample542()
    With Range("A2:A11")
        .FormatConditions.AddDatabar   'データバーを追加する
        With .FormatConditions(1)
            '負の値には指定した色を使用する
            .NegativeBarFormat.ColorType = xlDataBarColor
            '負の値には赤を使用する
            .NegativeBarFormat.Color.Color = RGB(255, 0, 0)
            '軸の位置を中央にする
            .AxisPosition = xlDataBarAxisMidpoint
        End With
    End With
End Sub
```

❖ 解説

ここでは、データバーでマイナスの値がある場合の設定を行います。NegativeBarFormatオブジェクトのColorTypeプロパティに、xlDataBarColorを指定して、正のデータバーとは異なる色を指定します。なお、正のデータバーと同じ色にする場合は、xlDataBarSameAsPositiveを指定します。サンプルでは、ColorプロパティにRGB関数（→Tips098）で「赤」を指定し、AxisPositionプロパティで軸の位置を中央にします。

▼実行結果

マイナスのデータバーが設定された

- **NegativeBarFormatプロパティの構文**

    object.NegativeBarFormat

- **AxisPositionプロパティの構文**

    object.AxisPosition = expression

NegativeBarFormatプロパティは、データバーで負の値がある場合の色の設定を行います。AxisPositionプロパティは、データバーの軸の位置を指定します。指定する値は、「xlDataBarAxisAutomatic（自動）」か「xlDataBarAxisMidpoint（中央）」のいずれかです。

16-1 Excelの機能に関するテクニック（条件付き書式、ハイパーリンクなど）

Tips 543 マクロにショートカットキーを割り当てる

▶関連Tips 466

使用機能・命令 OnKeyメソッド

サンプルコード SampleFile Sample543.xlsm

```
Sub Sample543()
    '「Sample543_2」プロシージャに「Ctrl」キー+「+」キーの
    'ショートカットキーを設定する
    Application.OnKey Key:="^{+}", Procedure:="Sample543_2"
End Sub

Sub Sample543_2()
    MsgBox "ショートカットキーで動作した"    'メッセージを表示する
End Sub
```

❖ 解説

ここでは、「Sample543_2」プロシージャを[Ctrl]キー[＋]+キーで実行できるようにします。はじめに、「Sample543」プロシージャを実行してください。その後で[Ctrl]キー[＋]+キーを押すと、「Sample543_2」プロシージャが実行され、メッセージボックスが表示されます。なお、OnKeyメソッドの引数Keyに指定する値は、Tips466を参照してください。

通常は、わざわざショートカットキーを設定するプロシージャを実行するのではなく、ファイルを開いた時点からショートカットキーを使用できるようにします。この場合、OnKeyメソッドをワークブックのOpenメソッドに記述します。

▼実行結果

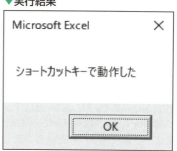

マクロにショートカットキーが設定された

• OnKey メソッドの構文

object.OnKey(Key, Procedure)

OnKeyメソッドは、引数Keyに指定したキーコードを押すと、引数Procedureに指定したプロシージャを実行するように設定するメソッドです。このメソッドを使用することで、マクロにショートカットキーを指定することができます。なお、設定を解除するには同じキーを指定し、引数Procedureに空白("")を指定します。

16-1 Excelの機能に関するテクニック（条件付き書式、ハイパーリンクなど）

Tips 544 確認のメッセージを表示しないようにする

▶関連Tips **171**

使用機能・命令 DisplayAlertsプロパティ

サンプルコード SampleFile Sample544.xlsm

```
Sub Sample544()
    '確認のメッセージを非表示にする
    Application.DisplayAlerts = False
    'ワークシートを削除する
    Worksheets("Sheet2").Delete
    '確認のメッセージを表示する
    Application.DisplayAlerts = True
End Sub
```

❖ 解説

ここでは、Deleteメソッド（→Tips171）を使ってワークシートを削除する際に表示される確認のメッセージを非表示にします。こうすることで、プログラム中でワークシートを削除する処理があっても、処理を中断せずに済むようになります。

なお、VBAの仕様では、DisplayAlertsプロパティはプロシージャが終了すれば自動的にTrueに戻ることになっています。しかし、使用環境によっては戻らないこともあります。確実を期すために、Trueに戻す処理も記述しましょう。

▼ワークシートを削除する際に表示されるメッセージ

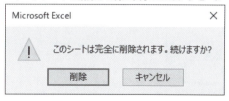

通常はこのメッセージが表示されるが、このメッセージを非表示にする

▼実行結果

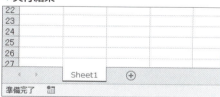

メッセージが表示されずにワークシートが削除された

・DisplayAlertsプロパティの構文

object.DisplayAlerts

DisplayAlertsプロパティは、確認のメッセージの表示/非表示を設定します。デフォルトはTrueです。Falseを指定すると、確認のメッセージが表示されなくなります。objectには、Applicationオブジェクトを指定します。

16-1 Excelの機能に関するテクニック（条件付き書式、ハイパーリンクなど）

プロシージャの実行を待つ

▶関連Tips
533

使用機能・命令 Waitメソッド

サンプルコード　SampleFile Sample545.xlsm

```
Sub Sample545()
    MsgBox "処理を中断します"     'メッセージを表示する
    Application.Wait Now + TimeValue("00:00:05")　'5秒間処理を待つ
    MsgBox "処理が再開されました"　'再開のメッセージを表示する
End Sub
```

❖解説

　ここでは、一旦メッセージボックスを表示し「OK」ボタンをクリックしたあと、WaitメソッドとNow関数とTimeValue関数（→Tips127）を使って、処理を5秒間待ちます。その後にメッセージを表示します。Waitメソッドは、例えば他のアプリケーションと連携して処理を行う時に、他のアプリケーションが起動するまで待つといった処理で使用します。なお、同様にプログラムを中断する命令に、Stopステートメント（→Tips533）があります。これは、指定した時間処理を中断するのではなく、完全に処理が中断します。そのため、プログラムの動作確認（デバッグ）時に使用します。

▼プログラムの実行を待つ　　▼実行結果

ここでは5秒間待つ　　5秒後に処理が再開された

●Waitメソッドの構文

object.Wait time

　Waitメソッドは、引数timeに指定した時間、処理を中断します。

16-1 Excelの機能に関するテクニック（条件付き書式、ハイパーリンクなど）

Tips 546 プロシージャの実行中にWindowsに制御を返す

▶関連Tips 584

使用機能・命令 DoEvents関数

サンプルコード SampleFile Sample546.xlsm

```
Sub Sample546()
    Dim i As Long

    Do          'ループ処理を行う
        i = i + 1
        DoEvents        'OSに制御を渡す
    Loop Until i > 1000000
    MsgBox "処理が終了しました"  'メッセージを表示する
End Sub
```

❖ 解説

ここでは、DoEvents関数を使用して、ループ処理の間にOS側の処理ができるようにOSに制御を渡します。DoEvents関数は、ファイルの検索などで処理が開始された後で、ユーザーがキャンセルできるようにするときに役立ちます。また、**非常に時間のかかる処理で、Excelが応答不能になることを防ぐこともできます（応答不能については「絶対」というわけではないので、注意してください）**。

ただし、イベントプロシージャの一時的な処理が発生するときは、割り込みが発生することになるので注意が必要です。また、制御をオペレーティングシステムに渡している間、他のアプリケーションが確認できない方法でプロシージャとやり取りを行う可能性があるときは、DoEvents関数は使わないようにしましょう。

▼実行結果

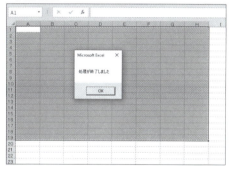

処理中でもセルの選択ができた

• **DoEvents関数の構文**

DoEvents

DoEvents関数は、処理中の制御をオペレーティングシステムに渡します。

16-1 Excelの機能に関するテクニック（条件付き書式、ハイパーリンクなど）

Tips 547 ハイパーリンクを作成／削除する

▶関連Tips 548 549

使用機能・命令 Addメソッド／Deleteメソッド

サンプルコード SampleFile Sample547.xlsm

```
Sub Sample547()
    'セルA1にハイパーリンクを設定し、表示する文字列を「書籍」とする
    Worksheets("Sheet1").Hyperlinks.Add Anchor:=Range("A1"), _
        Address:="https://www.shuwasystem.co.jp/", TextToDisplay:="書籍"
    'Sheet1の1番目のハイパーリンクを削除する
    Worksheets("Sheet1").Hyperlinks(1).Delete
End Sub
```

❖ 解説

ここでは、まずセルA1にハイパーリンクを設定します。リンク先は「https://www.shuwasystem.co.jp/」で、表示する文字列は「検索」とします。その後、Deleteメソッドを使用して、セルA2に設定されているハイパーリンクを削除します。なお、ワークシート上のすべてのハイパーリンクを削除するには、インデックス番号を指定せず「Hyperlinks.Delete」と指定します。Addメソッドに指定する値は、次のとおりです。

◇ Addメソッドの引数に指定する値

引数	説明
Anchor	ハイパーリンクをリンクさせるオブジェクトを指定する
Address	ハイパーリンクのアドレスを指定する
SubAddress	ハイパーリンクのサブアドレスを指定する
ScreenTip	ハイパーリンク上をマウスポインターで指した場合に表示されるヒントを指定する
TextToDisplay	ハイパーリンクで表示されるテキストを指定する

•Addメソッドの構文

object.HyperLinks.Add(Anchor, Address, SubAddress, ScreenTip, TextToDisplay)

•Deleteメソッドの構文

object.Delete

ハイパーリンクを作成するには、HyperlinkオブジェクトのAddメソッドを使用します。また、Deleteメソッドは、objectにHyperLinkオブジェクトを指定して、ハイパーリンクを削除します。

16-1 Excelの機能に関するテクニック（条件付き書式、ハイパーリンクなど）

Tips 548 ハイパーリンクを実行する

▶関連Tips 587

使用機能・命令 Followメソッド

サンプルコード SampleFile Sample548.xlsm

```
Sub Sample548()
    'ハイパーリンクを実行する
    Worksheets("Sheet1").Hyperlinks(1).Follow
End Sub
```

❖ 解説

ここでは、セルA1に設定されているハイパーリンクを実行し、設定してあるサイトを開きます。なお、Followメソッドの引数に指定する値は、次のとおりです。

◆ Followメソッドの引数

引数	説明
NewWindow	新しいウィンドウに目的のアプリケーションを表示するには、この引数にTrueを設定する。既定値はFalse
AddHistory	現在は使用されていない引数
ExtraInfo	ハイパーリンクを解決するためのHTTPの追加情報を指定する文字列、またはバイト配列を指定。例えば、イメージマップの座標、フォームの内容、またはFATファイル名を指定できる
Method	指定した引数ExtraInfoの接続方法を指定
HeaderInfo	HTTP要求のヘッダー情報を指定する文字列を指定。既定値は空の文字列

◆ 引数Methodに指定するMsoExtraInfoMethodクラスの値

定数	値	説明
msoMethodGet	0	ExtraInfoプロパティで指定された値は、アドレスに付加される文字列
msoMethodPost	1	ExtraInfoプロパティで指定された値は、文字列またはバイト配列

• Followメソッドの構文

object.Follow(NewWindow, AddHistory, ExtraInfo, Method, HeaderInfo)

設定されているハイパーリンクのリンク先を開くには、Followメソッドを利用します。引数に指定する値については、「解説」を参照してください。

16-1 Excelの機能に関するテクニック（条件付き書式、ハイパーリンクなど）

Tips 549 ショートカットメニューを作成する

▶関連Tips 506

使用機能・命令　**Add メソッド**

サンプルコード　SampleFile Sample549.xlsm

```vb
'「Module1」モジュールに記述
Sub Sample549()
    Dim temp As CommandBar
    Dim flg As Boolean
    
    'すべてのメニューをチェックする
    For Each temp In CommandBars
        '「MyMenu」があるかチェックする
        If temp.Name = "MyMenu" Then
            flg = True
            Exit For
        End If
    Next
    '「MyMenu」が見つからなかった場合、新たに作成する
    If Not flg Then
        '「MyMenu」という名前でショートカットメニューを追加する
        With CommandBars.Add(Name:="MyMenu", Position:=msoBarPopup)
            With .Controls.Add    'コントロールを追加する
                .Caption = "ツール1"    '「ツール1」というキャプションにする
                'クリック時に「Sample549_2」を実行する
                .OnAction = "Sample549_2"
            End With
        End With
    End If
End Sub

Sub Sample549_2()
    'ショートカットメニューをクリックされたときの処理
    MsgBox "カスタムメニューが実行された"
End Sub

'「Sheet1」シートモジュールに記述
Private Sub Worksheet_BeforeRightClick(ByVal Target As Range _
    , Cancel As Boolean)
    CommandBars("MyMenu").ShowPopup    '「MyMenu」メニューを表示する
```

```
        Cancel = True         '既定の右クリックの動作をキャンセルする
End Sub
```

❖ 解説

ここでは、ワークシート上で右クリックした時に表示されるショートカットメニューを作成します。ただし、すでに同名のメニューがあると作成時にエラーが出るため、Nameプロパティでチェックしています。そのうえで、Addメソッドでメニューを追加します。そして、追加したショートカットメニューには「ツール1」というメニューを追加し、クリックされた場合はOnActionプロパティを使用して、「Sample549_2」プロシージャを実行するようにします。

また、「Sheet1」シートモジュールのBeferRightClickイベントには、ShowPopupメソッドを使用して、ワークシート上で右クリックされた時に、作成したショートカットメニューが表示されるようにします。合わせて引数CancelにTrueを指定して、通常の右クリック時に表示されるメニューをキャンセルします。

なお、追加したショートカットメニューはブックに保存されます。ショートカットメニューを削除するには、「CommandBars("MyMenu").Delete」のように記述します。

▼右クリックした時に独自のショートカットメニューを表示する　　▼実行結果

メッセージが表示された

「ツール1」をクリックすると
メッセージが表示される

•Addメソッドの構文

object.Add(Name, Position, MenuBar, Temporary)

オリジナルのショートカットメニューを表示するには、objectにCommandBarオブジェクトを指定して、Addメソッドを実行します。引数Nameには、追加するコマンドバーの名前を指定します。引数Positionには、msoBarPopupを指定します。

16-2 プログラミング（正規表現、連想配列、レジストリなど）

Tips 550 正規表現を使用する

▶関連Tips
551
552
553

使用機能・命令 **CreateObject関数**

サンプルコード　SampleFile **Sample550.xlsm**

```
Sub Sample550()
    '正規表現のためのオブジェクトを作成する
    With CreateObject("VBScript.RegExp")
        '文字列パターンを設定する
        .Pattern = "^[0-9]"
        'パターンに該当するかテストして、結果をメッセージボックスに表示する
        MsgBox .Test(Range("A1").Value)
    End With
End Sub
```

❖ 解説

　ここでは、正規表現の簡単なサンプルを紹介します。正規表現はVBScriptがサポートする機能です。CreateObject関数で、RegExpオブジェクトを作成し、Patternプロパティでチェックする文字列パターンを設定します。Testメソッドで、指定した文字列にPatternプロパティで指定したパターンが当てはまるかを判定し、メッセージボックスに表示します。RegExpオブジェクトのプロパティとメソッド、そして指定できる文字列パターンは、次のとおりです。なお、文字列パターンで意味を持つ記号（メタ文字）そのものとマッチングしたい場合は、その文字の手前に「¥」を付けます。ここで紹介するサンプルでは、文字列パターンに「^[0-9]」を指定しています。「^」は文字列の先頭にマッチすることを表します。[0-9]は、0～9までの数値を表します。結果、先頭が数値である文字列にマッチする、という意味になります。

　セルA1の値を判定するプログラムになっているので、セルA1の値を変えて試してみてください。正規表現では、この文字列パターンを正しく作成することが大切です。検索対象の文字列を分析し、正しい文字列パターンを考えることができれば、非常に柔軟な文字列検索ができるようになります。なお、CreateObject関数ではなく、参照設定を行ってRegExpオブジェクトを使用する場合は、「Microsoft VBScript Regular Expressions X.X」（Xは数値）を選択します。

◈ RegExpオブジェクトのプロパティ

プロパティ名	設定内容
Pattern	正規表現を定義する文字列。メソッドを呼び出す前に必ず設定されている必要がある
IgnoreCase	大文字・小文字を区別するかどうかを表す。Trueに設定すると、大文字・小文字を区別しない。初期値はFalse
Global	ReplaceメソッドやExecuteメソッドを呼び出すときに、複数マッチを行うかどうかを表す。Trueの場合、正規表現にマッチするすべての部分に対して検索・置換が行われる。初期値はFalse
MultiLine	文字列を複数行として扱うかどうかを表す。Trueの場合、各行の先頭や末尾でも"^"や"$"がマッチするようになる。初期値はFalse

16-2 プログラミング（正規表現、連想配列、レジストリなど）

◈ RegExpオブジェクトのメソッド

メソッド名	動作内容
Test(string)	引数stringに指定された文字列を検索し、正規表現とマッチする場合はTrueを返し、一致しない場合はFalseを返す
Replace(string1, string2)	引数string1は、検索または置換の対象となる文字列を指定する。引数String2には、置換する文字列を指定する
Execute(string)	引数stringに指定した文字列を検索し、検索結果をMatchオブジェクトを含むMatchesコレクションとして返す
MultiLine	文字列を複数行として扱うかどうかを表す。Trueの場合、各行の先頭や末尾でも"^"や"$"がマッチするようになる。初期値はFalse

◈ 正規表現で使用する文字列パターン

パターン	説明
^	文字列の先頭にマッチする
$	文字列の末尾にマッチする
¥b	単語の境界にマッチする
¥B	単語の境界以外にマッチする
¥n	改行にマッチする
¥f	フォームフィード（改ページ）にマッチする
¥r	キャリッジリターン（行頭復帰）にマッチする
¥t	水平タブにマッチする
¥v	垂直タブにマッチする
¥xxx	8進数（シフトJIS）xxxによって表現される文字にマッチする。"¥101"は"A"にマッチする。ただし、ASCII文字以外の文字（半角カタカナ、全角文字等）には使えない
¥xdd	16進数（シフトJIS）ddによって表現される文字にマッチする。"¥x41"は"A"にマッチする。ただし、ASCII文字以外の文字（半角カタカナ、全角文字等）には使えない
¥uxxxx	Unicode（UTF-16）xxxxによって表現される文字にマッチする。全角文字にも使える。必ずxxxxの部分は4桁にする。"¥u0041"は"A"にマッチする
[ ]	"[ ]"内に含まれている文字にマッチする。"-"による範囲指定も使用できる
[^]	"[^]"内に含まれている文字以外にマッチする。"-"による範囲指定も使用できる
¥w	単語に使用される文字にマッチする。[a-zA-Z_0-9]と同じ
¥W	単語に使用される文字以外の文字にマッチする。[^a-zA-Z_0-9]と同じ
.	¥n以外の文字にマッチする。全角文字にもマッチする
¥d	数字にマッチする。[0-9]と同じ
¥D	数字以外の文字にマッチする。[^0-9]と同じ
¥s	スペース文字にマッチする。[¥t¥r¥n¥v¥f]と同じ
¥S	スペース文字以外の文字にマッチする。[^¥t¥r¥n¥v¥f]と同じ
{x}	直前の文字のx回にマッチする
{x,}	直前の文字のx回以上にマッチする
{x,y}	直前の文字のx回以上、y回以下にマッチする
?	直前の文字の0または1回にマッチする。{0,1}と同じ
*	直前の文字の0回以上にマッチする。{0,}と同じ
+	直前の文字の1回以上にマッチする。{1,}と同じ
( )	複数の文字をグループ化する。ネストすることができる
|	複数の文字列を1つの正規表現にまとめ、いずれかにマッチする

16-2 プログラミング（正規表現、連想配列、レジストリなど）

▼正規表現を使ってデータをチェックする

セルA1の値が数値で始まるかチェックする

▼実行結果

結果が表示された

•CreateObject関数の構文

CreateObject(class,[servername])

正規表現を利用するには、CreateObject関数の引数classに「VBScript.RegExp」を指定するか、「Microsoft VBScript Regular Expressions X.X」（Xは数値）に参照設定します。

> **Memo** 正規表現を利用すると、郵便番号（ハイフンあり）が正しく入力されているか、といったチェックができるようになります。ただ、解説でも触れたように、正しい文字列パターンを指定することが重要です。文字列パターンが正しいかどうか確認するには、テストするしかないのですが、Webサイトでチェックできるものもあるので（他言語ですが）、そういったサイトの利用も検討してください。

Tips 551 正規表現を使用して文字列の存在チェックを行う

▶関連Tips 550 552 553

使用機能・命令 Testメソッド

サンプルコード SampleFile Sample551.xlsm

```
Sub Sample551()
    '正規表現を使用する
    With CreateObject("VBScript.RegExp")
        '正規表現のパターンに「先頭が数値」を指定する
        .Pattern = "^[0-9]"
        
        '文字列「0123」と「a123」のテスト結果を
        'メッセージボックスに表示する
        MsgBox "文字列「0123」の先頭は数値かどうか:" _
            & .Test("01234") & vbLf _
            & "文字列「a123」の先頭は数値かどうか:" _
            & .Test("a1234")
    End With
End Sub
```

❖ 解説

ここでは、2つの文字列を正規表現を使ってテストします。「テストする」とは、正規表現に指定した文字列パターンに対象がマッチするかチェックする、という意味です。まず、RegExpオブジェクトのPatternプロパティに、「^[0-9]」と指定します。これは、先頭(^)が数値([0-9])であるという意味になります。そして、Testメソッドを使用して、文字列「0123」と文字列「a0123」をテストし、結果をメッセージボックスに表示します。

▼実行結果

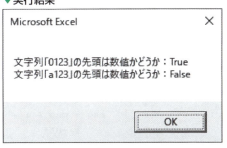

テスト結果が表示された

• Testメソッドの構文

Test(string)

Testメソッドは、引数stringに指定された文字列を検索し、正規表現とマッチする場合はTrueを返し、一致しない場合はFalseを返します。

正規表現を使用して文字列を検索する

▶関連Tips
550
551
553

使用機能・命令 Execute メソッド

サンプルコード　SampleFile Sample552.xlsm

```
Sub Sample552()
    Dim re As Object
    Dim mc As Object
    Dim msg As String
    Dim i As Long

    'RegExpオブジェクトを作成する
    Set re = CreateObject("VBScript.RegExp")
    With re
        '正規表現パターンを設定する
        .Pattern = "[A-Za-z]+VBA"
        '複数マッチを有効にする
        .Global = True
        '文字列「ExcelVBA AccessVBA Word」に対して実行する
        Set mc = .Execute(Range("A1").Value)
    End With

    '結果に対して処理を行う
    With mc
        '対象文字列が見つかったかどうか判定する
        If .Count > 0 Then
            '見つかった場合、文字列を取得する
            For i = 0 To .Count - 1
                msg = msg & i + 1 & "番目の文字列：" & .Item(i).Value _
                    & vbLf
            Next
        Else
            '見つからなかった場合の文字列
            msg = "マッチしませんでした"
        End If
    End With
    '結果を表示する
    MsgBox msg
End Sub
```

16-2 プログラミング（正規表現、連想配列、レジストリなど）

❖ 解説

　ここでは、正規表現を使用してセルA1の文字列「ExcelVBA AccessVBA Word」から、アルファベットから始まって「VBA」で終わる文字列を検索します。検索はExecuteメソッドを使用し、結果を変数mcに代入します。対象の文字列が見つかった場合、MatchesコレクションのCountプロパティで、見つかった数だけ処理を繰り返します。Itemプロパティは、指定したIndex番号のMatchオブジェクトを返します。このMatchオブジェクトのValueプロパティで文字列を取得し、変数msgに代入します。なお、Itemプロパティのindex番号は「0」から始まります。

　ここでは、指定した文字列から条件にマッチした値を複数取得するため、GlobalプロパティをTrueにしています。最後に、作成した文字列msgをメッセージボックスに表示します。

　ここでは「VBA」という文字で終わる文字列を検索しています。そのため、指定する文字列パターンは「[A-Z,a-z]+VBA」としています。[A-Z,a-z]はすべてのアルファベットを表します。「+」は、直前に指定した文字の繰り返しを表します。これで、アルファベットの文字列という意味になります。

　最後に、「VBA」という文字を加えています。これで、アルファベットの文字列で「VBA」で終わる文字列、という意味になります。

▼セルA1の文字列に対して処理を行う

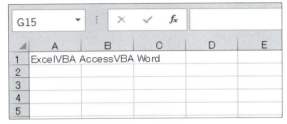

この中からアルファベットで始まり、「VBA」で終わる文字列を探す

▼実行結果

結果が表示された

• Executeメソッドの構文

Execute(string)

　Executeメソッドは、引数stringに指定した文字列を検索し、検索結果をMatchオブジェクトを含むMatchesコレクションとして返します。

Tips 553 正規表現を使用して文字列を置換する

▶関連Tips: 550 551 552

使用機能・命令 Replace メソッド

サンプルコード SampleFile Sample553.xlsm

```
Sub Sample553()
    Dim re As Object

    'RegExpオブジェクトを作成する
    Set re = CreateObject("VBScript.RegExp")
    With re
        '正規表現パターンを設定する
        .Pattern = "E[A-Za-z]+l"
        '「E」で始まり「l」で終わる文字列を「エクセル」に置換する
        MsgBox .Replace(Range("A1").Value, "エクセル")
    End With
End Sub
```

❖ 解説

ここでは、セルA1に入力されている文字に対して処理を行います。RegExpオブジェクトのReplaceメソッドを使用して、指定した文字列から大文字の「E」で始まって、小文字の「l」で終わる文字列を「エクセル」に置換した結果をメッセージボックスに表示します。

▼セルA1の文字列に対して処理を行う

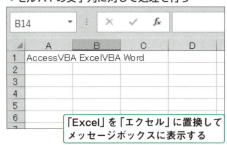

「Excel」を「エクセル」に置換してメッセージボックスに表示する

▼実行結果

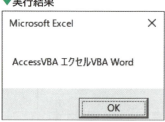

結果が表示された

• Replace メソッドの構文

Replace(string1, string2)

Replaceメソッドは、引数string1に指定した値を検索し、引数string2に指定した文字列で置換します。

Tips 554 連想配列でデータを管理する

▶関連Tips: 555, 556

使用機能・命令 CreateObject関数

サンプルコード SampleFile **Sample554.xlsm**

```
Sub Sample554()
    'Dictionaryオブジェクトを使用する
    With CreateObject("Scripting.Dictionary")
        .Add "A", "神奈川"   'KeyをAとして「神奈川」を追加する
        .Add "B", "岩手"     'KeyをBとして「岩手」を追加する
        .Add "C", "静岡"     'KeyをCとして「静岡」を追加する
        'Key「A」の値を検索し、メッセージボックスに表示する
        MsgBox "Key [A]:" & .Item("A")
    End With
End Sub
```

❖ 解説

ここでは、CreateObject関数を使用してDictionaryオブジェクトを作成します。Dictionaryオブジェクトを使用すると、連想配列を作成することができます。**連想配列は、通常の配列が数字をインデックスとして値を格納するのに対し、文字列をインデックスとすることができる配列です**。Dictionaryオブジェクトでは、キー項目にAddメソッドで項目を追加します。Addメソッドは、最初の引数がKey、2番目の引数がItemになります。

ここでは、3つの要素を追加後、Itemプロパティで「A」をキーとして参照し、キー「A」にひも付けられているItem「神奈川」をメッセージボックスに表示します。

▼実行結果

結果が表示された

• CreateObject関数の構文

CreateObject(class,[servername])

連想配列とは、文字列をキーとする配列です。配列の内容を、文字列を使用して検索することができます。VBAで連想配列を使用するには、CreateObject関数の引数classに「Scripting.Dictionary」を指定するか、「Microsoft Scripting Runtime」に参照設定して、Dictionaryオブジェクトを使用します。

Tips 555 連想配列で重複しないデータを取得する

▶関連Tips
035
554
556

使用機能・命令 Addメソッド

サンプルコード SampleFile Sample555.xlsm

```
Sub Sample555()
    Dim Target As Range
    Dim TargetValue As Variant
    Dim vKeys As Variant
    Dim msg As String
    Dim i As Long

    'セルA2以降のデータ範囲を配列に取得する
    Set Target = Range("A1").CurrentRegion
    With Target
        TargetValue = .Resize(.Rows.Count - 1).Offset(1).Value
    End With

    'Dictionaryオブジェクトを作成する
    With CreateObject("Scripting.Dictionary")
        On Error Resume Next    'エラー処理を開始する
        'A列のデータをDictionaryオブジェクトに追加する
        For i = 1 To UBound(TargetValue)
            .Add TargetValue(i, 1), TargetValue(i, 1)
        Next
        On Error GoTo 0 'エラー処理を終了する
        vKeys = .keys    'すべてのキーを取得する
        'キーを変数msgに取得する
        msg = Join(vKeys, vbCrLf)
    End With
    '取得結果をメッセージボックスに表示する
    MsgBox "都道府県名一覧：" & vbCrLf & msg
End Sub
```

❖ 解説

　ここでは、「県名」列の重複のあるデータから、重複のない一覧を作成します。Dictionaryオブジェクトの Addメソッドは、引数keyに指定した値が既にある場合エラーになります。そこで、On Error Resume Nextステートメントで、エラーが発生した場合無視するようにします。こうすると、引数keyには重複するデータは追加することはできません。結果、重複のないデータが取得できます。

16-2 プログラミング（正規表現、連想配列、レジストリなど）

ポイントは、Addメソッドの引数keyに都道府県名を指定している点です。Dictionaryオブジェクトは、通常の配列ではインデックス（Dictionaryオブジェクトのkeyに当たる）は数値ですし、任意の値を指定することはできません。それに対してDictionaryオブジェクトは引数keyに文字列を指定できるため、このような処理が可能なのです。

サンプルでは、重複のない値を取得後、KeysメソッドでDictionaryオブジェクトのすべてのキーを格納した配列を取得します。配列ですので、Join関数（→Tips035）を使って改行（vbCrLf）を区切り文字にして、変数msgに取得し、最後にメッセージボックスに表示します。

▼重複のない「県名」の一覧を取得する　　▼実行結果

「県名」欄のデータは重複している　　「県名」の一覧が表示された

●Addメソッドの構文

object.Add (key, item)

Addメソッドは、Dictionaryオブジェクトに項目を追加します。引数keyには、引数itemと関連付けるキーを指定します。文字列が使用できます。引数itemは、引数keyで指定したキーに関連付けられる項目を指定します。引数keyに指定したキーが既に存在する場合は、エラーが発生します。

16-2 プログラミング（正規表現、連想配列、レジストリなど）

連想配列の値を検索する

▶関連Tips
554
555

使用機能・命令 Exists メソッド

サンプルコード SampleFile Sample556.xlsm

```
Sub Sample556()
    Dim Target As Range
    Dim TargetValue As Variant
    Dim i As Long
    'セルA2以降のデータ範囲を変数に取得する
    Set Target = Range("A1").CurrentRegion
    With Target
        TargetValue = .Resize(.Rows.Count - 1).Offset(1).Value
    End With
    'Dictionaryオブジェクトを作成する
    With CreateObject("Scripting.Dictionary")
        On Error Resume Next     'エラー処理を行う
        For i = 1 To UBound(TargetValue)    '県名の一覧（重複なし）を取得する
            .Add TargetValue(i, 1), TargetValue(i, 1)
        Next
        On Error GoTo 0
        If .Exists("神奈川県") Then    '「神奈川県」が存在するかチェックする
            MsgBox "「神奈川県」はリストにあります"
        Else
            MsgBox "「神奈川県」はリストにありません"
        End If
    End With
End Sub
```

❖ 解説

ここでは、セルA2以降のデータ範囲から重複のない県名の一覧を取得し、Existsメソッドを使用して「神奈川県」が存在するかどうかをチェックします。Existsメソッドの引数には、Dictionaryオブジェクトの引数keyに指定した値を指定します。

- **Existsメソッドの構文**

    object.Exists(key)

    Existsメソッドは、引数keyに指定したキーがDictionaryオブジェクト内に存在する場合はTrueを、存在しない場合はFalseを返します。

Tips 557 コレクションを使用する

▶関連Tips 558 559

使用機能・命令 Addメソッド

サンプルコード SampleFile Sample557.xlsm

```vba
Sub Sample557()
    Dim Target As Range
    Dim TargetValue As Variant
    Dim Data As Collection
    Dim i As Long
    
    'セルA2以降のデータ範囲を取得する
    Set Target = Range("A1").CurrentRegion
    With Target
        TargetValue = .Resize(.Rows.Count - 1).Offset(1).Value
    End With
    
    'Collectionオブジェクトを作成する
    Set Data = New Collection
    'A列のデータをCollectionオブジェクトに追加する
    For i = 1 To UBound(TargetValue)
        Data.Add TargetValue(i, 1)
    Next
    '1つ目のデータをメッセージボックスに表示する
    MsgBox "最初のデータ:" & Data.Item(1)
End Sub

Sub Sample557_2()
    Dim NumSh As Collection
    Dim sh As Worksheet
    'Collectionオブジェクトを作成する
    Set NumSh = New Collection
    'すべてのワークシートを対象に処理を行う
    For Each sh In ThisWorkbook.Worksheets
        'ワークシート名が数字から始まっているかチェックする
        If sh.Name Like "[0-9]*" Then
            'コレクションに追加する
            NumSh.Add sh
        End If
    Next
```

```
    '数字から始まっているワークシート名の数を表示する
    MsgBox NumSh.Count
End Su
```

❖ 解説

ここでは、Collectionオブジェクトを使用してデータを管理する2つのサンプルを紹介します。1つ目は、セルA2以降のA列の県名をAddメソッドを使用して、Collectionオブジェクトに追加します。そして、最初に追加されたデータをメッセージボックスに表示します。

2つ目は、ワークシート名が数字から始まっているワークシートをコレクションに追加し、追加したワークシートの数をCountプロパティで取得してメッセージボックスに表示します。

Collectionオブジェクトは Collection クラスの変数として宣言し、Newキーワードを使用して初期化します。Collectionクラスの特徴は、なんといってもitemとして値だけではなく、オブジェクトなどを指定できる点です。Sheetsコレクションがシートの集合を表すのと同じように、オブジェクトの集合を作成することができます（2つ目のサンプル）。

なお、Addメソッドに指定する値は、次のとおりです。

◈ Addメソッドに指定する引数

引数	説明
Item	コレクションに追加する要素を指定する
Key	インデックスの代わりに使用できるキー文字列を表す、一意な文字列を指定する
Before	コレクションに追加される要素を、指定した要素の前に追加する
After	コレクションに追加される要素を、指定した要素の後に追加する

▼「県名」をコレクションで管理する

最初に追加された値を表示する

▼実行結果

最初のデータが表示された

・Addメソッドの構文

object.Add(item, key, before, after)

コレクションを使用してデータを管理するには、CollectionクラスAddメソッドを使用します。

16-2 プログラミング（正規表現、連想配列、レジストリなど）

Tips 558 コレクションを使用して重複のないリストを作成する

▶関連Tips
557
559

使用機能・命令 Addメソッド

サンプルコード SampleFile Sample558.xlsm

```
Sub Sample558()
    Dim Target As Range, TargetValue As Variant
    Dim Data As Collection, msg As String, i As Long
    'セルA2以降のデータ範囲を変数に代入する
    Set Target = Range("A1").CurrentRegion
    With Target
        TargetValue = .Resize(.Rows.Count - 1).Offset(1).Value
    End With
    Set Data = New Collection    'Collectionオブジェクトを作成する
    '都道府県名の重複のないリストを取得する
    On Error Resume Next
    For i = 1 To UBound(TargetValue)
        Data.Add Item:=TargetValue(i, 1), Key:=TargetValue(i, 1)
    Next
    On Error GoTo 0
    For i = 1 To Data.Count
        msg = msg & Data.Item(i) & vbCrLf
    Next
    MsgBox "都道府県名リスト：" & vbCrLf & msg   '都道府県名を表示する
End Sub
```

❖ 解説

ここでは、Collectionオブジェクトを使用して、「都道府県名」の重複のないリストを作成します。Collectionオブジェクトのaddメソッドは、引数keyに指定する値が既にあるとエラーになります。そこで、On Error Resumeステートメントを使用して、エラーで処理が中断するのを回避し、重複があった場合はコレクションに追加しないようにします。そして、Itemプロパティを使用して、それぞれの値を取得し、最後にメッセージボックスに表示します。

• Addメソッドの構文

object.Add(item, key, before, after)

コレクションを使用してデータを管理するには、CollectionクラスのAddメソッドを使用します。Addメソッドは、引数Keyに指定する値が重複するとエラーを発生します。

Tips 559 コレクションのデータを削除する

▶関連Tips 557 558

使用機能・命令 Remove メソッド

サンプルコード SampleFile Sample559.xlsm

```
Sub Sample559()
    Dim Target As Range
    Dim TargetValue As Variant
    Dim Data As Collection
    Dim msg As String
    Dim i As Long

    'セルA2以降のデータ範囲を変数に代入する
    Set Target = Range("A1").CurrentRegion
    With Target
        TargetValue = .Resize(.Rows.Count - 1).Offset(1).Value
    End With

    'Collectionオブジェクトを作成する
    Set Data = New Collection
    '「都道府県名」の重複のないリストを作成する
    On Error Resume Next
    For i = 1 To UBound(TargetValue)
        Data.Add Item:=TargetValue(i, 2), Key:=CStr(TargetValue(i, 1))
    Next
    On Error Resume Next

    '静岡県(「県コード」が「22」)のデータを削除する
    Data.Remove "22"

    'コレクションの内容を変数に代入する
    For i = 1 To Data.Count
        msg = msg & Data.Item(i) & vbCrLf
    Next
    '都道府県名を表示する
    MsgBox "都道府県名リスト：" & vbCrLf & msg
End Sub
```

16-2 プログラミング（正規表現、連想配列、レジストリなど）

❖ 解説

ここでは、Collectionオブジェクトを使用して、まず都道府県名の重複のないリストを作成します。CollectionオブジェクトのAddメソッドは、引数keyに指定する値が既にあるとエラーになります。そこで、On Error Resumeステートメントを使用して、エラーで処理が中断するのを回避します。こうすることで、重複のないリストを作成することができます。

ここではこの処理で、Addメソッドの引数ItemにはB列の「県名」を、引数KeyにはA列の「県コード」を指定しています。ここで注意しなくてはならないのが、A列の「県コード」です。「県コード」は数値で入力されています。これをそのまま引数Keyに指定すると、うまく行きません。そこでCStr関数を使用して、数値を文字列に変換してから指定しています。

そして、その中からRemoveメソッドを使用して「静岡県」の要素を削除します。Removeメソッドは、引数にCollectionオブジェクトの引数Keyの値、またはインデックス番号を指定します。ここでは、Collectionオブジェクトのキーに「県コード」を使用しているため、このようにキー項目を使用して、データを削除しています。

最後に、Itemプロパティを使用してCollectionオブジェクトの値を取得し、メッセージボックスに表示します。

▼重複のないリストを作成後、指定したデータを削除する　　▼実行結果

「県コード」が「22」の「静岡県」のデータを削除する　　「静岡県」を除く都道府県名が表示された

● Removeメソッドの構文

object.Remove{ Key | Index }

Removeメソッドは、objectに指定したCollectionオブジェクトから、指定した要素を削除します。削除対象は、キーまたはインデックス番号を指定します。

16-2 プログラミング（正規表現、連想配列、レジストリなど）

Tips 560 ワークシートのコードネームを取得する

▶関連Tips 168

使用機能・命令 CodeNameプロパティ

サンプルコード SampleFile Sample560.xlsm

```
Sub Sample560()
    'ワークシート名とコードネームを取得し、
    'メッセージボックスに表示する
    MsgBox "シート名 : " & ActiveSheet.Name & vbCrLf & _
        "コード名 : " & ActiveSheet.CodeName
End Sub
```

❖ 解説

ここでは、アクティブシートを対象にNameプロパティでワークシート名を、CodeNameプロパティでコードネームを取得し、メッセージボックスに表示します。VBEのプロパティウィンドウで、「(オブジェクト名)」欄の値を確認してください。なお、コードネームですが「Sheet0.Range("A1").Value」のように、コードネームを使用してコードを書くこともできます。この場合、『コードネームが「Sheet0」のセルA1の値』という意味になります。

▼シートモジュールのオブジェクト名を取得する

「Sheet1」ワークシートのオブジェクト名を取得する

▼実行結果

ワークシート名とオブジェクト名が表示された

• CodeName プロパティの構文

object.CodeName

CodeNameプロパティは、objectに指定したワークシートのコードネームを取得します。コードネームとは、VBEの［プロパティウィンドウ］でシートオブジェクトを選択した時に、「(オブジェクト名)」欄に表示される値です。

16-2 プログラミング（正規表現、連想配列、レジストリなど）

Tips 561 VBSで他のアプリケーションを起動する

▶関連Tips 467

使用機能・命令 **CreateObject関数**

サンプルコード SampleFile Sample561.vbs

```
With CreateObject("Excel.Application")   'Excelオブジェクトを作成する
    .Visible = True       'Excelを表示する
    .Workbooks.Add        '新規ブックを追加する
End With
```

❖ 解説

ここでは、VBScriptを使用してExcelを起動し、新規ブックを追加します。VBScriptは、拡張子.vbsのスクリプトファイルで、中身はテキストファイルになります。そのため、メモ帳などのテキストエディタで編集ができます。サンプルファイルの内容を確認する場合には、「Sample561.vbs」を右クリックして「編集」を選択してください。ここではCreateObject関数でExcelを起動し、そのExcelオブジェクトに対して処理を行っています。そのため、Excelを表示するVisibleプロパティや、ワークブックを追加するAddメソッドが使用できます。

▼VBScriptファイルを実行する

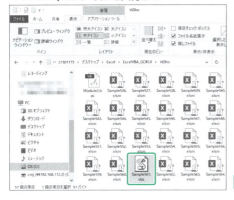

このファイルをダブルクリックする

▼実行結果

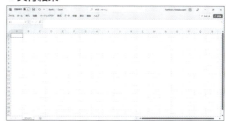

Excelが起動し、新規ブックが作成された

・CreateObject関数の構文

CreateObject(class,[servername])

CreateObject関数は、VBScriptからも使用することができます。この引数に、オートメーションに対応したアプリケーションを指定することで、Excelを起動したりすることができます。CreateObject関数に指定する値については、Tips467を参照してください。

16-2 プログラミング（正規表現、連想配列、レジストリなど）

Tips 562 ショートカットを作成する

▶関連Tips 585

使用機能・命令 WshShellオブジェクト

サンプルコード SampleFile Sample562.xlsm

```
Sub Sample562()
    Dim wshShell As Object
    Dim DesktopPath As String
    Dim ShortcutPath As String
    'WshShellオブジェクトを作成する
    Set wshShell = CreateObject("WScript.Shell")
    'デスクトップのパスを取得する
    DesktopPath = wshShell.SpecialFolders("Desktop")
    'ショートカット名を指定する
    ShortcutPath = DesktopPath & "\Sample" & ".lnk"

    With wshShell.CreateShortcut(ShortcutPath)
        .targetPath = ThisWorkbook.Path 'ショートカットのリンク先を設定する
        'コメント欄の値を設定する
        .Description = "サンプルとして作成されたショートカットです。"
        .Save       '保存する
    End With
End Sub
```

❖ 解説

　ここでは、WshShellオブジェクトを使用して、デスクトップに「Sample」という名前のショートカットを作成します。ショートカットは、CreateShortcutメソッドの引数に対象のパスを指定します。ショートカットのリンク先は、TargetPathプロパティで指定します。ここではこのブックのあるフォルダです。また、Descriptionプロパティでショートカットのコメントを指定し、Saveメソッドで設定した値を保存します。このようにWSHを使用すると、OSの機能をVBAで使用することができます。

•WshShellオブジェクトの構文

Set expression= CreateObject("WScript.Shell")

　Windows Script Host（WSH）は、Windows管理ツールの1つです。WSH自体は、スクリプトを実行する環境で、VBAからも利用可能です。そのWSHを扱うためのオブジェクトが、WshShellオブジェクトです。

16-2 プログラミング（正規表現、連想配列、レジストリなど）

Tips 563 変数の値の変化を表示する

▶関連Tips 534

使用機能・命令 Printメソッド

サンプルコード SampleFile Sample563.xlsm

```
Sub Sample563()
    Dim i As Long, num As Long
    For i = 1 To 10  '10回処理を繰り返す
        num = num + i   '変数numに値を代入する
        '変数iと変数numの値をタブを挟んで [イミディエイトウィンドウ] に出力する
        Debug.Print i; Tab(5); num
    Next
End Sub
```

❖ 解説

ここではループ処理を行い、変数の値を [イミディエイトウィンドウ] に出力します。1行に、変数iの値に続けてTabで10文字目まで位置を移動し、変数numの値を出力します。

なお、変数numの値は、変数iの累計値になっています。**Printメソッドに指定する式が複数ある場合は、このように「;（セミコロン）」で区切ります**。また、タブはTab関数を用いて、「Tab(n)」（nは次の文字の開始位置）のように記述します。スペースはSpc関数を用いて、「Spc(n)」（nは挿入する文字数）のように記述します。

▼イミディエイトウィンドウに変数の値を表示する

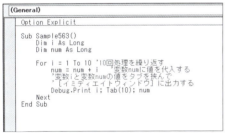

ループ処理で処理中の値を表示する

▼実行結果

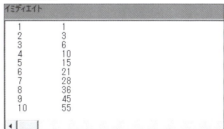

イミディエイトウィンドウに表示された

• Printメソッドの構文

object.Print [outputlist]

Printメソッドは、objectにDebugオブジェクトを指定した場合、[イミディエイトウィンドウ] にテキストを出力します。引数outputlistには、出力する式または式の一覧を指定します。省略した場合は空白行が出力されます。なお、引数outputlistに指定する値は、「解説」を参照してください。

699

Tips 564 レジストリの値を取得する

▶関連Tips 565 566

使用機能・命令 GetSetting関数

サンプルコード SampleFile Sample564.xlsm

```
Sub Sample564()
    'レジストリにキーを追加する
    SaveSetting "VBASample", "Main", "Test", "Sample"
    'レジストリから値を読み込む
    MsgBox GetSetting("VBASample", "Main", "Test", "Sample")
End Sub
```

❖ 解説

ここでは、レジストリの値を取得します。VBAではレジストリを操作することができます。ただし、操作できるのは「HKEY_CURRENT_USER¥Software¥VB and VBA Program Settings」配下のみとなります。サンプルでは、動作チェックのためにSaveSetting関数（→Tips565）でレジストリにキーを追加した後、GetSetting関数でその値を取得しています。

▼レジストリに書き込んだデータを読み込む

一旦レジストリにTestという名前で「Sample」というデータを書き込む

▼実行結果

書き込んだレジストリのデータを取得した

• GetSetting関数の構文

GetSetting(AppName, Section, Key [,Default])

GetSetting関数は、レジストリの値を取得します。引数AppNameは必ず指定します。キー設定を取得するアプリケーション名、またはプロジェクト名を含む文字列型の式を指定します。引数Sectionも必ず指定します。対象となるキー設定があるセクション名を含む文字列型の式を指定します。引数Keyも必ず指定します。返すキー設定名を含む文字列型の式を指定します。引数Defaultは省略可能です。Key設定に値が設定されていない場合に、返す値を含む式を指定します。省略すると、Defaultは長さ0の文字列（""）になります。なお、GetAllSettings関数を使用すると、指定したセクションのすべてのキーを取得することができます。

16-2 プログラミング（正規表現、連想配列、レジストリなど）

Tips 565 レジストリに値を書き込む

▶関連Tips
564
566

使用機能・命令 SaveSetting関数

サンプルコード SampleFile Sample565.xlsm

```
Sub Sample565()
    'レジストリにキーを追加する
    SaveSetting "VBASample", "Main", "Test", "Sample"
End Sub
```

❖ 解説

ここでは、レジストリに値を書き込みます。VBAではレジストリを操作することができます。ただし、**操作できるのは「HKEY_CURRENT_USER¥Software¥VB and VBA Program Settings」配下のみとなります**。

サンプルでは、SaveSetting関数を使ってアプリケーション名（プロジェクト名）に「VBASample」、セクションを「Main」、キーに「Test」、そしてKeyに設定するデータを「Sample」にしています。なお、レジストリの内容を確認するには、レジストリエディタ（regedit.exe）を使用します。

また、実行結果を確認する場合、レジストリに値を書き込んだ直後は、情報が反映されないことがあります。その場合は、レジストリエディタで[F5]キーを押して情報を更新してください。

▼レジストリを編集する

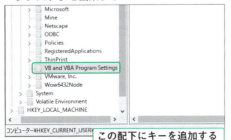

この配下にキーを追加する

▼実行結果

レジストリにキーが追加された

•SaveSetting関数の構文

SaveSetting AppName, Section, Key, Setting)

SaveSetting関数は、レジストリにキーを書き込みます。引数AppNameは、設定を適用するアプリケーション名、またはプロジェクト名を含む文字列型の式を指定します。引数Sectionは、キー設定を保存するセクション名を含む文字列型の式を指定します。引数Keyには、保存するキー設定名を含む文字列型の式を指定します。そして、引数SettingにはKeyが設定される値を含む式を指定します。いずれの引数も、省略することはできません。

16-2 プログラミング（正規表現、連想配列、レジストリなど）

Tips 566 レジストリのキーを削除する

▶関連Tips
564
565

使用機能・命令 DeleteSetting関数

サンプルコード SampleFile Sample566.xlsm

```
Sub Sample566()
    'レジストリにキーを追加する
    SaveSetting "VBASample", "Main", "Test", "Sample"
    'レジストリのセクションを削除する
    DeleteSetting "VBASample", "Main"
End Sub
```

❖ 解説

ここでは、レジストリのセクションを削除します。VBAではレジストリを操作することができます。ただし、**操作できるのは「HKEY_CURRENT_USER¥Software¥VB and VBA Program Settings」配下のみとなります**（API関数を使用すればこれ以外も可能ですが、レジストリの操作は間違うとOS自体が起動しなくなるなどのリスクがあるのでおすすめしません）。

サンプルでは、動作チェックのために、まずSaveSetting関数（→Tips565）でレジストリにキーを追加した後、DeleteSetting関数でその値を削除しています。

▼レジストリを操作する

このセクションを削除する

▼実行結果

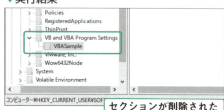

セクションが削除された

• DeleteSetting関数の構文

DeleteSetting AppName, Section, Key, Setting)

DeleteSetting関数は、レジストリのセクションまたはキーを削除します。引数AppNameは必ず指定します。セクションまたはキー設定を適用する、アプリケーション名またはプロジェクト名を含む文字列型の式を指定します。引数Sectionも必ず指定します。キー設定を削除するセクション名を含む文字列型の式を指定します。引数AppNameおよび引数Sectionだけを指定した場合、指定されたセクションは関連付けられたすべてのキー設定と共に削除されます。引数Keyは省略できます。削除するキー設定名を含む文字列型の式を指定します。

なお、レジストリの内容を確認するには、レジストリエディタ（regedit.exe）を使用します。

16-3 VBEの高度な操作（コードの入力、置換、モジュールの操作など）

Tips 567 VBAを使用してVBEを起動する

▶関連Tips **568**

使用機能・命令 Visibleプロパティ

サンプルコード SampleFile Sample567.xlsm

```vb
Sub Sample567()
    'VBEを起動する
    Application.VBE.MainWindow.Visible = True
End Sub
```

❖ 解説

ここでは、VBAを使ってVBEを起動します。VBEを起動するので、プロシージャを直接実行するのではなく、「Sheet1」ワークシートの図形をクリックして動作を確認してください。この図形にサンプルのプロシージャが登録されています。VBEを起動するには、VBEオブジェクトのMainWindowプロパティで、メインウィンドウを取得し、VisibleプロパティをTrueにします。

なお、マクロからVBEを操作する場合、[トラストセンター]ダイアログボックス[マクロの設定]で、[VBAプロジェクトオブジェクトモデルへのアクセスを信頼する]がオンになっている必要があります。

▼VBAを使ってVBEを起動する

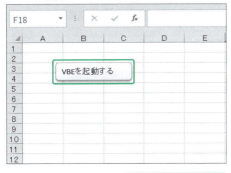

図形をクリックする

▼実行結果

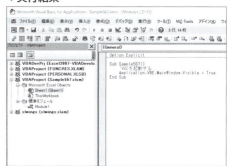

VBEが表示された

• **Visibleプロパティの構文**

　　object.Visible = expression

VBEのメインウィンドウは、VBEオブジェクトのMainWindowプロパティで取得します。

Visibleプロパティのobjectに指定することで、VBEを起動することができます。表示する場合は、Trueを指定します。

16-3 VBEの高度な操作（コードの入力、置換、モジュールの操作など）

Tips 568　VBAを使用してモジュールを追加/削除する

▶関連Tips
572
573

使用機能・命令 Addメソッド / Removeメソッド

サンプルコード SampleFile Sample568.xlsm

```
Sub Sample568()
    '標準モジュールを追加する
    ThisWorkbook.VBProject.VBComponents.Add vbext_ct_StdModule
    '「Module2」標準モジュールを削除する
    ThisWorkbook.VBProject.VBComponents.Remove.Item("Module2")
End Sub
```

❖ 解説

　ここでは、まずAddメソッドを使用して、標準モジュールを追加します。次に、Removeメソッドに VBComponentsコレクションのItemプロパティを使用して、「Module2」標準モジュールを指定し削除します。なお、マクロからVBEを操作する場合、[トラストセンター]ダイアログボックス[マクロの設定]で、[VBAプロジェクトオブジェクトモデルへのアクセスを信頼する]がオンになっている必要があります。Addメソッドの引数componentに指定する値は、次のとおりです。

◆ Addメソッドの引数componentに指定するvbext_ComponentTypeクラスの値

定数	値	説明
vbext_ct_StdModule	1	標準モジュール
vbext_ct_ClassModule	2	クラスモジュール
vbext_ct_MSForm	3	ユーザーフォーム
vbext_ct_ActiveXDesigner	11	ActiveXデザイナ（通常は使用しない）
vbext_ct_Document	100	Excelオブジェクト

・**Addメソッドの構文**

　object.Add(component)

・**Removeメソッドの構文**

　object.Remove(component)

　AddメソッドはVBComponentsコレクションのメソッドで、モジュールを追加することができます。引数componentに追加するモジュールの種類を指定します。

　Removeメソッドは、引数componentに指定したモジュールを削除します。モジュールを指定するには、Itemプロパティを使用し、Itemプロパティの引数にモジュール名を記述します。

Tips 569 VBAを使用してコードの行数を取得する

▶関連Tips 571

使用機能・命令 CountOfLinesプロパティ／CountOfDeclarationLinesプロパティ

サンプルコード SampleFile Sample569.xlsm

```
Sub Sample569()
    Dim msg As String
    '「Module1」に対して処理を行う
    With ThisWorkbook.VBProject.VBComponents("Module1").CodeModule
        'コード全体の行数をカウントする
        msg = "全て：" & .CountOfLines & vbCrLf
        '宣言セクションの行数をカウントする
        msg = msg & "宣言セクション：" & _
            .CountOfDeclarationLines & vbCrLf
    End With
    'メッセージボックスに表示する
    MsgBox msg
End Sub
```

❖ 解説

ここでは「Module1」標準モジュールの行数を取得します。CountOfLinesプロパティは、対象のモジュールのすべての行数をカウントします。CountOfDeclarationLinesプロパティは、宣言セクションの行数をカウントします。なお、ここで言う「行数」には、改行やコメント行も含まれます。なお、**マクロからVBEを操作する場合、[トラストセンター]ダイアログボックス[マクロの設定]で、[VBAプロジェクトオブジェクトモデルへのアクセスを信頼する]がオンになっている必要があります。**

▼コードの行数をカウントする

宣言セクション

宣言セクションと全体の行数をカウントする

結果が表示された

• CountOfLinesプロパティ／CountOfDeclarationLinesプロパティの構文

object.CountOfLines/CountOfDeclarationLines

CountOfLinesプロパティ／CountOfDeclarationLinesプロパティは、objectに指定したCodeModuleオブジェクトのコードの行数（CountOfLinesプロパティ）と、宣言セクションの行数（CountOfDeclarationLinesプロパティ）を取得します。行数には改行やコメント行も含まれます。

16-3 VBEの高度な操作（コードの入力、置換、モジュールの操作など）

Tips 570 VBAを使用してテキストファイルからコードを入力する

▶関連Tips 575

使用機能・命令 AddFromStringメソッド

サンプルコード SampleFile Sample570.xlsm

```
Sub Sample570()
    '「Module1」に対して処理を行う
    With ThisWorkbook.VBProject.VBComponents("Module1").CodeModule
        '「Sample570.txt」のコードを挿入する
        .AddFromFile ThisWorkbook.Path & "\Sample570.txt"
    End With
End Sub
```

❖ 解説

ここでは、AddFromFileメソッドを使って、このサンプルファイルと同じフォルダにある「Sample570.txt」に入力されているコードを挿入します。AddFromFileメソッドで挿入される位置は、最初のプロシージャの直前です。挿入される位置を指定することはできません。

▼「Sample570.txt」に入力されているコード

このコードを挿入する

▼実行結果

コードが挿入された

•AddFromStringメソッドの構文

object.AddFromString path

AddFromStringメソッドは、引数pathに指定したファイルのデータをobjectに指定したモジュールに挿入します。**挿入箇所は、最初のプロシージャの直前です。挿入される位置を指定することはできません。**

なお、マクロからVBEを操作する場合、[トラストセンター]ダイアログボックス[マクロの設定]で、[VBAプロジェクトオブジェクトモデルへのアクセスを信頼する]がオンになっている必要があります。

16-3 VBEの高度な操作（コードの入力、置換、モジュールの操作など）

Tips 571 VBAを使用してプログラムの行数を取得する

▶関連Tips 569

使用機能・命令 ProcOfLineプロパティ/ ProcCountLinesプロパティ/ ProcBodyLineプロパティ/ ProcStartLineプロパティ

サンプルコード SampleFile Sample571.xlsm

```
Sub Sample571()
    '「Module1」に対して処理を行う
    With ThisWorkbook.VBProject.VBComponents("Module1").CodeModule
        '「Sample571」のそれぞれの情報を取得する
        MsgBox "名前：" & .ProcOfLine(5, vbext_pk_Proc) & vbCrLf _
            & "行数：" & .ProcCountLines("Sample571" _
                , vbext_pk_Proc) & vbCrLf _
            & "先頭行：" & .ProcBodyLine("Sample571" _
                , vbext_pk_Proc) & vbCrLf _
            & "開始行：" & .ProcStartLine("Sample571", vbext_pk_Proc)
    End With
End Sub
```

❖ 解説

ここでは、Samle571プロシージャのプロシージャ名（ProcOfLineプロパティ）、行数（ProcCountLinesプロパティ）、先頭行（ProcBodyLineプロパティ）、開始行（ProcStartLineプロパティ）をそれぞれ取得し、メッセージボックスに表示します。それぞれのプロパティの2番目の引数は対象のプロシージャの種類を表し、次の値を指定します。

◇ 引数prockindに指定する定数

定数	値	説明
vbext_pk_Proc	0	プロパティプロシージャ以外のすべてのプロシージャ
vbext_pk_Let	1	プロパティに値を割り当てるプロシージャ（Property Let）
vbext_pk_Set	2	オブジェクトへの参照を設定するプロシージャ（Property Set）
vbext_pk_Get	3	プロパティの値を返すプロシージャ（Property Get）

16-3 VBEの高度な操作（コードの入力、置換、モジュールの操作など）

▼「Sample571」プロシージャの行数などを取得する

```
(General)
Option Explicit

Sub Sample571()
    '「Module1」に対して処理を行う
    With ThisWorkbook.VBProject.VBComponents("Module1").CodeModule
        '「Sample571」のそれぞれの情報を取得する
        MsgBox "名前：" & .ProcOfLine(5, vbext_pk_Proc) & vbCrLf _
            & "行数：" & .ProcCountLines("Sample571", _
            vbext_pk_Proc) & vbCrLf _
            & "先頭行：" & .ProcBodyLine("Sample571", _
            vbext_pk_Proc) & vbCrLf _
            & "開始行：" & .ProcStartLine("Sample571", vbext_pk_Proc)
    End With
End Sub
```

行数、開始行、先頭行などを取得する

▼実行結果

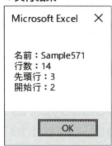

取得した情報が表示された

•ProcOfLine プロパティの構文

object.ProcOfLine(line, prockind)

•ProcCountLines プロパティ/ProcBodyLine プロパティ/ProcStartLine プロパティの構文

object.ProcCountLines/ProcBodyLine/ProcStartLine(procname, prockind)

　ProcOfLineプロパティは、引数lineに指定した行が含まれるプロシージャ名を返します。ProcCountLinesプロパティは、プロシージャの行数をカウントします。カウントする行数は、引数procnameに指定したプロシージャがモジュールの先頭にある場合は宣言セクションの次の行から、それ以外は直前のプロシージャの最終行（End SubステートメントやEnd Functionなどの行）の次の行から指定したプロシージャの最終行までの行数で、空白行も含みます。

　ProcBodyLineプロパティは、プロシージャの最初の行を返します。「最初の行」とは、Sub、Function、またはPropertyステートメントがある行のことです。

　ProcStartLineプロパティは、プロシージャの開始行を返します。「開始行」とは、引数procnameに指定したプロシージャがモジュールの先頭にある場合は、宣言セクションの次の行、それ以外の場合は直前のプロシージャの最終行（End SubステートメントやEnd Functionなどを含む行）の次の行になります。ProcBodyLineプロパティとProcStartLineプロパティの違いに注意してください。

16-3 VBEの高度な操作（コードの入力、置換、モジュールの操作など）

Tips 572　VBAを使用してモジュールをインポートする

▶関連Tips 573

使用機能・命令 Importメソッド

サンプルコード　SampleFile **Sample572.xlsm**

```
Sub Sample572()
    'Module2モジュールをインポートする
    ThisWorkbook.VBProject.VBComponents.Import _
        ThisWorkbook.Path & "¥Module2.bas"
End Sub
```

❖ **解説**

ここでは、「Module2」標準モジュールを、このマクロが含まれるブックと同じフォルダからインポートします。

▼「Module2」標準モジュールをインポートする　　▼実行結果

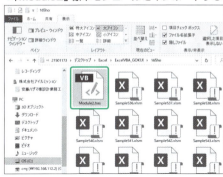
このモジュールをインポートする

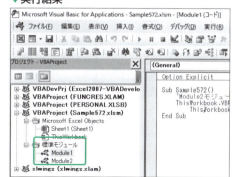
標準モジュールがインポートされた

● **Importメソッドの構文**

object.Import(filename) As VBComponent

Importメソッドは、指定したファイルからモジュールをインポートします。引数filenameに対象のファイルを指定します。

なお、ファイルの拡張子は標準モジュールが「.bas」、クラスモジュールが「.cls」、ユーザーフォームが「.frm」となります。

16-3 VBEの高度な操作（コードの入力、置換、モジュールの操作など）

Tips 573 VBAを使用してモジュールをエクスポートする

▶関連Tips 572

使用機能・命令 Exportメソッド

サンプルコード SampleFile Sample573.xlsm

```
Sub Sample573()
    'Module3モジュールをエクスポートする
    ThisWorkbook.VBProject.VBComponents("Module3").Export _
        ThisWorkbook.Path & "\Module3.bas"
End Sub
```

❖ 解説

ここでは、「Module3」標準モジュールを「Module3.bas」として、このサンプルのあるブックと同じフォルダにエクスポートします。なお、同じファイル名のファイルがすでにある場合、自動的に上書きされるので（警告のメッセージ等は表示されません）、注意が必要です。

▼「Module3」をエクスポートする

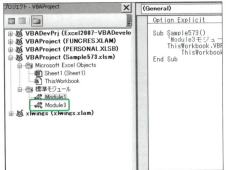

このブックと同じフォルダに保存する

▼実行結果

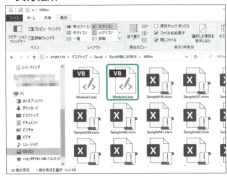

標準モジュールがエクスポートされた

• Exportメソッドの構文

object.Export(filename)

Exportメソッドは、指定したモジュールをエクスポートします。objectに対象のモジュールを指定し、引数filenameに保存するファイル名を指定します。

なお、ファイルの拡張子は標準モジュールが「.bas」、クラスモジュールが「.cls」、ユーザーフォームが「.frm」となります。

Tips 574 VBAを使用してコードを取得する

▶関連Tips 569 571

使用機能・命令 Lines プロパティ

サンプルコード SampleFile Sample574.xlsm

```
Sub Sample574()
    'Module1モジュールの1行目から3行分のデータをメッセージボックスに表示する
    MsgBox "1-3行目のデータ：" & vbLf _
        & ThisWorkbook.VBProject _
        .VBComponents("Module1").CodeModule.Lines(1, 3)
End Sub
```

❖ 解説

ここでは、VBAのコードを取得します。「Module1」標準モジュールの1行目から3行分のコードを取得して、メッセージボックスに表示します。VBComponentsコレクションの引数に「Module1」を指定し、CodeModuleオブジェクトを取得して、Linesプロパティの対象にします。
Linesプロパティの対象はモジュールです。プロシージャではないので注意してください。
なお、**コードの行数ですが、宣言セクションも含む先頭が1行目**になります。

▼このモジュールのコードを取得する

1行目から3行目を取得してメッセージボックスに表示する

▼実行結果

コードが取得された

• Lines プロパティの構文

object.Lines(startline, count)

Linesプロパティは、引数startlineに指定した行から、引数Countに指定した行数分のコードを取得します。objectには、CodeModuleオブジェクトを指定します。

16-3 VBEの高度な操作（コードの入力、置換、モジュールの操作など）

VBAを使用してコードを入力する

▶関連Tips
570

使用機能・命令 InsertLinesメソッド

サンプルコード　SampleFile Sample575.xlsm

```
Sub Sample575()
    Dim vStr As String

    '挿入する文字列を変数に代入する
    vStr = "MsgBox ""プログラムから入力"""
    'このブックの「Module1」の、14行目に入力する
    ThisWorkbook.VBProject.VBComponents("Module1") _
        .CodeModule.InsertLines 14, vStr
End Sub
```

❖ 解説

ここでは、「Module1」の10行目に、文字列「MsgBox "プログラムから入力"」を追加します。指定する行番号ですが、宣言セクションを含む先頭が1行目になります。

▼Sample575プロシージャにコードを追加する　▼実行結果

この部分に入力する　　　　　　　　コードが入力された

• InsertLinesメソッドの構文

object.InsertLines(line, code)

InsertLineメソッドは、引数lineに指定した行に、引数codeに指定したコードを入力します。

16-3 VBEの高度な操作（コードの入力、置換、モジュールの操作など）

Tips 576 VBAを使用してコードを置換する

▶関連Tips 570

使用機能・命令 ReplaceLineメソッド

サンプルコード SampleFile Sample576.xlsm

```
Sub Sample576()
    Dim vStr As String

    '書き換える文字列を変数に代入する
    vStr = vbTab & "置き換えました"

    'このモジュールの15行目を書き換える
    ThisWorkbook.VBProject.VBComponents("Module1") _
        .CodeModule.ReplaceLine 15, vStr
End Sub
```

❖ 解説

ここでは、ReplaceLineメソッドを使用して、「Module1」標準モジュールの15行目のコードを、タブと「置き換えました」という文字列に置換します。なお、ここではコメント行を置換していますが、これはReplaceLineメソッドの動作をわかりやすくするためです。当然ですが、VBAのコードも置換することができます。

▼コードを置換する

この行を書き換える

▼実行結果

コードが置換された

• ReplaceLineメソッドの構文

object.ReplaceLine(line, code)

ReplaceLineメソッドは、引数lineに指定した行のコードを、引数codeに指定したコードで置き換えます。

16-3 VBEの高度な操作（コードの入力、置換、モジュールの操作など）

VBAを使用してコードを削除する

▶関連Tips
568
573

使用機能・命令 DeleteLinesメソッド

サンプルコード SampleFile Sample577.xlsm

```
Sub Sample577()
    '「Module1」（このモジュール）の10行目から1行コードを削除する
    ThisWorkbook.VBProject.VBComponents("Module1").CodeModule _
        .DeleteLines 10, 1
End Sub
```

❖ 解説

ここでは、「Module1」標準モジュールの10行目のコード（コメントの行）を、DeleteLinesメソッドを使って削除します。DeleteLinesメソッドは、削除を開始する行番号と行数を指定します。

▼VBAのコードを削除する

```
(General)
Option Explicit

Sub Sample577()
    '「Module1」（このモジュール）の10行目から1行コードを削除する
    ThisWorkbook.VBProject.VBComponents("Module1").CodeModule _
        .DeleteLines 10, 1
End Sub

Sub Sample577_2()
    '削除対象
End Sub
```

10行目から1行削除する

▼実行結果

```
(General)
Option Explicit

Sub Sample577()
    '「Module1」（このモジュール）の10行目から1行コードを削除する
    ThisWorkbook.VBProject.VBComponents("Module1").CodeModule _
        .DeleteLines 10, 1
End Sub

Sub Sample577_2()
End Sub
```

コードが削除された

• **DeleteLineメソッドの構文**

object.DeleteLines(startline [, count])

DeleteLineメソッドはコードを削除します。objectに対象となるCodeModuleオブジェクトを指定します。引数startlineには、削除するコードの先頭行を指定します。引数countには、削除する行数を指定します。省略した場合は、1行削除されます。

Tips 578 Windows APIを利用して時間を測定する

▶関連Tips 581

使用機能・命令 timeGettime関数

サンプルコード SampleFile Sample578.xlsm

```vb
'timeGettimeAPI関数を宣言する
Declare Function timeGetTime Lib "winmm.dll" () As Long


Sub Sample578()
    Dim StartTime As Long
    Dim i As Long
    StartTime = timeGetTime

    Do
        i = i + 1
    Loop Until i > 1000000
    '経過時間をメッセージボックスに表示する
    MsgBox "経過時間：" & timeGetTime - StartTime & "ミリ秒"
End Sub
```

❖ 解説

ここでは、timeGettimeAPI関数を使用して、処理時間を計測します。API関数はモジュールの宣言部分に記述します。サンプルでは、Do Loopステートメントの処理時間をメッセージボックスに表示します。サンプルなので、Do Loopステートメント内では特に何もしていません。timeGettimeAPI関数の結果は、ミリ秒単位になります。なお、お使いの環境が64bit版のOSおよびExcelの場合は、APIを宣言する際に、DeclareキーワードとFunctionキーワードの間にPtrSafeキーワードを入れて、「Declare PtrSafe Function」と記述してください。

▼実行結果

処理時間が表示された

• timeGettime関数の構文

timeGettime

timeGettimeAPI関数は、システムが起動してからの時刻をミリ秒単位で取得します。

16-4 Windows APIとクラスモジュール（APIの利用、クラスモジュールの利用など）

Tips 579　Windows APIを利用してウィンドウを取得する

▶関連Tips
578

使用機能・命令 FindWindowAPI関数

サンプルコード　SampleFile Sample579.xlsm

```
'FindWindowAPI関数の宣言
Declare Function FindWindow Lib "user32" Alias "FindWindowA" ( _
    ByVal lpClassName As String _
    , ByVal lpWindowsName As String) As Long

Sub Sample579()
    Dim hw As Long, pID As Long

    'メモ帳のウィンドウを探す
    hw = FindWindow("Notepad", vbNullString)
    If hw = 0& Then
        'メモ帳が起動していない場合、起動する
        pID = Shell("Notepad.exe", vbNormalFocus)
    Else
        '起動している場合メッセージを表示する
        MsgBox "メモ帳は起動しています", vbInformation
    End If
End Sub
```

❖ 解説

　ここでは、FindWindowAPI関数を使用して、メモ帳が起動しているかをチェックします。起動していない場合は、Shell関数を使用してメモ帳を起動します。
　FindWindowAPI関数は、指定したウィンドウを探す関数です。ウィンドウを指定するには、対象のアプリケーションのクラス名が必要です。メモ帳の場合、「Notepad」になります。
　WindowsAPI関数は、Windowsの機能を直接操作するため、Excelがいきなり落ちるといった深刻なエラーが発生する場合もあります。API呼び出しでエラーが発生すると、On Errorステートメントでエラーを回避しようとしてもうまくいかず、エラーが発生してしまうので注意が必要です。
　なお、お使いの環境が64bit版のOSおよびExcelの場合は、APIを宣言する際に、DeclareキーワードとFunctionキーワードの間にPtrSafeキーワードを入れて、「Declare PtrSafe Function」と記述してください。

16-4 Windows APIとクラスモジュール（APIの利用、クラスモジュールの利用など）

▼メモ帳が起動した

メモ帳が起動していない場合は起動する

▼実行結果

メモ帳が起動している場合はメッセージを表示する

●FindWindowAPI関数の構文

FindWindow(classname, windowname)

FindWindowAPI関数は、指定したウィンドウを見つけるとウィンドウ番号を返します。見つからない場合は0を返します。引数classnameには、アプリケーションを表すクラス名を指定します。引数windwnameには、ウィンドウキャプションを指定します。特に指定しない場合は「vbNullString」（値0の文字列）を指定します。

16-4 Windows APIとクラスモジュール（APIの利用、クラスモジュールの利用など）

ユーザーフォームの閉じるボタンを非表示にする

▶関連Tips
343
581

使用機能・命令 SetWindowLongAPI関数

サンプルコード SampleFile Sample580.xlsm

```
'Module1に記述
'FindWindowAPI関数の宣言
Declare Function FindWindow Lib "user32" Alias "FindWindowA" ( _
        ByVal lpClassName As String _
        , ByVal lpWindowName As String) As Long

'GetWindowLongAPI関数の宣言
Declare Function GetWindowLong Lib "user32" Alias "GetWindowLongA" ( _
        ByVal hWnd As Long, ByVal nIndex As Long) As Long

'SetWindowLongAPI関数の宣言
Declare Function SetWindowLong Lib "user32" Alias "SetWindowLongA" ( _
        ByVal hWnd As Long, ByVal nIndex As Long _
        , ByVal dwNewLong As Long) As Long


'UserForm1に記述

Private Const GWL_STYLE = -16
Private Const WS_SYSMENU = &H80000

'コマンドボタンをクリックしたときの処理
Private Sub CommandButton1_Click()
    'ユーザーフォームを閉じる
    Unload Me
End Sub

'ユーザーフォーム起動時に処理をする
Private Sub UserForm_Initialize()
    Dim hWnd As Long
    Dim lngRet As Long

    'ユーザーフォームのウィンドウハンドルを取得する
    hWnd = FindWindow("ThunderDFrame", Me.Caption)
    'ウィンドウに関する情報を取得する
```

16-4 Windows APIとクラスモジュール（APIの利用、クラスモジュールの利用など）

```
    lngRet = GetWindowLong(hWnd, GWL_STYLE)
    'ウィンドウの属性を変更する
    lngRet = SetWindowLong(hWnd, GWL_STYLE, lngRet And Not WS_SYSMENU)
End Sub
```

❖ 解説

ここでは、WindowsAPI関数を使用して、ユーザーフォームの「閉じる」ボタンを非表示にしています。ユーザーフォームの初期化時に自身のウィンドウハンドルを取得し、ウィンドウの属性を変更しています。「閉じる」ボタンが無いため、ユーザーフォームを閉じるためのコマンドボタンを用意しています。このボタンをクリックするとユーザーフォームが閉じます（ユーザーフォームを閉じるUnloadステートメントについてはTips343を参照）。

なお、お使いの環境が64bit版のOSおよびExcelの場合は、APIを宣言する際に、DeclareキーワードとFunctionキーワードの間にPtrSafeキーワードを入れて、「Declare PtrSafe Function」と記述してください。

▼通常のユーザーフォーム

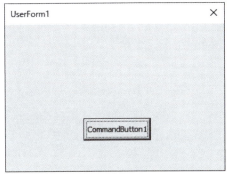

通常は右上端に「閉じる」ボタンがある

▼実行結果

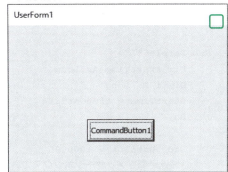

「閉じる」ボタンが非表示になった

• SetWindowLongAPI関数の構文

SetWindowLong(hWnd, nIndex, dwNewLong)

SetWindowLongAPI関数は、引数に指定したウィンドウの属性を変更します。

16-4 Windows APIとクラスモジュール（APIの利用、クラスモジュールの利用など）

64bit版の Windows APIを利用する

▶関連Tips
515
516

使用機能・命令 PtrSafeキーワード

サンプルコード SampleFile Sample581.xlsm

```vb
'timeGettimeAPI関数を宣言する
'Excelのバージョンによって APIの宣言を変える
#If VBA7 Then
    '64bitバージョンのWindows APIの宣言
    Declare PtrSafe Function timeGetTime Lib "winmm.dll" () As Long
#Else
    '32bitバージョンのWindows APIの宣言
    Declare Function timeGetTime Lib "winmm.dll" () As Long
#End If

Sub Sample581()
    Dim StartTime As Long
    Dim i As Long
    StartTime = timeGetTime
    Do
        i = i + 1
    Loop Until i > 1000000
    '経過時間をメッセージボックスに表示する
    MsgBox "経過時間：" & timeGetTime - StartTime & "ミリ秒"
End Sub
```

❖ 解説

　ここでは、#IF Then #Elseディレクティブと、VBA7条件付きコンパイラ定数を組み合わせ、APIの宣言を分けています。#IF Then #Elseディレクティブは、条件に当てはまらない処理については コンパイルしないため、コンパイルエラーが出ません。ここでは時間を測定する timeGetTimeAPI関数を使用しています。timeGetTimeAPI関数についてはTips578を参照してください。

　このサンプルは、APIの宣言方法に関するものですので、処理自体は単にループ処理の処理時間を計測しているだけです。

•PtrSafeキーワードの構文

Public/Private PtrSafe Function

　PtrSafeキーワードはOSとExcelが64bit版だった場合に、WindowsAPI関数を使用できるようにします。64bit環境と32bit環境が混在する場合は、コンパイルエラーを避けるため、#IF Then #Elseディレクティブと組み合わせて使用します。

Tips 582 デバッグ時にコンパイル範囲を分ける

▶関連Tips 001 007 516 517

使用機能・命令 #Constディレクティブ

サンプルコード SampleFile Sample582.xlsm

```vb
'テストモードかどうかを表す定数
#Const TEST = True

Sub Sample582()
    Dim vPath As String
    
    'テストモードかどうかチェックする
    #If TEST Then
        vPath = ThisWorkbook.Path
    #Else
        vPath = "C:\Data"
    #End If
    '変数vPathの値を表示する
    MsgBox "設定された値:" & vPath
End Sub
```

❖ 解説

ここでは、#Constディレクティブを使用して条件付きコンパイラ定数を宣言し、#IF Then #Elseディレクティブ (→Tips516) と組み合わせることで、テストモードと本番環境でコンパイル範囲を分けています。テストモードの場合は、変数vPathにはこのサンプルファイルがあるパスを、テストモードでない場合は変数vPathに「C:\Data」を代入します。このようにすることで、テスト環境と本番環境でコンパイル範囲を分けることができます。

•#Constディレクティブの構文

#Const constname = expression

#Constディレクティブは、条件付きコンパイラ定数を定義するために使用します。constnameには定数名を指定します。定数名は、変数の名前付け規則に従った名前を指定します (→Tips001参照)。

expressionには、リテラル、他の条件付きコンパイラ定数、またはIs以外の任意の算術演算子や論理演算子を含む組み合わせを指定します。定数を宣言するConstステートメントとは異なり、データ型の指定はできません。

16-4 Windows APIとクラスモジュール（APIの利用、クラスモジュールの利用など）

Tips 583 参照設定を自動的に行う

▶関連Tips 563

使用機能・命令 AddFromGuidメソッド

サンプルコード SampleFile Sample583.xlsm

```
Sub Sample583()
    On Error GoTo ErrHdl

    'Microsoft Scripting Runtime (WSH, FileSystemObject)のGUID
    Const SCRIPT_GUID As String _
        = "{420B2830-E718-11CF-893D-00A0C9054228}"
    '参照設定を行う
    Application.VBE.ActiveVBProject _
        .References.AddFromGuid SCRIPT_GUID, 1, 0
    Exit Sub
ErrHdl:
    MsgBox Err.Description
End Sub

Sub Samle583_2()
    Dim ref As Reference
    '参照設定しているライブラリの情報をイミディエイトウィンドウに表示する
    For Each ref In Application.VBE.ActiveVBProject.References
        Debug.Print "--------------"
        Debug.Print ref.Name
        Debug.Print ref.GUID
        Debug.Print ref.Major
        Debug.Print ref.Minor
        Debug.Print ref.FullPath
    Next
End Sub
```

❖ 解説

　ここでは、2つのサンプルを紹介します。1つ目は、AddFromGuidメソッドを使用して、「Microsoft Scripting Runtime」に参照設定します。ここでは、AddFromGuidメソッドにGUID（GloballyUnique Identifier）を使用して参照設定を行います。GUIDを調べる簡単な方法は、対象のライブラリに参照設定をした上で、2つ目のサンプルのコードを実行することです。なお、1つ目のサンプルは、すでに「Microsoft Scripting Runtime」に参照設定された状態で実行するとエラーになるため、On Errorステートメントでエラーを回避しています。
　2つ目のサンプルは、イミディエイトウィンドウに現在参照設定されているライブラリの名前・

16-4 Windows APIとクラスモジュール（APIの利用、クラスモジュールの利用など）

GUID・メジャーバージョン・マイナーバージョン・フルパスを表示します。

なお、このサンプルは「Microsoft Visual Basic for Application Extensibility x.x」（x.xは数値）への参照設定が必要です。

▼1つ目のサンプルの実行結果　　　　▼2つ目のサンプルの実行結果

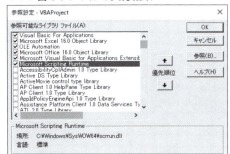

参照設定が行われた

ライブラリの情報が出力された

・AddFromGuidメソッドの構文

object.AddFromGuid(Guid, Major, Minor)

AddFromGuidメソッドはGUIDに基づいて、参照設定を追加します。objectには、Referencesオブジェクトを指定します。変数Guidにはタイプライブラリを識別するGUIDを指定します。変数Majorには参照のメジャーバージョン番号を、引数Minorには参照のマイナーバージョンを指定します。

Tips 584 プログラムの処理時間を計測する

▶関連Tips 578

使用機能・命令 Timer関数

サンプルコード SampleFile Sample584.xlsm

```
Sub Sample584()
    Dim t As Single
    Dim i As Long
    t = Timer '開示時間を取得する
    
    '時間計測用のループ処理
    Do
        i = i + 1
    Loop Until i > 100000000
    
    '処理時間をメッセージボックスに表示する
    MsgBox Timer - t & "秒"
End Sub
```

❖ 解説

　ここでは、Timer関数を使用して処理時間を計測します。Timer関数は、午前0時からの経過した秒数を返します。そこで、処理を開始するときの時間を取得し、処理が終了した時間から引けば、処理時間を取得することができます。なお、繰り返しになりますが、Timer関数は午前0時からの経過秒数を返します。これは、日付が変わるとリセットされてしまいます。日付をまたぐ処理で処理時間を計る場合は、当日分と翌日分の2つに分けて処理を行う必要があります。

▼実行結果

処理時間が計算された

• Timer関数の構文

Timer

Timer関数は、午前0時から経過した秒数を返します。

Tips 585 ログインしているユーザー名を取得する

▶関連Tips **586**

使用機能・命令 UserNameプロパティ

サンプルコード SampleFile Sample585.xlsm

```
Sub Sample585()
    '「Windows Script Host Object Model」に参照設定が必要
    Dim wsh As IWshRuntimeLibrary.WshNetwork
    
    'WshNetworkオブジェクトを参照する
    Set wsh = New IWshRuntimeLibrary.WshNetwork
    
    'ユーザー名とコンピュータ名を表示する
    With wsh
        MsgBox "ユーザー名: " & .UserName & vbCrLf _
            & "コンピュータ名: " & .ComputerName
    End With
End Sub
```

❖ **解説**

ここでは、現在のPCにログインしているユーザー名（UserNameプロパティ）とコンピュータ名（ComputerNameプロパティ）を取得し、メッセージボックスに表示します。

なお、このサンプルを実行するには、「Windows Script Host Object Model」に参照設定が必要です。もしくは、変数wshをObject型の変数に変更し、さらに「Set wsh = New IWshRuntimeLibrary.WshNetwork」を「Set wsh = CreateObject("WScript.Shell")」にしてください（→Tips586参照）。

▼**実行結果**

ユーザー名とコンピュータ名が取得された

• **UserNameプロパティの構文**

object.UserName

UserNameプロパティは、objectにWshNetworkオブジェクトを指定すると、コンピュータにログインしているユーザー名を取得することができます。

16-4 Windows APIとクラスモジュール（APIの利用、クラスモジュールの利用など）

Tips 586 デスクトップなどの特殊フォルダを取得する

▶関連Tips
467
585

使用機能・命令 SpecialFolders プロパティ

サンプルコード SampleFile Sample586.xlsm

```
Sub Sample586()
    '「Windows Script Host Object Model」に参照設定が必要
    Dim wsh As Object

    Set wsh = CreateObject("WScript.Shell")
    '特殊フォルダを取得する
    With wsh
        Debug.Print .SpecialFolders("Desktop")
        Debug.Print .SpecialFolders("Favorites")
        Debug.Print .SpecialFolders("Fonts")
        Debug.Print .SpecialFolders("MyDocuments")
        Debug.Print .SpecialFolders("Programs")
        Debug.Print .SpecialFolders("Recent")
        Debug.Print .SpecialFolders("SendTo")
        Debug.Print .SpecialFolders("StartMenu")
        Debug.Print .SpecialFolders("StartUp")
        Debug.Print .SpecialFolders("Template")
        Debug.Print .SpecialFolders("Windows")
    End With
End Sub
```

❖ 解説

　ここでは、Windowsの「デスクトップ」などの特殊フォルダのパスを取得し、イミディエイトウィンドウに表示します。CreateObject関数（→Tips467参照）を使ってWshShellオブジェクトを作成しています。そして、SpecialFoldersプロパティでそれぞれのパスを取得します。

　なお、WshShellオブジェクトは参照設定して使うこともできます。その場合は、「Windows Script Host Object Model」に参照設定してください。

• **SpecialFolders プロパティの構文**

object.SpecialFolders(objWshSpecialFolders)

　SpecialFoldersプロパティは、Windowsの「デスクトップ」などの特殊フォルダのパスを取得します。引数objWshSpecialFoldersには、対象のフォルダ名を文字列で指定します。

16-4 Windows APIとクラスモジュール（APIの利用、クラスモジュールの利用など）

Tips 587 プログラムを一定間隔で実行しポーリングする

▶関連Tips 223

使用機能・命令 OnTimeメソッド

サンプルコード SampleFile Sample587.xlsm

```
'処理を終了するための変数
Dim vTime As Double

Sub Sample587()
    'ファイルの存在チェックを始める
    Sample587_2
End Sub

Sub Sample587_2()
    '「Sample587.xls」があるかチェックする
    If Len(Dir(ThisWorkbook.Path & "\Sample587.xls")) = 0 Then
        Debug.Print "Nothing"
    Else
        Debug.Print "OK"
    End If
    '10秒後の時間を取得する
    vTime = Now() + TimeValue("00:00:10")
    'このプロシージャを10秒後に実行する
    Application.OnTime vTime, "Sample587_2"
End Sub

Sub Sample587_3()
    '「Sample587_2」プロシージャの実行を停止する
    Application.OnTime vTime, "Sample587_2", , False
End Sub
```

❖ 解説

ここでは、3つのプロシージャを使用して、「Sample587.xls」ファイルがサンプルファイルと同じフォルダにあるかをチェックします。1つ目の「Sample587」プロシージャは、処理を開始するためのプロシージャです。「Sample587_2」プロシージャは、実際にファイルの有無をDir関数（→Tips223参照）を使用してチェックし、見つからなかった場合と見つかった場合のそれぞれメッセージを表示します。3つ目のプロシージャは、「Sample587_2」プロシージャの処理を止めるためのものです。OnTimeメソッドは1番目の引数に実行予定の時刻（ここでは変数vTime）を指定し、4つ目の引数にFalseを指定することで処理を止めることができます。

このサンプルを実行するには、まず、Sample587プロシージャを実行します。Sample587プ

16-4 Windows APIとクラスモジュール（APIの利用、クラスモジュールの利用など）

ロシージャはSample587_2プロシージャを呼び出します。Sample587_2プロシージャでは、ファイルの検索を行った後、10秒後にOnTimeメソッドを使って再度Sample587_2プロシージャを実行します。

OnTimeメソッドを使用しているため、Sample587_3プロシージャを実行して処理を終了させるまで、自動的に10秒ごとにファイルのチェックを行います。

この処理を利用すると、例えば指定したフォルダに、ファイルが作成されたら自動的にデータを読み込む、といった処理が可能になります。ただし、その間Excelを起動し、プロシージャが常に実行されている状態になるので、その点は注意してください。

▼ファイルの存在をチェックする

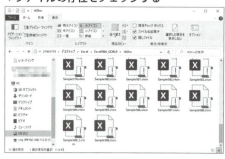

10秒ごとにファイルの存在をチェックする

▼実行結果

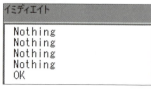

ファイルが見つかった時点で「OK」と表示された

・OnTimeメソッドの構文

object.OnTime(EarliestTime, Procedure, LatestTime, Schedule)

OnTimeメソッドは、指定された時刻にプロシージャを実行します。

引数EarliestTimeにプロシージャを実行する時刻を指定し、引数Procedureに実行するプロシージャ名を指定します。引数LatestTimeは省略可能です。この引数にはプロシージャを実行できる最終時刻を指定します。例えば、引数LatestTimeに、引数EarliestTimeで設定した値＋30を設定します。引数EarliestTimeに指定した時刻には、ほかのプロシージャを実行しているため、Excelは待機、コピー、切り取り、または検索のいずれのモードでもないとします。その場合、Excelは実行中のプロシージャが終了するまで30秒間待ちます。30秒以内にExcelが待機モードにならないとき、指定したプロシージャは実行されません。この引数を省略すると、Excelはプロシージャが実行できるまで待ちます。

引数Scheduleは、新たにOnTimeメソッドを使ってプロシージャを設定するには、Trueを指定します。直前のプロシージャの設定を解除するには、Falseを指定します。既定値はTrueです。

16-4 Windows APIとクラスモジュール（APIの利用、クラスモジュールの利用など）

Tips 588 他のブックのマクロを実行する

▶関連Tips **223**

使用機能・命令 Runメソッド

サンプルコード SampleFile Sample588.xlsm

```
Sub Sample588()
    '別ブックのマクロを実行する
    Application.Run "Sample588_2.xlsm!Sample588_2"
End Sub

'実際に呼び出されるコード
Sub Sample588_2()
    MsgBox "マクロが実行された", vbInformation
End Sub
```

❖ 解説

Runメソッドを使用すると、別のブックに保存されているプロシージャを実行することができます。サンプルはSubプロシージャですが、Functionプロシージャを実行して戻り値を取得することもできます。サンプルコードの1つ目が、他のブックのプロシージャを呼び出す部分です。引数がある場合は、カンマで区切って指定します。2つ目のプロシージャが「Sample588_2.xlsm」ファイルに保存されていて、実際に呼び出されるコードです。なお、コードを実行する場合、呼び出されるコードが含まれるブック（ここでは「Sample588_2.xlsm」）が開かれている必要があります。

▼実行結果

他のブックのマクロが実行された

・Runメソッドの構文

object.Run(Macro, Arg1, Arg2, Arg3, Arg4, Arg5, Arg6, Arg7, Arg8, Arg9, Arg10, Arg11, Arg12, Arg13, Arg14, Arg15, Arg16, Arg17, Arg18, Arg19, Arg20, Arg21, Arg22, Arg23, Arg24, Arg25, Arg26, Arg27, Arg28, Arg29, Arg30)

Runメソッドは、マクロの実行または関数の呼び出しを行います。この構文では、Visual Basic、またはExcelマクロ言語で書かれたマクロ、あるいは、DLLやXLLに含まれる関数が実行できます。引数Macroに実行するマクロを指定します。指定できるのは、マクロ名を示す文字列、関数の場所を示すRangeオブジェクト、DLLやXLLに含まれている関数のレジスタIDのいずれかです。引数Arg1～Arg30は、関数に渡す引数を指定します。

16-4 Windows APIとクラスモジュール（APIの利用、クラスモジュールの利用など）

Tips 589 クラスを管理するためのクラスを作成する

▶関連Tips
045
557

使用機能・命令 Collectionオブジェクト/Addメソッド

サンプルコード SampleFile Sample589.xlsm

```vb
'「Members」クラスモジュールに記述
'メンバを管理するクラス
'メンバを管理するためのコレクション
Private mItems As Collection

'クラスの初期化時の処理
Private Sub Class_Initialize()
    Set mItems = New Collection 'Collectionオブジェクトを作成する
End Sub

'メンバを追加するためのメソッドを定義する
Public Sub Add(ByVal vName As String, ByVal vAge As Long)
    Dim tempMember As Member
    
    'Memberクラスのインスタンスを作成する
    Set tempMember = New Member
    
    tempMember.Name = vName  'Nameプロパティに名前を設定する
    tempMember.Age = vAge    'Ageプロパティに年齢を設定する
    mItems.Add tempMember    'インスタンスをコレクションに追加するする
End Sub

'メンバを取得するためのプロパティ
Public Property Get Item(ByVal vIndex As Long) As Member
    'Memberクラスのインスタンスを返す
    Set Item = mItems.Item(vIndex)
End Property

'「Member」クラスモジュールに記述
'個々のメンバの情報を管理するクラス

Private mName As String  '氏名を保持する変数
Private mAge As Long     '年齢を保持する変数

'氏名を設定するプロパティ
```

```vb
Public Property Let Name(ByVal vName As String)
    mName = vName
End Property

'氏名を取得するプロパティ
Public Property Get Name() As String
    Name = mName
End Property

'年齢を設定するプロパティ
Public Property Let Age(ByVal vAge As Long)
    mAge = vAge
End Property

'年齢を取得するプロパティ
Public Property Get Age() As Long
    Age = mAge
End Property

Sub Sample589()
    Dim TargetRange As Range
    Dim TargetValue As Variant
    Dim vMembers As Members
    Dim i As Long
    
    '元となるデータをVariant型の配列に取得する
    Set TargetRange = Range("A1").CurrentRegion
    With TargetRange
        TargetValue = .Resize(.Rows.Count - 1).Offset(1).Value
    End With
    
    'Membersクラスを作成する
    Set vMembers = New Members
    '配列のすべての要素を処理する
    For i = 1 To UBound(TargetValue)
        'Membersクラスにデータを追加する
        vMembers.Add TargetValue(i, 1), TargetValue(i, 2)
    Next
    
    '1番目のメンバの氏名と年齢をメッセージボックスに表示する
    MsgBox "1番目のメンバ：" & vbLf _
        & "氏名：" & vMembers.Item(1).Name & vbLf _
        & "年齢：" & vMembers.Item(1).Age
End Sub
```

16-4 Windows APIとクラスモジュール（APIの利用、クラスモジュールの利用など）

❖ 解説

ここでは、クラスモジュールを使って顧客データを管理します。使用するのは、2つのクラスモジュールと1つの標準モジュールです。クラスモジュールの1つは、メンバー人ひとりの「氏名」と「年齢」の情報を持つMemberクラスです。もう1つは、このメンバーを管理するための、Membersクラスです。

Membersクラスでは、個々の顧客情報（「氏名」と「年齢」）を保持します。それぞれ、Propertyプロシージャ（→Tips045参照）を使用して、「氏名」を表すNameプロパティと、「年齢」を表すAgeプロパティがあります。

Membersクラスでは、Collectionオブジェクトを使用してMemberクラスを保持します。そのために、メンバを追加するためのAddメソッドが用意されています。また、インデックス番号を指定して、メンバを取得するためのItemプロパティがあります。

標準モジュールでは、ワークシートにある表のデータをMembersクラスに追加し、最後にMembersクラスのItemプロパティで顧客（Memberクラスのインスタンス）を取得し、Nameプロパティとageプロパティを使用して、「氏名」と「年齢」をメッセージボックスに表示します。

▼このデータを管理する　　　　　　　　　▼実行結果

クラスモジュールを使って管理する　　　情報が表示された

• Collectionオブジェクトの構文

Set var = New Collection

• Addメソッドの構文

object.Add(item, key, before, after)

Collectionオブジェクトを使用すると、オブジェクトを1つのコレクションとして管理することができます。コレクションにオブジェクトを追加するには、CollectionクラスAddメソッドを使用します。指定する引数については、Tips557を参照してください。

開発効率を上げるための極意

17-1 開発効率を上げる設定と機能
 （VBEの設定やショートカットキーなど）

17-2 リーダブルなコードのためのテクニック
 （リーダブルなコードとは、基本的なテクニックなど）

17-3 テスト用のコードとソフトコーディング
 （テストプロシージャの利用、ソフトコーディングの手法など）

17-1 開発効率を上げる設定と機能（VBEの設定やショートカットキーなど）

Tips 590 コードウィンドウを、集中して作業できる「色」にする

▶関連Tips 591

使用機能・命令　「オプション」ダイアログボックス

❖ 解説

効率よくコーディングするために、作業しやすい環境をつくることは重要です。なかでも、プログラム作成中に一番見ている画面、つまり「コードウィンドウ」の「色」は実はとても大切です。デフォルトでは次の左図のように、背景が白になっています。これを右図のように背景やフォントの色を変更します。

ここでは、背景色は「黒」としています。これは、一般に背景が「白」だと長時間作業した場合に目への負担が大きいとされているためです。

▼「コードウィンドウ」の「色」を変更する

背景色や文字色を見やすい色に変更する

フォント・文字色・背景色の設定は、VBEメニューの「ツール」-「オプション」から表示される次の「オプション」ダイアログボックス内の「エディターの設定」タブで行います。

▼「オプション」ダイアログボックス

なお、「コードの表示色」のうち、まずは以下の設定を変更すると良いでしょう。

▼「コードの背景色」の種類と意味

項目	説明
標準コード	数値や文字列、記号など
コメント	コメント
キーワード	VBAのキーワード
識別子	マクロ名や変数名、プロパティ・メソッド

これらを参考に、皆さんの好みの色に変更してみて下さい。

なお、コードウィンドウの色は、レジストリに保存されています。レジストリの「HKEY_CURRENT_USER¥Software¥Microsoft¥VBA¥7.0¥Common」キー以下にある、「CodeBackColors」が背景色を、「CodeForeColors」が前景色を保存しています（※一度も色の変更をしていないと、値がありません。何かしら色を変更した後確認してください）。

17-1 開発効率を上げる設定と機能（VBEの設定やショートカットキーなど）

Tips 591 構文エラー時の余計なメッセージを非表示にする

▶関連Tips 590

使用機能・命令 「オプション」ダイアログボックス

❖ 解説

コーディング中に入力ミス等で構文エラーになる場合、デフォルトでは次のようなメッセージが表示されます。

▼構文エラーのメッセージ

このようなエラーが表示される

この機能は、プログラム作成時の構文ミスを教えてくれるので一見便利に思えます。しかし、実際にはこのメッセージがなくても、先程の図のように該当箇所のコードに「色」がついているためエラーが発生していることはわかりますし、何より、「OK」を押して閉じないとならないので面倒です。そこで、このメッセージは表示しないようにしてしまいましょう。

構文エラーのメッセージを非表示にするには、「オプション」ダイアログボックスの「編集」タブにある「自動構文チェック」のチェックを外します。

Memo このメッセージが表示されても「OK」ボタンをクリックするだけですので、大した手間ではありません。しかし、プログラムを作成するときは、そのロジック等に集中して作業したいはずです。このようなちょっとしたことでも集中力を妨げ、効率を下げることになるので、ぜひこの設定を行うようにしましょう。

17-1 開発効率を上げる設定と機能(VBEの設定やショートカットキーなど)

Tips 592 ショートカットキーを利用して作業効率を上げる

▶関連Tips 593

使用機能・命令 ショートカットキー

❖ 解説

プログラミング中は、ロジックなどを考えながらコードを入力します。このとき、考えが中断されると一気に効率が落ちます。これは電話などの割り込みだけではなく、例えば、キーボードから手を話してマウスを使おうとしたときに、マウスを探したり、カーソルの位置を探したりすることも含まれます。そこでこういった集中を妨げるものを少しでも避ける方法の1つがショートカットキーの利用です。大げさに感じるかもしれませんが、実はとても重要なことなのです。そこでここではVBEで使用できるショートカットキーのうち、ぜひ覚えていただきたいものを整理します。

▼最低限押さえておくべきショートカットキー

ショートカットキー	説明
「Alt」+「F11」キー	Excel画面とVBE画面を切り替え
「F5」キー	マクロ実行
「F8」キー	ステップ実行
「Ctrl」+「矢印」	上下はプロシージャ単位で。左右は単語単位でカーソルを移動する
「Ctrl」+「Shift」+「矢印キー」	現在のカーソル位置から、上下はプロシージャ単位で。左右は単語単位で範囲選択する
「Shit」+「F2」	変数の定義や、呼び出しているプロシージャの位置へジャンプする
「Ctrl」+「Shift」+「F2」	変数の定義や、呼び出しているプロシージャの位置へ戻る

中でも「Ctrl」キー+「矢印」キーを使用したプロシージャ単位でのカーソル移動は便利ですので、ぜひ覚えてください。

17-1 開発効率を上げる設定と機能（VBEの設定やショートカットキーなど）

アクセスキーを利用して作業効率を上げる

▶関連Tips
592

使用機能・命令 **アクセスキー**

❖ 解説

「アクセスキー」とはツールバーのボタンやメニューに、キーボードでアクセスするためのキーです。VBEのボタンにキーボードでアクセスできるようになると、作業効率が一気に上がります。

ここでは、「編集」ツールバーにある「非コメントブロック」のボタンにアクセスキーを設定します。アクセスキーを設定するには「ユーザー設定」を利用します。なお、アクセスキーの設定は割り当てたい文字の前に「&」をつけます。例えば、「x」に割り当てたい場合は「&x」と指定します。これで、「Alt」キーに続けて「x」キーを押すことでボタンをクリックしたのと同じ処理を行うことができます。

▼「ユーザー設定」の表示

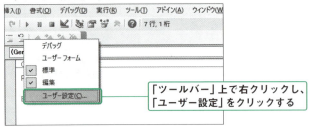

▼アクセスキーの設定

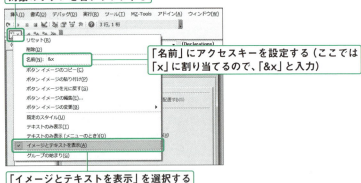

17-1 開発効率を上げる設定と機能（VBEの設定やショートカットキーなど）

▼「ユーザー設定」を閉じる

「閉じる」ボタンをクリックし、
「ユーザー設定」を閉じる

　これで、ボタンにキーボードからアクセスできるようになりました。
　同様に「コメントブロック」にも設定してみましょう。筆者の場合コメントブロックのアクセスキーは「Alt」キー「c」（「名前」欄に「&c」と入力）しています。
　なお、この設定ですが、VBEの横幅を狭くすると、ボタンの横のテキスト（ここではx）が隠れてしまう場合があります。設定したテキストが隠れてしまうとアクセスキーが動作しないので注意してください。
　なお、「コメントブロック」は、選択された複数行をまとめてコメントアウト（「非コメントブロック」はその逆の解除）できる機能です。とても便利ですので、ぜひ利用してください。

Tips 594 変数/定数の名前の付け方の基本

▶関連Tips 001 595 596

使用機能・命令 なし

サンプルコード SampleFile Sample594.xlsm

▼定数名/変数名の例

```
Private Sub NameSample()
    Const TAX As Double = 0.1
    Dim TotalPrice As Long
    Dim Price As Long
    Dim Quantity As Long
    Price = 100
    Quantity = 50
    TotalPrice = Price * Quantity
    MsgBox TotalPrice & "(税: " & TotalPrice * TAX & ")"
End Sub
```

❖ 解説

ここでは、定数名と変数名を「意味のある」ものにしています。このように**定数名や変数名は、「見てわかる」名前をつけるべきです**。

では、定数名/変数名はどのようにつけるのが良いのでしょうか。まず避けるべきは、「抽象的な名前」です。例えば、一時的に値を入れるための「tmp」や「temp」がそれです(ただし、ループ処理の時に使う変数「i」などは、慣例になっているので使用してもよいでしょう)。

次に大切なのが、「用途」と「対象」の2つを意識する点です。例えば、「合計」を扱う変数であれば、用途の観点からすると「Total」が適当です。さらに、「対象」(何の合計か)を意識すると、例えば、「TotalPrice」(価格の合計)とか、「TotalCount」(数量の合計)ということになります。

なお、変数名に意味を埋め込むのに、複数の単語を組み合わせて変数名とする事がよくあります。その場合単語の区切りを表現するための表記のルールを決めておくと、統一感が出て読みやすくなります。

プログラムで利用される代表的な方法は以下になります。

▼単語を組み合わせるときによく使われる記法

記法	特徴	例
キャメル記法	基本は小文字で記述し、続く単語の先頭を大文字にする	totalPrice、totalCount等
スネーク記法	単語ごとにアンダーバーを入れる	total_price、total_count等
パスカル記法	単語の先頭だけ大文字にする。VBAのプロパティ名やメソッド名は原則パスカル記法になっている	TotalPrice、TotalCount等

17-2 リーダブルなコードのためのテクニック（リーダブルなコードとは、基本的なテクニックなど）

上記のうちどれを採用するかは、皆さんの好みで決めていただいて結構です。ただし、複数の記法を混在させるのは避けましょう。

> **Memo** 変数名の命名方法で、変数のデータ型を変数名の先頭につける、システムハンガリアン記法と呼ばれるものがあります。
>
> ```
> Dim strMessage As String
> Dim lngCount As Long
> ```
>
> しかし、この方法は次の理由からおすすめできません。
>
> ・変数のデータ型を変更した時に、変数名もすべて変えなくてはならない
> ・そもそもデータ型を変数名に含ませる必要がない（間違ったデータを代入すればエラーになるので見つけることができる）
> ・Variant型を使用した場合に意味をなさない
> など
>
> これに対して、アプリケーションハンガリアン記法と呼ばれる方法があります。例えば、次のように同じ金額でもドルと円がある場合に次のように記述する方法です。
>
> ```
> Dim dolCost As Long
> Dim yenCost As Long
> ```
>
> この方法は、コードの読みやすさの向上につながるので、ぜひ利用してください。

Tips 595 列挙型を利用してリーダブルなコードにする

▶関連Tips 005 594 596

使用機能・命令 Enumステートメント

サンプルコード SampleFile Sample595.xlsm

▼Excelブックの状態をチェックする

```
'ファイルの状態を表す列挙型
Enum FileState
    eNone       'ファイルなし
    eOpened     'ファイルが開いている
    eClosed     'ファイルが閉じている
End Enum


Private Sub IsBookOpenedTest()
    Dim vPath As String
    '対象のファイルのパス
    vPath = ThisWorkbook.Path & "\Sample.xlsx"

    Dim vStr As String
    Dim vResult As FileState
    'ファイルの状態をチェックする
    vResult = IsBookOpened(vPath)
    Select Case vResult
        Case FileState.eNone
            vStr = "ファイルが存在しません"
        Case FileState.eClosed
            vStr = "ファイルは閉じています"
        Case FileState.eOpened
            vStr = "ファイルが開いています"
    End Select
    MsgBox vStr, vbInformation   'メッセージを表示する
End Sub


'Excelファイルの状態をチェックする関数
Public Function IsBookOpened(ByVal vPath As String) As FileState
    Dim fso As Object
    Set fso = CreateObject("Scripting.FileSystemObject")
    'ファイルが存在するかチェックする
    If fso.FileExists(vPath) Then
        On Error Resume Next
```

17-2 リーダブルなコードのためのテクニック（リーダブルなコードとは、基本的なテクニックなど）

```
        'ファイルが開いているかチェックする
        Open vPath For Append As #1
        Close #1

        If Err.Number > 0 Then
            '既に開かれている場合
            IsBookOpened = FileState.eOpened
        Else
            '開いていない場合
            IsBookOpened = FileState.eClosed
        End If
    Else
        'ファイルが存在しない場合
        IsBookOpened = FileState.eNone
    End If
End Function
```

❖ 解説

ここでは、次の状況を仮定しています。会議で使用する資料用として、Excelファイルに集計データを作成します。この時、対象のExcelファイルがあれば追記します。そこで、処理を行う前に、対象のExcelファイルの有無をチェックし、さらに、Excelファイルが開いている場合は追記できないため、開いているかもチェックします。

ここでは、ファイルが「ない（eNone）」「閉じている（eClosed）」「開いている（eOpened）」のいずれかを返す関数としています。関数の処理結果が2種類であればBoolean型（TrueまたはFalse）で良いのですが、**このように処理結果が3パターン（もしくはそれ以上）ある場合であれば、列挙型を利用するとコードがわかりやすくなります**。

なお、ここでは列挙型の実際の値がいくつであるかは問題ではありません。

17-2 リーダブルなコードのためのテクニック（リーダブルなコードとは、基本的なテクニックなど）

Tips 596 構造体を利用してリーダブルなコードにする

▶関連Tips
594
595

使用機能・命令 Typeステートメント

サンプルコード SampleFile Sample596.xlsm

▼会員一覧のデータを取得する

```vb
Private Type tUserData
    No As String            '会員番号を格納する変数
    Name As String          '会員氏名を格納する変数
    Mobile As String        '携帯番号を格納する変数
End Type

Private Sub TypeSample()
    Dim UserData() As tUserData
    Dim TargetValue As Variant
    Dim i As Long
    '対象のセル範囲の値を取得する
    With Range("A1").CurrentRegion
        TargetValue = .Resize(.Rows.Count - 1).Offset(1).Value
    End With
    'データ数に応じた配列を用意する
    ReDim UserData(1 To UBound(TargetValue))
    '表のデータを取得する
    For i = LBound(TargetValue) To UBound(TargetValue)
        UserData(i).No = TargetValue(i, 1)          '会員番号を取得する
        UserData(i).Name = TargetValue(i, 2)        '氏名を取得する
        UserData(i).Mobile = TargetValue(i, 3)      '携帯番号を取得する
    Next
    '2番目の会員の氏名を表示する
    MsgBox UserData(2).Name
End Sub
```

❖ 解説

ここでは、会員一覧のデータを取得する際に、構造体を利用しています。構造体は、複数の変数をまとめることができる機能です。

ここでは「会員番号」「氏名」「携帯番号」をひとまとまりとして扱っています。こうすることで、コードが読みやすくなります。

> **Memo** コードがリーダブル（読みやすい）ということは、非常に重要です。自分が書いたコードでも、時間が経てば細かく覚えている人は少ないでしょう。そのために「コメント」をつけるのも大切ですが、そもそもコードが読みやすければコメントがいらないわけですから、やはりリーダブルなコードを目指すのが重要ということになります。

17-3 テスト用のコードとソフトコーディング（テストプロシージャの利用、ソフトコーディングの手法など）

Tips 597 テストプロシージャの利用

▶関連Tips
044
046
598

使用機能・命令 Functionプロシージャ/イミディエイトウィンドウ

サンプルコード SampleFile Sample597.xlsm

▼テスト結果をイミディエイトウィンドウに表示する

```
'テスト用プロシージャ
Private Sub GetFYTest()
    Debug.Print "2022/3/31:2021→" _
        & (2021 = GetFY(#3/31/2022#))
End Sub


'日付から「年度」を求める関数
Public Function GetFY(ByVal vDate As Date) As Long
    Const START_MONTH As Long = 4    '4月始まり
    Dim vYear As Long
    Dim vMonth As Long
    vYear = Year(vDate)       '「年」を求める
    vMonth = Month(vDate)     '「月」を求める
    '対象月が開始月より前なら前年度
    If vMonth < START_MONTH Then
        GetFY = vYear - 1
    Else
        GetFY = vYear
    End If
End Function
```

❖ 解説

ここでは、対象の日付から「年度」を求める関数をテストしています。このように、プログラムを作成する際には、規模にもよりますがいくつかのプロシージャを作成することになります。

プロシージャの動作は当然テストしなくてはならないのですが、個々のプロシージャに対してテスト用のプロシージャを用意しておくと、テストを確実に行えるので便利です。

ここでは、イミディエイトウィンドウに、処理対象の日付と、その日付から想定される年度、そして処理結果と想定した年度を比較し合っているかどうか（TrueまたはFalse）を表示します。

> **Memo** このサンプルでは、テストは1種類しか行っていませんが、実際には数種類（例えば、3/31と4/1のように年度をちょうどまたぐ日付でテストするなど）用意しておくと良いでしょう。
> テストコードが残っていれば、後でバグが見つかったときにテスト内容からどのような動作を想定していたか（または漏れていたか）わかりますし、仕様変更があった場合にもすぐにテストできるので、便利です。

17-3 テスト用のコードとソフトコーディング（テストプロシージャの利用、ソフトコーディングの手法など）

Tips 598 処理が成功したかどうかを返すFunctionプロシージャ

▶関連Tips 044 046 597

使用機能・命令 Functionプロシージャ

サンプルコード SampleFile Sample598.xlsm

▼処理結果の判定を行うFunctionプロシージャ

```vb
'Mainとなるプロシージャ
Public Sub Main()
    Dim vResult As Boolean
    'Sample598プロシージャの結果を受け取る
    vResult = Sample598
    '結果がFalse(Boolean型)であるか判定する
    If VarType(vResult) = vbBoolean Then
        MsgBox "エラーが発生しました", vbExclamation
        Exit Sub
    Else
        MsgBox "OK", vbInformation
    End If
End Sub


'ファイルを開くプロシージャ
Private Function Sample598() As Boolean
    Dim wb As Workbook
    On Error GoTo ErrHdl    'エラー処理を開始する
    'ファイルを開く（存在しないのでエラーが発生する）
    Set wb = ThisWorkbook.Path & "¥Sample598.xlsx"
    
    Sample598 = True    '処理が成功した場合Trueを返す
ExitHdl:
    '処理を終了する
    Exit Function
ErrHdl:
    Sample598 = False    '処理が失敗した場合Falseを返す
    Resume ExitHdl
End Function
```

17-3 テスト用のコードとソフトコーディング（テストプロシージャの利用、ソフトコーディングの手法など）

❖ 解説

　ここでは、Mainプロシージャから、ファイルを開くプロシージャを呼び出してします。このとき、実際の処理を行うSample598プロシージャは、Functionプロシージャになっていて、エラーが発生しなければTrueを、発生すればFalseを返すようになっています。

　このように、例えば消費税額を返すFunctionプロシージャのように、具体的な値やオブジェクトなどを返すのではなく、処理が成功したかどうかを返すFunctionプロシージャを利用することも、コードの「流れ」を把握するためには有用です。

　プログラムによっては処理を行っているプロシージャ（ここではSamle598プロシージャ）内でエラーになった場合はそこ（Samle598プロシージャ内）で処理を終了することもできますが、そうすると、コード全体を読む作業（メンテナンスや引き継ぎ時に発生します）の時に、全体の処理の流れがわかりにくくなります。このサンプルのように、処理を行った先でエラーになっても、Mainとなるプロシージャで判定しているので、コードが読みやすくなっています。

　Functionプロシージャはこのような利用方法もあることを知っておいてください。

17-3 テスト用のコードとソフトコーディング（テストプロシージャの利用、ソフトコーディングの手法など）

Tips 599 プログラムのメンテナンスを減らす「ソフトコーディング」

▶関連Tips 075 598

使用機能・命令 なし

サンプルコード SampleFile Sample599.xlsm

▼プログラムで必要なデータをセルから取得するプロシージャ

```vba
'ワークシート名の定数
Public Const SH_CONFIG As String = "設定"
'セルアドレスの定数
Public Const CELL_TAX_RATE As String = "A2" '消費税率入力セル


'Tax プロシージャのテストプロシージャ
Private Sub TaxTest()
    Debug.Print Tax(1000)
End Sub

Private Function Tax(ByVal Price As Double) As Double
    '消費税率をワークシートから取得する
    Dim TaxRate As Double
    TaxRate = ThisWorkbook.Worksheets(SH_CONFIG) _
        .Range(CELL_TAX_RATE).Value
    '消費税額を計算し返す
    Tax = Price * TaxRate
End Function
```

❖ 解説

　ここでは、消費税率をコード内ではなく、ワークシート上（「設定」ワークシート）に記入し、計算処理で必要な時にそのセルを参照しています。

　このようにしているのは、**仮に消費税率が変更になっても、コードを修正しなくて済むようにするためです。**

　このような、変更の可能性のある値をコードに埋め込むのではなく、「外」に出してしまう手法を「ソフトコーディング」と言います。ここでは、「設定」ワークシートを用意しています。もし、この「設定」シートをいじられたくなければ、隠しシートにしてしまい、さらに保護をかけてしまう、という方法があります。

17-3 テスト用のコードとソフトコーディング（テストプロシージャの利用、ソフトコーディングの手法など）

	A	B	C	D
1	消費税率			
2	0.1			
3				
4				
5				
6				

プログラムはこの値を参照する。
変更があった場合はここを修正する

> **Memo** 設定用に外部ファイル（テキストファイル、iniファイル）を用意する方法もあります。ただし、Excel VBAで作られたツールの場合、その多くは、VBAが組み込まれたファイル1つを渡せばよく、ユーザーもそれに慣れているため、設定用のファイルを別途用意しても、間違ってそのファイルを移動/削除してしまう、というリスクがあります。
> ですので、ここで紹介したように隠しシートに記述するのがお勧めです。

17-3 テスト用のコードとソフトコーディング（テストプロシージャの利用、ソフトコーディングの手法など）

Tips 600 円グラフの色をユーザー任意の色にするためのソフトコーディング

▶関連Tips 321 334 599

使用機能・命令 Function プロシージャ

サンプルコード SampleFile Sample600.xlsm

▼ソフトコーディングを利用してグラフの「色」を設定するプロシージャ

```
Sub Sample600()
    Dim sh As Worksheet
    Set sh = ThisWorkbook.Worksheets("Sheet1")
    Dim vColor As Variant
    Dim i As Long
    'グラフを挿入する
    With sh.ChartObjects.Add(230, 10, 250, 180).Chart
        'グラフのデータをセルA3以降の表のデータにする
        .SetSourceData sh.Range("A3").CurrentRegion
        'グラフの種類を「円」グラフにする
        .ChartType = xlPie
    End With
    '作成した円グラフの色を指定する
    With Worksheets("Sheet1").ChartObjects(1).Chart _
        .SeriesCollection(1)
        For i = 1 To .Points.Count
            '「設定」シートから「色」を取得する
            vColor = GetColor(sh.Range("A3").CurrentRegion _
                .Cells(i + 1, 1).Value)
            .Points(i).Interior.Color = vColor
        Next
    End With
End Sub

'「設定」シートから対象の「色」を取得する関数
Private Function GetColor(ByVal Target As String) As Variant
    Dim sh As Worksheet
    Dim DataRange As Range
    Dim i As Long
    Set sh = ThisWorkbook.Worksheets("設定")
    With sh.Range("A1").CurrentRegion
        Set DataRange = .Resize(.Rows.Count - 1).Offset(1)
    End With
    '表から対象のデータを探す
```

17-3 テスト用のコードとソフトコーディング（テストプロシージャの利用、ソフトコーディングの手法など）

```
    For i = 1 To DataRange.Rows.Count
        If DataRange(i, 1).Value = Target Then
            '色を取得する
            GetColor = DataRange(i, 2).Interior.Color
            Exit Function
        End If
    Next
    GetColor = False
End Function
```

❖ 解説

　ここでは、VBAを使って作成される円グラフの色を、ユーザーが指定できるようにします。このようなツールのカスタマイズも設定用のワークシートを使用することで可能になります。

　ユーザーにとって使いやすく、かつプログラムを作った人にとってもメンテナンスしやすいプログラムは、結果的に使ってもらえると思います。ぜひ、ワークシートをうまく活用してください。

▼この表を利用してグラフの色を設定する

▼指定した色でグラフが作成された

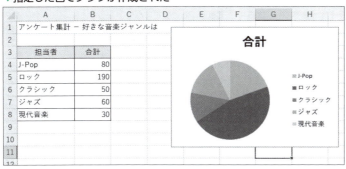

＊索引の参照番号は「ページ番号」ではなく「Tips」番号です。

記号

?(疑問符)	160
#Const ディレクティブ	582
#IF Then #Else ディレクティブ	516, 517

A

Accelerator プロパティ	363
Activate イベント	496, 501
Activate メソッド	055, 166, 191, 208
ActiveConnection プロパティ	488
ActivePrinter プロパティ	407
Activesheet プロパティ	164
ActiveWindow プロパティ	191
ActiveWorkbook プロパティ	207
Active プロパティ	286
Add2 メソッド	289
AddColorScale メソッド	540
AddComment メソッド	119
AddCustomList メソッド	271
AddDatabar メソッド	539
AddFields メソッド	293
AddFromGuid メソッド	583
AddFromString メソッド	570
AddIconSetCondition メソッド	541
AddIndent プロパティ	101
AddItem メソッド	382, 386, 393
AddLine メソッド	303
Address プロパティ	067
AddShape メソッド	305
AddTextbox メソッド	304
AddTextEffect メソッド	306
Add メソッド	171, 209, 242, 243, 244, 245, 268, 282, 297, 322, 357, 400, 536, 547, 549, 555, 557, 558, 568, 589
AdvancedFilter メソッド	263, 264
AfterSave イベント	499
And 演算子	009
Areas プロパティ	064
Arrange メソッド	192
Array 関数	034, 167, 252
Asc 関数	139
Assert メソッド	534
Attributes プロパティ	441, 451
AutoFill メソッド	266, 280
AutoFilterMode プロパティ	258
AutoFilter メソッド	249, 250, 251, 253, 254, 255, 256, 259, 262
AutoFit メソッド	185, 186
AutoSize プロパティ	346
AxisGroup プロパティ	327
AxisPosition プロパティ	542
AxisTitle プロパティ	330

B

BackColor プロパティ	356, 380
BeforeClose イベント	495
BeforeDoubleClick イベント	505
BeforePrint イベント	497
BeforeRightClick イベント	506
BeforeSave イベント	498
BeginTrance メソッド	493
BlackAndWhite プロパティ	416
Bold プロパティ	095, 396
BorderAround メソッド	109
Borders プロパティ	107, 110
BuiltinDocumentProperties プロパティ	241
ByRef キーワード	048, 049
ByVal キーワード	048

C

Calculate イベント	507
Caption プロパティ	194, 344
CDate 関数	148
Cells プロパティ	056
CenterFooter プロパティ	413
CenterHeader プロパティ	412
CenterHorizontally プロパティ	411
CenterVertically プロパティ	411
CentimetersToPoints メソッド	189
Change イベント	502
Characters プロパティ	099
Charts オブジェクト	322
ChartTitle プロパティ	329
ChartType プロパティ	321, 324
ChDir ステートメント	435
ChDir 関数	222
ChDrive ステートメント	433
Chr 関数	138
ClearComments メソッド	122
ClearContents メソッド	084
ClearFormats メソッド	114
ClearOutline メソッド	248
Clear メソッド	084
Click イベント	358
CLng 関数	149
Close ステートメント	458

＊索引の参照番号は「ページ番号」ではなく「Tips」番号です。

Close メソッド	218, 228, 480, 521
CodeName プロパティ	560
Collection オブジェクト	589
ColorIndex プロパティ	173
Color プロパティ	098, 173, 328
ColumnCount プロパティ	384, 388
Columns プロパティ	074, 180
ColumnWidth プロパティ	184
Column プロパティ	182
CompareSideBySideWith メソッド	193
Const ステートメント	007, 535
ControlSource プロパティ	379
Controls プロパティ	345
ControlTipText プロパティ	350
CopyFile メソッド	438
CopyFolder メソッド	448
CopyFromRecordset メソッド	481
CopyPicture メソッド	089, 472, 475
Copy メソッド	087, 172
CountLarge プロパティ	518
CountOfDeclarationLines プロパティ	569
CountOfLines プロパティ	569
Count プロパティ	072, 074, 175, 284, 339, 347
CreateFolder メソッド	447
CreateItem メソッド	476
CreateObject 関数	436, 467, 469, 470, 471, 473, 550, 554, 561
CreatePivotTable メソッド	292
CreateTextFile メソッド	436
Create メソッド	489
csv ファイル	226
CurDir 関数	434
CurrentRegion プロパティ	065
CutCopyMode プロパティ	087
Cut メソッド	086
CVErr 関数	162

D

DashStyle プロパティ	315
DataLabels プロパティ	336
DataTable プロパティ	337
DateAdd 関数	133
DateDiff 関数	131
DatePart 関数	132
DateSerial 関数	128
DateValue 関数	127
Date 関数	123
Day 関数	124

DefaultFilePath プロパティ	434
DeleteCustomList メソッド	272
DeleteFolder メソッド	450
DeleteLines メソッド	577
DeleteSetting 関数	566
Delete メソッド	085, 117, 118, 171, 188, 269, 300, 323, 440, 492, 536, 547
DELETE文	486
Description プロパティ	532
Dialogs プロパティ	240
Dim ステートメント	001, 032
Dir 関数	223, 421, 430
DisplayAlerts プロパティ	544
DisplayCommentIndicator プロパティ	120
DisplayGridlines プロパティ	202
Do Loop ステートメント	019, 020, 021, 025
DoEvents 関数	546
DriveType プロパティ	453

E

Enabled プロパティ	359
EnableEvents プロパティ	511
Enable プロパティ	376
End プロパティ	068
EnterFieldBehavior プロパティ	373
EnterKeyBehavior プロパティ	372
EntireColumn プロパティ	181
EntireRow プロパティ	181
Enum ステートメント	005, 595
Environ 関数	156
Erase ステートメント	040
Evaluate メソッド	158
Event ステートメント	513
Excel8CompatibilityMode プロパティ	238
Execute メソッド	484, 552
Exists メソッド	556
Exit ステートメント	024
Explosion プロパティ	326
ExportAsFixedFormat メソッド	227
Export メソッド	340, 573

F

FileCopy ステートメント	224, 425
FileDateTime 関数	424
FileDialog プロパティ	213, 221
FileExists メソッド	437
FileLen 関数	422
FileSystemObject オブジェクト	436

＊索引の参照番号は「ページ番号」ではなく「Tips」番号です。

FileSystem プロパティ　454
Fill プロパティ　314
FilterMode プロパティ　260
Filter 関数　155
FindFormat プロパティ　277
FindNext メソッド　276
FindWindowAPI 関数　579
Find メソッド　276, 277, 490
FitToPagesTall プロパティ　410
FitToPagesWide プロパティ　410
Fix 関数　151
Flip メソッド　309
FolderExists メソッド　446
FollowHyperlink イベント　508
Follow メソッド　548
For Each Next ステートメント　023
For Next ステートメント　022
ForeColor プロパティ　380
FormatDateTime 関数　134
FormulaArray プロパティ　275
FormulaLocal プロパティ　083
FormulaR1C1Local プロパティ　083
FormulaR1C1 プロパティ　077, 083
Formula プロパティ　077, 083
FreeSpace プロパティ　452
FreezePanes プロパティ　196
FullName プロパティ　236, 429
Function ステートメント　044, 046, 047
Function プロシージャ
　　026, 044, 053, 159, 161, 597, 598, 600
Function プロパティ　291

G

GetAttr 関数　423
GetBaseName メソッド　444
GetCustomListNum メソッド　272
GetExtensionName メソッド　444
GetFileName メソッド　442
GetFile メソッド　439
GetNamespace メソッド　477
GetObject 関数　468
GetOpenFilename メソッド　212
GetSaveAsFilename メソッド　220
GetSetting 関数　564
Get ステートメント　045, 464
Glow プロパティ　319
Goto メソッド　058
GridlineColorIndex プロパティ　202
GridlineColor プロパティ　202

Groupe メソッド　307
GroupName プロパティ　399

H

HasAxis プロパティ　327
HasDataLabels プロパティ　336
HasDataTable プロパティ　337
HasFormula プロパティ　078
HasLegend プロパティ　332
HasTitle プロパティ　329, 330
HasVBProject プロパティ　237
HeaderRowRange プロパティ　287
Height プロパティ　092, 184, 200, 338, 353
Hex 関数　150
Hidden プロパティ　183
HideSelection プロパティ　374
Hide メソッド　342
HorizontalAlignment プロパティ　100
Hour 関数　125
HPageBreaks プロパティ　409

I

If ステートメント　012, 013, 014
IIf 関数　017
IMEMode プロパティ　366
Import メソッド　572
Initialize イベント　355
InputBox メソッド　031
InputBox 関数　030
Input ステートメント　458
InsertLines メソッド　575
Insert メソッド　085, 187
INSERT 文　487
InStrRev 関数　146
InStr 関数　146
Int 関数　129, 151
IsArray 関数　153
IsDate 関数　079
IsEmpty 関数　080
IsError 関数　081
IsMissing 関数　051
IsNumeric 関数　152
Italic プロパティ　095

J・K・L

Join 関数　035
Kill ステートメント　427
LBound 関数　038
LCase 関数　140

＊索引の参照番号は「ページ番号」ではなく「Tips」番号です。

Left$ 関数	136
LeftFooter プロパティ	413
LeftHeaderPicture プロパティ	414
LeftHeader プロパティ	412
Left プロパティ	200, 308, 338
Left 関数	136
Legend プロパティ	332
LenB 関数	135
Len 関数	135
LineStyle プロパティ	107, 110
Lines プロパティ	574
Line プロパティ	303
ListColumns プロパティ	285
ListIndex プロパティ	383, 389
ListObjects プロパティ	282, 283
ListRows プロパティ	284
List プロパティ	390
Location メソッド	298
Locked プロパティ	178, 376
LTrim 関数	142

M

MarkerBackgroundColor プロパティ	335
MarkerForegroundColor プロパティ	335
MarkerSize プロパティ	335
MarkerStyle プロパティ	335
MaximumScale プロパティ	331
MaxLength プロパティ	371
MaxPoint プロパティ	539
Max プロパティ	402
MergeArea プロパティ	061
MergeCells プロパティ	062
Merge メソッド	060
Mid$ 関数	137
Mid 関数	137
MinimumScale プロパティ	331
MinPoint プロパティ	539
Minute 関数	125
Min プロパティ	402
MkDir ステートメント	431
Modify メソッド	270, 537
MonthName 関数	130
Month 関数	124
MouseIcon プロパティ	354
MousePointer プロパティ	354
MoveFolder メソッド	449
Move メソッド	172, 439
MsgBox 関数	027, 028, 029
MultiLine プロパティ	370
MultiSelect プロパティ	391

N

Names プロパティ	116, 118
Name ステートメント	426, 428
Name プロパティ 093, 115, 168, 170, 233, 235, 302, 325	
NegativeBarFormat プロパティ	542
NewSheet イベント	504
Next プロパティ	070, 176
Not 演算子	041
Now 関数	123
NumberFormatLocal プロパティ	106, 520
NumberFormat プロパティ	106
Number プロパティ	529, 530

O

Offset プロパティ	057, 069
On Error Goto 0 ステートメント	526
On Error Goto ステートメント	524
On Error Resume Next ステートメント	525
On Error ステートメント	170
OneColorGradient メソッド	316
OnKey メソッド	543
OnTime メソッド	587
OpenText メソッド	455, 456
OpenXML メソッド	479
Open イベント	494
Open ステートメント	458
Open メソッド	210, 211, 480
OperatingSystem プロパティ	515
Option Base ステートメント	033
Optional キーワード	050
Orientation プロパティ	104, 291, 408

P

PaperSize プロパティ	408
ParamArray キーワード	052
ParentFolder プロパティ	443
PasswordChar プロパティ	377
PasteSpecial メソッド	090, 091
Paste メソッド	088
Path プロパティ	234, 430, 443
Pattern プロパティ	112
Phonetics オブジェクト	274
Picture プロパティ	362, 394, 395
PivotCache オブジェクト	292
PivotCellType プロパティ	295
PivotCell プロパティ	295

＊索引の参照番号は「ページ番号」ではなく「Tips」番号です。

PivotTableUpdate イベント	509
PivottableWizard メソッド	291
PlotArea プロパティ	328
Points メソッド	334
Position プロパティ	293
PresetTextured メソッド	318
Previous プロパティ	070, 176
PrintArea プロパティ	418
PrintGridlines プロパティ	420
PrintOut メソッド	405, 417
PrintPreview メソッド	406
PrintTitleColumns プロパティ	415
PrintTitleRows プロパティ	415
Print ステートメント	461
Print メソッド	563
Priority プロパティ	538
ProcBodyLine プロパティ	571
ProcCountLines プロパティ	571
ProcOfLine プロパティ	571
ProcStartLine プロパティ	571
Property Get ステートメント	045
Property Let ステートメント	045
Property Set ステートメント	045
Protect メソッド	177, 214
PtrSafe キーワード	581
Public ステートメント	002
Put ステートメント	463

Q・R

QueryClose イベント	351
QuickAnalysis プロパティ	281
Quit メソッド	231
Raise メソッド	531
Randomize ステートメント	154
Range プロパティ	054, 301
RecentFiles プロパティ	239
RecordCount プロパティ	482
ReDim ステートメント	037
References プロパティ	519
Reflection プロパティ	320
Refresh メソッド	294
Regroup メソッド	307
RemoveDuplicates メソッド	265
RemoveItem メソッド	392
Remove メソッド	559, 568
ReplaceLine メソッド	576
Replace メソッド	278, 279, 553
Replace 関数	143
Resize プロパティ	059, 069

Resume Next ステートメント	528
Resume ステートメント	527
RGB 関数	098, 113
Right$ 関数	136
RightFooter プロパティ	413
RightHeader プロパティ	412
Right 関数	136
RmDir ステートメント	432
Rnd 関数	154
RotationX プロパティ	312
RotationY プロパティ	312
RotationZ プロパティ	312
Rotation プロパティ	310
RowHeight プロパティ	184
RowSource プロパティ	387
Rows プロパティ	074, 180
Row プロパティ	182
RTrim 関数	142
Run メソッド	474, 588

S

SaveAs メソッド	217, 219, 226, 478
SaveCopyAs メソッド	225
Saved プロパティ	229, 230, 232
SaveSetting 関数	565
Save メソッド	216
ScreenUpdating プロパティ	205
ScrollBars プロパティ	378
ScrollColumn プロパティ	198
ScrollRow プロパティ	198
Second 関数	125
Seek ステートメント	462
Select Case ステートメント	015, 016
SelectAll メソッド	299
SelectedItem プロパティ	401
SelectedSheets プロパティ	169
SelectionChange イベント	503
SelectionMargin プロパティ	375
Select メソッド	054, 055, 165, 323
SendKeys メソッド	466, 523
SeriesCollection メソッド	326, 333
SetAttr 関数	423
SetFilterDateRange メソッド	296
SetFirstPriority メソッド	538
SetFocus メソッド	349
SetPhonetic メソッド	274
SetSourceData メソッド	321
SetWindowLongAPI 関数	580
Shapes プロパティ	299, 300

＊索引の参照番号は「ページ番号」ではなく「Tips」番号です。

SheetActivate イベント	510
Shell 関数	465
ShowAllData メソッド	261
ShowLevels メソッド	247
ShowTotals プロパティ	288
Show メソッド	281, 341
ShrinkToFit プロパティ	103
Size プロパティ	059, 069, 094, 396
Slicer オブジェクト	289
Sort オブジェクト	242, 243, 244, 245
Source プロパティ	483
Space 関数	144
SpecialCells メソッド	071, 073, 257
SpecialFolders プロパティ	586
SplitColumn プロパティ	197
SplitRow プロパティ	197
Split プロパティ	197
Split 関数	036, 464
SQL 文	483, 484, 485, 486, 487
StandardFontSize プロパティ	094
StartupPosition プロパティ	352
StatusBar プロパティ	204
Stop ステートメント	533
StrComp 関数	145
StrConv 関数	141
Strikethrough プロパティ	096
String 関数	144
Style プロパティ	385
SubFolders プロパティ	445
Subscript プロパティ	097
SubTotal メソッド	246
Sub ステートメント	043, 046, 047
Sub プロシージャ	043, 053
Superscript プロパティ	097
Switch 関数	018

T

TabIndex プロパティ	348
TabKeyBehavior プロパティ	372
Tab プロパティ	173
Tag プロパティ	360
TakeFocusOnClick プロパティ	361
Test メソッド	551
TextAlign プロパティ	369
TextColumn プロパティ	384, 388
TextLength プロパティ	368
TextToColumns メソッド	273
Text プロパティ	075, 274, 367
ThemeColor プロパティ	111

timeGettime 関数	578
TimelineState オブジェクト	296
Timer 関数	584
TimeValue 関数	127
Time 関数	123
TintAndShade プロパティ	111
Top プロパティ	200, 308, 338
TotalsCalculation プロパティ	288
TotalSize プロパティ	452
Trim 関数	142
TripleState プロパティ	365
TwoColorGradient メソッド	317
TypeName 関数	003, 381
Type ステートメント	006, 596
Type プロパティ	320

U

UBound 関数	038
UCase 関数	140
Underline プロパティ	096
Ungroupe メソッド	307
Union メソッド	063
Unlist メソッド	290
Unload ステートメント	343
UnMerge メソッド	060
Unprotect メソッド	179, 215
Update メソッド	491
UPDATE 文	485
UsedRange プロパティ	066
UserName プロパティ	585
UserTextured メソッド	318

V

Validation オブジェクト	268
Value2 プロパティ	076
Value プロパティ	039, 042, 075, 082, 267, 364, 367, 397, 403, 404
Val 関数	147
VarType 関数	004
Version プロパティ	514
VerticalAlignment プロパティ	100
View プロパティ	203
Visible プロパティ	121, 174, 311, 398, 522, 567
VPageBreaks プロパティ	409

W

Wait メソッド	545
WeekdayName 関数	126

＊索引の参照番号は「ページ番号」ではなく「Tips」番号です。

Weekday 関数	126	環境変数	156
Weight プロパティ	108	関数ウィザード	161
Width プロパティ	092, 184, 200, 338, 353	行番号	056, 182
WindowActivate イベント	500	クイック分析	281
WindowState プロパティ	199	空白のセル	071
Windows プロパティ	190	組み込み定数	008
WithEvents キーワード	512	グラデーション	317
Workbooks プロパティ	206	クリップボード	088
WorksheetFunction プロパティ	157	グループ化	167, 246, 248, 307
Worksheets プロパティ	163	形式を選択	090
WrapText プロパティ	102	構造体	596
Write ステートメント	460	構文エラー	591
WshShell オブジェクト	562	コードウィンドウ	590

X・Z

XML スプレッドシート	478, 479	互換モード	238
Year 関数	124	固定長フィールド形式	456
Zoom プロパティ	195, 419	コマンドボタン	358, 359, 360, 361, 362
		コメント	119, 120, 121, 122
		コントロール	
			345, 346, 347, 348, 350, 353, 398, 404

あ行

あいまいな条件	252, 279		
アウトライン	247		
アクセスキー	363, 593		
アクティブブック	207		
アクティブプリンター	407		
網掛け	112		
アルファベット	140		
イベント	511, 512, 513		
イミディエイトウィンドウ	597		
印刷位置	411		
印刷倍率	419		
印刷範囲	410, 418		
印刷プレビュー	405, 406		
インデックス番号	033		
上付き	097		
エラー			
	081, 162, 518, 521, 524, 525, 526, 527, 528, 529, 530, 531, 532, 533, 534, 535		
オートシェイプ	314		
「オプション」ダイアログボックス	590, 591		
オプションボタン	399, 397, 399		

さ行

再帰処理	026
最近使用したファイル	210, 217, 239
シート見出し	173
時間	578
時刻	123, 127, 131, 133, 134
下付き	097
斜体	095
集計行	288
終端セル	068
重複行	264
重複データ	265
条件付き書式	536, 537, 538, 540, 541
省略可能な引数	050
ショートカットメニュー	549
書式	
	114, 134, 313, 335, 536, 537, 538, 540, 541
シリアル値	076
白黒印刷	416
スクロールバー	378.402
ステータスバー	204
スピンボタン	403
正規表現	550, 551, 552, 553
整数型データ	149
セルアドレス	067
セルの個数	072
セルのサイズ	189
セルの枠線	420

か行

改ページプレビュー	203
可視セル	073
画面の更新処理	205
カレントドライブ	433
カレントフォルダ	222, 434, 435
間隔	131, 587

＊索引の参照番号は「ページ番号」ではなく「Tips」番号です。

先頭行	069
ソフトコーディング	599, 600

た行

置換	143, 278, 279, 553, 576
抽出結果	257
定数	007, 008, 535, 594
データ系列	333
データマーカー	335
データ要素	334
データラベル	336
テーマカラー	111
テクスチャ	318
テストプロシージャ	597
点線	315
動的配列	037
トグルボタン	364, 365
ドライブ	433, 452, 453, 454

な・は行

並べ替え	242, 243, 244, 245
入力規則	268, 269, 270
入力文字数	368
ハイパーリンク	508, 547, 548
配列数式	275
パスワード	177, 377
凡例	332
日付	076, 079, 082, 123, 127, 128, 131, 133, 134, 520
日付型データ	148
ピボットグラフ	297, 298
ピボットテーブル	291, 292, 293, 294, 295, 296, 509
ファイルシステム	454
ファイル名	223, 428, 429, 442, 444
フォーカス	349, 361, 373
フォント	093, 094, 098, 396
複数項目	252, 384, 388, 391
複数条件	013, 014, 015, 016
複数フィールド	254
フッター	413, 414
太字	095
フラッシュフィル	280
フリガナ	274
フルパス	429
プロットエリア	328
ヘッダー	287, 412, 414
変数	001, 002, 003, 004, 156, 563, 594

ま・や行

無限ループ	025
文字コード	138, 139
ユーザー設定リスト	271, 272
ユーザー定義型	006
ユーザー定義定数	007
曜日	126

ら・わ行

ラベル	330, 336, 396
乱数	154
ループ処理	019, 020, 021, 022, 023, 024, 025
レジストリ	564, 565, 566
列挙型	005, 009, 595
列番号	056, 182
連想配列	554, 555, 556
連番	266
枠線	202, 420

【著者紹介】

中村峻

PCスクールのインストラクターを経て、VBAを利用した業務効率向上に関するセミナーなどを担当する。現在は、日々、業務効率を改善するために社内・社外用のツール開発を行っている。その中で、VBAの魅力に改めて気づくこともしばしば。

最近は、盛岡にあるカミさんの実家にあまり帰れず、不義理をしているので、ちょっと反省しています。著書に、「ExcelVBA完全制覇パーフェクト」(翔泳社)、「Excelマクロ＆VBA逆引き！ビジネス大全250の技」(秀和システム) などがある。

● 注意

(1) 本書は著者が独自に調査した結果を出版したものです。
(2) 本書は内容について万全を期して作成いたしましたが、万一、ご不審な点や誤り、記載漏れなどお気付きの点がありましたら、出版元まで書面にてご連絡ください。
(3) 本書の内容に関して運用した結果の影響については、上記 (2) 項にかかわらず責任を負いかねます。あらかじめご了承ください。
(4) 本書の全部、または一部について、出版元から文書による許諾を得ずに複製することは禁じられています。
(5) Microsoft 365につきましては、2022年5月時点で動作確認を行っております。それ以降のアップデートによりコードの動作や画面が変わる可能性がございます。ご了承ください。

● 商標

・Microsoft、WindowsおよびExcel、Access、PowerPointは米国Microsoft Corporationの米国およびその他の国における登録商標または商標です。
・その他、CPU、ソフト名、企業名、サービス名は一般に各メーカー・企業の商標または登録商標です。
なお、本文中では™および®マークは明記していません。
書籍のなかでは通称またはその他の名称で表記していることがあります。ご了承ください。

Excel VBA
逆引き大全 600の極意
Microsoft 365/Office 2021/2019/2016/2013対応

発行日	2022年 7月 1日	第1版第1刷
	2024年 2月 5日	第1版第2刷

著　者　E-Trainer.jp ［中村峻］

発行者　斉藤　和邦
発行所　株式会社　秀和システム
　　　　〒135-0016
　　　　東京都江東区東陽2-4-2　新宮ビル2F
　　　　Tel 03-6264-3105（販売）Fax 03-6264-3094
印刷所　三松堂印刷株式会社　　　　Printed in Japan

ISBN978-4-7980-6680-6 C3055

定価はカバーに表示してあります。
乱丁本・落丁本はお取りかえいたします。
本書に関するご質問については、ご質問の内容と住所、氏名、電話番号を明記のうえ、当社編集部宛FAXまたは書面にてお送りください。お電話によるご質問は受け付けておりませんのであらかじめご了承ください。